交通工程教学指导分委员会"十三五"规划教材
高等学校交通运输与工程类专业教材建设委员会规划教材

Transportation Safety
交 通 安 全

裴玉龙　主编

人民交通出版社股份有限公司
北 京

内 容 提 要

交通安全作为普通高等学校交通工程专业的主干专业课程,正日益受到重视,相关研究内容不断完善,研究成果不断涌现。本书以道路交通安全为主,轨道、航空及水路交通安全为辅展开介绍,力求涵盖整个交通运输系统的交通安全知识。本书共分十二章,内容包括:绪论、交通安全基础理论、交通参与者与交通安全、汽车与交通安全、道路交通条件与交通安全、轨道交通安全、航空交通安全、水路交通安全、交通事故调查与处理、交通事故分析与安全评价、交通安全保障与事故救援和交通安全发展动向。

本书入选交通工程教学指导分委员会"十三五"规划教材、高等学校交通运输与工程类专业教材建设委员会规划教材,可作为高等学校交通工程、交通运输工程专业本科生、研究生教学用书,也可供其他相关专业师生和交通运输从业人员参考使用。

图书在版编目(CIP)数据

交通安全/裴玉龙主编.—北京:人民交通出版
社股份有限公司, 2018.7(2024.1重印)
ISBN 978-7-114-14669-5

Ⅰ.①交… Ⅱ.①裴… Ⅲ.①交通安全教育—高等学校—教材 Ⅳ.①X951

中国版本图书馆 CIP 数据核字(2018)第 178188 号

交通工程教学指导分委员会"十三五"规划教材
高等学校交通运输与工程类专业教材建设委员会规划教材

书 名 :	交通安全
著 作 者 :	裴玉龙
责任校对 :	宿秀英
责任印制 :	刘高彤
责任编辑 :	李 晴
出版发行	人民交通出版社股份有限公司
地 址	(100011)北京市朝阳区安定门外外馆斜街 3 号
网 址	http://www.ccpcl.com.cn
销售电话	(010)59757973
总 经 销	人民交通出版社股份有限公司发行部
经 销	各地新华书店
印 刷	北京虎彩文化传播有限公司
开 本	787×1092 1/16
印 张	28.25
字 数	676 千
版 次	2018 年 7 月 第 1 版
印 次	2024 年 1 月 第 4 次印刷
书 号	ISBN 978-7-114-14669-5
定 价	48.00 元

(有印刷、装订质量问题的图书,由本公司负责调换)

高等学校交通运输与工程类专业（道路、桥梁、隧道与交通工程）教材建设委员会

前言

随着我国经济快速发展,交通设施不断完善,交通事故严重程度得到了有效控制,死亡人数明显下降。但由于交通运输量持续增长、驾驶人员老龄化和短驾龄、新驾驶人群激增,以及交通运输体系不断向综合化、多元化方向发展,交通安全问题越发复杂。2019年9月,中共中央、国务院印发《交通强国建设纲要》,明确从2021年到本世纪中叶,我国将分两个阶段推进交通强国建设。到2035年,基本建成交通强国。智能、平安、绿色、共享交通发展水平明显提高,交通国际竞争力和影响力显著提升。到本世纪中叶,全面建成人民满意、保障有力、世界前列的交通强国。交通安全水平达到国际先进水平,全面服务和保障社会主义现代化强国建设。研究交通事故的产生原因、分布规律、特征及影响因素、分析评价方法、保障及救援措施,对于提高我国交通安全管理水平,减少交通事故带来的巨大损失,具有十分重要的理论和现实意义。

交通安全作为普通高等学校交通工程专业的主干专业课程,正日益受到相关学校和学生的重视,成为近年来各国交通工程领域科学研究的重点和热点之一,研究内容不断完善,研究成果不断涌现。本书在编写过程中,认真吸收了原有教材的成功经验和国内外交通安全方面的研究成果,以道路交通安全为基础,增加了轨道、航空及水路交通安全内容,力求涵盖整个交通运输系统,揭示不同交通方式下交通安全的共同规律,增强教材的通用性,拓宽教材的适用范围。同时,根据课程教学大纲的要求,兼顾本科生的特点,增加了课后习题,并体现了最新的交通安全法律法规以及相关数据,试图使教材兼具先进性与实用性。

全书共十二章,第一章为绪论,主要介绍安全的内涵与特性、交通安全与交通事故的定义及特点,以及国内外交通安全概况;第二章主要介绍交通安全基础理论;第三章主要介绍驾驶人的特性及危险驾驶行为,以及行人、骑乘者、乘客的特性及危险行为,阐述与交通参与者相关的法律法规;第四章主要介绍汽车性能及结构对交通安全的影响,以及汽车的主动安全装置与被动安全装置;第五章主要介绍道路交通条件中的道路线形、路面条件、交叉口及路侧条件、交通设施及交通条件对交通安全的影响;第六章主要介绍轨道交通事故的分类与分级、轨道交通工具与交通条件对交通安全的影响、轨道交通安全管理;第七章主要介绍航空交通事故的分类与分级、航空器与飞行条件对交通安全的影响、航空交通安全管理;第八章主要介绍水路交通事故的分类与分级、船舶与航行条件对交通安全的影响、水路交通安全管理;第九章主要介绍交通事故调查与处理程序;第十章主要介绍交通事故分析与再现方法、交通事故多发点鉴别分析方法,以及交通安全评价方法;第十一章主要介绍交通安全审计的内容,人、交通工具和自然灾害的安全监控与检测技术,以及道路交通事故救援的内容;第十二章主要介绍新能源汽车、智能驾驶、智能交通系统环境,以及智能船舶的交通安全问题。

参与本书编写的有:东北林业大学裴玉龙、程国柱、张文会、韩锐,哈尔滨工业大学马艳丽,北京交通大学秦勇,中国民航大学孙瑞山、汪磊,武汉理工大学毛喆、张金奋、吴兵。具体分工为:裴玉龙编写第一章、第二章、第十二章,马艳丽编写第三章,韩锐编写第四章,程国柱编写第五章,秦勇、程晓卿编写第六章,孙瑞山、汪磊编写第七章,毛喆、张金奋、吴兵编写第八章,张文会编写第九章、第十章,第十一章第四节与第五节由王连震、秦勇、孙瑞山、毛喆共同编写,其余部分由王连震编写。全书由裴玉龙提供编写大纲、内容要点及逻辑框架,进行统稿并担任主编。

在本书编写过程中,参阅了大量国内外的文献资料,由于条件所限,未能与原作者一一取得联系,引用及理解不当之处敬请谅解,并在此向这些文献资料的原作者表示衷心的感谢。

限于作者的学识和水平,书中难免有错误和不当之处,恳请读者批评指正。

裴玉龙

2023 年 12 月

目录

第一章　绪论 ………………………………………………………………………… 1

第一节　安全的内涵与特性 ………………………………………………………… 1

第二节　交通安全与交通事故 ……………………………………………………… 6

第三节　国内外交通安全概况 ……………………………………………………… 8

第四节　交通安全研究的内容与基础 …………………………………………… 14

本章小结 …………………………………………………………………………… 16

习题 ………………………………………………………………………………… 16

第二章　交通安全基础理论 ……………………………………………………… 17

第一节　复杂系统理论 …………………………………………………………… 17

第二节　可靠性理论 ……………………………………………………………… 21

第三节　事故致因理论 …………………………………………………………… 30

第四节　事故预防理论 …………………………………………………………… 38

本章小结 …………………………………………………………………………… 39

习题 ………………………………………………………………………………… 40

第三章　交通参与者与交通安全 ………………………………………………… 41

第一节　概述 ……………………………………………………………………… 41

第二节　驾驶人特性 ……………………………………………………………… 43

第三节　驾驶人危险驾驶行为 …………………………………………………… 59

第四节　其他交通参与者行为特性与危险行为 ………………………………… 70

第五节　交通参与者危险行为管理 ……………………………………………… 75

本章小结 …………………………………………………………………………… 81

习题 ………………………………………………………………… 82

第四章 汽车与交通安全 …………………………………………… 83

第一节 概述 …………………………………………………… 83

第二节 汽车性能及结构对交通安全的影响 ……………………… 89

第三节 汽车驾驶环境对交通安全的影响 ………………………… 102

第四节 汽车主动安全装置 ………………………………………… 109

第五节 汽车被动安全装置 ………………………………………… 119

本章小结 ……………………………………………………… 129

习题 ……………………………………………………………… 130

第五章 道路交通条件与交通安全 …………………………………… 131

第一节 概述 …………………………………………………… 131

第二节 道路线形与交通安全 ……………………………………… 132

第三节 路面条件与交通安全 ……………………………………… 150

第四节 交叉口及路侧条件与交通安全 …………………………… 154

第五节 交通设施与交通安全 ……………………………………… 166

第六节 交通条件与交通安全 ……………………………………… 174

本章小结 ……………………………………………………… 193

习题 ……………………………………………………………… 194

第六章 轨道交通安全 ………………………………………………… 195

第一节 概述 …………………………………………………… 195

第二节 轨道交通事故 ……………………………………………… 200

第三节 列车与轨道交通安全 ……………………………………… 203

第四节 轨道交通条件与交通安全 ………………………………… 215

第五节 轨道交通安全管理 ………………………………………… 225

本章小结 ……………………………………………………… 231

习题 ……………………………………………………………… 231

第七章 航空交通安全 ………………………………………………… 232

第一节 概述 …………………………………………………… 232

第二节 航空交通事故 ……………………………………………… 237

第三节 航空器与交通安全 ………………………………………… 242

第四节 飞行条件与交通安全 ……………………………………… 248

第五节 国际民航组织（ICAO）的安全管理体系 ……………… 261

本章小结………………………………………………………………………… 265

习题………………………………………………………………………………… 265

第八章　水路交通安全…………………………………………………………… 266

第一节　概述……………………………………………………………………… 266

第二节　水路交通事故…………………………………………………………… 270

第三节　船舶与交通安全………………………………………………………… 274

第四节　航行条件与交通安全…………………………………………………… 284

第五节　水路交通安全管理……………………………………………………… 295

本章小结………………………………………………………………………… 300

习题………………………………………………………………………………… 300

第九章　交通事故调查与处理…………………………………………………… 301

第一节　概述……………………………………………………………………… 301

第二节　交通事故调查的依据与权限…………………………………………… 303

第三节　道路交通事故现场勘查………………………………………………… 307

第四节　其他交通方式交通事故现场勘查……………………………………… 320

第五节　交通事故处理…………………………………………………………… 322

本章小结………………………………………………………………………… 332

习题………………………………………………………………………………… 332

第十章　交通事故分析与安全评价……………………………………………… 333

第一节　交通事故案例分析……………………………………………………… 333

第二节　交通事故统计分析……………………………………………………… 337

第三节　交通事故多发点鉴别分析……………………………………………… 340

第四节　交通事故再现…………………………………………………………… 350

第五节　交通安全评价…………………………………………………………… 368

本章小结………………………………………………………………………… 373

习题………………………………………………………………………………… 373

第十一章　交通安全保障与事故救援…………………………………………… 374

第一节　概述……………………………………………………………………… 374

第二节　道路交通安全审计……………………………………………………… 376

第三节　其他交通方式安全审计………………………………………………… 396

第四节　交通安全监控与检测技术……………………………………………… 401

第五节　其他交通安全保障技术………………………………………………… 407

第六节　道路交通事故救援 ……………………………………………………………… 410

本章小结 …………………………………………………………………………………… 413

习题 ………………………………………………………………………………………… 414

第十二章　交通安全发展动向 ………………………………………………………… 415

第一节　概述 ……………………………………………………………………………… 415

第二节　新能源汽车的交通安全问题 …………………………………………………… 416

第三节　智能驾驶的交通安全问题 ……………………………………………………… 421

第四节　智能交通系统环境下的交通安全问题 ………………………………………… 425

第五节　智能船舶的交通安全问题 ……………………………………………………… 430

本章小结 …………………………………………………………………………………… 434

习题 ………………………………………………………………………………………… 434

参考文献 ………………………………………………………………………………… 435

第一章

绪论

交通运输系统是由陆路、航空和水路等多种运输方式组成的一个综合系统。随着经济的迅速增长,交通行业飞速发展,交通设施建设日新月异,人们与交通的关系也日益密切。但与此同时,随着机动化水平的提高和都市化程度的发展,交通事故的发生愈加频繁,严重威胁着人们的生命财产安全。本章在介绍安全、危险、风险、安全性、事故、事故隐患、危险源等安全科学基本概念及其间的相互关系,以及安全问题基本特性的基础上,界定交通安全与交通事故的定义,并重点介绍国内外道路交通安全概况,简单介绍轨道、航空、水路交通安全概况。

第一节 安全的内涵与特性

一、与安全相关的基本概念及相互关系

1.基本概念

1)安全

安全的概念可归纳为两种,即绝对安全和相对安全。

绝对安全观是人们较早时期对安全的认识,目前仍然有一部分现场生产管理人员和技术

工作者有此认识。绝对安全观认为,安全是指没有危险、不受威胁、不出事故,即不存在能导致人员伤害、死亡或造成设备财产破坏、损失以及环境危害的条件。无危则安,无损则全。例如,《简明牛津词典》将安全定义为"不存在危险和风险",有的学者则认为"安全是免于人员伤亡或财产损失""安全意味着系统不会引起事故""安全即是无事故,没有遭受或引起创伤、损失或损伤"。这种安全观认为发生死亡、工伤等的概率为零,然而这在现实生产系统中是不存在的,它是安全的一种极端理想的状态。由于绝对安全观过分强调安全的绝对性,其应用范围受到了很大的限制,特别是在分析社会-技术系统的安全问题时更是如此。

与绝对安全观相对应的就是人们现在普遍接受的相对安全观。相对安全观认为,安全是相对的,绝对安全是不存在的。例如,美国哈佛大学的劳伦斯教授认为"安全就是指危险性不超过允许极限,是没有受到损害或损害概率低的通用术语";霍巴特大学的罗林教授指出"所谓安全是指判明的危险性不超过允许限度";《英汉安全专业术语词典》将安全定义为"安全意味着风险程度可以容许,是不受损害之忧和损害概率低的通用术语"。

由相对安全的定义可知,安全是指危险性满足一定条件的状态,安全并非绝对无事故。事故与安全是对立的,但事故并不是不安全的全部内容,而只是在安全与不安全这一对矛盾斗争过程中某些瞬间突变结果的外在表现。安全依附于生产过程,伴随着生产过程而存在,但安全不是瞬间的结果,而是对系统在某一时期、某一阶段过程状态的描述。换言之,安全是一个动态过程,它是关于时间的连续函数。但在现有理论和技术条件下,确定某一生产系统的具体安全函数形式是非常困难的,通常采用概率法来估算系统处于安全状态的可能性,或者利用模糊数学理论来说明在非概率情形下的不确定性。

因此,安全是指在生产活动过程中,能将人或物的损失控制在可接受水平的状态。换言之,安全意味着人或物遭受损失的可能性是可以接受的,若这种可能性超过了可接受的水平,即为不安全。安全的定义具有下述含义。

(1)这里所讨论的安全是指生产领域中的安全,既不涉及军事或社会意义的安全与保安,也不涉及与疾病有关的安全。

(2)安全不是瞬间的结果,而是对于某种过程状态的描述。

(3)安全是相对的,绝对安全是不存在的。

(4)构成安全问题的矛盾双方是安全与危险,而非安全与事故。因此,衡量一个生产系统是否安全,不应仅仅依靠事故指标。

(5)针对不同的时代、不同的生产领域,可接受的损失水平是不同的,因而衡量系统是否安全的标准也是不同的。

2)危险

关于什么是危险,目前还没有十分统一的定义。作为安全的对立面,可以将危险定义为:在生产活动过程中,人或物遭受损失的可能性超出了可接受水平的状态。危险与安全一样,也与生产过程相伴,是一种连续的过程状态。除实际发生的事故外,危险还包含了尚未为人所认识的以及虽为人所认识但尚未为人所控制的各种隐患。

3)风险

"风险"一词在不同场合的含义有所不同。就安全而言,风险(又称危险性)是描述系统危险程度的客观量,这主要有两种考虑:一是把风险看成是一个系统内的有害事件或非正常事件出现的可能性的量度;二是把风险定义为发生一次事故的后果大小与该事故出现概率的乘积。

一般意义上的风险具有概率和后果的二重性,即可用发生概率 p 和损失程度 c 的函数来表示风险 R:

$$R = f(p, c)$$

为简单起见,大多数文献将风险表达为概率与损失程度的乘积:

$$R = p \cdot c$$

在上述风险定义中,无论损失或者后果,均是针对事故来定义的,包括已发生的事故和将会发生的事故。风险既然是对系统危险性的度量,那么仅仅以事故来衡量系统的风险是很不充分的,除非能够辨识所有可能的事故形式。从整个系统的角度出发,风险是系统危险影响因素的函数,即风险可表达为如下形式:

$$R = f(R_1, R_2, R_3, R_4, R_5)$$

式中:R_1——人的因素;

R_2——设备因素;

R_3——环境因素;

R_4——管理因素;

R_5——其他因素。

4)安全性

从系统的安全性能讲,安全性为衡量系统安全程度的客观量。与安全性对立的概念是描述系统危险程度的指标——危险性。假定系统的安全性为 S,危险性为 R,则有: $S = 1 - R$。显然, R 越小, S 越大;反之亦然。若在一定程度上消减了危险因素,则等于创造了安全条件。

由于安全性与可靠性的联系十分密切,在实际应用中存在着将可靠性与安全性混用的现象,因而有必要明确二者之间的差别。可靠性是指系统或元件在规定条件下和规定时间内,完成规定功能的能力,而安全性则是指系统的安全程度。可靠性与安全性有共同之处,从某种程度上讲,可靠性高的系统,其安全性通常也较高,许多事故之所以发生,就是系统可靠性较低所致。但是,可靠性不同于安全性,可靠性要求的是系统完成规定的功能,只要系统能够完成规定功能,它就是可靠的,而不管是否会带来安全问题。安全性则要求识别和排除系统的危险。此外,故障的发生不一定导致损失,而且也存在这样的情形:即使系统所有元件均正常工作,也可能伴有事故发生。

5)事故

关于事故的确切内涵,至今尚无一致的认识。《牛津词典》将事故定义为"意外的、特别有害的事件";美国安全工程师海因里希认为"事故是非计划的、失去控制的事件";甘拉塔勒等提出"事故是与系统设计条件具有不可容忍的偏差的事件";吉雷进一步补充说明"事故是指任何计划之外的事件,可能引起或不会引起损失或伤害";还有学者则从能量观点出发解释事故,认为事故是能量逸散的结果。上述观点可以概括如下。

(1)事故是违背人们意愿的一种现象。

(2)事故是不确定事件,其发生既受必然因素支配,也不可避免地受偶然因素影响。

(3)事故发生的原因可归结为 3 类:①目前尚未认识到的原因;②已经认识,但目前尚不可控制的原因;③已经认识,目前可以控制而未能有效控制的原因。

(4)事故一旦发生,可造成以下几种后果:①人受到伤害,物受到损失;②人受到伤害,物未受到损失;③人未受到伤害,物受到损失;④人、物均未受到伤害或损失。许多工业领域如轨道交通系统,将凡是造成系统运行中断的事件均归入事故的范畴,虽然系统运行中断不一定会造成直接的财产损失或人员伤害,但却严重干扰了系统的正常运行秩序,从而带来严重的间接损失。

(5)事故的内涵相当复杂。从宏观的生产过程看,事故是安全与危险矛盾斗争过程中某些瞬间突变结果的外在表现形式,是时间轴上一系列离散的点;从微观的角度看,每一个事故均可看作是在极短时间内相继出现的事件序列,是一个动态过程,可以表达为如下形式:

危险触发→以一定的逻辑顺序出现一系列事件→产生不良后果

综上所述,事故是指在生产活动过程中,由于人们受到科学知识、技术力量或认识上的限制,当前还不能防止或能防止但未有效控制而发生的违背人们意愿的事件序列。它的发生,可能迫使系统暂时或较长期地中断运行,也可能造成人员伤亡、财产损失或环境破坏,或者其中二者或三者同时出现。

6)事故隐患

在我国长期的事故预防工作中,事故隐患一词经常被提及。所谓隐患是指隐藏的祸患,事故隐患即隐藏的、可能导致事故的祸患。这是一个在长期工作实践中形成的共识用语,一般是指那些有明显缺陷、毛病的事物,亦即人的不安全行为和物的不安全状态。

从系统安全的角度来看,通常人们所说的事故隐患包括一切可能对人-物-环境系统带来损害的不安全因素。事故隐患可定义为:在生产活动过程中,由于人们受到科学知识、技术力量或认识上的限制,而未能有效控制的有可能引起事故的一种行为(一些行为)或一种状态(一些状态)或二者的结合。隐患是事故发生的必要条件,隐患一旦被识别,就要予以消除。对于受客观条件所限不能立即消除的隐患,要采取措施降低其危险性或延缓危险性增长的速度,降低其被触发的概率。

7)危险源

在系统安全研究中,危险源的存在被认为是事故发生的根本原因,防止事故发生就是消除、控制系统中的危险源。

危险源一词译自英文单词 Hazard,按英文词典的解释,"Hazard:a source of danger",即危险的根源的意思。哈默定义危险源为"可能导致人员伤害或财物损失事故的、潜在的不安全因素"。按此定义,生产、生活中的许多不安全因素都是危险源。根据危险源在事故发生、发展中的作用,危险源可分为第一类危险源和第二类危险源两大类。

第一类危险源是指系统中存在的、可能发生意外释放的能量或危险物质,实际工作中往往把产生能量的能量源或拥有能量的能量载体作为第一类危险源来处理。第一类危险源具有的能量越多,一旦发生事故其后果越严重;相反,第一类危险源处于低能量状态时比较安全。

第二类危险源是指可导致约束、限制能量措施失效或破坏的各种不安全因素,包括人、物、环境 3 个方面的问题。人失误可能直接破坏对第一类危险源的控制,造成能量或危险物质的意外释放;同时,人失误也可能造成物的故障,进而导致事故。物的故障可能直接使约束、限制能量或危险物质的措施失效而引发事故;有时一种物的故障可能导致另一种物的故障,最终造成能量或危险物质的意外释放;有时物的故障也会诱发人的失误。环境因素主要指系统运行的环境,包括温度、湿度、照明、粉尘、通风换气、噪声和振动等物理环境以及企业和社会的软环境。不良的物理环境会引起人的失误或物的故障;企业的管理制度或人际关系、社会环境会影响人的心理,进而可能引起人的失误。

第二类危险源往往是一些围绕第一类危险源随机发生的现象,它们出现的情况决定事故发生的可能性,第二类危险源出现得越频繁,事故发生的可能性越大。

2. 相互关系

1)安全与危险

安全与危险是一对矛盾,具有矛盾的所有特性。一方面双方互相排斥,互相否定;另一方面又互相依存,共同处于一个统一体中,存在着向对方转化的趋势。安全与危险这对矛盾的运动、变化和发展推,动着安全科学的发展和人类安全意识的提高。

描述安全与危险的指标分别是安全性与危险性,安全性越高则危险性越低,安全性越低则危险性越高。

2)安全与事故

安全与事故是对立的,但事故并不是不安全的全部内容,而只是在安全与不安全矛盾斗争过程中某些瞬间突变结果的外在表现。系统处于安全状态并不一定不发生事故,系统处于不安全状态,也未必完全由事故引起。

3)危险与事故

危险不仅包含了作为潜在事故条件的各种隐患,同时还包含了安全与不安全矛盾激化后表现出来的事故结果。

事故发生,系统不一定处于危险状态;事故不发生,系统也可能处于危险状态。事故不能作为判别系统危险与安全的唯一标准。

4)隐患与事故

事故总是发生在操作的现场,总是伴随隐患的发展而发生,事故是隐患发展的结果,而隐患则是事故发生的必要条件。

5)危险源与事故

一起事故的发生是两类危险源共同作用的结果。一方面,第一类危险源的存在是事故发生的前提,没有第一类危险源就谈不上能量或危险物质的意外释放,也就无所谓事故。另一方面,如果没有第二类危险源破坏对第一类危险源的控制,也不会发生能量或危险物质的意外释放。第二类危险源的出现是第一类危险源导致事故发生的必要条件。

在事故的发生、发展过程中,两类危险源相互依存、相辅相成。第一类危险源在事故发生时释放出的能量是导致人员伤害或财物损坏的能量主体,决定事故后果的严重程度;第二类危险源出现的难易程度决定事故发生的可能性大小。两类危险源共同决定危险源的危险性。

二、安全问题基本特性

安全问题伴随生产而存在,对于所有的技术系统都具有普遍的意义,交通系统也不例外。安全问题基本特性主要表现在以下方面。

1. 系统性

安全涉及技术系统的各个方面,包括人员、设备、环境等因素,而这些因素又涉及经济、政治、科技、教育和管理等许多方面。特别对于像轨道交通这样的开放系统,安全既受系统内部因素的制约,同时也受系统外部环境的干扰。而安全的恶化状态,即事故,不仅可能造成系统内部生命和财产的损失,而且可能造成系统外部环境的损害。因此,研究和解决安全问题应从系统观点出发,运用系统工程的方法,进行综合治理。

2. 相对性

凡是人类从事的生产活动都存在安全问题,所不同的只是发生事故的可能性有大有小,危害程度有轻有重而已。安全的相对性表现在 3 个方面:首先,绝对安全的状态是不存在的,系统的安全是相对于危险而言的;其次,安全标准是相对于人的认识和社会经济的承受能力而言的,抛开社会环境讨论安全是不现实的;再次,人的认识是不断发展的,对安全机理和运行机制的认识也在不断深化,即安全对于人的认识而言具有相对性。由安全的相对性可知,在各种生产和生活活动过程中,事故或危害事件及其不良作用、后果及影响是难以完全避免的。但是,事故是可以预防的,可以利用安全系统工程的原理和技术,预先发现、鉴别、判明各种隐患,并采取安全对策,从而防患于未然。

3. 依附性

安全是依附于生产而存在的,不可能脱离具体的生产过程而独立存在;只要存在生产活动,就会出现安全问题。另外,安全是生产的前提和保障,安全工作做得不好,生产便无法顺利进行。因此,需要持久地抓好安全工作。

4. 间接效益性

要保证生产安全,必须在人员、设备、环境和管理等方面有相应的安全投入,但安全投入所产生的经济和社会效益却是间接的、无形的,难以定量计算。因此,安全投入往往被忽视,只有发生了事故,造成了损失之后,人们才会意识到安全投入的必要性和重要性。事实上,安全的效益除了减少事故的直接和间接经济损失外,更重要的是在提高人员素质、改进设备性能、改善环境质量和加强生产管理等方面所创造的积极的经济和社会效益。

5. 长期性和艰巨性

人对安全的认识在时间上往往是滞后的,很难预先完全认识到系统存在和面临的各种危险,而且即使认识到了,有时也会由于受到当时技术条件的限制而无法予以防控。随着技术进步和社会发展,旧的安全问题解决了,新的安全问题又会产生。所以,安全工作是一个长期的过程,必须坚持不懈,始终如一地努力才行。

此外,高技术总是伴随着高风险,随着现代科学技术的发展,各种技术系统的复杂程度也随之增加。例如,现代交通运输系统相比过去来说,无论从规模、速度、设备和管理上,都发生了极大的飞跃,一旦发生事故,其影响之大、伤亡之多、损失之重、补救之难,都是传统运输方式不可比拟的。此外,事故是一种小概率的随机偶发事件,仅仅利用已有的事故资料不足以及时、深入地对系统的危险性进行分析,而现代社会的文明进步又不容许通过事故重演来深化对安全的研究。因此,认识事故机理,不断揭示系统的各种安全隐患,是一项艰巨的任务。

第二节　交通安全与交通事故

一、交通安全的定义及特点

1. 定义

将安全的定义加以引申,可得到交通安全的定义,即在交通活动过程中,能将人身伤亡或财产损失控制在可接受水平的状态。交通安全意味着人或物遭受损失的可能性是可以接受的,若这种可能性超过了可接受的水平,即为不安全。

2.特点

(1)交通安全是在一定危险条件下的状态,并非绝对没有交通事故发生。

(2)交通安全不是瞬间的结果,而是对交通系统在某一时期、某一阶段过程或状态的描述。

(3)交通安全是相对的,绝对的交通安全是不存在的。

(4)在不同的时期与地域,可接受的损失水平是不同的,因而衡量交通系统是否安全的标准也不同。

二、交通事故的定义及特点

1.定义

交通事故是指机动车或非机动车、轨道车、飞机、船舶等交通工具造成的人员死伤、物损或环境污染事件。

交通事故是在交通系统内发生的,与交通系统有关的人、物等的不安全状态都会引起交通事故的发生。因此,为有效防止交通事故发生,必须采取措施消除人和物等的不安全状态。

2.特点

交通事故具有如下特点:随机性、突发性、频发性、社会性及不可逆性。

(1)随机性

交通工具本身是一个系统,当它在交通系统中运行时,则会牵涉到一个更大的系统。在交通系统这样的动态大系统中,其中有许多因素(如气候因素)本身就是随机的,而交通事故的发生往往又是多种因素共同作用或互相引发导致的结果,因此,带有极大的随机性。

(2)突发性

交通事故的发生通常没有任何先兆,从感知到危险至交通事故发生这段时间极为短暂,往往短于交通参与者的反应时间与采取相应措施所需的时间之和,或者即使事故发生前有足够的反应时间和操作时间,但由于交通参与者反应不正确、不准确而造成操作错误或不适宜,仍然会导致交通事故的发生。

(3)频发性

随着交通工具运行速度及规模的不断提高,各种交通方式运量的不断扩大,加之交通管理不善等原因,导致运输线路愈来愈拥挤,交通事故的发生愈加频繁,伤亡人数和财产损失逐渐增多,交通事故已成为一大世界性公害。

(4)社会性

货物流通以及人的流动日趋频繁,交通出行已成为社会的一种客观需求,且随着社会的不断演变,其类型、规模以及运营速度也不断地发生着变化。这个过程不仅表明人们具有对交通的追求意识和发展意识,同时也证明了交通事故是随着社会和经济的发展而发展的这个客观存在的社会现象。因此,交通事故具有社会性。

(5)不可逆性

交通事故的不可逆性是指其具有不可重现性。交通事故是人类行为的结果,从行为学的观点看,社会上没有哪种行为与事故发生时的行为相类似,无论怎么研究事故发生的机理和防治措施,也不能预测何时何地何人会发生何种事故。因此,交通事故是不可重现的,其过程是不可逆的。

三、交通安全研究的目的

交通的进步与发展给人类带来了数不尽的生活便利、经济效益和社会繁荣,但伴随着交通工具的使用与发展,交通事故的频繁发生也使人类蒙受了难以计数的损失。交通事故的惨重后果使人们不得不对交通安全状况予以高度重视,并将不断进步的科学技术应用于交通安全的研究工作中。

交通安全研究的目的主要是针对安全问题的发生、过程和结果进行调查、统计、分析等,对人、物流通过程中系统质点的冲突与矛盾事先形成对策,实现有效控制,达到交通系统的动态平衡。这个平衡只限于安全方面,与流通的量有关系,且仅限于分析有关安全保障的问题,可以提高系统运行时在安全方面的可靠性保障程度,体现一种交通服务的质的问题,从各个方面配合形成交通质和量的全面保障。

无论是发展中国家还是发达国家,保证交通安全应作为交通系统追求的根本目标之一。由于发展中国家的交通安全形势尤为严峻,其对交通安全的研究更加任重道远。在推广交通安全新技术、加强基础设施建设与运营管理的同时,应大力推行改变用户行为的执法措施和交通安全技术的宣传与教育。事在人为,只要科学地、有效地采取交通安全保障措施,交通事故是可以得到控制和预防的。

第三节　国内外交通安全概况

一、道路交通安全概况

据世界卫生组织(World Health Organization,WHO)统计,道路交通伤害已成为全球第八大死因,而且是 15~29 岁年轻人的主要死因。全球每年大约有 125 万人死于道路交通事故,且约一半是"弱势道路使用者",包括骑摩托车者(23%)、行人(22%)和骑自行车者(4%)。

1. 国外道路交通安全

由于世界各个国家和地区在交通发展状况、文化素质和汽车保有量等方面存在着诸多差异,因此,各国道路交通安全状况相差很大,低收入和中等收入国家的道路交通死亡率甚至达到了高收入国家的 2 倍以上。

1)美国

美国道路运输系统十分发达,公路总里程居世界各国之首,历年道路交通事故数量同样也居世界第一位。通过美国国家公路交通安全管理局(National Highway Traffic Safety Administration,NHTSA)、联邦公路管理局(Federal Highway Administration,FHWA)以及交通运输研究委员会(Transportation Research Board,TRB)等主要交通安全管理部门和研究机构的不断努力,美国交通安全技术水平持续提升,安全教育得到推广,相关规定日益深化和细化,其道路交通事故死亡人数已经过了高峰期,但自 2012 年起又出现了反弹的趋势。1991—2015 年美国道路交通事故统计数据如图 1-1 所示。同时据美国交通部交通统计局(Bureau of Transportation Statistics,BTS)公布的《交通运输统计年报》显示,美国近年来死于交通事故的行人数量急剧增多,2015 年共有 5376 名行人丧生,达到 20 年以来最高值。

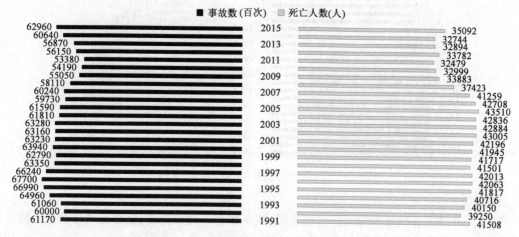

图 1-1　1991—2015 年美国道路交通事故统计数据

为有效改善道路交通安全形势,美国制订了一系列交通安全战略计划。2005 年,根据《安全、负责、灵活、高效的交通平等法案》确立了以道路安全改善项目为核心的联邦援助计划,旨在通过加强基础设施规划及建设,控制道路交通事故带来的各种损失。2009 年,批准了《第二个战略性公路研究计划》,旨在研究基于车辆和基础设施的各种先进技术,并对事故数据和驾驶人行为数据进行收集和整合分析。2011 年,提出了《零死亡——国家道路安全战略》,该战略包括变革道路安全文化和建立道路安全基础两个层次,试图从驾驶人和乘客、弱势道路使用者、车辆、道路基础设施、紧急医疗服务、道路安全管理 6 个方面入手,建立一个全新的道路安全机制。

2)欧盟

自 2000 年以来,虽然欧盟国家每年发生的道路交通事故数逐年下降,但仍然在 1 万次以上,死亡人数在 2.6 万人左右,受伤人数在 13 万人以上。据欧盟委员会统计,轿车交通事故死亡人数所占的比例最高,为 46%;其次是行人交通事故死亡人数,所占比例为 22%;电动自行车交通事故死亡人数所占比例为 15%;自行车交通事故死亡人数所占比例为 8%;摩托车、轻型载货汽车交通事故死亡人数所占比例为 3%;重型载货汽车交通事故死亡人数所占比例为 2%;拖拉机交通事故死亡人数所占比例为 1%。此外,欧盟国家道路交通事故死亡具有显著的性别特征,男性死亡人数达到了女性的 3 倍。1991—2015 年欧盟国家道路交通事故统计数据如图 1-2 所示。

为了控制道路交通事故带来的损失,欧盟国家采取了提高车辆安全标准、严格限制青年人使用大排量摩托车、严查酒驾与超速等一系列措施,并于 2010 年推出了题为《欧盟 2011—2020 年道路交通安全政策取向》的第 4 次道路交通安全战略行动计划,试图通过加强交通参与者的教育培训、加大执法力度、改善道路基础设施、推动智能交通系统等先进技术在道路交通安全领域的应用、提高应急救援水平、保护弱势道路使用者等途径,最终实现至 2020 年将欧盟国家道路交通事故死亡人数减少至 2010 年的一半的目标。

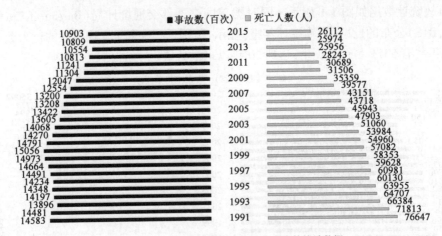

■事故数(百次)　■死亡人数(人)

	事故数	年	死亡人数
	10903	2015	26112
	10809		25974
	10554	2013	25956
	10813		28243
	11241	2011	30689
	11304		31506
	12047	2009	35359
	12554		39577
	13200	2007	43151
	13208		43718
	13422	2005	45943
	13605		47903
	14270	2003	51060
	14068		53984
	14791	2001	54960
	15056		57082
	14973	1999	58353
	14664		59628
	14491	1997	60981
	14234		60130
	14348	1995	63955
	14197		64707
	13896	1993	66384
	14481		71813
	14583	1991	76647

图 1-2　1991—2015 年欧盟国家道路交通事故统计数据

3）日本

第二次世界大战后日本的经济快速发展，汽车保有量大幅提高，道路交通事故数也随之迅速增加。1970 年，道路交通事故死亡人数达到 16765 人，为历史最高值。为控制交通事故数量，日本国土交通省自 1971 年开始制订和实施"交通安全基本计划"，且每隔 5 年更新一次，效果极为明显。虽然 1976—1992 年间日本道路交通事故死亡人数曾再度出现增长的势头，但 1992 年以后道路交通事故死亡人数基本得到控制，且呈现持续下降的态势。

日本长期坚持的道路交通安全管理政策包括：改善道路基础设施、普及交通安全思想、通过对高龄驾驶人进行特殊培训等手段确保行车安全、通过改进国家车辆回收制度确保车辆质量安全、完善道路交通规则、提高应急救援水平、为道路交通事故受害者提供合理的补偿、加强对安全驾驶行为的研究以及道路交通事故原因的综合分析等。

在第九次交通安全基本计划(2011—2015 年度)执行结束时，日本的年道路交通事故死亡人数已经下降到 4117 人。且根据国土交通省的公开数据可以发现，日本道路交通事故死亡人数中行人和自行车骑乘者占了近半数，其中又尤以老年人居多，达到七成左右。《日本统计年鉴》显示，1990—2015 年日本道路交通事故统计数据如表 1-1 所示。

1990—2015 年日本年道路交通事故统计数据　　　　表 1-1

年份 （年）	事故数 （次）	死亡人数 （人）	受伤人数 （人）	10 万人口死亡率 （人/10 万人）
1990	643097	11227	790295	9.1
1995	761794	10684	922677	8.5
2000	931950	9073	1155707	7.2
2005	934346	6937	1157113	5.4
2010	725924	4948	896297	3.9
2011	692084	4691	854613	3.7
2012	665157	4438	825392	3.5
2013	629033	4388	781492	3.4
2014	573842	4113	711374	3.2
2015	536899	4117	666023	3.2

2. 我国道路交通安全

我国道路交通事故数基本是随着国民经济的发展而逐步上升的,并受当时的社会经济状况的影响。查询《中华人民共和国道路交通事故统计年报》可知,我国道路交通事故死亡人数在 20 世纪五六十年代为几百至几千人,70 年代发展至 1 万~2 万人,1984 年后事故死亡人数急剧上升,1988—1990 年期间稍有回落,1991 年后随着国家改革开放的不断深化,汽车工业和交通运输业的迅速发展,机动车拥有量激增,道路交通事故死亡人数也随之急剧增长,至 2002 年达到历史最高值。近些年,通过公安机关、交通管理机构、安监局等多个部门的共同努力,我国道路交通安全宣传教育社会化格局初步形成,道路规划、设计、建设、运营全过程的安全监管进一步加强,道路交通应急管理机制逐年完善,道路交通事故数开始呈现总体下降趋势。1990—2016 年我国道路交通事故统计数据如表 1-2 所示。

1990—2016 年我国近年来的道路交通事故统计数据   表 1-2

年份 (年)	事故数 (次)	死亡人数 (人)	受伤人数 (人)	直接财产损失 (万元)	万车死亡率 (人/万车)	10 万人口死亡率 (人/10 万人)
1990	250297	49271	155072	36355	33.38	4.31
1995	271843	71494	159308	152267	22.48	5.90
2000	616971	93853	418721	263290	15.60	7.27
2001	754919	105930	546485	308787	15.46	8.51
2002	773137	109381	562074	332438	13.71	8.79
2003	667507	104372	494174	336915	10.81	8.08
2004	517889	107077	480864	239141	9.93	8.24
2005	450254	98738	469911	188401	7.57	7.60
2006	378781	89455	431139	148956	6.16	6.84
2007	327209	81649	380442	119878	5.10	6.21
2008	265204	73484	304919	100972	4.33	5.56
2009	238351	67759	275125	91437	3.63	5.10
2010	219521	65225	254075	92634	3.15	4.89
2011	210812	62387	237421	107873	2.78	4.65
2012	204196	59997	224327	117490	2.50	4.45
2013	198394	58539	213724	103897	2.34	4.32
2014	196812	58523	211882	107543	2.22	4.28
2015	187781	58022	199880	103692	2.10	4.22
2016	212846	63093	226430	120760	2.14	4.56

据公安部统计,截至 2017 年底,我国汽车保有量为 2.17 亿辆,驾驶人数量为 3.42 亿人,高速公路里程为 13.65 万 km。根据 2015 年国务院安全生产委员会发布的《道路交通安全"十三五"规划》,预计到 2020 年,我国汽车保有量将增至 2.5 亿辆,驾驶人将增至 4.2 亿人,高速公路里程将增至 15 万 km,未来我国道路交通事故预防工作压力还将继续增大。完善道路交通安全责任体系,提升交通参与者交通安全素质,增进车辆和道路的安全性,提高道路交通安

全管理执法能力、应急救援能力以及科技支撑能力,是我国未来进一步控制道路交通事故危害的主要途径。

二、其他交通方式交通安全概况

1. 轨道交通安全

铁路与城市轨道是国家重要的基础设施,是交通运输的大动脉,世界各国都高度重视轨道交通的发展。轨道运输过程中一旦发生事故,往往会导致人员伤亡、货物毁损、运输设备破坏等严重后果,造成重大的经济损失和恶劣的社会影响。

1) 铁路交通安全

长期以来,世界各国都积极采取有效措施,以确保铁路交通发展的安全稳定。其中,美国通过设立独立的国家运输安全委员会(National Transportation Safety Board,NTSB),利用事故调查、提出相关建议等方式提高其铁路安全水平。据美国交通部交通统计局历年《交通运输统计年报》可知,近年来美国的铁路交通事故数及死亡人数呈持续下降趋势。欧盟国家发生的致死列车碰撞及脱轨事故目前也已初步得到控制,平均每百万公里致死列车碰撞及脱轨事故数从 1990 年的 4.8 下降到了 2015 年的 1.1。根据欧盟第四个铁路改革一揽子方案可知,建立高度可靠的组织、增加铁路安全冗余设施、建立健全监督及执法制度,是欧盟铁路风险管理的发展方向。近年来,我国铁路路外安全和治安综合治理工作成效明显,至 2016 年,我国路外伤亡事故死亡人数已下降到 932 人,为 2001 年的 1/10。然而,我国铁路路外伤亡事故死亡人数的绝对数量仍较大,完善和落实路外事故深度分析制度、提升线路基础设施质量、加大对安全防护设施的巡护力度和违法违规问题的整治力度、强化法律法规及铁路安全常识宣传教育等工作,是我国改善铁路路外安全的主要途径。2001—2016 年我国铁路路外伤亡事故统计数据如图 1-3 所示。

图 1-3　2001—2016 年我国铁路路外伤亡事故统计数据

注:数据来自历年《铁道年鉴》,其中 2010 年路外伤亡事故死亡人数未公布。

2) 城市轨道交通安全

城市轨道交通具有运量大、快速、准时、安全、环保等突出特点和优势,正日益成为城市综合交通运输系统的重要支撑。由于城市轨道交通事故防范难度大,发生事故后不易进行人员疏散,因此,其运营安全保障工作极为重要。

相关研究显示,在国外,导致城市轨道交通事故发生的主要原因有供电故障、恐怖袭击、列车脱轨,这些原因导致的事故在所有城市轨道交通事故中占了一大半。而在我国,城市轨道交通事故发生的原因以车辆、乘客、通信信号为主,这些原因导致的事故在所有城市轨道交通事故中占了将近70%。

2. 航空交通安全

尽管航空交通事故发生概率较小,但航空交通事故往往是灾难性的,有效预防航空事故、保障航空交通安全一直是航空业的核心问题。

国际民用航空组织(International Civil Aviation Organization,ICAO)统计数据显示,2016年全球商业航空事故数为75次,死亡人数为182人,全球民航事故率为每百万起飞架次2.1次,达到了历史最低水平。我国在过去十余年间,民航交通安全水平不断提高。2001—2005年,我国民航运输航空重大及以上事故率为0.19次/百万飞行小时,2006—2010年,下降到0.05次/百万飞行小时,安全水平步入世界先进行列。至2016年底,我国民航运输航空重大及以上事故率已下降到0.019次/百万飞行小时,运输航空连续安全飞行76个月,累计安全飞行4623万h。然而,从总体上看,我国民航的交通安全基础仍相对薄弱,行业安全体系尚在完善之中,安全综合保障能力与行业快速发展速度还不相适应,和航空发达国家相比还有较大差距。加强基础设施、安全文化、人才队伍建设,健全民航行业安全体系,逐步转变安全监管方式,是我国未来提高航空交通安全水平需采取的主要措施。据民航局历年《年度民航发展报告》,2003—2016年我国航空交通事故统计数据如图1-4所示。

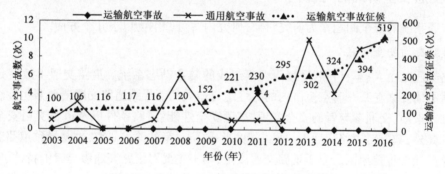

图1-4 2003—2016年我国航空交通事故统计数据

3. 水路交通安全

在经济全球化的过程中,水路交通运输发挥了重要作用,已成为现代交通运输的重要方式之一。针对船舶运输的特点,建立长效的水路交通安全保障机制、加强水路交通安全管理是水路交通管理部门及航运界的一项长期工作。

美国交通部交通统计局《交通运输统计年报》显示,美国历年水路交通事故数及死亡人数总体呈下降趋势。据《日本统计年鉴》可知,日本近年来发生海上交通事故的船只数量每年均在1000艘以上,造成的生命财产损失十分严重。根据我国交通运输部历年统计公报,我国水路交通事故数正逐年降低,造成的人员伤亡也逐步得到了控制。然而,据交通运输部公开资料显示,我国近十余年来水路运输客货运量总体呈增长态势,海上油气资源开发、海产捕捞等用海活动也日益活跃,因而港口、海峡、水道和内河干线的船舶交通流量和交通密度将进一步增加,再考虑到危险货物特别是原油的运输量不断增加,以及通航环境的日益复杂,可知我国发生水路交通事故的风险仍然较大。未来,严厉打击水路交通非法行为、继续加强安全监管、完善应急救助装备和基地建设、提高对恶劣天气的应对能力、不断健全水路交通安全通信管理机制是我国水路交通安全工作的主要方向。2003—2016 年我国水路交通事故统计数据如图 1-5 所示。

图 1-5　2003—2016 年我国水路交通事故统计数据

注:2008、2009、2010 年数据为死亡人数,水路运输领域运输船舶与非运输船舶碰撞事故记为 0.5 次。

第四节　交通安全研究的内容与基础

一、交通安全研究的内容

以交通系统的安全问题作为研究对象,研究内容可归纳为以下几个方面。

1. 道路交通安全研究

道路交通是由人、车、道路、环境等要素组成的复合动态系统。道路交通事故就是由构成道路交通的诸要素在某一时空范围内的劣性组合造成的。导致道路交通诸要素劣性组合的原因有驾驶人素质、交通参与者的安全意识、车辆安全性能、道路条件以及道路交通安全管理的水平等。此外,缺乏对道路交通事故发生规律和预防对策的深入研究,也是导致道路交通事故形势日益严峻的重要原因。对于道路交通安全,本书主要对道路交通参与者的特性、汽车的结构性能、道路交通条件(包括道路线形、路面条件、交叉路口与路侧条件、交通条件和环境等)、道路交通事故调查与处理的过程、道路交通事故分析与安全评价等展开介绍。

2. 轨道交通安全研究

轨道交通安全主要是对运输安全有关人员(包括轨道交通系统内的人员、乘客、机车驾驶人员等)、设备(包括线路、机车、车辆、通信信号等运输基础设备和安全监测、监控、事故救援、自然灾害预警等运输安全技术设备)、环境(包括作业条件、自然环境和社会环境)、管理进行深入研究,发现轨道交通安全的薄弱环节,进而提出预防和减少事故的有效措施。

3. 航空交通安全研究

航空运输系统是一个具有特定功能的系统,由人(包括航空人员和乘客等)、飞机、航线、机场、航空交通管制等要素组成。各要素必须相互协调,若其中一个要素不能与其他要素协调,系统就会失去平衡,从而导致失控、碰撞、失火等空难事故发生。航空交通安全主要通过对上述影响因素以及空难事故的深入调查研究,提出确保航空交通安全的有效措施,同时还包括航空交通安全审计、空中交通预警防碰管理系统研究等内容。

4. 水路交通安全研究

水路交通事故按性质可划分为火灾和爆炸、碰撞、搁浅和遇风暴 3 大类,其后果轻则船只破损,重则船只沉没。因此,水路交通安全主要通过对船员行为、船舶性能与结构、水路交通管理等水路交通安全的主要影响因素以及水路交通事故发生的原因进行深入研究,提出确保水路交通安全的有效措施。

二、相关知识基础

交通安全研究是一项系统工程,涉及许多学科和领域,这就要求交通安全研究人员具有广泛的知识储备和坚实的理论基础。

交通安全研究,需要具备如下相关知识基础。

1. 交通心理学

交通心理学是一门应用科学,它把心理学的方法和原则应用到交通中的人。作为交通安全研究的知识基础,交通心理学着重研究交通中与人有关的领域,包括人与机器、人与环境和人与人之间的相互关系。

2. 统计学

为了预防和正确处理交通事故,必须客观、全面地认识交通事故现象。通过应用统计学的知识对交通事故进行统计分析,查明交通事故总体的现状、发展动向以及各种影响因素对事故总体的作用和相互关系等,可以从宏观上定量地认识交通事故现象的本质和内在规律性。

3. 道路工程

为研究道路条件与安全的关系,应具备道路工程中有关几何线形、道路结构、路面、道路景观、交通信号、标志标线及安全设施等的基础知识。还应具备与道路相连的桥梁工程、立体交叉工程及道路交通附属设施等知识。

4. 轨道工程

需要具备轨道结构及组成、轨道几何形位、轨道结构力学以及线路养护与维修等基础知识。还应具备机车和车辆、轨道交通系统控制及场站交通设施等知识。

5. 航空工程

为研究飞机飞行与安全的关系,需要具备飞行控制、空气动力、通信与导航等基础知识。还应具备航线、机场内外交通设施及航站楼交通设施等知识。

6. 船舶工程

需要具备船舶分类、船舶构造、船舶性能、船舶装置与系统以及航行原理等基础知识。还应具备航道、运输组织、码头及疏港交通设施等知识。

7. 气象学

气候对交通安全有很大的影响。据统计,恶劣天气条件下的交通事故率明显高于正常天气条件下的交通事故率。应用气象学有关知识,研究不同气候条件下交通活动的特点、注意事项和一些特殊的操作方法,可以克服恶劣天气对交通的不利影响,保障交通安全。

8. 计算机知识

交通安全的管理、评价等系统十分复杂,涉及大量的安全信息。为保障各项工作顺利进行,需建立交通安全信息系统数据库,这就要求有关人员具备相应的计算机知识。

本章小结

交通安全是一门复杂、涉及范围广泛的学科,通过本章的学习,学生应了解安全的基本概念,以及安全与事故、风险等基本概念之间的相互关系,掌握交通安全与交通事故的特点,并熟悉国内外道路、轨道、航空和水路交通安全的相关形势。

习题

1-1 什么是安全? 如何理解绝对安全观和相对安全观?

1-2 什么是危险、风险、事故隐患、危险源?

1-3 简述安全、危险、风险、事故、事故隐患、危险源之间的相互关系。

1-4 交通安全、交通事故的定义各是什么? 二者有何区别?

1-5 我国道路交通事故的现状如何? 请分析我国交通安全的发展趋势。

第二章

交通安全基础理论

交通安全基础理论是揭示交通安全本质和运动规律的学科知识体系,是交通安全研究的理论基础。认识交通事故的本质特点、事故产生的原因及其内在的发展规律,对保障交通安全尤为重要。本章重点介绍复杂系统理论、可靠性理论、事故致因理论、事故预防理论,从而为揭示交通事故规律、改善交通安全状况奠定基础。

第一节 复杂系统理论

复杂性科学是系统科学和非线性科学的进一步发展、充实和深化,是系统科学研究的最新、最前沿的领域。如果说系统科学是建立在系统的整体性、组织性、目的性研究的基础上,非线性科学是建立在对系统非线性、不确定性、随机性研究的基础上,那么复杂性科学则是建立在系统的复杂性、智能性和适应性等研究的基础上。

一、复杂性与复杂系统

1. 复杂性

复杂性是混沌性的局部与整体之间的非线性形式,由于局部与整体之间的这个非线性关系,使得我们不能通过局部来认识整体。

关于复杂性,目前尚没有统一的定义。我国著名学者钱学森认为"复杂性是开放的复杂巨系统的动力学特性"。复杂性涉及面很广,譬如生物复杂性、生态复杂性、演化复杂性、经济复杂性、社会复杂性等,同时,复杂性的来源本身就是一个复杂问题。

复杂性将人的认知、系统的结构、系统的运行过程等紧密联系在一起,因此,单纯地说复杂性产生于系统的结构、复杂性产生于系统的运行或者说复杂性产生于人脑都是片面之词,系统内外部存在的交互作用关系以及人们在对系统认识过程中关系的建立过程才是复杂性的来源。

2. 复杂系统

复杂系统是具有中等数目的基于局部信息作出行动的智能性、自适应性主体的系统。海斯(J. A. Highsmith)描述了复杂系统的组成成分、组成成分间的相互作用及整体行为(功能或特征)3 要素之间的深刻关系,即复杂行为 = 简单规则 + 丰富关联。

1)特点

复杂系统具有非线性、多样性、多层性、涌现性、不可逆性、自适应性、自组织临界性、自相似性、开放性以及动态性等特征。其中,涌现性和非线性是复杂系统的本质特征。

2)研究对象

复杂系统的研究对象是具有以下特性的系统。

(1)不关心系统的物质组成,而只关心组成成分的功能、行为及组成成分间的相互关系。

(2)尽管组成成分之间相互关系的规则比较简单,但通过规则的迭代性重复,使系统整体产生复杂的行为。虽然其中不存在规定整体行为的规则,但系统会产生整体的行为并维持整体的功能。

(3)组成成分之间彼此非线性、并行和分散地相互影响,作为整体会产生特殊的行为及现象,然后整体的行为再反馈给各个组成成分,称之为涌现性。

(4)系统的行为受到组成成分及其相互作用的影响,它不能用来独立地描述整个系统,而且系统的行为是难以预测的。

3. 复杂系统理论

1)混沌理论

混沌是由确定的非线性动力学系统产生的一种貌似无规则的、类似随机的现象。混沌理论是一种兼具质性思考与量化分析的方法,用以探讨动态系统中(如人口移动、化学反应、气象变化、社会行为等)必须用整体、连续的而不是单一的数据关系才能加以解释和预测的行为。

一个随机系统,根据某一特定时刻的量无法知道以后任何时刻量的确定值,即状态在短期内是不可预测的。非线性科学中的混沌现象有别于随机系统,指的是一种确定的但不可预测的运动状态。它的外在表现和纯粹的随机运动很相似,即都不可预测。但和随机运动不同的是,混沌运动在动力学上是确定的,它的不可预测性来源于运动的不稳定性。或者说混沌系统对无限小的初值变动也具有敏感性,无论多小的扰动,在长时间以后,也会使系统彻底偏离原来的演化方向。

混沌系统具有 3 个关键要素:①对初始条件的敏感依赖性;②临界水平,这里是非线性事件的发生点;③分形维,它表明有序和无序的统一。混沌系统经常是自反馈系统,出来的东西会回去,经过变换再出来,循环往复,任何初始值的微小差别都会按指数倍放大,因此,导致系统内在地不可长期预测。

2)分形理论

与混沌学紧密联系的另一门学科是分形理论。分形与混沌的起源不同,发展过程也不相同,但它们的研究内容从本质上讲存在着极大的相似性,混沌主要在于研究行为特征,分形更注重于对本身结构的研究。

分形理论是从整体的角度定量描述具有无规则结构复杂系统形态的一门新兴科学。从自然界分形形成的动力学机制来看,它是随机性和规律性共同作用的结果,即随机性和规律性的统一。它能描述、解决经典几何学难以分析的很多非规则现象,这些现象不仅在自然界普遍存在,而且在社会科学领域中也十分常见。近年来,分形理论在物理学、化学、生物科学、地理学甚至社会科学的许多研究领域均得到了广泛的应用。从分形学角度来看,许多貌似复杂、不规则的现象,往往以某种方式表现出实质的规整性。

3)协同学

20 世纪 70 年代初,联邦德国理论物理学家哈肯提出了协同学的概念。协同学以现代系统控制科学的最新成果——系统论、信息论、控制论、突变论等为基础,同时吸取了耗散结构理论的精华,采用系统动力学的综合思维模式,通过对不同学科、不同系统的同构类比,提出了多维相空间理论,并且建立了一整套统一的数学模型和处理方案,在从微观到宏观过渡的过程中,描述了各类具有不同特殊性质的系统从无序到有序转变的共性。

二、事故致因的复杂性

事故的发生是指某一隐患因素由量变到质变,达到一定的临界点而最终导致事件发生的这一过程。一般来讲,事故从其酝酿到发生发展是一个演化的过程,可以分为蔓延、转化、衍生和耦合 4 种形式。

交通运输事故是由人的不安全行为、设备的不安全状态、环境的动态变化和管理不到位等不安全因素相互作用而造成的结果。一方面,构成交通运输安全系统的"人""机""环""管"基本要素实体,体现出分布性、差异性、关联性、高度动态性和巨量性的特点;另一方面,交通运输安全系统本质上是非线性系统,系统内部结构要素之间以及它们与外部环境之间的关系是高度非线性的。

1. 人的因素

由于人在运输中的重要地位,使得人的因素在安全运输中起关键的作用。影响交通运输安全的人员包括系统内人员和系统外人员。

2. 设备的因素

影响运输安全的运输设备主要包括运输基础设备和运输安全技术设备两类。设备之所以成为运输事故的成因,是由于设备的固有属性及其潜在的破坏能力。设备在调整使用的初期都具有较高的可靠性和安全性,经过一定时间的使用运转后,由于物理和化学因素(如磨损、腐蚀、疲劳、老化等),其安全性能逐渐降低。

3. 环境的因素

影响运输安全的环境条件包括内部小环境和外部大环境。

（1）内部小环境

对于一般微观的人-机-环境系统而言,内部环境通常指作业环境,即作业场所人为形成的环境条件,包括周围的一切生产设施所构成的人工环境。运输系统是一个非常复杂的宏观大系统,除了作业环境,影响运输安全的内部环境还包括通过管理所营造的运输系统内部的社会环境等。

（2）外部大环境

外部大环境的不安全状态主要来源于各种自然灾害产生的危险对交通安全的影响。自然灾害可分为骤发自然灾害和长期自然灾害。常见的骤发自然灾害包括地震、塌陷、地裂、崩塌、滑坡、泥石流、暴雨、洪水、海啸、气旋流、沙暴、尘暴等。这些自然灾害组合构成了交通运输环境的不安全状态。在运输过程中一旦遇到自然灾害尤其是骤发性自然灾害,安全事故将极易发生。

一方面,系统与外部环境无时无刻不在进行物质、信息和能量的交换,环境因子作用于系统内部要素,有可能诱发危险性;另一方面,环境和人的行为之间存在相互作用。环境的不安全状态会干扰人的正常思维,使其失去应有的判断力,刺激并诱发人的不安全行为,从而导致安全事故的发生。

4. 管理的因素

管理上的缺陷也是导致交通运输事故发生的原因。例如,部分领导安全责任感不强、安全管理机构不完善、安全教育与培训制度薄弱、安全标准不明确等都可能诱发事故。

三、复杂系统的研究方法论

研究复杂系统应当以唯物辩证法为指导,坚持以下5种研究方法。

1. 定性判断与定量计算相结合

复杂系统由于存在层次、非线性的特点,因此,在系统演化过程中表现出多样性、多变性。同简单的线性系统相比,复杂系统难以建立精确的数学模型进行定量的描述。这就是说,单纯采用定量的方法研究复杂系统是行不通的,必须采取定量描述和定性描述相结合的方法。所谓定性描述或定性判断,就是要对系统演化过程中的动向、走向、发展变化趋势等动态行为给出准确的描述或判断。在正确的定性描述的基础上,借助定量描述才能使定性描述深刻化、精确化。

2. 微观分析与宏观综合相结合

系统的局部和整体的关系是:整体是由局部构成的,局部的行为又受到系统的约束、支配。系统描述包括局部描述和整体描述两个方面。在系统整体观指导下的局部描述与整体描述相结合的方法,即微观分析和宏观综合相结合,也是研究复杂系统的基本方法之一。简单系统的元素同系统整体在尺度上的差别还构不成微观和宏观的差别。对于简单巨系统,存在微观和宏观的划分,而系统从微观描述过渡到宏观描述采用的是统计描述方法。对于复杂系统,尤其是复杂巨系统尚缺乏有效的统计描述方法,但是通过微观分析了解系统的层次结构,通过宏观综合了解系统的功能结构及其涌现过程,这种微观分析同宏观综合相结合的原则仍然适用于复杂系统。

3. 确定性描述与不确定性描述相结合

复杂系统内部一般都包含一些不确定的量,如随机变量、模糊变量,还有一些不完全信息量,对于这样一些量,不能用确定方法加以描述。对于表现为随机性质的不确定变量,可以应用概率统计的方法描述;对于表现为模糊性的不确定性变量,可以应用模糊集合的方法描述;对于不完全的信息量,可以应用粗糙集合的方法加以描述。为了能够对复杂系统的演化过程加以描述,一方面,需要对系统内部的确定性量进行确定方法描述;另一方面,更需要对不确定变量应用多种非确定论的方法加以描述。

4.科学推理与哲学思辨相结合

科学理论是来源于人们的生活、生产实践经验和科学实验检验的概念系统。科学家在表述科学理论时,一般总是要把概念加以形式化,再符号化,用逻辑关系表示成严密的公理化系统。随着科学技术的发展进步,科学理论也会表现出不完善,甚至出现反常、奇异现象和事件。面对这种情况,必须进行哲学思考,对系统演化过程中出现的个别现象与一般规律加以思考和辨证认识,只有这样才能把握住复杂系统研究的正确方向。

5.计算机模拟与专家智能相结合

复杂系统一般都难以建立精确的数学模型,这就使得采用传统方法对复杂系统问题进行求解或优化遇到了极大的困难。于是,人们就模拟生物的进化机制,设计了多种智能优化算法,如遗传算法、免疫算法、粒子群算法等。通过计算机软件程序实现上述优化算法的过程,实际上就是通过计算机系统模拟所研究的复杂系统的演化过程,或者说用计算机智能优化系统去逼近复杂系统的动态行为,从而实现对复杂系统的求解或优化。

应该指出,多种计算机智能优化算法所表现出的智能被称为计算机智能,属于人工智能的范畴,在模拟复杂系统演化过程中所表现出的智能水平还远比不上该领域专家。因此,将计算机强大的数据处理能力同专家智能相结合,即人机结合与融合,同样是研究复杂系统的重要方法。

第二节 可靠性理论

为分析由于机械零件的故障或人的差错而使设备或系统丧失原有功能或功能下降的原因,产生了可靠性工程学科。故障和差错不仅使设备或系统功能下降,而且往往还是意外事故和灾害发生的原因。可靠性在安全系统工程中占有重要的地位,关系到整个系统运行过程中的可靠性和安全性。随着交通安全情况的恶化,交通运行状态和人们的期望偏离越来越大,这迫使人们从更高的角度看待交通问题,故而交通学者们将可靠性概念引入到交通安全研究当中。

一、概念

1.可靠性、可靠度和不可靠度

可靠性是指产品或系统(设备)在规定条件下和规定时间内完成规定功能的能力。可靠性又分为两种:固有可靠性和使用可靠性。使用可靠性一般总是小于固有可靠性。

可靠度是衡量可靠性的尺度,指产品或系统(设备)在规定条件下和规定时间内完成规定功能的概率。

不可靠度是指产品或系统(设备)在规定条件下和规定时间内不能完成规定功能的概率。

2. 维修性、维修度和平均修复时间

维修性是指在规定条件下和规定时间内,按规定的程序和方法维修产品时,使其保持或恢复到能完成规定功能的能力。

维修度是表示维修难易的客观指标,是指在规定条件下和规定时间内,可修复产品或系统(设备)在发生故障后能够完成维修的概率。其中,"规定条件"无疑与维修人员的技术水平、熟练程度、维修方法、备件以及补充部件的后勤保障机制等密切相关。

平均修复时间是指在规定时间内,产品或系统(设备)从停机交付修理至修复验收所占用时间的平均值。

3. 有效性和有效度

产品的狭义可靠性和维修性能反映产品的有效工作能力,这一能力称为有效性,它是指可以维修的产品在某时刻具有或维持规定功能的能力。考虑产品的有效性和耐久性就可以获得产品的广义可靠性。

有效度就是在某种使用条件下和规定时间内,产品或系统(设备)保持正常使用状态的概率。

4. 故障率和平均故障间隔期

故障率是工作到某时刻尚未发生故障的产品或系统(设备),在该时刻后单位时间内发生故障的概率。

平均故障间隔期是指产品或系统(设备)在其使用寿命的某个观察期内,累计工作时间与故障次数之比。

二、可靠度函数与故障率

1. 可靠度函数

从可靠度的定义可以看出,在一定的使用条件下,可靠度是时间的函数,设可靠度为 $R(t)$,不可靠度为 $F(t)$,则有:

$$R(t) + F(t) = 1 \tag{2-1}$$

在 $F(t)$ 是时间连续函数的条件下,对函数进行微分,则有:

$$f(t) = \frac{\mathrm{d}F(t)}{\mathrm{d}t} = -\frac{\mathrm{d}R(t)}{\mathrm{d}t} \tag{2-2}$$

$$F(t) = \int_0^t f(t)\,\mathrm{d}t \tag{2-3}$$

$$R(t) = \int_t^\infty f(t)\,\mathrm{d}t \tag{2-4}$$

式中:$f(t)$——故障(或失效)概率密度函数,表示在时刻 t 后的一个单位时间内,故障产品数与产品总数之比。

工作到某时刻尚未发生故障(或失效)的产品,在该时刻后单位时间内发生故障(或失效)的概率用 $\lambda(t)$ 表示,则:

$$R(t) = \mathrm{e}^{-\int_0^t \lambda(t)\,\mathrm{d}t} \tag{2-5}$$

式中:$\lambda(t)$——故障(或失效)率,因 $\lambda(t)$ 反映时刻 t 的失效速率,故也称为瞬时失效率。

2. 故障率

在实际使用过程中的产品或机械零件,如不进行预防性维修,或对于不可修复的产品,其故障率随时间的变化情况如图 2-1 所示。

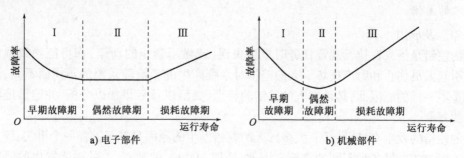

a) 电子部件   b) 机械部件

图 2-1   机电产品的典型故障率曲线

1)早期故障期的故障率

早期故障期的故障率,由极高值很快地降下来。这个高的故障率主要是由于零件加工和部件装配等方面不当引起的。

2)偶然故障期的故障率

偶然故障期的故障率降到很低而进入稳定的状态,其故障率可视为常量。这个时期是零件的正常使用期。在这个时期中发生的故障都是由偶然原因引起的。

3)耗损故障期的故障率

耗损故障期是产品经历上述两个时期的使用后,由于材料的疲劳、蠕变和磨损等原因,零件发生裂纹、尺寸永久改变、间隙增大、冲击加剧、噪声增大等后果,而使故障率急剧地增大。

机电产品在整个运转过程中,都会经历这 3 个不同的故障率阶段。加强预防维修,尽可能避免偶然因素的影响,就可延长产品的使用期。

三、人的可靠性

人的可靠性是指人在系统工作的任何阶段,在规定的最小时间限度内(假定时间要求是给定的)成功完成一项工作或任务的概率。人对于各种工程系统的可靠性均起着重要作用,为了使可靠性分析更有意义,必须考虑人的可靠性因素。一方面,在系统设计阶段,遵循人因素的原则能有效地提高人的可靠性。另一方面,诸如仔细地挑选和培训有关人员等也有助于提高人的可靠性。

1. 应力

应力是影响人的行为及其可靠性的一个重要因素。显然,一个承受过重应力的人会有较高的可能性发生失误。研究表明,人的工作效率与应力(或忧虑)之间有如图 2-2 所示的关系。

从图 2-2 中可看出,应力不完全是一种消极因素。实际上,适度的应力有利于把人的工作效率提高到最佳状态。如果应力过轻,任务简单且单调,

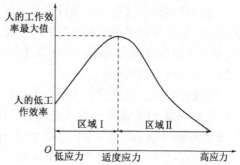

图 2-2   人的工作效率与应力的关系

反而会使人觉得工作没有意义而变得迟钝,因而人的功效不会达到高峰状态;若应力过重,超过适度应力,将引起人的工作效率下降。引起下降的原因是多方面的,如疲劳、忧虑、恐惧或其他心理上的应力。图2-2中,曲线划分为2个区域。在区域Ⅰ内,人的工作效率随应力的增加而提高;在区域Ⅱ内,人的工作效率随应力的增加而降低。

2. 人的差错

1) 概念及成因

人的差错是指人在执行规定任务时发生失误(或做了禁止的动作)而可能导致预定操作中断或引起人员伤亡和财产损坏。人的差错对系统产生的影响随系统的不同而不同,造成的后果也是不一样的。因此,必须对人的差错的特点、类型以及后果加以分析,并定量地给出它们发生的概率。

人的差错的发生有各种原因,大多数人的差错发生的原因是基于这样一个事实,即人可以用各种不同方式去做各种不同的事情。因此,按照 Meister 的观点,人的差错发生的原因主要包括:工作环境光线不合适;操作人员没有具备一定的技能;仪器设备的设计太差、质量不好;工作环境中温度太高;环境噪声高;工作图纸不合理;目标不明确;操作规程写得太差或者有错误;管理太差,任务太复杂;信息和语言交流不畅等。

2) 分类

人的差错一般可按以下几种形式分类。

(1) 按信息处理过程分类

①提供、传递信息错误。如果发现提供的信息有误,那就不能认为是操作人员的差错。在分析人的差错时,对这一点的确认是绝对必要的。

②识别、确认错误。如果正确地提供了操作信息,则要查明眼、耳等感觉器官是否正确接收到了这一信息,进而确认是否正确识别到了信息。如果肯定其过程中某处有误的话,就判定为识别、确认错误。这里所谓的识别,是指对眼前出现的信号或信息的识别;确认是指操作人员积极搜寻并检查作业所需的信息。

③记忆、判断错误。进行记忆、判断或者意志决定的中枢处理过程中产生的差错或错误属于此类。

④操作、动作错误。中枢神经虽然正确发出指令,但它未能转换为正确的动作而表现出来。这种情况包括姿势、动作的紊乱所引起的错误,或者拿错了操作工具、弄错了操作方向及遗漏了动作等错误。

(2) 按执行任务阶段分类

①设计错误。这是由于设计人员设计不当造成的错误。错误一般分为3种情况:设计人员所设计的系统或设备不能满足人机工程的要求,违背了人机相互关系的原则;设计时过于草率,设计人员偏爱某一局部设计导致片面性;设计人员在设计过程中对系统的可靠性和安全性分析不够或没有进行分析。

②操作错误。这是操作人员在现场环境下执行各种功能时所产生的错误,主要有:缺乏合理的操作规程;任务复杂而且人员在超负荷条件下工作;人的挑选和培训不够;操作人员对工作缺乏兴趣,不认真工作;工作环境太差;违反操作规程等。

③装配错误。生产过程中的装配错误有:使用了不合格的或错误的零件;漏装了零件;零部件的装配位置与图纸不符;虚焊、漏焊及导线接反等。

④检验错误。检验的目的是发现缺陷或毛病。在检验产品过程中,由于疏忽而没有把缺陷或毛病完全检测出来从而产生检验错误,这是允许的,因为检验不可能有 100% 的准确性,一般认为检验的有效度只有 85% 。

⑤安装错误。没有按照设计说明书、图纸或安全手册进行设备安装造成的错误。

⑥维修错误。维修保养中发生错误的例子很多,如设备调试不正确、校核疏忽、检修前和检修后忘记关闭或打开某些阀门、某些部位用错了润滑剂等。随着设备老化、维修次数增多,发生维修错误的可能性也会增加。

3）故障模式

人的差错的发生有各种不同的原因,诸如信息提供、识别、判断、操作等一个或多个人的活动都可能涉及人的差错。这些差错归纳起来为人的故障模式,如图 2-3 所示。

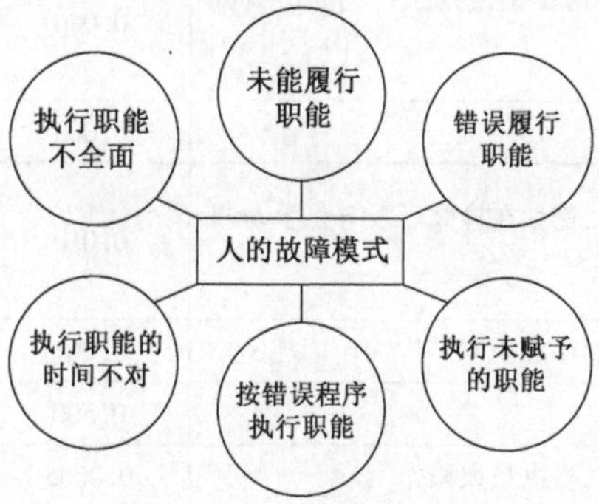

4）概率估计

人的差错概率是对人的行为的基本量度。其定义如下:

$$P = \frac{E}{O} \tag{2-6}$$

式中：E——某项工作(作业对象)中,发生的差错数;

O——某项工作中,可能发生差错的机会的总次数;

P——在完成某项工作中,差错发生的概率。

图 2-3　人的故障模式

表 2-1 所示为一些典型的人的差错概率值。表 2-2 所示为美国商用核电站风险评价报告(WASH-1400)关于操纵人员失误概率的估计值。

典型的人的差错概率　　　　表 2-1

序号	操作说明	差错概率
1	图表记录仪读数	0.006
2	模拟仪表读数	0.003
3	读图表	0.010
4	不正确地理解指示灯上的指示	0.001
5	在高度紧张情况下将控制器转错了方向	0.500
6	将控制器转错了方向(没有违反群体习惯)	0.0005
7	拧上插接件	0.010
8	阀门关闭不正	0.002
9	在一组仅靠标签识别的相同控制器中选错了标签	0.003
10	阅读技术说明书	0.008
11	确定多位置电气开关的位置	0.004
12	安装垫圈	0.004
13	安装鱼形夹	0.004
14	固定螺母、螺钉和销子	0.003

序号	操 作 说 明	差错概率
15	准备书面规程中疏忽了一项或书写错了一项	0.003
16	分析真空管失真	0.004
17	分析锈蚀和腐蚀	0.004
18	分析凹陷、裂纹和划伤	0.003
19	分析缓变电压和电平	0.040

操纵人员的失误概率估计（WASH-1400） 表 2-2

序号	失 误 行 为	估计概率
1	误选一个与应选的形状和位置完全不同的开关（假定不是由于错误判断），例如操纵员误拉一个大把手开关而不是应拉的小把手开关	0.006
2	通常的执行错误,例如读错了标志,因而错拉了开关	0.003
3	由于控制室内没有相应的状态显示而引起的通常疏忽错误,例如在检修后没有将手动调试阀门的开或关调试到应有位置	0.010
4	与上例不同的通常的疏忽错误,疏忽发生在某一过程之中而不在末尾	0.001
5	由于没有另用一张纸进行校算而产生的简单运算错误	0.500
6	当应动的开关附近有少于 5 个形状相同的不应动的开关时,操纵员误操作	0.0005
7	操纵员错开一个电动阀门的开关,该阀门原处于正确位置,并已有指示,但操纵员未注意指示而改变了阀门位置且他未发现	0.010
8	监测或检查人员未发现操纵人员的误操作,在报警后会使概率下降	0.002
9	人员换班后,除了查核表或书面指示要求的项目外,未检查其他硬件的状态	0.003
10	不采用查核表时,检查人员一般巡视未发现阀门位置不正常	0.008
11	高应力条件下的操作失误	0.004

人的差错概率受多种因素的影响,如操作的紧迫程度、单调性、不安全感,设备状况,人的生理状况、心理素质、教育、训练程度以及社会影响和环境因素等。因此,对人的可靠性进行分析非常复杂,一般要根据操作的内容、环境等因素进行修正,而且在决定这些修正系数时带有很强的经验性和主观性。

人们在处理或执行任何任务时,如操作人员在操纵使用和处理设备、装置和物料时,都有对任务（情况）的识别（输入）、判断和行动（输出）这 3 个过程,在这些过程中,也都有发生差错的可能性。因此,就某一行动而言,作业者的基本可靠度 R 为:

$$R = R_1 R_2 R_3 \tag{2-7}$$

式中: R_1 ——与输入有关的可靠度;

R_2 ——与判断有关的可靠度;

R_3 ——与输出有关的可靠度。

R_1、R_2、R_3 的参考值见表 2-3。

表2-3

类别	影 响 因 素	R_1	R_2	R_3
简单	变量不超过几个,人机工程学上考虑全面	0.9995 ~ 0.9999	0.9990	0.9995 ~ 0.9999
一般	变量不超过 10 个	0.9990 ~ 0.9995	0.9950	0.9990 ~ 0.9995
复杂	变量超过 10 个,人机工程学上考虑不全面	0.9900 ~ 0.9990	0.9900	0.9900 ~ 0.9990

受作业条件、作业者自身因素及作业环境的影响,作业者的基本可靠度还会降低。例如,有研究表明,人的舒适温度一般是 19 ~ 22℃,当人在作业时,环境温度若超过 27℃,人的失误概率就会上升约 40%。因此,还需要用修正系数 k 加以修正,从而得到作业者单个动作的失误概率为:

$$q = k(1 - R) \tag{2-8}$$

式中:k——修正系数,其计算公式为 $k = abcde$;

a——作业时间系数;

b——操作频率系数;

c——危险状况系数;

d——生理、心理条件系数;

e——环境条件系数。

a、b、c、d、e 的取值范围见表2-4。

a、b、c、d、e 的取值范围 表2-4

符号	项目	内 容	取值范围
a	作业时间	有充足的富余时间	1.0
		没有充足的富余时间	1.0 ~ 3.0
		完全没有富余时间	3.0 ~ 10.0
b	操作频率	频率适当	1.0
		连续操作	1.0 ~ 3.0
		很少操作	3.0 ~ 10.0
c	危险情况	即使误操作也安全	1.0
		误操作时危险性大	1.0 ~ 3.0
		误操作时有产生重大灾害的危险	3.0 ~ 10.0
d	生理、心理条件	综合条件(如教育、训练、健康状况、疲劳、愿望等)较好	1.0
		综合条件不好	1.0 ~ 3.0
		综合条件很差	3.0 ~ 10.0
e	环境条件	综合条件较好	1.0
		综合条件不好	1.0 ~ 3.0
		综合条件很差	3.0 ~ 10.0

3. 预防办法

1)人-机系统分析法

20 世纪 50 年代初,米勒(Robert B. Miller)研究并提出了人-机系统分析法。该方法能使系统中人的差错的不良效果降低到某种可容许的程度。

2）差错原因排除程序法

这种方法不只强调弥补的方法，而主要强调预防性措施，它可在生产操作进行时把人的差错减少到可容许的程度。这种方法要求工人直接参加，可用来提高工人完成工作的满意程度，所以又把这种方法直接称为减少人的差错的工人参与程序法。工人直接参与数据的收集分析和设计、建议等，这种直接参与使工人将差错原因排除程序视为他们自己的任务。

差错原因排除程序法要有若干个工人小组。每个小组都有 1 名协调员，他的责任是使本组瞄准自己的活动目标，亦即减少差错。这些协调员具有专门的技术和组织才能，而他们本人可以是工人，也可以是管理人员。小组的规模不应超过 8～12 人。在定期召开的差错原因排除会上，由工人提出差错情况报告和可能的差错情况报告，然后对这些报告进行评审和讨论，最后提出补救或预防措施的建议。各组的协调员向小组提出管理工作的建议，每个小组和管理人员都得到人因工程（Human Engineering）专家和其他专家的帮助。

3）质量控制小组法

1963 年，日本开始用此法解决质量控制问题，该方法的应用在日本获得了极大的成功。质量控制小组法和差错原因排除程序法有许多共同点，它们的某些内容是相同的。

4）容错与防错法

为了真正做到减少人的错误，在实际工作中，人们想到了检查单制度、双岗制等许多办法。这里仅列出 5 条行之有效的方法。

（1）提高操作的冗余度

建立相互监督和相互纠错的交叉检查制度是提高人的可靠性的重要途径。研究表明，在简单重复性任务的操纵过程中，人的错误的发生率为千分之一到百分之一。如果做好交叉检查，班组（乘务组）整体的出错频率就会大大下降，可靠度就可以大大提高。人与机在功能上的重复也是重要的监督手段。因此，真正做好人-机、人-人的监督和核查工作是减少人的错误的重要途径。

（2）改进系统界面

技术改进、容错和防错装置或程序的采用是减少人员操作错误的重要途径。例如，航空运输中近地警告系统（GPWS）的大面积采用，减少了约 90% 的可控飞行撞地事故。在某些程序设计中，没有考虑认读可能出错的因素，如 3280 就有可能被误认为是 2380，从而导致事故的发生；但是如果考虑了该因素，将其改为 3300，即可大大增加认读的准确性。

（3）提高人的意识水平

保持良好的心境和情绪，避免消极心理和有害态度的影响。此外，调整工作负荷，改变技能层次，增加任务难度等，都能在一定程度上提高意识水平。

（4）检查单制度

事先对问题的解决方案进行归纳，并制成检查单。一旦发生类似问题，对照检查单，可以从容不迫地应对。当然，检查单必须念，而不能背。念检查单要口到、手到、眼到以及心到，以防止将错误漏掉。

（5）按章办事，坚持标准操作程序

标准操作程序综合考虑安全、效益和操作方便，是精心设计和经验累积的结果，有些甚至是用血的代价换来的。偏离标准操作程序是各类交通事故发生的主要因素。显然，贯彻标准操作程序,即设计者对人所要求的标准作业方法,是人的因素的重要内容。只有严格按章作业,杜绝违章操作,才能保证安全和效益。

5)人机匹配法

事故往往是因人的不安全行为和物的不安全状态造成的。因此,为了防止事故的发生,主要应当防止出现人的不安全行为和物的不安全状态,在此基础上充分考虑人和机的特点,使之在工作中相互匹配。

(1)防止人的不安全行为

为了防止出现人的不安全行为,首先,要对人员的结构和素质情况进行分析,找出容易发生事故的人员层次和个人以及最常见的人的不安全行为。然后,在对人的身体、生理、心理进行检查测验的基础上,合理选配人员。从研究行为科学出发,加强对人的教育、训练和管理,提高生理、心理素质,增强安全意识,提高安全操作技能,从而最大限度地减少、消除不安全行为。

(2)防止物的不安全状态

为了消除物的不安全状态,应把重点放在提高技术装备(如机械设备、仪器仪表、建筑设施等)的安全化水平上。技术装备安全化水平的提高也有助于改善安全管理和防止人的不安全行为。可以说,技术装备的安全化水平在一定程度上决定了工伤事故和职业病的发生概率。

为了提高技术装备的安全化水平,必须大力推行本质安全技术。具体地说,它包括两方面的内容:失误安全功能,指操作者即使操纵失误也不会发生事故和伤害,或者说设备、设施或工艺技术具有自动防止人的不安全行为的功能;故障安全功能,指设备、设施发生故障或损坏时还能暂时维持正常工作或自动转变为安全状态。

上述安全功能应该潜藏于设备、设施或工艺技术内部,即在它们的规划设计阶段就被纳入,而不应在事后再行补偿。

(3)人机相互匹配

随着科学技术的进步,人类的生产劳动越来越多地被各种机器所代替。例如,各类机械取代了人的手脚,检测仪器代替了人的感官,计算机部分地代替了人的大脑。用机器代替人,既减轻了人的劳动强度,有利于安全和健康,又提高了工作效率。

①人与机器功能特征的比较。

人与机器各有自身的特点,在人机环境系统中,如何使人机分工合理,从而使整个系统能够发挥出最佳效率,这是需要人们进一步研究的问题。人与机器的功能特征可归纳为9个方面进行比较,如表2-5所示。

人与机器功能特征比较　　　　　　　　　　　　　　　　　　　　　　表2-5

序号	比较内容	人 的 特 征	机 器 的 特 征
1	创造性	具有创造能力,能够对各种问题产生全新的、完全不同的见解,具有发现特殊原理或关键措施的能力	无创造性
2	信息处理	人有智慧、思维、创造、辨别、归纳、演绎、综合、分析、记忆、联想、决断、抽象思维等能力	对信息有存储和迅速提取能力,能长期储存,也能一次废除,有数据处理、快速计算和部分逻辑思维能力
3	可靠性	就人脑而言,可靠性远远超过机器,但工作过程中,人的技术高低、生理和心理状况等对可靠性都有影响	经可靠性设计后,可靠性高且质量保持不变,但本身的检查和维修能力差,不能处理意外的紧急事态

序号	比较内容	人的特征	机器的特征
4	控制能力	可进行各种控制,且在自由度调节和联系能力等方面优于机器,同时,其动力设备和效应运动完全合为一体	操纵力、速度、精密度操作等方面都超过人的能力,必须外加动源
5	工作效能	可依次完成多种功能作业,但不能进行高阶运算,不能同时完成多种操作和在恶劣环境条件下工作	能在恶劣环境条件下工作,可进行高阶运算和同时完成多种操纵控制,单调、重复的工作也不降低效率
6	感受能力	人能识别物体的大小、形状、位置和颜色等特征,对不同音色和某些化学物质也有一定的分辨能力	在识别超声、辐射、微波、电磁波、磁场等信号方面超过人的感受能力
7	学习能力	具有很强的学习能力,能阅读也能接收口头指令,灵活性强	无学习能力
8	归纳性	能够从特定的情况推出一般的结论,具有归纳思维能力	只能理解特定的事物
9	耐久性	容易产生疲劳,不能长时间地连续工作	耐久性高,能长期连续工作,并超过人的能力

从表2-5中可以看出,机器优于人的方面有:操作速度快,精度高,能高倍放大和进行高阶运算。人的操作活动适宜的放大率为1:1~4:1,机器的放大倍数则可达10个数量级。人一般只能完成两阶内的运算,而计算机的运算阶数可达几百阶,甚至更高。机器能量大,能同时完成各种操作,且能保持较高的效率和准确度,不存在单调和疲劳,感受和反应能力较强,抗不利环境能力强,信息传递能力强,记忆速度和保持能力强,可进行短暂的储存记忆等。人优于机器的方面有:人的可靠度高,能进行归纳、推理和判断,并能形成概念和创造方法,人的某些感官目前优于机器,人的学习、适应和应对突发事件的能力强。人的情感、意识与个性是人的最大特点,人具有无限的创造性和能动性,这是机器所无法比拟的。

②人与机器的功能分配。

为了充分发挥人与机器各自的优点,让人和机器合理地分配工作任务,实现安全高效的生产,应根据人与机器功能特征的不同,进行人和机器的功能分配。

第三节 事故致因理论

为了防止事故发生,必须弄清事故为什么会发生,造成事故发生的原因(事故致因因素)有哪些,同时,应研究如何通过消除、控制事故致因因素来防止事故发生等。随着社会的发展,科学技术的进步,特别是工业革命以后工业事故频繁发生,人们在与各种工业事故斗争的实践中不断总结经验,探索事故发生的规律,相继阐明了事故为什么会发生、事故怎样发生以及如何防止事故发生的理论。由于这些理论着重解释事故发生的原因以及针对事故致因因素如何采取措施防止事故,所以被称为事故致因理论。事故致因理论也是指导事故预防工作的基本理论。

一、传统事故致因理论

传统事故致因理论包括事故频发倾向理论和事故遭遇倾向理论。事故频发倾向理论主要从人的不安全行为角度认识事故，并把事故发生归因于人；事故遭遇倾向理论主要从物的不安全状态角度认识事故，并把事故发生归因于物。

1. 事故频发倾向理论

事故频发倾向(Accident Proneness)是指个别人容易发生事故的、稳定的、个人的内在倾向。1919 年，格林伍德(M. Greenwood)和伍兹(H. H. Woods)对许多工厂的伤害事故发生次数资料进行统计检验，结果发现，工厂中存在着事故频发倾向者，并且前、后 3 个月事故次数的相关系数变化在 $(0.37 \pm 0.12) \sim (0.72 \pm 0.07)$ 之间，皆为正相关。

1926 年，纽鲍尔德(E. M. Newbold)研究了大量工厂的事故发生次数分布，证明事故发生次数服从发生概率极小且每个人发生事故概率不等的统计分布。他计算了一些工厂中前 5 个月和后 5 个月里事故次数的相关系数，其结果为 $(0.04 \pm 0.09) \sim (0.71 \pm 0.06)$。之后，马勃(Marbe)跟踪调查了一个有 3000 人的工厂，结果发现，第一年里没有发生事故的工人在以后几年里平均发生 $0.30 \sim 0.60$ 次事故；第一年里发生过 1 次事故的工人在以后平均发生 $0.86 \sim 1.17$ 次事故；第一年里发生过 2 次事故的工人在以后平均发生 $1.04 \sim 1.42$ 次事故，这些都充分证明了存在着事故频发倾向者。

1939 年，法默(Farmer)和查姆勃(Chamber)明确提出了事故频发倾向的概念，认为事故频发倾向者的存在是工业事故发生的主要原因。

对于发生事故次数较多、可能是事故频发倾向者的人，可以通过一系列的心理学测试来判别。例如，日本曾采用内田·克雷贝林测验(Uchida Krapelin Test)测试人的大脑工作状态曲线，采用 YG 测验(Yatabe-Guilford Test)测试工人的性格来判别事故频发倾向者。另外，也可以通过对日常工人行为的观察来发现事故频发倾向者。一般来说，具有事故频发倾向的人在进行生产操作时往往精神动摇，注意力不能经常集中在操作上，因而不能适应迅速变化的外界条件。事故频发倾向者往往有如下的性格特征：感情冲动，容易兴奋；脾气暴躁；厌倦工作，没有耐心；慌慌张张，不沉着；动作生硬而工作效率低；喜怒无常，感情多变；理解能力低，判断和思考能力差；极度喜悦和悲伤；缺乏自制力；处理问题轻率、冒失；运动神经迟钝，动作不灵活。

自格林伍德的研究起，迄今有无数的研究者对事故频发倾向理论的科学性问题进行了专门的研究探讨，关于事故频发倾向理论存在与否的问题一直有争议。实际上，事故遭遇倾向理论是事故频发倾向理论的修正。

许多研究结果证明，事故频发倾向者并不存在。

(1)当每个人发生事故的概率相等且概率极小时，一定时期内发生的事故次数服从泊松分布，根据泊松分布，大部分工人不发生事故，少数工人只发生 1 次。只有极少数工人发生 2 次以上事故，大量的事故统计资料是服从泊松分布的。例如，莫尔(D. L. Morh)等研究了海上石油钻井工人连续 2 年时间内的伤害事故情况，得出了受伤次数多的工人数没有超出泊松分布范围的结论。

(2)许多研究结果表明，某一段时间里发生事故次数多的人，在以后的时间里往往发生的事故次数就不再多了，并非永远是事故频发倾向者。通过数十年的试验及临床研究，很难找出事故频发者的稳定的个人特征，换言之，许多人发生事故是由于他们行为的某种瞬时特征引起的。

（3）根据事故频发倾向理论，防止事故的重要措施是人员选择（Screen），但是许多研究表明，把事故发生次数多的工人调离后，企业的事故发生率并没有降低。例如韦勒（Waller）对驾驶人的调查、伯纳基（Bernaki）对铁路调车员的调查，都证实了调离或解雇发生事故多的工人，并没有降低伤亡事故的发生率。

其实，工业生产中的许多操作对操作者的素质都有一定的要求，或者说，人员有一定的职业适应性。当人员的素质不符合生产操作要求时，在生产操作中就会发生失误或不安全行为，从而导致事故发生。危险性较高的、重要的操作，特别要求人的素质较高。例如特种作业，操作者要经过专门的培训、严格的考核，获得特种作业资格后才能从事。因此，尽管事故频发倾向理论把工业事故的发生归因于少数事故频发倾向者，但这种观点是错误的。不过，从职业适应性的角度来看，关于事故频发倾向的认识也有一定可取之处。

2. 事故遭遇倾向理论

事故遭遇倾向（Accident Liability）是指某些人员在某些生产作业条件下容易发生事故的倾向。明兹（A. Mintz）和布卢姆（M. L. Blum）建议用事故遭遇倾向取代事故频发倾向的概念，认为事故的发生不仅与个人因素有关，而且与生产条件有关。根据这一见解，克尔（W. A. Kerr）调查了53个电子工厂中40项个人因素及生产作业条件因素与事故发生频度和伤害严重度之间的关系，发现影响事故发生频度的主要因素有搬运距离短、噪声严重、临时工多、工人自觉性差等；与事故后果严重度有关的主要因素是工人的"男子汉"作风，其次是缺乏自觉性、缺乏指导、老年职工多、不连续出勤等，证明事故发生情况与生产作业条件有着密切关系。

米勒等的研究表明，对于一些危险性高的职业，工人要有一个适应期，在此期间内，新工人容易发生事故。内田和大内田对东京的出租车驾驶人的年平均事故数进行了统计，发现平均事故数与参加工作后一年内的事故数无关，而与进入公司后工作时间的长短有关。驾驶人在刚参加工作的前3个月里的事故数相当于每年5次，之后的3年里事故数急剧减少，在第5年里则稳定在每年1次左右，这符合经过训练可以减少失误的心理学规律，表明熟练可以大大减少事故。

二、事故因果连锁理论

在事故因果连锁理论中，以事故为中心，事故的结果是伤害（针对伤亡事故的场合），伤害事故的发生不是一个孤立的事件，而是一系列互为因果的原因事件相继发生的结果。因此，人们也经常用事故因果连锁的形式来表达某种事故致因理论。按照事故因果连锁理论，事故的发生、发展过程可以描述为：基本原因→间接原因→直接原因→事故→伤害。

1. 海因里希连锁理论

美国安全工程师海因里希（H. W. Heinrich）首先提出了事故因果连锁理论，用以阐明导致事故的各种因素之间及与事故、伤害之间的关系。该理论认为，伤害事故的发生不是一个孤立的事件，尽管伤害可能发生在某个瞬间，却是一系列互为因果的原因事件相继发生的结果。海因里希把工业伤害事故的发生、发展过程描述为具有一定因果关系的事件的连锁，即：

（1）人员伤亡的发生是事故的结果。

（2）事故的发生是由于人的不安全行为或物的不安全状态造成的。

（3）人的不安全行为或物的不安全状态是由于人的缺点造成的。

（4）人的缺点是由于不良环境诱发的，或者是由先天的遗传因素造成的。

海因里希最初提出的事故因果连锁过程涉及如下5个因素。

（1）遗传及社会因素

遗传因素及社会因素是造成人的性格上缺点的原因。遗传因素可能造成鲁莽、固执等不良性格；社会因素可能妨碍教育，助长性格上的缺点发展。

（2）人的因素

人的因素是指使人产生不安全行为或造成机械、物质不安全状态的原因，包括鲁莽、固执、过激、神经质、轻率等性格上的先天缺点，以及缺乏安全生产知识和技能等的后天缺点。

（3）人的不安全行为或物的不安全状态

所谓人的不安全行为或物的不安全状态是指那些曾经引起过事故或可能引起事故的人的行为或机械、物质的状态，它们是造成事故的直接原因。

（4）事故

事故是由于物体、物质、人或放射线的作用或反作用，使人员受到伤害或可能受到伤害、出乎意料、失去控制的事件。坠落、物体打击等能使人员受到伤害的事件是典型的事故。

（5）伤害

这里的伤害是指直接由于事故产生的人身伤害。

人们用多米诺骨牌来形象地描述这种事故因果连锁关系，得到如图2-4所示的多米诺骨牌系列。在多米诺骨牌系列中，一颗骨牌被碰倒了，则将发生连锁反应，其余的几颗骨牌相继被碰倒。如果移去连锁中的一颗骨牌，则连锁将被破坏，事故过程被迫终止。海因里希认为，企业事故预防工作的中心就是防止人的不安全行为，消除机械或物质的不安全状态，中断事故连锁的进程而避免事故的发生。

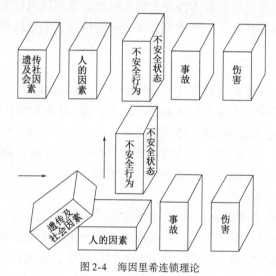

图 2-4 海因里希连锁理论

2. 博德连锁理论

博德（Frank Bird）在海因里希事故因果连锁理论的基础上，提出了反映现代安全观点的事故因果连锁理论,如图 2-5 所示。

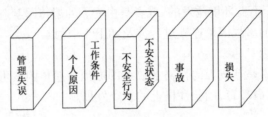

图 2-5　博德连锁理论

(1)控制不足——管理失误

事故因果连锁中一个最重要的因素是安全管理。安全管理者应该懂得管理的基本理论和原则。控制是管理机能(计划、组织、指导、协调及控制)中的一种机能。安全管理中的控制是指损失控制,包括对人的不安全行为、物的不安全状态的控制,它是安全管理工作的核心。

(2)基本原因——起源理论

为了从根本上预防事故,必须查明事故的基本原因,并针对查明的基本原因采取对策。基本原因包括个人原因及与工作有关的原因。个人原因包括缺乏知识或技能,动机不正确,身体上或精神上存在问题;工作方面的原因包括操作规程不合适,设备、材料不合格,通常的磨损及异常的使用方法等,以及温度、压力、湿度、粉尘、有毒有害气体、蒸汽、通风、噪声、照明、周围的状况(容易滑倒的地面、障碍物、不可靠的支持物、有危险的物体)等环境因素。只有找出问题的基本的、背后的原因,不仅仅停留在表面的现象上,才能实现有效的控制。

(3)直接原因——征兆

不安全行为或不安全状态是事故发生的直接原因,这是最重要的、必须加以追究的原因。实际上,直接原因不过是深层原因的征兆,是一种表面的现象。在实际工作中,如果只抓住了作为表面现象的直接原因而不追究其背后隐藏的深层原因,就永远不能从根本上杜绝事故的发生。此外,安全管理人员应该能够预测及发现这些作为管理缺陷征兆的直接原因,并采取恰当的改善措施。同时,为了在经济上可能及实际可能的情况下采取长期的控制对策,必须努力找出其直接原因。

(4)事故——接触

从实用的目的出发,往往把事故定义为最终导致人员肉体损伤、死亡、财物损失的不希望的事件,但是越来越多的安全专业人员从能量的观点出发,把事故看作是人的身体或构筑物、设备与超过其阈值的能量的接触,或人体与妨碍正常生理活动的物质的接触。于是,防止事故就是防止接触。为了防止接触,可以通过改进装置、材料及设施防止能量释放,训练提高工人识别危险的能力,提高个人保护用品的佩戴率等来实现。

(5)损失——伤害、损坏

事故后果包括人员伤害和财物损坏,二者统称为损失。

在许多情况下,可以采取恰当的措施使事故造成的损失最大限度地减少。例如,对受伤人员的迅速抢救,对设备进行抢修以及平时对有关人员进行应急训练等。

3. 亚当斯连锁理论

亚当斯(Edward Adams)提出了与博德的事故因果连锁理论类似的事故因果连锁模型,如表 2-6 所示。

亚当斯连锁理论 表 2-6

管理体制	管理失误		现场失误	事故	伤害或损坏
目标	领导者在下述方面决策 错误或未作决策	安技人员在下述方面 管理失误或疏漏	不安全行为		伤害
组织	政策 目标 权威 责任 职责	行为 责任 权威 规则 指导	不安全状态	事故	损坏
机能	注意范围 权限授予	主动性 积极性 业务活动			

在亚当斯因果连锁理论中,把事故的直接原因,即人的不安全行为和物的不安全状态称作现场失误。本来,不安全行为和不安全状态是操作者在生产过程中的错误行为及生产条件方面的问题,采用"现场失误"这一术语,其主要目的在于提醒人们注意不安全行为及不安全状态的性质。

该理论的核心在于对现场失误的背后原因进行了深入的研究。操作者不安全行为及生产作业中不安全状态等现场失误,是由于企业领导者及事故预防工作人员的管理失误造成的。管理人员在管理工作中的差错或疏忽、企业领导人决策错误或没有作出决策等失误,对企业经营管理及事故预防工作具有决定性的影响。管理失误反映了企业管理系统中的问题,它涉及管理体制,即如何有组织地进行管理工作,确定怎样的管理目标,如何计划、实现确定的目标等方面的问题。管理体制则反映了决策中心的领导人的信念、目标及规范,它决定了各级管理人员安排工作的轻重缓急、工作基准及指导方针等重大问题。

4. 北川彻三连锁理论

上述事故因果连锁理论把考察的范围局限在企业内部,用以指导企业的事故预防工作。实际上,工业伤害事故发生的原因是很复杂的。企业是社会的一部分,一个国家、一个地区的政治、经济、文化、科技发展水平等诸多社会因素,对企业内部伤害事故的发生和预防有着重要的影响。

日本广泛采用北川彻三的事故因果连锁理论作为指导事故预防工作的基本理论。北川彻三从 4 个方面探讨了事故发生的间接原因。

(1)技术原因。机械、装置、建筑物等的设计、建造、维护等技术方面的缺陷。

(2)教育原因。由于缺乏安全知识及操作经验,不知道、轻视操作过程中的危险性和安全操作方法,或操作不熟练、习惯操作等。

(3)身体原因。身体状态不佳,如有头痛、昏迷、癫痫等疾病,或近视、耳聋等缺陷,或疲劳、睡眠不足等症状。

(4)精神原因。消极、抵触、不满等不良态度,焦躁、紧张、恐怖、偏激等不佳精神,狭隘、顽固等不良性格,白痴等智力缺陷。

在工业伤害事故的上述 4 个方面的原因中,前 2 种原因经常出现,后 2 种原因出现相对较少。

北川彻三认为,事故的基本原因包括下述 3 个方面。

（1）管理原因。企业领导者不够重视安全，作业标准不明确，维修保养制度方面有缺陷，人员安排不当，职工积极性不高等管理上的缺陷。

（2）学校教育原因。小学、中学、大学等教育机构的安全教育不充分。

（3）社会或历史原因。社会安全观念落后，在工业发展的一定历史阶段，安全法规或安全管理、监督机构不完备等。

在上述原因中，管理原因可以由企业内部解决，而后2种原因需要全社会的努力才能解决。

三、事故系统致因理论

事故系统致因理论认为事故的发生是由于人的行为与机械特性间的不协调，是多种因素相互作用的结果。事故系统致因理论有多种事故致因模型，它们的形式虽然不同，但涉及的内容大体相同。其中瑟利模型和安德森模型较具代表性。

1. 瑟利模型

瑟利模型是在1969年由美国人瑟利（J. Surry）提出的，是一个典型的根据人的认知过程分析事故致因的理论。该模型把事故的发生过程分为危险出现（指形成潜在危险）和危险释放（指危险由潜在状态变为现实状态）两个阶段，这两个阶段各自包括一组类似的人的信息处理过程，即感觉（对事故的感知）、认识（对事件的理解）和行为响应。在危险出现阶段，如果人的信息处理的各个环节都是正确的，危险就能被消除或得到控制；反之，就会使操作者直接面临危险。

在危险释放阶段，如果人的信息处理过程的各个环节都是正确的，则虽然面临着已经显现出来的危险，但仍然可以避免危险释放，不会带来伤害或损害；反之，危险就会转化成伤害或损害。瑟利模型如图2-6所示。

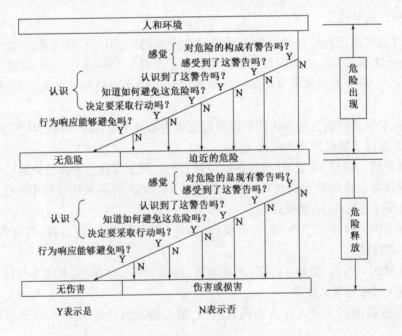

图2-6　瑟利模型

瑟利模型不仅分析了危险出现、释放直至导致事故的原因,而且还为事故预防提供了一个良好的思路。即要想预防和控制事故,首先,应采用技术的手段使危险状态充分地显现出来,使操作者能够有更好的机会感觉到危险的出现或释放,这样才有预防或控制事故的条件和可能;其次,应通过培训和教育的手段,提高人对于危险信号的敏感性,包括抗干扰能力等,同时也应采用相应的技术手段帮助操作者正确地感觉危险状态信息,如采用能避开干扰的警告方式或加大警告信号的强度等;此外,应通过教育和培训的手段使操作者在感觉到警告之后,准确地理解其含义,并知道应采取何种措施避免危险发生或控制其后果,在此基础上结合各方面的因素作出正确的决策;最后,则应通过系统及其辅助设施的设计使人在作出正确的决策后,有足够的时间和条件做出行为响应,并通过培训的手段使人能够迅速、敏捷、正确地做出行为响应。这样,事故就会在相当大的程度上得到控制,取得良好的预防效果。

2. 安德森模型

瑟利模型实际上研究的是在客观已经存在潜在危险(存在于机械的运行和环境中)的情况下,人与危险之间的相互关系、反馈和调整控制等问题。然而,瑟利模型没有探究何以会产生潜在危险,没有涉及机械及其周围环境的运行过程。安德森(Andersson)等曾在分析60件工业事故时应用瑟利模型,发现了上述问题,从而对它进行了扩展,形成了安德森模型。该模型是在瑟利模型之上增加了一组问题,所涉及的是:危险线索的来源及可察觉性、运行系统内的波动(机械运行过程及环境状况的不稳定性),以及控制或减少这些波动使之与人(操作者)的行为波动相一致,如图2-7所示。

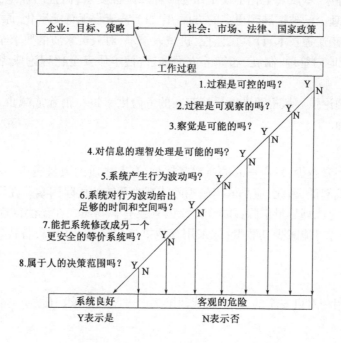

图2-7 安德森模型

该模型表明,为了防止事故,首要且关键的在于发现和识别危险,而这同人的感知能力、知识技能有关,也同作业环境条件有关。又如,在处理危险的可接受性时,虽然总体上安全与生产是一致的,但在特定时候、特定条件下也会发生暂时的矛盾。因此,如果危险已达紧迫,即使牺牲生产也必须立即采取行动,以保证安全。相反,如果危险离紧迫尚远,在作出恰当估计后还来得及采取其他措施,就能做到既排除危险、保证安全,又不耽误生产。

第四节　事故预防理论

除了自然灾害以外,凡是由于人类自身的活动造成的危害,总有其产生的因果关系。探索事故发生的原因,采取有效的对策,原则上讲就能够预防事故的发生。由于预防是事前的工作,因此,正确性和有效性十分重要。本节主要介绍本质安全化理论、先兆辨识理论、海因里希法则这3种常见的事故预防理论。

一、本质安全化理论

本质安全化理论是从防止机械伤害发展起来的,狭义的本质安全观认为受生活环境、作业环境和社会环境的影响,人的自由度增大,可靠性较机械差,要实现生产安全,必须有某种即使在人为错误的情况下也能确保人身和设备安全的装置,即安全防护装置或安全装置系统,使设备本身达到"本质的安全化"。随着人类生产活动的急剧扩大和日益复杂化,重特大事故频发,且每次事故均会造成较大的生命财产损失。人们在研究重大事故的预防中发现,仅仅对单一设备进行安全设计不能从根本上解决问题,必须把本质安全应用到复杂系统的可靠性设计中去。对于一些国家,本质安全化不仅是作为一种原则性要求,而且已被定为法规强制执行。目前,本质安全化理论已被扩展到更多的方面,比如工艺流程无毒无害化、原材料无毒无害化、全自动生产线、传感遥控技术、计算机监控、机械人技术、对人员素质的要求全面提高以及决策安全化等,并不断地向管理、制度、法律等方面渗透,使本质安全化理论成为一种普遍适用的理论。

本质安全化理论强调从根源上对系统存在的危险因素进行消除或减少,其原理概括起来主要包括4个方面。

1. 最小化原理

系统中危险因素越少,发生事故的概率就越小;有害物质的数量越少,发生事故可能造成的后果严重程度就越低,因此,应采取措施消除或减少系统的危险因素。在设备的研制生产过程中,应运用最小化原理尽量消除或减少危险因素或有害物质。在无法彻底消除系统中危险因素或物质时,应尽可能减少其数量,或采用其他措施(如冗余、隔离、替代等)防止事故发生和降低事故损失。

2. 替代原理

在系统中使用相对更安全的方案,替代风险大的方案和危险物质。

3. 稀释原理

必须使用含危险性的事物时,采取危险、有害物的最小危害形态或造成最小危险的环境、工艺等条件。稀释原理有时可以看作是最小化原理的逆过程,强调作业环境的安全特性。

4. 简化原理

简化工艺、设备、操作程序和管理过程,使系统中的工艺、设备、操作程序、管理制度等最简洁、科学和合理,提高运行效率,减少失误。简化原理具有科学化、合理化、标准化的含义,其内容既包括硬件也包括软件。

从对危险进行消除或减少的角度看,本质安全化的 4 个基本原理,即最小化、替代、稀释和简化呈现出依次减弱危险因素的趋势,对预防交通事故具有重要指导作用。

二、先兆辨识理论

先兆辨识理论认为,只要能发现事故先兆,就能够及时预防和控制事故的发生。根据该理论,已逐渐发展了先兆辨识技术、传感监测技术,甚至心理测验、行为鉴定和行为训练等技术。先兆辨识是防止事故发生的前半部分,其关键在于及时防止和治理。不过,确定先兆并非易事,找不准先兆反而会产生不良影响。因此,对先兆进行辨识,必须具有丰富的经验,并进行正确的理论分析。

先兆辨识可以按系统危险性的各要素分别研究其事故先兆,然后综合考虑并计算其发生事故的概率(可能性)及事故的严重程度。此举大多用于安全评价,但也可通过要素分析,充分了解各部分的安全状况,便于安全监察管理和改善安全状况。先兆辨识可以通过直接检测系统的各种运转参数,确定是否有转化成事故状态的痕迹,然后将此信息输入处理控制系统予以调整,扭转其不正常的运转状态或者停止运转,这种方法常用于装备系统的健康状态监控与管理。

三、海因里希法则

海因里希通过对 55 万次事故的统计调查发现,在 330 次事故中,可能会造成死亡或重伤事故有 1 次,轻伤、微伤事故 29 次,无伤害事故 300 次,即严重伤害、轻微伤害和没有伤害的事故数量之比为 1∶29∶300,这就是著名的海因里希事故法则。人们经常根据事故法则的比例关系绘制三角形图,称为事故三角形,如图 2-8 所示。

事故法则告诉人们,要消除 1 次死亡或重伤事故以及 29 次轻伤事故,必须首先消除 300 次无伤害事故。也就是说,防止灾害的关键,不在于防止伤害,而是要从根本上防止事故。所以,安全工作必须从基础抓起,如果基础安全工作做得不好,小事故不断,就很难避免大事故的发生。上述事故法则是从一般事故统计中得出的规律,对事故预防具有一定的指导意义。

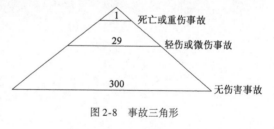

图 2-8 事故三角形

本章小结

本章探索了交通系统的复杂性根源,探讨了交通安全可靠性理论、事故致因理论以及事故预防理论,阐明了交通事故发生的原因和机理,揭示了交通安全的本质和运动规律,以便采取安全性保障措施,从而预防事故的发生。

习题

2-1 简述复杂系统的主要理论。

2-2 事故致因的复杂性因素有哪些?

2-3 预防人的差错的办法主要有哪些?

2-4 何谓事故致因理论?简述如何运用事故致因理论分析交通事故的发生原因。

2-5 什么是瑟利模型、安德森模型?二者有何异同点?

2-6 简述几种常见的事故预防理论。

第三章

交通参与者与交通安全

交通安全与所有交通参与者都有着直接的关系,尤其是与驾驶人的关系更加密切。对于不同的交通参与者来说,其交通心理和交通行为也各不相同,部分交通参与者的危险行为会引发严重的交通事故。本章重点分析驾驶人、行人、骑乘者、乘客等主要交通参与者的生理、心理特性及其危险行为特性,在此基础上,对交通参与者危险行为管理的相关内容进行介绍,旨在从人的角度对交通事故的发生机理进行分析,并从制度完善的角度加强对交通参与者危险行为的管理。

第一节 概　　述

一、交通参与者分类

交通参与者主要包括驾驶人、行人、骑乘者、乘客等,对交通参与者进行划分,研究其生理、心理特性和危险行为,有助于制订相应的交通参与者行为管理对策。

1. 驾驶人

本章使用的"驾驶人"泛指道路交通中的汽车驾驶人,轨道交通中的机车(动车组)司机,航空交通中的飞机驾驶员,以及水路交通中的船长、大副等船舶驾驶台值班人员。

驾驶人驾驶交通工具,应当具备相应的驾驶技能和谨慎的驾驶态度,尽可能避免交通事故的发生。

2. 行人

行人是交通事故中的弱者,是受交通事故侵害的主要对象之一。对行人的交通行为特性进行研究,找出其中的规律,对于保障交通系统的正常运行具有积极的作用。

3. 骑乘者

许多骑乘者不能正确认识自身与交通强者之间的相对速度,忽视强、弱两者之间可能发生的挤、擦、碰等现象。因此,研究分析非机动车骑乘者的心理与行为特性,对制定非机动车管理规范,减少非机动车交通事故发生次数具有现实意义。

4. 乘客

乘客是客运交通系统的直接服务对象,在交通活动中行使安全监督责任。

5. 轨道交通的列车调度员、车站值班员、乘务组、调车长及调车组

在轨道交通安全管理中,列车调度员、车站值班员、司机(机车乘务员)和调车长统称"三员一长",他们是轨道交通的主要参与者。对"三员一长"的危险行为进行管理,可以有效控制轨道交通事故的发生。

6. 航空交通的空勤人员、地面人员

航空人员分为空勤人员与地面人员,其中空勤人员除飞机驾驶员外还包括领航员、飞机机械人员、飞行通信员、乘务员;地面人员包括民用航空器维修人员、空中交通管制员、飞行签派员以及航空电台通信员。

1)空勤人员(除飞机驾驶员)

领航员、飞机机械人员、飞行通信员是指航空飞行过程中,按照工作程序检查、操纵机上航行设备、机械设备及通信设备的机组人员;乘务员是指照顾乘客的机组成员。空勤人员是航空器在空中飞行时的安全保证,是保证航空器顺利运行或紧急避险的主导力量,需对其资格获取及其管理建立严格的规章制度。

2)地面人员

航空器维修人员是指对航空器及机上设备维护、修理的人员;空中交通管制员是指在机场塔台、区域管制室、进近管制室、总调、管调、站调等实施空中交通管制工作的人员;飞行签派员是指具备实施航行签派资格并从事该项业务的人员;航空电台通信员是指从事民用航空通信导航监视服务保障工作的技术人员。在航行活动中,地面人员对航空交通安全的影响也不容忽视,地面人员的工作失误,也会造成严重的安全隐患。

7. 水路交通的其他船员

我国的船员职务根据其服务部门分为:船长、甲板部船员、轮机部船员、无线电操作人员等。根据我国的海船甲板部最低安全配员要求,满足条件的船舶可以减免某些职务的配员。本章重点介绍船长、引航员以及大副、二副、三副等船舶驾驶台值班人员。

二、人因交通事故成因分析

1. 交通参与者安全意识薄弱

交通参与者安全文明意识、交通观念淡薄是导致交通事故的主因。我国公民整体的交通安全意识淡薄,交通参与者在参与交通活动的过程中,往往缺乏安全意识,存在不良交通行为,避险措施不当,加之遇险后的自救能力较差,增加了其受伤害的概率。

2. 交通参与者生理或心理状态不稳定

交通信息流是复杂、时刻变化的,而人本身又具有不稳定性,因此当交通参与者的行为受到一些因素干扰时,容易产生失误。不同的交通参与者由于年龄、性别、个人经历等原因,会在生理和心理状态上存在差异,在面对相同的交通情境时,会有不同的决策。在交通参与者的生理和心理处于不良状态时,其交通行为会受负面情绪影响;在处理紧急情况时,会反应不够迅捷、动作准确性降低,做出妨碍他人甚至违反交通法规的行为。

3. 交通安全宣传教育和培训不足

我国交通安全宣传教育多采用标语、展板、手册、视频录像和多媒体等形式,但总体上可接受程度不高,受教人互动、参与性不强,整体宣传效果不明显,缺乏能被交通参与者理解、接受、喜欢的交通安全宣传教育形式,安全交通行为、避险措施和遇险后的自救安全知识普及度不高。

此外,驾驶证管理制度中也存在着漏洞,交通法制与交通安全教育工作不足。

4. 监管力度不够

虽然国家针对交通安全问题制定了很多法律法规,但是交通参与者对法律法规的遵守程度存在很大问题,原因是现有的交通管理对交通参与者的监管和执法力度不够,交通管理上重视事后管理而轻视源头管理。在交通执法方面,执法人员缺乏服务意识和执法的长期性、一致性,执法效率偏低,存在有法难依及以权谋私等现象。

三、交通参与者安全研究的意义

交通参与者安全研究的最终目的是控制及消除人的不安全因素。研究内容主要包括:对交通参与者的生理、心理等行为特性进行系统分析,研究人的行为心理特点、不安全行为特性,以及在事故发生过程中的行为状态和运动特性,力求找出规律。这对保障道路交通系统的正常运行,以及制订有效的交通管理措施均具有积极的作用,对进一步研究开发安全防护装置、减少交通事故人员伤亡具有重要的应用价值。

第二节 驾驶人特性

驾驶人的操作过程主要有 3 个环节,即辨认接收信息、操纵控制设备、观察调整运作,这些行为均受驾驶人的生理、心理特性及驾驶舒适性影响。

驾驶人驾驶交通工具需要不断地认知情况、作出决策并实施操作,这是一个不断感知信息的过程。图3-1给出了驾驶人信息感知、处理的过程,信息由接收器(感觉器官,主要包括视觉、听觉和触觉器官等)经传入神经系统传递到信息处理部(中枢神经系统),经思考判断作出决定,然后经传出神经系统传递到效果器(手脚等运动器官),从而使交通工具产生运动。如果效果器在响应上有偏差,导致交通工具发动响应异常,则必须把此信息返回到中枢神经系统进行修正,经传递由效果器修正后再重新发布指令。此外,驾驶人的情绪、身体条件、疲劳程度、疾病以及服用药物等与安全驾驶均有着密切的关系,对信息处理的正确与否有很大影响。

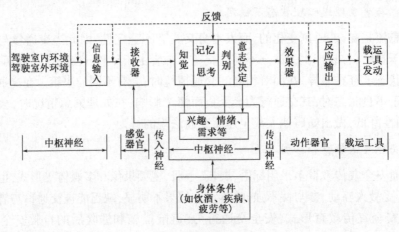

图 3-1 驾驶人的信息感知处理过程

一、生理特性

1. 视觉

驾驶人在驾驶交通工具的过程中,有80%以上的信息是依靠视觉获得的,驾驶人的视觉特性与交通安全有着密切的关系。

驾驶人的视觉判断能力与行驶速度有关,在行驶时与静止时完全不同。在交通工具高速行驶时,驾驶人因注视远方而视野变窄。试验表明:速度为40km/h时,视野角度低于100°;速度为70km/h时,视野角度低于65°;速度为100km/h时,视野角度低于40°。

1)视力

视力也称为视敏度,是指分辨细小遥远的物体或观察物体的细微部分的能力。视敏度的基本特性在于辨别两物体之间距离的长短。视力分为静视力、动视力和夜间视力,交通安全与驾驶人的视力状况有很强的相关性。

(1)静视力

静视力是指人和视标都不动的状态下检查的视力。驾驶人在报考驾驶证时都要进行静视力检查,一般认为1.0是正常静视力。静视力共分为12级:在0.1~1.0内每隔0.1为1级,共计10级,此外还有1.2和1.5两级。

我国通用E字形视力表检查驾驶人的两眼静视力。静视力的国际测定方法是以能识别的最小两点所形成的视角为标准,目前采用由1909年第11次国际眼科学会制定的缺口环(C字形环)测定静视力。这个缺口环的底色为白色,环为黑色,环的外径为7.5mm,环宽和缺口均为1.5mm,如图3-2所示。

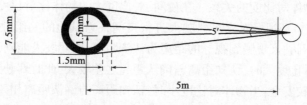

图 3-2　静视力的国际测定方法

被测试者若在距离为 5m 的情况下能辨认出此缺口,则静视力为 1.0,此时对于缺口的视角为 1′;若视角为 2′时能看清缺口,则静视力为 0.5;若视角为 5′时能看清缺口,则静视力为 0.2,依此类推。

(2)动视力

动视力是指人和视标处于运动(其中的一方运动或两方都运动)状态时检查的视力。驾驶人的动视力随交通工具行驶速度的变化而变化,速度提高,动视力降低,如图 3-3 所示。一般来说,动视力比静视力低 10%～20%,特殊情况下,比静视力低 30%～40%。例如,以 60km/h 的速度行驶的车辆,驾驶人可看清距离车 240m 处的交通标志;当速度提高到 80km/h 时,驾驶人连相距 160m 处的交通标志都看不清。

驾驶人的动视力会随着外部刺激显露时间的变化而变化,当目标急速移动时,动视力下降情况如图 3-4 所示。在照明亮度为 20lx 的条件下,当目标显露时间长达 1/10s 时,动视力为 1.0;当目标显露时间为 1/25s 时,动视力下降至 0.5。一般来讲,目标做垂直方向移动引起的动视力下降比做水平方向移动引起的动视力下降要大得多。

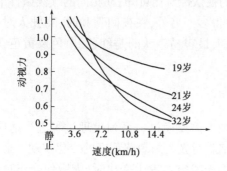

图 3-3　动视力与速度的关系

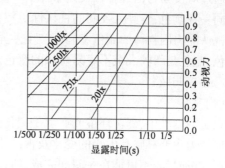

图 3-4　静视力与刺激显露时间的关系

(3)夜间视力

夜间视力与光线亮度有关,亮度提高可以增强夜间视力,在照度为 0.1～1000lx 的范围内,两者几乎呈线性关系。由于夜晚照度低引起的视力下降叫作夜近视,通过研究发现,夜间发生的交通事故往往与夜间光线不足、视力下降有直接关系。

对于驾驶人来说,一天中最危险的时刻是黄昏,因为黄昏时光线较暗,不易观察周围环境,而当打开前照灯时,其亮度与周围环境亮度相差不大,也不易观察周围的车辆和行人,往往因观察失误而发生事故。研究表明,日落前公路上的照度达数千 lx,日落后 30min 降到 100lx,而日落后 50min 只有 1lx,汽车开近光灯可增至 80lx。

夜间汽车打开前照灯运行时,汽车驾驶人应注意以下几种情况。

①夜间视力与物体大小的关系。在白天,大的物体即使在远处也很容易分辨,但在夜间,物体离汽车前照灯的距离越远,照度越低,远处大的物体越不易分辨。

②夜间视力与物体对比度的关系。在夜间,对比度大的物体比对比度小的物体容易确认。

表3-1是使用缺口环视标对汽车驾驶人进行夜间视力试验的一组数据。试验时,夜间汽车开前照灯行驶,以驾驶人观测到视标的距离为认知距离,以驾驶人能确认缺口方向的距离为确认距离。当物体对比度大时,认知距离与确认距离之差较大,此时驾驶人有较充分的时间应对各种事件,行车比较安全;当物体对比度小时,认知距离与确认距离相差甚微,这时行车是不安全的。由此可见,夜间行车时,物体的对比度对行车安全十分重要,需要在驾驶人夜间行车可能遇到危险的地方设置对比度大的警告标志。

不同对比度下的认知与确认距离(单位:m)　　　　表3-1

光源	距离	对比度为88%的视标	对比度为35%的视标
远光灯	认知距离 S_1	70.4	20.3
	确认距离 S_2	60.5	17.0
	$S_1 - S_2$	9.9	3.3
近光灯	认知距离 S_1	43.3	9.7
	确认距离 S_2	25.5	8.0
	$S_1 - S_2$	17.8	1.7

③夜间视力与物体颜色的关系。交通环境中的众多信息是靠色彩和灯光来表达和传递的,例如:交通信号、交通标志、标线及交通工具内部的仪表灯、警告灯、车辆的转向灯、示宽灯、制动灯、飞机或船舶的航行灯等,而交通工具本身的色彩也是交通景观的重要组成部分。

通过对夜间与白天各种气候条件下不同颜色的视认性对比可知,在相同的气候条件下,即使是同一种颜色,驾驶人夜间的视认性也较白天差得多。另外,在夜间驾驶时,驾驶人对于物体的视认能力因物体的颜色不同而产生差异,驾驶人最容易辨认的是红色、白色及黄色,次之为绿色,蓝色是驾驶人最不容易辨认的颜色。

2)适应与眩目

(1)适应

在实际驾驶中,驾驶环境光照度是变化的,驾驶人需要通过一系列生理过程进行适应,这种适应能力主要靠瞳孔大小的变化及视网膜感光细胞对光线的敏感程度的变化实现。适应需要经过一段时间,不可能在一瞬间完成,所以当外界光线突然发生变化时,人眼便会出现短时间的视觉障碍,这就是人眼的适应过程。光线突然由亮变暗时的适应过程称为"暗适应",反之称为"明适应"。"明适应"过程时间较快,由几秒至一分钟不等,但暗适应却慢得多。

图3-5所示为暗适应曲线。暗适应这一过程可分为2个阶段,最初5~6min内,曲线下降比较平缓,这一段称为A段;经过15min以后,又开始缓慢下降,此段称为B段。暗适应持续时间较长,最长可达1h。暗适应对安全行车影响很大,例如,车辆在白天驶入隧道时,光线突然由明变暗,在进入隧道最初的几秒钟内,驾驶人可能感到视觉障碍,极易引发交通事故。为了适应人眼的特性,隧道入口处应加强照明,车辆进入隧道前必须打开前照灯。暗适应过程因人而异,暗适应速度过慢、眼调节机能较差的驾驶人更容易发生交通

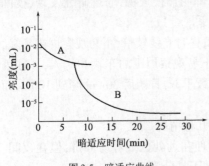

图3-5　暗适应曲线

事故。

对于飞机驾驶员来说,在完全黑暗的情况下至少需要30min才能完全适应黑暗,而在昏暗的红光下,持续20min就可以达到中等程度的暗适应。由于红光散光比较严重,飞机驾驶员在红光条件下观测航图时,很难使目光集中在一个物体上,所以红光更大的作用是在黑夜中作为指示灯。当需要读取数据和观察各种仪表时,特别是按照航行驾驶仪表进行仪表飞行时,就需要白色的驾驶舱灯光。

光亮太足,特别是飞机表面、云、水、雪以及沙漠小丘等刺眼的强反射光,可能刺伤眼睛甚至导致暂时性失明。太阳镜由于能够吸收85%的可见光(15%透过)和其他光(自然光),可起到保护眼睛的作用,并且颜色和成像都不失真。

(2)眩目

眩目会使人的视力下降,下降的程度取决于光源的强度、光源与视线的相对位置、光源周围的亮度以及眼睛的适应性等多种因素。汽车夜间行驶遇到的多数是间断性眩光,一般认为以人眼视线为中心线,30°角以内的范围是容易发生眩目的区域,在此区域内不应有强光源。

有强光照射时,视力从眩光影响中恢复的时间为:从亮处到暗处约为6s,从暗处到亮处约为3s。夜间眩光后视力的恢复时间与年龄有关,年龄越小恢复时间越短,年轻驾驶人视力恢复时间为2~3s,当年龄超过55岁时,恢复时间大约为10s。

2.听觉

听觉是驾驶行为中最重要的感觉之一,在车辆或船舶驾驶过程中,都需要使用听觉信号传递预警、停车等信息。汽车驾驶人在驾驶过程中的对话、电话通话等活动会降低其对紧急事件的应对能力,而对于轨道、航空及水路交通中的驾驶人来说,通过各种通信设备与其他交通参与者保持联系又是必不可少的。

1)噪声对驾驶人听觉器官的影响

驾驶室噪声受许多因素影响,如交通条件、装载货物、交通工具等。驾驶人在驾驶过程中需要及时接收附近的听觉信号、其他交通参与者发布的指令,以及交通工具异常声响等。驾驶室噪声会对驾驶人准确接收信息造成干扰,对其身心造成伤害,严重时会引发交通事故。

研究显示,载货汽车驾驶室噪声随着行驶年限的增加而增加,行驶年限达到10~12年的载货汽车驾驶室噪声可在84~98dB(A)范围波动。驾驶人长期在噪声大的环境下作业,必然会影响到听力,有研究测试了2400名经过筛选的载货汽车驾驶人的听力情况,分析驾驶室及车体噪声对驾驶人听觉损害的危险性,载货汽车驾驶人听力损伤程度按年龄分析结果见表3-2。

载货汽车驾驶人听力损伤程度按年龄分析结果 表3-2

年龄段	被试者(人)	噪声聋		高频听力损伤				
		人数(人)	百分比(%)	30~44dB(人)	45~74dB(人)	≥75dB(人)	人数(人)	百分比(%)
≤20	14	0	0	2	1	1	4	28.57
21~25	230	0	0	36	25	6	67	29.13
26~30	515	0	0	97	108	13	218	42.33
31~35	638	7	1.10	168	118	26	312	48.90

年龄段	被试者（人）	噪 声 聋		高 频 听 力 损 伤				
		人数（人）	百分比（%）	30～44dB（人）	45～74dB（人）	≥75dB（人）	人数（人）	百分比（%）
36～40	512	10	1.95	157	104	20	281	54.88
41～45	232	8	3.45	71	66	8	145	62.50
46～50	137	4	2.92	42	56	11	109	79.56
51～55	98	17	17.35	32	45	7	84	85.71
≥56	24	4	16.67	2	14	5	21	87.50

从表3-2可知,噪声聋、高频听力损伤的检出率随年龄增长而升高。高频听力损伤的检出率与年龄大小呈正相关,载货汽车驾驶人高频听力损害检出率较高,损害程度亦很严重。

2400名载货汽车驾驶人听觉损伤检出率按驾龄分段的比较结果见表3-3。由表3-3可知,驾驶人的高频听力损伤检出率随驾龄的增长而增加,驾龄不超过10年的驾驶人噪声聋发生比例为0.69%,而驾龄30年以上的载货汽车驾驶人其噪声聋检出率则超过了10%。

载货汽车驾驶人听觉损伤检出率按驾龄分析结果　　　　　　表3-3

驾龄（年）	被试者（人）	噪 声 聋		高 频 听 力 损 伤	
		人数（人）	百分比（%）	人数（人）	百分比（%）
≤5	209	0	0	65	31.10
6～10	580	4	0.69	242	41.72
11～15	567	2	0.35	273	48.15
16～20	569	11	1.93	317	55.71
21～25	185	7	3.78	113	61.08
26～30	162	10	6.17	124	76.54
31～35	84	9	10.71	67	79.76
36～40	37	6	16.22	34	91.89
≥41	7	1	14.29	6	85.71
合计	2400	50	2.08	1241	51.71

驾驶人长期暴露在噪声为82～105dB(A)的环境中,听力会受到不同程度的损伤,并随驾龄的增长而加重。为了保护驾驶人的听力,保证行驶安全,建议对驾驶人进行定期测试,并增强防护设备(如消声器)的效果,积极采取综合防治措施。

在铁路运输中,随着机车运行速度的不断提高和机车乘务员双班单司机值乘方式的推广,机车普遍存在大负荷、高速状态运行的现象,机车工作噪声高达100dB(A)以上,机车驾驶人在这样的环境下每天工作16h甚至更长时间。恶劣的工作环境严重危及机车乘务员的身体健康,直接影响到行车安全。

机车乘务员安全操作规程要求乘务员在乘务期间定期到火车机车设备间进行巡视,检测机车是否出现异常声响,这就决定了他们不能采取佩戴耳塞等防护设备的方式来降低噪声对人体的影响,只能对噪声源进行治理改造,例如对驾驶室采用消声、隔声、吸声等技术控制噪声传播。

另外,加强职业健康教育,建立健全机车乘务员职业健康档案,对机车乘务员定期进行职业健康检查,将有职业禁忌证和已发生噪声性听力损伤的乘务员及时调离噪声作业岗位,也是保证铁路运输生产安全和铁路职工人身安全的有效手段。

2)预警信号设置与驾驶人反应时间

交通工具使用听觉信号提示驾驶人注意紧急、异常情况。研究音频警告信号的频率、间隔时长对驾驶人提示效应的影响,对优化交通工具警告系统的设计有一定的实际意义。

目前,针对音频警告信号工效学的研究主要集中于航空工程领域,研究内容可划分为2类:纯音警告信号的工效学研究和汉语语音警告信号的工效学研究。在模拟条件下,采用试验心理学方法,研究声音警告信号频率及间隔时长等因素对驾驶人的提示效果,可以得到不同间隔时长驾驶人的平均反应时间,见图3-6。

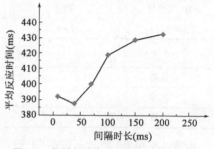

图3-6 驾驶人平均反应时间与声音警告信号间隔时长的关系

由图3-6可以看出,被试者的平均反应时间与声音警告信号间隔时长呈正相关,即在选定的间隔时长范围内,警告信号间隔时长越短,驾驶人对提示信息的反应速度越快。

由此得到以下结论:在选定的频率范围内,声音警告信号频率对驾驶人的提示效应无影响,不同警告信号频率下驾驶人反应时间无差异;在选定的间隔时长范围内,声音警告信号的间隔时长对驾驶人的注意提示效应的影响非常显著,警告信号间隔时间越短,驾驶人反应时间越短,提示效果越好;间隔时间对驾驶人听觉的影响具有极限性,其下限为389ms、上限为430ms。

3. 反应

反应特性又称反应时间,是指人从接受刺激到做出反应之间的时距。人的反应时间与交通安全有密切关系。由于反应特性是人体本身固有的特性,不可能通过某种技术手段来改变,因此,只能通过对反应时间的研究,尽量减少反应特性对交通安全的影响。

1)简单反应与复杂反应

反应有简单反应和复杂反应之分。简单反应是给驾驶人单一的刺激,要求驾驶人做出反应。这种情况下,除该刺激信号外,驾驶人的注意力不会被其他目标所占据。生理上的条件反射往往都是简单反应,因为它不经过大脑的分析、判断和选择。一般来说,简单反应时间较短,在实验室条件下,从眼到手这种反应是简单反应,如要求按响喇叭,通常需要0.15~0.25s;从眼到脚的反应,如要求踩制动踏板,约需0.5s。

复杂反应是给驾驶人多种刺激,要求驾驶人做出不同的反应。例如,汽车驾驶人在超车过程中,既要掌握自己车辆的行驶速度,又要估计前面被超越车辆的速度和让行超车路面的情况,以便有选择地判断超越时间。若超越时间长,至中途时,还要观察被超越车辆前面有无障碍或骑车、走路的人和物是否占用有效路面。因此,超车时驾驶人必须有选择余地和预知准备的余地,懂得道路行驶规律,才能在复杂道路环境中安全行驶。

2)影响驾驶人反应的因素

驾驶人的反应对安全行驶有很重要的作用,故有必要分析影响驾驶人反应的因素,研究各影响因素与驾驶人反应时间的关系,从而在交通工具及交通环境的设计方面有针对性地采取有利于提高驾驶人反应速度的措施。一般情况下,影响驾驶人反应的因素分为客观刺激物和驾驶人自身的特性两方面。

(1)刺激与反应

①刺激对象不同,反应时间不同。刺激物与反应时间的关系如表3-4所示。由表3-4可见,反应最快的是触觉,其次是听觉,再其次是视觉,反应最慢的是嗅觉。不同运动器官与反应时间的关系见表3-5。

刺激物与反应时间的关系　　　　　　　　　　　表3-4

感觉(刺激物)	触觉	听觉	视觉	嗅觉
反应时间(s)	0.11~0.16	0.12~0.16	0.15~0.20	0.20~0.80

不同运动器官与反应时间的关系　　　　　　　　表3-5

运动器官	反应时间(ms)	运动器官	反应时间(ms)
左手	144	右手	147
左脚	179	右脚	174

由表3-5可知,刺激部位不同,反应时间不同,手的反应速度比脚快。

②同种刺激,强度越大,反应时间越短。这是因为刺激物作用于感觉器官的能量越大,则在神经系统中传递得越快。所以,如以光线作为刺激物,则应提高它的亮度;如以声音作为刺激物,则应提高它的响度,这些都有利于缩短驾驶人的反应时间。

③刺激信号数目的增加会使反应时间增长。如红色信号和有声信号同时作用,驾驶人的反应时间比只用红色信号作用的反应时间增加1~2倍以上。

④刺激信号显露的时间不同,反应时间也不同。在一定范围内,反应时间随刺激信号显露时间的增加而减少。表3-6为反映光刺激时间对反应时间影响的一组试验数据。

光刺激时间与反应时间的关系　　　　　　　　　表3-6

光刺激时间(ms)	3	6	12	24	48
反应时间(ms)	191	189	187	184	184

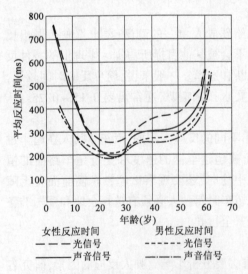

女性反应时间
——— 光信号
——— 声音信号

男性反应时间
— — 光信号
—·—·— 声音信号

图3-7　平均反应时间与人的年龄、性别的关系

试验数据表明,光刺激持续的时间越长,反应时间越短,但当光刺激时间超过24ms时,反应时间不再减少。

⑤反应时间与刺激信号的空间位置、尺寸大小等空间特性有关。在一定限度内,驾驶人看刺激信号的视角越小,反应时间越长,反之,则越短。同时,刺激信号的空间特性对反应时间的影响还表现在,双眼视觉反应比单眼反应时间显著缩短,双耳听觉反应时间也比单耳反应时间短等。

(2)年龄、性别与反应

反应时间与人的年龄和性别都有关系。一般来讲,在30岁以前,反应时间随年龄的增加而缩短,30岁以后则逐渐增加,同龄的男性比女性反应时间要短,如图3-7所示。

对汽车驾驶人进行一般情况和紧急情况下的驾驶反应测试表明,在一般情况下驾驶,年龄大者(不超过45岁)得分高,事故少;在紧急情况下驾驶,年龄在22~25岁者得分高,事故少,年龄大者得分低。

一般而言,男性为外倾型(心理活动表现外在、开朗、活泼、善交际),积极、富有正义感和意志决定能力;女性为内倾型(深沉、文静、反应迟缓、顺应困难),直观、情绪不定;男性驾驶人反应时间短,女性驾驶人则长;达到领执照标准的时间,女性驾驶人比男性长26%;遇到紧急情况时,男女驾驶人行为差别较大,例如,在汽车驾驶中遇到正面冲撞,多数男性驾驶人想方设法摆脱,而女性驾驶人则恐慌、手足无措。因此,在培训驾驶人时,应适当延长女学员的训练时间,在安排任务时,应当给女性驾驶人分配操纵轻便的车,这样有利于保证道路交通安全。

(3)情绪、注意与反应

反应快慢不仅与年龄有关,而且与驾驶人在驾驶途中思想集中程度、当时的情绪及驾驶技术水平等有着密切的关系。积极的情绪可以增强人的活力。驾驶人在喜悦、惬意、舒畅的状态下,反应速度快,大脑灵敏度较高,判断准,操作失误少;在烦恼、气愤和抑郁的状态下,反应迟钝,大脑灵敏度低,判断容易失误,出错多,特别是在应激的状态下对驾驶人的影响更大。

驾驶人在操作中若注意力分散,如谈话、接听电话、吸烟、考虑与驾驶无关的事情等都会使反应时间成倍增加。当遇到突发性的险情时,易出现惊慌失措、手忙脚乱的情况,甚至发生事故。

(4)驾驶速度与反应

交通工具行驶速度越快,驾驶人的反应时间越长;行驶速度越慢,反应时间越短。从人的生理角度来看,交通工具速度越快,驾驶人的视野越窄,看不清视野以外的情况,情绪和中枢神经系统都处于相对紧张状态,导致反应时间变长。据测试,在正常情况下,交通工具时速为40km/h时,驾驶人的反应时间为0.6s左右;当时速增加到80km/h时,反应时间增加到1.3s左右。

随着交通工具运行速度的提高,驾驶人的脉搏和眼动速度都加快,感知和反应变慢,对各种信息的感受刺激反应迟钝。在道路交通的会车和超车过程中,经常会出现对车速估计过低的情况,且容易对距离估计错误,尤其在越过障碍和在盲区路段行驶过程中,往往驾驶人对突发情况还未做出反应,事故就发生了。这种因为驾驶人盲目开快,遇到紧急情况反应不及时所引发的道路交通事故十分常见。

(5)驾驶疲劳与反应

疲劳会使驾驶人的驾驶机能失调、下降,给安全行车带来不利影响。驾驶人的疲劳主要是神经系统和感觉器官的疲劳。由于驾驶人在驾驶中要连续用脑,不断观察、判断和处理情况,因此,长时间驾驶交通工具,脑部会感到供氧不充分而产生疲劳,开始出现意识水平下降、感觉迟钝等症状,继续工作下去,感觉进一步钝化、注意力下降、注意范围缩小。这些症状是中枢神经系统在疲劳时出现的保护性反应。在这种状态下,驾驶人容易出现观察、判断和动作上的失误,导致发生事故的可能性增加。

(6)饮酒与反应

饮酒影响人的中枢神经系统,导致感觉模糊、判断失误、反应不当,进而危及交通安全。饮酒使人的色彩感觉功能降低、视觉受到影响;饮酒还对人的思考、判断能力有影响;饮酒使人的记忆力、注意力降低;还容易导致人的情绪变得不稳定、触觉感受性降低。这些都会使驾驶人的反应迟缓,增加发生交通事故的可能性。

4. 生物节律

1)人体的生物节律

生物节律又叫生物钟,是有机体周期性改变自身状态的能力,也是有机体的基本属性之一。自然界中,各种生命从伊始至终了都是按照各自固有的特点,进行周而复始有规律的变化,如昆虫冬眠、花开花落、人的心脏跳动和血液循环等。这里所讲的生物节律,专指人的体力、智力和情绪的规律。

在研究交通安全问题时,可以用以下 3 个生物节律周期说明人的行为和情绪的日常变化。

①体力周期:循环周期为 23d。每一循环的前半周期为积极期,是从事体力活动的最佳时期。后半周期为消极期,体力及耐力下降,易于疲劳。

②情绪周期:循环周期为 28d。前半周期为积极期,精力充沛、乐观。后半周期转入消极,情绪低落,心神不定。

③智力周期:循环周期为 33d。前半周期的思维敏捷,工作效率高。后半周期则智力抑制,反应变钝。

上述 3 种生物节律自人的出生日起同时开始循环,并以严格不变的周期延续至人的一生,其变化规律如图 3-8 所示。每当一种节律从前半期向后半期过渡时,人的行为便处于不稳定状态,这称为临界日或零点日。

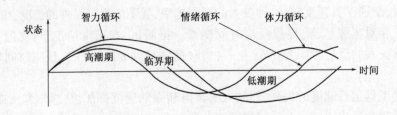

图 3-8　生物节律变化示意图

驾驶人处于体力周期和情绪周期的临界日时,容易发生交通事故。智力周期临界日对行驶安全的影响不大,但当与其他周期的临界日重合时,就会增加消极影响的程度。当有两种节律处于消极期,另一种节律处于消极期的最低点时,驾驶人也容易发生事故。只要知道驾驶人的出生年月日,便可推算出他一生中任何一天的 3 种节律状态,找出容易发生事故的日期。

2)生物节律在驾驶安全中的应用

目前,日本、美国等国家已开始应用生物节律理论来指导驾驶人的日常工作。在我国部分地区,也进行了这方面的工作,采用的方法如下。

(1)节律图表法

该方法是对所在部门的全体驾驶人的体力、情绪和智力的临界周期进行测算,制出节律图表,安全员和驾驶人各执一张,按图表来合理安排车辆。对双重和三重临界期的驾驶人,实行强制休息制度,警告处于单一临界期的驾驶人,提醒他们加倍注意安全。

（2）警示法

具体方法是利用红、黄、绿三色灯光或挂牌的方法来示意生物三节律的高潮、低潮和临界期,也可用安全行车卡的方式来警告驾驶人生物节律所处的位置,以达到控制、预防交通事故的目的。

5. 驾驶适应性

1）概念

驾驶适应性是指准备从事或已经从事交通工具驾驶工作的人员的心理品质适合于驾驶工作的程度。由于人在心理品质上存在个体差异,有的驾驶人难以适应现代的交通环境,发生交通事故的危险性明显高于一般水平。如果在事故发生前就对此作出诊断,便可提前采取防范措施,从而减少交通事故的发生次数。

2）影响因素

影响驾驶适应性的因素很多,除思想品德外,还有生理和心理素质,一般要求驾驶人身体健康(有良好的视力、辨色力、听力、无精神病患等其他影响驾驶的疾病),同时,必须具备良好的判断和反应能力。

研究表明,驾驶人遇紧急情况作出判断的时间与反应产生动作所需的时间呈二维分布,如图 3-9 所示,不同类型的驾驶人其适应能力如图 3-10 所示。

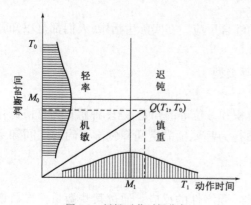

图 3-9 判断-动作时间分布

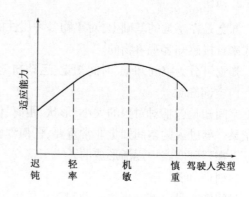

图 3-10 适应能力与驾驶人类型

图 3-9 中,M_0 为判断时间 T_0 分布的均值,M_1 为 T_1 分布的均值。$T_0 > M_0$ 为判断慢,$T_1 > M_1$ 为动作慢。从图中可以看出,被测试者可分为 4 种类型,4 个象限分别代表迟钝型、轻率型、机敏型和慎重型。由图 3-10 可知,机敏型驾驶人的适应能力最强。

3）驾驶适应性检验

我国开展的驾驶适应性检验主要包括:运用心理学仪器对注意的广度、稳定性、知觉深度、视觉误差、红绿色盲、听力、简单反应时间、选择反应时间、镜中事物判断能力、动作稳定性、手眼协调能力等进行测试,选择通行的性格量表和气质量表进行人格测验。

二、心理特性

并不是所有的人都具备与驾驶工作相适应的心理条件,因此,对人的心理特性作出综合评价,对交通安全具有非常重要的意义。

1. 感觉

感觉是客观事物的个别属性作用于人的感觉器官时,在头脑中引起的反应。感觉是最简单的心理过程,是形成各种复杂心理过程的基础。

与驾驶行为有关的重要的感觉有视觉、听觉、平衡觉、运动觉等。视觉和听觉是眼、耳的功能。平衡觉是由人体位置的变化和运动速度的变化所引起的,人体在进行直线运动或旋转运动时,其速度的加快或减慢及体位的变化,都会引起前庭器官中感觉器的兴奋而产生平衡觉。运动觉是由于机械力作用于身体肌肉、筋腱和关节中的感觉器而产生兴奋的结果。不同感觉接受信息数量的比例分布如表 3-7 所示。

不同感觉接受信息数量的比例分布 表 3-7

感觉	视觉	听觉	触觉	味觉	嗅觉
比例(%)	80	14	2	2	2

产生感觉必须具备两个条件:一是存在客观外界事物的刺激,并且要有足够的强度,能为主体所接受;二是主观的感觉能力,为了能更好地感知交通信息,保证驾驶安全,必须提高驾驶人对各种信息的感觉能力。

2. 知觉

知觉是在感觉的基础上,对事物各种属性的综合反应。在实际生活中,人们都是以知觉的形式来直接感知客观事物的。

知觉可分为空间知觉、时间知觉、运动知觉等类型。

1)空间知觉

空间知觉包括对对象的大小、形状、距离、体积和方位等的知觉,是多种感觉器官协调作用的结果。驾驶人的空间知觉非常重要,任何驾驶行为都要依靠空间知觉。正确的空间知觉是驾驶人在驾驶实践中逐渐形成的。

2)时间知觉

时间知觉是对客观事物运动和变化的延续性、顺序性的反应。通过某些衡量标准可以感知时间,这些标准可能是自然界的周期性现象,如太阳的升落、昼夜的交替、季节的变化等;也可能是机体内部一些有节律的生理活动,如心跳、呼吸等;也可能是一些物体有规律的运动,如钟摆等。受心理状态的影响,人们的时间知觉具有相对性。

3)运动知觉

运动知觉是人对物体在空间位移上的知觉,通过学习和实践可以提高运动知觉。驾驶人在估计行驶速度时,是根据先前行驶的速度来估算当时速度的。当加速时,驾驶人会低估自己的速度,而在减速时,则又会高估自己的速度。速度估算的准确性是随驾驶年限的增加而增加的,同时,老年驾驶人趋于高估速度而青年驾驶人则趋于低估速度。在一般条件下,人感觉速度的极限为:水平线性加速度 $12 \sim 20\text{cm/s}^2$,垂直线性加速度 $4 \sim 12\text{cm/s}^2$,角加速度 $0.2°/\text{s}^2$。

3. 情绪与情感

情绪和情感是人对客观事物是否符合自己的需要而产生的态度,如人的喜、怒、哀、乐等。人的情感总能在各种变化的情绪中得到表现,已形成的情感会制约情绪的变化。

1）情绪

人的情绪可以根据其发生的速度、强度和延续时间的长短，分为激情、应激和心境 3 种状态。

激情是一种猛烈而短暂的、爆发式的情绪状态，如狂喜、愤怒、恐怖、绝望等。处于激情状态下的人，其心理活动的特点是：认识范围变得狭窄、理智分析能力受到抑制、意识控制作用大大减弱、往往不能约束自己的行为、不能正确评价自己行为的意义和后果。驾驶人在激情状态下，由于自制力显著降低，极易产生不正确的反应，实施错误的行为，导致事故发生。所以，驾驶人必须尽量控制自己的情绪，掌握一些避免或延缓激情爆发的方法，如自我暗示、转移注意等。

应激是在出乎意料的紧急情况下所引起的情绪状态。汽车驾驶人在行车途中突然发现有人横穿马路，或汽车正在急转弯时突然闯出一辆没有鸣笛的汽车等，在这些突然出现的情况面前，驾驶人有时做不出避让动作，甚至有时会做出错误的反应。因此，在应激状态下，驾驶人必须头脑清醒、判断迅速、行为果断，才能处理好意外的情况。同时，驾驶人还应具有较高的安全驾驶意识、良好的驾驶习惯，并努力提高驾驶技术，这样才能在紧急情况下，迅速做出正确反应，避免或减少事故的发生。

心境是一种微弱而持久的情绪状态，对人的活动有很大影响。驾驶人在良好的心境下，判断敏捷、操纵准确，能轻松愉快地处理好驾驶中遇到的各种复杂情况；而在厌烦、消沉、压抑的心境下，会表现得粗鲁易怒，这对安全驾驶是非常不利的。驾驶人应当努力培养积极的心境，克服消极心理，驾驶时始终保持良好的心境。

2）情感

人的情感可分为道德感、理智感和美感。

道德感是一个人对他人的行为和对自己行为的情绪态度。道德感在人们的共同活动中发生、发展，并由该社会实际占统治地位的道德标准所决定。道德感的特点是具有积极作用，是完成工作、做出高尚行为的内部动机。

理智感是人在认识事物和某种追求是否得到满足时所产生的情感。驾驶人在完成驾驶任务的活动中会引起一系列深刻的情感体验，例如寻找驾驶规律，驾驶人认识到在各种路面上驾驶的规律，总结出安全行驶的方法、措施等，往往会产生喜悦的情感，这种情感会推动他进一步思考、总结规律，从而更有效地完成任务，保证交通安全。

美感是根据美的需要，按照个人所掌握的社会上美的标准，对客观事物进行评价时所产生的体验。驾驶人应对给他提供交通方便的人产生尊敬感，主动为他人让行。

4. 性格

性格是人对客观现实的态度，表现为习惯化、稳定化的心理特性，如刚强、懦弱、英勇、粗暴等。驾驶人由于性格不同，其驾驶行为也明显不同。

人的性格可以划分为多种类型，驾驶人的性格类型是按照个体心理活动的倾向性来划分的，有外倾型和内倾型两种。外倾型性格的驾驶人性格开朗、活泼且善于交际，在行车过程中自我控制能力差、协调性差，自我中心意识强；内倾型驾驶人则相反，一般表现为沉静、反应缓慢、喜欢独处、重视安全教育、行驶中不冒险。

驾驶人要确保安全驾驶，必须了解自己性格类型的特点，自觉地对自己的性格进行自我调节和优化组合，从而培养良好的性格。

5. 注意

注意是指人们心理活动对一定事物对象的指向和集中。注意具有两个特性,一是对象的指向性,二是意识的集中性。交通工具在行驶的过程中,驾驶人心理活动有选择地指向和集中于一定的交通信息,经过大脑的识别、判断、抉择,然后采取正确的驾驶操作,保障行驶安全。所以,注意能力是影响交通安全的重要因素。

1)对象的指向性

指向是指在每一瞬间把心理活动有选择地指向于一定的对象,同时离开其余的对象。汽车在弯道上行驶时,经验丰富的驾驶人主要是注意两点:一是无论是在何种情况下,始终保持正确的行驶路线;二是鸣笛、减速。鸣笛是警告对向驶来车辆的驾驶人和路边骑车、走路的人注意或让行;减速是为了降低车辆的离心力,以免车辆和物体向右侧滑或被甩出路面。

2)意识的集中性

集中是指将人的心理活动贯注于某一事物对象,表现为全神贯注、聚精会神、凝视和倾听等。被注意到的事物,就被感知得比较清晰、完整、正确;未被注意到的事物,就被感知得模糊。当然,别的事物仍会循着物理学的规律对驾驶人的感觉器官施加影响,但驾驶人的活动不会转向它们,仅仅把它们作为注意的边缘。由于意识的集中性,驾驶人可以消耗较少的精力,使心理活动取得较大的效能。

注意中心和注意边缘是经常转换的,正是由于注意能不断地转换,才能使驾驶人对新的情况及时做出必要的反应。

3)注意力的分配

驾驶人还应当很好地分配注意力,以便同时接收几个信号、完成几个动作。在动态情况下,由于交通工具的高速行驶,为了能迅速、及时、清晰、深刻地获得交通工具运行的一切必要信息,需要随时调整注意的水平。经验表明,人的感受性不能长时间地保持固定的状态,而是会间歇地加强和减弱。在驾驶过程中,驾驶人投入的注意力是不同的,他会根据外部环境和自身动机提高或降低注意水平,当外部环境易于驾驶时,驾驶人分配的注意力会减少,反之则会增加。

注意力的灵活程度对驾驶人来说很重要,驾驶人需要依靠注意力灵活性把注意力从一个目标转移到另一个目标,从各种现象的总体中,分辨出最本质、首要的现象,从而达到安全驾驶的目的。另外,驾驶人有时也要适当降低注意力的水平以避免疲劳。

三、驾驶舒适性

从驾驶人坐姿及驾驶环境角度研究驾驶舒适性,使交通工具及驾驶环境更好地满足驾驶人的生理及心理需求,可以延缓驾驶人疲劳,增加驾驶舒适性。

1. 驾驶人最佳坐姿

1)驾驶人坐姿生理学

许多长期从事坐姿工作的人,如以一种姿势坐得太久,其背部、腰部、臀部及大腿下部等部位会感到疲劳与疼痛而引起各种不适感。

坐姿舒适性与人体躯干的组织结构、生理特点有关。人体的躯干骨由脊柱、肋骨、胸骨等组成,脊柱从侧面看有 4 个生理弯曲:颈曲、胸曲、腰曲及骶曲。组成脊柱的椎骨有:颈椎、胸椎、腰椎、骶椎、尾椎,如图 3-11 所示。

在所有的生理弯曲中,腰曲直接影响到坐姿的舒适性。坐姿、弯姿或立姿时,腰曲弧线均会产生或多或少的变形,腰曲弧线的变形是造成腰部酸痛、疲劳甚至损伤的机械原因。

人站立时,身体重量由腿足承受,其腰曲线呈正常稍微前突,变形小;直坐或弯腰姿势时,大部分体重由坐骨承受,部分由背部和足部承受,腰曲弧线受到拉伸变形,迫使中间的椎间盘受到一向后的推力,压向韧带使之绷紧而引起腰酸等不适感。

人体在座椅上坐着的姿势可以用各相邻关节间的距离(线度)及各个关节的角度来确定。对于成年人而言,线度一般是不变的,而关节角度则可改变。在其可变的范围内,可以找到一个最佳区域,该区域内肌肉及关节周围的结构组织松弛,此时的坐姿称为最佳坐姿。

当乘员坐在座椅上时,其最佳姿势的支持点应在脚、臀部和背部 3 部分。若这 3 部分的支持条件匹配合理,可改善人体的疲劳。

为了使乘员特别是驾驶人获得一种正确的坐姿,减轻疲劳,必须合理地选择座椅的结构形式与参数,并使驾驶人位置正确,使驾驶人身体各部之间的夹角保持在合理的范围内。

2)驾驶人坐姿生物力学

(1)肌肉活动度

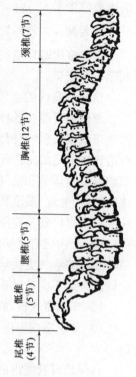

图 3-11 人类脊椎

脊椎骨依靠其附近的肌腱连接,椎骨的定位借助于肌腱的作用力。一旦脊椎偏离自然状态,肌腱组织就会受到相互压力(拉或压)的作用,使肌肉活动度增加,导致疲劳酸痛。在挺直坐姿下,腰椎部位肌肉活动度高,因为腰椎前向拉直使肌内组织紧张受力。提供靠背支承腰椎后,活动力则明显减小,当躯干前倾时,背上方和肩部肌肉活动度高。

(2)体压分布

与坐姿舒适性密切相关的人体生理因素主要是人脊柱的腰曲弧线及坐姿状态下的体压分布。

人体正常腰曲弧线是松弛状态下侧卧的自然曲线。这种状态下,各椎骨之间的间距正常,椎间盘上的压力轻微而均匀,椎间盘几乎无推力作用于韧带,人体腰部无不舒适的感觉。前弯曲活动时,椎骨之间的间距改变,两椎骨前端间距缩短,后端间距增大。椎间盘在间距缩短侧受推挤和摩擦,迫使它向韧带作用一推力。正被拉伸的韧带外加来自椎间盘的推力作用用,人体腰部便有不适或酸痛感觉。由此可知,合理的座椅形状与人体腰曲弧线是不可分开的。

人体背部与腰部的合理支承是保持驾驶人坐姿舒适性的结构措施。肩靠能减轻颈曲变形,一般设置在第 5 ~6 胸椎之间的高度上;腰靠能使腰曲弧线保持正常形状。

影响坐姿舒适性的另一生理因素是臀部的体压分布。人体臀部的不同部分在产生不舒适感觉之前所能承受的压力是不同的。一般来说,坐骨周围的肌肉可以承受较大的压力,大腿下面的肌肉因布有大血管和神经系统,即使是很小的压力,亦将影响血液循环和神经传导,从而引起不适。因此人体重量作用在坐垫上的压力应该随臀部不同部位呈不同的分布。由体压分布曲线可以诱导出座椅设计的重要原则,即合理的体压分布不应是平均分布,而是在坐骨周围的压力应为最大、逐渐向四周缓慢减小、至大腿部位压力降至最小的不均匀分布。

2. 驾驶人工作环境

驾驶室内的环境应保证驾驶人工作舒适,减轻驾驶疲劳,使驾驶人情绪处于良好状态,以利于行车安全。

1）驾驶室内的空气调节

驾驶人可能在各种季节、各种环境下工作,如果驾驶室内温度过高或过低,对驾驶人的操作会造成很大影响,因而影响行驶安全。要使驾驶人在各种情况下都保持舒适状态,给驾驶人营造比较舒适的工作环境,驾驶室内的空气系统是极其重要的一个方面。驾驶室内的空气调节包括温度调节和空气流通,影响人体舒适的因素有噪声、振动、减速度、一氧化碳浓度、二氧化碳浓度、温度、湿度和风速,其中温度、湿度和风速称为舒适感觉的三要素,因而空气调节系统的设计目标就是要使室内空气的温度、湿度和流速等指标保持在一定的范围之内。

（1）车内应有足够的新鲜空气,防止驾驶人疲劳、头痛和恶心。一般来说,每一位驾驶人冬季所需的空气更换量约为 $20 \sim 30 \text{m}^3/\text{h}$,夏季的空气更换强度应比冬季高 $2 \sim 3$ 倍,室内一氧化碳的含量不应超过 0.01mg/L,二氧化碳的含量则不宜超过 1.5mg/L。

（2）车内空气流动应均匀,平均流速约 0.25m/s。

（3）冬季室内温度应保持在 $10°\text{C}$ 以上,夏季为 $20 \sim 26°\text{C}$,至少应使室内外温差达到 $5°\text{C}$以上。

2）保证驾驶室内的活动空间

驾驶室不仅是驾驶人的工作场所,也是临时的休息场所。驾驶室如过分狭小,会使驾驶人感到压抑不快,影响驾驶人的情绪。但从技术上又要求汽车外形尺寸不能太大,因此,必须研究驾驶人在驾驶室内的活动规律,以便确定出保证驾驶人工作舒适的最低限度空间尺寸范围。

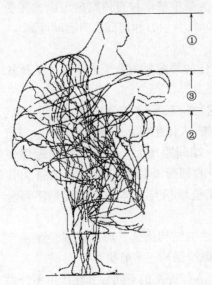

图 3-12 为人体从坐姿到立姿并向后转体时的活动范围。由图可知,驾驶室高度没有必要超过①线;如果驾驶室高度在②线以下,人体将无法活动;高度线③是人体在保持一定舒适性条件下所必需的最小活动高度。如果驾驶室高度在②③线之间,驾驶人必须弯腰低头才能活动,有受限制感。超过③线以后,限制感减少,驾驶室高度越高,驾驶人越感到舒适。

3. 仪表结构设计

驾驶人接触最频繁的部件就是仪表盘,因此,其造型设计以及位置布置是以驾驶人能对仪表进行有效的观察和对各种控制件的可操作性与方便性为依据的,仪表盘的位置布置是驾驶室设计的核心。

为了保证工作效率和减轻人的疲劳,仪表盘的空间位置应该使驾驶人不需要运动头部和眼睛,更不需要移

图 3-12 人体活动

动身体位置就能看清全部仪表。另外,汽车的某些性能如操作性、视认性、视野与反光等各种要求都体现在仪表盘上,这些性能将直接影响驾驶人的安全感、轻松感等。一般来说,仪表盘位于驾驶室内的最前方,其面积较大,容易被欣赏或挑剔。仪表盘的上、下、左、右都布满多种

零件,而且其位置不得妨碍驾驶人对周围环境的观察。因此,其结构相当复杂,这就要求设计者有丰富的经验和能力,将仪表盘与其周围的零件进行合理的配置。

第三节 驾驶人危险驾驶行为

危险驾驶行为是指违反交通安全法禁止性规范,在明知自身辨认控制能力下降的情形下实施驾驶,或者主动实施会使自身辨认控制能力相对下降的驾驶行为,并且持续实施这种驾驶行为,使他人的生命健康财产安全处于严重危险状态的行为。

一、超速驾驶

1.超速驾驶及其产生原因

超速驾驶是指交通工具行驶速度超过一定交通条件所允许的行驶速度,而非简单的高速行驶。超速驾驶产生的原因有:驾驶人思想麻痹,忽视安全;为节约燃油,下陡坡熄火、空挡滑行;为了抢旅客、争货源,你追我赶;对路线情况不熟悉,或新驾驶人操作技术不熟练,对交通工具性能未掌握;为了赶时间,争速度、尾随等。

2.危害

交通工具速度快慢对交通事故发生的可能性及其严重性有直接影响,超速驾驶所带来的危害是多方面的,归纳起来主要有以下几点。

1)超速驾驶对驾驶人的影响

(1)视野随行驶速度的提高而变窄

超速驾驶使驾驶人动视力下降、视野变窄、判断力变差。一旦遇到紧急情况,采取应急措施的时间减少,致使发生事故的可能性大大增加,而且会加重交通事故造成的后果。速度越快,驾驶人有效视野范围越小,不同行驶速度下的驾驶人视野范围如表3-8所示。

不同行驶速度下驾驶人的视野范围　　　　　　　　　　　　　　　　表3-8

行驶速度(km/h)	40	60	70	75	80	100
视野范围(°)	100	75	70	65	60	40

(2)动视力随行驶速度的提高而下降

随着行驶速度的提高,动视力下降的幅度增大。根据测试结果,行驶速度提高1/3,视认距离将减少33%。因此,驾驶人应控制行驶速度,以保持足够的动视力,辨清前方障碍物。

(3)辨别近物的能力随行驶速度的提高而下降

行驶速度越高,驾驶人辨别近物的能力就越差。目标物与交通工具的相对速度越大,目标物在驾驶人视野内的作用时间越短,导致目标物影像模糊或无法感知。

(4)速度知觉能力随行驶速度的提高而下降

超速行驶时,驾驶人精神紧张,心理和生理能量消耗量大,极易疲劳,驾驶人对相对运动速度的变化估计不足,从而造成操作迟缓,影响整个驾驶操作的及时性和准确性。

2)超速驾驶对交通工具使用性能的影响

(1)超速驾驶影响交通工具的操纵稳定性

交通工具转弯或变道行驶时产生的离心力,使交通工具发生机身向外翻转或侧滑趋势。在弯道上行驶时,速度越高,横向离心力越大,从而使操作难度增加,极易造成交通事故。

(2)超速驾驶使交通工具的制动距离增长

交通工具速度每增加1倍,制动距离约增加4倍,特别是机动车、轨道车及飞机在重载和潮湿路面上,制动距离更长,一旦前方交通工具突然减速,极易造成追尾事故。

3)超速驾驶增加了发生交通事故的可能性

例如,在高速公路上行驶的车辆较多,经常出现加速超车或跟车的情况。如每次超车按15~20s计算,10min内就会出现连续超车几十次的现象。从行驶安全距离的角度来考虑,行驶速度越快,安全距离就应该越大,若驾驶人观察不周或判断失误,则容易发生碰撞。

3. 超速驾驶与交通事故

研究发现,超速驾驶是导致交通事故、造成事故伤亡的主要原因之一,对道路交通安全具有极大的危害性,约占所有道路交通事故成因的14.1%。

1)超速驾驶与道路交通事故

(1)超速驾驶与车型

2011年我国道路交通事故统计数据显示,超速行驶造成8812名驾驶人因发生道路交通事故死亡,具体情况见表3-9。

道路交通超速行驶造成不同车型驾驶人死亡情况　　　　　　　　表3-9

车型	大/中型客车	小型客车	重/中型货车	微型货车	摩托车	拖拉机	专项作业车	其他
死亡人数(人)	692	4056	1840	669	884	114	23	534

从表中数据可以看出,在超速行驶导致的死亡事故中,小型客车超速行驶导致的死亡事故占比最高,其次为重/中型货车,二者是超速行驶检查需要重点关注的车型。

(2)超速驾驶与驾驶人驾龄

依据2005—2011年我国道路交通死亡事故情况资料,对因超速导致的死亡事故驾驶人的驾龄进行分类,具体统计分析结果如图3-13所示。

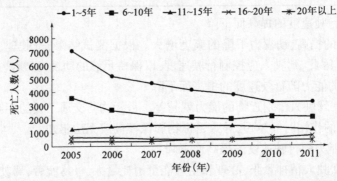

图3-13　2005—2011年因超速导致的道路交通死亡事故驾驶人驾龄情况

由图3-13可知,驾龄1~5年的驾驶人因超速驾驶造成死亡的比例最大,其次为驾龄6~10年的驾驶人,所占比例为26.01%,驾龄11~15年的驾驶人比例占15.38%,驾龄16~20年的人比例占 6.23%,驾龄 20 年以上的驾驶人比例占 4.67%。随着驾驶人驾龄的增长,超速驾驶死亡事故的比例也逐渐降低,低驾龄驾驶人更具超速驾驶的倾向性。

2)超速驾驶与其他方式交通事故

其他交通方式因超速造成的交通事故也屡见不鲜。例如 2008 年 4 月 28 日,胶济铁路发生了 1 起列车脱轨、相撞的特别重大交通事故,导致 72 人死亡、416 人受伤,中断行车 142min,直接经济损失 4192.5 万元。该事故的直接原因便是北京至青岛的列车严重超速,在限速 80km/h 的 400m 半径弯道上以 131km/h 超速行驶,最终导致该列车车厢脱轨,与对向开来的另一列车相撞。超速造成的铁路交通事故中,间接原因往往是安全管理和安全意识存在问题。

二、疲劳驾驶

1. 驾驶疲劳及其产生原因

驾驶疲劳是导致许多重大交通事故发生的根本原因,驾驶疲劳是指驾驶人长时间连续驾驶所产生的疲劳。引起驾驶疲劳的原因是多方面的,有生活上的原因(如睡眠、生活环境等);工作上的原因(如驾驶室内环境、驾驶室外环境、运行条件等);社会原因(如人际关系、工作态度、工资制度等)。其中,睡眠不足、驾驶时间过长和社会心理因素最易导致驾驶疲劳。

1)睡眠与驾驶疲劳

睡眠不足是引起驾驶疲劳的重要因素。在睡眠严重不足的情况下,要求驾驶人在几分钟内集中注意力是可行的,而要求集中注意力半小时以上就很困难。此外,睡眠时间不当或睡眠质量不高也会引起疲劳。人在白天的觉醒水平高,深夜到凌晨的觉醒水平低,人的这种昼夜节律是难以改变的,人体昼夜觉醒水平示意见图 3-14。图 3-15 是由于瞌睡而发生事故的时间分布。

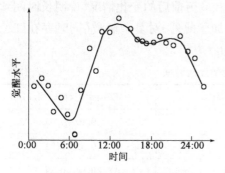

图 3-14　人体昼夜觉醒水平图

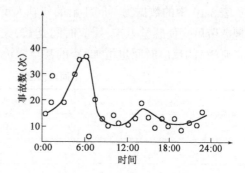

图 3-15　瞌睡事故的时间分布图

从图 3-14 及图 3-15 可知,觉醒水平低的时间,恰是瞌睡事故发生率高的时间。成年人一昼夜至少应睡 7~8h,睡眠不足或质量差很容易导致疲劳,对交通安全造成严重的影响。当睡眠时间低于 5.5h 时,事故率会明显升高。

2)驾驶时间与驾驶疲劳

长途或长时间驾驶是造成驾驶疲劳的主要原因之一。驾驶和乘坐交通工具的疲劳感可按身体症状、精神症状和神经感觉分成 5 个阶段:0~2h 时为适应新驾驶工作的努力期;2~4h 为驾驶的顺利期;4~10h 为出现疲劳期;10h 以后为疲劳的加重期,其神经感觉症状明显加强;14h 以后为过度劳累期,身体及神经感觉症状急剧加重。一个健康的驾驶人如果连续驾驶

4～8h,会出现暂时性疲劳,如果连续数天驾驶,极易造成积累性疲劳,长时间驾驶导致的疲劳驾驶使事故率明显升高。

3）驾驶人身体条件与驾驶疲劳

驾驶疲劳与驾驶人的年龄、性别、身体健康状况、驾驶熟悉程度等有着密切的关系。一般年轻驾驶人容易感到疲劳,但也容易消除疲劳;而老年驾驶人疲劳的自我感觉较年轻人差,但消除疲劳的能力较弱;在同样条件下,女性驾驶人较男性驾驶人易疲劳;技术熟练的中年驾驶人驾驶时感到很轻松,观察与动作准确,不易疲劳,而新驾驶人驾驶时精神紧张,多余动作多,易疲劳。

4）驾驶室内外环境与驾驶疲劳

驾驶室内环境对疲劳的影响很大,驾驶室内的温度、湿度、噪声、振动、照明、粉尘、汽油味、座椅与坐垫的舒适性等,对大脑皮层有一定的刺激,超过一定的限度都会导致驾驶人过早疲劳。一般驾驶室的温度控制在17℃以下较适宜;噪声如果超过90dB,会使人头晕、心情急躁,超过120dB会使人晕眩、呕吐、恐惧、视觉模糊和暂时性耳聋,所以现代交通工具均在积极改善驾驶室的环境。驾驶室外环境中的交通条件、天气条件都与疲劳的产生有关。路段长直且景观单调,交通混乱、拥挤,山路险峻等,易使驾驶人过早疲劳。闷热、持续高温的天气会使驾驶人精神疲惫,低落的情绪容易引起驾驶人头晕。

2. 驾驶疲劳对驾驶人的影响

疲劳会使驾驶人的驾驶机能下降、失调,对安全驾驶带来不利影响。疲劳后如果驾驶人继续驾驶,会感到困倦瞌睡,四肢无力,注意力不集中,甚至出现精神恍惚或瞬间记忆消失,感知、判断、操作能力下降,导致路况信息漏看,动作迟误或过早,操作停顿或修正时间不当等不安全行为。

表3-10中的数据为不同年龄的驾驶人反应时间在疲劳前后的变化情况,说明长时间驾驶出现疲劳后会使感觉迟钝,反应时间延长,失误率增加。此外,对复杂刺激(同时存在红色和声音刺激)的反应时间也增加,有的甚至增长2倍以上。

不同年龄驾驶人疲劳前后的反应时间 表3-10

年龄（岁）	疲劳前的反应时间（s）	疲劳后的反应时间（s）
18～22	0.48～0.56	0.60～0.63
23～45	0.58～0.75	0.53～0.82
46～60	0.78～0.80	0.64～0.89

驾驶人在驾驶疲劳后容易导致动作准确性下降,有时会发生反常反应(对较强的刺激出现弱反应,对较弱的刺激出现强反应),动作的协调性也受到破坏,以致反应不及时,有的动作过分急促,有的动作又过分迟缓,有时做出的动作没有错误,但不合时机,在制动、转向方面表现最为明显。

同时,疲劳后判断错误和驾驶失误都远比平时增多。判断错误多为对路线的畅通情况、对潜在事故的可能性及应对方法考虑不周到;驾驶失误多为掌握转向盘、制动、换挡不当,严重者可发生手足发抖、脚步不稳、动作失调、肌肉痉挛,对驾驶产生严重影响。不同疲劳状态对驾驶行为的影响见表3-11。

不同疲劳状态下的驾驶行为

表 3-11

行为	状 态		
	正 常 状 态	疲 劳 状 态	瞌 睡 状 态
控制速度	加减速敏捷	加减速时间较长,速度较慢	速度变换很慢或不变
驾驶方向控制	能迅速、正确地作出判断,并不断地调节操作动作	不能及时地做出调节性操作动作,甚至产生错误动作	停止操作
身体动作	操作姿势正常,无多余动作	较多的身体动作,如揉搓颈或头、伸懒腰、眨眼	睡眠、身体摇晃

3.疲劳驾驶事故规律

1)年龄与疲劳驾驶事故

不同年龄驾驶人发生疲劳驾驶事故的情况不同。研究发现,30 岁以下的年轻男性驾驶人是最容易发生疲劳事故的群体。

不同年龄驾驶人疲劳的高峰时段也略有不同,年轻驾驶人容易在清晨出现疲劳,年长驾驶人容易在中午出现疲劳,驾驶人与疲劳事故次数及发生时间的关系见图 3-16。

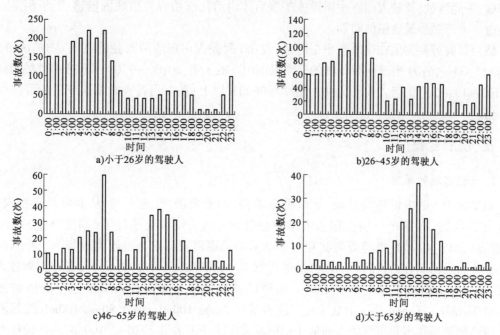

图 3-16 不同年龄驾驶人疲劳事故次数及发生时间的关系

从图 3-16 中可以看出,不同年龄段的驾驶人疲劳驾驶事故发生的高峰时段不同。小于 45 岁的驾驶人发生疲劳驾驶的时间大多是在 00:00—8:00;46~65 岁的驾驶人易发生疲劳事故的时段大多数是早上 7:00 左右及午后 13:00—16:00;大于 65 岁的驾驶人易发生疲劳事故的时段大多数是 12:00—16:00。

2)驾龄与疲劳驾驶事故

不同驾龄驾驶人发生疲劳驾驶事故的死亡人数统计数据见图 3-17。

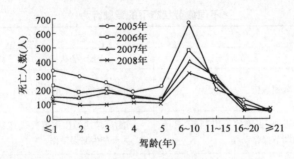

图 3-17　不同驾龄驾驶人发生疲劳驾驶事故的死亡人数

从图 3-17 中可以看出,3 年以下与 10 年左右驾龄的驾驶人发生疲劳驾驶事故的死亡率较高。驾龄较少的驾驶人因驾驶经验缺乏,在行驶时不加选择地接受、读取、处理大量信息,消耗大量精力,使驾驶人短时间内产生疲劳感。10 年左右驾龄的驾驶人因对自我驾驶技能过分自信,高估自己在紧急情况下的处理能力,导致事故率也较高。

3)疲劳驾驶事故时段分布特性

由于人体的生理节律,一天当中有 3 个时间段易出现疲劳驾驶:2:00—6:00、11:00—13:00 与 15:00—16:00。凌晨时人们睡意最浓,此时驾驶破坏了人体正常的生物钟,很容易使驾驶人瞌睡;午间驾驶,驾驶人因腹中饥饿或午餐后体内消化作用容易出现困倦感;下午则是驾驶人经过一天劳顿后最疲倦的时期。

疲劳驾驶容易发生在夜晚与下午时段。2:00 驾驶人出现疲劳驾驶的概率是 10:00 的 50 倍,而 15:00—16:00 出现疲劳驾驶的概率是 10:00 的 3 倍,20:00—7:00 出现疲劳驾驶的概率是 8:00—19:00 的 2 倍。如果驾驶人连续驾驶 11h 以上,在夜间驾驶时发生事故的可能性增加 4 倍。

三、饮酒驾驶

1. 饮酒驾驶的界定

酒精影响人的中枢神经系统,导致感觉模糊、判断失误、反应不当,从而危及驾驶安全。2011 年 2 月 25 日,第十一届全国人大常委会第十九次会议表决通过了《刑法修正案(八)》(主席令〔2011〕41 号),把醉酒驾驶和情节恶劣的追逐驾驶认定为危险驾驶行为。我国的相关法律将酒后驾车分为饮酒后驾车和醉酒后驾车。饮酒后驾车和醉酒后驾车是根据驾驶人员血液、呼气中的酒精含量值来界定的。所谓饮酒后驾车是指驾驶人员血液中的酒精浓度(Blood Alcohol Concentration, BAC)大于或者等于 20mg/100mL,小于 80mg/100mL 的驾驶行为。所谓醉酒后驾车是指驾驶人血液中的酒精浓度大于或者等于 80mg/100mL 的驾驶行为。

根据计算,一般情况下饮用 350mL 啤酒或 25mL 白酒后,血液酒精浓度就可达到 20mg/100mL,即达到饮酒后驾车的处罚条件。当饮酒量上升至 1400mL,约相当于 3 瓶 500mL 啤酒或一两半白酒(约 75mL)时,血液酒精浓度可达到 80mg/100mL,即可达到醉酒后驾车的处罚条件。

众多调查显示,酒精对飞行有诸多不利的影响。即使是 1oz(28.3495g)的酒精饮料、一杯啤酒或者 4oz 葡萄酒也会影响飞行技能,甚至在酒后 3h 之内,酒精仍可在血液和呼吸中被检测出来。即使在喝了适量的酒几小时之内,残留酒精仍会严重降低飞机驾驶员的能力。酒精会严重影响飞机驾驶员的方向感知能力并导致缺氧,无法加速酒精循环。

由于酒精导致的重大事故率一直居高不下,说明酒精对飞行安全会产生严重危害。美国的联邦航空条例规定飞机驾驶员在酒后8h之内或仍受酒精控制的情况下不能执行飞行任务。然而8h之后,飞机驾驶员并不能完全清醒,因此,一般规定酒后12~24h后方可执行任务。

2. 饮酒对驾驶人的影响

当人体血液内酒精含量过高,达到醉酒状态时,饮酒的影响作用就更为明显。由于酒精对人的中枢神经有麻醉作用,酒精进入人体后影响中枢神经系统正常的生理功能,会使人出现一系列的反常表现,主要表现在以下几个方面。

(1)醉酒使人的色彩感觉功能降低,视觉受到影响。驾驶人80%左右的信息是靠视觉获得的,而在这80%左右的信息中,绝大部分都是有颜色的。当色彩感觉降低后,就不能迅速、准确地把握环境中的动态信息,使感觉输入阶段的失误增加。

(2)醉酒对人的思考、判断能力有影响。对驾驶人饮酒后驾驶汽车做穿杆试验,结果发现平时优秀的驾驶人在试验时也不能正确判断车宽和杆距的关系,穿杆失败率增加。当血液中酒精浓度达到0.94%时,判断力会降低25%。

(3)醉酒使人记忆力降低。饮酒后人们对外界事物不容易留下深刻印象,即使以前留下印象的事物,也会因酒精的影响而难以回忆起来。

(4)醉酒使注意力水平降低。据试验研究结果,当酒精进入人体内后,注意力易偏向于某一方面而忽略对外界情况的全面观察,对注意的支配能力大幅下降。驾驶过程中,注意力如果不能合理分配和及时转移,必然会影响对复杂交通环境的观察,使发生交通事故的概率增大。

(5)醉酒使人的情绪变得不稳定。驾驶人往往不能控制自己的语言和行为,这是因为酒精对人的中枢神经系统的麻醉作用,使大脑皮层的抑制功能减弱,一些非理智的、不正常的兴奋得不到控制,因而表现出感情冲动、胡言乱语、行为反常。醉酒驾驶通常表现为胆大妄为、不知危险,出现超速驾驶、强行超车等违章行为,极易发生交通事故。

(6)醉酒使人的触觉感受性降低,即触觉的感觉阈值提高。在驾驶过程中,驾驶人不能及时发现故障,增加了危险性。

3. 饮酒驾驶与交通事故

德国一项研究表明,交通事故发生率与血液中酒精含量之间存在着一定的关系,见表3-12。

交通事故发生率与血液中酒精含量的关系   表3-12

血液中酒精含量(%)	交通事故发生率(%)			血液中酒精含量(%)	交通事故发生率(%)		
	死亡	受伤	财产损失		死亡	受伤	财产损失
0.00	1.00	1.00	1.00	0.08	4.42	3.33	1.77
0.01	1.20	1.16	1.07	0.09	5.32	3.87	1.90
0.02	1.45	1.35	1.15	0.10	6.40	4.50	2.04
0.03	1.75	1.57	1.24	0.11	7.71	5.23	2.19
0.04	2.10	1.83	1.33	0.12	9.29	6.08	2.35
0.05	2.53	2.12	1.43	0.13	11.18	7.07	2.52
0.06	3.05	2.47	1.53	0.14	13.46	8.21	2.71
0.07	3.67	2.87	1.65	0.15	16.21	9.55	2.91

研究驾驶人饮酒后的驾驶操作情况,发现当血液中酒精含量为 0.08% 时,操作失误次数增加 16%;血液中酒精含量进一步增加时,驾驶人不能掌控方向盘,判断力也明显下降;当血液中酒精含量超过 0.1% 时,驾驶能力下降 15%,尤其在夜晚,发生事故的概率显著增加。世界各国发生的道路交通事故与饮酒的关系见表 3-13。

世界各国交通事故与饮酒的关系 表 3-13

国家	英国	荷兰	日本	德国	法国
A	7:1	12:1	20:1	6:1	6:1
国家	瑞典	芬兰	英国	加拿大	美国
B(%)	25~29	25~29	25~49	43~63	43~63

注:A 为交通死亡事故与饮酒有关的比值;B 为严重损伤事故与饮酒有关的比例。

飞机驾驶员饮酒是非常普遍的现象,飞行前 24h 内饮酒甚至醉酒的情况时有发生。1991 年 4 月 18 日,法国 1 架 Dornier 228-212 飞机在进近过程中 1 台发动机发生故障,2 名飞机驾驶员未能发现,造成 10 人死亡,事故调查显示飞机驾驶员血液酒精浓度超过标准。2006 年 4 月 23 日,俄罗斯 1 架 Antonov 2R 飞机因飞机驾驶员醉酒飞行,导致飞机在进近过程中失事,造成 4 人死亡。

四、其他危险行为

1. 吸毒驾驶

1)吸毒驾驶及其危害

吸毒驾驶在英文中表示为 Drug-driving、Drugged-driving 或者 DUID(Driving Under the Influence of Illegal Drugs),国内至今对其尚无明确的定义。通常认为吸毒驾驶(以下简称"毒驾")指未戒掉毒瘾的驾驶人和正在使用毒品的驾驶人驾驶交通工具的行为。

和"酒驾"相比,"毒驾"具有更大的危险性。澳大利亚的一项研究表明,93% 的驾驶人认为毒驾要比酒驾(尤其是吸食合成类毒品)更加危险。英国有研究表明,酒驾后人体的反应时间比正常时慢 12%,而毒驾则比正常时慢 21%。美国国家公路交通安全管理局(NHTSA)的统计数据显示,机动车肇事案件中有 10%~20% 的驾驶人涉嫌滥用药物并饮酒。香港安盛保险公司发布的《香港道路安全调查报告》指出,在香港 4% 的驾驶人承认曾经在吸毒后驾驶机动车,17% 的驾驶人承认曾经在饮用超过法定限度的酒精后驾驶,32% 的驾驶人承认曾经在服用药物后驾驶。这 3 种驾驶行为被列为危险驾驶行为的前三位,严重程度分别为 88%、83% 及 82%,其中毒驾首次被列入调查范围就位居榜首。

2)毒品对驾驶人的影响

毒品的种类繁多,吸食毒品后一般都会伴有机体的功能失调和组织病理变化,这些变化会导致驾驶人的判断力降低甚至完全丧失。

(1)大麻类毒品

大麻类毒品是人类吸食最多的一种毒品。在实验室条件下,低剂量的大麻类毒品可对注意力、反应时间、短期记忆能力、视觉动作的协调能力、警戒性、时间和距离的感知能力、决定能力等产生影响。在模拟驾驶和实际驾驶中,过量吸食大麻对驾驶人控制交通工具的能力产生了多重影响,如注意力下降、车距控制能力降低、驾驶速度不稳定、反应时间增加以及平行距离易变等。

(2)苯丙胺类毒品

苯丙胺类毒品是近年来出现较多的新型合成毒品。苯丙胺类毒品作为中枢兴奋剂,过量吸食可对驾驶人产生以下影响:注意力难以集中、烦躁不安;神志不清、协调能力降低;反应能力下降,无法有效控制交通工具;产生攻击性危险驾驶行为;对自身驾驶技术过于自信;体内毒品含量极低时,极易疲倦并产生困意。

(3)鸦片类毒品

在以吸食成瘾和无鸦片吸食史的人群为对象的调查和试验中,没有研究证明吸食鸦片类毒品可对驾驶行为产生不良影响,且无调查显示鸦片类毒品是造成交通事故的主要原因。

(4)多种毒品混合

多种毒品混合吸食或酒精与毒品混合摄入将会使驾驶人对交通工具的控制能力极大地降低。有调查显示,驾驶人在吸食大麻类毒品并饮酒后,对交通工具控制能力将大幅下降,而苯丙胺类毒品只需与极少量的酒精混合,便会提高交通事故的发生率。吸食多种毒品的驾驶人要比吸食单种毒品的驾驶人承担更大的风险。

3)吸毒驾驶与交通事故

(1)澳大利亚

澳大利亚国家禁毒战略住户统计调查(NDSHS)表明,有3.3%的14岁以上澳大利亚人在过去的一年内有吸毒驾驶的经历。维多利亚州青少年酗酒和吸毒情况调查发现,有20%～25%的被调查者在过去的一年内曾吸毒后驾驶机动车。南澳州酗酒与吸毒调查部门发布的报告显示,在维多利亚州、南威尔士和西澳大利亚3个州因交通事故致死的驾驶人中,近四分之一(23.5%)事后被检出滥用精神药物。其中,维多利亚州的官方数据显示,因交通事故死亡的驾驶人中,有31%在药检中呈阳性;在悉尼,有近三分之一(32%)的交通事故是由驾驶人吸毒驾驶所致。

(2)欧盟

欧洲毒品监管中心的最新统计表明,每年有超过40万欧洲人死于道路交通安全事故,并有170万人受伤。其中,有很大一部分是由于驾驶人吸食毒品所致。1999年欧洲国家吸毒驾驶情况调查结果显示,违法药物和合法药物在驾驶人群中滥用的比例分别是1%～5%和5%～15%,发生交通事故24h内死亡的驾驶人毒物学分析检测结果见表3-14。

部分国家交通事故死亡驾驶人毒物学分析检测结果 表3-14

国籍	死亡人数(人)	毒 品 种 类				
		苯二氮类(%)	阿片类(%)	可卡因(%)	苯丙胺(%)	大麻(%)
挪威	243	21.4	—	—	10.1	10.5
芬兰/挪威	463	8.6	—	—	—	1.6
瑞典	920	4.6	—	—	5.1	3.7
西班牙	745	3.4	2.2	5.2	—	2.2

注:"—"代表没有相关统计数据。

从对芬兰/挪威的数据分析可知,苯二氮类抑制剂是滥用比例最高的毒品。在瑞典,对死于道路交通事故的920名驾驶人进行调查,苯丙胺是最常被滥用的物质。在西班牙,对死于道路交通事故的745名驾驶人进行调查,发现有5.2%的人吸食可卡因。

（3）美国

美国国家药物滥用调查数据显示,有超过800万12岁以上的美国人(占3.6%的美国人口)在过去的一年内有吸毒驾驶的经历。对年轻驾驶人的调查显示,吸食大麻后驾车(68%)比醉酒后驾驶(48%)更为普遍。根据美国国家公路交通安全管理局(NHTSA)的数据,在吸食大麻或其他毒品后2h内驾车的人员中,16~20岁的驾驶人占比高达39.7%。

（4）中国

受国际国内毒品形势的影响,我国的吸毒问题十分严峻,目前我国吸毒人员数量仍在持续增长。据公安部统计,截至2013年12月,我国统计在册的吸毒人员超过240万,而我国实际吸毒人数(包括已被查获的在册吸毒人员和未被查获的非在册隐性吸毒人员)大于这个数字。2012年一项数据调查显示,全国仅3至5月查处的客运驾驶人吸毒人数就有692人、货运驾驶人吸毒人数744人,毒驾引起的交通肇事案件也频频出现。

2. 攻击性驾驶行为

1）攻击性驾驶行为的界定

攻击性驾驶行为是指驾驶人有意识地做出任何对其他交通参与者造成直接或潜在威胁的行为。攻击性驾驶行为最早由M. Parry在1961年的一个关于"驾驶中的攻击"专题研讨会上提出,认为行驶压力的加重在心理上产生的潜在效应远大于在机械上的效应。美国国家公路交通安全管理局(NHTSA)定义攻击性驾驶行为是"一种危害或倾向危害人身财产安全的驾车方式"。

2）攻击性驾驶行为的表现形式

美国国家公路交通安全管理局(NHTSA)认为攻击性驾驶行为表现为:超速驾驶、追尾、从右侧超车、闯红灯、大声鸣笛等。攻击性驾驶行为的表现形式见表3-15。

攻击性驾驶行为的表现形式

表3-15

驾驶行为	表 现 形 式
正常驾驶	无异常表现,专心驾驶,情绪放松
言语肢体攻击	谩骂他人
	攻击性手势
	窗外有人通过时吐痰、扔杂物
	超速
	任意变换车道
	任意超车
	不正当穿梭
	乱按喇叭
车辆攻击	紧跟随前车
	频繁闪前大灯
	违反交通标志
	雨天开车溅湿路边行人
	故意阻挡他人通行
	违法占道行驶

3）攻击性驾驶行为与道路交通事故

美国汽车交通安全基金会（AAA Foundation for Traffic Safety）提出了在交通事故中常见的攻击性驾驶行为及所占比例，如图 3-18 所示。

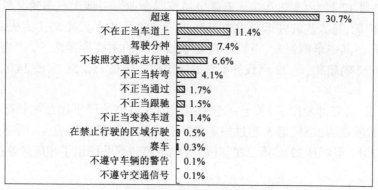

图 3-18 导致道路交通事故的攻击性驾驶行为及所占比例

3. 其他行为

1）无证驾驶

无证驾驶是指驾驶人在未取得合法准驾证明或持有的准驾证明与所驾交通工具不符的情况下驾驶交通工具的行为。

根据《中华人民共和国道路交通安全法》（2021 年 4 月 29 日修正）第十九条的规定，无证驾驶主要包括以下情形：没有取得驾驶证；驾驶证被注销或者吊销；非法取得驾驶证；驾驶证已超过有效期限等。

机动车具有一定的操作难度，需要经过专业训练才能驾驶，无证驾驶人因缺乏专业培训，往往不具备驾驶的能力，存在严重的安全隐患，容易发生交通事故。与获得一张机动车驾驶证相比，飞机驾驶员获得飞行执照和被授权驾驶飞机的难度更大。

空中和地面有着明显的环境差异，如空中的氧气条件会严重影响大脑的反应，酒精、吸烟、普通的感冒、耳疾、紧张等都会直接影响飞机驾驶员的判断力和飞行能力。此外，飞机驾驶员对周边环境的恐惧、愉快、兴奋、疑惑、方向感缺失等情感反应，也会影响飞机的飞行安全。因为飞行和驾驶机动车有诸多不同点，所以美国是由联邦政府控制飞机驾驶员执照、制定飞行标准和医学标准、承接违反联邦规定的行为。美国各州均不得修改美国联邦航空管理局（Federal Aviation Administration，FAA）颁布的法规，也不存在所谓的"地方飞行执照"。

据统计，全世界 80% 的水路交通事故是由人为因素及驾驶行为造成的。驾驶人员的专业素质是决定船运安全的首要因素，但心理素质及其生理素质如疲劳、兴奋与生理节律等往往制约专业素质的发挥，成为水运事故的隐患。《中华人民共和国海上交通安全法》（2021 年 4 月 29 日修正）提出，船舶应当按照标准定额配备足以保证船舶安全的合格船员。船长、轮机长、驾驶员、轮机员、无线电报务员、话务员以及水上飞机、潜水器的相应人员必须持有合格的职务证书，其他船员必须经过相应的专业技术训练。同时应当按照国家规定，配备掌握避碰、信号、通信、消防、救生等专业技能的人员。船舶和设施上的人员必须遵守有关海上交通安全的规章制度和操作规程，保障船舶和设施在航行、停泊和作业时的安全。

2）超载驾驶

超载驾驶是指超出法律规定的载客数量或载货质量的驾驶交通工具的驾驶行为。有关部门在一些重点超载地区调查发现,运输车辆几乎 100% 超载,超载程度一般都在 1 倍以上,有的甚至达到 5~6 倍。如果交通工具的载客数量或载货质量大大超出其承受范围,会造成运行不便、制动失灵等情况,危险性极大,必须坚决予以禁止。

1990 年 10 月 17 日,山东航运集团有限公司控股企业——烟大汽车轮渡股份有限公司所属客滚轮"盛鲁"轮,自大连驶往烟台途中沉没,船上 162 人中 1 人死亡、1 人失踪,造成直接经济损失 3500 万元,其中车辆超载、系固不良是事故发生的主要原因之一。"盛鲁"轮所载 38 辆车中,至少有 22 辆超载,这 22 辆载货车总的额定载质量是 112.5t,实载 243t,为额定载质量的 216%。

2001 年 5 月,公安部发出了《关于在全国范围内开展整治严重违章超载行为的通知》,认定货车超过核载质量的 30%,客车超过核定载客量的 20% 为超载驾驶;《中华人民共和国道路交通安全法》(2011 年 4 月 22 日第二次修改)等也对超载驾驶作出了相应的处罚规定。

第四节　其他交通参与者行为特性与危险行为

一、行人

1. 行人的行为特性

行人的行为特性是由行人的心理特性决定的,主要表现为以下特点。

(1)行人决定是否横穿道路的主要依据是自己与驶近汽车间的距离。根据国外的调查发现,如果在车速为 30~39 km/h 时行人开始横穿道路,与驶近车辆的平均距离为 45m;当车速为 40~49km/h 时,平均距离为 50m。

行人横穿道路时的平均步行速度与年龄和性别有关。通常 13~19 岁行人的平均步行速度为 2.7m/s,20~49 岁为 1.8m/s,50 岁以上为 1.5m/s;男性平均为 1.57m/s,女性平均为 1.53m/s。

(2)行人结伴而行时,在从众心理支配下,往往以对方为依赖,忽视交通安全而导致事故发生。行人在横穿道路时,有 70%~80% 是个人单独步行,其余 20%~30% 是 2~3 人结伴步行。调查表明,3 人以上结伴步行比 1 人或 2 人同行的事故危险性大,由成人带领儿童或由熟人构成的步行组合比其他步行组合危险性大。

(3)多数行人横过道路时,只注意道路的一个方向,往往使自己闯入了驾驶人的驾驶区域而导致交通事故。有时由于缺乏经验,只躲避了第一辆车而忽视了第二辆车,或者不注意双向来往车而使自己处于双向车流的夹缝中,从而导致行人事故。

据日本一项调查,行人不遵守交通规则随便穿越道路时的心理活动情况如表 3-16 所示。

行人不走人行横道随便穿越道路时的心理活动情况　　　　　表 3-16

心理活动	所占比例(%)	心理活动	所占比例(%)
嫌麻烦	48.0	不知道附近有人行横道	0.9
平时的习惯	22.0	到对面有急事	0.9
想走近路	16.5	汽车不敢撞人	8.4
路上汽车不多,没关系	1.8	其他	1.5

（4）行人的自由度大，行人步行速度与车辆行驶速度差距很大，在走捷径心理的支配下，行人往往会突然闯入驾驶人的空间，特别是早晚高峰期上下班的行人。

（5）部分行人对汽车性能不甚了解，在以"自我为中心"心理的支配下，错误地认为汽车是由人掌握，所以汽车不敢撞人，也不会撞人，听到喇叭声或看到车辆临近也不避让，使车辆失控而引发行人事故。此外，有的行人注意力分散或思想高度集中在其他事件上，对过往车辆的行驶声、喇叭声和复杂的交通环境听而不闻，视而不见，极易造成行人事故。

2. 不同行人的行为特性

1）儿童行人

经研究，儿童作为行人，其行为特性表现为以下几方面。

（1）儿童穿越道路时不懂得分析路况。在没有确认安全的情况下横穿马路是儿童行为的一大特性。成人在穿越道路时，懂得正确分析路况，但儿童却很难做到，需要随着年龄和智力的增长逐渐学习。研究表明，在 1～4 岁的儿童中，有 60% 以上经常在没有保证安全的情况下就横穿马路，5～8 岁的儿童有 30% 左右。一般儿童在 9～12 岁后才能和成年人一样，对道路交通情况进行观测和合理的判断。交通量和行人平均确认安全次数的关系如图 3-19 所示。由图可以看出，随着儿童年龄的增大，确认安全的次数逐渐增加，但与成年人还有一定的差距，特别是在交通量较大的地方，成年人与儿童的差距更大。

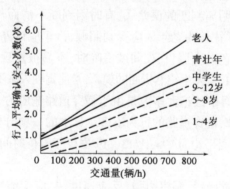

图 3-19　交通量和行人平均确认安全次数的关系

（2）儿童常常跑步穿越道路。在穿越道路时，儿童的心理负担比成人大，往往急于到达道路的另一侧而跑步穿越，驾驶人往往因儿童的突然跑步前进而来不及做出避让，导致交通事故的发生。图 3-20 表示不同年龄、性别的儿童跑步横穿道路的比例。由图可以看出，男孩跑步横穿道路的比例比女孩高，特别是 5～8 岁的男孩所占比例较大，3 人中约有 1 人跑着穿越道路。

（3）有成人带领时，儿童对成人有依赖性，认为有成人保护可任意行动。如果成人忽视了对儿童的照管，容易造成交通事故。儿童和大人一起横穿道路时，违反交通法规的比例明显增加，由大人带领横穿道路不走人行横道和违反交通信号的比例较儿童单独行走时要高，如图 3-21 所示。

（4）儿童身体矮小，眼睛距地面高度低，视野比成人狭窄，对交通状况的观察受到限制。儿童的目标小，不易引起驾驶人的注意，特别是儿童前面有大人或有障碍物时，儿童难以看见交通状况，驾驶人也难以发现儿童，这对儿童的交通安全十分不利。

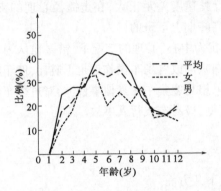

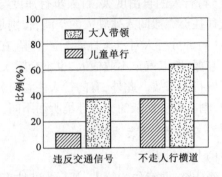

图 3-20　不同年龄、性别的儿童跑步横穿道路的比例　　　　图 3-21　儿童横穿道路时的违章情况对比

(5)儿童经常在道路上玩耍。儿童和成年人使用道路的形式有时不同。成年人为了到达道路另外一侧而穿越马路,而儿童却常把道路当作玩耍的地方,特别是在较偏僻的道路上,儿童更是十分危险。经调查分析,美国 5～10 岁儿童与机动车相撞的事故有 8.6% 是在道路上玩耍时发生的。

2)老年行人

(1)老年人生理机能衰退,感觉和行为都显得迟钝,发现和躲避车辆的能力下降。

(2)对机动车辆速度和距离判断的误差大,有时因判断不清而与机动车辆争道抢行。

(3)交通安全意识低,往往认为老年人应受到照顾,汽车应该停下来让老年人先走。

(4)老年人喜欢穿深颜色的衣服,在夜间或傍晚时,不易被发现。

(5)老年人在横穿道路时,会发生突然折回的现象,常使驾驶人来不及做出反应而造成事故。

据统计,老年人死于交通事故绝大多数是由于横穿道路造成的。虽然老年人有以上不安全行为特性,但老年人比较谨慎,乱穿道路的行为不多。日本的一项分析表明,55 岁以上的老年人在人行横道上等待穿越的时间平均为 29s,比 13～19 岁少年等待时间长 4s,等待时比较耐心。

3)青壮年行人

青壮年人精力充沛、感觉敏锐、洞察力强、反应速度快、应变能力强、对交通法规也比较熟悉,一般不易发生行人事故,但是青壮年人的社会工作和家庭负担较重,出行时间多,行走距离远,这就形成了发生交通事故的客观因素,特别是青年人好胜心强,常与汽车争高低,对汽车鸣笛置之不理、对过往车辆视而不见、经常任意穿越道路。因此,这些人发生交通事故多在横穿道路和交通拥挤时,尤其在强行拦车、强行搭车、偷扒汽车时。据统计,青壮年在车祸中的死亡人数占交通事故总死亡人数的 30% 以上。

4)女性行人

(1)女性行人一般较男性细心,观察周围交通环境比较仔细,规范行为的意识比较强,能自觉遵守交通规则,女性的这一心理特性比较有利于女性行人自身安全。

(2)女性行人的反应一般较男性慢,行动比较迟缓,女性的这一生理特点,造成她们穿行道路的时间较长,事故发生的机会增多,对其步行安全很不利。

(3)女性行人的情绪一般不如男性稳定,应变能力较差,属于非稳定型交通参与者。女性行人在正常情况下,比较细心,也有耐心,能自觉遵守交通法规,但在危险紧急情况下往往手忙脚乱,有时中途停顿、进退两难,有时盲目乱跑、不知所措。女性行人的这一心理特性很容易导致自身受到伤害。

(4)女性行人喜欢穿艳丽的服饰,因而极易被驾驶人发现而避免行人交通事故。女性行人的这一特性,有利于自身安全。

以上列举了儿童行人、老年行人、青壮年行人和女性行人的行为特性,可以看出各自都有不同特点。然而,同一年龄、同一性别的人因其个体差异的存在,往往也表现出不同的行为特性。个体差异表现为人的个性心理特性、生理特性,主要包括行人的目的、动机、兴趣、能力、气质和性格等方面,是先天具有和后天获得的特性的综合。

二、骑乘者

1.骑乘者的心理特性

1)胆怯心理

骑乘者惧怕机动车,从而在骑行过程中产生胆怯心理。因为骑乘者一无驾驶室,二无头盔,属于交通弱者,所以在骑车过程中离机动车越近,机动车的速度越快,骑乘者就越害怕。同时,有些骑乘者在骑行过程中,处于一种不稳定的蛇形运动状态,停车易倒,致使产生一种惧怕的心理状态,造成精神高度紧张,越恐慌越摇晃,最后出现倒向机动车的可怕场面。胆怯心理多发生于初骑者、老人、妇女及少年。

2)侥幸心理

侥幸心理表现在多个方面,如从小巷、支路转向大街时,不是慢行、看清楚再骑出来,而是突然窜出。

3)排他心理

排他心理表现的地方比较多,如明知必须遵守的规定也不遵守、不执行,骑行过程中带人、带重物、双手离把、扶肩并行、互相追逐、高速下坡等。

4)超越心理

非机动车轻巧、灵活、方便、省力,这对人们在一定时间赶到目的地极为有利,所以除了老年人和妇女,一般骑车人都有骑车抢时间、争先恐后的心理,特别是男青年,遇到前面非机动车速度慢就想超车抢道。

5)单干心理

非机动车是一人骑行的车辆,骑乘者往往产生单干心理,表现的场合也很多,如多辆非机动车在一条路上行驶,骑乘者来回穿插,从慢车道穿到快车道,从车多处穿到车少处,尤其是在无交通警察管理的交叉路口表现尤为突出。

2.不同骑乘者的行为特性

1)儿童骑乘者

儿童骑车的心理特性是无意识,其行为表现如下。

(1)行动冒失,儿童因为骑车的经历少,骑车时不会避让行人和机动车辆。

(2)骑自行车对儿童的诱惑力很大,儿童注意力集中于骑车,而忽视其他机动车。

(3)缺乏交通安全常识,不懂交通法规,临危措施不当。

2)老年骑乘者

老年人由于生理原因,反应迟钝,容易受惊吓,遇机动车时惊慌失措,精神过度紧张。

3）男性骑乘者

对非机动车交通事故的研究表明,男性骑乘者事故率高于女性,且青年男性事故率最高。青年男性驾驶非机动车的心理特性主要有:排他性心理;逞强心理,表现为追求高速度,与机动车互不相让;出风头心理,表现为骑车手脱离把手,搭肩并行。

4）女性骑乘者

女性骑乘者的心理特性一般分为两类。第一类为胆怯型:胆小,害怕出事故,表现为骑车不稳,遇机动车易恐慌,当遇到复杂情况时容易惊慌失措,导致处理不当。第二类为冒险型:表现为骑车时与机动车抢道,互不相让。

三、乘客

1. 乘客危险行为表现形式

1）道路交通乘客

汽车行驶中,将头、手伸出窗外或向窗外扔东西危及自身或他人安全;汽车行驶时,向驾驶人问路可能影响驾驶人注意力,导致意外发生。

2）轨道交通乘客

目前,轨道交通乘客的危险行为主要有:不遵守轨道交通乘客守则、无应急技能或应急技能低、人为故意破坏等。

（1）不遵守轨道交通乘客守则

主要包括携带危险品乘车、紧贴车门站立、乘车不讲秩序、挤车门、不拉扶手、擅自拉紧急拉手、在站台与车厢打闹嬉戏、候车跨越安全线、跳轨自杀等。

（2）无应急技能或应急技能低

乘客无应急技能或应急技能低,突发情况不会自救、互救,不听从轨道交通工作人员安排,慌乱中胡乱行为。不知晓自动扶梯"紧急停机"按钮,无按压"紧急停机"按钮的应急技能等。

（3）人为故意破坏

包括恐怖袭击、蓄意破坏、纵火、偷盗等不安全行为。

3）航空交通乘客

乘客在交运行李或随身携带物品内夹带易燃、易爆、腐蚀、有毒、放射性物品、可聚合物质、磁性物质以及其他危险物品。在飞机上使用电子设备,包括但不限于移动电话、笔记本电脑、便携式录音机、便携式收音机、CD 播放器、电子游戏机以及遥控电子玩具和对讲机等。机上吸烟是最危险的行为之一,机上所有区域均不允许吸烟。

4）水路交通乘客

乘客在大风浪时逗留在甲板上,有被风吹倒、被浪击伤,甚至落水导致溺死的危险。乘客私自携带烟花、爆竹、火柴、油类物质等易燃易爆物或危险化学品上船,在船颠簸摇晃过程中或与其他热源等作用下发生挤压、撞击、发热、膨胀,最终可导致爆炸和火灾。

2. 乘客安全带的使用

无论是汽车、飞机还是轨道车等,安全带是保障乘客安全的重要设施,它不仅能约束乘客,避免肢体与客舱发生碰撞,还可以通过变形和摩擦吸收、耗散乘客的动能,起到保护作用。

交通事故中坐在车内前排不使用任何约束装置的儿童受伤风险最高,坐在后排使用合适约束装置的儿童风险最小。不使用约束装置的儿童受伤风险要较使用约束装置的儿童高3倍以上。当发生碰撞时,成人安全带可能造成儿童胸部肋骨骨折、窒息甚至颈椎骨折等。儿童的肋骨比成人更容易弯曲而非折断,导致碰撞时能量更容易传递到心脏和肺部,从而导致更加严重的损伤。

加强安全带防护作用的宣传,进一步加大路面执法力度,对提高安全带使用率,减少交通事故伤亡具有重要的作用。

第五节 交通参与者危险行为管理

一、道路交通参与者

1. 相关管理法规

1)《中华人民共和国刑法》(2020年12月26日修正,以下简称《刑法》)

规定犯罪及其刑事责任的刑法是一门独立的法律,与一般部门法不同,其涉及的领域十分全面,且强制性更为严厉,因此,虽然其中包含了道路交通安全的内容,但是道路交通安全法律法规体系中并不包含《刑法》,这里对《刑法》进行简介,仅便于下文的叙述,在铁路等交通安全法律法规部分将不再赘述。

我国于2011年对《刑法》进行的第八次修订增加了危险驾驶罪的有关内容,2015年进行的第九次修订又对有关危险驾驶罪的内容作了进一步补充。《刑法》中有关交通肇事罪与危险驾驶罪的有关规定,是司法量刑的重要依据。另外,关于刑法中的破坏交通工具罪、破坏交通设施罪、劫持汽车罪等内容,这里不作介绍。

2)《中华人民共和国公路法》(2017年11月4日第五次修改,以下简称《公路法》)

我国自1998年1月1日起实施的《公路法》,是为了加强公路的建设和管理,促进公路事业的发展,适应社会主义现代化建设和人民生活的需要而制定的法律,适用于国内公路的规划、建设、养护、经营、使用和管理。之后在1999年至2017年间,全国人民代表大会常务委员会对其进行了5次修改,《公路法》作为公路行业的龙头法律,在维护公路的交通安全秩序,提高公路交通效率等方面发挥着重要作用。但是,在《公路法》中并不包含有关城市道路交通安全的内容,因此,其并不适用于指导开展城市道路交通安全工作。

3)《中华人民共和国道路交通安全法》(2021年4月29日修正,以下简称《道路交通安全法》)

我国自2004年5月1日起实施的《道路交通安全法》,是我国道路交通安全管理的第一部法律,在我国道路交通安全管理史上具有里程碑意义。其从法律的高度系统地规定了道路交通系统中各主体的责任与义务,明确了道路通行条件和各种道路交通主体的通行规则,确立了交通事故处理原则与机制,加强了对公安机关的执法监督,完善了有关法律责任的规定。2007年和2011年,全国人民代表大会常务委员会分别对交通事故损失赔偿与酒驾、证书伪造进行了修订。

4)国务院颁布的有关法规

国务院颁布的与道路交通安全有关的法规,是经国务院常务会议通过并以国务院令形式颁发的行政法规,主要包括《中华人民共和国道路交通安全法实施条例》(2017年10月7日修改)、《公路安全保护条例》(国务院令〔2011〕593号)、《城市道路管理条例》(2017年3月1日第二次修订)、《道路运输条例》(2016年2月6日第二次修订)、《机动车交通事故责任强制保险条例》(2019年3月2日修正)、《生产安全事故报告和调查处理条例》(国务院令〔2007〕493号)、《民用爆炸物品管理条例》(工信部安〔2009〕656号)、《放射性物品运输安全管理条例》(国务院令〔2009〕562号)和《危险化学品安全管理条例》(国务院令〔2013〕645号)等。其中,2004年发布的《道路交通安全法实施条例》是为了保障《道路交通安全法》顺利实施而制定的,2017年第687号国务院令对里面机动车安全技术检验的有关内容进行了修改。2011年发布的《公路安全保护条例》(国务院令〔2011〕593号)明确了有关方面的保护职责,在《公路法》的基础上细化了有关规定,增加了对破坏公路违法行为的禁止性规定,完善了公路养护的细则规定,健全了公路突发事件应急管理机制,是我国第一部专门规范公路保护工作的行政法规。

5)交通运输部、公安部制定的有关部门规章

(1)《超限运输车辆行驶公路管理规定》(2021年8月11日修正)

2000年,原交通部发布的《超限运输车辆行驶公路管理规定》(交通部令〔2000〕2号)对大型物件运输提出了具体的要求,我国超限运输车辆通行管理和治理违法超限运输工作由此逐步由无序转变为规范。2016年,交通运输部在总结多年治超工作经验的基础上,从各级交通运输主管部门和地方政府职责分工、大件运输许可管理、违法超限运输管理和法律责任等方面对其进行了全面修订,其中首次统一了超限认定标准,方便了交通部门与公安部门的实际工作,并与车辆生产标准保持了一致。

(2)《道路旅客运输及客运站管理规定》(交通运输部令〔2016〕82号)

2005年,原交通部发布的《道路旅客运输及客运站管理规定》(交通部令〔2005〕10号)是为了规范道路旅客运输及道路旅客运输站经营活动,维护道路旅客运输市场秩序,保障道路旅客运输安全,保护旅客和经营者的合法权益而制定的。其针对各级道路运输管理机构在道路客运及客运站管理的具体职责、道路客运经营许可、客运经营管理、客运站经营和法律责任等共出台了94条规定。2008年至2016年间,交通运输部对其进行了6次修改。

(3)《机动车驾驶员培训管理规定》(交通运输部令〔2016〕51号)

2006年,原交通部发布的《机动车驾驶员培训管理规定》(交通部令〔2006〕2号)使我国机动车驾驶人的培训工作进一步走向规范化、制度化。规定发布的目的是规范机动车驾驶人培训经营活动,维护机动车驾驶人培训市场秩序,保护各方当事人的合法权益。该规定明确指出,机动车驾驶人培训实行社会化,从事机动车驾驶人培训业务应当依法经营,诚实守信,公平竞争。2016年,交通运输部对行业标准、教练员要求等内容作了进一步修改。

(4)《道路运输从业人员管理规定》(交通运输部令〔2016〕52号)

2006年,原交通部发布的《道路运输从业人员管理规定》(交通部令〔2006〕9号)是为了加强道路运输从业人员管理,提高道路运输从业人员综合素质而制定的。其中针对道路运输从业人员从业资格、从业资格证件管理、从业行为规定和法律责任等共出台了53条规定。2016年,交通运输部对各部分要求均作了进一步修改。

(5)《放射性物品道路运输管理规定》(交通运输部令〔2016〕71号)

2010年,交通运输部发布的《放射性物品道路运输管理规定》(交通运输部令〔2010〕6号)

是为了规范放射性物品道路运输活动,保障人民生命财产安全,保护环境而制定的,适用于使用专用车辆通过道路运输放射性物品的作业过程。其针对各级交通运输主管部门具体职责、专用车辆与设备要求、经营单位与从业人员运输资质许可、放射性物品运输生产具体要求和法律责任等共出台了48条规定。2016年,交通运输部对专用车辆与设备要求、法律责任等内容作了修改。

(6)《机动车驾驶证申领和使用规定》(公安部令〔2016〕139号)

2006年,公安部发布的《机动车驾驶证申领和使用规定》(公安部令〔2006〕91号)由公安机关交通管理部门负责实施,其中对驾驶证的申领、换证、补证、注销、积分和审查均作出了详细规定,对于指导全国驾驶证的管理工作,规范和约束驾驶人的行为,提高驾驶人的安全素质有着十分深远的意义。2009年,为进一步方便残疾人驾驶汽车出行,完善机动车驾驶证管理制度,公安部对其作了第一次修改。2016年,为进一步完善机动车驾驶人考试和管理制度,优化机动车驾驶证考领程序,公安部进行了第二次修改。

其他比较重要的部门规章还包括《道路交通安全违法行为处理程序规定》(2020年4月7日修正)、《道路交通事故处理程序规定》(2018年5月1日起施行)、《道路旅客运输企业安全管理规范》(交运发〔2012〕33号)等。总体来说,交通运输部及公安部针对道路交通安全管理所发布的部门规章不是一成不变的,我国的道路交通安全工作长期存在部门职责不明确、违法行为查处与监管不到位、违法定性不统一等问题,需要主管部门根据形势的不断变化,吸纳国内外可借鉴的经验,结合我国的国情,不断进行调整完善。

2. 汽车驾驶人

随着驾驶人队伍的不断扩大,由此带来的行车违章、交通肇事也层出不穷,频发的道路交通事故已成为世界性公害。加强对驾驶人的管理工作,提高驾驶人的整体素质,从源头上控制道路交通事故是世界各国普遍采取的做法。

1)超速驾驶

(1)行驶速度限制

就全世界各个国家和地区而言,常规的限速标准各不相同,但大多都采用分级的模式,即根据道路的等级来制定限速标准。世界各个国家和地区在确定限速标准时通常会考虑的因素包括设计速度、运行速度、道路线形条件、道路横断面布置、路面特性、交叉口数量、现有的交通控制水平、交通量和车辆组成、停车和行人、道路两侧土地开发的程度、交通法规、地区安全状况、公众意见等。其中,利用运行速度(85%位车速)确定限速标准是国际上最通用的做法。我国《公路工程技术标准》(JTG B01—2014)针对过去公路限速常采用设计速度,影响公路运行效率的问题,提出把限制速度设计加入到公路设计的环节中,采用运行速度对公路设计进行检验,从而充分发挥公路的运输效率。大量的实践证明,合理的限速标准可以在保证道路通行能力的前提下,提高道路的安全水平和舒适水平,减少道路运输中产生的空气污染和噪声污染。

在我国,《道路交通安全法》的多项条款均规定了机动车在不同类型的道路和不同的驾驶条件下应当降速行驶,行驶速度不得超过限速标志标明的最高时速。《道路交通安全法实施条例》则对各项条款作了细化规定:对道路上没有限速标志、标线时的最高行驶速度作了规定;对机动车行驶中几种特殊情形的最高行驶速度作了限制,其中包括雾、雨、雪、沙尘、冰雹低能见度等条件下的最高行驶速度;特别针对高速公路上不同种类行驶车辆在不同车道上的最高行驶速度与最低行驶速度作了规定,并同时指出,当道路限速标志标明的车速与规定内容不一致时,应按照道路限速标志标明的车速行驶。

(2)超速驾驶行为处罚制度

全国人民代表大会常务委员会于2011年发布的《刑法修正案(八)》(主席令〔2011〕41号)增加了"在道路上驾驶机动车追逐竞驶,情节恶劣的,处拘役,并处罚金"的内容,并规定"同时构成其他犯罪的,依照处罚较重的规定定罪处罚"。在2015年发布的《刑法修正案(九)》(主席令〔2015〕30号)中,又增加了"从事校车业务或者旅客运输严重超过规定时速行驶的,处拘役,并处罚金"的内容。

公安机关交通管理部门对机动车驾驶人的道路交通安全违法行为除给予行政处罚外,还实行道路交通安全违法行为累积记分制度,记分周期为12个月,对一个记分周期内记分达到12分的,由公安机关交通管理部门扣留其机动车驾驶证。事实上,罚款、记分、扣留或者吊销驾驶证也是国际上对超速驾驶通用的3种处罚措施,罚款的数额、记分的多少和扣留驾照时间的长短,一般取决于驾驶时超过时速限制的多少。

我国道路交通安全的相关法律法规量化了超速危险驾驶行为。《道路交通安全法》规定,机动车行驶超过规定时速50%的,由公安机关交通管理部门处200元以上2000元以下罚款。《机动车驾驶证申领和使用规定》(公安部令〔2016〕139号)中包括"道路交通安全违法行为记分分值"部分,其中规定了不同车辆在不同道路上行驶超过规定时速多少相应的记分,其中还规定,对于驾驶机动车在高速公路上行驶低于规定最低时速的违法行为,一次记3分。

除法规制裁外,来自于身边家人和朋友的"社会制裁"对于驾驶人的超速行为有明显影响。交管部门应就超速行驶制订更细化的惩处方案,并同时从社区宣传入手,通过影响驾驶人所在群体的方式,来达到减少道路交通事故这一目的。

2)疲劳驾驶

(1)驾驶时间限制与休息时间限制

疲劳驾驶不同于其他危险驾驶行为,其发生存在隐蔽性及潜伏性,而国际上对疲劳驾驶也还没有统一的定义和具体标准。发达国家普遍针对驾驶人的驾驶时间和休息时间进行规定,并通过对驾驶人进行日常监督和管理来减少疲劳驾驶行为。《道路交通安全法》中明确规定车辆驾驶人员过度疲劳会影响安全驾驶时,不得驾驶机动车。其中过度疲劳是指每天驾车超过8h或者从事其他劳动体力消耗过大或睡眠不足,以致行车中困倦瞌睡、四肢无力,不能及时发现和准确处理路面交通状况的情形。《道路交通安全法实施条例》则规定驾驶人不得连续驾驶机动车超过4h未停车休息或者停车休息时间少于20min。与普通驾驶人相比,营运驾驶人驾驶时间更长,也更容易产生驾驶疲劳。因此,连续驾驶时间不得超过4h的规定在《道路运输条例》(2019年3月2日修正)、《道路旅客运输及客运站管理规定》(交通运输部令〔2016〕82号)和《道路运输从业人员管理规定》(交通运输部令〔2016〕52号)中同样有所体现。

(2)疲劳驾驶行为处罚制度

《中华人民共和国道路交通安全法实施条例》(2017年10月7日修正)规定,驾驶人过度疲劳仍继续驾驶的,公安机关交通管理部门除依法给予警告或者处20元以上200元以下罚款外,可以将其驾驶的机动车移至不妨碍交通的地点或者有关部门指定的地点停放。《道路交通安全违法行为记分分值》规定,连续驾驶中型以上载客汽车、危险物品运输车辆超过4h未停车休息或者停车休息时间少于 20min 的,一次记 12 分;连续驾驶中型以上载客汽车、危险物品运输车辆以外的机动车超过 4h 未停车休息或者停车休息时间少于 20min 的,一次记 12 分。部分国家针对营运驾驶人的驾驶工作时间作出了明确的规定,要求客运经营者采取有效措施,防止驾驶人员连续驾驶时间超过 4h。

3)酒后驾驶

(1)血液酒精含量临界值

《道路交通安全法》等诸多法律法规均明确规定,驾驶人在酒精作用期间不得驾驶机动车。与国际通用做法一致,我国同样是根据驾驶人员血液、呼气中的酒精含量值来界定酒后驾驶这一危险驾驶行为。交警在实际工作中,往往通过吹气式酒精检测仪判断驾驶人是否存在酒后驾驶情况。根据国家质量监督检验检疫局发布的《车辆驾驶人员血液、呼气酒精含量阈值与检验》(GB 19522—2010),饮酒驾车是指车辆驾驶人员血液中的酒精含量大于或者等于 20mg/100mL,小于 80mg/100mL 的驾驶行为;醉酒驾车是指车辆驾驶人员血液中的酒精含量大于或者等于 80mg/100mL 的驾驶行为。

实际上,我国关于酒后驾驶制定的血液酒精含量临界值比许多国家更加严格,此外,我国在立法上并不区分驾驶初学者(或者年轻的驾驶人、重型货车驾驶人以及营运车辆驾驶人),所以对于这几类驾驶人来说,没有适用的较低血液酒精含量临界值。

(2)酒后驾驶行为处罚制度

在国际上,关于酒后驾驶的惩罚手段包括罚款、记分、暂扣或吊销驾驶证、没收车辆、强制参与教育改造项目、入狱服刑或社区矫正工作等。拒不配合交警调查,拒绝血液测试和呼气测试的行为,会被认为是妨碍执行公务行为,将面临严厉的处罚。

《刑法修正案(八)》(主席令〔2011〕41 号)中将醉酒驾驶机动车规定为危险驾驶罪的一种情况,但根据刑法总则规定的原则,危害社会行为情节显著轻微危害不大的,不认为是犯罪。对在道路上醉酒驾驶机动车的行为需要追究刑事责任的,要注意与行政处罚相衔接。《道路交通安全法》对饮酒驾车和醉酒驾车 2 种酒后驾驶行为分别规定了暂扣或者吊销驾驶证、罚款、拘留、若干年甚至终身不得重新取得驾驶证等一系列严格的处罚。

4)吸毒驾驶

目前许多国家都对吸毒驾驶持零容忍态度,进行了立法并规定了严格的刑罚。我国《道路交通安全法》规定,服用国家管制的精神药品或者麻醉药品的,不得驾驶机动车,其中的"精神药品"和"麻醉药品"不仅包含冰毒、鸦片等毒品,还包括了其他由国家管制的直接作用于中枢神经系统,可能影响安全驾驶的精神药品和麻醉药品。

我国《中华人民共和国刑法》(2020 年 12 月 26 日修正)尚未将吸毒驾驶列入危险驾驶罪,引起重大事故的一般以交通肇事罪或危害公共安全罪定罪处罚。《机动车驾驶证申领和使用规定》(公安部令〔2016〕139 号)中明确规定,三年内有吸食、注射毒品行为或者解除强制隔离戒毒措施未满三年,或者长期服用依赖性精神药品成瘾尚未戒除的,不得申请驾驶证。另外,驾驶人被查获有吸食、注射毒品后驾驶机动车行为,正在执行社区戒毒、强制隔离戒毒、社区康复措施,或者长期服用依赖性精神药品成瘾尚未戒除的,将被吊销驾驶证。

3. 行人

相对其他交通参与者(道路使用者),行人拥有的硬件保护最少,属于最弱势的道路使用者,故而国际上的交通安全法律法规中大都强调行人优先和以人为本。《道路交通安全法》和

《道路交通安全法实施条例》以行人通行规定的方式约束了行人的交通行为,包括道路通行、通过路口或横过道路、通过铁路道口等内容,对禁止行为和学龄前儿童等特殊行人的通行则作了特别规定。

4. 非机动车骑乘者

《道路交通安全法》和《道路交通安全法实施条例》等在非机动车通行规定部分对非机动车骑乘者进行了年龄限制,并规定不得醉酒驾驶、扶身并行、互相追逐或者曲折竞驶;对于在非机动车道上行驶的电动自行车则进行了最高行驶速度限制。

5. 乘客

《道路交通安全法》和《道路交通安全法实施条例》对乘客的行为有着诸多规定,包括乘客不得携带易燃易爆等危险物品,不得向车外抛洒物品,不得有影响驾驶人安全驾驶的行为等。

《道路交通安全法》规定,行人、乘客、非机动车骑乘者违反道路交通安全法律、法规中关于道路通行规定的,处警告或者5元以上50元以下罚款;非机动车骑乘者拒绝接受罚款处罚的,可以扣留其非机动车。

二、其他交通方式参与者

1. 轨道交通参与者

1)铁路交通安全相关管理法规

铁路交通安全法律法规包括:国务院颁布的《铁路安全管理条例》(国务院令〔2013〕639号)、《铁路交通事故应急救援和调查处理条例》(国务院令〔2012〕628号)、《生产安全事故报告和调查处理条例》(国务院令〔2007〕493号)、《民用爆炸物品管理条例》(工信部安〔2009〕656号)、《放射性物品运输安全管理条例》(国务院令〔2009〕562号)和《危险化学品安全管理条例》(国务院令〔2013〕645号)等;交通运输部、原铁道部、国家铁路局、铁路总公司等制定的《铁路技术管理规程》(2017年11月1日修订)、《铁路交通事故调查处理规则》(铁道部令〔2007〕30号)、《电气化铁路有关人员电气安全规则》(铁运〔2013〕60号);以及国家技术监督总局、原铁道部、铁路总公司制定的一系列作业及人身安全标准,如《接发列车作业标准》(TB/T 1500.1~8—2009)、《铁路车站行车作业人身安全标准》(TB 1699—1985)、《电气化铁路有关人员电气安全规则》(铁运〔2013〕60号)等。对于铁路交通参与者行为的管理,以上法律法规均有所规定。

2)城市轨道交通安全相关管理法规

城市轨道交通安全法律法规包括国务院颁布的《国家城市轨道交通运营突发事件应急预案》(国办函〔2015〕32号)等;交通运输部、建设部制定的《城市轨道交通运营管理规范》(GB/T 30012—2013)、《城市轨道交通运营管理办法》(建设部令〔2005〕140号)等;以及各类地方性法规和规章。

对于城市轨道交通参与者的行为,《城市轨道交通运营管理规范》(GB/T 30012—2013)规定城市轨道交通列车驾驶员应根据列车运行图,严格执行调度命令,按信号显示要求行车,严禁臆测行车等;《城市轨道交通运营管理规范》规定调度员、行车值班员需要持证上岗,身体条件不符合任职岗位要求的人员应调离工作岗位,严禁酒后上岗等;此外,对于乘客,各地的城市轨道交通相关的管理条例或管理办法均对其危险行为进行了明确规定。

2. 航空交通参与者

为保证航空交通安全,国内外建立了较为完善的法律法规体系,其中,国际航空法包括芝加哥公约体系、华沙体系和航空刑法体系等。我国航空法律法规包括《中华人民共和国民用航空法》(2017年11月4日第四次修改)、《中华人民共和国飞行基本规则》(2007年10月18日第二次修订)、《国务院关于保障民用航空安全的通告》(1982年12月1日起实施)、《国务院关于通用航空管理的暂行规定》(国发〔1986〕2号)、《民用航空标准化管理规定》(交通运输部令〔2016〕30号)、《中国民用航空监察员管理规定》(交通运输部令〔2016〕26号)、《运输类飞机适航标准》(交通运输部令〔2016〕19号)等。

对于航空交通参与者的行为管理,《国际民用航空公约》《民用航空法》《大型飞机公共航空运输承运人运行合格审定规则》(交通运输部令〔2017〕29号)、《中华人民共和国民用航空器适航管理条例》(1987年6月1日起实施)、《民用航空空中交通管制培训管理规则》(交通运输部令〔2016〕46号)、《民用航空空中交通管制员执照管理规则》(交通运输部令〔2016〕15号)、《民用航空空中交通管理规则》(交通运输部令〔2017〕30号)、《民用航空电信人员执照管理规则》(交通运输部令〔2016〕14号)、《民用航空营运的安全保卫条例》(2011年1月8日修订)等均作了具体规定。

3. 水路交通参与者

与航空交通安全管理相类似,实施水路交通安全管理的重要依据是国际公约和国家法律法规。其中,国际海事法规体系包括《联合国海洋法公约》(简称《UNCLOS1982》)、《1974年国际海上人命安全公约》(简称《SOLAS1974公约》)、《1972年国际防止船舶造成污染公约》(简称《MARPOL公约》)、《1978年海员培训、发证和值班标准国际公约》(简称《STCW公约》)等。我国水路交通安全法律法规包括《中华人民共和国海上交通安全法》(2016年11月7日修改)、《中华人民共和国内河交通安全管理条例》(2017年3月1日第二次修改)、《中华人民共和国船员条例》(2017年3月1日第四次修改)等。

其中,《中华人民共和国船员条例》是国务院为了加强船员管理,提高船员素质,维护船员的合法权益,保障水路交通安全,保护水域环境而制定的专门行政法规,是我国第一部专门规范船员管理的行政法规,为加强船员管理、维护船员的合法权益、保障水路交通安全、保护水域环境提供了法律依据。

本章小结

本章通过分析驾驶人在交通中的行为规律、生理特性和心理特性,分析驾驶人的驾驶适应性、事故心理和驾驶危险行为,探究了各种特性产生的原因和规律,介绍了有关行人、骑乘者和乘客的交通特性、事故心理和危险行为,讨论了他们参与交通行为时危险行为的表现形式,并列举了针对这几种交通参与者交通行为的管理对策。

习题

3-1 驾驶人特性有哪些?

3-2 驾驶人驾驶舒适性包括哪几项?

3-3 什么是超速驾驶? 请列举超速驾驶的危害。

3-4 简述疲劳驾驶及其产生原因,以及疲劳对驾驶人的影响。

3-5 骑乘者的交通心理特性有哪些?

3-6 请列举出乘客几种危险行为的表现形式。

第四章

汽车与交通安全

汽车是道路交通系统的基本组成要素,与交通安全之间有着密切联系。在道路交通事故统计中,直接由汽车原因引发的事故约占 10%,这就意味着汽车对于道路交通系统的安全性影响较大。一方面,如果汽车自身的安全性或可靠性不高,则可能会因其出现故障而引发交通事故;另一方面,如果汽车的结构或性能不够完善,则容易导致驾驶人因出现操作失误而引发交通事故。所以,研究汽车与交通安全的关系有着极其重要的意义。

第一节 概 述

一、道路交通安全与事故

1886 年,德国人卡尔·本茨发明了世界上第一辆汽车。100 多年来,汽车工业飞速发展,汽车的保有量迅速增长,汽车在带给人类以舒适和便捷等正面效应的同时,也给人类生活带来了一些负面影响,道路交通事故就是其中最严重、危害最大的。

1. 概念

道路交通安全是指在道路交通运行过程中,为防止人身伤亡和财产损失及各种危险事件发生而采取的一系列措施和活动,以及这些措施和活动取得的效果。

对于道路交通事故,由于国情不同,世界各国的交通规则和交通管理规定不同,对其定义也不尽相同。

我国对道路交通事故的定义是根据国情、民情和道路交通状况提出来的。《中华人民共和国道路交通安全法》(2021 年 4 月 29 日第三次修改)将其定义为:车辆在道路上因过错或者意外造成的人身伤亡或者财产损失的事件。它基本上适合我国道路、车辆和人员参与交通行为的状况,得到了社会各方面的认可。

美国国家安全委员会对道路交通事故所下的定义为:在道路上所发生的、意料不到的、有害的或危险的事件。这些有害的或危险的事件妨碍着交通行为的完成,常常是由于不安全的行动、不安全的因素或者二者的结合所造成的。

日本对道路交通事故所下的定义为:由于车辆在交通中所引起的人的死伤或物的损坏,在道路交通中称为交通事故。

2.道路交通事故构成要素

从以上对道路交通事故的定义中可以看出,构成道路交通事故应具备 7 个缺一不可的要素。

1)车辆

交通事故各方当事人中,必须至少有一方使用车辆,包括机动车和非机动车。车辆是构成交通事故的必要条件,无车辆参与则不认为是交通事故。例如,行人在行走过程中,发生意外碰撞或自行跌倒,致伤或致死均不属于道路交通事故。

2)在道路上

这里的道路是指公用的道路,即《中华人民共和国道路交通安全法》(2021 年 4 月 29 日第三次修改)规定的"公路、城市道路和虽在单位管辖范围但允许社会机动车通行的地方,包括广场、公共停车场等用于公众通行的场所"。它必须具有 3 个特性,即形态性、客观性和公开性。形态性是指与道路毗连,供公众通行。客观性是指即使道路尚未完工,但却是为公众通行所建。公开性是指交通管理部门认为是供公众通行的地方,都可视之为道路;只供本单位车辆和行人通行的,交通管理部门没有义务对其进行管理的,不能算作道路。因此,厂矿、企业、机关、学校、住宅区内不具有公共使用性质的道路不在此列。此外,还应以事故发生时车辆所在的位置,而非事故发生后车辆所在的位置,来判断其是否在道路上。

3)在运动中

即在行驶或停放过程中。停放过程应理解为交通单元的停车过程,而交通单元处于静止停放状态时所发生的事故(如停车后装卸货物时发生的伤亡事故)不属于道路交通事故。停车后溜车所发生的事故,在公用道路上属于道路交通事故,在货场里则不算道路交通事故。所以,关键在于事故各当事方中是否至少有一方车辆处于运动状态。例如,乘车人在车辆行驶时,从车上跳下造成的事故属于道路交通事故;停在路边的车辆,被过往车辆碰撞发生事故,由于对方车辆处在运动中,因而也属于道路交通事故。

4)发生事态

即发生碰撞、碾压、刮擦、翻车、坠车、爆炸、失火等其中的一种或几种现象。若没有发生上述事态,而是行人或乘客因其他原因(如疾病)造成伤害或死亡的不属于道路交通事故。

5）违章

违章是指当事人有违反《中华人民共和国道路交通安全法》（2021年4月29日第三次修改）或其他道路交通管理法规、规章的行为。这是依法追究其肇事责任、以责论处、予以处罚的必要条件。没有违章行为而出现损害后果的事故不属于道路交通事故；有违章行为，但违章与损害后果无因果关系的也不属于道路交通事故。

6）过失

过失是指当事人因疏忽大意而没有预见到本应该预见的后果或已经预见却轻率地相信可以避免，以致发生损害后果。即造成事故的原因是人为的，而不是人力无法抗拒的自然原因（如地震、台风、山崩、泥石流、雪崩）等造成的事故。行人自杀或利用交通工具进行其他犯罪，以及精神病患者在发病期间行为不能自控而发生的事故，均不属于道路交通事故。

7）有后果

道路交通事故必定有损害后果，即人、畜伤亡或车、物损坏，这是道路交通事故的本质特征。因当事人违章行为造成了损害后果，才算道路交通事故；如果只有违章而没有损害后果，则不能算作道路交通事故。

这7种要素可作为鉴别道路交通事故的依据和构成道路交通事故的必要条件，在实际工作中加以运用。

3. 道路交通事故现象

道路交通事故现象，也称道路交通事故形式，即道路使用者之间发生冲突或自身失控肇事所表现出来的具体形态，可分为碰撞、碾压、刮擦、翻车、坠车、爆炸和失火7种。

1）碰撞

碰撞是指交通强者（相对而言）的正面部分与他方接触，或同类其他车辆的正面部分相互接触。碰撞主要发生在机动车之间、机动车与非机动车之间、机动车与行人之间、非机动车之间、非机动车与行人之间及车辆与其他物体之间。

2）碾压

碾压是指作为交通强者的机动车，对交通弱者（如自行车、行人等）的推碾或压过。尽管在碾压之前，大部分情况下已产生碰撞现象，但在习惯上一般都称为碾压。通常碾压造成的后果比较严重。

3）刮擦

刮擦是指交通强者（相对而言）的侧面部分与他方接触，造成自身或他方损坏。主要表现为车刮车、车刮物和车刮人。对汽车乘员而言，发生刮擦事故时的主要危险来源为破碎的玻璃，但也有车门被刮开、车内乘员摔出车外的现象。

4）翻车

翻车通常是指车辆没有表现出其他形态，部分或全部车轮悬空而车身着地的现象。翻车一般可分为侧翻和滚翻两种，车辆的一侧轮胎离开地面称为侧翻，所有的车轮都离开地面称为滚翻。为了准确地描述翻车过程和最后的静止状态，也可用90°、180°、270°、360°、720°翻车等概念。

5）坠车

坠车即车辆的坠落，且在坠落的过程中，有车辆离开地面的落体过程，通常是指车辆跌落到与路面有一定高差的路外，如坠落桥下、坠入山涧等。

6）爆炸

爆炸是指由于车内载有爆炸物品，在行驶过程中由于振动等原因引起突然爆炸造成事故。若无违章行为，则不算是交通事故。

7）失火

失火是指车辆在行驶过程中，由于人为原因或技术问题引起的火灾。常见的原因有乘员使用明火、违章直流供油、发动机回火、电路系统短路及漏电等。

道路交通事故发生的现象有的是单一的，有的是两种以上并存的。对两种以上并存的，一般按现象发生时间的先后顺序加以认定，如刮擦后翻车认定为刮擦，碰撞后失火认定为碰撞等；也有按主要现象认定的，如碰撞后碾压认定为碾压等。

4. 道路交通事故分类

对道路交通事故进行分类的目的在于分析、研究、预防和处理交通事故。同时，也便于统计分析和从各个角度寻找对策。分析的角度、方法不同，对交通事故的分类也不同。通常，道路交通事故分类方法主要有以下 5 种。

1）按事故责任分类

根据道路交通事故的主要责任方所涉及的车种和人员，在统计工作中可将道路交通事故分为 3 类。

（1）机动车事故

机动车事故是指事故当事方中，汽车、摩托车和拖拉机等机动车负主要及以上责任的事故。在机动车与非机动车或行人发生的事故中，如果机动车与非机动车或行人负同等责任，由于机动车相对为交通强者，而非机动车或行人相对属于交通弱者，故应视为机动车事故。

（2）非机动车事故

非机动车事故是指自行车、人力车、三轮车和畜力车等按非机动车管理的车辆负主要及以上责任的事故。在非机动车与行人发生的事故中，如果非机动车一方与行人负同等责任，由于非机动车相对为交通强者，而行人相对属于交通弱者，故应视为非机动车事故。

（3）行人事故

行人事故是指在事故当事方中，行人负主要及以上责任的事故。

2）按事故后果分类

根据人身伤亡或者财产损失的程度或数额，交通事故可分为轻微事故、一般事故、重大事故和特大事故。对于具体的等级划分标准，《公安部关于修订道路交通事故等级划分标准的通知》（公通字〔1991〕113 号）作出了如下规定。

（1）轻微事故

轻微事故是指一次造成轻伤 1 至 2 人，或者财产损失机动车事故不足 1000 元，非机动车事故不足 200 元的事故。

（2）一般事故

一般事故是指一次造成重伤 1 至 2 人，或者轻伤 3 人以上，或者财产损失不足 3 万元的事故。

（3）重大事故

重大事故是指一次造成死亡 1 至 2 人，或者重伤 3 人以上 10 人以下，或者财产损失 3 万元以上不足 6 万元的事故。

（4）特大事故

特大事故是指一次造成死亡 3 人以上，或者重伤 11 人以上，或者死亡 1 人，同时重伤 8 人以上，或者死亡 2 人，同时重伤 5 人以上，或者财产损失 6 万元以上的事故。

3）按事故原因分类

从原因上可将道路交通事故分为主观原因造成的事故和客观原因造成的事故两类。

（1）主观原因造成的事故

主观原因是指造成交通事故的当事人本身的内在因素，如主观过失或有意违章，主要表现为违反规定、疏忽大意或操作不当等。

违反规定是指当事人由于思想方面的原因，不按交通法规规定驾驶或行走，致使正常的道路交通秩序变得混乱，引发交通事故。如酒后开车、无证驾驶、超速行驶、争道抢行、违章超车、超载、非机动车走快车道和行人不走人行道等原因造成的交通事故。

疏忽大意是指当事人由于心理或生理方面的原因，没有正确地观察和判断外界事物而造成的失误。如心情烦躁、身体疲劳等都可能造成精力分散、反应迟钝，表现出瞭望不周、采取措施不当或不及时等。也有当事人凭主观想象判断事物，或高估自己的技术，引起行为不当而造成的事故。

操作不当是指当事人技术生疏、经验不足，对车辆、道路情况不熟悉，遇到突发情况惊慌失措，引起操作错误。如应制动时驾驶人踩加速踏板，骑自行车人遇到紧急情况不采取措施等造成的交通事故。

（2）客观原因造成的事故

客观原因是指引发交通事故的车辆、环境和道路方面的不利因素。目前，对于客观原因还没有很好的调查和测试手段，因此，在道路交通事故分析中，这些因素往往被忽视，这一点需要引起人们的重视。

4）按事故对象分类

按事故的对象可将道路交通事故分为 5 类。

（1）车辆间的交通事故

即车辆之间发生刮擦、碰撞等而引起的事故。碰撞又可分为正面碰撞、追尾碰撞、侧面碰撞和转弯碰撞等，刮擦可分为超车刮擦、会车刮擦等。

（2）车辆与行人的交通事故

即机动车对行人的碰撞、碾压和刮擦等事故。包括机动车闯入人行道或行人横穿道路时发生的交通事故。其中，碰撞和碾压常导致行人重伤、残疾或死亡。刮擦相对前两者后果一般比较轻，但有时也会造成严重后果。

（3）机动车与非机动车的交通事故

由于我国的交通组成主要是混合交通，因而这类事故在我国主要表现为机动车碾压骑非机动车人的事故。

（4）车辆自身事故

即机动车在没有发生碰撞、刮擦的情况下，由于自身原因导致的事故。例如，车辆由于掉头、行驶速度太快，或在转弯处行驶时所发生的翻车事故，以及在桥上因大雾天气或机器失灵而发生的机动车坠落事故等。

（5）车辆对固定物的事故

即机动车与道路两侧的固定物相撞的事故。其中,固定物包括道路上的工程结构物、护栏、路肩上的灯杆、交通标志等。

5)按事故发生地点分类

道路交通事故发生地点一般是指道路等级。在我国,公路可分为高速公路、一级公路、二级公路、三级公路和四级公路5个等级;城市道路可分为快速路、主干路、次干路和支路4个等级。另外,还可按事故发生的道路交叉口和路段来分类。

除上述5种分类方法外,其他道路交通事故分类方法还有:按伤亡人员职业类型分类;按肇事者所属行业分类;按肇事驾驶人所持驾驶证种类、驾龄分类等。

二、汽车与道路交通安全的关系

道路交通事故在我国的定义为:车辆在道路上因过错或者意外造成的人身伤亡或者财产损失的事件。由此可以看出,汽车是道路交通事故中的一个重要元素。而道路交通事故的发生,也多与汽车有关,所以确保汽车安全是保障道路交通安全的重要途径。

随着社会发展和人类文明的进步,汽车已成为人类生活中的主要交通工具,它既是支持社会、经济和文化活动的基本工具,又是创造舒适和方便社会不可缺少的组成部分,因而汽车安全对于道路交通安全,乃至交通系统安全都显得格外重要。

三、汽车安全的概念

汽车安全包括两个方面:主动安全性和被动安全性。

汽车的主动安全性是指汽车本身防止或减少道路交通事故发生的性能,主要取决于汽车的总体尺寸、制动性、操纵稳定性、动力性、平顺性及驾驶人工作条件等。汽车的主动安全性可以分为行驶安全性、环境安全性、感觉安全性和操作安全性。行驶安全性要求汽车有最佳动态性能,保证良好的制动性能,特别是悬架、转向系和制动系的运动协调以保证汽车良好的行驶安全性。环境安全性是使由于振动、噪声和各种气候条件加于汽车乘客及驾驶人而产生的心理压力减小到最低程度的性能,它在减少行车过程中可能产生的不正确操作具有重要意义。感觉安全性是从照明设备、声响报警装备、直接或间接视线等方面入手提高汽车的安全性,如汽车的前照灯应照亮道路,使驾驶人能看清道路交通状况,及时辨别障碍物;驾驶人改变行车方向时,汽车应能给出示意或指出危险状况;汽车的前窗门柱、转向盘、风窗玻璃和刮水器等都会造成驾驶人的视线障碍,在汽车设计时,应尽量减少驾驶人的视线盲区。操作安全性是指从降低驾驶人工作时的紧张感入手,提高驾驶的安全性,这就需要对驾驶人周围的工作条件作出优化设计,使驾驶操作方便容易。

汽车的被动安全性是指发生交通事故后,汽车本身减轻人员受伤和货物受损的性能,即汽车发生意外的碰撞事故时,对驾驶人、乘客及货物进行保护,尽量减少其所受的伤害和损坏。决定汽车被动安全性的因素有:车身的变形状态、车身强度、碰撞发生时和发生后的生存空间尺寸、约束系统、撞击面积(车内部)、转向系统、乘员的解救和防火等。汽车的被动安全性分为汽车外部安全性和汽车内部安全性。汽车外部安全包括一切旨在减轻事故中汽车对行人、非机动车和摩托车骑乘者的伤害而专门采取的与汽车有关的措施。决定汽车外部安全性的因素为:发生碰撞后汽车车身的变形状态、汽车车身外部形状等。从车辆的被动安全性考虑,对汽车外部设计最基本的要求应是使碰撞的不良后果减轻到最低程度(涉及车外的人和汽车自身的碰撞)。汽车内部安全包括在事故中使作用于乘员的力和加速度降低到最小的措施,在事故发生后能够提供足够生存空间的措施,以及确保对从车辆中营救伤员起关键作用部件的可操作性的措施。

第二节　汽车性能及结构对交通安全的影响

一、汽车性能与底盘结构

1.汽车性能

汽车性能与交通安全有着密切的联系。汽车性能主要包括动力性、制动性、操纵稳定性、通过性、平顺性等。

1)动力性

汽车动力性是指汽车在良好路面上直线行驶时,受纵向外力决定的、所能达到的平均行驶速度。评价汽车动力性常用的评定指标为最高车速、加速时间和最大爬坡度。最高车速是指在水平良好的路面上,汽车所能达到的最高行驶速度;加速时间是指汽车以最大的加速度达到某一预定车速所需要的时间;最大爬坡度是指满载时汽车在良好路面上用第一挡所能通过的最大坡度,用于表征汽车的爬坡能力。

2)制动性

汽车制动性是指汽车行驶时能在短距离内停车且维持行驶方向稳定性和在下长坡时能维持一定车速以及在坡道上能长时间保持停住的能力。汽车制动性是汽车的重要性能之一。

3)操纵稳定性

汽车操纵稳定性包括汽车的操纵性和稳定性。

汽车操纵性是指汽车能正确地按照驾驶人的要求,维持或改变原行驶方向的能力。汽车稳定性是指汽车在行驶过程中,经受各种外部干扰后能自行快速恢复原行驶状态而不发生失控、侧翻和侧滑等现象的能力,包括汽车的纵向稳定性和横向稳定性两部分。纵向稳定性是指上(或下)坡时,汽车抵抗绕后(或前)轴翻车的能力;横向稳定性是指汽车抵抗侧翻和侧滑的能力。

实际上,汽车的操纵性和稳定性是密切相关的。操纵性差将导致汽车侧滑或侧翻,稳定性差往往使汽车失去操纵性而处于危险状态。因此,通常将汽车的操纵性和稳定性合称为汽车操纵稳定性。

4)通过性

汽车通过性是指在一定载质量下,汽车能以足够高的平均车速通过各种坏路和无路地带(如松软地面、沙漠、雪地、沼泽等)以及克服各种障碍(如陡坡、侧坡、台阶、壕沟等)的能力。

汽车通过性包括轮廓通过性和牵引支撑通过性。汽车通过性的评价指标包括汽车几何参数和支撑牵引参数两个方面。

5)平顺性

汽车平顺性是指汽车在以一定速度行驶过程中,能保证乘员所处振动环境在一定舒适度范围内,以及保持所运送货物完好无损的性能。此项性能对汽车驾驶人和乘客的乘坐舒适性、货物的完整性等有直接影响。

汽车的平顺性常用汽车车身振动的固有频率和振动加速度评价。平顺性良好的汽车,其车身振动的固有频率范围应为 $1 \sim 1.6$ Hz(相当于人步行时身体上下运动的频率),振动加速度不宜超过 $0.2g \sim 0.3g$(g 为重力加速度,$g = 9.8 \text{m/s}^2$)。目前许多国家采用"人体承受全身振动的评价指南"作为振动评价标准,评价指南给出了在 $1 \sim 80$ Hz 振动频率范围内人体对振动反应的 3 种不同的感觉界限,即:

(1)舒适降低界限。当乘客承受的振动强度在此界限之内时,不会感到明显的不舒适,并能顺利完成吃、读、写等动作。

(2)疲劳-工效降低界限。当驾驶人承受的振动强度在此界限之内时,可保证正常驾驶。

(3)暴露界限。当人体承受的振动强度在这个界限之内时,可保证健康和安全。

2. 底盘结构

汽车底盘结构复杂,各总成部件的可靠性不高则容易导致机械故障,并引发交通事故。汽车底盘主要包括转向系统、制动系统、行驶系统等。

1)转向系统

在转向系统中,影响行车安全的主要不利因素有转向沉重、汽车摆头、行驶偏向等。

转向沉重是指汽车在行驶中转动转向盘时感到吃力,不能根据道路和交通变化的情况灵活迅速地改变行驶方向。转向沉重很容易致使车辆失去控制而不能迅速地躲避障碍物,继而引发交通事故。汽车摆头是指汽车行驶中在某种情况下出现的左右摆振现象,不仅方向控制困难,而且增加了汽车行驶道路的宽度需求,容易发生刮碰现象,使汽车操纵条件恶化。行驶偏向是指汽车直线行驶自动偏向一边的现象,这种情况给汽车带来的危险性很大。因转向横、直拉杆等连接部分的脱落或方向盘脱出造成的转向失灵虽较为罕见,然而一旦出现,就极可能造成重大事故。

2)制动系统

汽车运行中因制动问题所造成的事故,主要是由于驾驶人思想不集中、对道路交通情况和行人动态判断不正确或操作方法不妥当等,延长了反应时间或制动时间,使制动非安全区没有得到应有的缩小,导致事故的发生。

尽管人的因素(主要指驾驶人)是造成制动问题引发事故的主要原因,但制动系统对汽车而言是保证行驶安全的重要部件,其可靠性不容忽视。汽车制动性能的好坏取决于制动装置的结构和技术状况,它对行驶安全有着重要的作用。所以,对制动装置技术状况的要求是:必须提供足够的制动摩擦力,工作可靠,以及汽车在制动时能保持良好的稳定性。这些要求都是在制动装置技术状况完好情况下才能实现的。

3)行驶系统

行驶系统由车轮、车桥、车架和悬架机构组成。它承载着汽车的全部质量,并传递牵引、制动等力或力矩,还接受路面对汽车的冲击,是汽车的基架。

前桥在使用中,因磨损可引起机件损坏,有时还会出现弯曲变形或个别部位的断裂现象。前桥零件的变形和磨损,常常会影响到前轮定位,从而使汽车的操纵性变差。转向节在行驶中突然折断,也会造成严重的事故。车架在长期使用中,往往发生弯曲、变形、铆钉松动甚至断裂。由于车架是整个汽车的基体骨架,所有的部件都直接或间接地安装在车架上,故车架一旦出现非正常现象,就会改变各部件的相对位置,使汽车的正常工作遭到破坏,对行车安全带来一定影响。在行车中对车架影响最大的是高速、超载和装载不均匀,汽车紧急制动时使车架受力很大。如果发生撞车或翻车事故,对车架的破坏就更为严重。

二、汽车操纵稳定性对交通安全的影响

汽车的操纵稳定性与交通安全有直接关系。操纵稳定性不好的汽车使驾驶人难以控制,严重时还可能发生侧倾或侧滑而造成交通事故。

1. 影响汽车操纵稳定性的主要因素

影响汽车操纵稳定性的因素有很多,除汽车本身的结构参数外,还有地面不平、纵向和横向的坡度、左右车轮附着差异、横向风、弯道离心力以及驾驶人操纵技能等。

(1)轮胎侧偏。轮胎侧偏会改变汽车的既定行驶路线,产生一个不由驾驶人控制的附加输入,从而影响汽车的操纵稳定性。一般而言,最大侧偏力越大,汽车的极限性能越好,按圆周行驶的极限侧向加速度就越高。

(2)转向悬架系统的弹性。在汽车转弯时路面横向反力的作用下,由于悬架系统的弹性,车轮会发生附加变形。这种变形往往形成相应车轮附加转向角,会影响有效转向输入。

(3)侧倾转向效应。汽车转弯时车身产生侧倾,由于悬架系统与转向系统的导向运动特性关系,车身的侧倾可能造成车轮或整个车轴在水平面内转动,成为可能改变转向输入的附加输入。

(4)车轮倾斜效应。对于独立悬架汽车,车身侧倾会引起车轮的侧倾,而车轮侧倾则会造成轮胎侧偏角的变化。

(5)空气动力影响。这种影响是通过高速行驶状态下空气对汽车各方向的力和力矩表现出来的。一方面,它直接影响前后车轮的横向力,从而影响相应的侧偏角;另一方面,空气对汽车的升力影响前后车轮的垂直负荷,通过改变轮胎侧偏刚度而间接影响侧偏角。

2. 稳态转向特性

汽车的等速圆周行驶,即汽车在转向盘角阶跃输入下,进入稳态响应阶段,虽然在实际行驶中这种情况不常出现,却也是表征汽车操纵稳定性的一个重要时域响应,一般也称为稳态转向特性。汽车的稳态转向特性分为 3 种类型:不足转向、中性转向和过度转向,如图 4-1 所示。

这 3 种不同转向特性的汽车具有如下行驶特点:在转向盘保持一固定转角 δ_{sw} 下,缓慢加速或以不同车速等速行驶时,随着车速的增加,不足转向汽车的转向半径 R 增大;中性转向汽车的转向半径维持不变;而过度转向汽车的转向半径则越来越小。过度转向汽车达到临界车速时将失去稳定性,此时只要有极其微小的前轮转角就会导致极大的横摆角速度,使汽车发生急转进而导致侧滑或翻车。

由于过度转向汽车有失去稳定性的危险,故操纵稳定性良好的汽车具有适度的不足转向特性。一般汽车不应具有过度转向特性,也不应具有中性转向特性,因为中性转向汽车在使用条件变动时,有可能转变为过度转向。

3. 汽车行驶稳定性的界限

汽车保持稳定行驶的能力是有一定限度的,如果驾

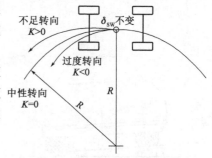

图 4-1　汽车的 3 种稳态转向特性

K-稳定性因数;R-转向半径;δ_{sw}-转角

驶人对汽车的操纵动作使汽车的运动状态超过了这一限度,汽车的运动就会失去稳定,发生侧滑或翻倾,从而危及行车安全。这一限度称为汽车行驶稳定性的极限。

1)汽车抗侧滑稳定性界限

汽车在曲线上行驶时,受到侧向力的作用,当车轮上的侧向反作用力达到车轮与路面间的附着极限时,汽车将因车轮滑移而失去控制。根据前后轮上侧向反力达到附着极限的先后顺序,汽车的侧滑分为"跑偏"和"甩尾"两种情况。

当前轮上的侧向反力先达到附着极限时,因前轮发生侧滑,汽车的横摆角速度减小,转向半径增大,汽车将向外侧甩出,发生"跑偏"现象。严重时,汽车会被甩出路外,造成交通事故。

如果后轮上的侧向反力先达到附着极限,后轮将先于前轮向外侧侧滑,汽车的横摆角速度增加,转向半径减小,发生"甩尾"现象。由于转向半径减小,使离心力继续增加,进一步加剧了甩尾,极易诱发汽车打转,甚至翻倾。

汽车在曲线坡道上行驶时的一般受力如图 4-2 所示。

保证汽车不发生侧滑的极限稳定车速可近似求得。设汽车转向的极限稳定车速为 v_{max},横向作用力 F_1 为:

$$F_1 = C \cdot \cos\beta - G \cdot \sin\beta = m \cdot \frac{v_{max}^2}{R} \cdot \cos\beta - mg \cdot \sin\beta \tag{4-1}$$

式中:m——汽车质量(kg);

    C——离心力(N);

    R——汽车转弯半径(m);

    β——路面横坡度(°);

    G——汽车的重力(N);

    v_{max}——不发生侧滑的极限稳定车速(m/s)。

设车轮与地面的附着力 F_2 为:

$$F_2 = (C \cdot \sin\beta + G \cdot \cos\beta) \cdot \varphi = \left(m \cdot \frac{v_{max}^2}{R} \sin\beta + mg \cdot \cos\beta \right) \cdot \varphi \tag{4-2}$$

式中:g——重力加速度($g = 9.8 \text{m/s}^2$);

    φ——轮胎与路面间的横向附着系数。

当 $F_1 = F_2$ 时,为极限稳定行驶状态,所以有:

$$m \cdot \frac{v_{max}^2}{R} \cdot \cos\beta - mg \cdot \sin\beta = \left(m \cdot \frac{v_{max}^2}{R} \sin\beta + mg \cdot \cos\beta \right) \cdot \varphi \tag{4-3}$$

$$v_{max} = \sqrt{\frac{Rg(\varphi \cdot \cos\beta + \sin\beta)}{\cos\beta - \varphi \cdot \sin\beta}}$$

2)汽车抗横向倾覆稳定性界限

在倾斜的横坡面上做曲线运动的汽车,由于横向力的作用,当位于曲线左侧车轮上的法向反作用力为零时,汽车将发生横向倾覆。如图 4-2 中所示,$N_2 = 0$ 为汽车发生倾覆的临界状态。

不发生横向倾覆的极限车速可近似地用下述方法求得。

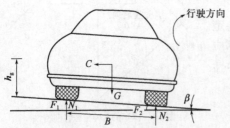

图 4-2　汽车在横坡道上曲线行驶时的受力图

由图 4-2 可得：

$$C \cdot \cos\beta \cdot h_g = G \cdot \sin\beta \cdot h_g + (C \cdot \sin\beta + G \cdot \cos\beta) \cdot \frac{B}{2} \qquad (4\text{-}4)$$

得出 R 为定值时，为保证不发生横向倾覆，汽车行驶的最大速度 v_{max} 为：

$$v_{max} = \sqrt{\frac{Rg\left(\cos\beta \cdot \dfrac{B}{2} + \sin\beta \cdot h_g\right)}{\cos\beta \cdot h_g - \sin\beta \cdot \dfrac{B}{2}}} \qquad (4\text{-}5)$$

式中：v_{max}——汽车不发生横向倾覆的极限速度（m/s）；

$\quad\ B$——轮距（m）；

$\quad\ h_g$——质心高度（m）；

其余符号意义同前。

4. 提高操纵稳定性的主要措施

1）动力转向

随着车速的提高、长途运输车载质量的增加以及驾驶人对操纵舒适度要求的提高，对于转向轻便性的要求也越来越高。操纵转向盘既要做到动作灵活、轻便，还要具备适当的路感，特别是低速转弯或紧急避让时能按驾驶人的意愿正确行驶。为满足以上要求，一是要靠转向器结构、形式来改善原有性能；二是要借助动力转向机构。

2）自适应感应器

汽车行驶过程中，当侧向风或路面不平产生的外力使汽车偏离原行驶路线时，检测仪器自动检测偏移量，使执行机构动作，带动转向联动机构自动进行方向修正，以保持汽车按照原行驶路线运行。

3）警报信号与控制系统

为了使汽车正常行驶，人们设计了许多警报控制系统，以提醒驾驶人注意对汽车的操纵或利用自动调节装置限制或修正汽车的运行状态。如在汽车的信号装置中设置车辆超速警告灯或警示区域来提醒驾驶人；在某种发动机上设置一个速度控制开关，当车速超过限制时，随即停止供油；一些科研机构研制出车间距控制系统，使用微波雷达测量车距，对危险状态发出警告。

4）四轮转向系统

四轮转向系统由前后轮两套转向器组成，二者用中间轴连接，由前轮转角与车速或前轮转向力与车速作为后轮转向的控制信号。

5）制动转向控制系统

在减少事故率及事故损失的方法中，制动加转向回避要比单纯制动回避、单纯转向回避有效得多。汽车旋转稳定装置（Vehicle Stability Control，VSC），其原理就是在转弯过程中，如车轮出现侧滑趋势，则自动调整各轮的制动力，同时控制发动机输出功率，从而控制汽车旋转的可能性。

6）驱动力自动调节系统

为了提高和改善汽车的转向性能以及汽车在复杂路面上直线行驶的稳定性，欧洲、美国和日本等地区和国家先后开发了不同形式的驱动力自动调节系统，其原理就是改变普通汽车在任何运行情况下左右两侧驱动力都一样的情况,根据具体情况使内侧车轮驱动力向外侧车轮转移,从而产生转向力矩,使内外轮转速不一致。

三、汽车制动性及其对交通安全的影响

汽车的制动性直接关系到道路交通安全,重大交通事故往往与制动距离太长、紧急制动时发生侧滑等情况有关。因此,汽车的制动性良好是汽车安全行驶的必要保证。

1. 制动性包含的内容及其评价

汽车的制动性主要从制动效能、制动效能的恒定性和制动时汽车的方向稳定性 3 个方面来评价。

1)制动效能

制动效能是指汽车在良好的路面上以一定初速度制动到停车的制动距离,或制动时汽车的减速度。制动效能是制动性能的基础评价指标。

(1)制动距离

制动距离与汽车的行驶安全有直接的关系,它指的是车速为 v_0 时,从驾驶人开始踩制动踏板到汽车完全停止所驶过的距离。制动距离与制动踏板力、路面附着条件、车辆载荷等许多因素有关。

由于各种汽车的动力性不同,对制动效能也提出了不同的要求:一般轿车和轻型载货车行驶车速高,所以对制动效能的要求也相对较高;重型载货车行驶车速低,要求就稍低。

图 4-3 所示为一次制动过程的几个时间段。

反应时间 t_r:从驾驶人识别障碍到把力 F_p 加至制动踏板上所经历的时间;

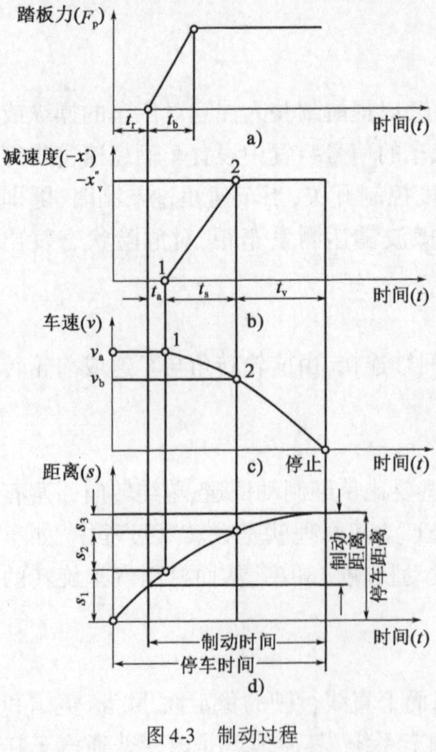

操纵力增加时间 t_b:踏板力 F_p 由零上升到最大值所需要的时间;

协调时间 t_a:从施加踏板力到出现制动力的时间,包括消除各铰链和制动器间隙的时间;

减速度增加时间 t_s:减速度由零增加到最大值的时间;

持续制动时间 t_v:将制动踏板力假定为一常数,汽车减速度不变,汽车速度降到零为止所经历的时间。

由图 4-3 可见,制动距离应为 t_r、t_a、t_s 和 t_v 4 段时间内驶过的距离。根据减速度、速度、距离之间的相互关系(即减速度积分为速度,速度积分为距离),最终可以推导出制动距离关系式,即:

$$S = v_a \left(t_r + t_a + \frac{t_s}{2} \right) - \frac{v_a^2}{2x_v''} + \frac{x_v''}{24} t_s^2 \qquad (4-6)$$

式中:v_a——起始制动速度(m/s);

x_v''——制动减速度(m/s²)。

在正常情况下,式(4-6)中的第 3 项可以忽略,即:

$$S = v_a \left(t_r + t_a + \frac{t_s}{2} \right) - \frac{v_a^2}{2x_v''} \qquad (4-7)$$

图 4-3 制动过程

通过式(4-7)可以确定汽车行驶时的安全距离。安全距离分为绝对安全距离和相对安全距离。

保持绝对安全距离可以在前车突然停止时,保证后车不至于与前车发生碰撞。所以绝对安全距离等于停车距离,即:

$$S_{绝对} = v_a\left(t_r + t_a + \frac{t_s}{2}\right) - \frac{v_a^2}{2x_v''} \tag{4-8}$$

相对安全距离是假设前后相邻两车以同样的减速度制动时的制动距离,即:

$$S_{相对} = v_a\left(t_r + t_a + \frac{t_s}{2}\right) \tag{4-9}$$

通常在计算制动距离时,不考虑驾驶人反应时间。由式(4-6)可见,决定汽车制动距离的主要因素是:制动器作用时间($t_r + t_a$)、最大制动减速度x_v''及起始制动车速v_a。

(2)制动减速度

制动减速度与制动力有关,因此,它取决于制动器制动力及路面的附着力。在评价汽车制动性时,由于瞬时减速度曲线的形状复杂,不能用某一点的值来表征,所以我国的行业标准采用平均减速度的概念来表征,即:

$$\bar{a} = \frac{1}{t_2 - t_1}\int_{t_1}^{t_2} a(t)\,dt \tag{4-10}$$

式中:$\bar{a}$——平均减速度(m/s^2);

t_1——制动压力达到75%最大压力的时刻;

t_2——停车总时间2/3的时刻。

欧洲 ECER13 法规和我国《机动车运行安全技术条件》(GB 7258—2017)采用的是充分发出的平均减速度(m/s^2),即:

$$MFDD = \frac{v_b^2 - v_e^2}{25.92(s_e - s_b)} \tag{4-11}$$

式中:v_b——$0.8v_0$的车速(km/h);

v_e——$0.1v_0$的车速(km/h);

v_0——起始制动车速(km/h);

s_b——车速从v_0降到v_b时汽车驶过的距离(m);

s_e——车速从v_0降到v_e时汽车驶过的距离(m)。

2)制动效能的恒定性

汽车在频繁制动的工作条件下(例如在长下坡时,制动器就要较长时间连续进行较大强度的制动),制动器温度可达到300℃以上。高速制动时,制动器温度也会很快上升。制动器温度上升后,其摩擦力矩会显著下降,这种现象称为制动器的热衰退。目前,热衰退是制动器不可避免的现象。制动效能的恒定性主要指的是抗热衰退性能。

3)制动时汽车的方向稳定性

汽车制动过程中,有时会出现制动跑偏、后轴侧滑或前轮失去转向能力等现象,使汽车偏离原来的行驶方向,其至发生撞入对向车道、边沟、滑下山坡等危险情况。一般把汽车在制动过程中维持直线行驶或按预定弯道行驶的能力称为汽车制动方向稳定性。汽车制动方向稳定性主要表现为控制制动跑偏、侧滑和前轴失去转向的能力。

制动跑偏是指制动时汽车自动向左或向右偏驶的现象。制动时汽车跑偏的原因有两个:一是汽车左、右车轮,特别是前轴左、右车轮制动器制动力不等;二是制动时悬架导向杆系与转向拉杆发生运动干涉。第一个原因是制造、调整误差造成的,而第二个原因是设计造成的。

侧滑是指制动时汽车的某一轴或两轴发生横向移动。最危险的情况是高速制动时发生后轴侧滑,此时汽车常发生不规则的急剧回转运动而失去控制,使得驾驶人难以控制汽车。易发生侧滑的汽车有加剧汽车跑偏的趋势,而严重的制动跑偏也会引起后轴侧滑。由此可见,跑偏和侧滑是有联系的。

前轴失去转向能力是指弯道制动时,汽车不再按原来的弯道行驶而沿弯道的切线方向驶出;直线行驶制动时,虽然转动转向盘但汽车仍按直线方向行驶的现象。在制动时,若前轴车轮先抱死,后轴车轮后抱死或不抱死,此时前轴车轮将失去转向能力。

2.影响制动性能的因素及改善措施

影响汽车制动性能的因素很多,主要有两个方面:一是汽车本身制动系统,例如制动器类型、结构尺寸、制动器摩擦片的摩擦系数及车轮半径等;二是外界行驶条件,例如道路条件、气候条件、交通状况等。

1)提高制动效能

制动效能的提高意味着用较小的制动踏板力就能得到必要的制动力或制动减速度,这对于降低驾驶人劳动强度、保证行车安全具有重要意义。为了提高制动效能,汽车上普遍装有制动助力装置。制动助力装置可以增大驾驶人施加于制动踏板上的力或增大制动管路压力,从而增加制动速率,提高制动效能。此外,加大制动踏板杠杆比、减小制动总泵缸径、增大制动分泵缸径、提高制动器摩擦片的摩擦系数、加大制动盘或鼓的直径等措施均可提高制动效能。

2)提高制动效能的恒定性

制动效能的恒定性取决于制动器结构和制动器摩擦片的材料。不同结构的制动器制动效能不同。自增力式制动器,因为具有增力作用,制动效能最好,此外还有双领蹄式制动器、领从蹄式制动器。但自增力式制动器的制动效能对摩擦系数的依赖性很大,因此其制动效能的热稳定性最差。盘式制动器与鼓式制动器相比冷却性好,制动效能变化小,其原因为盘式制动器的制动盘的制动摩擦衬块直接与空气接触,散热快。正常制动时,摩擦片的温度在200°C左右,其摩擦系数为0.3~0.4。但在更高的温度时,有些摩擦片的摩擦系数会有很大程度的下降而出现热衰退现象。因此,摩擦片应采用耐磨耐高温材料,并注重制动器的维护,应在规定的行驶里程内更换制动器的摩擦片。

3)提高制动时的方向稳定性

制动跑偏多数是由于汽车技术状况不佳导致的,经过维修调整可以解决制动跑偏现象。制动时能否发生侧滑的影响因素有:车轮抱死及前、后轴车轮抱死的顺序,路面附着系数,制动初速度,载荷和载荷前移,侧向力作用等。

制动时如果前轮先抱死滑移,汽车直线行驶时基本处于稳定状态;若在弯道上行驶,汽车丧失转向能力时,会沿弯道切线冲出道路。如果在驶入弯道之前松开制动踏板,汽车可重新获得转向能力。

制动时如果后轮先抱死滑移且车速较高时,汽车极易侧滑,严重时会急剧回转,甚至原地掉头。路面越滑,制动距离和制动时间越长,后轴侧滑越剧烈。因此,从保证汽车方向稳定性的角度出发,不应出现只有后轴车轮抱死或后轴车轮比前轴车轮先抱死的情况,以防发生后轴侧滑。

理想的情况是:制动时防止任何车轮抱死,前、后车轮都处于滚动状态,这样可以确保制动时的方向稳定性。所以,设计汽车制动系时,应准确确定前、后轮制动器制动力的分配比例。近年来,在汽车制动系统中加装了制动防抱死装置(ABS),使制动效能、制动时的方向稳定性有了明显提高。

若路面潮湿、滑溜等引起附着系数变小,制动时很容易因此发生侧滑。这是由于轮胎的侧向附着力减小,无法控制汽车的侧向运动而造成的。因此,改善路面状况,提高路面附着系数,是防止侧滑的有效措施。

制动初速度对侧滑影响较大。一般是车速低时不易产生侧滑,而车速高时易产生侧滑。对于货车,空载时比满载时容易侧滑且侧滑距离较大。

制动时产生载荷前移,前轴负荷加大,后轴负荷减小,所以后轮容易抱死。为此,汽车上装有制动力调节装置,如限压阀、比例阀等,用以调节前、后轴制动力。

3. 制动性对交通安全的影响

汽车制动性是汽车主动安全性能之一。重大交通事故通常与制动距离太长、紧急制动时发生侧滑及前轮失去转向能力等情况有关。制动跑偏、侧滑及前轮失去转向能力是造成交通事故的重要原因。

例如,我国某市市郊一山区公路,根据对两周(雨季)发生的 7 次交通事故进行分析,发现其中 6 次是由于制动时后轴发生侧滑或前轮失去转向能力造成的。西方一些国家的统计结果表明,发生人身伤亡的道路交通事故中,潮湿路面约有 1/3 与侧滑有关;冰雪路面有 70% ~ 80% 与侧滑有关。因此,汽车制动性良好是汽车安全行驶的重要保障。

四、轮胎对交通安全的影响

轮胎是汽车的重要部件。它的性能对汽车动力性、制动性、行驶稳定性、平顺性和燃油经济性等都有直接影响。

1. 轮胎结构及特点

现代汽车使用的几乎都是充气轮胎。充气轮胎按胎体帘线排列方向不同,可分为普通带束斜交轮胎和子午线轮胎。

普通斜交轮胎的结构特点是相邻帘布层帘线交错排列,所以帘布层的层数都是偶数,且具有一定的胎冠角。

子午线轮胎的结构特点是帘线呈子午线排列。这样,帘线的强力就得到充分利用,帘线所承受的负荷比普通斜交轮胎小,故子午线轮胎的帘布层数比普通斜交轮胎减少40% ~ 50% 。

子午线轮胎与普通带束斜交轮胎相比,有以下优越性能。

1)使用寿命长

由于子午线轮胎胎体帘线和缓冲层帘线交叉于 3 个方向,这样就形成了许多密实的三角形网状结构,阻止了胎面周向和侧向伸缩,从而减少了胎面与路面间的滑移;又因胎体的径向弹性大,与地面的接触面积大,对地面的单位压力小,使胎面磨耗小,耐磨性强,可行驶里程比普通带束斜交胎高 50% ~100% 。

2)滚动阻力小

由于子午线轮胎胎冠具有较厚而坚硬的缓冲层,轮胎滚动时胎冠变形小、消耗能量小、生热低,且胎体帘布层数少、胎侧薄,故其滚动阻力比普通带束斜交轮胎小 20% ~30% ,从而能够降低 3% ~8% 汽车耗油量。

3)附着性能好

因为胎体弹性好,接地面积大,胎面滑移小,汽车制动性能较普通带束斜交胎有所提升。

4)缓冲性能好

因为胎体径向弹性大,可以缓和不平路面的冲击,汽车行驶平顺性较普通带束斜交胎有所提升。

5)负荷能力大

由于子午线轮胎的帘线排列与轮胎主要的变形方向一致,因而使其帘线强度得到充分有效的利用,故子午线轮胎较普通带束斜交轮胎承受的负荷高。

但子午线轮胎也有其不足之处:子午线轮胎由于带束层强度很大,造成胎面较硬,当低速驶过不平路面时,会直接传递冲击;此外,胎侧较薄引起的较大变形会导致胎面与胎侧的过渡区域处易破裂。

近年来,子午线轮胎不断改进,其不足已得到改善:如配合悬架机构优化设计,使得子午线轮胎的耐冲击性得到很大提高;使用低高宽比轮胎,可以获得较高的转向稳定性。

2.轮胎胎面花纹

轮胎与路面间的附着性能、排水能力、轮胎耐磨性等都与轮胎花纹有关,而这些性能都关系着汽车的行驶安全。因此,轮胎花纹对汽车的行驶安全有着直接影响。轮胎花纹形式多种多样,目前广泛使用的胎面花纹形式有 3 种:普通花纹、越野花纹和混合花纹。

1)普通花纹

普通花纹细而浅,花纹块接地面积较大,耐磨性好,附着性较好,适合在比较清洁、良好的硬路面上使用。它分为横向花纹、纵向花纹、组合花纹。

横向花纹的结构特点是胎面横向连续、纵向断开,因而胎面横向刚度大、纵向刚度小,轮胎的附着性表现出纵强而横弱的特征。纵向花纹的结构特点是纵向连续、横向断开,因而胎面纵向刚度大、横向刚度小,轮胎的附着性能表现出横强而纵弱的特征。因而,纵向花纹抗侧滑能力较强,滚动阻力小于横向花纹的轮胎,其散热性较好、噪声小,不足之处是花纹沟槽容易嵌夹石子。组合花纹的结构特点是以纵向花纹为主、采用横向的细缝花纹连通纵向沟槽,使其排水性能更好,并有利于散热;另外,组合花纹轮胎的附着性能好,有利于改善汽车操纵性和制动性。

2)越野花纹

越野花纹的结构特点是花纹沟槽宽而深,花纹接地面积比较小(40% ~60%)。在松软路面上行驶时,一部分土壤将嵌入花纹沟槽之中,只有将嵌入花纹沟槽的这一部分土壤剪切之后,轮胎才有可能出现打滑。因此,轮胎与地面的附着性能好,越野能力强,适合于较差的路面或无路地段。

3）混合花纹

混合花纹是介于普通花纹和越野花纹之间的一种过渡性花纹。其结构特点是胎面中部具有方向各异或以纵向为主的窄花纹沟槽，而在两侧则具有以方向各异或以横向为主的宽花纹沟槽。这样的花纹搭配使其综合性能好，既能适应良好的硬路面，也能适应碎石路面、雪泥路面和松软路面。因此，混合花纹的附着性能优于普通花纹。

3. 轮胎对交通安全的影响

轮胎与汽车安全行驶相关的特性有：负荷、气压、高速性能、侧偏性能、滑水效应、耐磨耐穿孔性等。

1）轮胎负荷与气压

轮胎的负荷与气压有对应关系。为了行驶安全，必须根据汽车的最大总质量来选用相应负荷的轮胎，切不可超负荷使用轮胎。轮胎在最大负荷状态下，允许的最大胎压有相应规定。同一规格的轮胎，充气气压越高，所能承受的负荷也会越大，但气压过高内胎易爆裂，外胎胎冠中心部分易产生异常磨损、降低轮胎的使用寿命。充气轮胎气压值也不能低于规定值，如若气压偏低，不仅使轮胎承受负荷的能力降低，滚动阻力增大，动力性、经济性下降，还会影响制动性能、转向性能，轮胎胎肩易产生异常磨损而降低轮胎使用寿命。

2）轮胎高速性能

轮胎高速性能是指高速行驶时轮胎的适应性，一般用许用额定车速来表示。选用轮胎时，应选用许用额定车速大于或等于汽车最高车速的轮胎。

汽车高速行驶时轮胎有可能出现驻波现象，即当轮胎达到某一旋转速度时，轮胎表面的变形来不及完全恢复就形成驻波，其表现为轮胎接地面后部的周围面上出现明显的波浪状变形，其结果使滚动阻力急剧增加，摩擦使轮胎迅速升温，极易导致橡胶脱层直至爆破损坏。

产生驻波现象时的车速称为临界车速，轮胎的额定车速应小于临界车速。

3）轮胎的侧偏性能

轮胎的侧偏特性主要指侧偏力、回正力矩与侧偏角之间的关系。汽车在行驶过程中，由于路面的侧向倾斜、侧向风或曲线行驶时的离心力等作用，将对车轮产生侧向作用力，相应地在地面上产生对车轮的地面侧向反作用力，该力称为侧偏力。由于车轮具有侧向弹性，当其受到侧向力时，即使侧偏力没有达到附着极限，车轮行驶方向也将偏离车轮中心平面的方向，这就是轮胎的侧偏现象。当车轮滚动时，轮胎与地面接触印迹的中心线与车轮平面的夹角 α，即为侧偏角。

侧偏角的大小与侧偏力的大小有关，如图 4-4 所示。曲线表明，侧偏角 α 不超过 5° 时，F_y 与 α 呈线性关系。汽车正常行驶时，侧向加速度不超过 $0.4g$，侧偏角不超过 4° ~ 5°，可以认为侧偏角与侧偏力呈线性关系。F_y-α 曲线在 α = 0° 处的斜率为侧偏刚度。即：

$$F_y = k\alpha \tag{4-12}$$

侧偏刚度是决定汽车操纵稳定性的重要参数，侧偏刚度大的轮胎侧偏性能好，即转弯能力、抗侧滑能力强。因此，轮胎应有高的侧偏刚度，以保证汽车具有良好的操纵稳定性。

轮胎的侧偏刚度与轮胎的尺寸、形式和结构参数有关。尺寸较大的轮胎有较高的侧偏刚度。子午线轮胎接地面宽，一般侧偏刚度较大，钢丝子午线轮胎比尼龙子午线轮胎的侧偏刚度还要高些。

如图 4-4 所示,在侧偏力较大时,侧偏角以较大的速率增长,这时轮胎在接地面处已发生部分侧滑。最后,侧偏力达到附着极限时,整个轮胎侧滑。

可见,轮胎的最大侧偏力取决于路面的附着条件。

4)轮胎的滑水效应

雨天对交通安全最大的不利是由于雨水在车轮和路面之间产生了水楔,水楔的形成将导致道路路面的附着系数降低。一旦汽车需要减速或停车,如果此时遇到复杂的道路状态(如弯道、坡道、综合线形等),由于行车惯性的作用,很容易发生交通事故(如翻车、撞击护栏、追尾等)。

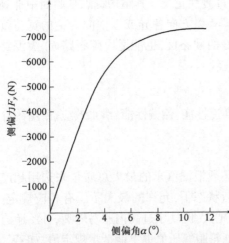

图 4-4 轮胎的侧偏力与侧偏角的关系

当汽车高速通过一定深度的积水路面时,由于轮胎的高速旋转和积水的惯性作用,不能及时排净轮胎周边的积水,将形成水楔,造成轮胎和地面之间不能直接接触,如图 4-5 所示。

滑水对附着有显著的影响。所谓滑水是指汽车在湿路上行驶时,水楔进入轮胎与路面的全接触面以后,迫使轮胎升离路面浮在水膜上。滑水现象取决于路面上水的深度、车速、胎面花纹设计、轮胎的磨损程度以及轮胎对路面的压载。

当路面湿滑或形成水楔时,汽车的抗滑能力减小,轮胎与路面之间的附着系数降低,导致汽车的临界安全车速降低。同时,由于附着系数降低的缘故,将会导致制动性能降低,制动稳定性变差。

不同水膜厚度下的临界车速见表 4-1。不同车速、不同路面条件下的制动距离见表 4-2。

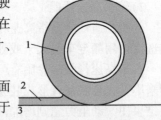

图 4-5 滑水现象
1-车轮;2-楔形水膜;3-路面

不同水膜厚度下的临界车速　　　　　表 4-1

水膜厚度(mm)		2	4	6	8
临界车速(km/h)	新胎	120	110	100	90
	花纹磨秃胎	80	80	80	80

不同车速、不同路面条件下的制动距离(单位:m)　　　　表 4-2

路　面	车　速　(km/h)						
	50	60	70	80	90	100	110
干沥青混凝土路面	12.3	17.8	24.0	31.5	39.9	49.2	59.5
湿沥青混凝土路面	24.6	35.5	48.2	63.0	79.7	98.4	119.1
冰雪路面	49.2	71.0	95.5	126.0	150.0	196.9	238.2

5)轮胎的耐磨耐穿孔性

行车安全与轮胎的耐磨耐穿孔性也有密切关系。轮胎磨损不仅使附着力下降,尤其在湿滑路面上,还会使制动、转向能力下降,这些都会影响到行车安全。如果轮胎磨损过度会导致帘线外露、胎面开裂等,无法保证轮胎的强度,而轮胎具有足够的强度却是耐穿孔性及耐爆破性能所要求的。在轮胎胎肩沿圆周若干等分处模印有"△"标志,当胎面花纹磨损到沟槽底部约1.6mm(大部分轿车轮胎如此规定)时,"△"处的花纹便已磨掉,在胎面圆周上呈现出若干等分的横条状光胎面,以此警示该轮胎已不能再继续使用,必须及时更换。

6)爆胎

汽车在行驶中突然爆胎引发的交通事故占交通事故总数的30% ~ 40%。轮胎是汽车和路面接触的媒介,其功能是支承汽车的自重、传递汽车和地面之间的作用力、缓冲、吸能等,轮胎的性能直接影响汽车的运行状况,而爆胎事件发生的结果却是使汽车安全性极大程度降低。

汽车行车中突然爆胎与轮胎的质量、行车速度、连续行车里程、车辆负荷、轮胎气压、轮胎损耗程度、环境温度、路面状况等因素有关。其直接原因是轮胎的温度升高和轮胎内气压上升到一定的量值,而轮胎的温升和压升又受行车速度和车辆负荷的影响。图4-6所示为轮胎温度与车速的关系。

轮胎的气压 p 和轮胎内压缩空气的温度 T 之间存在以下关系:

$$pV = mRT \qquad (4-13)$$

式中:p——气压(Pa);

  V——轮胎内部体积(m^3);

  R——气体常数[J/(mol·K)];

  m——轮胎内部压缩空气的质量(mol);

  T——温度(K)。

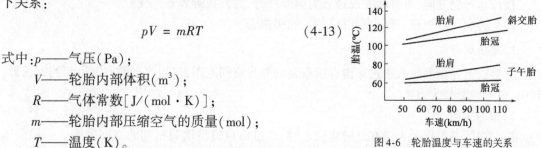

图4-6 轮胎温度与车速的关系

汽车在行驶过程中,轮胎要连续不断地产生伸缩变形,轮胎中橡胶与帘线、帘线与帘线、外胎与内胎、轮胎与轮辋、胎面与路面之间均产生摩擦,生成大量的热。而轮胎的主要材料是橡胶,属于热的不良导体,摩擦热量很难散失,使得胎体内部的温度逐渐上升。胎温上升导致胎内气压升高,一旦超过轮胎的极限强度即导致爆胎。

当车速达到150 ~ 200km/h 时,轮胎轮廓不再是圆形,而呈波浪形,此时轮胎内摩擦释放出的热能使轮胎温度陡增,可达120℃以上(根据橡胶的特性,温度在100℃以内,橡胶相对正常;100 ~ 120℃进入临界状态;121℃以上进入危险状态)。此时,尼龙帘线的胎体强度下降30%,人造丝强度下降16%,钢丝强度下降4%。当胎温升高到200℃时,尼龙帘线强度下降50%,钢丝强度下降15%。

相关试验还表明,轮胎内的温度 T 与轮胎负荷 F 和汽车的行驶速度 v 成正比。即:

$$T \propto Fv$$

通常爆胎的诱发条件包括长时间超速行驶、轮胎严重磨损、违章超载、轮胎气压过高或过低、环境温度过高等。

汽车轮胎可以说是汽车上最重要而又最容易被忽视的部件。凡是与驾驶(如起步、运行、制动、停车等)有关的问题都和轮胎有关,它对行车安全和驾驶操控性都有重要作用。

近年来,随着道路条件的改善和汽车技术的进步,汽车行驶呈现高速化特征,轮胎的不合理使用将直接威胁行车安全。据统计,高速公路上发生的交通事故中,因轮胎故障和使用不当造成的交通事故占事故总数的20%。由此可见,轮胎与行车安全关系更加紧密。

第三节　汽车驾驶环境对交通安全的影响

汽车驾驶视野、灯光、指示装置、驾驶人工作环境等构成了汽车驾驶环境。驾驶环境的优劣对汽车的安全行驶具有重要影响。从交通安全的目标出发,对汽车驾驶环境的基本要求是:满足驾驶人的能力要求,心理、生理特点及其变化,方便驾驶人的操作,提高驾驶人的工作效率、安全性、舒适性,以减少交通事故的发生。

一、驾驶视野

驾驶视野是驾驶人行车时的视线范围。驾驶人在驾驶过程中,有80%以上的信息是靠视觉得到的,听觉及其他感觉所接收的信息总和不足20%。汽车若是没有良好的视野,保证安全行驶是十分困难的。

按汽车行驶方向,可将驾驶视野分为前方视野、后方视野和侧方视野。

按是否利用后视镜,可分为直接视野、间接视野。

1. 直接视野

直接视野是指驾驶人通过车窗直接看到的外界空间范围,包括汽车前方视野和侧方视野。其中,前方视野最为重要。

1)前方视野

前方视野是指驾驶人坐在驾驶座位上时,通过前风窗玻璃观察到的空间范围。一般前风窗玻璃面积越大前方视野就越好,因此,汽车的前风窗玻璃越大越好,但它往往受汽车结构的限制,而不可能无限扩大。

由于驾驶室A柱(在发动机舱和驾驶室之间,左右后视镜上方的竖梁)的遮挡,前方视野有两条盲区。由于驾驶视野盲区的存在,可能导致交通事故。如图4-7所示为汽车右前方由A柱造成的盲区,当汽车在无信号交叉口向左转弯时,如从右向左直行的摩托车恰好进入该盲区内,汽车驾驶人便不知道有摩托车驶近,而摩托车却认为汽车应该避让,待摩托车驶出盲区时,距离汽车已经很近,汽车驾驶人来不及采取措施,极易导致相撞事故。可见,盲区面积越小越好。因此要求A柱在结构强度允许的情况下尽可能细一些,并且左(右)A柱造成的双目障碍角不得超过6°。

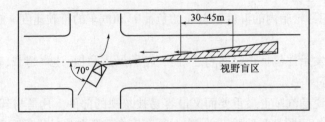

图4-7　汽车驾驶视野盲区

汽车的前方驾驶视野取决于驾驶室前风窗尺寸、形状和支柱的结构、发动机罩的形状、驾驶室座椅的高度以及坐垫与靠背的倾角等。为了扩大前方视野,驾驶人的座椅应尽可能地高一点,而前风窗玻璃的下沿则应尽可能地向下,即低一点;前风窗玻璃应该不失真、不眩目,其透射比不得小于70%;前风窗玻璃反射要尽可能小,即对较亮物体表面或车内照明及仪表灯光的反射要小,否则上述的光反射会干扰驾驶人视线,影响安全行车。另外,为保证恶劣天气时仍具有必要的驾驶视野,车窗上应装有雨刮器、除霜器等附加装置。为了增加前方视野面积,雨刮器等在不使用时应藏于发动机罩平面以下。

汽车前上方视野的上限是前窗上部窗框。前上方视野应能保证驾驶人在交叉口前看见红灯信号后,能够在停车线之前将车停下。前上方视野扩展过大,虽有利于驾驶人对信号灯的观察,但会因太阳光线的直射使驾驶人眩目,妨碍对前方情况的观察。因此要把前上方视野界限控制在适当范围内。看清信号灯所需的前上方最小视角,取决于汽车制动后,车头距信号灯的距离,如图4-8所示。

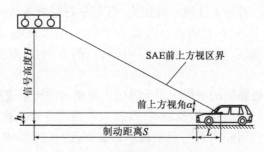

图4-8 汽车前上方视区界限

制动距离与前上方最小视角间的关系可写成下式:

$$\alpha = \arctan\left(\frac{H-h}{S+L}\right) \tag{4-14}$$

式中:α——前上方最小视角(°);

h——驾驶人眼睛距离地面的高度(m);

S——可能的制动距离(m)(该值可由人的反应时间、制动减速度、车速求出);

L——驾驶人眼睛与车头之间的距离(m);

H——信号灯的安装高度(m)。

通常,为能看清交通信号,α的取值范围见表4-3。

为看清信号所必需的前上方最小视角 α 表4-3

速度(km/h)	20	40	60	80
前上方最小视角	18°30′	6°10′	3°22′	2°

汽车前下方视野取决于前窗下部窗框的位置。对于长头型的汽车,则取决于发动机罩的位置和形状。一般来讲,降低前下方视野可以扩大前方视野,有利于驾驶人观察前方情况。但是,如果前下方视野扩展过大,则会对驾驶人产生不良的心理影响,反而不利于安全行车。

驾驶人通过风窗玻璃获得前方视野,对风窗玻璃的要求是其上部应具备防眩目装置,下部要有足够的前方视野,同时应遮断多余的、不必要的视觉情报,以减轻驾驶人精神负担。经试验研究发现,随着车速的提高,驾驶人眼睛对路面的注视点会逐渐移向远方。这时如果汽车的前下方视区界限过低,会使驾驶人感到精神紧张,甚至产生恐惧感,加速驾驶人的疲劳过程。

汽车前下方视区界限过高,会使驾驶人视野变小,前方盲区扩大,不利于驾驶人观察前方障碍物,同时会使驾驶人对车速的感知变差,容易不自觉地增大行车速度。在确定前下方视区界限时,要综合考虑各方面因素的影响。

2)侧方视野

侧方视野指驾驶人通过侧门玻璃或侧窗玻璃观察到的空间范围。不同车型对侧方视野的要求不同,乘用车(不超过9座的客车)及小型客车(10~17座的客车)驾驶人视点位置较低,对侧方视野的要求不高;大客车及货车视点位置高,对于右侧侧方视野有着很高的要求,为增加右侧侧方视野,除加大右侧窗玻璃面积外,还采取了在右侧窗玻璃下面增加下窥窗的办法。

侧方视野也叫汽车左右视野。在静态时,人的双眼左右方视野约为160°,但受风窗玻璃框架的限制有所缩小,缩小的程度取决于驾驶室的结构。

随着行车速度的提高,驾驶人注视距离加大,汽车左右视野逐渐变窄。行车速度越高,驾驶人越注视远方,视野越窄,注意力随之引向景象的中心,结果形成"隧道视"。因此,在道路设计时,应限制直线段的长度,强制驾驶人变换注视点的方向,以避免因"隧道视"引发交通事故。

汽车行驶过程中,靠近路边的景物相对于驾驶人眼睛的回转角速度大于72°/s时,景物在视网膜上就不能清晰地成像,因此,车速越高,驾驶人看路边近处景物越模糊。为保证道路交通安全,交通标志设置要与驾驶人有一定距离。根据试验,车速为64km/h时,能看清汽车两侧24m以外的物体;而车速为90km/h时,仅能看清33m以外的物体,小于这个距离时就无法识别物体。

2.间接视野

汽车的间接视野是指通过内、外后视镜看到的汽车侧后方的区域,也叫后方视野。在超车、倒车、转弯、制动等行驶状态下,保证汽车有良好的间接视野很重要。影响汽车间接视野的因素主要有后视镜的曲率、安装位置和尺寸。

一般汽车的车外后视镜都使用凸面镜,因为在同样外形尺寸条件下,用凸面镜比用平面镜看到的范围大。但凸面镜反射的形状失真,容易引起驾驶人错误判断车速、距离。为兼顾可视范围和不失真两方面的要求,一般后视镜镜面的曲率半径应为500~600mm。

外后视镜在驾驶人侧和乘员侧各设一个,其在水平方向和垂直方向均可以调节角度,以方便驾驶人观察后方的车辆,在汽车变道、倒车及转弯行驶时,能及时瞭望后方区域。

内后视镜又叫内视镜。多装在前风窗玻璃内侧中间部位或内侧上沿。根据《机动车辆间接视野装置性能和安装要求》(GB 15084—2022)中的规定,9座以下的载客车辆和最大设计总质量不超过3500kg的载货车辆上必须安装一个内后视镜。目前,汽车上基本都安装了内后视镜。

所有后视镜必须能调节,应使驾驶人坐在驾驶座位上即可调节内后视镜,位于驾驶人一侧的外后视镜应能允许驾驶人在车门关闭且车窗开启时进行调节,且外视镜应能处于锁紧位置。

二、汽车灯光

汽车灯光的作用是为汽车行驶提供照明,并将其行驶状况向其他道路使用者示意。据统计,全世界每年死于道路交通事故的人数超过100万,伤5000万人,夜间发生的交通事故大约是白天的3倍,具有良好照明条件道路上的交通事故数是没有照明或照明条件不良道路上交通事故数的 30%。因此,汽车灯光对汽车的安全行驶具有重大意义。

照明装置中用于车身外部照明的有前照灯、雾灯、牌照灯、倒车灯等;用于车身内部照明的有顶灯、壁灯、阅读灯、踏步灯、门灯、仪表灯等。照明装置中用于向其他道路使用者传递信息的有转向信号灯、制动灯、前位灯、后位灯、危险警告信号灯等。

1. 前照灯

前照灯是照明汽车前方道路的主要灯具,也叫前大灯。前照灯装于汽车前部两侧,前照灯除照明外,还可利用其远、近光变换示意超越前方车辆及利用近光会车等。前照灯具有近光和远光两种光束,由变换控制开关完成远、近光的变换。近光灯是当汽车前方对向有其他道路使用者时,不致使对方眩目或有不舒适感所使用的近距离照明灯具;远光灯是当汽车前方对向无其他道路使用者时,所使用的远距离照明灯具。前照灯的光色均要求是白色。

近光灯用于会车时的道路照明,对近光光束的要求是需要掌握好尺度的两个方面:一方面,为防止迎面来车的驾驶人眩目,要求光束要低、要暗;另一方面,为保证良好的道路照明,要求光束要高、要亮。

远光灯用于行车时的道路照明,对远光光束的要求是:具有足够大的发光强度。汽车前照灯灯泡的发光强度最大只有 50 ~ 60cd,只能照亮车前 6m 左右地方。但经过反射镜的作用以后,就把灯泡的光线集合成平行光而射向远方,使发光强度增加几百倍,达到 12000 ~ 15000cd。在这样的光度下,能将车前 100 ~ 150m 之内的路面照得足够清楚。

2. 雾灯

雾灯包括前雾灯和后雾灯。前雾灯是在雾、雨、雪或沙尘天气等可见度得不到充分保证的情况下,为改善汽车前部道路照明和使迎面来车易于发现的灯具;后雾灯是在上述同样情况下,为使汽车后方其他道路使用者易于发现,安装在汽车尾部的红色信号灯。

前雾灯装在汽车前部稍低位置,因为道路表面 10cm 以上才有雾,所以雾灯装得越低,其光线会透过无雾层照射得越远。但也不能太低,否则接近角越小,对汽车的通过性影响越大。前雾灯光色可以是黄色或白色,多为黄色。这是因为黄色的光散射较小,对雾的穿透力较强,而且黄色光比白色光更能引起其他道路使用者的注意。

3. 牌照灯

牌照灯属于汽车必须配备的灯具,用于照亮汽车的后牌照。该灯多装于汽车后牌照的上方,其光色为白色。牌照灯受车灯开关控制,只要车灯开关开启,该灯就会亮起。《机动车运行安全技术条件》(GB 7258—2017)中要求,在夜间能见度良好时,在距离后牌照灯 20m 处应能看清牌照号码。

4. 倒车灯

倒车灯既用于倒车时汽车后方的照明,又向其他道路使用者传递信息。倒车灯也属于汽车必须配备的灯具。倒车灯安装于汽车的尾部,受倒车灯开关控制,倒车灯开关一般装在变速器上,当换入倒挡时即接通倒车灯,倒车灯的光线为白色。在一些倒车灯线路上并联有倒车蜂鸣器,使倒车时不仅有光信号,还有声信号,这样不论是夜间还是白天倒车,均有利于道路交通安全。

5. 仪表灯

仪表灯是供仪表照明使用的灯具,它必须符合不眩目的要求,即仪表灯点亮时,应能照清仪表板上的所有仪表并保证驾驶人不产生眩目。其照度应能确保仪表的视认性良好。仪表灯多受车灯开关控制,也有单设仪表灯开关的汽车。

6. 转向信号灯

汽车行驶时向左或向右转弯、掉头、变换车道、起步或停车以及超车时,都要开启转向信号灯,以告知其他道路使用者及交通指挥人员。转向信号灯受转向灯开关专门控制,在汽车同一侧的所有转向信号灯都由一个开关控制,同时打开或同时关闭,并同步闪烁。

7. 制动灯

制动灯是向汽车后方其他道路使用者表明汽车正在制动的灯具,安装于汽车的后方,其光色为红色。制动灯的可见度在阳光下为100m,夜间良好天气为300m。制动灯主要用于防止后车追尾碰撞。

制动灯有两种。一种是主制动灯,即装于汽车后部较低位置,并与后转向信号灯、后位灯等安装在一起的制动灯。另一种是辅助高位制动灯,其安装位置较高,它与主制动灯同时开关。制动灯开关安装于行车制动踏板处,当实施行车制动时,该开关导通而使制动灯点亮。

8. 前位灯和后位灯

前位灯即从汽车前方观察,表明汽车存在和汽车宽度的灯具,也就是俗称的"前小灯";后位灯即从汽车后方观察,表明汽车存在和汽车宽度的灯具,也就是俗称的"尾灯"。前位灯和后位灯对于汽车来说是必须配备的灯具。因为它们是表明汽车存在和反映汽车宽度的灯,所以前位灯装于汽车前部外缘,后位灯装于汽车后部外缘,前位灯和后位灯均由车灯开关控制。前位灯光色为白色,后位灯光色为红色。

9. 危险警告信号灯

危险警告信号灯又叫危险报警闪光灯,它在开关接通时,车外四个转向信号灯和车内两个转向指示灯全闪。危险警告信号灯是在紧急情况(如汽车故障、汽车失控、特殊任务等)时,发出闪光报警信号的灯具,其信号由所有转向信号灯同时工作发出。危险警告信号灯为所有汽车必须配用,与转向信号灯共用线路及灯具。它还应单独配置开关控制,该开关不受电源总开关的控制,以保证其在紧急状况下仍能工作。

汽车上除了以上车内、外灯具外,还设置有顶灯、壁灯、踏步灯、门灯和阅读灯等。这些灯都安装于车身内部。顶灯是安装于车厢顶部的灯具;壁灯是安装在车厢壁上的灯具;踏步灯用于照亮车门踏步处;门灯为指示车门开启的灯具;阅读灯则是供乘客阅读用的灯。以上灯具光色均为白色,并分别由单独的开关控制。

三、汽车指示装置

指示装置包括指示仪表、指示器、信号装置及其标志。为及时了解汽车主要部件尤其是发动机的运行情况,以便及时发现某些故障,在驾驶室内装有不少仪表、指示器及信号装置。

由若干仪表、指示器(灯)、信号装置等组装在一起所构成的总体为仪表板总成。由于现代汽车显示和控制元件的不断增加,仪表板总成逐渐演变成仪表板显示终端。

按《机动车运行安全技术条件》(GB 7258—2017)规定,汽车应装有水温表或水温报警灯、燃油表、车速里程表、机油压力表或油压报警灯等各种仪表或开关,并保持其灵敏有效。另外,采用气压制动系统的汽车,还应装有气压表。

1. 温度表和温度报警信号装置

温度表是指示汽车发动机冷却液、润滑油或进气温度的仪表,多用于指示发动机冷却液温度。温度表一般由温度表指示器和温度表传感器组成。若用以指示发动机冷却液温度,其传感器装在汽缸体水套上或汽缸盖出水管附近。常用的温度表指示器有双金属片式、电磁式和动磁式,其传感器有双金属片式、热敏电阻式。

温度报警信号装置显示颜色为红色,如亮起即表示温度过高,应立即停车检修。

2. 燃油表

燃油表又叫燃油液面高度指示器,它是指示汽车燃油箱内油量的仪表。燃油表由指示器和传感器两部分组成。传感器装在燃油箱内,多为可变电阻式,把燃油液面高度的变化转变为电量,然后送至指示器。指示器多为双金属片式、电磁式或动磁式。

燃油警报信号装置显示颜色为黄色,一旦亮起即表示存油不多,应尽快就近加油,以免汽车因无油而抛锚,一旦汽车在高速公路上抛锚,对安全极为不利。

3. 车速里程表

车速里程表是指示汽车行驶速度和记录行驶里程的仪表。它是一表两用,只叫车速表或里程表都是不确切的。车速里程表有磁感应式和电子式两种。

磁感应式车速里程表利用磁感应原理指示车速,通过机械传递记录行驶里程;电子式车速里程表利用电子电路原理指示车速,通过机械传递记录行驶里程。

车速里程表由车速指示表和里程计数器两部分组成。车速指示表指示即时汽车行驶速度,以 km/h 计;里程计数器累计汽车里程,多以 km 计。现在里程计数器多为两个,一个为总里程计,另一个为短程里程计。短程里程计的数字可以调零,用以记录汽车短距离行驶的里程。

《汽车用车速表》(GB 15082—2008)对车速表的一般要求、指示误差及试验规范均作出了详尽规定。车速表应位于驾驶人的直接视野以内,因为要时时观察,而且要求不分昼夜都能清晰易读。一般车速表都在仪表板中心位置,且表盘较大。

车速表标度盘的车速范围要大于该车的最高车速,其速度单位为 km/h,标度盘上标明的车速值应为 20km/h 的倍数,即 20km/h、40km/h、60km/h、80km/h、…、200km/h 等。

指示误差中要求车速表的指示车速不得低于实际车速,即指示车速要等于或高于实际车速,这是从安全角度要求的。虽然车速越快就越不安全的说法不尽合理,但"十次肇事九次快"却是事实。车速表指示偏高,可以使驾驶人减慢车速,这对于行车安全总是有益的。

4. 转速表

转速表是指示发动机转速的仪表,通常与车速里程表并列在仪表盘上。转速表有磁感应式和电子式两种。磁感应式转速表利用磁感应原理指示发动机转速;电子式转速表利用点火系的脉冲信号或信号发生器指示发动机转速。转速表单位多为 ×1000r/min,在超速区域另用红色条带标出,发动机运转时不得进入超速区。有些汽车的转速表还标有经济区域,发动机在该区域运转既经济磨损又小。

5. 机油压力表及警报信号装置

机油压力表又叫机油压力指示器,简称油压表,是指示发动机润滑系统机油压力的仪表。

机油压力警报信号装置又称机油压力报警灯,由报警灯和压力报警传感器组成。

机油压力表指示值多以 kPa 为单位,也有以 MPa 为单位的。机油压力表与机油压力传感器之间用导线连接,机油压力传感器装在发动机润滑系统主油道上,把发动机机油压力值转换为电量,通过导线送至机油压力表,机油压力表则把压力值还原示出。

有些汽车的机油压力表和机油压力警报信号装置并用,有些汽车则以机油压力警报信号装置取代机油压力表,比较起来两者并用的较多。因为一旦机油压力异常,若驾驶人未能及时发现并采取相应措施,会使发动机发生故障。

机油压力警报信号装置在打开点火开关时点亮,发动机起动后随即熄灭为正常。如果发动机运转时该信号装置亮起,表示润滑油压力出现异常,此时应立即熄火停车检查,排除故障后方可发动运行。

6. 制动系统故障信号装置

制动系统故障信号装置又叫制动报警灯,但不能报告制动防抱死系统故障。按行车制动采用供能方式不同分为液压制动用和气压制动用两种。该装置均由仪表板上红色报警灯和制动系统设置的报警传感器组成。

当气压制动系统储气筒压力低于规定值时,制动报警灯亮起,报警传感器装在储气筒处。当液压制动系统储液罐中制动液液面低于规定值时,制动报警灯亮起。

7. 制动防抱死系统故障信号装置

制动防抱死系统又称 ABS,该系统能在制动时使车轮始终维持在有一定滑移量的滚动状态下减速以至停车,而不像通常的行车制动会把车轮完全抱死。制动防抱死系统在滑溜路面紧急制动时,能通过精确调节各个车轮的制动力,既保证稳定有效的制动性能,又保持汽车的方向性和稳定性,使得汽车行驶安全性大幅度提高。

制动防抱死系统故障信号装置亮起不灭表示其存在故障,不能完成自己的任务,但汽车行车制动、驻车制动性能正常。该信号装置显示颜色为黄色,在点火开关开启时亮起,数秒钟后该信号装置熄灭表示制动防抱死系统正常。如果点火开关开启时该信号装置常亮不灭或者在运行中亮起不灭,则表示制动防抱死系统发生故障,此时虽仍有制动效能,但不能防止车轮抱死,应尽快排除故障以恢复其功能。

除了上述指示装置之外,指示装置还有很多。清晰、方便的汽车指示装置,可以提高视认方便性,对于保证汽车行驶安全有着不可低估的作用。

四、驾驶人工作环境

驾驶室是驾驶人的工作场所。为有效降低驾驶人的工作强度、减少失误,使驾驶人保持良好的工作情绪和状态,必须为驾驶人提供舒适的环境。影响驾驶人工作环境的主要因素有:驾驶室内活动空间,驾驶室内空气调节,汽车行驶过程中的噪声等。

1. 驾驶室内活动空间

驾驶人在驾车过程中手脚要不断完成各种动作,这就要求驾驶室必须具有一定的空间。若驾驶室内空间狭小则会使驾驶人感到压抑,进而影响驾驶人的情绪。驾驶室内座椅、各种操作踏板、手柄的布置及其空间尺寸都应以方便驾驶人操作为中心,尽量减轻驾驶人驾车时的工作强度。

2. 驾驶室内空气调节

驾驶室内空气调节是给驾驶人和车内乘客提供舒适环境的重要保证。对于驾驶室而言，影响人体舒适的因素有振动、噪声、平稳性、温度、湿度、风速、排放物浓度等。其中，温度、湿度和风速为影响人体舒适感觉的 3 个重要因素，而汽车空调系统的作用就是要使驾驶室内的温度、湿度和风速保持在人体感觉比较舒适的范围内。

人体对温度环境感知舒适的下限是 16℃，低于此数值人体就没有舒适感。人在从事一般性体力劳动时，比较舒适的温度范围为 18 ~ 22℃，相对湿度为 50% 。驾驶人在驾车过程中要注意保持车内通风，以防因通风不良使乘客出现不适。

3. 噪声

汽车行驶过程中的噪声对于驾驶人和乘客的身心健康都是有害的，长时间暴露在高频噪声条件下会引起中枢神经系统功能失调、注意力下降、工作效率降低、反应时间增长，从而易导致交通事故。

汽车运行过程中的噪声来源于汽车自身的运动过程，主要有发动机噪声、传动系统噪声、轮胎噪声等方面。发动机噪声是指直接从发动机本体及附件向空间传播的噪声，它随着发动机型号、运行工况的不同有很大差异，在相同转速下，柴油机噪声较汽油机噪声高 5 ~ 10dB；传动系统噪声以齿轮啮合噪声为主，它随着汽车行驶状态、速度、负荷的变化而变化；轮胎噪声与轮胎花纹、车速、负荷、轮胎气压、轮胎磨损程度以及路面状况等因素有关。

通常情况下，汽车噪声会随着发动机转速、负荷、行驶车速、载质量的增加而增加。另外，汽车技术状况下降导致的连接部件松旷，继而出现异响等情况，也会加剧汽车噪声。驾驶人在行驶过程中可视情况进行控制。

第四节　汽车主动安全装置

一、防抱死制动系统（ABS）

1. 系统简介

防抱死制动系统（Anti-lock Braking System，ABS），是罗伯特·博世有限公司开发的，在摩托车和汽车中使用，能够避免车辆失控，并能在一般情况下减少制动距离，以提高汽车安全性的技术。装备 ABS 的汽车具有以下优势。

（1）加强对汽车控制。装备有 ABS 的汽车，驾驶人在紧急制动过程中仍能保持很大程度的操控性，可以及时调整方向，对前面的障碍或险情做出及时、必要的躲避。

（2）减少浮滑现象。没有装备 ABS 的汽车在潮湿、光滑的道路上紧急制动，车轮抱死后会出现汽车在路面上保持惯性继续向前滑动的情况，而 ABS 减少了车轮抱死的机会，因此也减少了制动过程中出现浮滑的机会。

（3）特定路况下有效缩短制动距离。在紧急制动状态下，ABS 能使车轮处于既滚动又拖动的状况，拖动的比例占 20% 左右，这时轮胎与地面的摩擦力最大，即所谓的最佳制动点或区域。此时制动性能提高，制动距离缩短。

（4）减轻轮胎磨损。使用 ABS 消除了在紧急制动过程中抱死的车轮使轮胎遭受不能修复的损伤,即在轮胎表面形成平斑的可能性。装备 ABS 的汽车,只会留下轻微的制动痕迹,可以明显减轻轮胎和地面的磨损程度。

《机动车安全运行技术条件》(GB 7258—2017)规定,所有汽车(三轮汽车、五轴及五轴以上专项作业车辆除外)及总质量大于 3500kg 的挂车应装备符合规定的防抱制动装置。ABS 既有普通制动系统的制动功能,又能防止车轮抱死,使汽车在制动状态下仍能转向,保证汽车制动方向的稳定性,防止产生侧滑和跑偏,是目前汽车上最先进、制动效果最佳的制动装置。

2. 结构组成

ABS 装置有许多种结构形式与相应的工作原理,在当前电子技术高速发展的情况下,几乎都采用电子控制,可使制动油液增减压达 10 ~ 18 次/s。ABS 装置由轮速传感器、电子控制装置(ECU)和液压控制装置三部分组成,其组成和布置如图 4-9 所示。

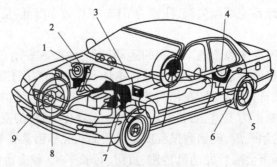

图 4-9 汽车防抱死制动系统(ABS)布置

1-制动主缸;2-制动助力器;3-调节器;4-控制装置;5-齿轮平衡器(后轮);6-车轮传感器(后轮);7-动力装置;8-齿轮平衡器(前轮);9-车轮传感器(前轮)

3. 工作原理

红旗 CA7220 型轿车的制动防抱死装置如图 4-10 所示,该装置采用四个轮速传感器四通道式布置形式。四个轮速传感器分别将各车轮的信号传给电子控制装置(ECU),经 ECU 运算得出各车轮的滑移率,并根据滑移率控制各轮缸油压。当滑移率在 8% ~ 35% 时,汽车的纵向附着力和侧向附着力都较高。将这一附着区域内汽车制动的有关参数预先输入到 ABS 的控制系统,ECU 可根据实际制动工况进行判断,给执行机构发出动作指令,使车轮的滑移率控制在这一最佳工作区范围内,即各车轮制动到不抱死的极限状态。因此,汽车在制动时,既不"跑偏"又不"甩尾"。

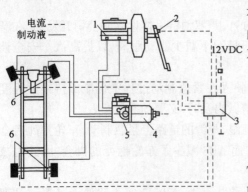

图 4-10 红旗 CA7220 型轿车防抱死制动系统(ABS)的组成及布置

1-制动主缸;2-制动灯开关;3-电子控制装置(ECU);4-电动机;5-液压控制装置;6-轮速传感器

二、牵引力控制系统(TCS)

1. 系统简介

汽车牵引力控制系统(Traction Control System,TCS),也称为汽车驱动防滑转系统(Anti-slip Regulation,ASR),是继 ABS 之后应用于车轮防滑的电子控制系统。TCS 是 ABS 的完善和补充,它的作用是在汽车加速时自动地控制驱动力,使轮胎的滑移量处于合理的范围之内,从而保障汽车行驶的稳定性。

由于该系统可控制轮胎滑移率、车轮保持最大附着力,与不装备该系统的汽车相比,具有如下优点。

(1)汽车在起步、行驶过程中可获得最佳驱动力,提高汽车的动力性。尤其在附着系数小的路面,汽车的起步、加速及爬坡能力显著提高。

(2)提高车辆行驶稳定性。改善前轮驱动汽车的方向控制能力。路面附着系数越低,其行驶稳定性能提高就越明显。

(3)减少轮胎磨损,降低汽车燃油消耗。该系统起作用时,仪表板上的 TCS 指示灯或蜂鸣器向驾驶人提醒,提示不要踩制动过猛(紧急制动)、注意转向盘操作、不要猛踩加速踏板等,以确保道路行车安全。

2.结构组成及工作原理

该系统由车轮速度传感器、TCS 控制器、加速踏板控制器、TCS 制动控制执行器、TCS 工作指示灯、TCS ON/OFF 开关等构成,如图 4-11 所示。

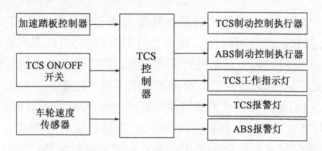

图 4-11 牵引力控制系统框图

车轮速度传感器分别安装在各个车轮上,用于检测各车轮的转速。TCS 控制器根据从车轮速度传感器等输入的信号,综合判断车轮的滑移状态、路面状态和行驶状态,并把信号传送到 TCS 制动机构和发动机加速踏板控制器,进行最优 TCS 控制。此外,还与防抱死制动控制电路互相协调,实现 TCS 与 ABS 紧密的综合控制。

TCS 系统利用传感器检测车轮和转向盘转向角度,如果检测到驱动轮和非驱动轮转速差过大,系统立即判断驱动力过大,发出指令信号减少发动机的供油量,减小驱动力,从而减小驱动轮轮胎的滑转率。系统通过转向盘转角传感器掌握驾驶人的转向意图,然后利用左右车轮速度传感器检测左右车轮速度差,从而判断汽车转向程度是否符合驾驶人的转向意图。如果检测出汽车转向不足(或过度转向),系统立即判断驱动轮的驱动力过大,发出指令降低驱动力,以便实现驾驶人的转向意图。

三、电子稳定控制系统(ESP)

1.系统简介

车身电子稳定系统(Electronic Stability Program,ESP)既可以控制驱动轮,也可以控制从动轮,包含 ABS 及 TCS 功能的汽车防滑装置,ESP 可以使汽车在各种状况保持最佳稳定性,在转向过度或转向不足情形下效果更加明显。如后轮驱动的汽车常出现的转向过度情况易使后轮失控而甩尾,在此情况下,ESP 便会对外侧的前轮进行制动以稳定车身;在转向过少时,ESP 为校正循迹方向,则会对内后轮进行制动从而校正行驶方向,以提高汽车的方向稳定性,如图 4-12 所示。

图 4-12 ESP 功能示意图

ESP 具有以下 3 大功能特点。

(1)实时监控。ESP 能够实时监控驾驶人的操控动作、汽车运动状态,并不断向发动机和制动系统发出指令。

(2)主动干预。ABS 等安全系统主要是对驾驶人的动作起干预作用,但不能对发动机的运动状态进行调控,而 ESP 通过对汽车行驶状态的实时监控,当汽车在行驶过程中出现过度转向或不足转向时,可及时地调控发动机的转速并同时调整各个车轮的驱动力和制动力,以修正汽车的过度转向或不足转向,使汽车恢复到正常的车道上行驶。

(3)事先提醒。当驾驶人操作不当或路面异常时,ESP 采用警告灯警示驾驶人。

ESP 被多家世界著名汽车厂商和研究机构称为"能拯救生命的 ESP"。德国的一项研究表明:25%造成严重伤害的交通事故和 60%引起死亡的交通事故都是因为汽车侧滑所致。而装配有 ESP 的汽车对过度转向或不足转向特别敏感,能够迅速识别这种危险情况,精确干预制动,使汽车安全行驶在正确轨迹上并防止汽车侧滑。所以,与只有 ABS + TCS 配置的汽车相比,ESP 不只是在事故发生时为驾乘人员提供保护,而且可以有效避免事故的发生。

2.结构组成及工作原理

ESP 一般由转向传感器、车轮传感器、侧滑传感器、横向加速度传感器等组成。它通过对这些传感器传来的汽车行驶状态信息进行分析,然后向 ABS、TCS 发出纠偏指令,以帮助汽车维持动态平衡;它可以使汽车在各种状况下保持最佳的稳定性,尤其在转向过度或转向不足的情形下效果更加明显。

方向盘转向角度传感器检测到驾驶人的转向角度后,就会通知 ESP 的 ECU,各个车轮转速传感器测得的车轮转速信息也会传递到 ESP 的 ECU。ECU 可以根据各个车轮的转速计算出汽车实际运动轨迹,并与理论运动轨迹进行对比,然后通知制动系统对某个车轮进行制动,来修正运动轨迹。

图 4-13 所示为 ESP 系统在弯道上的作用效果示意图。图 4-13a)所示为汽车发生转向不足时的情景,表现为车身向外运动,此时 ESP 系统通过对左后轮实施制动(图中虚线箭头所指)以阻止汽车因向道路外侧运动而陷入险境;图 4-13b)所示为汽车发生转向过度时的情景,表现为车身向内运动,在此情况下 ESP 系统则通过对右前轮实施制动(图中虚线箭头所指)以阻止汽车向道路内侧转向而脱离危险的行驶状态。

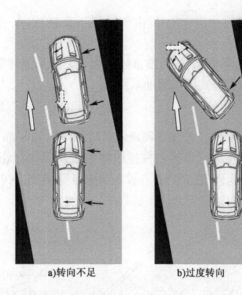

a)转向不足   b)过度转向

图4-13   ESP系统在弯道上的作用效果示意图

四、车道维持辅助系统(LKAS)

车道维持辅助系统(Lane Keeping Assist System,LKAS)使用摄像机捕捉路面上的黄、白线,同时利用电动辅助转向电动机控制方向盘,维持汽车行驶于车道中间位置(图4-14)。值得注意的是,LKAS系统目前仅能使用于高速公路上,因其动作速度需在65km/h以上、车道宽度3~4m,行驶于弯道时弯道的曲率半径需在230m以上。同时,由LKAS衍生出了车道偏离警告系统(Lane Departure Warning System,LDWS)(图4-15),配合LKAS,当汽车偏离车道时,系统可以实时发出警告声提醒驾驶人小心驾驶,降低交通事故的发生概率。

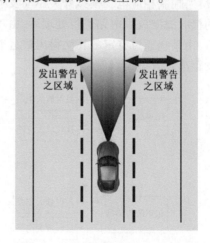

图4-14   LKAS动作示意图   图4-15   车道偏离警告系统动作示意图

五、倒车辅助系统

传统汽车驾驶中,驾驶人主要是依靠后视镜判断后方的情况和自身的位置,由于任何结构的后视镜都存在盲区,汽车事故中有15%是由于后视不良造成的,因此倒车辅助系统应运而生。

倒车辅助系统也称为停车辅助系统,目前常用的倒车辅助系统有倒车雷达、可视化倒车辅助系统和自动泊车系统(也称主动式停车辅助系统)。

1. 倒车雷达

倒车雷达由传感器(俗称探头)、控制器和显示器(或蜂鸣器)等部分组成,如图4-16所示。倒车雷达一般采用超声波测距原理,传感器在控制器的控制下发射超声波信号,当遇到障碍时,产生回波信号。传感器收到回波信号后,经控制器进行数据处理,并判断出障碍物的位置,显示距离并发出警示信号,从而达到安全泊车的目的。

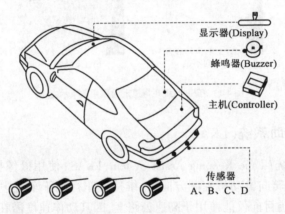

图 4-16　倒车雷达组成

倒车雷达工作原理如图4-17所示。微控制单元(Microprocessor Control Unit,MCU)通过预定的程序设计,控制相应电子模拟开关驱动发射电路,使超声波传感器工作。超声波回波信号通过专有的接收滤波放大电路进行处理后,由MCU的I/O接口对其进行检测。当全部传感器工作完成后,由系统通过特定的算法得出最近的距离,并驱动显示电路工作,来提醒驾驶人最近的障碍物距离及方位。

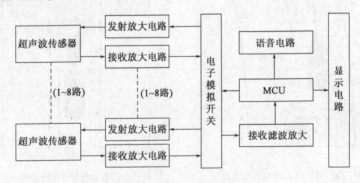

图 4-17　倒车雷达工作原理

2. 可视化倒车辅助系统

可视化倒车辅助系统是在汽车保险杠上加装摄像头,将倒车时车后的环境拍摄下来,经过处理后传输到中控台的显示器上。该系统使倒车后的状况更加直观可视。当挂入倒车挡时，该系统会自动接通位于车尾的高清摄像头，将车后状况清晰地显示于液晶显示屏上，可使驾驶人准确把握后方路况。由于是真实影像，故不会产生雷达误判现象。若采用广角摄像头则可以扩大可视范围，基本不会产生盲区。

可视化倒车辅助系统若采用远红外广角摄像装置并与汽车夜视系统相配合，则能够实现对各个方向的行人或小动物的生命监测。

3. 自动泊车系统

自动泊车系统(也称主动式停车辅助系统)的基本功能是控制汽车自动完成泊车，在此过程中可以不需要驾驶人的干预，提高了汽车的智能化水平。

自动泊车系统由定位系统、中央控制系统和执行系统 3 部分组成。

定位系统由传感器、摄像头及卫星定位系统组成，用来探测环境信息，寻找车位并实时反馈车辆位置信息；中央控制系统用来处理环境感知信息，并在线实时计算目标车位参数和汽车相对位置，判断可行性并确定自动泊车策略；执行系统根据中央控制系统的决策信息，控制方向盘和动力系统，按照决策路径控制汽车运动到泊车位。

自动泊车系统工作原理如图 4-18 所示。

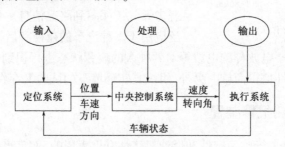

图 4-18　自动泊车系统工作原理

六、适路性巡航系统(ACCS)

适路性巡航系统(Adaptive Cruise Control System, ACCS)主要利用毫米波雷达来量测与前车之间的距离，同时通过对制动与加速系统的控制，保持与前车的安全距离(图 4-19)。若前方无车辆行驶，系统可以维持定速巡航(图 4-20)。

七、驾驶人状态监测系统

安全监测与预警主要指借助传感器和报警系统，监测汽车驾驶人状况、汽车隐患、特殊环境等，以帮助驾驶人保持安全驾驶状态的各项技术。

1. 注意力监测

长途行驶或在高速公路上行驶时，驾驶人往往由于疲劳或所见目标单调而造成注意力不集

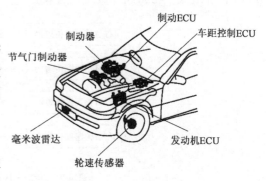

图 4-19　ACCS 的组成及布置

中或打瞌睡,导致汽车偏离行驶路线,甚至引发交通事故。有资料表明,高速公路上发生的交通事故中有一半以上是由于上述原因造成的。要解决这一问题,必须用技术手段及时监测汽车驾驶人的注意力是否集中,是否有打瞌睡的苗头,这就是注意力监测。例如,可利用摄像机等传感器来监测驾驶人面部表情、眼睛的睁开程度、眼皮眨动的频率等,并用声光报警。

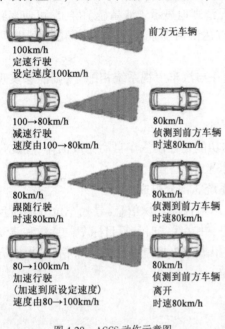

图 4-20　ACCS 动作示意图

2. 视觉增强

视觉是人类观察世界、认识世界的最重要感知途径。因此,基于视觉的感知技术已成为安全辅助驾驶系统中获取信息的主要手段。现今的视觉感知技术已能够实现在特殊天气或环境条件(如夜间,雨、雪、雾天气,弯道,上下坡,视觉盲点等)下使驾驶人具有良好的"视野"。红外传感器在这方面具有很强的优势,其最大的特点就是能够在夜间和各种能见度低的恶劣天气下探测到路况信息。目前,红外传感器已广泛应用于多种汽车的夜视和后视报警系统。

此外,有学者结合心电波与脑电波等对驾驶人的疲劳状态进行识别,但大都基于驾驶模拟器获得相关数据,可靠性值得商榷。另外,组织真实环境下的试验又存在较大风险性。

八、轮胎气压检测报警装置

轮胎气压不仅对汽车行驶稳定性和燃油经济性有重大影响,而且当轮胎气压显著下降时,极有可能发生轮胎破裂爆炸,引发重大交通事故,所以轮胎气压检测报警十分重要。

轮胎气压检测报警装置可以直接测量获得实际轮胎气压信号,也可通过车轮速度传感器测得车速,通过比较轮胎之间的转速差达到间接监测胎压的目的。汽车行驶过程中,当轮胎气压信号与理想轮胎气压相差较大时,轮胎气压检测报警装置立即向驾驶人发出报警信号。

间接轮胎气压检测报警装置主要由速度传感器、报警灯、调置开关、停车灯开关及控制单元 ECU 等组成。轮胎气压检测报警装置工作原理如图 4-21 所示。

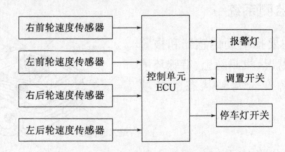

图 4-21　轮胎气压检测报警装置工作原理

九、其他主动安全装置

1. 车辆巡航控制系统(ESCS)

车辆巡航控制是指汽车的定速控制,车辆巡航控制系统[也称为车速自动控制系统(Electronic Speed Control System,ESCS)]可使汽车在发动机功率允许范围内,不用调整加速踏板的位置便可按照驾驶人的要求,自动地适应外界阻力的变化,保持一定速度的行车状态。汽车行驶中省去驾驶人频繁地踩压加速踏板这一动作,大大减轻了驾驶人的疲劳强度,减少了交通事故的发生,增强了行车的安全性,并使燃油供给与发动机功率间的配合处于最佳状态,有效地降低了燃油消耗,减少了有害气体的排放。这种控制系统可以使驾驶人通过选择开关来增、减车速。特殊情况下,关闭选择开关或踩下制动踏板,都能迅速解除巡航控制而转换到怠速或驾驶人操纵状态。对于装有自动变速器的汽车,由于没有离合器,装有巡航系统就更为方便。

图 4-22 是一种典型的闭环汽车电子巡航控制系统工作原理图。图中 ECU 有两路输入信号:一路是车速传感器测得的实际车速信号;一路是驾驶人按所需车速调定的指令车速信号。

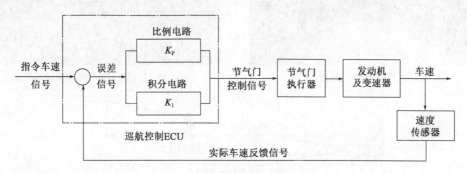

图 4-22 汽车电子巡航控制系统工作原理

ECU 将这两种信号进行比较,做减法得出两信号之差,即误差信号,再经放大、处理后成为供油控制信号,传递至供油执行器,调节发动机供油量,使实际车速恢复到驾驶人设定的车速并保持恒定。

值得指出的是,汽车行驶的操纵总控制是驾驶人,汽车电子巡航控制系统仅是一个辅助定速系统,不能把它作为自动或无人驾驶系统来依赖,而且它仅适用于平坦、不拥挤的公路或封闭式高速公路,不宜在重要的交通要道、转弯道路、松软泥泞的道路及陡峭的道路上使用。

2. 低速跟车系统(LSM)

低速跟车系统(Low-speed Following Mode,LSM)依据前车加速、减速及停车等行驶状态,利用毫米波雷达侦测与前车的距离,同时控制制动及油门系统,使汽车维持在安全距离内(图 4-23)。若前车停车,系统亦会将汽车停下,并发出警告声通知驾驶人。LSM 可以在道路堵塞的情况下大大减轻驾驶人的负担。此系统动作时速范围为 0～30km/h。

3. 智慧型夜视系统(INVS)

夜间行车时,驾驶人视线及车灯的照明范围极为有限,可能会使驾驶人无法辨识前方路边的行人(图 4-24),智慧型夜视系统(Intelligent Night Vision System,INVS)利用近红外线摄像机(图 4-25),搭配平视显示器(Heads-up Display,HUD),将近红外线摄像机所摄得的前方路况投射到 HUD 上,使驾驶人掌握前方道路状况,大大减少了意外事故的发生。其侦测范围为前方 30～80m、车体两侧 1.5m 的行人,以及在此距离范围内汽车前方 12°内欲穿越马路的行人(图 4-26)。

1.行驶于高速公路或快速道路
2.行驶的车道前方侦测到车辆
3.车速在30km/h以下
4.驾驶人未踩制动踏板

维持与前车间适当的安全距离

跟随前方车辆停止,并发出警告声通知驾驶人

图 4-23　LSM 动作示意图

图 4-24　肉眼所见之影像

图 4-25　透过近红外线摄像机摄得的画面

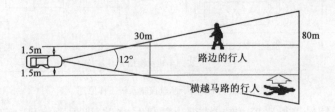

图 4-26　INVS 侦测范围

4.电子驻车制动系统(EPB)

电子驻车制动系统(Electrical Park Brake,EPB)是指将行车过程中临时性制动和停车后长时间制动功能整合在一起,并由电子控制方式实现停车制动的技术。

该系统可保证汽车在 30% 的斜坡上稳定驻车。另外,该系统可自动实现热补偿,即汽车经过强制动后驻车,制动盘会因为温度下降与摩擦片产生间隙,此时电机会自动启动,驱动压紧螺母补偿温度下降产生的间隙,以保证可靠的驻车效果。

电子驻车制动系统比传统的拉杆式驻车装置更安全,不会因驾驶人的力度而改变制动效果,从而减轻了驾驶人的操作负担,提高了汽车行驶安全性。

5.电子制动力分配(EBD)

电子制动力分配(Electronic Braking Distribute,EBD)的功用就是在汽车制动的瞬间,由计算机高速计算出 4 个车轮由于附着力不同而导致的摩擦力数值差异,然后实时调整制动力大小,也就是使其按照设定的程序在运动中进行高速调整,达到制动力与摩擦力(牵引力)的合理匹配,从而保证汽车行驶过程的平稳与安全。

汽车制动时,4个车轮附着的地面条件有时并不一样,如左前轮和右后轮附着在干燥的水泥地面上,而右前轮和左后轮却附着在水中或泥水中,这种情况会导致汽车制动时因4个车轮与地面的摩擦力不一样而发生车轮打滑、倾斜及侧翻事故。

EBD能够根据汽车制动时产生的轴荷转移(汽车后轴的载荷向前轴转移)的不同,自动调节前、后轴的制动力分配比例,提高制动效能,并配合ABS提高制动稳定性。在汽车紧急制动出现车轮抱死的情况下,由于EBD在ABS动作之前就已经有效地平衡了每个轮胎的附着力,可以防止出现甩尾和侧滑,并缩短汽车制动距离。

第五节 汽车被动安全装置

一、安全带

安全带的诞生早于汽车,1885年,安全带就出现并使用在马车上,目的是防止乘客从马车上摔下。汽车座椅安全带于1950年在福特轿车上作为选装件问世,现在则作为汽车的标准装备。1968年,美国规定轿车面向前方的座位均要安装安全带。欧洲和日本等发达地区和国家也相继制定了关于汽车乘员必须佩戴安全带的规定。我国从1993年7月1日起,规定所有小客车(包括轿车、吉普车、面包车、微型车等)驾驶人和前排座乘车人必须使用安全带。

安全带是将乘员身体约束在座椅上的安全装置,用以避免汽车发生碰撞事故时,乘员身体冲出座椅发生二次碰撞,以降低发生碰撞事故时的受伤率和死亡率。安全带的作用主要是约束正面碰撞、追尾碰撞及翻车事故中人体相对于车体的运动,尤其是可以减少乘员头部和胸部的伤害。

1. 安全带的分类

1)按固定点数分类

汽车座椅安全带按固定点数分类,主要有两点式、三点式和四点式,如图4-27所示。

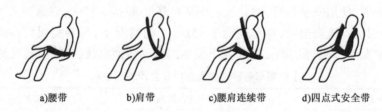

a)腰带　　　b)肩带　　　c)腰肩连续带　　　d)四点式安全带

图4-27 安全带形式

(1)两点式安全带

两点式安全带包括腰带[图4-27a)]和肩带[图4-27b)]。腰带仅限制乘员腰部,肩带仅限制乘员上躯体。一般后排座椅中间装用两点式安全带。

(2)三点式安全带

三点式安全带是将腰带和肩带连接在一起,也称为腰肩连续带[图4-27c)]。三点式安全带可同时限制乘员的腰部和上躯体,安全性高。一般前排座椅和后排座椅两侧装用三点式安全带。

三点式安全带的带子由合成纤维织成,包括斜跨前胸的肩带,绕过人体胯部的腰带。在座椅外侧和内侧地板上各有一个固定点,第三个固定点位于座椅外侧车身支柱的上方。带子绕过上方固定点的环状导向板,伸入车身支柱内腔并卷在支柱下端的卷收器内。乘员胯部内侧附近有一个插扣,插扣由插板和锁扣两部分组成,两部分插合后即可将乘员约束在座椅上。按下插扣的按钮就能解除约束。

(3)四点式安全带

四点式安全带是在两点式安全带上再装两根肩带而成[图4-27d)]。四点式安全带对乘员保护性能最好,但实用方便性还存在一定问题,目前多用于赛车上。

2)按卷收器类型分类

汽车座椅安全带按卷收器的类型分类,主要有无锁式(NLR)、手调式、自锁式(ALR)、紧急锁止式(ELR)、预紧式和限力式。

紧急锁止式安全带是目前我国使用最广泛的一种安全带,它要求安全带对织带的拉出加速度、汽车减速度及汽车的倾斜角度敏感;预紧式安全带(图4-28)是近年来发展起来的一种安全带,是在普通安全带的基础上增加预紧器构成的,当碰撞达到一定强度时,预紧器启动,带动锁扣回缩,使安全带缩短;限力式安全带也是近年来发展起来的一种安全带,当发生碰撞时,安全带会发出很大的拉力限制乘员的运动,有时可能达到伤害人体的程度,限力式安全带增加限力机构,防止拉力过大对人体造成伤害。

图4-28 预紧式安全带

2. 安全带的应用效果

目前,世界上安全带的标准形式是尼尔斯发明的三点式安全带,这种安全带于1967年开始为人接受。尼尔斯在美国发表了《28000宗意外报告》,当中记录了1966年瑞典国内所有牵涉沃尔沃汽车的交通事故,统计数据显示,在过半的案例中,三点式安全带可降低,甚至消除乘员受伤的机会,更能保住性命。安全带对于减轻乘员在事故中的伤害效果显著(表4-4)。国外的一项研究表明,使用安全带后,驾驶人负伤率可降低43%~52%,副驾驶人负伤率可降低37%~45%;使用三点式安全带,在车速低于95km/h的情况下,可避免死亡事故;然而,在未使用安全带的情况下,即使在20km/h车速下发生的正面碰撞事故,也能引起驾驶人死亡。

小型客车各种碰撞类型中安全带的保护率 表4-4

碰撞类型	在全部车祸中所占比例(%)	安全带的保护率(%)
正面碰撞	59	43
侧面撞击侧	14	27
侧面非撞击侧	9	39
后部碰撞	5	49
翻滚	14	77

安全带装置结构简单,成本低,是现代汽车上广泛使用的安全装置。许多国家包括我国都以法律的形式规定安全带是汽车必备的安全装置,并规定车内前排乘员在行车中必须系好安全带。

图 4-29 所示为汽车行驶速度为 30km/h 的碰撞过程中,驾驶人分别在未佩戴安全带、佩戴腰部安全带(腰带)和三点式安全带 3 种情况下的运动姿态模拟。图 4-30 所示为撞车中轿车驾驶人受伤形式。

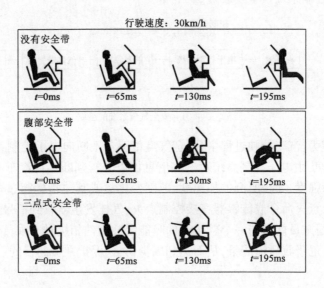

图 4-29 碰撞过程运动姿态模拟

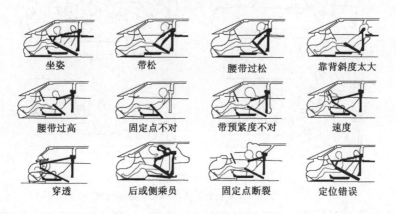

图 4-30 撞车中轿车驾驶人受伤形式

二、安全气囊

为在汽车发生碰撞事故时最大限度保护驾乘人员,尽量减轻撞车对驾乘人员的伤害程度,现代汽车广泛装备了辅助约束系统(Supplemental Restraint System,SRS),也称辅助乘员保护系统。由于安全气囊是 SRS 系统的核心保护部件,故国内也习惯将辅助乘员保护系统称为安全气囊系统。它有效发挥作用的基本前提是佩戴安全带。

20 世纪 90 年代后期,美国、欧共体、日本已正式立法,要求在汽车上配置安全气囊,双气囊已成为绝大多数主流轿车的标准件。安全气囊有效减少了在汽车碰撞事故中乘员的伤亡,它的保护效果在道路交通安全研究领域得到了广泛认识和高度重视。

1.结构组成及工作原理

安全气囊主要由控制装置、气体发生器和气袋组成,如图 4-31 所示。其中控制装置又包括传感器、电子控制系统及触发装置。

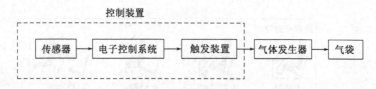

图 4-31　安全气囊系统的组成

其工作原理为:汽车行驶过程中,安全气囊传感器不断向电子控制系统发送速度变化(或加速度变化)信息,由电子控制系统对这些信息加以分析判断。在汽车发生碰撞事故时,传感器感收汽车碰撞强度,如果所测的加速度、速度变化量或其他指标超过预定值,则控制装置向气体发生器发出点火命令或传感器直接控制点火,气体发生器收到信号后迅速产生大量气体,并充满气袋,使得乘员能够与一个较柔软的吸能缓冲物件相接触。乘员与气袋接触时,通过气袋上排气孔的阻尼吸收碰撞能量,从而达到减少伤害、保护乘员的目的。安全气囊的工作过程见图 4-32。

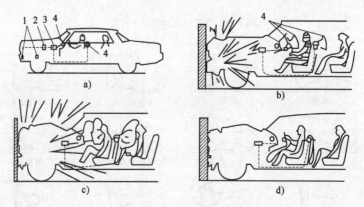

图 4-32　安全气囊的工作过程
1-传感器;2-触发装置;3-气体发生器;4-气袋

前排安全气囊平时折叠收容于转向盘中央及仪表板下部。在汽车撞车或遇到障碍受到猛烈撞击时,安全气囊可以有效地保护前排乘员的头部和脸部,避免乘员在碰撞中与方向盘、仪表板等车内结构物接触,从而避免因二次碰撞而受伤。使用安全气囊的缺点是在放气时形成 160 ~ 180dB 的声压,且成本高。

新一代智能安全气囊是在普通安全气囊的基础上增加传感器,以探测出座椅上的乘员是儿童还是成年人,是否系好安全带,以及乘员所处的位置、高度。通过采集这些数据,由电子计算机软件分析和处理控制安全气囊的起爆和膨胀,使其发挥最佳作用,避免安全气囊出现不必要的起爆,从而极大地提高其安全保护作用。

2.分类

1)根据位置分类

根据保护的乘员位置不同,可把气囊分为驾驶人气囊、乘客气囊、侧边气囊和膝部气囊等。

（1）驾驶人气囊。驾驶人气囊通常安装在方向盘中央，在汽车发生猛烈撞击时对驾驶人胸部和脑部提供有效保护。

（2）乘客气囊。前排乘客气囊安装在正前方的仪表板内，在汽车发生猛烈撞击时保护前排乘客的胸部和脑部。

（3）侧边气囊。侧边气囊一般安装在座椅的外侧，或者安装在侧门的上框上，也有的车型会安装在A柱上，主要缓解来自前方和侧方的碰撞冲击力。

（4）膝部气囊。前排驾驶人和乘客的膝部气囊安装在仪表板的下方，而后排乘客的膝部气囊则位于前排驾驶座椅内。

其实汽车在真正发生正面碰撞时，膝盖处的位置是更应该受保护的，前排人员因为膝部与中控台的距离最短，故最易造成骨折损伤。而后排膝部气囊一旦打开更能够有效地保护后排乘客的腰下肢体部位，从而也能缓解来自正面碰撞的前冲力。

（5）头部气囊（侧气帘）。在碰撞时弹出遮盖车窗，一般会安装在车顶弧形钢梁内，前后一体，当横向加速度传感器检测到汽车的横向加速度达到危险值时就会控制气囊起爆。

头部气囊主要对侧撞时乘员的头部进行保护。在碰撞发生时，B柱（位于前门和后门之间的竖梁）、侧窗玻璃，甚至安全带侧面支撑扣都有可能成为车祸中的杀手，头部气囊则会把乘员和这些东西分隔开来，以达到保护乘员的效果。

（6）气囊式安全带。在车用保险带肩部及整体设有气囊装置，它结合了传统安全带和安全气囊的优点，提供更高级的碰撞安全保护。气囊式安全带也可以同时保护儿童、老人，对乘员头部、颈部和胸部的保护更贴合。意外情况发生时，安全带会瞬间膨胀成气囊状，缓冲效果是传统安全带的5倍之多。

2）根据碰撞方式分类

根据保护碰撞的方式不同，又可将气囊分为正碰撞气囊、侧碰撞气囊及其他气囊等。

目前驾驶人及副驾驶人的正碰撞气囊已经得到广泛应用，侧面碰撞气囊的应用也越来越广泛，对全车乘员装备各种碰撞保护的气囊系统将是乘员保护系统的发展趋势。

3. 应用效果

据统计资料表明，单独使用安全气囊可减少约18%的死亡事故，与安全带配合使用可减少约47%的死亡事故。

目前，美国每年因使用汽车安全带能使约9500人免于丧命，这仅仅是在70%的美国驾驶人使用安全带的前提下得出的数据，如果该比例达到85%，则每年至少还将有4200人和10.3万人免于死亡和受伤。同样，安全气囊的使用使轻型汽车交通死亡率减少约11%（美国国家公路交通安全管理局调查结果，见表4-5），历年来累计效果相当明显。

汽车保护系统的效果（挽救生命估计数） 表4-5

年份（年）	年 度 效 果			累 计 效 果		
	安全带	安全气囊	儿童乘员保护装置	安全带	安全气囊	儿童乘员保护装置
1989*	—	—	—	31498	15	1607
1990	6592	37	222	38090	52	1829
1991	7011	68	247	45101	120	2076
1992	7390	100	268	52491	220	2344

年份(年)	年 度 效 果			累 计 效 果		
	安全带	安全气囊	儿童乘员保护装置	安全带	安全气囊	儿童乘员保护装置
1993	8347	169	286	60838	389	2630
1994	9206	276	308	70044	665	2938
1995	9790	470	279	79834	1135	3217
1996	10414	686	365	90248	1821	3582
1997	10750	842	312	100998	2663	3894

注：＊表示 1975—1989 年的累计数据。

三、安全座椅和乘员头颈保护系统

1.安全座椅

1）简介

汽车座椅是汽车中将乘员与车身联系在一起的重要内饰部件。座椅主要由头枕、靠背、坐垫、调整装置、与车身相连接的固定部件等组成,如图 4-33 所示。它直接影响到整车的舒适性和安全性。在汽车交通事故中,座椅在减少乘员损伤中起到重要的保护作用。首先,在事故中它要保证乘员处在自身的生存空间内,并防止其他车载体(如其他乘员、货物)进入这个空间。其次,要使乘员在事故发生过程中保持一定的姿态,使其他约束系统能充分发挥其保护效能。因此,安全座椅应具有在事故发生时能最大限度地减轻对驾驶人及乘客造成伤害的能力。

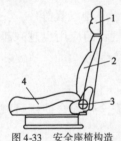

图 4-33　安全座椅构造
1-头枕；2-靠背；3-调整装置；4-坐垫

座椅强度是其安全性的重要保障。汽车行驶过程中,座椅要承受复杂的载荷,汽车座椅必须有足够的强度,以确保座椅上的人所受的伤害最小;座椅的寿命应足够长,不致过早变形或损坏;受冲击载荷作用时,座椅不应发生断裂、严重变形等损坏现象。

汽车发生侧面碰撞和后面碰撞时,靠背对座椅安全性有很大影响。靠背的安全性设计应考虑靠背的强度、倾角、基本尺寸及形状。靠背的强度设计要求在汽车侧面碰撞和后面碰撞时均能为乘员提供良好的保护。而靠背倾角、基本尺寸及形状对后面碰撞的严重程度有很大的影响。

坐垫一般不会对乘员造成直接的冲击伤害,但其结构可以影响到乘员的运动过程,以及约束力施加到乘员身体上的方式和外部载荷(如加速度、力等)的绝对值大小。坐垫的有效深度、坐垫的倾角也会对座椅安全性产生一定的影响。一般在满足乘坐舒适性的前提下,车速越高,驾驶人座椅的坐垫倾角就越大。

汽车座椅连接部件的强度设计在很大程度上影响座椅本身的安全性,在发生碰撞时,如果连接部件先于座椅失效,很可能会造成座椅骨架的断裂、严重变形和调节机构失灵等,此时乘员的生命安全将受到极大的威胁。

由此可见,汽车座椅的首要任务是满足安全性的要求,其次是满足舒适性、成本低、质量轻及美观耐用的要求。

2）儿童安全座椅

（1）儿童安全座椅的必要性

儿童安全座椅是一种安装在汽车座位上的附属设备,供婴儿、幼儿或儿童使用以保护其人身安全。随着我国经济的快速发展,轿车已快速进入普通百姓家庭,儿童安全座椅及其安全性在我国是一个不可回避的新问题。

从发达国家的经验看,在设计儿童乘员保护装置时,一个主要的挑战是儿童的身材并不是成年人身材的简单缩小。儿童身材的比例与成年人存在明显差别,就身体而言,与成年人相比儿童的头部偏重,因此,在设计时必须考虑在碰撞过程中儿童颈部所能承受的冲击力。

为提高儿童乘车的安全性,儿童安全座椅必须与儿童用安全带一同使用,对儿童用安全带和儿童安全座椅必须一起进行专门设计,以满足儿童身材的需要,并能够将它们持久、直接地绑缚在汽车座椅结构上。设计合理的儿童安全座椅是保证儿童正确绑缚安全带的必要保障。研究表明,当儿童坐在安装在后排座的儿童安全座椅上时,他们能够得到最好的保护。

（2）分类及其使用状况

儿童安全座椅目前有 3 类：

第 1 类是婴儿专用座椅(Infant Only),必须放在后座上且婴儿面向后方。

第 2 类是婴儿面向前方,带专用安全带的座椅(Forward Facing Only with Harness),适合 1 岁以上且体重超过 20 磅(1 磅≈0.45kg)的幼儿。

第 3 类是提升座椅(Booster),使用成年人的安全带,但必须是肩带式(Shoulder Belt),而不是横向安全带(Lap Belt),这种座椅适合 3～4 岁、体重在 40～80 磅之间的儿童。

将第 1 类和第 2 类相结合的称为"可转换式(Convertible)",适合新生儿至体重 40 磅以下的婴幼儿使用;将第 2 类和第 3 类相结合的称为"组合式(Combination)",适合 20～80 磅的幼儿和儿童使用;此外,还有多种适应不同需要的汽车安全座椅。对儿童安全座椅的使用要求是：使用年限不能超过 10 年(推荐为 5 年),且没有在车祸中使用过。

美国一直对使用儿童安全座椅非常重视,但相关统计数据表明,95%的儿童安全座椅没有被正确使用,尽管如此,使用儿童安全座椅还是比不使用要好。目前,我国许多汽车使用者对儿童安全座椅还很陌生,对儿童安全座椅正确使用知识的了解更少,因而,相关机构应加大对儿童安全座椅正确使用知识的宣传和普及力度,促进儿童安全座椅知识的快速普及。

在我国,许多家长由于接触汽车的时间较短,关于儿童乘车安全尚未形成正确观念。一项调查显示,有 75.66% 的汽车内没有安装儿童安全座椅;有 39.95% 的家长都曾经让儿童坐在危险的副驾驶位置;有 43.12% 的家长认为乘车时儿童由母亲怀抱或坐在成人腿上是对儿童有效的保护;有 10.05% 的驾驶人认为安全气囊是对儿童乘车的有效保护。事实上,成年人把儿童抱在怀中或者让其坐在自己的腿上时,一旦行驶汽车发生紧急制动,儿童就有可能在巨大的惯性作用下"脱手而出"而造成伤害;当儿童坐在装有安全气囊的副驾驶位置时,安全气囊膨胀打开会使儿童遭受窒息的风险,特别是当儿童与装备气囊的仪表板之间的距离较近时,气囊膨胀过程中的瞬时高速运动(气囊膨胀时与儿童头部间的瞬时接触力可高达几千牛顿,试验表明,这种瞬间强力足以将气囊旁的西瓜压得粉碎)则会对儿童造成致命的伤害。

2.乘员头颈保护系统

乘员头颈保护系统(Whiplash Protection System,WHIPS)属于汽车被动安全装置,一般设置于前排座椅。

追尾是城市交通最常见的事故类型之一,它所导致的"甩鞭效应"也往往会对乘员的颈部、脊椎造成巨大伤害而带来难以估量的灾难。当汽车遭受后方猛烈撞击时,乘员的颈部往往无法获得有效的支撑,头部会突然后仰撞击头枕,然后再向前甩出,如此往复的高速甩动将导致对颈椎的严重伤害,这个现象被形象地称为"甩鞭效应"。

有数据表明,在追尾事故中近70%的伤害部位为颈椎。专门针对"甩鞭效应"的头颈保护系统能够将短期、长期受伤风险分别降低约33%和54%。对于女性乘员,头颈保护系统的功效更加明显,短、长期受伤风险可分别降低约50%、75%。

头颈部保护系统的工作过程是:当追尾事故发生时,前排乘员身体迅速后移,人的背部会陷入椅背,头颈保护系统吸能元件变形吸能,当弹簧拉长到一定程度后,逆时针转动,椅背和头枕会向后水平移动,接着弹簧被压缩,椅背和头枕向后倾斜,如图4-34所示。在此过程中,身体的上部和头部得到轻柔、均衡的支撑和保护。与未配备WHIPS的座椅相比,将颈部所受到的冲击力削减约40%~60%,可防止人体最脆弱的颈部受到终身或致命的伤害。这一装置可以大大降低相对时速30km/h以下的追尾事故对人的伤害,而这正是大多数追尾事故发生的速度范围。

图4-34 头颈保护系统的工作过程

四、安全车身

汽车碰撞时,车体结构的安全作用是在吸收汽车动能的同时减缓乘员移动,并保证乘员有生存的空间,即安全车身结构应包括"经得住碰撞的车身"和"吸收冲击的汽车前部及后部"。其设计原则是:使乘员舱具有较大的刚度,在碰撞时减少变形;前部发动机舱和后部行李舱刚度相对较小,以便在猛烈撞击时产生变形吸收能量。例如:1997年福特汽车公司的蒙迪欧轿车,车身中部客舱经加固形成了完整构架的"安全舱";同时头尾两端可按设定的碰撞坍塌程序变形并吸收能量;车头部布置了4根相互作用的梁,副车架安装在加固的结构上,其前部是一块整体的板件,前纵梁向后并向外与门槛相连,前围板下部用横梁加固地板并与中间的地板通道连接,从而将碰撞载荷引向整体构架,而不会造成乘员舱的较大变形。

汽车设计人员针对可能发生的各种情况而设计出一系列的车身防碰撞结构,并通过试验测定这些防碰撞结构的安全可靠性。试验证明,汽车以40km/h的速度行驶时,碰撞过程大概只有0.2s。在汽车碰撞行人的过程中,汽车保险杠先与行人碰撞,所以汽车车身的保险杠要求采用质地较软的材料制造,外形多采用较大的圆弧。

由于轿车大部分采用发动机前置、前轮驱动的形式,车前部没有传动轴,不能向车身后部传递碰撞能量,因此,研究车身前部的零件配置和构造很有必要。具有代表性的车身前部结构如图 4-35 所示。

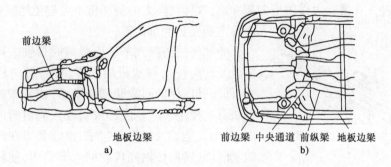

前边梁

地板边梁

a)

前边梁 中央通道 前纵梁 地板边梁

b)

图 4-35　典型的车身前部结构

五、安全玻璃

汽车安全玻璃也是汽车被动安全设施之一,必须满足以下安全条件:良好的视野、足够的强度、发生意外事故时能对乘员起到保护作用,并且玻璃破碎后不应对乘员造成大的伤害。现代汽车的安全玻璃有钢化玻璃和夹层玻璃两种。这两种玻璃被破坏后,不会产生尖锐的碎片,不致伤害乘员皮肤,被称为安全玻璃。

钢化玻璃是指经热处理的玻璃板,由于玻璃表面形成压应力层,从而提高了抗外力作用及耐一定温度急变的强度,而且破碎时呈颗粒状,可避免伤害乘员,主要用于侧窗。

夹层玻璃是指两块以上的玻璃板用塑料作为中间膜黏结的制品,当受外力的作用而破损时,因中间膜的存在而使绝大部分碎片黏附于中间膜上。夹层玻璃主要用于前、后车窗,即使爆裂也不会脱落伤害车内乘员和路人,同时可以避免强烈撞击时车内人员被抛出车外。

近年来,国外又研制出新型的车用玻璃,它具有特殊的功能,比夹层玻璃更安全,每平方毫米能承受 1200kN 的压力。汽车以 200km/h 的速度高速行驶时,这种玻璃被金属物击中后,不会被击穿。此外,这种玻璃表面镀有无色硅树脂糊剂,用透明塑料制成,因而雨、雪、雾、蒸汽均沾不到玻璃上,从而可以保持视线清晰。

风窗玻璃的正确安装及可靠黏结,对碰撞事故中安全气囊发挥正常效能也起着重要作用。装有安全气囊,特别是前排双安全气囊的汽车,对风窗玻璃的黏结强度提出了更高的要求。因为气囊膨胀时,前排乘员抵到气囊上,而气囊要冲到玻璃上,玻璃黏结部位不仅要承受自身的惯性,还要同时承受气囊和前排乘员的双重冲击。这种情况下,牢固而可靠的玻璃黏结就会承受住冲击,限制前排乘员和气囊的空间,保证"5 英寸理论"发挥作用。如果玻璃飞脱,气囊外翻,气囊的保护作用就会大打折扣。

六、其他被动安全装置

1. 防撞溃缩机构

目前,汽车上的防撞溃缩机构包括溃缩式转向柱、溃缩式制动踏板等。防撞溃缩机构的作用是当碰撞发生时通过适当的变形,吸收碰撞时产生的巨大能量。

1）溃缩式转向柱

当汽车发生正面碰撞时，由于车身前部变形，转向盘连同转向柱一起向驾驶人方向移动，与此同时，驾驶人在惯性力作用下向前冲出，这样驾驶人的胸部将不可避免地撞在转向盘及转向柱上而受到严重伤害。

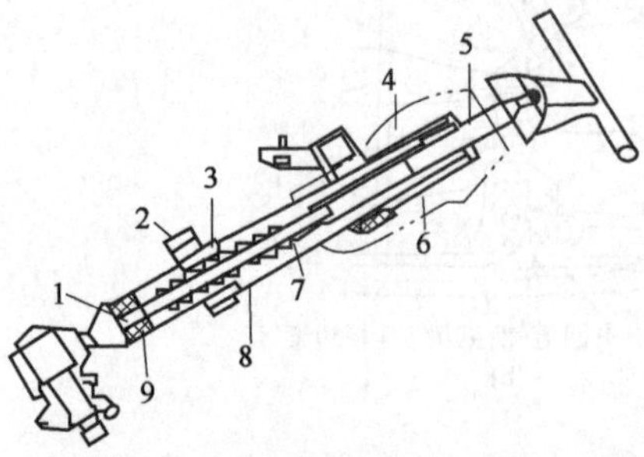

图4-36 波纹管式缓冲转向操纵机构的结构
1-下转向轴；2-转向管柱压圈；3-限位块；4-转向管柱护盖；5-上转向轴；6-上转向管柱；7-细齿花键；8-波纹管；9-下转向管柱

为减轻或消除汽车正面碰撞时驾驶人可能遭受因转向盘及转向柱后移造成的伤害，可将转向柱设计成溃缩式，即当转向柱的两端受到撞击力，或者碰撞过程中当发动机移动撞击转向盘底部或驾驶人向前俯冲撞击转向盘时，转向柱能够及时折叠起来，也就是当在汽车发生碰撞时，溃缩式转向柱轴能自动缩入套管内，使转向柱缩短以腾出空间，从而有效避免转向盘对驾驶人胸部造成的伤害。

转向柱溃缩式设计为驾驶人提供了额外的保护功能。波纹管式缓冲转向操纵机构的结构如图4-36所示。

2）溃缩式制动踏板

在交通事故发生瞬间，至少有90%的驾驶人会做紧急制动动作，即用右脚猛力踩制动踏板；在汽车碰撞发生瞬间，有一股很强的冲击力通过制动踏板从反方向传递给驾驶人的右脚，两者交互作用在驾驶人的右脚，即右脚会受到双重的冲击力。此冲击力随着汽车本身的行驶速度成几何倍数增长，极易超过人体骨骼的承受力限值，导致右脚严重受伤。

当行驶汽车发生正面撞击时，溃缩式制动踏板发生重叠溃缩，可有效避免制动踏板对驾驶人腿、膝部造成损伤。

途安（Touran）安装了溃缩式转向管柱和溃缩式制动踏板。溃缩式转向管柱新一代的转向管柱和十字轴万向节设计成了可以相对移动的形式，当发生碰撞时，转向管柱会自动从中间脱节断开，进而保护驾驶人的胸部，使伤害概率降到最低。溃缩式制动踏板设计成可向前方折叠的结构，碰撞发生时，踏板机构会向支架方向滑动，导致支撑杆脱开或者制动杆断开，阻止冲击波的传递，踏板不再受力，可降低驾驶人脚部受到的冲击力，进而降低受伤的概率或程度。

2. 行人保护系统

1）汽车前保险杠安全气囊和前围气囊系统

据统计，在50%以上的汽车碰撞事故中，驾驶人在碰撞发生前均采取了紧急制动措施，但由于制动距离不够，仍然会导致事故的发生。因此，如果利用传感器技术，在汽车碰撞前检测到碰撞即将发生而将前保险杠安全气囊释放出来，行人将不会直接与刚度很大的汽车前部结构发生碰撞，而是首先与气囊接触，从而有效地保护行人。

前围气囊系统的作用是提供二次碰撞保护，防止行人被甩到发动机罩上后被前窗底部碰伤。该系统包括两个气囊，各自由汽车中心线向两侧的A柱延伸，气囊由传感器探测到行人与保险杠发生初始碰撞后触发。在行人翻到发动机罩上滚向前窗这段时间内，气囊完成充气，两个气囊沿前窗底部将左右A柱之间的汽车整个宽度完全覆盖，不仅能盖住前窗玻璃底部，还可盖住雨刮器摆轴与发动机罩支座等致命的"硬点"。不过，气囊不会完全封住驾驶人的视线。气囊的折叠模式和断面设计保证了气囊展开时能与汽车前端的轮廓相契合，以保证儿童头部和成人腿部的安全。前围气囊系统的形式见图4-37。

图4-37 前围气囊的形式

2）自动弹出式发动机罩

自动弹出式发动机罩是在汽车保险杠与行人碰撞的瞬间，利用传感器检测到碰撞信号，迅速控制发动机罩后端向上开启一定距离（前后同时弹出一定距离），从而有效增加发动机罩与发动机舱中零部件之间的间隙，避免行人头部与硬物接触。

3．碰撞减轻制动系统及电子式安全带预缩系统（Collision Mitigation Brake System&E-Pretensioners，CMS&E-Pretensioners）

CMS利用毫米波雷达侦测与前车的距离，当侦测到与前车距离过近时，系统先发出警告声及闪灯告知驾驶人，若距离更为接近，且驾驶人仍未踩制动踏板，则系统先行启动制动系统，当测得碰撞无法避免时，系统便执行最大制动力，在警告声及闪灯发出而驾驶人尚未来得及做出反应期间，CMS先行启动制动系统，更进一步启动最大制动力，利用这短暂的时间差，便能够将碰撞的损害程度减轻。另外，E-Pretensioners配合CMS系统，可根据制动缓急，决定安全带收缩程度的强弱。若制动较为缓和，则仅针对驾驶人的安全带进行较为缓和的收回动作，若是最大制动力，则驾驶人与乘客的安全带会紧急收缩，将其固定在座位上（图4-38）。

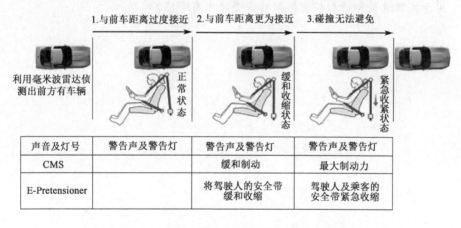

图4-38 碰撞减轻制动系统及电子式安全带预缩系统

本章小结

本章主要介绍了道路交通安全与道路交通事故的相关概念、汽车性能及结构对交通安全的影响、汽车的主动安全装置和被动安全装置及其在汽车安全方面发挥的作用。随着科学技术的发展，汽车主动安全技术在交通安全中起到越来越大的作用，但当意外事故不可避免地发生时，汽车被动安全技术仍是减轻人员伤害和财产损失的重要保障。所以，通过使用汽车主动安全装置和被动安全装置以提升汽车的安全性对交通安全具有十分重要的意义。除汽车安全装置的使用外,汽车的性能、结构及新技术的应用对交通安全也有着直接影响。因此,还应深入探究汽车性能、结构及其所应用的新技术对交通安全的影响,从而确保道路交通的安全畅通。

习题

4-1　道路交通安全与道路交通事故的定义是什么? 二者有何区别?

4-2　道路交通事故的分类方法有哪些? 根据这些分类方法,道路交通事故可以分成哪几类?

4-3　影响汽车操纵稳定性的因素有哪些? 如何提高汽车操纵稳定性?

4-4　影响汽车制动性能的因素及其改善措施有哪些?

4-5　与汽车安全行驶相关的轮胎的特性有哪些?

4-6　简述防抱死制动系统、牵引力控制系统和电子稳定控制系统的结构组成和工作原理。

4-7　用于减轻乘员和行人伤害的被动安全技术有哪些?

第五章

道路交通条件与交通安全

影响道路交通安全的道路交通条件包括道路线形、路面条件、交叉口及路侧条件、交通设施、交通流状况、道路景观及天气条件等。道路交通安全与道路交通条件密切相关,应合理规划、设计和设置各项道路交通条件,以保障道路交通安全。

第一节 概　述

一、道路交通条件对交通安全的影响

公路与城市道路是交通运输基础设施系统中不可或缺的组成部分,在国民经济发展中起着重要的作用。道路交通由于其特有的优势,是人们出行选择的主要交通方式之一。车辆在多种道路交通条件组成的硬环境及由交通管理措施组成的软环境中运行,道路交通条件对交通安全有着显著的影响。分析道路交通条件与交通安全的关系,掌握影响交通安全的主要因素,通过改善道路条件、加强交通管理、完善安全设施等手段,能够提高交通参与者使用道路的安全性和舒适度,减少交通事故的发生,提高道路通行效率,节省运输费用,降低对环境的影响。

二、影响交通安全的道路交通条件

根据目前的研究,影响交通安全的道路交通条件主要包括以下部分。

1. 道路条件

道路条件对交通安全具有显著影响,主要反映为其不能满足汽车正常行驶时驾驶人在视觉、心理、反应等方面的需要。道路设计与道路条件的改善,应主要根据人和车对道路的安全需要。道路条件包括道路线形、路面条件、交叉口及路侧条件等。

2. 交通设施条件

道路交通设施属于道路的基础设施,是道路交通系统不可缺少的重要组成部分。功能齐全的道路交通设施是保证行车安全、防止交通事故、减轻交通事故后果的重要手段之一。本章将介绍交通标志标线、安全护栏、照明设施、防眩设施和交通信号灯的种类、作用及国家标准和设计要求。

3. 交通条件

交通条件包括交通流状况(如交通量、车速、交通组成等)、道路景观及天气条件。

交通量和车速的大小对交通事故的发生有着直接影响,而我国混合交通的交通组成特点也对道路交通安全影响很大。

道路景观包含内容较多,道路不仅仅具有承载交通运输的功能,而且要求能够为人们提供美好、舒适的视觉效果,并能与自然环境和社会环境相协调。

天气条件与交通安全有着密切的关系,影响道路交通安全的灾害性天气主要有风、雨、雾和冰雪等。随着我国不良天气的逐渐增多,发生在不良天气条件下的交通事故正在不断增加。恶劣的天气条件会带来路面摩擦系数下降、驾驶人视线受阻、驾驶人心理变化较大等影响,容易导致交通事故。为提高不良天气条件下道路的行车安全性,本章对主要不良天气条件进行了详细分析。

第二节　道路线形与交通安全

所谓道路线形是指道路中线的空间形态。其中,道路中线在水平面上的投影线形称为道路的平面线形,在垂直水平面方向上的投影线形称为道路的纵断面线形,其法向切面称为道路的横断面。线形的好坏,对交通流安全畅通与否具有极其重要的作用。如果道路线形不合理,不仅会造成道路使用者在时间和经济上的损失、降低通行能力,而且可能诱发交通事故。

道路线形要考虑与地形及地区的土地使用相协调,以及平面、纵断面及横断面相协调,同时保证道路线形连续,并考虑施工、养护、经济和运营管理等方面。

我国现代交通运输业起步比发达国家要晚一些,随着我国道路交通安全形势的日益严峻,国内不少学者也先后开始研究道路线形对交通安全的影响。当前我国道路线形设计中主要存在以下问题。

1)线形一致性差,设计要素不相容

我国现行标准、规范是根据设计速度确定线形,存在以下不足。

（1）根据固定的设计速度所做的设计不一定能保证线形标准一致。

（2）根据固定的设计速度所做的设计不一定能保证设计要素之间的相容。

（3）设计速度和运行速度之间存在差别。特别是山区公路设计中，若未将纵断面与平面线形要素结合考虑，同时使用最小值，就可能不安全。现行标准中虽提出了一些如长直线尽头或大半径曲线之后不宜采用小半径曲线、连续曲线指标应均匀等要求，但技术指标还是以采用固定设计速度为前提。

我国《公路工程技术标准》（JTG B01—2014）规定了各级公路的设计速度，如表5-1所示。

各级公路设计速度规定值

表5-1

公路等级	高速公路			一级公路			二级公路		三级公路		四级公路	
设计速度（km/h）	120	100	80	100	80	60	80	60	40	30	30	20

2）标准一限到底，呆板执行规范

我国在道路标准及指标运用方面应多考虑地区之间的差异，不应一限到底。目前标准中路基宽度与车速存在明确的对应关系，从功能上看，两者虽然相互联系，但各有侧重，并不具有明确的依赖性，要求明确对应的规定可能限制了更合理的设计，易造成设计人员对规范的错误理解，难与地形协调。

3）安全研究与线形设计脱节

为了避免事故多发路段的重复出现，应通过对道路历年交通事故统计资料的前、后对比分析，得出各种不同特征的主要线形的安全特性。此外，我国规范是通过规定指标下限值来确保行车安全的，而国外则同时规定指标的上限值和下限值，这样可更大限度地保证线形连续。

国外的一些研究表明，良好的道路条件在很大程度上可以减少事故的发生，不良的道路条件则会促使事故的发生。欧洲联合经济委员会在关于预防道路交通事故的研究中也同样指出，70%的事故是由于道路的缺陷所致。我国与道路条件有关的事故至少占事故总数的28%～34%，即使是由于人的因素导致的事故，许多时候也是受到道路交通条件的影响。同时，大量事故多发点的存在，同样证明了道路交通条件在事故发生中起到相当重要的作用。通过对多条双车道公路事故调查分析发现，凡是道路线形比较复杂的路段，往往就是事故多发路段。

在所有公路类型中，双车道公路所占比例最大，并且交通事故率仅次于单车道公路。因此，深入细致地分析道路交通条件与安全的关系，尤其是占公路网比重较大的双车道公路线形对行车安全的影响，对于预防和减少交通事故意义重大。双车道公路安全问题作为公路交通安全中关注的热点问题，其核心之一便是双车道公路线形设计中的安全问题，包括线形的安全性、连续性及舒适性等。

交通安全与道路线形设计关系密切，这就要求设计者在道路设计过程中，应以运动的观点综合地设计路线的几何元素。道路线形不仅要考虑汽车行驶的运动学、动力学要求，还应考虑线形的宜人性要求，同时要摒弃静止、孤立地套用技术标准中各项指标的设计方法，要充分考虑相邻路段的交通条件并具体分析由此形成的运行速度，否则就可能设计出具有事故隐患的道路线形。

一、平面线形

平面线形如图 5-1 所示,可分为直线、圆曲线、缓和曲线 3 种线形,这几种基本线形构成了简单圆曲线、带缓和曲线的圆曲线和复曲线等多种平曲线形式。

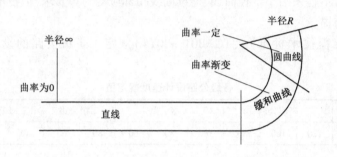

图 5-1　平面线形要素

1.直线

直线是最常用的线形,具有布线容易、前进方向明确、距离最短等优点。对于公路来说,直线部分景观单调,对驾驶人缺乏刺激,在选用直线线形时,一定要十分慎重。

1)直线路段过短对道路交通安全的影响

根据统计数据分析,直线路段长度过短时事故率比较高。产生这种情况主要是由于以下原因。

(1)"长度过短"在线形组合上不合理,易造成视线误导,在同向曲线间形成"断背曲线"。

(2)驾驶人转弯操作频繁,工作强度大,造成心理紧张,同时因为线形变化较快,给驾驶人提供的反应时间也较短,进而容易诱发事故。

根据 2016 年 4 月 1 日实施的《公路项目安全性评价规范》(JTG B05—2015),对于最小直线长度,采用运行速度计算值(运行速度是指汽车实际行驶速度,实际中通常用自由交通流状态下各类小汽车在车速累积分布曲线上第 85 位百分点的车辆行驶速度作为运行速度的计算值)进行评价。路段运行速度计算值与设计速度之差小于或等于 20km/h 时,直线长度不调整;路段运行速度计算值与设计速度之差大于 20km/h 时,反向圆曲线间直线最小长度(以 m 计)应不小于运行速度(以 km/h 计)的 2 倍,同向圆曲线间直线最小长度(以 m 计)应不小于运行速度(以 km/h 计)的 6 倍。

2)直线路段过长对道路交通安全的影响

从道路设计的经验和交通心理学的角度考虑,直线路段过长存在以下弊端。

(1)线形过于单调,容易引起驾驶人疲劳、打瞌睡,从而造成反应迟钝,判断出错。

(2)容易使驾驶人放松警惕,遇到突发情况常常措手不及。

(3)由于视距良好,易于操作,驾驶人容易超速行驶,在驶出长直线路段末端进入曲线时仍有较高的车速,容易发生事故。

(4)视觉参照物少,对距离估计不足,易造成超速和车距不足。

（5）随着直线路段长度的增加，可能会破坏道路线形的连续性，同时也会增加与其相连的曲线段的事故率。

根据统计数据分析，随着直线路段长度的增加，事故发生的严重程度也在逐渐增加。国外有研究指出：直线路段的最大长度小于 3min 行程对交通安全比较有利。

对于城市道路来说，由于城市道路网一般呈方格、放射、环形等，设计速度较低且常有交通信号管制，停车次数较多，因而城市道路采用通视良好的直线线形，对驾驶人有利。

2. 圆曲线

各级公路和城市道路在行车方向发生变化的地方，不论转角大小，都需设置平曲线，圆曲线是平曲线的主要组成部分。圆曲线使用频率仅次于直线，也是常选用的一种线形。圆曲线具有易与地形相适应、可循性好、线形美观、易于测设等优点。

车辆在平曲线上行驶时，速度会降低，速度降低得越多，发生错误操作和事故的可能性就越大，即速度差越大，事故率越高，后果越严重。许多双车道公路的设计标准较低，在设计时会采用一些小半径平曲线，导致平曲线上发生事故的概率较高。

当汽车驶入弯道时，会出现离心运动现象，产生离心力，当汽车行驶速度较快且弯道半径较小时，就可能发生横向翻车或滑移。因此，为了保证行车安全，在不同等级的道路上规定了相应的平曲线最小半径。

圆曲线半径可根据设计速度按下式计算：

$$R = \frac{v^2}{127(i + \mu)} \tag{5-1}$$

式中：R——圆曲线半径（m）；

v——设计速度（km/h）；

i——超高横坡度（%）；

μ——横向力系数。

式(5-1)中，在指定设计速度 v 的情况下，最小半径的绝对值取决于 $(i + \mu)$ 值。$(i + \mu)$ 值如过大，弯道上的车辆有沿着路面最大合成坡度向下滑移的危险。根据国内外的经验，最大超高横坡度在考虑气候、地形等条件下宜采用 6% ~ 8%；μ 值如过大，车辆行驶不稳定，在弯道上易肇事，最大 μ 值采用 0.10 ~ 0.15 较妥当。

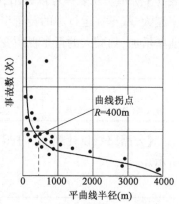

图 5-2 美国公路事故数与平曲线半径的关系

图 5-2 给出了美国公路事故数与平曲线半径的关系。当平曲线半径较小时，交通安全状况较差；随着平曲线半径的增大，交通安全状况趋于良好。通常都希望圆曲线半径越大越好，但关键在于应使线形能适应地形的变化，同时能够圆滑地将前后线形连接以保持线形的连续性。

表 5-2 是某高速公路不同路段的平曲线半径与对应的亿车事故率的统计分析结果。

某高速公路不同路段平曲线半径下的亿车事故率 　　　　表 5-2

平曲线半径（m）	470	500	550	700	1000	1100	1200	1500	2000	2500
亿车事故率（次/亿车）	401.36	442.81	582.62	253.74	103.00	82.58	98.40	81.17	102.58	81.05

续上表

平曲线半径(m)	3000	3500	4000	5000	5500	6000	7000	8000	9800	9900
亿车事故率(次/亿车)	67.41	52.50	48.73	41.33	25.98	28.85	27.45	20.80	18.49	13.20

图 5-3 为该高速公路亿车事故率与平曲线半径的散点图。从图中可以看出,随着平曲线半径的增大,事故率逐渐降低。

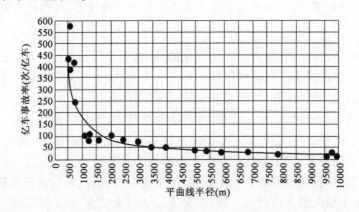

图 5-3　某高速公路亿车事故率与平曲线半径的关系

平曲线半径 R 的倒数 $1/R$ 称作平曲线的曲率,表示曲线弯曲的程度。半径 R 越小,曲率 $1/R$ 越大,曲线弯曲的程度越大;反之,半径 R 越大,曲线弯曲的程度越小。

英国学者格兰维尔通过试验研究了道路平曲线的曲率与道路交通事故率的关系,结果如表 5-3 所示。从表中可以看出,曲率大于 0.01 时,事故率随曲率的增加急剧增加。原因是曲率越大,汽车在运行中的转弯半径越小,所受的横向力越大,发生侧滑的概率越大;另一方面,曲率增加,驾驶人的行车视距变小,盲区增大,事故的隐患增大。

曲率与道路交通事故率的关系　　　　　　　　　　　　表 5-3

曲率(1/1000)	<2	[2,4)	[4,6)	[6,10)	[10,15)	≥15
事故率(次/百万车公里)	1.62	1.86	2.17	2.36	8.45	9.26

《公路路线设计规范》(JTG D20—2017)给出了公路圆曲线最小半径的规定值,如表 5-4 所示。

圆曲线最小半径　　　　　　　　　　　　　　　　表 5-4

设计速度(km/h)		120	100	80	60	40	30	20
圆曲线最小半径一般值(m)		1000	700	400	200	100	65	30
圆曲线最小半径极限值(m)	最大超高 10%	570	360	220	115	—	—	—
	最大超高 8%	650	400	250	125	60	30	15
	最大超高 6%	710	440	270	135	60	35	15
	最大超高 4%	810	500	300	150	65	40	20
不设超高圆曲线最小半径(m)	路拱≤2%	5500	4000	2500	1500	600	350	150
	路拱>2%	7500	5250	3350	1900	800	450	200

注:"—"为不考虑采用对应最大超高值的情况。

在日本道路技术标准中,为充分保证汽车行驶安全、顺适,最小圆曲线半径的建议值如表 5-5 所示。

日本最小圆曲线半径的建议值 表 5-5

设计速度 v(km/h)	R(m)	$v^2/127R$	i 值	μ 值
120	1000	0.11	0.06	0.05
100	700	0.11	0.06	0.05
80	400	0.13	0.07	0.06
60	200	0.14	0.08	0.06
50	150	0.13	0.08	0.05
40	100	0.13	0.07	0.05
30	65	0.11	0.06	0.05
20	30	0.11	0.06	0.05

因此,选用圆曲线半径时,在与地形等条件相适应的前提下,应尽量采用大半径,如不得已用最小半径时,应考虑驾驶人对周围地形情况能否自然地接受,以保证线形的协调、连续和流畅,提高行车的安全性和舒适性。在保证圆曲线半径不至于过小的同时,也要避免过大的圆曲线半径。当圆曲线半径大到一定程度时,它的几何性质与直线区别不大,容易造成驾驶人的判断错误,存在一定安全隐患。因此,《公路路线设计规范》(JTG D20—2017)规定圆曲线的最大半径不宜超过 10000m。

3. 缓和曲线

缓和曲线是设置在直线与圆曲线之间或圆曲线与圆曲线之间的一种曲率连续变化的曲线。直线与圆曲线连接,车辆由直线进入圆曲线时,驾驶人由于突然受到离心力的影响会产生不舒适感和危险感。为了缓解这种心理,需要设置缓和曲线。在道路中增加缓和曲线,会使车辆在正常转弯行驶时减少对道路摩擦力的需求,增强行车安全性。

另外,在路线的曲线部分设置超高或加宽,都应在缓和曲线上进行。超高要在缓和曲线段的全长内逐渐过渡,使超高缓慢变化,缓和曲线长度还应不小于超高过渡段长度。

图 5-4 为美国双车道公路的交通事故率在不同半径的平曲线设置缓和曲线前后的变化情况。

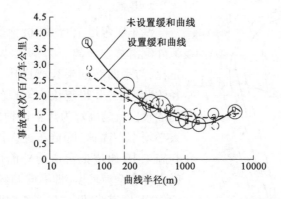

图 5-4 美国双车道公路设置缓和曲线前后交通事故率的变化

从图5-4可知,当平曲线半径小于200m时,在直线与圆曲线之间添加缓和曲线,道路安全性会大大提高,交通事故率会大幅降低;而对于平曲线半径大于200m的路段,缓和曲线的设置与否对道路交通安全的影响并不明显。

因此,《公路工程技术标准》(JTG B01—2014)规定,在圆曲线和直线之间,除四级公路可不设缓和曲线外,其余各级公路在其半径小于不设超高最小半径时,都应设置缓和曲线。

缓和曲线按线形可分为三次抛物线、双扭曲线和回旋曲线等。驾驶人按一定速度转动转向盘时,曲率按曲线长度缓和地增大或减小,轮胎顺滑的轨迹刚好符合回旋曲线,因而回旋曲线是适合汽车行驶的良好曲线形式。

我国《公路工程技术标准》(JTG B01—2014)规定采用回旋曲线作为缓和曲线。为使汽车在缓和曲线上能平稳地完成曲率的变化和过渡,缓和曲线应从离心加速度变化率、驾驶人的操作及反应时间、超高渐变率和视觉条件4个方面计算,取满足上述要求的最大值(取5的整数倍)作为缓和曲线的最小长度。

回旋线是一种按照特定规律变化的变曲率曲线。在回旋线上,任意一点的曲率半径与该点至曲线起点的曲线长的乘积为一常数,即:

$$R \cdot L = C \tag{5-2}$$

式中:R——回旋线上任意一点的曲率半径(m);

L——回旋线上任意一点到曲线起点的曲线长度(m);

C——常数。

最小缓和曲线长度规定如表5-6所示。考虑到驾驶人的视觉条件,我国现行《公路路线设计规范》(JTG D20—2017)按照驾驶人反应和操作的3s行程要求规定了各级公路缓和曲线最小长度指标,设置回旋曲线时,应取大于表5-6的数值。

最小缓和曲线长度规定值   表5-6

设计速度(km/h)	120	100	80	60	40	30	20
缓和曲线长度(m)	100	85	70	50	35	25	20

一般来讲,缓和曲线应适当取大些,但并非越大越好。当转角大小和圆曲线半径已经确定时,缓和曲线长度过大,会导致中间的圆曲线长度过小,平面线形协调性变差,同样也会对交通安全造成一定影响。

4. 超高

汽车在弯道上行驶时,会受离心力的作用,向圆弧外侧滑移。该离心力的大小与行车速度的平方成正比,与平曲线的半径成反比。所以,车辆在较小半径的弯道上,开得越快,车身受离心力推向弯道外侧的危险性就越高。为防止这种危险情况的发生,驾驶人必须小心谨慎,降低车速。同时,在道路工程设计与施工中,通过把弯道的外侧抬高,可使路面在横向朝内侧有个横坡度(即横向倾斜程度),以抵挡离心力的作用,即道路超高,如图5-5所示。道路超高横坡度规定在2%~6%之间。

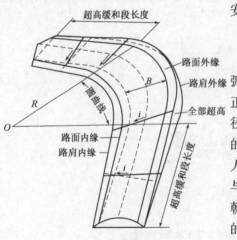

图5-5 道路超高

如果用式(5-1)来考虑横向力平衡,可得出：

$$f_g = \frac{v^2}{R} - gi \tag{5-3}$$

式中,f_g是作用于汽车的横向加速度,是离心加速度减去gi得到的值。若这个值过大,就产生显著的横向摆动,给人以不舒适的感觉,所以应尽量把超高i取大一些。但是,汽车如果以低于设计速度的速度行驶,反而会在重力作用下,沿横断面斜坡向内侧下滑。为保证在弯道部分停车时,汽车不发生向内侧滑移甚至翻车,其超高又不能太大。在曲线部分,除曲率半径非常大和有特殊理由等情况外,都要根据道路的类别和所在地区的积雪程度,以及设计速度、曲率半径、地形状况等设置适当的超高。

5. 加宽

汽车在弯道上安全行驶所需要的路面宽度较直线段要宽些,所以弯道上的路面应当加宽,如图5-6所示,图中R为平曲线半径,L为汽车前挡板至后轴的距离,单车道路面所需要增加的宽度W为：

$$W = \frac{L^2}{2R} \tag{5-4}$$

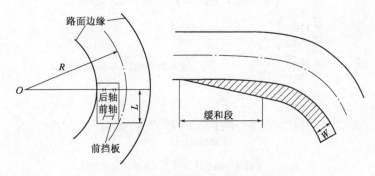

图5-6 弯道加宽及路面加宽的过渡

如果是双车道路面,则式(5-4)中求得的W值加倍,再加上与车速有关的经验数值公式,即双车道转弯处路面所需增加的宽度为：

$$W_{双} = \frac{L^2}{R} + \frac{v}{10\sqrt{R}} \tag{5-5}$$

加宽值W应加在弯道的内侧边沿,并按抛物线处理,如图5-6所示。这样既符合汽车的行驶轨迹,有利于车辆平顺行驶,又改善了路容。

6. 曲线转角

与曲线长度相关的曲线转角也可以作为道路交通安全的影响因素,两者之间的关系可用下式表示：

$$\alpha = 0.01CCR \cdot L \tag{5-6}$$

式中：α——曲线转角(°)；

CCR——曲线变化率(°/100m)；

L——曲线长度(m)。

表5-7给出了某高速公路不同曲线转角对应的亿车事故率。图5-7为该高速公路亿车事

故率与曲线转角的散点图,从图中可以看出,当曲线转角在 0°～45°之间变化时,亿车事故率与转角的关系近似呈抛物线形,即随着转角的增大,事故率逐渐降低,当转角增大到某一数值时,事故率降到最低值(即抛物线的极值点),此时随着转角的继续增大,事故率又开始上升,变化规律明显。同时还可以看出,当曲线转角小于或等于 7°(即为小偏角)时,事故率明显高于表 5-7 中 30 个样本点的平均值(即平均亿车事故率 83.37 次/亿车),这一统计结果证实了"小偏角曲线容易导致驾驶人产生急弯错觉,不利于行车安全"这一传统观点。

某高速公路不同曲线转角下的亿车事故率(单位:次/亿车)　　　　　　　　表 5-7

平曲线半径 1000～1100m	转角	4°08′	6°17′	17°54′	24°43′	30°50′	31°02′	34°14′	39°55′	45°00′	86°09′
	亿车事故率	112.52	93.10	30.52	21.34	66.92	114.63	122.45	110.13	120.78	193.76
平曲线半径 2500m	转角	12°17′	13°52′	14°20′	14°28′	15°53′	22°24′	24°00′	28°20′	36°04′	36°09′
	亿车事故率	63.26	61.97	62.47	68.13	6.47	22.50	30.91	75.44	243.50	119.88
平曲线半径 3000m	转角	6°41′	7°41′	10°11′	11°27′	11°59′	18°02′	18°04′	22°53′	24°14′	28°21′
	亿车事故率	126.24	125.29	72.33	93.10	87.41	44.48	37.55	39.85	25.98	52.45

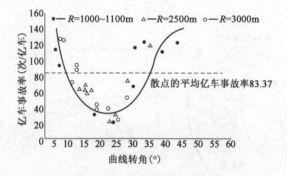

图 5-7　某高速公路亿车事故率与曲线转角的关系

从图 5-7 可知,当转角值在 15°～25°之间时,事故率最低,交通安全状况最好。驾驶人在正常行车状态下,坐直、头正、目视前方,此时驾驶人的视点一般都集中在 10cm×16cm(高×宽)的矩形范围内。曲线转角在 20°左右时,驾驶人看到的曲线恰好落于上述矩形范围内,从而使驾驶人在不需要移动视线或转动头部的情况下即可充分了解道路及交通情况,同时也提高了行车舒适性,减少了行车疲劳和紧张感。

事故率与曲线转角关系的统计结果表明,在公路设计中合理确定曲线转角对保证行车安全、提高服务水平具有十分重要的意义。

二、纵断面线形

国内外学者对平面线形与交通安全的关系进行了大量研究,而对于纵断面线形的研究则相对较少。

苏联的一份调查表明:在平原地区、丘陵地区和山区道路上,因道路交通条件发生的交通事故分别占 7%、18% 和 25%。分析得知,坡道上交通事故率高的原因主要有:

(1)下坡时,驾驶人为省油而常常采取熄火滑行的操作方法,如此一旦遇到紧急情况往往来不及采取应急措施,这类事故约占坡道事故总数的 24%。

(2)在车辆下坡时,重力作用使行驶速度过高,制动非安全区过长,遇有紧急情况不能及时停车,这种原因引起的事故占40%。

（3）车辆上坡行驶时,由于超越停放车辆或后备功率较小的低速行驶车辆所造成的坡道事故占18%。

（4）由于其他原因引起的坡道事故占18%。

在上坡行驶时,事故主要分布在上坡道的凸起部分与过了坡顶后紧接着的路段;下坡行驶时,事故则主要分布在纵断面的下凹部分,因为该处车辆的行驶速度达到了一个较高的数值。

图5-8为美国埃尔泽山（Elzer Mountain）地区7.2km长的山区路段事故统计结果,在采取安全保障措施之前,下坡事故数要比上坡事故数多很多。1969年双向增加车道后,上下坡事故数均有所减少,尤其是下坡事故数下降显著;1972年设置限制车速的交通标志牌后,下坡事故数又有大幅度下降,上坡事故数也有所下降;1973年增设自动雷达车速控制系统后,总体交通事故数下降;在20世纪70年代末,下坡交通事故数相对稳定下来,并且在绝对数值和相对趋势上基本与上坡保持一致。由此可见,在纵坡路段采取增加车道、设置安全标志等交通改善措施对于提高道路交通安全性非常必要。

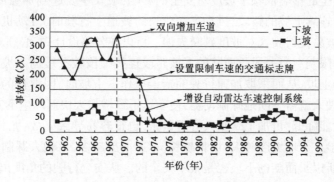

图5-8　美国埃尔泽山地区上下坡路段事故数统计结果

1. 最大纵坡

资料表明:当纵坡坡度在2.5%~4%之间,车辆下坡时,由于重力和惯性的作用,车辆会以较大的加速度行驶,车速会不断增加。当坡度大于4%时,驾驶人的心理上就有一定的紧张感,警惕性提高,驾驶人会提前进行一定操作,虽然速度还在持续增加,加速度却逐渐减小。表5-8说明道路的坡度越陡,事故率就越高。

坡度与交通事故率的关系　　　　　　　　　　　　　　　　　　表5-8

坡度（%）	0~1.99	2~3.99	4~5.99	6~8.00
事故率（次/亿车公里）	27.51	39.76	112.43	124.26

纵坡坡度对安全的影响可以通过坡度影响系数反映。苏联、德国、日本、奥地利等国家的道路交通安全研究人员通过分析已有道路交通事故率与纵坡坡度关系的数据材料,给出了纵坡坡度对于行车安全的影响系数,如表5-9所示。

纵坡坡度安全影响系数　　　　　　　　　　　　　　　　　　　表5-9

纵坡（%）	2	3	4	5	7	8
坡度影响系数	1	1.3	1.75	2.5	3	4

纵向坡度的标准值,要在经济容许的范围内,按尽可能少地降低车辆速度的原则来确定,与其他路段一样,需要努力保证与设计速度一致的行驶状态。具体地说,纵向坡度的一般值,按小客车大致以平均行车速度可以爬坡、普通载货汽车大致按设计速度的1/2能够爬坡的原则来确定。

我国《公路工程技术标准》(JTG B01—2014)对各级公路的最大纵坡坡度所作的规定如表5-10所示。

最大纵坡坡度规定值   表5-10

设计速度(km/h)	120	100	80	60	40	30	20
最大纵坡(%)	3	4	5	6	7	8	9

高速公路受地形条件或其他特殊情况限制时,经技术经济论证,最大纵坡坡度可以增加1%。

2. 纵坡长度

坡长对交通安全的影响依赖于坡度对安全的影响,坡长主要起到加强或削弱坡度影响的作用。在翻山越岭连续上坡的路段,机动车在较长的坡道上行驶时,发动机容易过热,引起故障。同时,过长纵坡易使驾驶人对坡度判断失误。所以在公路设计中,必须对不同坡度值的上坡路段的长度作出限制。当一段长而陡的下坡路段连接一段较平缓的下坡时,驾驶人会误认为下一路段坡度为上坡,从而采取加速行驶的错误操作。下坡时,因惯性的作用,车速会变得越来越快,这时驾驶人就需不断地踩制动器,使车速不致增加太快而产生不安全的后果。但频繁制动会使制动效能降低,再加上驾驶人心理紧张,也很容易导致事故,尤其在雨天或有冰雪时,更有滑溜的危险。下坡坡度越大,坡长越长,车速增加越多,驾驶人踩制动器就越频繁,就越容易导致事故,所以长而陡的下坡也是很不安全的。从安全行驶的角度出发,必须对不同坡度值的下坡路段长度也作出限制。表5-11为不同坡度的坡长限制值。

纵坡长度限制值   表5-11

最大坡长(m)		设计速度(km/h)						
		120	100	80	60	40	30	20
坡度(%)	3	900	1000	1100	1200	—	—	—
	4	700	800	900	1000	1100	1100	1200
	5	—	600	700	800	900	900	1000
	6	—	—	500	600	700	700	800
	7	—	—	—	—	500	500	600
	8	—	—	—	—	300	300	400
	9	—	—	—	—	—	200	300
	10	—	—	—	—	—	—	200

从汽车行驶平顺性和布设竖曲线的角度出发,如果坡长过短,变坡点增多,汽车行驶在连续起伏地段时会产生颠簸,车速越高感觉越明显。因此,相邻两竖曲线的设置和纵断面视距等要求坡长也应有最小长度,通常按9s行程计算。我国《公路路线设计规范》(JTG D20—2017)对各级公路纵坡的最小坡长规定如表5-12所示。

最小坡长规定值   表5-12

设计速度(km/h)	120	100	80	60	40	30	20
最小坡长(m)	300	250	200	150	120	100	60

当高速公路、一级公路的连续陡坡由几个不同坡度值的坡段组合而成时,应对纵坡长度受限制的路段采用平均坡度法进行验算,即:

$$\bar{i} = \frac{\sum l_i \cdot i}{\sum l_i} \tag{5-7}$$

式中:$\bar{i}$——连续陡坡路段的平均纵坡(%);

l_i——i 坡度的实际坡长(m)。

可以说,纵坡设计中最重要的一环就是纵坡坡度和对应坡长的选择,在山岭区的路线尤其如此。从安全角度出发,纵坡应越小越好,但减小纵坡必然会造成土石方量和其他工程量的增多。如何协调工程经济与技术指标之间的矛盾,找到两者最好的平衡点,也是设计者需要反复思考比较的问题。

3. 竖曲线

汽车在纵坡发生转折的地方行驶时,为缓冲汽车在转入凹变坡点时的冲击,保证在凸变坡点的地方有一定的视距,必须在两个坡段之间插入一段曲线,这段曲线称为竖曲线,通常采用二次抛物线。竖曲线主要是为了实现变坡点坡度变化的缓和曲线。

表示竖曲线大小的指标有长度、半径和曲率。竖曲线的曲率根据曲线长度和纵向坡度的变化量确定。严格地说,二次抛物线的曲率在曲线各点上不相同,但在竖曲线应用的范围内其差别却很小,所以实际应用中,不妨将其看作曲率一定的圆曲线。

竖曲线的半径,可用如下公式近似求得:

$$R = \frac{100L}{|i_1 - i_2|} \tag{5-8}$$

式中:R——竖曲线半径(m);

L——竖曲线长度(m);

i_1、i_2——纵坡转折点前、后的坡度值。

表5-13 给出了我国《公路路线设计规范》(JTG D20—2017)规定的竖曲线最小半径和最小长度。

竖曲线最小半径和最小长度规定值   表5-13

设计速度(km/h)		120	100	80	60	40	30	20
凸形竖曲线半径(m)	一般值	17000	10000	4500	2000	700	400	200
	极限值	11000	6500	3000	1400	450	250	100
凹形竖曲线半径(m)	一般值	6000	4500	3000	1500	700	400	200
	极限值	4000	3000	2000	1000	450	250	100
竖曲线最小长度(m)	一般值	250	210	170	120	90	60	50
	极限值	100	85	70	50	35	25	20

一般说来,凸形竖曲线的交通事故率要比水平路段高,小半径凸形竖曲线的事故率要比经过改善设计后的竖曲线路段事故率高很多。竖曲线的频繁变换会影响行车视距,严重降低道路安全性能,尤其在凸形竖曲线路段,视距受限会大大提高交通事故率。如在凸形竖曲线后面存在一个急弯,由于凸形竖曲线遮挡视线,驾驶人往往来不及反应,极易造成交通事故。同时,凸形竖曲线会使驾驶人产生悬空的感觉而失去方向感。

在白天或夜晚照明充足的情况下,凹形竖曲线的视距并不是影响道路交通安全的关键因素。但是在夜晚没有照明的道路上,凹形竖曲线必须考虑视距问题,因为道路线形的水平曲率会使车头灯光不能沿路线线形的前进方向照射,仅能侧向照射路面,这种情况即使将凹形竖曲线展平也不会有明显改善。另外,凹形竖曲线上方的跨线结构物往往会造成视距障碍,形成安全隐患。

汽车在小半径竖曲线上行驶时,受到的竖向离心力作用会使驾驶人产生的超重或失重感过大,容易造成驾驶失控。离心力还会造成车辆与路面间的摩擦力减小,影响交通安全。

竖曲线既要保证有足够大的半径,还要保证有足够的长度。因为当坡差很小时,计算得到的竖曲线长度往往很短,在这种曲线上行车,驾驶人会产生一种急促的折曲感觉。通过获得的公路设计资料和事故资料发现,在坡度大于6%的陡坡路段上,凸曲线发生交通事故的可能性较大。在相同的半径条件下,发生在凸曲线上的事故率比凹曲线大,而平曲线和竖曲线组合的路段事故率明显偏高。

三、横断面

1. 车道数

各级公路车道数的规定如表5-14所示,高速公路、一级公路的车道数应为双向4车道及以上,二、三级公路则为双向2车道,四级公路为双向2车道或单车道。高速公路和一级公路路段车道数应根据设计交通量、设计通行能力确定,当车道数增加时应按双数、两侧对称增加;四级公路一般路段应采用双车道;交通量小且工程特别艰巨的路段可采用单车道。

公路车道数规定值 表5-14

公 路 等 级	高速、一级公路	二 级 公 路	三 级 公 路	四 级 公 路
车道数(条)	≥4	2	2	2或1

高速公路与一级公路由于设置了中央分隔带,其交通运行形式为分向、分车道行驶,从车道数角度分析,其交通安全程度要远高于低等级公路。低等级公路无中央分隔带,车道数最多为双向2车道,由于没有可利用的同侧超车道,驾驶人需要根据对向车道交通流的情况,判断是否出现可接受的间隙,进而决定是否利用对向车道超车。而驾驶人的视认、感知、判断与决策受到道路、交通、环境等诸多因素的影响,势必存在失误风险,故双车道公路存在较大的安全隐患。

2. 车道宽度

车道宽度应根据设计速度确定,速度越高则需要的宽度越大(主要是需要的侧向余宽越大)。规范中对车道宽度的规定如表5-15所示。四级公路采用单车道时,车道宽度应采用3.5m;8车道及以上公路在内侧车道(内侧第1、2车道)仅限小客车通行时,其车道宽度可采用3.5m;对于以通行中、小型客运车辆为主且设计速度为80km/h及以上的公路,经论证车道宽度可采用3.5m;对于设置慢车道的公路,慢车道宽度应采用3.5m;

对于需设置非机动车道和人行道的公路,非机动车道和人行道等的宽度视实际情况而定。

公路车道宽度规定值 表5-15

设计速度(km/h)	120	100	80	60	40	30	20
车道宽度(m)	3.75	3.75	3.75	3.50	3.50	3.25	3.00

车道宽度是根据设计车辆的最大宽度,加上错车、超车所必需的余宽确定的。在车辆行驶速度不超过设计速度的前提下,按照表5-15的规定设计的公路,其车道宽度可以满足车辆正常安全行驶的需要。

3. 路肩

路肩由土路肩和硬路肩组成,其作用是:保护路面及支撑路面结构、供发生故障的车辆临时停车、为公路的其他设施(如护栏、绿化、电杆、地下管线等)提供设置的场地,也可供养护人员养护操作及避车之用。具有充足宽度和稳定性的路肩能给驾驶人以开阔感、安全感,有助于增进行车舒适性和避免驾驶紧张,提高公路的行车安全。

1)右侧路肩

各级公路右侧路肩宽度的规定如表5-16所示,表中的一般值为正常情况下的采用值,最小值为条件受限制时可采用的值。高速公路和具有干线功能的一级公路以通行小客车为主时,右侧硬路肩宽度可采用2.50m。

高速公路、一级公路应在右侧硬路肩宽度内设置右侧路缘带,其宽度为0.50m。二级公路的硬路肩可供非汽车交通工具使用,在非汽车交通量较大的路段,亦可采用全铺(在路基全部宽度内都铺筑路面)的方式,以充分利用道路空间。

公路右侧路肩宽度规定值 表5-16

公路等级		高速公路			一级公路 (干线功能)		一级公路 (集散功能) 和二级公路		三级公路、四级公路		
设计速度(km/h)		120	100	80	100	80	80	60	40	30	20
硬路肩 宽度(m)	一般值	3.00 (2.50)	3.00 (2.50)	3.00 (2.50)	3.00 (2.50)	3.00 (2.50)	1.50	0.75	—	—	—
	最小值	1.50	1.50	1.50	1.50	1.50	0.75	0.25			
土路肩 宽度(m)	一般值	0.75	0.75	0.75	0.75	0.75	0.75	0.75	0.75	0.50	0.25(双车道) 0.50(单车道)
	最小值	0.75	0.75	0.75	0.75	0.75	0.50	0.50			

2)左侧路肩

高速公路、一级公路的分离式路基应设置左侧路肩,其宽度规定如表5-17所示。双向8车道及以上的高速公路宜设置左侧硬路肩,其宽度应为2.50m。左侧硬路肩宽度内含左侧路缘带,左侧路缘带宽度为0.50m。

高速公路、一级公路分离式路基的左侧路肩宽度规定值 表5-17

设计速度(km/h)	120	100	80	60
左侧硬路肩宽度(m)	1.25	1.00	0.75	0.75
左侧土路肩宽度(m)	0.75	0.75	0.75	0.50

4.分车带

分车带由分隔带及两侧路缘带组成,按其在横断面中的位置及功能,可分为中间分车带(简称中间带)及两侧分车带(简称两侧带)。

高速公路、一级公路、城市快速路整体式路基断面及城市道路两幅路、四幅路横断面必须设置中间带,中间带由两条左侧路缘带和中央分隔带组成。中间带起到的安全作用包括以下几点。

(1)将对向机动车流分开,减少交通事故的发生。

(2)种植花草灌木或设置防眩网,防止对向车辆灯光眩目。

(3)为沿线设施(如交通标志、护栏、防眩网、灯柱、地下管线等)的设置提供场地。

(4)设于中央分隔带两侧的路缘带,由于有一定宽度且醒目,既能引导驾驶人视线,又可增加行车所必需的侧向余宽,从而提高行车的安全性。

中间带越宽作用越明显,但对土地资源十分宝贵的地区来说,要采用宽的中间带具有一定困难。故《公路工程技术标准》(JTG B01—2014)规定:高速公路和作为干线的一级公路,中央分隔带宽度应根据公路项目中央分隔带功能确定;作为集散的一级公路,中央分隔带宽度应根据中间隔离设施的宽度确定。

对于城市道路,《城市道路工程设计规范》(CJJ 37—2012)规定:分车带最小宽度应符合表 5-18 中的规定。表中的侧向净宽为路缘带宽度与安全带宽度之和;括号外数值为两侧均为机动车道时的取值,括号内数值为一侧为机动车道、另一侧为非机动车道时的取值;分隔带最小宽度值是按设施带宽度为 1m 考虑的,具体应用时,应根据设施带实际宽度确定。

分车带最小宽度规定值 表 5-18

类 别		中 间 带		两 侧 带	
设计速度(km/h)		≥60	<60	≥60	<60
路缘带宽度(m)	机动车道	0.50	0.25	0.50	0.25
	非机动车道	—	—	0.25	0.25
安全带宽度(m)	机动车道	0.25	0.25	0.25	0.25
	非机动车道	—	—	0.25	0.25
侧向净宽(m)	机动车道	0.75	0.50	0.75	0.50
	非机动车道	—	—	0.50	0.50
分隔带最小宽度(m)		1.50	1.50	1.50	1.50
分车带最小宽度(m)		2.50	2.00	2.50(2.25)	2.00

四、线形组合

线形组合对于交通安全的影响主要区分于几种组合:平面线形上不同长度直线和不同半径圆曲线的组合、不同半径缓和曲线的组合;纵断面线形上不同坡度、坡长的直线坡与不同半径的竖曲线的组合,不同半径、方向的竖曲线的组合;以及平面线形和纵断面线形的组合。

1.线形组合设计的基本原则

(1)在视觉上能自然地引导驾驶人,保持驾驶人视觉的连续性,这是衡量线形组合优劣的基本要求。必须尽量避免任何使驾驶人感到茫然、迷惑和判断失误的线形。

（2）平曲线和竖曲线大小要均衡。一般认为竖曲线半径大于平曲线半径的 10 倍时就能够保持均衡。如果不均衡，不仅会造成工程上的浪费，而且会使一个竖曲线含 2 个以上的平曲线，或一个平曲线包含 2 个以上的竖曲线，使线形失去视觉平衡。表5-19 是日本提供的平曲线和竖曲线均衡时两者半径的对应值。

平、竖曲线均衡时的半径对应值

表 5-19

平曲线半径（m）	竖曲线半径（m）	平曲线半径（m）	竖曲线半径（m）
600	10000	1100	30000
700	12000	1200	40000
800	16000	1500	60000
900	20000	2000	100000
1000	25000		

（3）平曲线与竖曲线的对应。当平、竖曲线组合时，竖曲线宜包含在平曲线之内，且平曲线稍长于竖曲线。这种布置的优点是在车辆驶入凸形竖曲线顶点之前，能清楚地看到平曲线的始端，辨明转弯的走向，不致因判断错误引起事故。平、竖线形不对应时，纵断面的连续变化可能会给驾驶人造成驼峰等使视线中断的不利影响。

（4）平曲线缓而长、坡度差较小时，可包含多个竖曲线或竖曲线略长于平曲线。

（5）美学要求。线形组合要与自然景观相协调，美观的线形可以缓解驾驶人的生理和心理压力，并且有很好的视觉诱导作用。

2. 线形组合对道路交通安全的影响

行车安全性与不同线形之间的组合是否协调有密切的关系，不良的线形组合往往是导致交通事故发生的主要原因。

1）平面线形组合

平面线形由直线、圆曲线和缓和曲线构成。平面线形主要依据汽车的行驶轨迹特性进行设计，也就是使平面线形与汽车的行驶轨迹相符合或相接近。下述不良的平面线形组合是交通安全的隐患。

（1）在两个同向或反向曲线之间插入短直线。前者形成"断背曲线"，容易使驾驶人产生错觉，把直线和两端的曲线看成反向曲线，或者把两个曲线看成一个曲线，导致驾驶失误；后者由于不能充分设置超高和加宽而难以实现反向的平稳过渡，使驾驶人不能操作自如，对行车也非常不利。

（2）在长直线的末端设置小半径平曲线即急转弯线。当汽车在长直线上行驶时，驾驶人容易高速驾驶汽车，直到接近急转弯处，才发现是急弯路线，不得不采取紧急措施降低车速，这样的行车是非常不安全的。特别是冬天雪后路滑，路面的附着系数较低，汽车极易驶离原车道而发生交通事故。

（3）连续急弯线形。遇到这种线形，驾驶人需在很短时间内连续或反复急打转向盘，且所受离心力大小和方向连续或反复变化，易造成驾驶疲劳、紧张甚至眩晕，导致交通事故的发生。

2）纵断面线形组合

在短距离内出现重复凹凸的纵断面时，一则由于汽车随道路反复起伏所产生的增重与减重的变化频繁,会导致乘员感觉不适;二则在汽车行驶中驾驶人只能看见凸出的部分,看不见凹下隐藏的部分,视线时续时断,导致行车不畅,使发生事故的可能性增大。

3)平面线形与纵断面线形组合

平、纵线形组合不良,即使二者都分别符合设计规定,也常常会产生道路交通安全隐患。

(1)在长直线上设置陡坡。一方面,长直线具有视野开阔、超车视距大等优点,但在这种路段上行车时,驾驶人对迎面而来车辆的距离和速度估计比较困难,而且线形笔直单调,容易引起驾驶人精神松弛和心理疲劳,从而反应迟钝;另一方面,容易超速行驶;再者,夜间行车会与对向来车产生眩光等,加之设置陡坡,汽车的行驶速度会高于道路设计速度,极易造成道路交通事故。

(2)在长直线上插入小半径凹形竖曲线。在长直线路段的凹形纵断面路段上,驾驶人下坡时看对面的上坡路段,容易产生错觉,把上坡路段的坡度看得比实际大,这样,就有可能加速冲上对面的上坡路段;同时,驾驶人在下坡路段看上坡的车时,往往察觉不出自己是在下坡,因而有可能发生交通事故。

(3)在凸形竖曲线与凹形竖曲线的顶部或底部插入急转弯的平曲线。前者视线失去诱导效果,在道路上行驶的车辆好像进入空中的感觉,而且接近顶点才会察觉线形开始向相反的方向弯曲,易使驾驶人因紧张而操作方向盘失误;后者在超出设计视距的地方仍然要急打转向盘,这些都极易引起交通事故。根据美国人扬格在加利福尼亚的调查,凸形竖曲线上的视距越短,交通事故越频繁。

(4)转弯半径小的平曲线与陡坡组合在一起。平曲线加纵坡的线形,会在纵坡和超高的合成方向上产生合成坡度,急弯加陡坡,使合成坡度更大。汽车行驶到这种路段,可能会在短时间内沿合成坡度方向向下滑移,同时因合成坡度比纵坡和横坡都大,所以车速会突然加快,使汽车沿合成坡度冲出弯道而发生事故。此外,合成坡度过大还可能造成汽车倾斜,导致汽车倾倒事故。

(5)在长直线下坡路段的尽头设置小半径平曲线。在长直线下坡段行驶时,驾驶人容易高速驾驶汽车,至小半径平曲线处,驾驶人往往不能及时判定曲率情况,来不及采取措施,从而造成撞车或翻车事故。

(6)在一个平曲线内存在几个变坡点或在一个竖曲线内设置几个平曲线。汽车在这样的路线上行驶,会使驾驶人因视线不平衡而判断错误,导致驾驶失误和交通事故。

(7)在驾驶人的视域内反复出现变化的线形。无论是平面线形上的方向变化,还是纵断面线形上的坡度变化,都会使线形外观不连贯,形成视线盲区和错觉,使驾驶人产生紧张感,影响行车舒适性和安全性。因此,美国有关专家建议,驾驶人在任何一点所看到的平面线形上的方向变化都不应超过2个,纵坡线上则不应超过3个。

公路路面排水不畅路段屡见不鲜,由此产生的交通安全问题受到广泛重视。从道路平纵组合的角度研究路面排水不畅问题,通过对横坡、超高和纵断面3个方面进行分析计算,可得出路线平纵组合对路基路面排水的影响。

(1)直线路段或者圆曲线半径大于不设超高圆曲线半径的平曲线与竖曲线组合时,路段合成坡度均大于或等于正常路拱横坡值,路面排水不受影响。

(2)圆曲线半径小于不设超高的圆曲线半径时,在超高过渡段会出现零坡断面和横向排水不畅路段;竖曲线为全凹形竖曲线或全凸形竖曲线时,竖曲线的底部或顶部总是存在一段纵坡较小的路段,此时排水可能存在问题。

(3)路线纵坡大于0.5%且竖曲线不是全凹或全凸形竖曲线时,路线的合成坡度都会大于或等于0.5%,能满足排水要求。

(4)超高设计时,要注意超高方式和超高渐变率的选取,越小的超高渐变率会带来越长的路面横向排水不畅路段。当超高渐变率达到或接近1/330时,要注意平纵组合设计,超高渐变段宜置于直坡段上,以避免路拱横坡较小带来的排水不畅问题。

综上,从排水角度提出的平纵断面组合设计要求如下。

(1)尽量做到"平包竖"。这种组合不但满足车辆的行驶安全,还能较好地满足路面排水的要求,圆曲线段与竖曲线的底部(顶部)对应,因圆曲线上存在的超高,有较大的横向坡度,该段的合成坡度也较大,有利于路面排水。

(2)平曲线与竖曲线若错开组合,要避免全凹(凸)形竖曲线的顶点位于缓和曲线上超高过渡的零坡断面附近,以避免路面出现积水现象。

(3)避免全凹(凸)形竖曲线的顶点位于S形平曲线的拐点上。超高过渡过程中会出现横坡值小于2%和零坡路段,如果全凹形或全凸形竖曲线的底部(顶部)与该处重合,会造成S形平曲线的拐点附近路面排水不畅。

由上述分析可知,各种不良的线形组合往往会形成易致事故发生的重大隐患,因此在道路规划设计阶段,要避免各种不良组合,对线形设计进行安全检查。线形设计安全检查将消除事故隐患的任务从"事后"提到"事前",使"防患于未然"成为可能。

3. 不良线形组合的改善措施

(1)平曲线组合不良路段:采取标志预告和增加线形诱导标志的措施,使得驾驶人有心理准备。

(2)长直线小半径路段:在长下坡坡底前或长直线接小半径曲线前设置振动型减速标线。

(3)平、纵组合不良路段:设置"建议速度"和"连续弯道"的组合标志,提醒驾驶人注意前方连续弯道路段,并在竖曲线处强化视线诱导,引导驾驶人按规定速度行驶。

五、视距

为保证行车安全,驾驶人应能看到汽车前面足够远的一段距离,当前方有障碍物或对向来车时,能及时采取措施,避免相撞,这一必需的最短距离称为行车视距。行车视距分为3类:停车视距、会车视距和超车视距。

通常所称的停车视距是针对小客车的,其定义为:当目高为1.2m、物高为0.1m时,小客车驾驶人自看到前方障碍物时起,至障碍物前能安全停车所需的最短行车距离。对于载重货车而言,其停车视距的定义为:当目高为2.0m、物高为0.1m时,载重货车驾驶人自看到前方障碍物时起,至障碍物前能安全停车所需的最短行车距离。路面处于潮湿状态的小客车停车视距应不小于表5-20的规定。

潮湿状态路面小客车停车视距规定值　　　　　　　　　　　表5-20

设计速度(km/h)	规定值(m)	设计速度(km/h)	规定值(m)
120	210	80	110
100	160	60	75

设计速度（km/h）	规定值（m）	设计速度（km/h）	规定值（m）
40	40	20	20
30	30		

　　两辆对向行驶的汽车能在同一车道上及时制动避免碰撞所必需的距离称为会车视距，会车视距等于停车视距的 2 倍。对于二、三、四级公路，除必须保证会车视距的要求外，还应考虑超车视距的要求。在双车道公路上，在后车超越前车过程中，从开始驶离原车道之处起，至可见对向来车并能超车后安全驶回原车道所需的最短距离，称为超车视距。各级公路超车视距的规定见表 5-21。一般值为正常情况下的采用值，极限值为条件受限制时可采用的值。

二、三、四级公路超车视距最小值　　　　　　　　　　表 5-21

设计速度（km/h）		80	60	40	30	20
超车视距最小值（m）	一般值	550	350	200	150	100
	极限值	350	250	150	100	70

第三节　路面条件与交通安全

　　路面按力学特性分为柔性路面和刚性路面两类。

　　沥青混凝土路面属于柔性路面。它是一种与载荷保持紧密接触且将载荷分布于土基上，并借助粒料嵌锁、磨阻和结合料的黏结等作用而获得稳定的路面。它具有一定的抗剪和抗弯能力，在重复荷载作用下容许有一定的变形。柔性路面以路面的回弹弯沉值作为强度指标，利用弯沉仪测量路面表面在标准试验车后轮的垂直静载作用下轮隙回弹弯沉值，用来评定路面强度。

　　水泥混凝土路面属于刚性路面，它具有较大的刚性与抗弯能力，是能直接承受、分布车辆载荷到路基的路面结构。承载能力取决于路面本身的强度。如铺设适当的基层，可为刚性路面提供良好的支承条件。

　　随着现代汽车减振系统的改进，因路面凸凹不平引起的振动与冲击已有所缓解，路面行车质量已明显提高。但是随着汽车性能不断地提高，高速公路上的汽车经常以高于 100km/h 的速度行驶，为了获得良好的舒适性与安全性，对路面的平整度、抗滑性要求越来越高。

　　路面平整度主要是车辆对路面质量的要求，路面抗滑性则是交通安全对路面质量的迫切要求，抗滑性差常导致交通事故。尽管现代路面技术不断提高，但由于路面附着性变差产生的事故率仍较高。

一、路面平整度

　　平整度是路面表面的平整程度，是路面质量的重要指标之一，它直接影响行车平稳性、乘客舒适性、路面寿命、轮胎磨损和运输成本。路面坎坷不平，即是路面平整度差，则行车阻力大，车辆颠簸振动，机件、轮胎磨损就会加快，行车安全性和舒适性就会降低，甚至造成交通事故。我国沥青路面平整度采用连续式路面平整度仪或 3m 直尺控制施工质量，其数据如表 5-22 所示。用 3m 或 4m 直尺量测路面平整度是当前各国仍沿用的简易方法,表 5-22 中的允许偏差实际上是为验收或养护路面而定,并非为理论推导值。

施工中沥青路面面层平整度控制标准 表 5-22

沥青路面种类	允许偏差		检查频率					检查方法	
	平整度仪（mm）	3m 直尺（mm）	范围（m）	数 量				平整度仪	3m 直尺
				平整度仪	3m 直尺				
沥青混凝土沥青碎石	≤2.5	≤5	100	连续	公 路		10 杆	2 车道测 1 条轨迹;4 车道测 2 条轨迹	连续或随机抽样
上拌下贯式	≤3.5	≤8			城市道路	路宽（m）	<9	5 杆		
表面处治	≤4.5	≤10					9~15	10 杆		
							>15	15 杆		

我国对于水泥混凝土路面平整度,规定用 3m 直尺连续量测 3 次,取最大 3 点的平均值控制施工质量。高速公路和一级公路的允许偏差为 3mm,其他公路为 5mm。

二、路面构造

当道路表面的抗滑能力小于要求的最小限度时(纵向摩擦系数,水泥混凝土路面为 0.5 ~ 0.7,沥青混凝土路面为 0.4 ~ 0.6,沥青表面处治及低级路面为 0.2 ~ 0.4,干燥路面数值取高限,潮湿时取低限),车辆在行驶中稍一制动就可能产生侧滑而失去控制。特别是道路表面潮湿或覆盖冰雪时,发生侧滑的危险性增大,且在弯道、坡路和环形交叉处,尤其容易发生滑溜事故。路面的表面结构对抗滑能力有一定的影响,如果路面骨料已被车辆磨得非常光滑,道路抗滑能力降低,即使在干燥路面上,也会出现滑溜现象。另外,渣油路面不仅淋湿后会很滑,气温高时,路面变软,也会很滑,在这种情况下,可采用压力预涂沥青石屑、路面打槽、设置合适的排水系统、限制车速、设置警告标志等方法保障交通安全。

美国宾夕法尼亚州调查的路面状况和交通事故率的关系表明,路面干燥时的事故率是 1.6 次/百万车公里,路面潮湿、降雪、结冰时,事故率分别为 3.2、8.0 和 12.8 次/百万车公里,如表 5-23 所示。

路面状况与交通事故率的关系 表 5-23

路 面 状 况	事故率(次/百万车公里)
干燥	1.6
潮湿	3.2
雨雪	8.0
结冰	12.8

三、路面抗滑性

路面抗滑性对交通安全有很大的影响。汽车在水平路面上行驶或制动时,路面对轮胎滑移的阻力与轮载的比值称为路面摩擦系数,又称路面抗滑系数即:

$$f = \frac{F}{P} \tag{5-9}$$

式中：f——路面摩擦系数；

$\quad\quad$ F——路面对轮胎滑移的阻力（kN）；

$\quad\quad$ P——车轮的荷载（kN）。

摩擦系数按摩擦阻力的作用方向分为纵向、横向摩擦系数。摩擦系数的大小取决于路面类型、道路表面的粗糙程度、路面干湿状态、轮胎性能及其磨损情况等，并与轮载的大小成反比，与接触面积无关。

路面摩擦系数是衡量路面抗滑性的重要指标。为了保证汽车安全行驶，路面必须有较大的摩擦系数。我国采用一定车速下的纵向摩擦系数或制动距离作为路面抗滑能力的指标。

考查事故原因，单纯因路滑造成的事故仅占一定比率，加大路面的摩擦系数虽可减少事故与降低损害程度，却不能根除事故。反之，如摩擦系数过大，则行驶阻力大、耗油量大、车速降低且舒适性差。因此，路面防滑也要综合地从安全、效率、经济上考虑。

通常可用摆式仪测定摩擦系数，它可以测定路面干燥或湿润条件下的纵向、横向摩擦系数。沥青路面抗滑标准如表5-24所示。

沥青路面抗滑标准 表5-24

公 路 等 级	路 段 分 类					
	一 般 路 段			环境不良路段		
	横向力系数	构造深度（mm）	石料磨光值	摩擦系数	构造深度（mm）	石料磨光值
高速公路 一级公路	52~55	0.6~0.8	42~45	57~60	0.6~0.8 (1.0~1.2)	47~50
二级公路	47~50	0.4~0.6	37~40	52~55	0.3~0.5 (1.0~1.2)	40~45
三级公路 四级公路	≥45	0.2~0.4	≥35	≥50	0.2~0.4 (1.0~1.2)	≥40

表5-24中的环境不良路段指高速公路立交、加速与减速车道、交叉路口、急弯、陡坡或集镇附近。根据表中所列数值，低等级公路或年降雨量小于500mm地区可用低值，反之用高值，年降雨量小于100mm的干旱地区可不考虑抗滑要求，括号内数值适用于易形成薄冰的路段。

轮胎与路面间的摩擦系数随车速的增加而减小。最大摩擦系数出现在汽车车轮与路面的滑移率为15%的时候。干燥路面上车速增加，摩擦系数稍减小；潮湿路面上车速增加，摩擦系数明显减小。

在研究中发现，道路开通初期路面摩擦系数较大，由此引发的事故极少。但使用一段时间后，路面由于磨损，摩擦系数下降较多，由此引发的事故也逐渐增多。特别是在弯道、坡道处，常发生严重交通事故，且这种路面雨天事故率明显升高。提高这些路面的摩擦系数，有利于减少交通事故。表5-25列出了成渝高速公路重庆段几处路面改造后的摩擦系数和路面构造深度。

成渝高速公路重庆段典型路面实测摩擦系数和路面构造深度 表 5-25

重庆成渝高速公路	缙云山隧道左线入口（沥青路面）		缙云山隧道右线入口（沥青路面）		右线 317km（沥青路面）			左线 300～400km（沥青路面）			左线 100～300km（沥青路面）		
车道	行车	超车	行车	超车	停车	行车	超车	停车	行车	超车	停车	行车	超车
路面摩擦系数（干）	0.75	0.71	0.56	—	0.63	0.87	0.73	0.80	0.79	0.75	0.66	0.64	0.56
路面摩擦系数（湿）	0.46	—	0.32	—	0.45	0.43	0.45	0.54	0.44	0.46	0.41	0.36	0.51
路面构造深度（mm）	1.60	1.70	0.30	—	0.60	0.30	0.50	0.77	0.85	—	0.53	0.40	0.30

由表 5-25 中数据可知：路面的干湿摩擦系数相差很大，可达 40% 左右，粗粒度新路面构造深度为 1.6mm 左右，两年后变为 0.8mm 左右，而中粒度新路面约为 0.6mm，两年后变为 0.3mm 左右，接近水泥路面磨光后的程度。因此，高等级公路路面采用的砂石粒度应考虑该路段的线形与汽车制动的频繁程度。对于下坡转弯的弯道与水平直线交接附近应选用粗粒度砂石路面，如 SMA（Stone Mastic Asphalt）路面。路面磨损变光滑，不仅使路面摩擦系数下降，也使路面表面结构深度变小，不利于雨天车轮与地面之间的排水，从而产生滑水现象，易造成交通事故。

四、路面病害

无论是水泥路面还是沥青路面，在通车使用一段时间之后，都会陆续出现各种损坏、变形及其他缺陷，统称为路面病害。早期常见的路面病害有：裂缝、坑槽、车辙等。路面病害若不及时处理，则会严重威胁行车安全。

1. 裂缝

沥青路面出现裂缝后，路面水下渗，浸泡路面结构层，降低路面承载力。

水泥路面出现裂缝以后，雨水就可透过裂缝进入路面基层或土层。车辆通过路面裂缝所在区域时，路面受车辆或轮胎的真空抽吸作用，会导致雨水连同经雨水浸泡的基层浆液挤出，形成板下脱空，从而逐渐形成大面积断裂破碎。

裂缝是路面各类破损中最常见、最易发生和最早期产生的病害，它伴随着道路的整个使用期，并随着路龄的增长而加重。路面出现裂缝不但影响路容美观和行车的舒适性，而且容易扩展造成路面的结构性破坏，缩短路面的使用寿命。因此，路面出现裂缝，应及时进行密封修补，否则雨水及其他杂物就会沿裂缝进入面层结构及路基，导致路面承载能力下降，加速路面局部或成片损坏。微、小、中裂缝，可以通过开槽清缝和压力灌注密封胶进行灌缝；沥青路面大裂缝，建议采用沥青热再生修补工艺进行修补。

2. 坑槽

路面坑槽是在行车作用下，路面骨料局部脱落而产生的坑洼。坑槽深度一般大于 2cm，面积在 0.04m² 以上。如小面积坑槽较多，又相距很近（20cm 以内），应合在一起计算。沥青路面坑槽都有一个形成过程，起初局部龟裂松散，在行车荷载和雨水等自然因素作用下逐步形成坑槽。

坑槽的类型分为：压实不足型坑槽、厚度不足型坑槽、水损害型坑槽。其修补方法包括：热再生修补、喷补式修补和冷铣刨热摊铺修补。

3.车辙

车辙是路面上行车轮迹产生的纵向带状凹槽,深度在1.5cm以上,数量按实有长度乘以变形部分的平均值计算。车辙在行车荷载重复作用下,有扩展和累积的趋势。车辙产生受内外因综合影响,内因包括沥青路面结构设计,外因包括施工、交通和气候条件。

车辙的类型分为:结构性车辙、流动性车辙和磨损性车辙。其修补方法包括:微表处热再生修补和重新铣刨摊铺。

第四节 交叉口及路侧条件与交通安全

一、平面交叉

在整个道路系统中,平面交叉口是交通事故较为集中的地方,往往成为事故多发点。在平面交叉口,各种机动车、非机动车、行人穿行其中,驾驶人要在短时间内完成一系列复杂的操作,包括读取交通指示、遵循交通控制、实施转向、避开行人和非机动车等,任何一个操作的失误都有可能导致交通事故的发生。

1.无信号控制平交口安全服务水平评价

1)影响因素

无信号控制平交口安全服务水平评价模型是基于影响无信号控制平交口安全服务水平的各种因素建立的。无信号控制平交口安全服务水平的影响因素分为主要影响因素、次要影响因素和交通流量3类,每一类还包括若干小类,每一小类包括若干具体子影响因素,见表5-26。

影响无信号控制平交口安全服务水平的因素 表5-26

影 响 因 素		子影响因素
主要影响因素	机动车与机动车交错点	冲突点
		合流点
		分流点
	机动车与非机动车冲突点	直行机动车与非机动车交错点
		左转机动车与非机动车冲突点
		右转机动车与非机动车冲突点
	机动车与行人冲突点	直行机动车与行人冲突点
		左转机动车与行人冲突点
		右转机动车与行人冲突点
次要影响因素	几何特征	纵坡度
		交叉角度
		视距
		车道设置
		物理渠化
	标线	标线可视性
		标线设置

续上表

影 响 因 素		子影响因素
次要影响因素	标志	标志可视性
		标志设置
		标志信息量
	路面	路面平整性
		路面抗滑性
	照明	路灯设置
		路灯完整性
交通流量		机动车交通量
		非机动车流运行状况
		行人流运行状况

2)评价模型

无信号控制平交口安全服务水平评价模型包括两部分:由主要影响因素与交通流量建立的主模型;由次要影响因素建立的修正模型。

(1)主模型

主模型由平交口机动车与机动车交错点潜在危险度、机动车与非机动车冲突点潜在危险度、机动车与行人冲突点潜在危险度模型组成。

①机动车与机动车交错点潜在危险度模型。

由平交口机动车与机动车交错点、机动车流量建立机动车与机动车交错点潜在危险度模型,即:

$$RI_{um} = K_{m\text{-}m} \sum_i MCP_i \cdot SMCP_i \tag{5-10}$$

式中:RI_{um}——机动车与机动车交错点造成的无信号控制平交口潜在危险度;

i——机动车与机动车交错点的种类,即分流、合流、冲突点;

MCP_i——i 种类交错点的个数;

$SMCP_i$——i 种类交错点导致事故的严重程度,分流点取 1.0,合流点取 1.5,冲突点取 3.0;

$K_{m\text{-}m}$——机动车交通流量影响系数,即:

$$K_{m\text{-}m} = 1 + \frac{V}{C} \tag{5-11}$$

V——平交口入口机动车交通量(pcu/h);

C——平交口机动车实际通行能力(pcu/h)。

②机动车与非机动车冲突点潜在危险度模型。

由平交口机动车与非机动车冲突点、机动车与非机动车流运行状况建立机动车与非机动车冲突点潜在危险度模型,即:

$$RI_{un} = K_{m\text{-}n} \sum_j NCP_j \cdot SNCP_j \tag{5-12}$$

式中:RI_{un}——机动车与非机动车冲突点造成的无信号控制平交口潜在危险度;

j——机动车与非机动车冲突点的种类,即直行机动车与非机动车冲突点、左转机动车与非机动车冲突点、右转机动车与非机动车冲突点;

NCP_j——j 种类冲突点的个数;

SNCP_j——j 种类冲突点导致事故的严重程度,右转、左转和直行冲突点分别取 1.0、1.5 和 3.0;

$K_{\text{m-n}}$——机动车与非机动车交通流量影响系数,其值由交通工程师对平交口机动车与非机动车流运行状况打分计算得到,即:

$$K_{\text{m-n}} = 1 + \frac{100 - \mathrm{SCOR}_{\text{m-n}}}{100} \qquad (5\text{-}13)$$

$\mathrm{SCOR}_{\text{m-n}}$——机动车与非机动车流运行状况的打分值。

③机动车与行人冲突点潜在危险度模型。

由平交口机动车与行人冲突点、机动车与行人流运行状况建立机动车与行人冲突点潜在危险度模型,即:

$$\mathrm{RI}_{\text{up}} = K_{\text{m-p}} \sum_l \mathrm{PCP}_l \cdot \mathrm{SPCP}_l \qquad (5\text{-}14)$$

式中:RI_{up}——机动车与行人冲突点造成的无信号控制平交口潜在危险度;

l——机动车与行人冲突点的种类,即直行机动车与行人冲突点、左转机动车与行人冲突点、右转机动车与行人冲突点;

PCP_l——l 种类冲突点的个数;

SPCP_l——l 种类冲突点导致事故的严重程度,右转、左转和直行冲突点分别取 1.25、1.25 和 3.00;

$K_{\text{m-p}}$——机动车与行人交通流量影响系数,其值由交通工程师对平交口机动车与行人流运行状况打分计算得到,即:

$$K_{\text{m-p}} = 1 + \frac{100 - \mathrm{SCOR}_{\text{m-p}}}{100} \qquad (5\text{-}15)$$

$\mathrm{SCOR}_{\text{m-p}}$——机动车与行人流运行状况的打分值。

无信号控制平交口安全服务水平主模型由以上 3 部分组成,即:

$$\mathrm{Rl}_{\text{u}} = \sum W_i \cdot \mathrm{Rl}_i \qquad (5\text{-}16)$$

式中:Rl_{u}——无信号控制平交口潜在危险度;

i——取值为 um、un、up,分别表示机动车与机动车交错、机动车与非机动车冲突和机动车与行人冲突;

W_i——RI_i 的权重,以反映其对平交口安全服务水平的不同影响程度,机-机、机-非、机-人冲突分别取 0.25、0.33 和 0.42。

(2)修正模型

修正模型基于次要影响因素,即平交口的几何特征、交通标志、交通标线、路面、照明对平交口安全服务水平的影响建立,即:

$$\mathrm{AF} = \sum_i \alpha_i \mathrm{AF}_i \qquad (5\text{-}17)$$

式中:AF——无信号控制平交口次要影响因素修正系数;

i——次要影响因素,分别为几何特征、标志、标线、路面、照明;

AF_i——次要影响因素中几何特征、标志、标线、路面、照明的修正系数;

α_i——各个次要影响因素的权重,以反映不同次要影响因素对平交口安全服务水平的不同影响程度。

其中,AF_i 的计算公式为:

$$\mathrm{AF}_i = 1 + \frac{100 - \sum_k w_{ik} R_{ik}}{100} \qquad (5\text{-}18)$$

式中:w_{ik}——i 次要影响因素中 k 子影响因素的权重;

R_{ik}——i 次要影响因素中 k 子影响因素的打分值。

由主模型和修正模型得到无信号控制平交口危险度的总模型,如式(5-19)所示:

$$EI_u = RI_u \cdot AF \tag{5-19}$$

式中:EI_u——无信号控制平交口危险度,是无信号控制平交口安全服务水平的评价指标;

RI_u——无信号控制平交口潜在危险度;

AF——无信号控制平交口次要影响因素修正系数。

3)等级划分

无信号控制平交口安全服务水平等级及其对应的划分标准见表5-27。

无信号控制平交口安全服务水平等级标准 表 5-27

安全服务水平	平交口危险度	安全服务水平	平交口危险度
A	≤60	D	≤240
B	≤120	E	≤300
C	≤180	F	>300

2. 信号控制平交口安全服务水平评价

1)影响因素

信号控制平交口安全服务水平评价模型是基于影响信号控制平交口安全服务水平的各种因素建立的。信号控制平交口安全服务水平的影响因素分为主要影响因素、次要影响因素和交通流量3类,每一类还包括若干小类,每一小类包括若干具体子影响因素,见表5-28。

影响信号控制平交口安全服务水平的因素 表 5-28

影 响 因 素		子影响因素
主要影响因素	机动车与机动车交错点	冲突点
		合流点
		分流点
	机动车与非机动车冲突点	直行机动车与非机动车冲突点
		左转机动车与非机动车冲突点
		右转机动车与非机动车冲突点
	机动车与行人冲突点	直行机动车与行人冲突点
		左转机动车与行人冲突点
		右转机动车与行人冲突点
次要影响因素	信号灯	信号相位
		黄灯时间
		信号灯可视性
	几何特征	纵坡度
		交叉角度
		视距
		车道设置
		物理渠化
	标线	标线可视性
		标线设置

影 响 因 素		子影响因素
次要影响因素	标志	标志可视性
		标志设置
		标志信息量
	路面	路面平整性
		路面抗滑性
	照明	路灯设置
		路灯完整性
交通流量		机动车交通量
		非机动车流运行状况
		行人流运行状况

2）评价模型

信号控制平交口安全服务水平模型包括两部分：由主要影响因素与交通流量建立的主模型；由次要影响因素建立的修正模型。

（1）主模型

主模型由平交口机动车与机动车交错点潜在危险度、机动车与非机动车冲突点潜在危险度、机动车与行人冲突点潜在危险度模型组成。

①机动车与机动车交错点潜在危险度模型。

由平交口机动车与机动车交错点、机动车流量建立机动车与机动车交错点潜在危险度模型，即：

$$RI_{sm} = K_{m\text{-}m} \sum_i MCP_i \cdot SMCP_i \tag{5-20}$$

式中：RI_{sm}——机动车与机动车冲突点造成的信号控制平交口潜在危险度；

　　　i——机动车与机动车交错点的种类，即分流、合流、冲突点；

　MCP_i——i 种类交错点的个数；

$SMCP_i$——i 种类交错点导致事故的严重程度，分流点取 1.0，合流点取 1.5，冲突点取 3.0；

　$K_{m\text{-}m}$——机动车交通流量影响系数，即：

$$K_{m\text{-}m} = 1 + \frac{V}{C} \tag{5-21}$$

　　V——平交口入口机动车交通量（pcu/h）；

　　C——平交口机动车实际通行能力（pcu/h）。

②机动车与非机动车冲突点潜在危险度模型。

由平交口机动车与非机动车冲突点、机动车与非机动车流运行状况建立机动车与非机动车冲突点潜在危险度模型，即：

$$RI_{sn} = K_{m\text{-}n} \sum_j NCP_j \cdot SNCP_j \tag{5-22}$$

式中：RI_{sn}——机动车与非机动车冲突点造成的信号控制平交口潜在危险度；

　　　j——机动车与非机动车冲突点的种类，即直行机动车与非机动车冲突点、左转机动车与非机动车冲突点、右转机动车与非机动车冲突点；

　NCP_j——j 种类冲突点的个数；

SNCP$_j$——j 种类冲突点导致事故的严重程度,右转、左转和直行冲突点分别取 1.0、1.5 和 3.0;

K_{m-n}——机动车与非机动车交通流量影响系数,其值由交通工程师对平交口机动车与非机动车流运行状况打分计算得到,即:

$$K_{m-n} = 1 + \frac{100 - SCOR_{m-n}}{100} \qquad (5-23)$$

SCOR$_{m-n}$——机动车与非机动车流运行状况的打分值。

③机动车与行人冲突点潜在危险度模型。

由平交口机动车与行人冲突点、机动车与行人流运行状况建立机动车与行人冲突点潜在危险度模型,即:

$$RI_{sp} = K_{m-p} \sum_l PCP_l \cdot SPCP_l \qquad (5-24)$$

式中:RI$_{sp}$——机动车与行人冲突点造成的信号控制平交口潜在危险度;

l——机动车与行人冲突点的种类,即直行机动车与行人冲突点、左转机动车与行人冲突点、右转机动车与行人冲突点;

PCP$_l$——l 种类冲突点的个数;

SPCP$_l$——l 种类冲突点导致事故的严重程度,右转、左转和直行冲突点分别取 1.25、1.25 和 3.00;

K_{m-p}——机动车与行人交通流量影响系数,其值由交通工程师对平交口机动车与行人流运行状况打分计算得到,即:

$$K_{m-p} = 1 + \frac{100 - SCOR_{m-p}}{100} \qquad (5-25)$$

SCOR$_{m-p}$——机动车与行人流运行状况的打分值。

信号控制平交口安全服务水平主模型由以上 3 部分组成,即:

$$RI_s = \sum W_i \cdot RI_i \qquad (5-26)$$

式中:RI$_s$——信号控制平交口潜在危险度;

i——取值为 sm、sn、sp,分别表示机动车与机动车冲突、机动车与非机动车冲突和机动车与行人冲突;

W_i——RI$_i$ 的权重,以反映其对平交口安全服务水平的不同影响程度,机-机、机-非、机-人冲突分别取 0.25、0.33 和 0.42。

(2)修正模型

修正模型基于次要影响因素,即平交口的几何特征、交通标志、交通标线、路面、照明对平交口安全服务水平的影响建立,即:

$$MF = \sum_i \beta_i MF_i \qquad (5-27)$$

式中:MF——信号控制平交口次要影响因素修正系数;

i——次要影响因素,分别为几何特征、标志、标线、路面、照明;

MF$_i$——次要影响因素中几何特征、标志、标线、路面、照明的修正系数;

β_i——各个次要影响因素的权重,以反映不同次要影响因素对平交口安全服务水平的不同影响程度。

其中,MF$_i$ 的计算公式为:

$$MF_i = 1 + \frac{100 - \sum\limits_{k} w_{ik}R_{ik}}{100} \tag{5-28}$$

式中：w_{ik}——i 次要影响因素中 k 子影响因素的权重；

R_{ik}——i 次要影响因素中 k 子影响因素的打分值。

由主模型和修正模型得到信号控制平交口危险度的总模型,如式(5-29)所示：

$$EI_s = RI_s \cdot MF \tag{5-29}$$

式中：EI_s——信号控制平交口危险度,是信号控制平交口安全服务水平评价指标；

RI_s——信号控制平交口潜在危险度；

MF——信号控制平交口次要影响因素修正系数。

3）等级划分

信号控制平交口安全服务水平等级及其对应的划分标准见表5-29。

信号控制平交口安全服务水平等级标准 表5-29

安全服务水平	平交口危险度	安全服务水平	平交口危险度
A	≤15	D	≤60
B	≤30	E	≤75
C	≤45	F	>75

二、立体交叉

立体交叉包括分离式立体交叉与互通式立体交叉,其中分离式立体交叉形式简单,不存在交织及冲突等交通运行形式,安全水平较高。

互通式立体交叉具有交通转换功能和空间多层结构两大特征,但是因为其在有限的区域空间内要完成各个方向的交通转换,加剧了其运行方向的复杂性,再者因其受项目投资、现场条件及环境限制,技术指标往往较低,而当几个低限指标组合不当时,其所构成的线形可能造成运行条件更为复杂。这些复杂的因素导致互通式立体交叉成为高速公路交通事故的多发地。因此,互通式立体交叉设计的主要目标之一便是交通安全,对设计者最大的挑战就在于要在投资和环境条件限制内使互通式立交达到最高的安全水平。

在以往的设计中,设计者往往局限于满足规范要求,认为只要设计指标达到规范规定值,也就满足了安全要求。这无疑是认识上的一个误区,设计者忽略了在行车过程中驾驶人生理、心理方面的感受以及车辆的行驶动力特性等。互通式立体交叉某些指标从单个来讲是安全的,但在某些场合组合在一起时就可能不安全;如果所提供的运行条件与人和车的特征相违背,也可能不安全。具体体现在互通式立体交叉设计中的主要安全误区有以下几个方面。

1. 流出点不明确

在凸形竖曲线顶部设置出口最容易导致流出点不明确。由于视距不良,当驾驶人接近出口时,不能提早看见出口部分的构造及匝道走向。如果减速车道同时又是平行式,驾驶人则更不能自如、有效地利用减速车道控制方向,从而易导致交通事故的发生。

2. 流入点不明确

首先是匝道流入点不明确,其次是高速公路的合流点不明确。由于几何设计或标志标线设置等方面的原因,导致合流路段过短或合流点不明确,致使驾驶人迷茫而使运行效率下降。特别对于双车道加速车道,如果连接处标线施划不当,就会致使车道划分不明确,此种情况最容易在外侧车道发生。

3.不自然的分合流形式

左侧分合流虽然减少了桥梁长度并降低了造价,然而其分岔方向与驾驶人的期望相违背,因为左侧合流不符合驾驶人的习惯,其能见范围小,导致交通运行不自然,这也是左侧分合流具有较高事故率的原因。

4.速度急剧变化

许多驶出匝道的几何线形变换急剧,造成运行速度突变,超出了驾驶人所预料和所能接受的程度。例如,出口处的弯道半径虽然满足规范要求,但其与前后平直线的组合导致运行速度不连续,就会超出驾驶人所期待和所能接受的范围,从而导致交通事故的发生。

5.能见度不够

许多设计不能提供足够的能见范围,导致驾驶人不能正确判断线形变化和交通状况并及时采取相应操作。如前方上坡的坡顶后有复杂的线形变化、驾驶人在分流前看不清出口、在合流前难以清楚看到正在合流的交通状况等。一个典型的例子是,当完全苜蓿叶形互通出入口交通量较大时,在凸形竖曲线交织段附近难以及时发现出口。

6.超出驾驶人能力的负荷

有些匝道在驶入时,需要驾驶人通过侧面车窗观察,以寻找主线车流中的可插车间隙,才能驶入。这就要求驾驶人一方面需要力图看清主线交通状况,另一方面又要驾车通过复合曲线、超高和三角区段等复杂路段,然后再驶入到高速公路的主线上。除此之外,还有很多连续的多个出口,导致信息繁杂,驾驶人判断困难,极易出现误行现象。对于这些超负荷的任务,驾驶人很难在短时间内有效地完成。

三、路侧条件

1.设计理念

路侧安全设计理念体现为宽容设计。基于宽容设计理念的公路允许驾驶人犯错驶出路外,但需要设计人员提供尽可能减少事故发生或降低事故严重程度的设计对策,即:不管什么原因致使车辆驶出路外,设计人员都应该尽可能为驾驶人提供充分的路侧净区,以确保路侧安全性,驾驶人所犯的错误不应以牺牲生命为代价。

路侧净区设计是体现路侧宽容设计理念的核心。

2.路侧净区

1)概念

行车道左侧或右侧边线向外伸展的一段安全区域称为路侧净区(Roadside Clear Recovery Zone),是美国在州际公路大发展时期,安全隐患逐步暴露出来时提出的。

1963年,路侧净区的概念最早出现在美国公路研究委员会(Highway Research Board,HRB)的一次会议论文中;1965年5月,"路侧净区"第一次被正式写入公路规范——联邦公路管理局(FHWA)出版的《公路安全设计手册》;1973年和1978年,《公路安全设计手册》被两次改版。

　　1989 年,美国国家公路交通运输协会(AASHTO)出版了《路侧设计指南》;1996 年,出版了《路侧设计指南(第 2 版)》;2002 年,出版了《路侧设计指南(2002 版)》;2006 年,出版了《路侧设计指南(第 3 版)》;2011 年,出版了《路侧设计指南(第 4 版)》。

　　2)宽度

　　《路侧设计指南》指出:高速公路行车道边缘以外不少于 9m 的路侧净区宽度可使 80% 的失控车辆能够返回。但是,对于交通量较大的高速公路,路堤边坡较陡时,9m 的路侧净区宽度是不够的;相反,对于交通量较小的低速公路,9m 的路侧净区宽度又过大。因此,路侧净区宽度的选定,应综合考虑交通量、设计速度和路基边坡坡率。运行速度越高、交通量越大、填(挖)方边坡坡度越陡(缓),所需要的路侧净区宽度则越大。表 5-30 为美国规定的直线路段路侧净区宽度值。

美国直线路段路侧净区宽度规定值　　表 5-30

设计速度 (km/h)	平均日交通量 (veh/d)	路 堤 坡 度		路 堑 坡 度		
		≤1:6	1:6~1:4	1:4~1:3	1:6~1:4	≤1:6
≤60	≤750	2.0~3.0	2.0~3.0	2.0~3.0	2.0~3.0	2.0~3.0
	751~1500	3.0~3.5	3.5~4.5	3.0~3.5	3.0~3.5	3.0~3.5
	1501~6000	3.5~4.5	4.5~5.0	3.5~4.5	3.5~4.5	3.5~4.5
	>6000	4.5~5.5	5.0~5.5	4.5~5.0	4.5~5.0	4.5~5.0
70~80	≤750	3.0~3.5	3.5~4.5	2.5~3.0	2.5~3.0	3.0~3.5
	751~1500	4.5~5.0	5.0~6.0	3.0~3.5	3.5~4.5	4.5~5.0
	1501~6000	5.0~5.5	6.0~8.0	3.5~4.5	4.5~5.0	5.0~5.5
	>6000	6.0~6.5	7.5~8.5	4.5~5.0	5.5~6.0	6.0~6.5
90	≤750	3.5~4.5	4.5~5.5	2.5~3.0	3.0~3.5	3.0~3.5
	751~1500	5.0~5.5	6.0~7.5	3.0~3.5	4.5~5.0	5.0~5.5
	1501~6000	6.0~6.5	7.5~9.0	4.5~5.0	5.0~5.5	6.0~6.5
	>6000	6.5~7.5	8.0~10.0	5.0~5.5	6.0~6.5	6.5~7.5
100	≤750	5.0~5.5	6.0~7.5	3.0~3.5	3.5~4.5	4.5~5.0
	751~1500	6.0~7.5	8.0~10.0	3.5~4.5	5.0~5.5	6.0~6.5
	1501~6000	8.0~9.0	10.0~12.0	4.5~5.5	5.5~6.5	7.5~8.0
	>6000	9.0~10.0	11.0~13.5	6.0~6.5	7.5~8.0	8.0~8.5
110	≤750	5.5~6.0	6.0~8.0	3.0~3.5	4.5~5.0	4.5~5.0
	751~1500	7.5~8.0	8.5~11.0	3.5~5.0	5.5~6.0	6.0~6.5
	1501~6000	8.5~10.0	10.5~13.0	5.0~9.0	6.5~7.5	8.0~8.5
	>6000	9.0~10.5	11.5~14.0	6.5~7.5	8.0~9.0	8.5~9.0

　　平曲线处路侧净区的宽度应适当增大,其计算公式如下:

$$CZ_C = L_C \cdot K_{CZ} \qquad (5\text{-}30)$$

式中:CZ_C——曲线外侧路侧净区的宽度(m);

　　　　L_C——直线段路侧净区宽度(m);

　　　　K_{CZ}——路侧净区宽度圆曲线半径修正系数,见表 5-31。

路侧净区宽度圆曲线半径修正系数

表 5-31

圆曲线半径 (m)	设计速度(km/h)					
	60	70	80	90	100	110
900	1.1	1.1	1.1	1.2	1.2	1.2
700	1.1	1.1	1.2	1.2	1.2	1.3
600	1.1	1.2	1.2	1.2	1.3	1.4
500	1.1	1.2	1.2	1.3	1.3	1.4
450	1.2	1.2	1.3	1.3	1.4	1.5
400	1.2	1.2	1.3	1.3	1.4	—
350	1.2	1.2	1.3	1.4	1.5	—
300	1.2	1.3	1.4	1.5	1.5	—
250	1.3	1.3	1.4	1.5	—	—
200	1.3	1.4	1.5	—	—	—
150	1.4	1.5	—	—	—	—
100	1.5	—	—	—	—	—

3.路侧边坡

1)填方路基边坡形式

传统设计中,填方路基边坡主要从满足路堤稳定性角度来选择边坡形式。主要形式包括:直线形、折线形和台阶形等(图 5-9)。

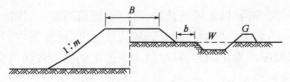

图 5-9 填方路基边坡形式

边坡设计应为失控车辆安全返回提供机会,新设计理念下的路堤边坡形式为流线型。流线型边坡的设计要点如下。

(1)取消路肩和坡脚的折角。

(2)从土路肩到路堤边坡坡脚的边坡表面线形组成为:圆曲线-直线-抛物线。

(3)路基取土坑的位置设置在公路视线之外。

(4)由于地形起伏和路线纵坡的变化,填方路段若采用一成不变的边坡,顺路线方向边坡坡脚之间就会呈折线形变化,导致路容不自然。所以应该把过渡区的转折点做成宽展的弧形,形成纵向的连续弧形坡面,如图 5-10 所示。

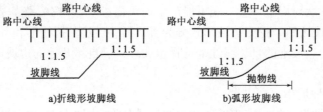

图 5-10 路基边坡的坡脚线处理

（5）斜坡上的填方路堤，常在路堤内侧出现窄的凹坑，传统设计中常把凹坑留下，路基横断面上的地形呈折线变化，出现不雅的外貌；新设计理念中，应将该凹坑填平，并设置浅碟形边沟，使得路堤与斜坡之间连接圆滑、平顺，路堤尽可能融入自然环境，如图 5-11 所示。

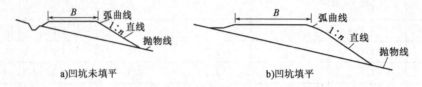

图 5-11 斜坡路堤上的凹坑处理

2）填方路基边坡坡率

《公路路基设计规范》(JTG D30—2015)规定：当地质条件良好，边坡高度不大于 20m 时，边坡坡率不宜陡于表 5-32 的规定值。对边坡高度超过 20m 的路堤，边坡形式宜采用阶梯形，边坡坡率应按照规定由稳定性分析计算确定，并应进行单独设计。浸水路堤在设计水位以下的边坡坡率不宜陡于 1 : 1.75。

路堤边坡坡率规定值   表 5-32

填 料 类 别	边 坡 坡 率	
	上部高度（$H \leqslant 8m$）	下部高度（$H \leqslant 12m$）
细粒土	1 : 1.5	1 : 1.75
粗粒土	1 : 1.5	1 : 1.75
巨粒土	1 : 1.3	1 : 1.5

设计路堤边坡坡率时，需要根据填料的物理性质、边坡高度、工程地质条件等，首先选择满足路堤边坡稳定性要求的坡率。然后再结合路堤边坡高度、地形条件和土地类别，因地制宜放缓边坡坡率，使路基与周围环境相融合，并尽量为失控车辆提供救险机会。考虑环境协调的土质边坡设计建议值见表 5-33。

考虑环境协调的土质边坡设计建议值   表 5-33

边坡高度（m）	不同地带类型的土质边坡	
	地形平缓	地形较陡
（0,3]	1 : 4 ~ 1 : 6	1 : 2 ~ 1 : 4
（3,6]	1 : 1.5 ~ 1 : 4	1 : 1.5 ~ 1 : 1.75
>6	1 : 1.5 ~ 1 : 2	1 : 1.5 ~ 1 : 1.75

3）挖方路基边坡形式

传统设计中，选择路堑边坡形状时，以保证路堑边坡稳定为重点，着重考虑地形、地质条件，没有考虑边坡形状对周围环境景观可能产生的负面影响，开挖的路基边坡形状方正、棱角分明，给人呆板、生硬之感。挖方边坡形式分为直线形、流线型、折线形和台阶形。路堑边坡形式应灵活自然，结合边坡土的自然属性来选择边坡形状。自然开挖的边坡可以张扬个性，保留稳定的孤石可以点缀个性。

4）挖方路基边坡坡率

土质路堑边坡坡率应根据工程地质与水文地质条件、边坡高度、排水设施、施工方法，并结合对自然稳定山坡和人工边坡的调查及力学分析综合确定。《公路路基设计规范》（JTG D30—2015）规定：当边坡高度不大于20m时，边坡坡率不宜陡于表5-34的规定。当边坡高度大于20m时，其边坡形式及坡率应单独进行勘察设计。

土质路堑边坡坡率规定值 表5-34

土 的 类 别		边坡坡率
黏土、粉质黏土、塑性指数大于3的粉土		1:1
中密以上的中砂、粗砂、砾砂		1:1.5
卵石土、碎石土、圆砾土、角砾土	胶结和密实	1:0.75
	中密	1:1

在地形许可的情况下，应尽量采用较缓的坡率。从景观协调角度考虑，土质路堑边坡坡率建议值如表5-35所示。

土质路堑边坡坡率建议值 表5-35

边坡高度（m）	地 形 特 征	
	地形平缓	斜坡较陡
(0,3]	1:2 ~ 1:3	1:1.5 ~ 1:2
(3,10]	1:1.5 ~ 1:2	1:1.25 ~ 1:1.75
>10	1:1.25 ~ 1:1.5	1:1 ~ 1:1.5

岩石挖方边坡坡率应根据工程地质、水文地质条件、边坡高度和施工方法，结合自然稳定边坡和人工边坡的调查综合确定。必要时可采用稳定性分析方法予以检验。边坡高度不大于30m时，边坡坡率可按表5-36确定。对于有外倾软弱结构面的岩质边坡、坡顶边缘附近有较大荷载的边坡、边坡高度超过表5-36规定范围的边坡，边坡坡率应按《公路路基设计规范》（JTG D30—2015）中的有关规定通过稳定性分析计算确定。

岩质路堑边坡坡率的规定值 表5-36

边坡岩体类型	风 化 程 度	边坡坡率	
		$H<15m$	$15m \leqslant H \leqslant 30m$
I	未风化、微风化	1:0.1 ~ 1:0.3	1:0.1 ~ 1:0.3
	弱风化	1:0.1 ~ 1:0.3	1:0.1 ~ 1:0.5
II	未风化、微风化	1:0.1 ~ 1:0.3	1:0.3 ~ 1:0.5
	弱风化	1:0.3 ~ 1:0.5	1:0.5 ~ 1:0.75
III	未风化、微风化	1:0.3 ~ 1:0.5	—
	弱风化	1:0.5 ~ 1:0.75	—
IV	弱风化	1:0.5 ~ 1:1	—
	强风化	1:0.75 ~ 1:1	—

4.路侧危险物

当车辆驶出路外后，为降低车辆与路侧障碍物发生碰撞的可能性，有时候需要将路侧障碍物去除、移位至更远处，或是减少可能形成路侧障碍物的设施使用量，常见的适用于该方法处置的路侧障碍物有行道树、路侧灌木、公用设施杆柱、坚硬的堆放物(如石头堆)或孤石等。

1)行道树及路侧灌木

直径超过10cm的树木会对车辆构成威胁。树木离路边越近,车辆就越容易碰到它们。从保护环境的角度考虑,对于紧邻行车道的行道树,应首先采取移植方式处置,如不能移植别处或更远的地方,而且确实对行车安全具有十分不利的影响,或历史事故资料显示曾发生车辆与之相撞时,应采取砍伐的对策。

2)公共设施杆柱

公共设施杆柱通常是指电线杆、通信线缆杆、照明柱杆等,材料种类涉及木质、混凝土、钢材等,当这些坚硬的杆柱距离行车道很近时,尤其是当它们位于车辆冲出路外概率高的路段的路侧时,会给行车安全带来很大隐患。据美国国家公路运输安全管理局(NHTSA)的事故分析显示,2000年有1103起死亡事故、6000起受伤事故与设施杆柱的碰撞有关,设施杆柱事故在所有的危险物事故列表中位列第4,不过重要的不是数据显示发生事故如此之多,而是这些碰撞设施杆柱的伤亡事故大都可以避免。

从安全的角度考虑,最佳的解决办法是尽可能根据实际情况少设置设施杆柱,并且尽量设置在不太可能被车撞到的地方。对于必须设置杆柱的地方,应遵循以下原则。

(1)增加路边杆柱的横向距离。

(2)增加杆柱的间距。

(3)尽量使用多功能设施杆柱(联合使用)。

(4)把电线、通信线缆等埋入地下。

3)交通标志

对于交通标志尤其是板面尺寸较大的标志,为抵抗风载和自重,满足设计强度要求,杆柱通常也会很粗,且刚性很强,冲出路外的车辆与之发生碰撞后,会造成严重后果。因此,安全设计人员应首先分析是否有必要设置标志,如无必要或必要性不大,可去除;如果必须设置,可将杆柱尽可能放置在远离车道的位置,可通过一些结构上的改进实现这一目的。

4)堆放物

路肩上或路肩以外靠近行车道区域的临时或永久的堆放物同样是路侧安全的一大隐患,尤其当堆放物具有坚硬、粗糙、尖锐的特点时,危害更大,如大石块。这些堆放物的存在不仅使冲出路外的车辆发生碰撞的可能性增大,且一旦发生碰撞事故,后果非常严重。除人为堆放物外,其他路侧危险物,如天然孤石、岩块、小山包等,其特点也类似于堆放物,同样地,宜按"移除为先、防护次之"的原则处置。

当路侧危险物不能通过去除、移位、革新设计等手段进行处置时,可采取在危险物上涂刷反光漆或张贴反光膜的方法标识其轮廓,或在危险物前方设置警示标志,起到及时提醒驾驶人危险物存在的作用,在某些情况下,这是一种十分经济有效的措施。

第五节 交通设施与交通安全

一、交通标志与标线

所谓交通标志就是将交通指示、交通警告、交通禁令和交通指路等交通管理和控制法规、说明用文字、图形或符号形象化地表示出来,设置于路侧或道路上方的交通管理设施。合理设置交通标志可以提高路网交通运行效率和交通安全性。交通标志必须要为道路使用者提供清晰的信息,让他们能很快、很容易地理解信息。很多国家的交通标志通常与交通法规、特定的标准相一致,整个国家交通标志也都保持一致。在我国,国家标准《道路交通标志和标线》是强制标准。

国外在标线、标志及其他道路交通安全设施方面也有研究。欧洲开发了热熔标线涂料,其线形美观、经久耐用,但是由于其成本高、不易施工、修补困难等缺点,后来被双组分标线涂料、水性标线涂料、预成型标线带等新型产品代替。公路标线标准将标线分为Ⅰ型与Ⅱ型,Ⅰ型标线被称为传统标线,Ⅱ型标线被称为新型标线,这是一种能反光的凸起标线,Ⅱ型标线现在在西方国家得到了广泛应用。瑞士的公路标线85%都采用了这种标线。在标志方面,日本为了适应不宽的公路车道,标志牌做得比较精巧。而美国推广使用的交通安全标志主要是由聚合材料和金属制成的,使用方便、易于运输、并且质量轻,这种材料的交通设施很大程度地降低了美国公路交通事故率。

1. 交通标志

1)种类和作用

交通标志分为主标志和辅助标志两大类,是道路交通的向导。主标志分为指示标志、警告标志、禁令标志、指路标志、旅游区标志和道路施工安全标志6种;而辅助标志是附设在主标志下,起辅助说明作用的标志。指示标志用以指示车辆和行人按规定方向、地点行驶;警告标志是警告车辆、行人注意危险地点的标志;禁令标志是禁止或限制车辆、行人交通行为的标志;指路标志是传递道路方向、地点、距离信息的标志;旅游区标志是提供旅游景点方向、距离的标志;道路施工安全标志是通告道路施工区通行的标志。

在道路上设置齐全的交通标志,能够有效地保护道路设施,保障交通秩序,提高运输效率和减少交通事故,它是道路沿线设施不可缺少的组成部分。道路交通标志是保证行车畅通、有序、安全的重要设施,同时交通标志和标线还是道路的装饰工程、形象工程和美化工程。道路交通标志是道路交通的向导,是交通法规具体化、形象化的表现形式,在道路交通管理中占有重要地位,被人们称为不下岗的"交通警"。

2)速度控制标志

在山区等级公路,急弯陡坡路段很多,由于受地形条件限制,很多小半径处视距不足,驾驶人无法对前方路况作出准确判断。因此,发生了较多车辆在通过弯道时因速度过快而导致车辆侧滑或驾驶人来不及打方向的侧滑事故。针对这种情况,可考虑在弯道处引入并设置建议限速标志。

建议限速(也称建议速度)并不强制执行,也不具有法律效力,只是向驾驶人传达建议信息。目前,我国标准规范中还没有建议限速,所有的限速标志均属禁令标志,具备法律效力,建议限速标志在美国、澳大利亚等国应用较多。建议限速是推荐的安全行驶速度,用来提醒驾驶人通过弯道或在其他特殊的道路条件下最大的推荐速度,建议限速通常和适当的警告标志同时使用。

设置建议限速的目的是引导驾驶人在潜在危险点(如弯道、匝道、陡坡处等)根据建议限速标志上标明的数值自行选择安全车速。实施建议限速的明显优势在于:其一,体现"以人为本"理念,是否按照建议限速行驶,取决于驾驶人的主观意愿;其二,如果对潜在危险点采取强制限速方法,将出现限速值频繁变换的现象,使驾驶人难以适应,降低了限速标志的可信度,更为严重的是将导致驾驶人对限速标志采取"置之不理"的态度,也给执法带来了相当大的压力。

国外研究表明:建议限速标志对熟悉路况的驾驶人更为有效,事实上这一结论反映出一种学习效应,也就是说当驾驶人首次以高于建议速度值通过速度控制路段时,会感到舒适性较差,那么当驾驶人再次通过时,就有可能按照建议限速行驶。

下面分两类情况给出建议限速值的确定方法。

(1)在不进行速度调查时,可简单以设计速度作为建议限速值;曲线和匝道处的建议限速值也可按以下公式计算:

$$v = \sqrt{127R(\mu + i)} \tag{5-31}$$

式中:R——平曲线半径(m);

μ——横向力系数,可取 0.12 ~ 1.10;

i——路面横坡度(%);

v——建议限速值(取 10 的整数倍,km/h)。

(2)如条件允许,宜进行速度调查,以断面运行速度(85% 位车速)作为建议限速值。

3)解体消能标志

当因发生驾驶过失而驶入路侧区域的失控车辆与交通标志发生碰撞时,屡屡引发严重的交通事故。因此,如何提高失控车辆驶入此类路侧区域的安全性,降低冲出行车道的车辆与路侧标志发生碰撞的可能性或减轻其对失控车辆的伤害程度,成为倍受关注的安全问题。路侧解体消能标志的设计理念由此而诞生,即在受到车辆撞击时,通过自身的解体来吸收碰撞能量,从而减轻事故严重性。

(1)连接方式

美国给出的解体消能装置的理想工作状况为:当失控车辆撞击到解体消能装置的杆柱时,杆柱底部发生解体,杆柱发生位移,且位移方向与车辆撞击后的行驶方向一致,通过可解体杆柱与其底座之间的特殊连接来实现。其特殊的连接方式分为:底部弯曲型连接、底部易断裂型连接、滑动底座连接 3 种。

底部弯曲型连接:杆柱由 U 形槽钢、多孔方形钢管、薄壁铝管或薄壁玻璃纤维管构成。底部发生弯曲的部分是由 $100mm \times 300mm \times 6mm$ 的钢板与支柱底部焊接或螺栓连接而形成的。

底部易断裂型连接:用木栓、钢栓或铝制品将杆柱与置于底座上的独立固定器相连。通过木栓、钢栓等构件将底座与杆柱连接并固定在一起。在正常使用状态下,起到连接作用;当底部受到事故车辆的撞击时,在固定器处的连接件发生断裂,杆柱实现解体。

滑动底座连接:滑动底座由 2 块平行的、四角用螺栓连接的钢板构成。当车辆碰撞时,连接 2 个平行滑板的螺栓受到外力作用被拔出,滑板自然分离,达到解体目的。

(2)设置地点

解体消能标志在选取设置地点时应注意以下要点。

①不应设置在排水沟内,以免腐蚀、冰冻影响其功能的正常发挥。

②不应设置在陡坡上,否则有可能导致解体消能基础处的弯矩过大,改变了解体消能设施破坏机理。

③不应设置在临近公共汽车站或有大量行人出入的地点。

④应尽量使其受失控车辆撞击的概率减至最低。

（3）适用条件

解体消能标志的适用条件如下。

①门架型、悬臂型标志不能制作成解体消能结构。

②小型路侧标志（板面面积≤5m²）可采用弯曲破坏、折断破坏或剪切破坏的解体方式。

③大型路侧标志（板面面积>5m²）一般采用折断破坏或剪切破坏的解体方式，立柱的铰接点应至少高于路面以上2.1m；多柱式标志之间的柱距大于2.1m时，单根立柱的单位质量应小于67kg/m；多柱式标志之间的柱距小于2.1m时，单根立柱的单位质量应小于27kg/m；铰接点之下不得设置任何辅助标志。

2. 交通标线

道路交通标线与交通标志具有相同的作用，它将交通的指示、警告、禁令和指路等信息用线条、符号、文字等标示嵌划在路面、缘石和路边的建筑物上，也是交通管理必不可少的一种设施。

1）分类

（1）按设置方式分类

纵向标线：沿道路行车方向设置的标线。

横向标线：与道路行车方向交叉设置的标线。

其他标线：字符标记或其他形式标线。

（2）按形态分类

线条：施划于路面、缘石或立面上的实线或虚线。

字符：施划于路面上的文字、数字及各种图形、符号。

突起路标：安装于路面上用于标示车道分界、边缘、分合流、弯道、危险路段、路宽变化、路面障碍物位置等的反光或不反光体。

轮廓标：安装于道路两侧，用以指示道路的方向、车行道边界轮廓的反光柱。

（3）按功能分类

指示标线：指示车行道、行车方向、路面边缘、人行道、停车位、停靠站及减速丘等的标线。

禁止标线：告示道路交通的遵行、禁止、限制等特殊规定的标线。

警告标线：促使道路使用者了解道路上的特殊情况，提高警觉、准备防范或应变措施的标线。

2）视错觉标线

视错觉标线是一种减少交通隐患的新型标线，通过改善视觉效果，达到降低车速的目的。其中有一种视错觉标线，当驾驶人行驶在有这种标线的路段上时，会从心理上感觉道路越走越窄，从视觉上感到前方将是一条狭窄的道路，由于这种强烈的视觉冲击，驾驶人会不由自主地制动减速。同时，由于它是一种特殊的标线，无论前方路况如何，都会引起驾驶人的心理防备。这样就可以消除交通隐患，保证行车安全。

视错觉标线的形式各异，其目的是利用交通工程学、心理学，使驾驶人在汽车行驶过程中，产生视觉冲击，以降低车速，消除交通安全隐患。

日本道路上多施划一种由黄色、蓝色、白色线条组成的视觉减速标线，共有4种类型：山形、V形、块形、雷电形。当驾驶人在远处看见标线时，标线给人一种立体印象，驾驶人员误以为一些物体摆放在道路上,从而及时制动减速。

韩国高速公路收费站前的车道上,普遍施划了蓝颜色的箭头标线,给人的感觉是快要走进窄胡同;有的在箭头上增加了白色边框,以增加视认效果;有的还增加了文字说明等。

二、安全护栏

护栏是防止车辆驶出路外或闯入对向车道而沿着道路路基边缘或中央隔离带设置的一种安全防护设施,在高等级公路和城市道路上有着广泛的应用,是一种重要的交通安全设施。

西方发达工业国家在公路交通安全设施方面的研究起步比我国早,在高速路安全设施的配置上相对比较完善,在交通硬件设施方面的研究主要有:Graham 对护栏的理论、材料、形状等方面进行了分析研究,包括缆索护栏、桥梁护栏、中央分隔带护栏、强梁弱柱护栏等,并且对新型护栏的设计准则进行了阐述,他设计的路堤护栏被很多国家广泛使用;L. C. Bank 和 A. Tabiei 等主要研究了新型复合材料护栏,尤其是纤维加强聚合物复合材料护栏方面的试验研究,验证了该种新型护栏的安全性;美国的公路研究委员会(HRB)记录了许多关于护栏开发设计、波形梁护栏、新型材料护栏的论文,并做了关于路障、护栏、标志立柱的研究报告,其记录的基准高度与中立柱间距现在仍在沿用。

护栏的防撞机理是通过护栏和车辆的弹塑性变形、摩擦、车体变位来吸收车辆碰撞能量,从而达到保护车内人员生命安全的目的,因此从某种程度上说,护栏是一种"被动"的交通安全设施,同时护栏还具有诱导驾驶人视线、限制行人横穿等功能。

根据设置位置,护栏的形式可分为以下几种。

1)路中(侧)护栏

路中(侧)护栏在行车道部分作分隔车流、引导车辆行驶、保证行车安全之用。当中央分车带较窄时,也可设置于中央分车带内以阻止车辆闯入对向行车道。路中(侧)护栏应能满足防撞(即车辆碰撞)、防跨(即行人跨越)的功能,通常采用较高的栏式缘石形式、混凝土隔离墩式或金属材料栅栏式。

2)栏杆

栏杆是桥上的安全设施,要求坚固,并适当注意美观。栏杆高一般为 0.8 ~ 1.2m,间距为 1.6 ~ 2.7m,城市桥梁和大桥的栏杆应适当作艺术处理,以增强美观。栏杆和扶手常用钢筋混凝土、钢管或花岗岩石料制成。

3)行人护栏

行人护栏是指为保护行人安全,在人行道与车行道之间设置的隔离栏杆。一般在人行道的路缘石左侧边上安装高出地面 90cm 左右的栏杆,它可以防止行人任意横穿道路,也可以防止行人走上车行道或车辆失灵而闯入人行道。因行人护栏主要是为了防止行人任意横穿道路,所以在结构上不考虑车辆碰撞问题,一般多用钢管或网材等制成。

4)栏式缘石

栏式缘石形体较高、正面较陡,用来禁止或阻止车辆驶出路面,缘石高度一般为 15 ~ 25cm。栏式缘石用于街道或桥梁两侧,起护栏作用,也可围绕桥台或护墙设置,起保护作用。在较窄的中央分车带四周也可采用,以阻止汽车驶入中央分车带内。

5）护柱

护柱是指在急坡、陡坡、悬崖、桥头、高路基处及过水路面,靠近道路边缘设置的安全设施,以诱导驾驶人的视线,引起其警惕。护柱一般用木、石或钢筋混凝土制成,间距为 2~3m,高出地面 80cm,外表涂以红白相间的颜色。

6）墙式护栏

墙式护栏是指在地形险峻路段的路肩挡土墙顶或岩石路基边缘上设置的整体式安全墙,是用片(块)石(干)砌或混凝土浇筑而成的安全设施,其作用是引起驾驶人警惕,防止车辆驶出路肩。若墙身为间断式,则称之为墩式护栏或护栏墩;若墙顶有柱,则称之为横式护栏柱。

三、道路照明和防眩设施

1. 照明设施

道路照明设施指的是为保证能见度低时交通正常运行,驾驶人可以正确地识别路况及各种交通标志而设置于道路上的灯光照明设施。

为保持夜间交通的通畅,提高道路服务水平,为驾驶人和行人创造能及时、准确地发现各种障碍物的道路交通条件,减少和防止交通事故发生,道路照明必须满足交通安全的要求,具有明视的功能、正常的显色,并要保持相对稳定性。

道路照明设计需要在人的视觉要求条件下,确定其相应的技术标准。路段、交叉口、场站、桥隧等道路工程设施及所有的交通管理设施和服务设施,在夜间或光线不足的情况下,都需要借助道路照明来发挥作用。交通信号和标志也离不开光和色彩,因此,道路照明在交通系统中起着便于各种信息传递的作用。为了保证驾驶人和行人在运动中反应和判断不会失误,必须保证其视野范围内有足够的亮度。

1）基本设置要求

(1)车行道的亮度水平(照度标准)适宜。

(2)亮度均匀,路面不出现亮斑。

(3)控制眩光,主要避免光源的直接眩光、反射眩光及光幕反射。

(4)良好的视觉诱导性。

(5)良好的光源光色及显色性。

(6)节约电能。

(7)便于维护管理。

(8)与道路景观协调。

2）设置不当时可能造成的问题

视觉环境不当而引发交通事故。如道路照明不充分而引起道路交通事故,错车前照灯造成眩光而引起道路交通事故,隧道入口附近(隧道内的)的障碍物引起道路交通事故。

为避免以上道路交通事故的发生,必须让驾驶人得到障碍物的状况、信号、标志等视觉信息,而且必须使其内容能够被正确地认识和判断。识别视觉对象的基本要素为背景的亮度对比度、视觉对象的大小及环境亮度。由于对道路的状况及障碍物等所能控制的仅仅是其亮度,因此,为了保证驾驶人能清楚地识别前方的道路及障碍物状况,应给予路面所需的照度。

用安装在灯杆上的路灯照明道路时,水平照度太高,有时反而会提高路面背景亮度,降低对比度,对提高行车安全作用不大。例如干燥的路面有较强的漫反射,路面照度太强会降低由汽车前照灯照射的目标的对比度。而在一般路面上,路面反射基本不会到达驾驶人的眼内,因而对目标对比度的影响较小。灯杆路灯照明不仅要照亮道路,更要照亮道路的周边,因为道路周边正是潜在不安全因素的来源。事实上,降低路面的亮度而增加道路周围的亮度,驾驶人可能会觉得安全性降低,从而降低车速,结果反而可能更为安全。

为了顺利地传递视觉信息,除了必要的照度外,还要求在一定范围内形成的视野内的亮度是均匀的。另外,如果是隧道,在白天,从较亮的外面看向隧道内部及进入隧道入口,都要有个暗适应的过程。为了减少这一过程所需要的时间,就必须在入口部分设置比内部照度还要高的缓冲照明。视野内的亮度如极不均匀,对识别对象是非常不利的,特别对眩光问题。如在视野内经常出现高亮度的光源,驾驶人则会因为感受眩光而随之产生不适和疲劳,容易造成交通事故。因此,合理的道路照明是防止夜间交通事故发生最为有效的手段。

2. 防眩设施

防眩设施是在夜间行车时,为防止驾驶人受到对向来车前照灯眩目,而在道路上设置的一种保证行车安全并提高行车舒适性的交通工程设施。防眩设施既要有效地遮挡对向车辆前照灯的眩光,又要满足横向通视好、能看到斜前方,并达到对驾驶人心理影响小的要求。如采用完全遮光,反而缩小了驾驶人的视野,使驾驶产生压迫感。同时,无论白天或黑夜,对向车道的交通情况是行车的重要参照系,其中很重要的一点是驾驶人在夜间能通过对向车辆前照灯的光线判断两车的纵向距离,使其注意调整行驶状态。另外,防眩设施不需要很大的遮光角也可获得良好的遮光效果。所以,防眩设施不一定要把对向车灯的光线全部遮挡,而采用部分遮光,允许部分车灯光穿过防眩设施。

道路上设置的防眩设施形式有植树防眩、网格状的或栅栏式的防眩网、扇面式的防眩栅及板条式的防眩板等。

1) 植树防眩

中央分隔带的宽度满足植树需要时,可采用植树作为防眩设施,一般有间距型和密集型两种栽植方式。分隔带宽度大于 3m 时,一般采用间距型栽植,间距 6m(种 3 棵,树冠宽 1.2m)或 2m(种 1 棵,树冠宽 0.6m),树高 1.5m。灌木丛亦具有遮光防眩作用。北京市的试验观测结果表明,树距 1.7m 时遮光效果良好,无眩光感,树距 2.5m 时树挡间有瞬间眩光。故完全植树时,间距以小于 2m,树干直径大于 20cm 为宜。植树间距 5m 时,应在树间植常青树丛 2 丛,可起防眩作用。若树种为落地松,树冠直径不小于 1.5m,则树间不植树丛亦可有一定的防眩效果。

2) 防眩栅(网)

防眩栅的条状板材两端固定于横梁上,排列如百叶窗状,板条面倾斜迎向行车方向。根据有关试验测定,与道路成 45°角时遮光效果最好。防眩网是以金属薄板切拉成具有菱形格状的网片,四周固定于边框上。

防眩栅(网)设置于分车带中心位置,应装饰为深色,以利于吸收汽车前灯灯光。设于中心带一侧时应考虑保证视距,并考虑两侧行车道的高度、超高的影响等,决定设于某一侧。为防止汽车冲撞,在起止两端的立柱上应贴敷红色或银白色反光标识,中间立柱顶上也需有银白色反光标识。中央分车带很窄时,应防止防眩栅(网)倾倒对行车产生影响,故应考虑立柱间隔、采用的形式、柱基构造等,以保证稳定安全。必要时应考虑风载的影响。设有防护栏的分车带防眩栅(网)可与护栏结合设计,上部为防眩设施,下部为防护栏,护栏部分需用明显的颜色装饰,以引起驾驶人的注意。

3)防眩板

防眩板是以方形钢作为纵向骨架,将一定厚度、宽度的板条按一定间隔固定在方形钢上而形成的一种防眩结构。其主要优点为对风阻挡小、不易引起积雪、美观经济和对驾驶人心理影响小等。

四、交通信号灯

交通信号控制是道路交叉口交通管理最有效的方法之一。交通信号是在道路空间上无法实现分离原则的地方(主要是在平面交叉口),用来在时间上给交通流分配通行权的一种交通指挥措施。交通信号灯可以有效分离各流向的交通流,减少交通冲突,提高交通安全性。为了保障交叉口车辆行驶安全性,信号灯设置必须有良好的可见性,信号相位应当尽可能简单。

交通信号灯是用手动、电动或电子计算机操作,以信号灯光指挥交通,在道路交叉口分配车辆通行权的设施。交通信号的作用是在时间上将相互冲突的交通流进行分离,使之能安全、迅速地通过交叉口。研究表明,无论是十字交叉口还是T形交叉口,有信号控制的交叉口比无信号控制的交叉口事故率低。

交通信号灯是由红、绿和黄灯组成的。红灯表示禁止通行,绿灯表示准许通行,黄灯表示警示,提醒驾驶人注意。红色的光波最长,穿透周围介质的能力最强。光度相同的条件下,红色显示最远,同时红色使人产生火与血的联想,有危险感及兴奋与强烈刺激的感觉,因而选择红色灯光代表禁止通行的意思;从光学角度看,黄色光波仅次于红色,同样也使人感到危险,有警告或停止之意;绿色易辨认,能给人和平、祥和、安全之感,因而被用作允许通行的信号。

交通信号灯分为:机动车信号灯、非机动车信号灯、人行横道信号灯、车道信号灯、方向指示信号灯、闪光警告信号灯、道路与铁路平面交叉道口信号灯。

1.机动车信号灯和非机动车信号灯

(1)绿灯亮时,准许车辆通行,但转弯的车辆不得妨碍被放行的直行车辆、行人通行。

(2)黄灯亮时,已越过停车线的车辆可以继续通行。

(3)红灯亮时,禁止车辆通行。

在未设置非机动车信号灯和人行横道信号灯的路口,非机动车和行人应当按照机动车信号灯通行。红灯亮时,右转弯的车辆在不妨碍被放行的非机动车、行人通行的情况下,可以通行。

2.人行横道信号灯

(1)绿灯亮时,准许行人通过人行横道。

(2)红灯亮时,禁止行人进入人行横道,但是已经进入人行横道的,可以继续通过或者在道路中线处停留等候。

3.车行道信号灯

(1)绿灯箭头灯亮时,准许本车道车辆按指示方向通行。

(2)红色叉形灯或者箭头灯亮时,禁止本车道车辆通行。

4.方向指示信号灯

方向指示信号灯的箭头方向向左、向上、向右分别表示左转、直行、右转。

5.闪光警告信号灯

闪光警告信号灯为持续闪烁的黄灯,提示车辆、行人通行时注意瞭望,确认安全后通过。

6.道路与铁路平面交叉道口信号灯

道路与铁路平面交叉道口有2个红灯交替闪烁或者一个红灯亮时,表示禁止车辆、行人通行;红灯熄灭时,表示允许车辆、行人通行。

第六节　交通条件与交通安全

一、交通流状况

1.交通量

道路上交通量的大小对交通事故的发生有着直接的影响。交通量与交通流饱和度直接相关,而交通流饱和度影响交通事故发生的频率和严重程度,因此,交通事故与交通量的大小有密切关系。一般认为交通量越小,事故率越低;交通量越大,事故率越高。但实际情况并不完全符合这种规律,图5-12为交通事故率与饱和度的关系。

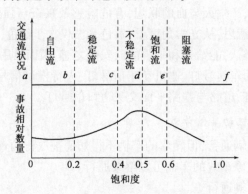

图5-12　交通事故率与交通饱和度的关系

从图中可以看出,交通量对事故率的影响分为以下几种情况。

(1)a点表示在交通量很小时,车辆之间的间距较大,驾驶人基本上不受同向行驶车辆的干扰,可以根据个人习惯选择行车速度。绝大多数驾驶人都能保持符合车辆动力性、经济性、制动性和安全性的行驶车速,只有当个别驾驶人忽视行驶安全而冒险高速行车,遇到视距不足、车道狭窄或其他紧急情况时,来不及采取措施才会发生交通事故。

(2)a至b段表示当道路上的交通量逐渐增加时,驾驶人不再单凭个人习惯驾车,必须同时考虑与其他车辆的关系,由于对向来车增多,使驾驶人的驾驶行为开始变得谨慎,因而交通事故相对数量有所下降。

(3)b至c段表示当道路上的交通量继续增大时,在道路上行驶的车辆大部分尾随前车行驶,形成稳定流。在这种情况下,超车变得比较困难,因而与超车有关的事故也有所增加。

（4）c 至 d 段表示当交通量进一步增大,交通流形成不稳定流。此时,超车的危险越来越大,交通事故相对数量也随交通量的增加而增大。

（5）d 至 e 段表示当交通量增加到使车辆间距已大大减小,车辆超车困难时,交通流密度增大形成饱和交通流。由于饱和交通流的平均车速低,因此,事故相对数量也降低。

（6）e 至 f 段表示如果交通量进一步增加,则产生交通阻塞。这时,车辆只能尾随前车缓慢行驶,在道路的服务水平大幅度下降的同时,交通事故也大幅减少。

要详细调查交通量对事故率的影响程度难度很大,因为交通事故发生时的交通量一般难以准确把握,但年平均日交通量 AADT 与事故率之间存在一定的联系。当分析 AADT 与事故率的关系时,必须考虑一种情况,即交通量大的路段通常具有良好的道路条件(包括宽阔的路面、平缓的平面线形、较缓的纵坡等),而对于交通量小的路段来说,这些几何要素相对差一些,这对于研究年平均日交通量 AADT 与事故率之间的关系具有重要影响。由英国的事故调查数据可知,对于日交通量超过 10000 辆/d 的道路,导致死亡的交通事故率随交通量的增加而降低,但导致受伤的交通事故率随交通量的增加而增加。同时发现,对于单车事故,事故率随交通量的增加而降低;对于多车事故,事故率随交通量的增加而增加。

图 5-13 为美国双车道公路的事故率与年平均日交通量 AADT 的关系,由图可知,事故率与 AADT 呈现 U 形曲线关系。当 AADT 从零增加到 10000～12000 辆/d 时,事故率逐渐降低;当 AADT 从 10000～12000 辆/d 继续增加时,事故率开始逐渐增加。

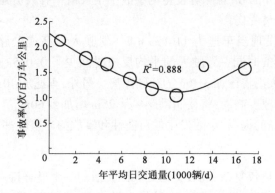

图 5-13 事故率与年平均日交通量 AADT 的关系

某高速公路 3 年的交通事故次数与月平均日交通量的关系如图 5-14 所示,从图中可以看出,该高速公路尽管 3 年的交通事故次数增长速度有所不同,但在月平均日交通量低于 10000 辆/d 的情况下,事故次数均具有随交通量增长而增加的趋势。

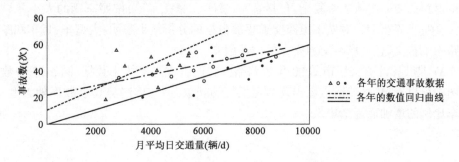

图 5-14 某高速公路事故次数与月平均日交通量的关系

175

2. 车速

驾驶人必须时刻都能获得周围环境的信息,从而估计交通情况,决定下一步应采取的措施并付诸行动,所有这些过程都需要一定的时间。但是,随着车速的提高,驾驶人可以支配的时间却明显减少。当观察和判断的时间减少时,驾驶人作出错误决定的可能性就会相应增加,从而导致交通事故发生的可能性变大。而且,车速的提高会减少驾驶人采取避让措施(例如制动或转向)的时间和距离,汽车发生碰撞时的速度通常也比较高,事故也更为严重。

事故的严重程度取决于碰撞时车速的瞬时变化 dv(尤其在 $0.1 \sim 0.2s$ 的范围内),当 dv 超过 $20 \sim 30km/h$ 时,发生严重事故的可能性开始增加;当 dv 超过 $80 \sim 100km/h$ 时,事故中便会有人员死亡。在有行人的事故当中,当车辆与行人发生碰撞时的车速从 $40km/h$ 增加到 $50km/h$ 时,行人死亡的概率会增加 2.5 倍。从前面的例子可以看出,即使驾驶人在发生碰撞之前采取制动措施,dv 也会随着碰撞速度增加而增加,而碰撞速度是随着初始速度的增加而增加的。事实上,与不采取制动措施的情况相比,如果驾驶人在发生碰撞之前采取制动措施,初始速度通常会对碰撞速度、dv 和事故严重性产生更大的影响。如果车辆发生正面碰撞,由于两辆车的制动距离都有限,行驶车速对 dv 和事故严重性的影响是最大的。在一辆小轿车与卡车的正面碰撞当中,如果小轿车的初始速度从 $120km/h$ 减小到 $70km/h$,则 dv 将从 $106km/h$ 减小到 $22km/h$,$106km/h$ 的 dv 意味着发生的事故中很大概率有人员死亡,而 $22km/h$ 的 dv 则意味着事故中不会有人员受伤。

1995 年,研究人员发现当车速为 $110km/h$ 时,驾驶人在高速公路上的平均反应时间为 $0.347s$,比车速为 $70km/h$ 时同一驾驶人的平均反应时间少了 $0.015s$。与低速行驶的驾驶人相比,高速行驶的驾驶人则将增加 $3.9m$ 的行驶距离。另外,车速从 $70km/h$ 增至 $100km/h$,若驾驶人以 $0.8m/s^2$ 的减速度制动,将使制动距离从 $25m$ 增加到 $60m$。

综上所述,随着车速的提高,事故发生的可能性和事故的严重性都会升高。

3. 交通组成

我国道路交通组成比较复杂,混合交通是我国交通的一个显著特点。混合交通的存在,致使交通流运行复杂化,尤其在城市道路中,信号交叉口多,机动车、非机动车及行人互相影响,车辆很难以最佳状态行驶,交通事故时有发生,因此,混合交通的交通组成对道路交通安全的影响很大。鉴于城市道路交通组成较公路交通组成复杂,这里仅对城市道路交通组成与交通事故率的关系进行说明。

城市道路的交通组成非常复杂,包括客车、货车和摩托车等,按照车辆的大小差异又可将其分为大、中、小等车型。对城市道路交通事故数据的分析结果表明:大型车、货车和摩托车是城市道路中干扰交通流、影响交通安全的主要因素。

表 5-37 是我国北方某城市 2000 年道路路段交通组成与事故率数据,图 5-15 为数据散点图。从图中可以看出,虽然散点图出现数值反复的现象,但总体趋势是事故率随大型车、货车和摩托车比例的增加而逐渐增大。

某市 2000 年道路路段交通组成与事故率的关系 表 5-37

路段编号	事故数（次）	事故率（次/亿车公里）	道路交通组成（%）						
			小客车	中客车	大客车	小货车	中货车	大货车	摩托车
1	7	43	90.97	8.36	0	0.47	0.18	0	0.02
2	13	78	87.13	9.89	0.01	2.53	0.40	0.04	0
3	57	94	86.41	7.54	0	5.79	0.16	0.04	0.06
4	30	65	86.22	12.91	0	0.50	0.09	0.22	0.06
5	13	76	84.58	5.66	0.01	7.56	1.88	0.22	0.09
6	22	96	84.50	7.71	0	6.24	1.37	0.16	0.02
7	16	84	83.36	12.63	0	2.65	1.13	0.16	0.07
8	103	107	78.29	6.39	3.65	7.84	2.87	0.76	0.20
9	149	107	78.31	5.53	0.02	11.35	3.67	0.97	0.15
10	45	66	76.64	12.19	0	8.97	1.60	0.45	0.15
11	59	96	76.61	11.88	0.40	10.23	0.72	0.05	0.11
12	45	103	76.48	8.22	0	7.63	4.89	2.05	0.73
13	16	106	75.77	6.03	0	15.14	2.58	0.23	0.25
14	8	140	72.84	8.42	0.22	13.00	3.78	1.30	0.44
15	16	111	72.52	6.41	0	15.60	4.88	0.50	0.09
16	23	117	65.89	7.76	0.81	12.92	7.81	4.17	0.64
17	25	270	46.84	3.17	0	26.10	16.39	6.76	0.74

城市道路交通流中小型车居多，连续的小型车交通流在行驶过程中稳定性强，而且视距条件好，因此事故率较低；当交通组成中大型车比例增加时，会干扰原来有序的交通流，影响紧随其后行驶的小型车的视距，容易导致交通事故的发生。

类似地，城市道路交通流中客车居多，当交通组成中货车比例增加时，由于客、货车的动力性能存在差异，导致车速分布变得离散，车速方差变大，也容易导致交通事故的发生。

摩托车在城市道路中作为特殊的交通组成部分，在行车安全方面一直起负面作用。当摩托车比例增加时，不但干扰原有稳定的交通流，导致车速分布离散，同时摩托车行驶的灵活性还可能导致其他车辆驾驶人措手不及，容易引发交通事故。因此，随着摩托车比例增加，事故率也逐渐增加。

因此，要减少城市道路因交通组成的不合理而造成的交通事故，可以采取以下管理措施。

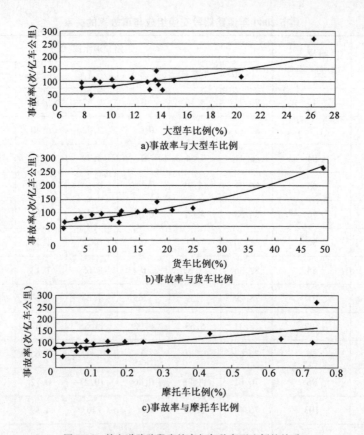

图 5-15 某市道路路段事故率与各种车型比例的关系

（1）对城市部分道路实施货车禁行措施。货车既影响城市道路的行车安全,也影响城市景观,因此,应对货车实施限时(多为白天)、限地(多为城市中心区)的禁行措施。

（2）合理地对城市部分道路设置公交专用道。城市道路白天交通量大,当货车被实施禁行后,主要的大型车就是大客车,大客车中尤其以公交车为主,因此设置公交专用道,将公交车与其他车型分离,能大大减小大型车对交通流的影响。

（3）减少摩托车许可牌照的发放。摩托车对道路交通安全的影响显著,应适当降低其数量。同样,可对其实施区域或时间禁行措施。

二、道路景观

1. 概念

道路景观由道路主体、附属设施、沿线建筑和周围环境等因素构成,它包括道路本身形成的景观,也包括其沿线的自然景观和人文景观(即景观环境),道路景观就是道路及其沿线一定范围内的视觉环境总体。道路景观设计不仅要研究景观客体的自然属性,还应研究景观主体(人)的内在特征。总之,道路景观是自然和人类事物交织而成的某种空间。

道路景观与交通安全之间是相辅相成的,既相互促进又相互制约。优美舒适、功能科学合理的道路景观设计不仅能起到美化道路交通环境、保护自然环境的作用,也能对良好的交通安全环境起到积极的营造和辅助作用。同时,由于功能要求的差异,道路景观和交通安全二者之间又存在相互制约的方面,不合理的道路景观设施或施工养护行为会对交通安全造成不利的影响。

2.构成要素

以路权为界,道路景观可分为自身景观和沿线景观。自身景观包括道路线形、道路构造物、服务设施及道路绿化等。沿线景观是指道路所处的外部行驶环境,是构成道路整体景观的主体,同时也是乘客在行驶过程中的主要观赏对象。道路自身景观可以通过景观设计等加以修饰,道路沿线景观只能在规划和设计阶段,通过选择与周围景观协调的路线来实现。

按照不同的结合方式可以将其分为:道路线形要素的景观协调、道路与道路沿线的景观协调、道路与自然环境及社会的协调。道路景观所包括的具体内容见表5-38。

道路景观构成要素 表5-38

类 型	具体形式	内 容
道路线形要素的景观协调	视觉上协调	视觉上,平面线形与纵断面线形各自协调、连续
	立体上协调	平面线形与纵断面线形互相配合,形成立体线形
	行车道旁边的环境	中央分隔带的绿化;路肩、边坡的整洁;标识清楚完整;广告牌规则协调;商贩集中,不占道路
	构造物环境	对跨线桥、立体交叉、电线杆、护栏、隧道进出口、隔音墙等的设计有一定的艺术特色,体现一定的区域建筑特色
道路与自然环境及社会环境的协调	道路与自然环境及社会环境的协调	道路与沿线的地形、地质、古迹、名胜、绿化、地区风景间的协调;沿线与城市风光、格调的协调

按客体构成要素,道路景观可分为自然景观和人文景观。自然景观主要指自然形成的地形、地貌(如平原、山区、草原、森林、大海、沼泽等)、植物景观、动物景观、水体景观及四季气象时令变化带来的景观。这些景观物属于生态系统,故又可称生态景观。人文景观是指公路沿线的风土人情,沿线生活的人们用自己的智慧和双手创造的各种社会、民族、宗教、文化、艺术等特殊工程物(如城镇、村寨、庙宇、水坝和大桥等)以及道路自身。

按使用者视点不同,道路景观可分为内部景观和外部景观。行驶在道路上或驻足于道路附属设施(如停车场、服务区、观景台等)内的驾驶人和乘客所见到的景观称为内部景观。从道路沿线居住地等其他道路以外视点所看到的包括道路在内的景观称为外部景观。

3.特点

道路景观不同于城市、乡村景观,也有别于自然山水、风景名胜,它具有其自身的特点与性质,概括起来有以下几方面。

（1）构成要素的多元性

道路景观由自然的与人工的、有形的与无形的多种元素构成。在诸多元素中,道路线形及道路构造物起决定性的作用,它们可加强或削弱环境景观的品位,影响环境景观的质量。

（2）时空存在的多维性

从道路景观空间来说,它是上接蓝天、下连地表、延绵起伏的连贯性带形空间。从时间上来说,道路景观既有前后相随的空间序列变化,又有季相(一年四季)、时相(早、中、晚)、位相(人与景的相对位移)和人的心理时空运动所形成的时间轴。

（3）景观评价的多主体性

评价的主体不同,评价主体所处的位置、活动方式不同,评价的原则和出发点必有显著的差别。如观赏者、旅行者多从个人的体验和情感出发,经营者、投资者多从维护管理、经济效益等方面甄别,沿线居住者多从出行是否便利、生活环境是否受到影响等方面考虑,道路设计者、建设者考虑更多的则是行驶的技术要求及建设的可行性。

（4）景观环境的多重性

道路景观不同于单纯的造型艺术、观赏景观,为满足运输通行的功能,它有自身的特征性能、组织结构,同时,它又包含一定的社会、文化、地域和民俗等含义。可以说,它既具有自然属性又具有社会属性,既有功能性、实用性,又具有观赏性、艺术性。

4. 道路绿化

道路绿化指路侧带、中间分车带、两侧分车带、立体交叉路口、环形交叉路口、停车场、服务区、隧道口及道路用地范围内的边角空地等处的绿化。进行道路绿化时,应处理好与道路照明、交通设施、地上杆线、地下管线等的关系,要综合考虑、协调配合。根据具体位置,可考虑乔木、灌木、草皮、花卉等综合种植。道路绿化应服从交通组织的要求,起到保证驾驶人具有良好视距和诱导视线的作用。

道路绿化设施设置不当时,可能存在两个安全隐患,一是潜在的碰撞危险,二是可能会遮挡视线。季节性生长的树叶可能会遮挡道路标志和信号。行人在穿越无信号控制道路前,树木可能会影响行人的视线,导致行人作出不明智的判断。道路两边行道树距离道路过近时,可能会增加车辆侧撞或二次碰撞发生的概率。

5. 绿化景观的安全设计

道路绿化景观主要涉及树种的选择、植被高度、株距及绿化效果,这些方面都对交通安全有着十分重要的影响。常用的道路绿化树种有 3 种类型:少量阔叶乔木＋花灌木＋草地,针叶乔木＋花灌木＋草地,自然乔灌木＋自然草地。3 种绿化类型可根据具体情况循环交替使用。

目前,道路上都是用常绿树种作防眩主体,如龙柏、黄杨、小叶女贞,两侧配以低矮的月季、杜鹃、美人蕉等花灌木,或种上马蹄金、葱兰等。在总体风格统一的前提下每段稍做变化,避免单调、呆板的景观引起驾乘人员的视觉疲劳,简单的方法是改变树木、花卉的品种。另外,也不宜选用色彩过于缤纷的灌木作防眩主体,它会分散驾驶人的注意力,影响驾驶安全。

植被高度对交通安全影响较大,尤其中央分隔带(中央分隔带一般宽2~4m)是道路绿化的重点。中央分隔带的主要功能为分隔对向机动车交通流,防止行人违章穿越道路,引导机动车行车路线,防止夜间行车时因对向车辆产生眩光,并且中央分隔带的绿化不得遮挡行车视线和入侵行车净空。各种机动车的高度及道路最小净高如表5-39所示。

车辆的高度及道路最小净高(单位:m)　　　　　　　　　　表5-39

项　目	行驶车辆种类		
	小客车	大型车	铰接车
总高	2.0	4.0	4.0
道路最小净高	3.5	4.5	

根据美国的实践经验,直径大于15cm的大树容易成为驾驶人的障碍目标,易引发交通事故,因此,在中央分隔带内不建议种植大树。根据以上要求,城市道路中央分隔带的绿化形式应注意以下几个方面。

(1)根据国家有关标准,小汽车的远光灯高度应不大于0.9m,高于此高度会使对向车辆的驾驶人产生眩光,产生"瞬间失明"现象,对交通安全极为不利。因此,为了防止因夜间对面来车产生的眩光,中央分隔带上的绿化种植高度应不小于0.9m,但是绿化分隔带的高度也不宜过高,夜间行车时视线本来就不好,若绿化遮挡过高,有行人从绿化丛中违章穿越时,驾驶人无法及时有效制动,易发生交通事故,中央分隔带的绿化植被高度宜不大于1.5m。

(2)为防止行人违章穿越,应选择枝叶繁密紧实的灌木或绿篱,其中绿篱按高度可以分为高绿篱、中绿篱和矮绿篱3种。高绿篱的高度在1.2~1.6m,人的视线可以通过,但不能跳跃而过;中绿篱的高度在0.5~1.2m,人较费力才能跨过;矮绿篱的高度不大于0.5m,人可以毫不费力地跨越。结合防眩设置,应选择中绿篱,且结合前面的防眩设计,绿篱的高度在0.9~1.2m为宜。此外,绿篱应保持常年绿色。

(3)当中央分隔带的宽度不大于8m时,中央分隔带的绿化可以不用考虑防眩设置,中央分隔带的绿化形式可以采取乔木、灌木、草坪相结合的方式,但绝对不能设置成开放式绿地,这样会吸引行人进入,严重影响交通安全。

(4)当中央分隔带的宽度较窄时,其绿化种植形式应以不低于0.9m、不高于1.2m的枝叶繁密的紧实灌木组成的常绿篱为主,以达到防眩及防止行人跨越的目的。

(5)当在中央分隔带种植灌木时,其株距应小于灌木冠幅的直径,形成紧实的障碍,以有效防止行人违章穿越。

(6)当中央分隔带采用高、中、低3种高度立体栽植时,小乔木的种植间距应小于其冠幅的5倍。

(7)中央分隔带上的植被,种植应沿道路行进方向进行,为车辆前进指引方向。

(8)中央分隔带较宽时,可以考虑种植小乔木,但小乔木的树冠不宜过低,株距也应适当拉大,当中央分隔带中间种植小乔木时,小乔木距离分隔带两侧边缘距离应不小于1.0m,以便于驾驶人及时发现违章穿越的行人。

(9)道路预留拓宽空间中应种植易移植的植物,如灌木、草坪等,以避免拓宽施工时的不便。

绿化效果在道路交通中十分重要,它直接影响着交通安全,既可以减轻驾驶人长期驾驶所产生的疲劳感,又可以适度减轻驾驶的紧张心理,让人产生心旷神怡的感觉。

6.交通设施景观的安全设计

交通设施的色彩是最容易引人注目的因素。色彩往往能表达某些事物的特殊性或重要性,色彩的搭配也能影响人的感受。根据人的心理作用和颜色视觉特性,世界各国较普遍采用的标志颜色是红、黄、绿色,我国加上蓝、黑、白3种颜色,在交通标志中共使用6种颜色。红色象征着危险,用于法制性最强的禁令类标志;黄色具有明亮和警戒的感觉,用于注意危险的警告类标志;蓝色和绿色使人产生宁静、平和与舒适的感觉,用于指示和指路类的交通标志。整个道路景观设计中色彩的控制和运用是很重要的,恰当地运用色彩可以有效地烘托气氛,协调景观各要素,增加道路的可识别性。但色彩一旦运用不当,则会造成景观呆板或杂乱无章。

7.灯光照明景观的安全设计

机动车在道路上行驶时,由于照明不足,驾驶人无法估计与前车或侧向行车的安全距离,极易发生交通事故。在光线亮度发生变化的地方,比如隧道口,车辆由明处驶入暗处,驾驶人必然有个视觉适应过程,在这个过程中很有可能发生交通事故。因此,路灯的设置既有美化道路景观的作用,也是一个涉及交通安全的问题。路灯若设置得美观、科学,则犹如一条美丽的风景线,驾车行驶其中使人心旷神怡。路灯的设置应遵循交通连续性原则,不能忽明忽暗,也不能戛然而止,要有缓和段,让人感觉到自然。

光的强度要以安全和舒适为目标,切忌刺眼和过分暗淡。灰暗的灯光,加上单一的灰、黑色混凝土路面,对驾驶人大脑皮层产生重复刺激,会导致一些神经细胞呈现抑制状态,使驾驶人精神萎靡甚至入睡,从而严重影响道路交通安全。

8.建筑物景观的安全设计

一条道路的景观好坏,建筑物是否与道路协调是主要因素之一,而建筑与道路宽度的协调则是关键。不同交通性质道路的建筑高度 H 与道路宽度 D 的比例关系不同,一般认为 $1 < D/H < 2$ 时,既具有封闭空间的能力又不会有压迫感。在这种比例下步行和驾车,可获取一定的亲切感和热闹气氛,而且绿化为两侧建筑群体空间提供了一个过渡,使两侧高大建筑群之间产生了一种渐进关系,从而避免了两侧建筑群体的空间离散作用,不会使人感到突然和单薄。对于商业街,D/H 宜小,这样空间紧凑,显得繁华热闹;而对于居住区,需要对建筑群有一定的观赏机会,这种比例就应该大些;交通干道的道路宽度较大,建筑物的尺寸、体量也较大,而且高低错落,这时可按 $D/H = 1/4$ 来控制,从而可以看清建筑的轮廓线,让人有和谐明朗的印象。

9.广告、小品景观的安全设计

广告、小品设置过多或者设置地点不合理,将遮挡交通标志,引起驾驶人的注意力转移,从而极易发生交通事故。当汽车行驶在广告牌、小品前面时,驾驶人员的注意力会发生转移,面临突发事件时难以有充足的时间做出反应,极易造成事故的发生。目前,许多道路上一些大的广告牌掩盖了其他人口、交通安全警示牌,使提示牌的作用凸显不出来。许多广告牌都是动态的,即数字广告牌,每隔几秒换一个广告画面,较静态广告牌更有可能干扰驾驶人的注意力,不仅会让驾驶人的目光更多地离开道路,而且会诱使驾驶人浏览广告内容。驾驶人被广告牌的画面所吸引而分散对路面其他情况的注意力,极易造成交通事故。

广告、小品密集容易导致信息过量,当其数量超过了驾驶人的分析处理能力时,容易使其判断或操作失误。尤其是在一些经济较为发达的地区,道路上广告牌鲜艳夺目,使人眼花缭乱,头脑晕眩。红色的光波最长,传播最远,黄色为立体色或进攻色,对人的视觉和心理会造成一种有危险的刺激。这类色彩数量恰当时,对驾驶人是一种适度的刺激,而数量过多时,则会分散驾驶人对路况的注意力,易造成视觉疲劳,从而影响驾驶安全。

三、天气条件

1. 降雨

降雨是最常见的天气现象之一,雨中行车风险较高,由降雨引发的交通事故也较为普遍。积水路面摩擦系数降低,汽车会出现"水滑"现象,汽车操纵稳定性和制动性能下降;降雨影响驾驶人的视线和视野,驾驶人无法准确判断前方人、汽车和道路状况;暴雨引发的滑坡、泥石流和落石等都会带来交通安全隐患。综上,降雨对交通安全的影响主要体现在以下几个方面。

1)降雨对汽车性能的影响

潮湿路面摩擦系数降低,汽车制动距离变大,汽车在不同路面条件下的制动距离见表5-40。此外,汽车在潮湿路面上行驶容易侧滑和制动跑偏。

汽车在不同路面条件下的制动距离(单位:m)　　　　　　　　表5-40

路面条件	车　速　(km/h)						
	50	60	70	80	90	100	110
干沥青混凝土路面	12.3	17.8	24.0	31.5	39.9	49.2	59.5
湿沥青混凝土路面	24.6	35.5	48.2	63.0	79.7	98.4	119.1

2)降雨对路面摩擦系数的影响

因轮胎与路面间的积水不能及时排除,雨水的阻力使轮胎上浮,严重时,将产生"水膜滑溜现象",易造成汽车失控。轮胎部分滑水、低速滑水和完全滑水时的轮胎受力如图5-16所示。

(1)降雨初期,雨水与路面上的尘土、油污混合,形成高黏度的混合物,滚动的轮胎无法排挤出胎面与路面间的水膜,由于水膜的润滑作用,使得路面附着性能大大降低。此时接地面可粗略地分为3个区域。

①轮胎胎面与地面接触前部为入口区,即轮胎前部与道路表面的连续水膜区,是由高速行驶的车轮作用在路表积水上所引起的水的惯性力和滞阻力所形成的,在汽车行驶过程中起到一种动水压力润滑作用。在此区域内,胎面与路面完全被水膜隔离,汽车转向性和操纵性受到影响。

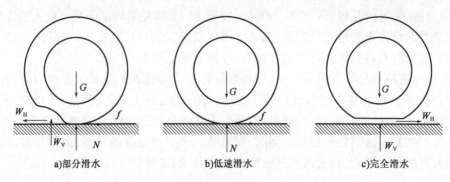

a)部分滑水　　　　b)低速滑水　　　　c)完全滑水

图5-16　轮胎滑水时的受力情况

G-轮胎荷载；N-路面对轮胎的反作用力；f-路面对轮胎的摩擦力；W_H-水膜对轮胎的水平分力；W_V-水膜对轮胎的垂直分力

②胎面接触中部称为覆盖区,此区域在车轮的挤压作用下水膜被扩散,逐渐变薄,路表构造凹处尚有水膜存在,路表构造凸处水膜已被破坏形成无水区,所以覆盖区为不完全干燥区或干湿过渡区。

③胎面接触后部称为牵引区,在此区域内,水分几乎被全部挤出,接近于干燥状态,胎面单元的法向平衡得到维持,并对汽车产生有效的牵引力。

当这3区域同时存在时,附着力主要存在于牵引区,其次是覆盖区,在入口区不但不产生附着,而且由于水层被挤压,动水压力对轮胎有作用力,其作用是使轮胎产生一定的变形,水动力可分解为垂直分力和水平分力,其水平分力阻止轮胎前进,其垂直分力对轮胎形成向上的举力,使轮胎上浮。

(2)汽车低速行驶时,水的惯性力较小,动水压力的润滑作用较小,此时入口区水膜降低抗滑力的作用并不明显。同时由于车速较低,轮胎与路表面接触充分,牵引区的接触面积较大,所提供的附着分力较大,并且轮胎的弹性变形量高于高速行驶时,滞阻分量也较大,所以此时轮胎与路面间的附着系数与在干燥路面上行驶时相差不大。

汽车行驶速度增大时,轮胎与路表接触面积减小,由牵引区提供的有效附着力减小,再加上橡胶轮胎的弹性变形不充分,其所提供的滞阻力也降低,并且此时入口区的水膜由于惯性力增大而出现面积扩大和厚度增加的趋势,所以水的润滑作用加强,轮胎与路面部分接触,其间水膜的动水压力可分解为垂直分力和水平分力,如图5-16a)所示。其水平分力阻止轮胎前进,垂直分力对轮胎形成向上的举力,具有使轮胎上浮的作用。当垂直分力尚不足以完全使轮胎上浮时,这种情况称为不完全滑水或部分滑水。

(3)车速继续增加时,车辆胎面由于花纹空隙被雨水填满而变得光滑,水膜来不及从磨光的车轮胎下挤出,会在转动的轮胎下聚拢,当该处的动水压力超过车轮的压力时,轮胎与路面将完全不能接触,汽车前轮失去可控性能,制动发生困难,形成完全滑水,如图5-16c)所示。由于滑水现象的存在,轮胎在湿滑路面上的摩擦运动变得非常复杂。

由上述可知,轮胎与路面间的摩擦系数在行车过程中是随车速、水膜厚度、轮胎与路面特性而变化的。随着行车速度的不同,影响抗滑性能因素的权重也有所不同。车速较低时(小于40km/h),水膜的润滑作用所占的权重较低,抗滑力主要是由轮胎与路表充分接触所产生的摩擦力提供,即与轮胎的特性、路表面粗糙凸起的抗剪强度有密切关系,路面的微观特性对其抗滑性能有较大影响。车速较高时(大于80km/h),动水压力的润滑作用使路面抗滑性能迅速下降,此时路面排水是重中之重,只有良好的路面宏观特性才能较好地保证潮湿情况下高速行驶车辆具有足够的抗滑力。

不同气压条件下的临界车速见表5-41。

不同气压条件下的临界车速 表5-41

项　　目	小汽车	载货汽车
轮胎气压(kPa)	147~197	343~588
临界车速(km/h)	111~145	73~84

3)降雨对驾驶人的影响

雨天驾驶人的生理、心理变化程度见表5-42。从表中可看出,小雨对驾驶人基本没有影响,持续的中雨对驾驶人有明显的影响,大雨和暴雨对驾驶人影响最大。

降雨对驾驶人的生理、心理影响 表5-42

降雨量 (mm/12h)	降雨时间	生理变化(%)				心理变化(%)			
		显著	比较显著	不显著	无明显影响	显著	比较显著	不显著	无明显影响
小雨 (<5.0)	开始降雨	0	7	67	26	0	12	73	15
	持续降雨	9	18	67	6	27	54	16	3
中雨 (5.0~14.9)	开始降雨	6	35	49	10	10	23	61	6
	持续降雨	58	32	10	0	61	33	6	0
大雨 (15.0~29.9)	开始降雨	75	25	0	0	82	18	0	0
	持续降雨	100	0	0	0	94	6	0	0
暴雨 (30.0~69.9)	开始降雨	93	7	0	0	100	0	0	0
	持续降雨	100	0	0	0	100	0	0	0

(1)雨天驾驶人生理变化

雨天行车时,驾驶人会集中注意前方,很少注意速度表,通常根据周围物体的相对移动,凭经验来判断车速,这样很容易形成距离和速度的错觉。英国公路研究所曾针对驾驶人判断做过试验,试验让驾驶人分别以不同的速度行驶,然后凭主观判断将车速降低至某值,结果表明,每次试验驾驶人对实际车速的判断都偏低,且减速前等速行驶的距离越长,车速判断的误差越大。

其次,大雨或暴雨天气行车时,随着能见度降低,驾驶人反应时间延长,动视力和静视力也随之下降。夜间下雨时,雨滴还使车辆照射光线发生散射,影响驾驶人对前方路线转向、路面状况等的辨识和判断;同时,路面积水面在灯光的照射下会产生眩目反光,易导致驾驶人视觉疲劳、注意力不集中而产生危险。

雨天行车环境不仅给驾驶人的心理增加了负担,同时也给驾驶人的生理带来影响,两者都通过驾驶行为表现出来。驾驶人的综合判断能力下降后,遇到紧急情况时,会出现错误判断,更加剧了雨天行车的危险性。

（2）雨天驾驶人心理变化

适当的压力可以提高驾驶人的工作效率，有助于提高行车安全。但驾驶人承受的压力过大，其判断和操作可靠性就会明显降低。雨天行车环境恶劣，交通情况复杂，汽车制动减速频繁；另外，在低能见度情况下，驾驶人为了更清楚地掌握路况，需要集中注意前方路况，习惯将身体前倾，容易造成驾驶人心理烦躁和疲劳。研究表明，随着能见度的降低或车速的增加，驾驶人心率变化增大，血糖升高，紧张感增加。

2. 冰雪

北方地区等级较低的道路表面，冬季常会积有坚硬的冰雪层，若在初冬和初春季节，早晚温差较大，路面极易产生薄冰，导致路面摩擦系数急剧降低，带来交通安全隐患。

道路上冰雪堆积使路面变滑，车辆转向及制动的稳定性下降，汽车操纵困难。冰雪路面的摩擦系数仅为干燥路面的 1/8 至 1/4，车速越高，路面摩擦系数越小，冰雪路面不同车速下的制动距离如表 5-43 所示。

冰雪路面不同车速下的制动距离 表 5-43

路面条件	车 速 （km/h）						
	50	60	70	80	90	100	110
干沥青混凝土路面(m)	12.3	17.8	24	31.5	39.9	49.2	59.5
冰雪路面(m)	49.2	71	95.5	126	150	196.6	238.2

1）冰雪对摩擦系数的影响

（1）冰路面

道路上的冰最易由先前附着在路面上的水冻结而成，并逐渐覆盖路面的表面纹理，最终形成光滑表面。冰面的摩擦系数主要取决于冰面温度，它会对冰面橡胶轮胎牵引力产生影响：当冰温度低于 -15℃ 时，橡胶-冰界面上产生了 Schallamach 波（对橡胶滑块与硬冰面间接触面的直观研究表明，在两个摩擦构件间的相对运动通常只是由于"分离波"，常称之为 Schallamach 波），这种波的存在表明摩擦界面之间有强烈的黏附作用，从而产生了高的牵引力；当温度高于 -10℃ 时，若滑速较低，则 Schallamach 波在橡胶-冰界面中趋于消失，且随温度的升高，冰面层更容易屈服，摩擦系数显著下降，若滑速增加直至表层冰流动适应不了橡胶高速位移时，便可能产生 Schallamach 波，导致牵引力的增大；温度高于 -3℃ 时，橡胶在冰面上滑动时几乎没有运动阻力。其次，胎型、胎面花纹及冰面粗糙度同样影响冰面的橡胶轮胎牵引力。

（2）积雪路面

在雪覆盖的路面上，牵引力受到严重削减，相比之下，比湿润条件下的路面牵引力还要低得多，可以低到使汽车无法爬越斜坡的程度。影响雪地附着力的基本因素可归纳为以下 3 类：轮胎参数、雪的物理性能和汽车工作条件。

其中轮胎参数对雪地牵引力的产生及控制极为重要，它包括胎面花纹、胎面橡胶和骨架结构。轮胎附着力可在胎面-雪或雪-雪接触界面处的 5 个不同位置产生，即外胎面、纵向沟槽、有效横向沟槽、外侧壁缘面和轮胎-雪接触区的斜前缘。图 5-17 所示为胎面的挖掘作用,这种作用不仅直接提供了牵引力,而且使得轮胎能够穿透雪覆盖层并同路面产生接触。研究表明,轮胎的挖掘作用仅仅在自由水初始含量超过15%的雪面上起作用;而当自由水初始含量低于15%时,此时的雪面通常会很快被车辆压得很实,在这种板结冻硬的雪面上,胎面沟槽深度和轮胎形式对牵引力的产生几乎无影响,轮胎根本产生不了挖掘作用。而温度可对摩擦机理和附着力大小产生很大的影响,特别是在压实板结的雪地上,较高温度产生了表面水膜,从而大大降低附着力;而在松散雪地上,温度较高时雪可以更快地被车辆辗散。

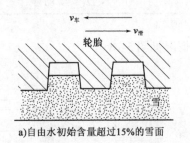

a)自由水初始含量超过15%的雪面　　　b)自由水初始含量低于15%的雪面

图5-17　胎面的挖掘作用

　　雪的一些物理性能又决定着可产生附着力的大小,这些性能包括雪的剪切强度、雪的挤压力-位移特性和剪应力-位移特性。

　　轮胎在雪地上产生的附着力大小还和汽车的工作条件有关,如汽车的起动、驱动、制动、转弯及爬坡等。由于不同机理产生的牵引力大小受不同工作条件的影响不同,所以不存在所有条件下都可求得最大牵引力的唯一办法。一般来讲,在很小的滑移率时轮胎可在板结冻硬的雪地上产生最大牵引力,在较大滑移率时轮胎可在轻微压实雪地上产生最大牵引力。

　　综上所述,冰雪条件下,汽车轮胎不能与路面进行直接接触,而与冰、雪的表面接触,致使汽车轮胎与路面间的摩擦系数降低,影响行车安全。冰面或压实雪地上轮胎容易产生滑移,很大程度上归结于界面形成的具有强润滑作用的水膜。为防止冰雪路面轮胎的大规模滑移甚至出现空转或调尾现象,除了优化轮胎结构外,更要合理控制行车速度。同时,在冰雪路面上行驶,各个车轮的作用力稍不平衡(如转向或制动过程),可造成车辆侧滑或甩尾而失控。

　　2)冰雪条件下车速和车头时距特性

　　冰雪的存在使路面条件变得复杂,导致交通流参数变化,且不同冰雪形态对交通流状态的影响也不尽相同,对某城市道路路段车头时距和平均车速的影响见表5-44,对某交叉口饱和流率和车速的影响见表5-45。

不同路表冰雪形态对城市道路路段交通流的影响 　　　　表5-44

特征参数	冰雪融溶路面	部分压实雪路面	压实雪路面	非冰雪路面
车头时距(s)	3.71	4.73	4.03	2.66
平均车速(km/h)	27.06	22.06	23.55	40.10
车速降低百分比(%)	32.52	44.99	41.27	—

不同路表冰雪形态对城市道路交叉口交通流的影响   表 5-45

特征参数		冰雪融溶路面	部分压实雪路面	压实雪路面	非冰雪路面
饱和流率	直行车道(pcu/h)	1535(-10.18)	1251(-26.80)	1429(-16.38)	1709
	左转车道(pcu/h)	1442(-9.71)	1242(-22.23)	1357(-15.03)	1597
	直右车道(pcu/h)	1510(-9.25)	1227(-26.26)	1413(-15.08)	1664
	直左车道(pcu/h)	1476(-9.56)	1213(-25.67)	1391(-14.77)	1632
车速(km/h)		26.30(-29.30)	20.82(-44.03)	23.12(-37.85)	37.20

注:括号内的数字为相对于非冰雪路面特征参数变化的百分比(%)。

不同冰雪形态下车辆行驶速度的频率分布情况见图5-18。

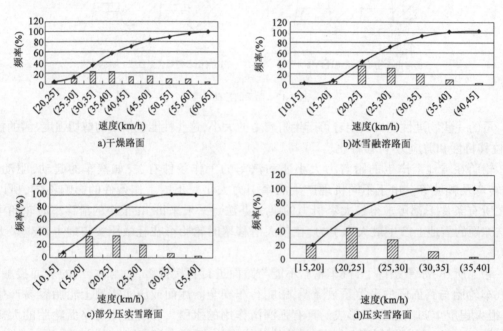

图5-18   不同冰雪形态下汽车行驶速度频率分布情况

从表5-44、表5-45及图5-18可知,冰雪路面状态下,车速相比非冰雪路面均有所降低,但车头时距增大,且不同的路表冰雪形态对交通流的影响程度也不同。在人、车、路组成的交通系统中,驾驶人是主动因素,冰雪路面条件下,驾驶人一般较为谨慎,低速行驶,且选择较大的车头间距。部分压实雪路面的车头时距高于压实雪路面,行驶速度也较低,这是因为在降雪环境下,驾驶人视野受到影响,操作比较谨慎。

综上分析,由于冰雪路面摩擦系数降低,路面比雨天路面更滑,飘洒的雪花影响驾驶人的视线,路面积雪也会带来阻碍,同时积雪对阳光的强烈反射容易导致雪盲现象(眩目),造成视觉疲劳,驾驶人应谨慎驾驶,减速慢行,预防交通事故。

3. 大雾

雾是一种常见的天气现象。根据雾能见度的不同,可以把雾划分为以下几种。重雾能见度小于50m,当能见度小于50m时,高速公路必须关闭;浓雾能见度在50～200m之间;中雾能见度在200～500m之间;轻雾能见度在500～1000m之间。气象观测学定义:当浮游在空中的大量微小水滴使得水平有效能见度低于1000m时,就称为大雾天气。

大雾天气下,公路交通事故的发生概率较高,雾天对行车产生的影响有3个方面:一是能见度大大降低,驾驶人看不清车辆前方和周围的情况,行车视距缩短,可变情报板、标志标线及其他交通安全设施的辨别效果较差,前后车辆的最短安全间距无法保证,驾驶人的观察和判断能力受到严重影响,尤其是浓雾天气和雾带的出现,极易引发连环追尾事故。同时,雾会使光线散射,并吸收光线,致使亮度下降,影响驾驶人观察判断,雾况与视距的关系见表5-46。二是雾水使路面摩擦系数减小,制动距离增加。三是对交通流运行状态有一定的影响。

雾况与视距的关系 表5-46

种 类	视距(m)	安 全 措 施
淡雾	300~500	适当减速
浓雾	50~150	减速
特浓雾	<50	停止行驶

1)能见度与路面摩擦系数

(1)能见度

大雾使光线减弱,道路和障碍物表面的照度下降,引起目标亮度降低,因此,目标与背景间的实际反差值降低;由于光线散射,使驾驶人视线范围内的反差度下降,从而导致能见度降低。

(2)路面摩擦系数

由于大雾通常发生在夜间和早晨,这段时间内温度较低,空气湿度较大,空气中的水分容易在路面上凝结成一层薄薄的水膜,会导致摩擦系数降低。尤其在冬季,易在路面形成一层薄冰,汽车的制动性和抗滑性都大大降低,容易出现制动距离延长、行驶打滑、制动跑偏等现象。

2)雾天高速公路交通流特征

车辆在高速公路行驶过程中保持安全的车头间距是降低事故率的主要手段之一。因此,研究雾天条件下的安全车头间距是保证高速公路安全行驶的必要条件。通过研究高速公路有雾和无雾条件下车速、车头间距、车头时距的累积分布,对两种情况下的交通流状态进行对比研究,结果表明,有雾(能见度低于300m)和无雾(能见度高于1000m)条件下,汽车在高速公路行驶时的速度分布、车头间距和车头时距有一定的差别。

(1)车速分布

有雾和无雾条件下,小型车和大型车的车速累积分布见图5-19。从图中可以看出,在有雾的低能见度环境下,不论是大型车和小型车的车速都有明显下降。小型车的v_{50}从83km/h下降到61km/h,大型车的v_{50}从53km/h下降到42km/h。小型车车速下降22km/h,而大型车车速下降11km/h,可见,浓雾对小型车车速的影响要大于对大型车车速的影响。

(2)平均速度与能见度的关系

在有雾的低能见度条件下,车辆平均速度与能见度的关系如图5-20所示。从图中可以看出,随着能见度的降低,大型车和小型车平均速度均下降;能见度处于120~200m,大型车和小型车的平均速度随着能见度下降,变化幅度较低;当能见度低于120m后,车速下降较为明显,高速公路交通安全水平降低,需采取交通安全控制手段。

(3)车头间距和车头时距

有雾和无雾条件下,车流的车头间距和车头时距累积分布见图5-21。

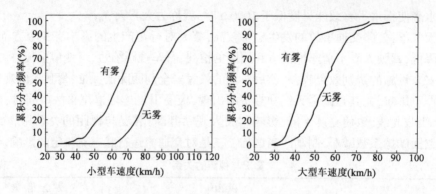

图 5-19　有雾和无雾条件下车速分布情况

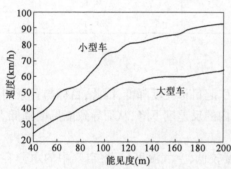

图 5-20　平均速度与能见度的关系

由图 5-21 可见,有雾条件下的车头间距较低,但雾对车头时距的影响不是很明显,车头时距主要分布在 35～45s 之间。车流在雾区路段堆积,车道占有率增加,过低的车头间距和较低的能见度容易导致追尾事故发生。因此,要求驾驶人及时开启雾灯或近光灯,必要时鸣喇叭;降低车速,使制动距离小于驾驶人的视距;增大车间距,防止与前后车追尾相撞;集中精力,平稳制动,防止侧滑;严格遵守行车路线,不争道抢行;若雾太浓,可开示廓灯、危险报警闪光灯靠边暂停,待雾散后再继续行驶。

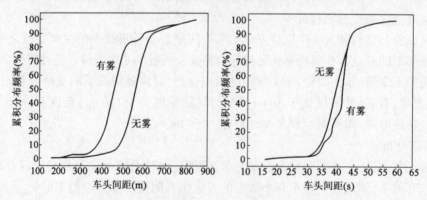

图 5-21　有雾和无雾条件下的车头间距和车头时距累积分布

4. 大风

汽车行驶时,作用在车身上的风主要包括纵向风和侧向风及作用于汽车底部的气流。侧向风对汽车行驶安全的影响最大,特别对大客车、面包车、集装箱等箱形车的影响较严重,因为这些车型的质心较高,且受风面积大。行驶速度较高的小型车也较容易受侧向风的影响,因为侧向风的作用随车速增加而增加,影响车辆的横向稳定性。车辆驶出隧道的瞬间,或行驶在强风区的桥梁、高路堤、垭口等路段时,常会突然遭到强横风的袭击,导致车辆偏离行车路线。此外,车辆在行驶中受到侧向风的干扰,为保证车辆不偏离行驶方向,驾驶人要随时转动方向盘,这将导致驾驶人过早疲劳并增加行驶危险性。

作用于车辆上的风力会对其行驶稳定性产生不同的影响。

(1)阻力主要影响汽车本身的动力性能和燃油经济性能。

(2)升力会造成汽车有"漂浮感",影响车辆的附着能力,对高速行驶的车辆操纵稳定性影响较大。

(3)侧向力与车辆横向行驶稳定性相关,会导致车辆发生侧滑或侧翻。

除了对车辆本身的影响,大风还会引发坠落物,装载的货物受到风力的作用,有可能发生摇晃、松动、甚至脱落;在一些沙漠干旱地区,大风能引发扬尘天气,严重时形成沙尘暴,使道路能见度大大降低,增大了车辆行驶的危险性。

车辆行驶稳定性可从纵向稳定性和横向稳定性两方面来衡量。大风天气对车辆的影响主要表现为增加行驶阻力和横向力、影响驾驶操作等。

以车辆在转弯路段行驶时为例,分析大风对车辆行驶稳定性的影响。

1)弯道路段汽车受力分析

行驶在弯道路段的车辆受力如图 5-22 所示。

在弯道行驶车辆受力分析中,作如下假定。

(1)假定汽车为质量分布均匀的刚体,忽略汽车悬架和轮胎的弹性变形。

(2)只考虑对车辆影响较大的侧向力 F_z,其方向取为与离心力一致,作用点在汽车的重心位置,大小为离心力 F 与风力 F_w 之和,即 $F_z = F + F_w$。

(3)忽略行车速度对风速的影响。

(4)假定车辆匀速行驶,驾驶人没有制动行为,车轮不受到制动力的影响。

(5)假定弯道路段的纵坡坡度为零。根据车辆受力情况,可得到平行于路面的横向力 X 和垂直于路面的竖向力 Y,即:

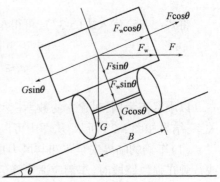

图 5-22 车辆在弯道上的受力
F-离心力;F_w-风力;G-汽车重力;θ-路面横向坡角

$$\begin{cases} X = F\cos\theta + F_w\cos\theta - G\sin\theta \\ Y = F\sin\theta + F_w\sin\theta + G\cos\theta \end{cases} \tag{5-32}$$

因路面横向倾角 θ 一般较小,所以取 $\sin\theta = \tan\theta = i_h$, $\cos\theta \approx 1$,i_h 为超高横坡度。上式可以简化为:

$$\begin{cases} X = F + F_w - Gi_h \\ Y = (F + F_w)i_h + G \end{cases} \tag{5-33}$$

因 $(F + F_w)i_h$ 相对于 G 来说小很多,可忽略不计,因此,$Y \approx G$。

车辆在圆曲线上行驶时的横向稳定性主要取决于横向力系数 μ,即:

$$\mu = \frac{X}{G} \tag{5-34}$$

将式(5-34)代入,即得:

$$\mu = \frac{v^2}{127R} + \frac{F_w}{G} - i_h \tag{5-35}$$

式中:R——圆曲线半径(m);

v——行驶速度(km/h)。

2)风作用后车辆侧滑

车辆在弯道上行驶时,不产生横向滑移的条件是横向力小于或等于轮胎与路面之间的横向附着力,即:

$$X \leqslant Y\varphi_h \approx G\varphi_h \tag{5-36}$$

式中:φ_h——横向附着系数。

若车辆不发生侧滑,必须满足:

$$\mu = \frac{X}{G} \leqslant \varphi_h \tag{5-37}$$

将式(5-35)代入式(5-37),可得车辆不发生侧滑的安全行驶速度模型:

$$v \leqslant \sqrt{127R\left(\varphi_h - \frac{F_w}{G} + i_h\right)} \tag{5-38}$$

以小客车为例,对建立的数学模型进行数值模拟,得到临界安全车速与各影响因素之间的关系,结果如图5-23所示,从图中可以看出:

(1)车辆的临界安全车速与风力成反比;风力越大,汽车的安全车速越低;遇到大风天气或行驶在强风路段时,车辆应适当降低车速,以保证不发生侧滑。

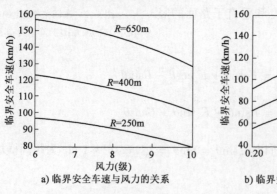
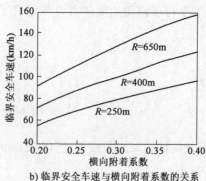

a) 临界安全车速与风力的关系　　　　　　　b) 临界安全车速与横向附着系数的关系

图5-23　侧滑临界安全车速与风力和附着系数的关系

(2)临界安全车速与横向附着系数成正比,附着系数的增大有利于提高车辆安全行驶车速。

(3)临界安全车速与转弯半径成正比,转弯半径越大,安全车速越高;车辆行驶时转向过急,导致转向半径过小,车辆能保证安全行驶的速度也就越低。

3）风作用后车辆侧翻

车辆不产生侧翻的条件是横向倾覆力矩不大于稳定力矩，即：

$$Xh_g \leqslant Y\frac{B}{2} \approx G\frac{B}{2} \tag{5-39}$$

式中：B——轮距（m）；

h_g——质心高度（m）。

若车辆不发生侧翻，必须满足：

$$\mu = \frac{X}{G} \leqslant \frac{B}{2h_g} \tag{5-40}$$

将式（5-35）代入式（5-40），可得到车辆不发生侧翻的安全行驶速度模型：

$$v \leqslant \sqrt{127R\left(\frac{B}{2h_g} - \frac{F_w}{G} + i_h\right)} \tag{5-41}$$

以大货车为例，对建立的数学模型进行数值模拟，得到临界车速与影响因素之间的关系，结果如图 5-24 所示。

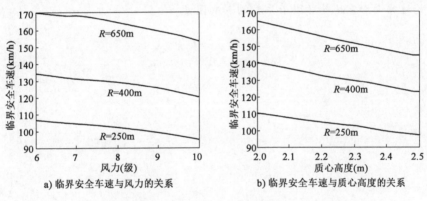

a) 临界安全车速与风力的关系　　　　b) 临界安全车速与质心高度的关系

图 5-24　侧翻临界安全车速与风力和质心高度的关系（汽车为刚体）

从图 5-24 可以看出：

（1）与侧滑模型一样，车辆不发生侧翻的临界安全车速与风力成反比，与转弯半径成正比；降低车辆受到的风作用和增大转向半径，均能提高行驶安全性。

（2）不发生侧翻的临界安全车速与质心高度成反比，质心位置越低，车辆能保证安全行驶的速度越高；降低质心高度有利于提高车辆行驶的安全车速。对于侧翻而言，车辆的质心高度位置是侧翻的主要影响因素。

（3）安全车速与转弯半径成正比，车辆行驶时转弯半径越小，能保证安全行驶的速度越低；为保证行驶安全，进入弯道时，驾驶人应提前做好转弯准备，避免在高速行驶中急转向。

本章小结

随着我国道路建设的不断发展，道路交通条件在交通安全研究中扮演着越来越重要的角色,本章所阐述的内容正是道路交通条件对交通安全具有重要影响的各个方面。其中所涉及的多项指标与方法,已在部分工程实践中进行了应用和检验,具有一定的参考价值和应用意义。

习题

5-1 平、纵线形设计及组合设计中如何保证道路交通安全?

5-2 路侧净区宽度如何确定?

5-3 无信号控制与信号控制平面交叉口的安全服务水平如何划分? 立体交叉的安全设计对策有哪些?

5-4 影响道路交通安全的交通条件有哪些? 是如何影响的?

5-5 简述道路景观的概念和构成要素。

5-6 论述冰面和雪地轮胎附着系数的影响因素。

第六章

轨道交通安全

轨道交通是指运营车辆需要在特定轨道上行驶的一类载运工具或运输系统。最典型的轨道交通就是由传统列车和标准铁道所组成的铁路系统。随着列车和铁路技术的多元化发展，轨道交通呈现出越来越多的类型，不仅运用于长距离的陆地运输，也广泛运用于中短距离的城市公共交通中。由于轨道交通的运量大、运行环境特殊，一旦发生意外事故，往往会造成严重的人员伤亡和财产损失。因此，掌握轨道交通安全的相关知识具有重要意义。

第一节 概 述

一、轨道交通安全的概念

近十余年来，我国轨道交通发展成效显著，在促进经济社会发展、保障和改善民生、支撑国家重大实施战略、增强我国的综合实力和国际影响力等方面发挥了重要的作用，受到社会的广泛赞誉和普遍欢迎。据国家统计局统计，截至 2022 年底，我国铁路营业里程达到 15.5 万/km，居世界第二，其中高速铁路营业里程 4.2 万 km，居世界第一。据交通运输部统计，截至 2023 年 12 月，我国已有 55 座城市开通城市轨道交通线路，运营线路里程达到 10165.7km。

1. 轨道交通

广义上的轨道交通是指各种由列车、轨道、车站和调度系统(包括调度设备和调度人员)所共同组成的交通运输系统,包括一切传统铁路系统和新型轨道系统。广义轨道交通的主体就是传统铁路,包括高速铁路。狭义上的轨道交通一般特指城轨,即城际轨道交通和城市轨道交通两大类型。

轨道交通运输生产是国民经济的大动脉,是联系社会生产、分配、交换、消费的纽带,它承担了全国旅客周转量的60%和货物周转量的70%以上,是提高人民物质文化生活水平、满足人民旅行需求、加强国防建设的重要载运工具。轨道交通运输生产与人们的日常生产活动紧密相关,因此,保证运输的顺利和安全是非常关键的。随着我国轨道交通的快速发展、日发车次数的不断增加,安全生产对于轨道交通运输越发重要。

2. 轨道交通安全

轨道交通安全是指在轨道交通的运输生产过程中,将人身伤亡、货物完整性或财产损失控制在可接受的水平。对于不同形式的轨道交通,其安全特征也有所不同。

1)普通铁路交通安全

普通铁路是指使用机车牵引车辆组成列车,在特定轨道上运行的一种交通方式。铁路运输作为我国最重要的运输方式,其安全问题牵动着社会的神经,安全监督管理有着不可或缺的作用。巨大的客货运量和不断增加的运营里程,使得安全运行压力剧增,而监察人员有限,铁路的快速发展与安全监督管理的矛盾愈加严重,因此,需要不断完善我国铁路的安全监督管理体系来维持铁路的安全生产。

2)高速铁路交通安全

我国高速铁路定义为新建设计时速为250km(含)至350km(含),运行动车组列车的标准轨距的客运专线铁路。高速铁路是继航天行业之后,又一庞大复杂的现代化系统工程。它所涉及的学科之多、专业之广,充分反映出其综合性强的特点。高速铁路是建立在计算机技术、微电子技术、新材料等高新技术基础上的创新成果。高速铁路带来的变革,使其在安全保障、运输组织和管理的一体化、旅客服务3个方面的要求都远高于传统铁路。安全是高速铁路运营的第一要素,其安全不仅要在规划、设计、建设和验收时给予高度重视,而且在运营管理中也要不断研究、改进、完善和提高。因此,建立一套科学的、系统的高速铁路运营安全保障技术系统对保证高速铁路的正常高效运营,最大限度地保障人民生命财产安全,维护社会稳定和提高铁路运输的经济效益具有重要的意义,已成为高速铁路安全管理工作的当务之急、重中之重。

3)城市轨道交通安全

城市轨道交通是指在不同形式轨道上运行的大、中运量城市公共载运工具,是当代城市中地铁、轻轨、单轨、自动导向、磁悬浮等轨道交通的总称。

目前,我国正处于城市轨道交通建设的高峰期,城市轨道交通工程具有规模大,投资高,周期长,不确定因素多,周边环境复杂,施工工序烦琐,变形控制要求严,不可重复修建,事故后果严重、影响深远等特点,对安全管理要求高;进行工程风险识别、评估与管理所增加的投资远低于基于概率统计的工程事故所造成的损失,风险管理效益显著;这些使得我国城市轨道交通安全风险管理工作得以发展。

考虑到人流密集,发车频率高,环境封闭等特点,城轨安全对于乘客而言就是生命安全问题,同时也是一个城市的形象和名片。因此,更严格的安检、更合理的线网和站点规划、更有效的应急预案设置是现今城市轨道交通运营公司和相关研究机构主要的研究方向。

3. 轨道交通的可靠性、可用性、维修性和安全性(RAMS)

轨道交通 RAMS 技术,即是轨道交通的 Reliability(可靠性)、Availability(可用性)、Maintainability(维修性)、Safety(安全性)的总称。

RAMS 管理起源于 20 世纪 70 年代,首先用于民航、核电、军工等领域,20 世纪 80 年代被引入轨道交通行业。RAMS 管理应用范围广泛,可以在轨道交通项目寿命周期的各个参与单位、各个阶段中实施。通过实施 RAMS 管理,在轨道交通项目所涉及的各个阶段,遵循与实施拟定的 RAMS 指标,可以保证轨道交通系统满足有关可用性、可靠性、维修性、安全性等要求,提高运行效率和效益。

可靠性是指项目在规定条件下和规定时间区间内,完成所需功能的能力。可靠性的概念包含以下特征:关注故障;判定故障发生的可能性,用定量的形式表达;评价故障系统功能的影响程度;可靠性的定量衡量参数为可靠度。可靠性表征产品故障的频繁程度和危害程度,是产品的一种固有属性,主要由设计决定,可靠性设计和分析的主要任务是降低故障发生的概率和降低故障影响。

首先,可靠性是质量的核心。提高产品的可靠性,减少故障的发生,是从根本上保证产品质量的措施,因此,可靠性是产品质量的技术核心。换句话说,为了保证产品的质量水平,最根本的工作是提高产品的可靠性。其次,可靠性是质量的有力补充,质量和可靠性的潜在问题需要尽早发现并控制,这样就需要专门的可靠性设计和分析工具。

可用性是指产品在任一随机时刻处于可用状态的能力。可用性常用可用时间占总时间的比值来描述,即:

$$可用性 = \frac{可用时间}{可用时间 + 不可用时间}$$

可用性是可靠性和维修性的综合特性。可靠性越好,则可用时间越长;维修性越好,维修时间越短,则不可用时间越短;运用保障特性越好,则维修时间越短。

维修性是指产品在规定的条件下和规定的时间内,按规定的程序方法进行维修时,保持或恢复到其规定状态的能力。维修性的概念具有以下特征:关注故障,是针对故障的一种活动;维修性的定量衡量参数为平均维修时间(MTTR),是时间参数。维修性表示产品预防故障和修复故障的能力,表明产品维修的难易程度,是产品设计所赋有的固有属性。

安全性是指产品不发生系统危险事故的能力。轨道交通产品危险包括:违反政府法规、人员伤亡、重大财产损失和环境破坏,涉及各种环境和工作条件下,在运营、维护和维修过程中发生的所有危险。故障是危险的主要来源,危险性故障是全部故障的子集。

4. 安全在轨道交通中的地位

《中华人民共和国铁路法》(2015 年 4 月 24 日第二次修改)中写道,"保障铁路运输和铁路建设的顺利进行,适应社会主义现代化建设和人民生活的需要。"显然,为了更好、更快地建设和发展轨道交通,安全占据着重要地位。

首先,安全是轨道交通运输生产的头等大事。运输业作为一个独立的物质生产部门,运输生产仅改变了旅客和货物的空间位置,并不能使运输对象的产量增加,不改变其属性和形态,只是增加了运输对象的价值,产品为运输对象的位移和运输服务。因此,在运输过程中必须要保证运输对象安全无损,安全是运输产品的首要质量特性。

其次,安全是实现运输企业效益的保证。从运输过程来讲,如果其间发生了事故,不仅会造成经济效益损失,还会危及乘客与货物的安全,严重影响企业形象,使其无形资产受损,直接或间接地影响企业效益,同时也会使国家相关部门声誉受损,甚至影响社会稳定。所以,没有安全就没有效益,安全是实现营利的重要保障。

最后,安全管理深受轨道交通行业主管部门重视。中华人民共和国国务院令第 639 号公布《铁路安全管理条例》,提出"铁路安全管理坚持安全第一、预防为主、综合治理的方针"。国家铁路集团有限公司和各城市地铁运营公司都制定了符合自身情况的安全条例和规范办法来保证运营过程的安全,可见其重视程度。

二、轨道交通安全的影响因素

随着我国铁路技术的不断发展革新,全国路网基本成形,庞大的客运量难免会造成事故。从轨道交通安全管理的现状和问题来看,影响轨道交通安全的因素是人、车辆及基础设施设备、环境因素和管理因素。

1. 人的因素

轨道交通运营过程中存在大量人的因素,随着大批新设备与新技术的迅速普及和铁路行业改革的不断推进,人因失误已成为运营安全的重大威胁,保障人因安全更是成为轨道交通安全管理的核心工作。大量人机系统可靠性计算模型已经表明,一个复杂的人机系统,如果不充分考虑人的可靠性,系统的可靠性模型是不完整的。人的因素主要包括乘客、操作人员、管理人员等的因素,主要有恐怖袭击、乘客干扰列车运行和工作人员操作不当等方面。

2. 车辆及基础设施的因素

1)车辆的因素

轨道交通车辆的安全装置是否充足有效、使用的运行消耗性材料是否合格,对其安全管理起着重要作用。同时,车辆是否符合运行要求、车辆技术状况的好坏,会直接影响轨道交通的运行安全。对于轨道交通的运营和维护者来说,日常的车辆检查和大修、小修也直接影响着列车的安全运行。

机车本身的质量应当考虑至产品的源头,做好采购质量把控,铁路客车车辆和动车组在新造出厂后上线运营前,必须安排进行接车整备和试运行工作,及时发现车辆存在的安全问题并组织解决。

2)基础设施的因素

设备因素主要是由于设备本身的故障和由于运营管理不善引发的系统故障。其中,大多数的系统故障是由于管理不善而引起的。

轨道列车的线路设计和施工缺陷,如道岔伤损、枕轨伤损、道床伤损、接触网伤损、钢轨断裂等均可能导致列车安全事故,甚至脱轨。这些因素在线路设计和工程施工时应尽量避免。

3. 环境的因素

环境因素主要来源于自然环境和轨道交通系统内部环境。自然环境因素是诱发轨道交通重大事故的主要原因之一，尤其是对于在高寒、山区等复杂恶劣野外条件下的桥梁、隧道处的轨道线路，运营过程中，往往会受制于自然环境条件，且存在轨道周边外界异物侵限的危险。对于高铁来说，由于其运行速度快，对线路安全条件要求尤为严格。对于城市轨道交通，城区大部分线路是在地下运行，由于其客运量大、发车频率高，对环境安全也极为敏感。

内部环境主要是设备厂房常年阴暗潮湿或者受风吹日晒、虫鼠害等，也很容易造成关键设施设备的故障。此外，站台内的消防安全问题也是一大难题。

4. 安全管理的因素

轨道交通行车安全已成为交通领域的重点关注问题，它是运输稳定的重要保障，而行车安全管理控制则是确保轨道交通稳定发展的基础。在现阶段我国轨道交通运输速度不断提高、负荷不断加重和新形势下安全的可控性难度增大的状况下，对安全管理的要求也更加严格。

安全管理基础薄弱、管理不到位，会造成规章制度难以落实到位，站段管理难度增大，给安全生产带来隐患。作业标准不高、轨道交通物资设备管理不到位，还可能造成救援能力不足等问题。安全保障体系不健全，会造成设备检测与维修方面存在差距，尤其是对供电设备影响最大。施工管理不到位，会降低施工作业质量，埋下安全隐患，甚至造成严重事故。

因此，系统完善的安全管理体系能最大限度地保证列车运行安全。

三、轨道交通安全的特点

轨道交通作为全国性客货运输、城市间旅客运输和城市内旅客运输的主要承担者，其安全性时刻受到社会各界的密切关注。根据其运输特性可知，轨道交通安全具有长期性、预防性、严重性、严肃性和节约性等特点。

1）长期性

轨道交通安全管理随着生产的发展而发展，由于人们对运输服务的长期需要而长期存在。安全管理的长期性是由于旧的不安全因素或隐患消除之后，还会出现新的不安全因素或隐患，还会产生新的问题。因此，轨道交通安全管理要长抓不懈，不允许有时间上的停顿和空间上的间隔。轨道交通安全管理的长期性，还由其艰巨性所决定。我国铁路技术发展迅猛，新技术及新装备带来的新的安全隐患，需要深入研究其存在演变机理，也需要研制相应的安全保障设备，更需要现场配套的运维条件和有素质的操作管理人员。在这种情况下做好安全生产工作，任务是艰巨的。

轨道交通安全管理的长期性是客观存在的，是不以人的意志为转移的，如果低估了这种形势，就有可能作出不切合实际的决定。

2）预防性

"安全第一、预防为主、综合治理"既是轨道交通安全生产的方针，又是轨道交通安全管理的原则。安全第一、预防为主是相辅相成的，当生产与安全发生矛盾时，要首先保证安全，要采取各种措施保障劳动者的安全和健康，将事故和危害的事后处理转变为事前控制。事故预防是安全管理的出发点，也是安全管理的归宿点。事故伤亡和损失的预防，应贯穿于轨道交通运输生产经营活动的全过程。

3）严重性

轨道交通有显著的运量大、准时、快速的特点，其运营过程中一旦发生事故，所造成的后果将是不可承受的。如果发生行车事故，造成行车中断，不仅会使运能大量浪费，生产效率甚至变为负数，对旅客来说，也很有可能会受到伤害，甚至危及生命。例如，2011 年 7 月 23 日 20 时30 分 05 秒，甬温线浙江省温州市境内，由北京南站开往福州站的 D301 次列车与杭州站开往福州南站的 D3115 次列车发生动车组列车追尾事故。此次事故已确认共有 6 节车厢脱轨，即D301 次列车第 1 至 4 节，D3115 次列车第 15、16 节。事故造成 40 人死亡、172 人受伤，中断行车 32 小时 35 分，直接经济损失达 19371.65 万元。

4）严肃性

以我国铁路系统为例，每一项规章出台，都有其严格规定。比如《铁路行车组织规则》《铁路安全操作规程》《铁路技术管理规程》等说明了操作步骤及处罚规定。近几年，随着铁路发展的逐步深入，铁路安全愈发彰显出其严肃性。

5）节约性

安全是轨道交通运输生产最基本的节约，这是相对于事故的损失而言的。事故不仅会导致铁路运力的浪费，而且会造成巨大的经济损失和人员伤亡，就此而言，安全对于轨道交通的运营具有节约性。也可以将安全理解为是一种投资行为，以较少的投入换来较大的产出。

第二节　轨道交通事故

一、概念及特征

1. 传统铁路交通事故

《铁路交通事故应急救援和调查处理条例》（国务院令〔2012〕628 号）中第二条规定，铁路交通事故是指"铁路机车车辆在运行过程中与行人、机动车、非机动车、牲畜及其他障碍物相撞，或者铁路机车车辆发生冲突、脱轨、火灾、爆炸等影响铁路正常行车"，根据此条规定，我们可以得知《铁路交通事故应急救援和调查处理条例》规定的铁路交通事故不仅包括《火车与其他车辆碰撞和铁路路外人员伤亡事故处理暂行规定》（国发〔1979〕178 号）规定的"路外伤亡事故"，还包括"铁路机车车辆发生冲突、脱轨、火灾、爆炸等影响铁路正常行车"的事故。

1）伤亡巨大，后果严重

铁路交通事故一旦发生，往往会造成严重的后果和影响。一方面，发生路外事故时，列车通常需要非常制动，由于列车制动距离长，一次非常制动造成的直接经济损失达数万元，另外，还会造成列车损坏、行车中断的后果。正线中断行车，每分钟损失一般以亿元计，铁路运输企业将遭受严重经济损失。另一方面，由于列车速度通常较快，即使经过非常制动，列车在其巨大的惯性下仍然会造成人员的重大伤亡，通常非死即伤，造成的财产损失也很巨大。除路外事故之外，铁路机车车辆发生冲突、脱轨、火灾、爆炸等造成的损失和伤亡也很严重。

2）事故难以避免,具有被动性

列车与机动车、非机动车辆不同,列车有自己的轨道,只能在限定的范围、限定的线路上运行。因此,当遭遇险情或其他紧急情况时,列车无法自如地调整方向,也不能像机动车或非机动车辆那样避让前方的障碍物。那么,如果其他行人或者车辆没有进入列车运行线路,路外事故一般就不会发生。从此种角度上讲,列车在线路上遇有违章的车辆和行人,铁路一方只能被动地接受事故的发生,具有被动性。此外,列车的制动距离长、惯性大,通常的制动距离以千米计,具有很高的危险性。

3）一般情况下赔偿主体特定

铁路交通事故的赔偿主体是铁路局（集团公司）法人。虽然铁路交通事故往往涉及铁路多个部门,但是这些站段或部门只是铁路局的部门,不具有独立的法人资格。《铁路法》（2015年4月24日第二次修改）第七十二条规定,"本法所称国家铁路运输企业是指铁路局"。因此,发生铁路交通事故后,赔偿主体只能是铁路局（集团公司）。

2. 轨道交通事故

轨道交通事故是指在运营或在生产过程中,因违反规章制度、违反劳动纪律、违反作业操作规程,或由于技术设备原因或自然灾害等其他原因引起的人员伤亡、设备损坏、经济损失等影响正常生产作业或危及运营安全的事件。

二、事故分类与分级

1. 划分原则及依据

1）事故性质的严重程度

客车事故比其他列车事故性质严重,列车事故比调车事故性质严重。冲突、脱轨、火灾、爆炸事故比构成设备事故和一般违规、违纪性质严重。

2）事故损失的大小

事故损失主要指人员的伤亡和机车、车辆、线路、桥梁、供电、信号等设备的损坏和经济损失。

3）事故对行车所造成影响的大小

繁忙干线和其他线路发生事故、双线行车中断和单线行车中断、延误本列时间的事故种类不同。

2. 分类

从轨道交通事故的概念中可以看出,轨道交通事故可以分为与自然灾害、运输生产、公共卫生和社会安全相关这4种类型。对轨道交通事故进行分类归纳,如表6-1所示。

轨道交通事故分类 表6-1

类 型	种 类	事件示例
自然灾害事件	地质	地震灾害、滑坡、泥石流、塌方落石
	气象	暴风雨雪雾、冰冻、沙尘暴

续上表

类　型	种　类	事件示例
运输生产事件	行车事件	冲突、脱轨、列车火灾或爆炸、设备故障、晚点
	生产安全	危险品运输、作业人员伤亡、火灾
公共卫生事件	传染性疫情	甲流、SARS
	食品事件	食品中毒
社会安全事件	大客流	突发大客流、列车大面积晚点
	恐怖袭击	炸弹袭击
	群体性事件	群体性拦截列车、冲击铁路车站
	治安事件	偷盗铁路财产
	计算机安全	计算机系统安全、网络安全

由表6-1可以看出,轨道交通事故主要包括4大类11小类。在这些分类中,轨道运输事件尤其是其行车事件,对铁路部门来说可控程度最高,由于自然灾害原因引起的轨道运输事件则更多依赖于预警和及时救援。

3.分级

根据《铁路交通事故应急救援和调查处理条例》(国务院令〔2012〕628号)规定,事故分为特别重大事故、重大事故、较大事故和一般事故4个等级。根据《铁路交通事故调查处理规则》,一般事故分为一般A类事故、一般B类事故、一般C类事故、一般D类事故,具体见表6-2。

轨道交通事故分类　　　　　　　　　　　　　　　　　　　　　　表6-2

事故等级	事故类别	各类铁路交通事故构成条件
特别重大事故	—	1.造成30人以上死亡; 2.造成100人以上重伤(包括急性工业中毒,下同); 3.造成1亿元以上直接经济损失; 4.繁忙干线客运列车脱轨18辆以上并中断铁路行车48h以上; 5.繁忙干线货运列车脱轨60辆以上并中断铁路行车48h以上
重大事故	—	1.造成10人以上30人以下死亡; 2.造成50人以上100人以下重伤; 3.造成5000万元以上1亿元以下直接经济损失; 4.客运列车脱轨18辆以上; 5.货运列车脱轨60辆以上; 6.客运列车脱轨2辆以上18辆以下,并中断繁忙干线铁路行车24h以上或者中断其他线路铁路行车48h以上; 7.货运列车脱轨6辆以上60辆以下,并中断繁忙干线铁路行车24h以上或者中断其他线路铁路行车48h以上
较大事故	—	1.造成3人以上10人以下死亡; 2.造成10人以上50人以下重伤; 3.造成1000万元以上5000万元以下直接经济损失; 4.客运列车脱轨2辆以上18辆以下; 5.货运列车脱轨6辆以上60辆以下; 6.中断繁忙干线铁路行车6h以上; 7.中断其他线路铁路行车10h以上

续上表

事故等级	事故类别	各类铁路交通事故构成条件
一般事故	A	1. 造成 2 人死亡; 2. 造成 5 人以上 10 人以下重伤
	B	1. 造成 1 人死亡; 2. 造成 5 人以下重伤
	C	1. 货运列车脱轨; 2. 列车火灾
	D	1. 调车冲突; 2. 调车脱轨

第三节 列车与轨道交通安全

一、轨道交通载运工具的概念与分类

1. 概念

轨道交通载运工具是指在用条形的钢材铺成的轨道上行驶的载运工具,包括机车车辆、动车组、空中轨道列车、有轨电车和磁悬浮列车等在轨道上行驶的载运工具。

2. 分类

列车种类较多,可从载荷物、动力来源、路轨以及运行速度等方面对列车进行分类。

(1)按载荷物,可分为运货的货车和载客的客车;亦有两者并存的客货车。

(2)按列车动力来源,可分为蒸汽机车、柴油机车、电力牵引机车,亦有使用自走动力的动车组。

(3)按路轨,可分为普通轨道、单轨、磁浮,亦有登山铁路特别使用的齿轨铁路,以及由缆索拉动的缆车。某些列车由 1 个以上的机车牵引,在北美洲,货车经常是由 3、4 个,甚至 5 个机车牵引,也有列车是专门为轨道维修而设的。

(4)按运行速度,低于 160km/h 的称为普速,介于 160km/h 和 250km/h 之间的称为快速,250km/h 以上的称为高速,所以在传统高铁领域内又进一步细分了快速铁路和高速铁路,并分别对应普通(快速)动车组和高速动车组。

高速列车属于现代化高速载运工具,是铁路领域顶尖科学技术的集中体现,可以大幅提高列车运行速度,从而提高铁路系统运输效率。高速列车快捷舒适、平稳安全、节能环保,深受当代人们的欢迎,世界各国都大力支持用新型高速列车来满足日益增长的出行需求。高速列车的安全保障比传统列车做得更好,因此,本节将重点围绕高速列车进行讨论。

3. 高速列车子系统

根据高速列车运行的功能,一般可分为转向架、制动系统、车身、控制系统、牵引传动系统、辅助系统 6 个子系统。辅助系统主要包括照明系统、空调、门、辅助电源等。下面主要介绍以下 4 个子系统。

1）转向架

转向架是高速列车的走行部件，它能令高速列车顺利地通过弯道，并能够吸收高速列车行驶时所产生的震动，牵引电机也安装在机车或电动车组动力转向架中，由此可见转向架的重要程度。转向架的基本结构包括：轮对、油箱、一系悬挂系统、构架、二系悬挂系统、驱动装置和基础制动装置等。

2）制动系统

制动系统是保证高速列车准确停车及安全运行所必不可少的装置，是高速列车上起制动作用的零部件所组成的一整套机构的总称。制动系统由空气制动机、电空制动机、人力制动机和基础制动（盘形制动）装置组成。由于整个高速列车的惯性很大，所以必须在每辆车上装设制动装置，才能使运行中的高速列车按需要减速或在规定的距离内停车。高速列车制动系统具有常用制动、快速制动、紧急制动、辅助制动和耐雪制动等制动功能。通常运行时，司机用控制手柄操作常用制动（表示为 1～7 级的 7 个挡位的制动力）和快速制动。

3）控制系统

控制系统根据高速列车在运行过程中的时间、天气、环境、线路、信号指示等状况和其他条件完成对高速列车的运行状态进行监督、启停进行控制、速度进行调整等操作，用以提高铁路运输效率、保证高速列车运行安全，是典型的软硬件结合的电子技术装备。列车控制系统主要由地面设备和车载设备构成，主要功能包括对线路的使用状况和高速列车完整程度等进行检测、授予高速列车运行权限、显示列车最佳行驶速度、检查列车运行状态下的安全隐患等。

4）牵引传动系统

牵引传动系统是高速列车的核心部分，牵引传动变流技术是高速列车关键技术之一。牵引传动系统的功能就是将电能转换成机械能来驱动列车运行，同时，在列车制动时将机械能转换成电能回馈到电网。牵引传动系统为接触网与机械传动之间的部分，主要包括受电弓、高压电器、牵引变压器、牵引变流器和牵引电机。其中，受电弓和高压电器称为牵引传动系统前端电路，牵引变压器、牵引变流器和牵引电机统称为牵引传动电路主电路。

二、轨道交通载运工具安全技术指标及其标准

列车运行安全是轨道运输最基本的要求，线路提速、高速铁路修建以及轨道交通建设使得运行安全问题更加突出，世界各国轨道交通工作者对此均非常重视，对行车安全性评价指标及限度进行了大量的研究，取得了丰硕的成果，并已应用于实践。

车辆运行安全性主要涉及车辆是否会出现脱轨和倾覆问题。一般以脱轨系数、轮重减载率、倾覆系数等指标来评定车辆运行的安全性。目前，我国轨道车辆部门主要采用脱轨系数和轮重减载率 2 项指标。

1. 抗脱轨稳定性

车辆脱轨根据过程不同，大体可分为爬轨脱轨、跳轨脱轨、掉轨脱轨等。其中，爬轨脱轨是随着车轮的转动，车轮轮缘逐渐爬上轨头而引起的脱轨，它是车辆运行中较常见的脱轨形式，也是各国学者研究的重点。

车辆沿轨道直线部分运行时，在正常工作条件下，车轮上的踏面部分与钢轨顶面相接触。当进入曲线时，由于各种横向力的作用，如离心力、风力、横向振动惯性力等作用，前轮对外侧

车轮的轮缘将贴靠钢轨侧面。如果轮对前进方向相对轨道有正冲角,则轮轨接触点 A 离开垂向平面有一个导前量,如图 6-1a)所示。在接触点 A 处,车轮给钢轨的横向作用力为 Q,钢轨给车轮的横向反力称为导向力。在导向力作用下,轮对连同转向架顺着曲线方向前进。如果在某种特定条件下,车轮给钢轨的横向力 Q 很大,而车轮给钢轨的垂向力 P 很小,车轮在转动过程中,新的接触点 A' 会逐渐移向轮缘顶部,车轮逐渐升高。如果轮缘上接触点的位置到达轮缘圆弧面上的拐点,即轮缘根部与中部圆弧连接处轮缘倾角最大的一点时,就到达爬轨的临界点。如果在到达临界点以前,Q 减小或 P 增大,则轮对仍可能向下滑动,恢复到原来的稳定位置。当接触点超过临界点以后,如果 Q、P 的变化不大,由于轮缘倾角变小,车轮有可能逐渐爬上钢轨,直到轮缘顶部达到钢轨顶面而脱轨。

车轮爬上钢轨需要一定时间,这种脱轨方式称为爬轨,一般发生在车辆低速情况。另一种脱轨方式发生在高速情况,由于轮轨之间的冲击力造成车轮跳上钢轨,这种脱轨方式称跳轨。另外,当轮轨之间的横向力过大时,轨距扩宽,车轮落入轨道内侧也可发生脱轨。

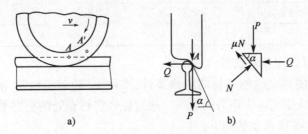

图 6-1 轮轨接触与作用力

评定轮对抗脱轨稳定性的标准有几种,现分别介绍如下。

1)根据车轮作用于钢轨的横向力 Q 评定车轮抗脱轨稳定性

此评定方法由 Nadal 提出,其假定是:设有一车轮,已经开始爬轨并达到临界点(即已经到达轮缘倾角最大点),为了简化分析,不考虑轮对冲角和轮轨接触点提前量的作用。

取轮缘上轮轨接触斑为割离体,如图 6-1b)所示。作用在接触斑上的车轮垂向力为 P,横向力为 Q,钢轨作用在接触斑上的作用力有法向力 N、阻止车轮向下滑动的摩擦力 μN,设轮缘角为 α。接触斑在以上各力作用下处于平衡状态,亦即车轮处于向下滑而不能滑动的状况。将作用于接触斑 A 上的力分解为法线方向和切线方向的分量,可求得车轮爬轨的条件:

$$\begin{cases} P\sin\alpha - Q\cos\alpha = \mu N \\ N = P\cos\alpha + Q\sin\alpha \end{cases} \tag{6-1}$$

式中:α——最大轮缘倾角(简称轮缘角);

μ——轮缘与钢轨侧面的摩擦系数。

解方程(6-1)可得:

$$\frac{Q}{P} = \frac{\tan\alpha - \mu}{1 + \tan\alpha} \tag{6-2a}$$

上式表示轮对在爬轨临界点的平衡状态。如果 Q/P 大于式(6-2a)中的右项,车轮有可能爬上钢轨,反之则向下滑。因此,车轮爬轨的条件为:

$$\frac{Q}{P} \geqslant \frac{\tan\alpha - \mu}{1 + \tan\alpha} \tag{6-2b}$$

比值 Q/P 称为车轮脱轨系数,$(\tan\alpha - \mu)/(1 + \tan\alpha)$ 为车轮脱轨与不脱轨的临界值,简称车轮脱轨系数临界值。临界值的大小与轮缘角 α 和轮缘与钢轨侧面的摩擦系数 μ 有关。由式(6-2a)可知:轮缘角 α 越小,摩擦系数临界值越小,越容易出现爬轨脱轨。

国际铁路联盟 UIC 规定 $Q/P \leqslant 1.2$;德国 ICE 高速列车试验标准为 $Q/P \leqslant 0.8$;日本有线铁路提速试验标准规定 $Q/P \leqslant 0.8$;北美铁路也规定 $Q/P \leqslant 0.8$。

我国标准锥形车轮轮缘角为 $69°12'$,实测为 $68° \sim 70°$,轮缘摩擦系数一般为 $0.20 \sim 0.30$,若取 $\alpha = 68°$,而 $\mu = 0.32$,则 $(\tan\alpha - \mu)/(1 + \tan\alpha) = 1.2$。

我国制定的脱轨系数评定限值见表6-3。

脱轨系数评定限值

表6-3

车种	脱轨系数 Q/P	
	曲线半径 $250\text{m} \leqslant R \leqslant 400\text{m}$; 侧向通过 9#、12#道岔	其他线路(曲线半径 $R > 400\text{m}$)
客车、动车组	$\leqslant 1.0$	$\leqslant 0.8$
机车	$\leqslant 0.9$	$\leqslant 0.8$
货车	$\leqslant 1.2$	$\leqslant 1.0$

2)根据构架力 H 评定轮对抗脱轨稳定性

Nadal 公式反映的是爬轨侧车轮的脱轨条件,实际上,轮对脱轨时,除了爬轨侧的轮轨作用力外,还受到非爬轨侧轮轨作用力的影响。通过轮轨接触点处的受力平稳条件,可得爬轨侧车轮和非爬轨侧车轮的脱轨系数如下:

由于轮轨之间的横向力 Q 较难测量,在试验时往往采用轮对与转向架相互作用的构架力 H 来评定轮对的脱轨系数。

设有一轮对,其左轮正处于爬轨的临界状态,即轮对趋于向下滑而不滑动的状态。这时,左右钢轨作用于左右车轮的摩擦力都是阻止轮对向右滑动,如图6-2 所示。分别取左轮接触斑 A 和右轮接触斑 B 为割离体,左轮作用在接触斑 A 上的垂向力和横向力分别为 P_1、Q_1,右轮作用在接触斑 B 上的垂向力和横向力分别为 P_2、Q_2。左轨作用在接触斑 A 上的力分别为法向力 N_1、阻止车轮向下滑的摩擦力 $\mu_1 N_1$,右轨作用在接触斑 B 上的力分别为法向力 N_2、阻止车轮向下滑的摩擦力 $\mu_2 N_2$。由于左右接触斑上的作用力平衡,可以根据 $\mu_2 N_2$ 确定 Q_2 的方向。

根据左右轮轨接触斑 A、B 上各力平衡的条件可得:

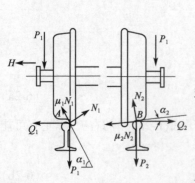

图6-2 轮对与轨道的接触及相互作用力

$$\frac{Q_1}{P_1} = \frac{\tan\alpha_1 - \mu_1}{1 + \mu_1\tan\alpha_1}$$
$$\frac{Q_2}{P_2} = \frac{\tan\alpha_2 + \mu_2}{1 - \mu_2\tan\alpha_2} \tag{6-3a}$$

式中:α_1、α_2——左轮轮缘角和右轮踏面倾角;

μ_1、μ_2——左轮轮缘和右轮踏面与钢轨之间的摩擦系数。

左右车轮给左右接触斑的水平力 Q_1、Q_2 是由构架力产生的,由图6-2 可知,车体作用在轮对上的横向力 $H = Q_1 - Q_2$,于是:

$$\frac{H}{P_1} = \frac{Q_1}{P_1} - \frac{Q_2}{P_1} = \frac{Q_1}{P_1} - \frac{P_2}{P_1}\left(\frac{\tan\alpha_2 + \mu_2}{1 - \mu_2\tan\alpha_2}\right) \tag{6-3b}$$

当爬轨侧车轮处于临界位置时,α_2 很小,$\tan\alpha_2$ 数值很小,可以忽略不计,则可取 $\tan\alpha_2 \approx 0$,于是可得轮对脱轨条件:

$$\frac{Q_1}{P_1} \approx \frac{H + \mu_2 P_2}{P_1} \geqslant \frac{\tan\alpha_1 - \mu_1}{1 + \mu_1\tan\alpha_1} \tag{6-3c}$$

可见,用轮对横向力表示的轮对脱轨系数公式与车轮脱轨系数公式在形式上是相同的。轮对脱轨系数公式比 Nadal 公式所描述的复杂得多。表征行车安全性的脱轨系数不仅与轮缘角以及轮轨摩擦系数有关,还与线路条件、列车的运行速度等有关,但归根到底是轮轨间的几何和力学关系。

$(H + \mu_2 P_2)/P_1$ 称为轮对脱轨系数,我国规定 μ_2 取 0.24,同时规定了由侧架力确定的脱轨系数标准。当 H 的作用时间大于 0.05s 时,轮对脱轨系数的规定值为:

容许值 $$\frac{H + \mu_2 P_2}{P_1} \leqslant 1.2$$

安全值 $$\frac{H + \mu_2 P_2}{P_1} \leqslant 1.0$$

3) 车轮跳轨的评定标准

我国对轮轨瞬时冲击而造成车轮跳上钢轨的脱轨系数无明确规定,其主要原因是跳轨的机理还一直处于研究的过程中。一些国外的铁路规定,当轮轨间横向作用力的作用时间小于 0.05s 时,容许的脱轨系数为:

$$\frac{Q_1}{P_1} \leqslant \frac{0.04}{t} \tag{6-4}$$

式中:t——轮轨间横向力作用时间(s)。

2. 脱轨系数与轮重减载率

对于脱轨安全性指标来说,最基本的就是脱轨系数。前面分析了轮轨横向力及构架横向力对轮对脱轨的影响,这种脱轨的原因是横向力 Q_1 大而垂向力 P_1 小。但是,仅依靠脱轨系数来判定安全性,结论并不一定准确。在实际运用中还发现,在横向力并不很大而一侧车轮严重减载的情况下,也有脱轨的可能。其主要原因如下。

(1)轮重较小时,与其对应的横向力也就较小,计算脱轨系数时受到轮重和横向力测量误差的影响就较大,因此,要获得正确的脱轨系数比较困难。

(2)垂向力较小时,使用该垂向力和与其对应的横向力得到的脱轨系数很容易达到脱轨界限值。另一方面,单侧车轮的轮重减小时,另一侧车轮轮重一般就会增大,此时极小的轮对冲角变化会导致较大的横向力,从而加大了脱轨的危险性。

(3)根据多次线路试验来看,与其说脱轨系数值较大容易导致列车脱轨,不如说轮重减少得越多,越容易导致列车脱轨。

因此,除了脱轨系数以外,还有必要对显示轮重减少程度的指标进行限定,并以此来判断铁道车辆脱轨的安全性问题,该指标称为轮重减载率。轮重减载率为评定车辆在轮对横向力为零或接近于零的条件下,因一侧车轮严重减载而脱轨的安全性指标。下面分析轮重严重减载的情况。

如果构架力 H 很小,设 $H \approx 0$,而 P_2 很大,P_1 很小,即 P_2 远大于 P_1,由于某种原因,左轮轮缘已在轮缘角最大处与钢轨接触。由于右轮在很大的踏面摩擦力 $\mu_2 N_2$ 的作用下,左轮仍旧可以保持脱轨的临界状态。从式(6-3a)可以导出轮重减载与脱轨的关系。

令式(6-3b)中的 $H = 0$,并将式(6-3c)中的 Q_1/P_1 与摩擦系数和轮缘角之间的关系式代入式(6-3b)中得:

$$\frac{P_2}{P_1}\left(\frac{\tan\alpha_2 + \mu_2}{1 - \tan\alpha_2}\right) \geqslant \frac{\tan\alpha_1 - \mu_1}{1 + \mu_1\tan\alpha_1} \tag{6-5a}$$

如果用新的符号,则:

$$P = \frac{1}{2}(P_1 + P_2), \Delta P = \frac{1}{2}(P_2 - P_1)$$

于是:

$$P_1 = P - \Delta P, P_2 = P + \Delta P \tag{6-5b}$$

式中:P——左右车轮平均轮轨垂向力,即轮重(kN);

ΔP——轮重减载量(kN)。

将式(6-5b)代入式(6-5a),经整理后得:

$$\frac{\Delta P}{P} \geqslant \frac{\dfrac{\tan\alpha_1 - \mu_1}{1 + \mu_1\tan\alpha_1} - \dfrac{\tan\alpha_2 + \mu_2}{1 - \mu_2\tan\alpha_2}}{\dfrac{\tan\alpha_1 - \mu_1}{1 + \mu_1\tan\alpha_1} + \dfrac{\tan\alpha_2 + \mu_2}{1 - \mu_2\tan\alpha_2}} \tag{6-6}$$

上式中的 $\dfrac{\Delta P}{P}$ 即为轮重减载率。

当 $\dfrac{\Delta P}{P} = \dfrac{\dfrac{\tan\alpha_1 - \mu_1}{1 + \mu_1\tan\alpha_1} - \dfrac{\tan\alpha_2 + \mu_2}{1 - \mu_2\tan\alpha_2}}{\dfrac{\tan\alpha_1 - \mu_1}{1 + \mu_1\tan\alpha_1} + \dfrac{\tan\alpha_2 + \mu_2}{1 - \mu_2\tan\alpha_2}}$,其值称为轮重减载率临界值。

当轮重减载率超过其临界值后,轮对有可能脱轨。式(6-6)为轮重减载率可能造成脱轨的标准。对应我国情况,车轮踏面斜率为 1/20,锥形踏面的轮缘角 $\alpha_1 = 68° \sim 70°$,$\alpha_2 = \arctan(1/20)$,轮缘与钢轨侧面的摩擦系数 $\mu_1 = 0.20 \sim 0.35$,$\mu_2 = \mu_1/1.2$,代入轮重减载率临界值计算公式中,其结果列于表6-4。

不同摩擦系数和轮缘角对应的轮重减载率临界值　　　　　　表6-4

轮 缘 角	摩 擦 系 数			
	0.20	0.25	0.30	0.35
68°	0.75	0.68	0.61	0.53
69°	0.76	0.69	0.62	0.55
70°	0.77	0.70	0.63	0.56

我国《铁道车辆动力学性能评定和试验鉴定规范》(GB 5599—1985)、《高速试验列车动力车强度及动力学性能规范》(95J01-L)规定车辆轮重减载率应符合的标准值见表6-5。

我国轮重减载率安全限定值 表 6-5

指　　标	GB 5599—2019		95J01-L(M)
轮重减载率	试验速度≤160km/h	试验速度>160km/h	
	≤0.65	≤0.80	≤0.60

脱轨系数和轮重减载率都是从轮对爬上钢轨的必要条件出发而导出的结果。从爬轨过程来看,轮对爬上钢轨轮缘必须贴靠钢轨,轮对与轨道应有一定正冲角,并且爬轨过程需要一定的时间。在实测中往往发现,脱轨系数和轮重减载率都已超过规定限度而并未出现脱轨,这是因为其他条件不具备的缘故。尤其是轮重减载率,并不能直接反映轮缘与钢轨贴靠情况。

从脱轨机理上来说,脱轨系数是一个能够单独对安全性进行评判的指标,可是实际上如前面所述,它具有一定的局限性,因此,需要通过轮重减载率来对列车安全性进行补充、修正。也就是说,轮重减少量较大时,由于测量或计算误差等原因,脱轨系数的可靠性会降低。比如说在某一时刻,虽然脱轨系数值不大,但当轮重减载量较大时,由于极小的条件变化而产生了横向压力,在下一个瞬间里会轻易产生脱轨的可能。因此,轮重减载率是一个考虑到上述情况,对脱轨系数进行补充的安全性指标。

然而,无论是静态还是动态,轮重减载率均不能作为单独评判安全性的指标,而是需要和脱轨系数一起使用。

需要指出的是,脱轨系数和轮重减载率分别是在轮对横向力 $H>0$ 和 $H=0$ 的条件下,根据车轮垂向力和横向力的平衡条件得出的,是在两种不同情况下评价车轮脱轨的指标。不能单靠轮重减载率来评判安全性,只有在脱轨系数和轮重减载率一起使用的前提下,该数值才能够充分地确保车辆运行安全性。

3. 轮轨间最大横向力

轮轨间横向力过大时会造成轨距扩宽、道钉拔起或引起线路严重变形,如钢轨和轨枕在道床上横向滑移或挤翻钢轨等。轮轨间的最大横向力应当限制,具体标准如下。

(1)道钉拔起,道钉应力为弹性极限时的限度:

$$Q \leqslant 19 + 0.3P_{st} \tag{6-7}$$

(2)道钉拔起,道钉应力为屈服极限时的限度:

$$Q \leqslant 29 + 0.3P_{st} \tag{6-8}$$

(3)线路严重变形的限度:

木轨枕

$$H \leqslant 0.85\left(10 + \frac{P_{st1} + P_{st2}}{2}\right) \tag{6-9}$$

混凝土轨枕

$$H \leqslant 0.85\left(15 + \frac{P_{st1} + P_{st2}}{2}\right) \tag{6-10}$$

式中: Q——轮轨横向力(kN);

H——轮轴横向力(构架力,kN);

P_{st}、P_{st1}、P_{st2}——车轮平均、左轮、右轮静载荷(kN)。

4. 倾覆系数

车辆沿轨道运行时受到各种横向力的作用,如风力、离心力、线路超高引起的重力横向分量以及横向振动惯性力等。在这些横向力作用下,车辆经常出现一侧车轮减载,另一侧车轮增载。如果在各种横向力最不利组合作用下,车辆一侧车轮与钢轨之间的垂向作用力减少到零,车辆就有倾覆的危险。

车辆在横向力作用下可能倾覆的程度用倾覆系数 D 来表示。D 的定义是:

$$D = \frac{P_d}{P_{st}} = \frac{P_2 - P_1}{P_2 + P_1} \tag{6-11}$$

式中:P_{st}——无横向力作用时轮轨间垂向静载荷(kN);

P_d——在横向力作用下轮轨间垂向力变化量(kN);

P_2——增载侧轮轨间垂向力(kN);

P_1——减载侧轮轨间垂向力(kN)。

当车辆的减载侧车轮上垂向力 $P_1 = 0$ 时,车辆已到达倾覆的临界状态,这时 $D = 1$,即倾覆的临界值。为了保证车辆不倾覆,倾覆系数 D 不能超过临界值。

5. 轨排横移的安全性指标

推荐应用横向力允许限度鉴定车辆在运行过程中是否会导致轨距扩宽(道钉拔起)或线路产生严重变形(钢轨和轨枕在道床上出现横向滑移或挤翻钢轨),按车辆通过时对线路的影响,横向力允许限度采用以下标准。

(1)道钉拔起,道钉应力为弹性极限时的限度:

$$Q < 1.9 + 0.3P_s \tag{6-12}$$

(2)道钉拔起,道钉应力为屈服极限时的限度:

$$Q < 2.9 + 0.3P_s \tag{6-13}$$

(3)线路产生严重变形的限度:

木轨枕

$$H < 0.85\left(1 + \frac{P_1 + P_2}{2}\right) \tag{6-14}$$

混凝土轨枕

$$H < 0.85\left(1.5 + \frac{P_1 + P_2}{2}\right) \tag{6-15}$$

式中: Q——轮轨横向力(车轮力,kN);

H——轮轴横向力(车轮力,kN);

P_s、P_1、P_2——车轮静载荷(kN)。

车轮通过直线、弯道、道岔时,其横向力允许限度以式(6-12)为目标,不超过式(6-14)和式(6-15)的限定值。

6. 轮轨磨耗指数

各国学者提出的磨耗指数模型有很多种,它们从不同的角度反映了磨耗的影响因素和规律。以下仅对最有代表性的 3 种进行分析比较。

1)赫曼(Heumann)磨耗指数

$$\text{WI} = \mu H \alpha \tag{6-16}$$

式中:μ——轮缘和钢轨间的摩擦系数;

　　H——轮缘导向力,或用轮轨间的总横向力代替(kN);

　　α——轮对偏转角,即冲角(°)。

它的内涵是,钢轨侧面磨耗量(速率)与轮缘摩擦功成正比。

在曲线上,当轮缘贴靠外轨,形成两点接触后,轮缘在钢轨侧面上的滑动量与滑动臂 ρ 有关,而 ρ 与轮缘接触点的超前值 b 有关,b 又与冲角 α 有关。

由式:

$$\rho = \sqrt{b^2 + d^2} \tag{6-17}$$

$$b = (r_0 + d)\tan\tau\tan\alpha \tag{6-18}$$

式中:d——轮轨两点接触中,踏面接触点与轮缘接触点之间的垂向距离(m);

　　r_0——车轮名义滚动圆半径(m);

　　τ——轮缘与钢轨接触点处的轮缘角(°)。

可知冲角 α 直接决定了侧向接触点滑动距离的长短。

该磨耗指数模型是目前应用最广泛的简化磨耗指数模型,也称为传统磨耗指数模型。它的优点是形式简单、应用方便,且揭示了钢轨侧磨与轮缘力、冲角和摩擦系统这 3 个主要因素间的关系,反映了侧磨量(速率)与轮缘摩擦功成正比这一客观规律。存在的问题是不考虑轮轨侧向接触点的具体位置,因而无法反映不同轮轨廓形对磨耗的影响。另外,磨耗量与冲角总是呈线性关系的描述也与实际情况不完全相符。

2)马科特、考德威尔和李斯特(Marcotte,Caldwell and List)磨耗指数

$$\text{WI} = \mu H \sqrt{\left(\frac{d}{r_0}\right)^2 + (\alpha\tan\tau)^2} \tag{6-19}$$

该模型反映了钢轨侧磨量(速率)与轮轨侧向接触面上消耗的蠕滑功成正比。在轮轨发生两点接触的情况下,ω 为车轮转速,则车轮的前进速度为 ωr_0,轮缘接触点的近似蠕滑速度为 $\omega\rho$,蠕滑率 r 可近似表示为如下形式。

由式(6-16)和式(6-17),则有:

$$r = \frac{\rho}{r_0} = \sqrt{\left(1 + \frac{d}{r_0}\right)^2 \tan^2\alpha \tan^2\tau + \left(\frac{d}{r_0}\right)^2} \tag{6-20}$$

因 $d \ll r_0$,且 α 很小,可取 $\tan\alpha \approx \alpha$,故:

$$r = \sqrt{(\alpha\tan\tau)^2 + \left(\frac{d}{r_0}\right)^2} \tag{6-21}$$

该模型包含了对轮轨两点接触位置的具体描述,较好地反映了磨耗的机理,因此,适用于不同轮轨廓形条件下钢轨侧磨的计算分析。

但实际应用中,需要计算轮轨的空间接触位置,比较烦琐;另外,超前值在实际轮轨接触中变化较大,理论公式的计算结果对于磨耗过的轮与轨误差会较大。

3)爱因斯(Elkins)磨耗指数

$$\text{WI} = T_1 r_1 + T_2 r_2 \tag{6-22}$$

式中：T_1、T_2——轮轨接触面上的纵、横向蠕滑力（kN）；

r_1、r_2——轮轨接触面上的纵、横向蠕滑率。

该磨耗指数模型的意义是轮轨磨耗量（速率）与轮轨间接触面上的蠕滑功成正比。当轮轨间蠕滑达到饱和时，蠕滑变为滑动，蠕滑率即为相对滑动距离，蠕滑力变成摩擦力，蠕滑功即为摩擦功。假若仅研究钢轨侧面磨耗，则上式中的符号就代表轮轨侧向接触面上的物理量。

与此相关，英国铁路在非线性曲线通过研究的基础上，通过对轮轨接触面上能量耗散理论的分析和试验测定，提出了磨耗数的定义。磨耗数代表单位接触面积上的能量消耗，有多种表达形式，如 Tr、Tr_2、Tr/ab、$Tr/\pi ab$ 等（a、b 为接触椭圆的长、短半轴），因此，上述磨耗指数也可看作是磨耗数之一例。英国 Deby 研究中心和美国 ARR 试验中心所进行的大量试验都表明，由磨耗数定义的磨耗指数与实际磨耗率存在接近正比的关系，能较为准确地反映轮轨磨耗规律。

7. 曲线通过能力

1）欠超高

我国铁路用限制欠超高的形式来保证列车通过曲线时的安全性，按铁路设计规定：

（1）在等级较高的线路上，旅客列车的欠超高 $h_d < 70$mm。

（2）在一般线路上，欠超高 $h_d < 90$mm。

（3）在既有线路上提速时，某些线路的欠超高 $h_d < 110$mm。

当车速过高超过上述限值时，车辆可能会发生侧翻，不能正常运行。

2）曲线限速

列车通过曲线时会产生向钢轨外侧的离心力，当此力超过某一限值时，即未平衡的离心加速度过大时，列车就会发生横向颠覆，未平衡的离心加速度为：

$$g_c = \frac{v^2}{R} - g\frac{h}{s} \tag{6-23}$$

式中：v——车辆运行速度（km/h）；

h——实设超高（mm）；

s——两钢轨顶面中心距离（mm）；

R——曲线圆曲线半径（m）；

g——重力加速度（m/s²）。

列车在曲线半径为 R 的曲线上行驶，由于实设超高已定，而且欠超高 h_d 不能超过规定标准，因此，要对列车运行速度进行限制，列车在曲线上的最大限速为：

$$v_h = \sqrt{\frac{(h+h_d)R}{11.8}} \tag{6-24}$$

式中：v_h——曲线限速（km/h）；

h——实设超高（mm）；

h_d——规定欠超高限值（mm）；

R——曲线圆曲线半径（m）。

3）车辆在曲线上的偏移量

车辆通过曲线时，车体的中部偏向线路的外方，这种车体的中心线和线路的中心线不能重合而发生偏移的现象叫作车辆偏移,该偏移的大小称为偏移量。车辆在曲线上的偏移量与曲线半径大小和车体长度有关,曲线半径越小或者车体长度越长,则偏移量越大;反之,偏移量越小。车辆偏移量过大时,则可能超过车辆限界,使车辆侵入建筑接近限界,有可能发生碰撞而造成损失,并使车钩相互摩擦,或引起车钩自动分离以及不能摘钩等现象。

8.临界速度

在理想的平直轨道上运行的机车车辆,在特定条件下(如转向架上具有良好的轮对定位装置、其他各悬挂参数匹配适当)于某一速度范围内运行,这时车体、转向架架构、轮对的蛇形运动各振幅随着时间的延续其幅值会不断减小,这种运动称为稳定的蛇形运动,或者可以说此时的蛇形运动是稳定的。振幅衰减得越快,车辆系统的稳定程度越高。而当车辆的运行速度超过某一临界数值时,车辆将产生一种不稳定的蛇形运动,其表现形式为它们的振幅会随着时间的延续而不断扩大,使轮对左右摇摆直到轮缘碰撞钢轨、转向架或车体则出现大振幅的剧烈运动,这种现象称为失稳,此时的运动称为不稳定运动。蛇形运动从稳定运动的临界状态过渡到不稳定运动状态时的速度称为车辆的临界速度。

三、高速列车各关键系统常见故障与预防措施

1.转向架

转向架是支承车体并担负车辆沿着轨道走行的支承走行装置,是车辆最重要的组成部件之一,它的结构是否合理直接影响列车的行车安全。其主要功能有:承受车架以上各部分质量;保证必要的黏着,并把轮轨接触处产生的轮轴牵引力传递给车架、车钩,牵引列车前进;缓和线路不平顺对车辆的冲击和保证车辆具有较好的运行平稳性和稳定性;保证车辆顺利通过曲线。产生必要的制动力,以便使车辆在规定的制动距离内停车。转向架一旦发生恶劣故障,将导致列车晚点、线路瘫痪,甚至造成严重的事故和后果。转向架常见故障与预防措施见表6-6。

转向架常见故障与预防措施　　　　　　　　　　表6-6

转向架关键部件	故障因素	后果	措施方法
轮对	踏面擦伤、裂纹超限、剥离	可能造成轮缘磨耗、车辆脱轨、轧伤尖轨	1.严格按照作业指导书检修列车; 2.安装TPDS系统; 3.安装悬挂性能监测系统
悬挂装置	减振器漏油、龟裂,弹簧异物击伤、裂纹超限	可能造成车辆损伤,甚至发生颠覆	
牵引拉杆	异物击伤、裂纹超限	可能导致纵向牵引力传递受阻	

2.制动系统

列车运营过程中,列车到站、停站时必须实施制动,在下坡运行时为防止速度过快也需要实施制动,在意外故障或其他必要情况下要尽可能缩短紧急制动距离。制动系统是轨道交通列车最重要也是使用最频繁的系统之一。主要功能:一是在列车正常停车或遇到紧急情况时进行制动停车,二是列车调速。列车制动作用异常可能导致列车发生脱轨、碰撞、冲突等严重事故,影响行车安全。制动系统常见故障与预防措施见表6-7。

制动系统常见故障与预防措施 表6-7

制动系统关键部件	故 障 因 素	后 果	措 施 方 法
制动阀	制动阀电流值异常	可能造成制动失灵	1. 严格按照作业指导书检修列车; 2. 安装防滑器; 3. 安装闸瓦间隙自动调整器; 4. 安装列车制动监测系统
防滑阀	防滑阀线路异常、内部电磁阀部故障	制动力过大导致车轮抱死滑行	
闸瓦	间隙过大或过小	制动力衰减	
制动机	控制阀遗漏腐蚀	制动失灵、制动缓解不良	
空气软管	表面龟裂、鼓泡、污垢、破损等缺陷	制动迟缓、制动中断、制动失灵	
制动梁	断裂	制动装置脱落	

3. 控制系统

列车运行控制系统是根据列车在铁路线路上运行的客观条件和实际情况,对列车运行速度及制动方式等状态进行监督、控制和调整的技术装备。列车运行自动控制车载系统的主要功能有:接收钢轨线路传输的信息;进行信息译码;给出指示列车运行显示;实时进行速度比较,当列车实际速度超过允许速度时,给出制动命令,控制制动装置。联锁系统作为列车控制系统中最重要的子系统,主要功能是结合列车行驶路线和时间,安排列车进出站的时间和路线,防止信号冒进等危险事件的发生,从而防止列车相撞事故的发生,保证列车在车站内的运行安全。列车控制系统常见故障与预防措施见表6-8。

控制系统常见故障与预防措施 表6-8

控制系统关键部件	故 障 因 素	后 果	措 施 方 法
传感器	传感器受损	动力传递迟缓或中断	1. 严格按照作业指导书检修列车; 2. 采用先进传感器技术和 CAN 总线技术
列控装置	不启动	电力传输受阻	

4. 牵引传动系统

牵引传动系统是列车驱动系统的核心部分,是高速列车的动力之源。其主要作用是把线网上的直流电压逆变成一个带有可变振幅和频率的三相电压,为牵引电动机运行提供合适的能量。如果该系统不能正常发挥作用,列车的动力将会受阻,影响行车安全。牵引传动系统常见故障与预防措施见表6-9。

牵引传动系统常见故障与预防措施 表6-9

牵引传动系统关键部件	故 障 因 素	后 果	措 施 方 法
齿轮箱	轮齿磨损、断齿、腐蚀、裂纹	动力传递迟缓或中断	1. 严格按照作业指导书检修列车; 2. 安装列车电源系统监测设备
受电弓	压力开关故障、降弓电磁阀故障	电力传输受阻	
充电电阻	温度过高	造成电力传输中电力损耗	
充电接触器	接触不良	电力传输受阻	

第四节 轨道交通条件与交通安全

建设世界一流的轨道交通系统,需要从轨道线路、电气化、通信信号、机车车辆、综合调度以及运营维护管理的各方面采用先进、可靠、经济适用的技术。

一、基础设施

轨道交通基础设施的可靠程度会影响运行安全,引发故障,严重的会导致运行事故,此处以高速铁路建造举例说明。相关基础设施剖面图如图 6-3 所示,基础设施可靠性低可能引发的故障或事故如表 6-10 所示。

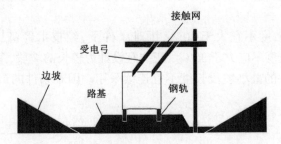

图 6-3　相关基础设施剖面图

基础设施可靠性低可能引发的故障或事故　　　　　　　　　　表 6-10

轨道线路	线形	平面线形:侧翻、倾覆; 纵断面坡度:列车速度、舒适性、平稳性降低
	边坡	线路路基不稳定、滑坡、落石
	钢轨	钢轨寿命降低甚至失效,机车振动加强
	桥梁、隧道	桥梁沉降造成轨道连接失效和变形,救援通道不便,灾害难以疏散,以及隧道通风、排水问题
轨道电路		列车碰撞、列车调度与安全运行失效
接触网-受电弓系统		列车"失动",破坏机车内电子器件

1. 线路

1) 线形

我国《高速铁路设计规范》(TB 10621—2014)规定:① 线路平、纵断面设计应重视线路空间曲线的平顺性,提高旅客乘坐舒适度;② 全部列车均停站的车站两端减加速地段,可采用与设计速度相应的标准,部分列车停站的车站两端减加速地段,应根据速差条件,采用相适应的技术标准,满足舒适度要求;③ 线路平、纵断面设计应满足轨道铺设精度要求。

(1)线路平面

正线的线路平面曲线半径应因地制宜,合理选用。与设计行车速度匹配的平面曲线半径如表 6-11 所示。

平面曲线半径(单位:m)　　　　　　　　　　表 6-11

设计行车速度(km/h)	350/250	300/200	250/200	250/160
有砟轨道	8000~10000 一般最小 7000 个别最小 6000	6000~8000 一般最小 5000 个别最小 4500	4500~7000 一般最小 3500 个别最小 3000	4500~7000 一般最小 4000 个别最小 3500
无砟轨道	8000~10000 一般最小 7000 个别最小 5500	6000~8000 一般最小 5000 个别最小 4000	4500~7000 一般最小 3200 个别最小 2800	4500~7000 一般最小 4000 个别最小 3500
最大半径	12000	12000	12000	12000

　　直线与圆曲线间应采用缓和曲线连接。缓和曲线采用三次抛物线线形。合理设置正线间距,尤其是隧道双洞路段应根据具体的地质条件、隧道结构及防灾与救援要求,综合分析确定。

　　(2)线路纵断面

　　区间正线的最大坡度不宜大于 20‰,困难条件下,经技术经济比较,不应大于 30‰。动车组走行线的最大坡度不应大于 35‰。正线宜设计为较长的坡段,最小坡段长度应符合表6-12 的规定。一般条件的最小坡段长度不宜连续采用。困难条件的最小坡段长度不得连续采用。

最小坡段长度(单位:m)　　　　　　　　　　表 6-12

设计行车速度(km/h)	350	300	250
一般条件	2000	1200	1200
困难条件	900	900	900

　　除了上述条件,缓和曲线的设置也是铁路设计与施工中的重中之重。缓和曲线在直线和圆曲线间起到一个承上启下的连接作用,在直线上曲率和超高均为零,在圆曲线上曲率、超高则为一个稳定值,缓和曲线缓解了曲率和超高的变化幅度,防止了曲线运行时产生的离心力、外轨超高不连续性等形成的冲击力突然产生和消失,以保持列车曲线运行时的平稳性。

　　正确的线形设计和缓和曲线连接设计可以保证列车运行过程的安全平稳,因而做好高速铁路的线形设计尤为重要。

　　2)边坡

　　在普通铁路和高速铁路系统中,边坡指的是为保证路基稳定,在路基两侧做成的具有一定坡度的坡面。随着我国经济的高速发展,西南、西北山区铁路建设迎来了快速发展时期。根据《"十四五"推进西部陆海新通道高质量建设实施方案》,到 2025 年,要基本建成经济、高效、便捷、绿色、安全的西部陆海新通道。铁路西线基本贯通、中线能力扩大、东线持续完善,以铁路为骨干的干线运输能力大幅提升。但是,由于山区特殊地形地貌、水文地质、人类活动等诸多因素的影响,使得铁路在运营过程中不可避免地要面临边坡失稳、危岩落石等多方面的地质灾害。

　　2013 年 8 月 2 日凌晨,内昆铁路大关站至曾家坪子站区间受强降雨影响,发生山体滑坡,造成内六铁路运输中断,其中 18 趟列车迂回运行,12 趟列车停运。同日,内昆铁路 K285 + 500 ~ K285 + 900 线路右侧山体发生大面积垮塌,超过 100 万方的土石方瞬间冲向铁路,导致内昆铁路中断。尽管在山区铁路选线中会尽量避开特殊岩土和不良地质区段,但由于山区覆盖范围广、地质条件复杂,深路堑、高陡边坡及危岩落石等仍然无法完全避免。

山区高速铁路运营中的边坡安全问题,实际上就是边坡异物侵入铁路而造成的危险事故。边坡工程施工需要综合考虑多种影响因素,边坡安全性影响因素分析如下。

(1)边坡高度

边坡高度的增加会加大边坡侧向应力的释放而最终导致坡面岩石的松动和平行于坡面的裂隙形成,使得地表水易侵入到边坡体内,对边坡的安全性造成不利影响。

(2)边坡坡度

一般情况下,随着边坡坡度的不断增大,边坡愈发容易发生失稳,边坡的安全系数逐渐降低。边坡坡度越大,引起的边坡水平位移也越大,边坡的稳定性也就越差。

但是,坡度过小势必会扩大征地范围和开挖高度,影响边坡工程的经济性。

(3)岩体分级

岩体分为Ⅰ~Ⅴ级。随着级数增大,岩体由极坚硬变为极软,由完整变为极破碎,自稳能力逐渐降低,与之对应的边坡安全性也逐渐降低。

(4)坡面与主要结构面的关系

通常情况下,边坡坡面倾向与结构面倾向一致,倾角小于坡角的同向倾斜边坡,其稳定性较反向倾斜边坡差。同时,结构面的倾角越大,同向倾斜边坡的稳定性越差。

(5)风化作用

边坡岩体的风化作用,主要表现在改变岩体结构,削弱岩体力学性能上。随着风化程度的加深,岩体裂纹扩展,裂隙加宽加长并逐渐贯通;岩体颗粒间的联结不断受到破坏,加剧了新裂隙的产生,导致岩体破碎程度日益严重,结构面粗糙程度降低,使岩体的工程性能明显变差,最终影响到岩体的强度和稳定性。

(6)水的作用

在边坡工程中起作用的水主要包括地下水和大气降雨两部分。从实际工程经验来看,边坡的失稳和变形破坏大多发生在暴雨和长时间持续降雨时节,这充分反映出水是影响边坡失稳和变形破坏的重要外部条件及诱发因素之一。

(7)边坡级数

对于多级边坡,若每级坡的平台宽度和坡度相同,当边坡级数较多时,每级坡的高度则相对较小,其开挖时的卸荷扰动量也相对较小,这对每级边坡的局部稳定性是有利的。但是多级边坡还可能会增加施工难度,增加工程费用。

(8)植被作用

植被对边坡的影响会随着坡体的岩土体性质和坡面植被类型的不同而不同。例如,土质边坡上生长的乔木类,由于根系发达,对土体起到加筋的作用,可以增加土体的抗剪能力,对边坡的稳定性有利;较密实土质边坡上生长的茂密针叶草科类植物,由于其根部细密和叶朝向坡下,可起到坡面固结、排除地表水及拦截雨水、减少雨水向土壤入渗的作用,有利于边坡稳定;而松散土坡上生长的草灌混杂植被,可使雨水下渗量加大,对边坡的稳定性不利。陡坡上的茂密树木对其上部的危岩体崩塌也能起到一定的阻碍作用。

3)钢轨

钢轨是轨道的主要组成部件。它的功用在于引导机车车辆的车轮前进,承受车轮的巨大压力,并传递到轨枕上。钢轨必须为车轮提供连续、平顺和阻力最小的滚动表面。在电气化铁道或自动闭塞区段,钢轨还可兼作轨道电路之用。

由于轨道交通高速重载的特性,钢轨在运行过程可能会产生伤损和磨耗。钢轨伤损是指钢轨在使用过程中,发生折断、裂纹及其他影响和限制钢轨使用性能的伤损。钢轨伤损大致可分为5类:钢轨核伤,钢轨接头伤损,钢轨的水平、垂直、斜向裂纹,钢轨轨底裂纹,钢轨焊接接头伤损等。

(1)钢轨核伤

钢轨核伤又称黑核或白核,大多数发生在钢轨轨头内,它是各类伤损中危害最大的钢轨伤损之一。

核伤形成原因:由于钢轨本身存在白点、气泡和非金属夹杂物或严重偏析等,在列车动荷载的重复作用下,这些微细疲劳源逐步扩展,使这些疲劳断面具有平坦光亮的表面,通常称作白核。当白核发展至轨面时,疲劳斑痕受氧化将逐渐发展成黑核。

(2)钢轨接头伤损

钢轨接头是线路上最薄弱的环节,车轮作用在钢轨接头上的最大惯性冲击力比其他部位大60%左右,钢轨接头的主要伤损是螺孔裂纹,其次是下颚裂纹、接头掉块、马鞍形磨耗等。

产生的主要原因有:轨道结构不合理,接头冲击过大,养护状态不良;轨头长期受到过大的偏载、水平推力以及轨头挠曲应力的复合作用等。

(3)钢轨水平、垂直、斜向裂纹

钢轨在制造过程中工艺不良,没有切除铸锭中带有的严重偏析、缩孔、夹杂物等,使之在轨头或轨腰中形成水平、垂直(纵向)或鼓包等裂纹。

在无缝长轨地段,长期受到大的偏心负载、水平推力及轨头挠曲应力的复合作用,在焊接接头下颚会产生水平裂纹。

高硬度、耐磨的合金钢轨及含碳量较高的淬火钢轨因车轮的碾压,在轨头表面会形成鱼鳞斜向裂纹。

(4)钢轨轨底裂纹

轨底裂纹的表现形式大体有3种:轨底坑洼(或划痕)发展形成的轨底横向裂纹、轨腰纵向向下发展形成的轨底裂纹、焊接工艺不良造成的轨底横向裂纹。在轨底热影响区,极容易产生轨底横向裂纹。

(5)钢轨焊接接头伤损

焊接设备、材料、气温和操作工艺等诸多因素都会影响焊接质量。

铝热焊焊缝缺陷有夹渣、气孔、夹砂、缩孔、疏松、未焊透和裂纹等,其中夹渣、气孔可产生在焊缝中的任何部位,夹砂等多存在于轨底两侧,疏松多存在于轨底三角区,裂纹多产生在焊缝与母材之间。

对于钢轨伤损,打磨钢轨是现在最有效的消除波磨的措施。除此之外,还有以下一些措施可以减缓波磨的发展:用连续焊接法消除钢轨接头,提高轨道的平顺性;改进钢轨材质,采用高强耐磨钢轨,提高热处理工艺质量,消除钢轨残余应力;提高轨道质量,改善轨道弹性,并使纵横向弹性连续均匀;保持曲线方向圆顺,超高设置合理,外轨工作边涂油;轮轨系统应有足够的阻力等。

4)桥梁隧道

桥梁一般指架设在江河湖海上,使车辆行人等能顺利通行的构筑物。为适应高速发展的现代交通行业,桥梁亦引申为跨越山涧、不良地质或满足其他交通需要而架设的使通行更加便捷的建筑物。

隧道是修建在地下、水下或在山体中,铺设铁路或修筑公路供机动车辆通行的建筑物。根据其所在位置可分为山岭隧道、水下隧道和城市隧道3大类。

铁路桥涵设计需符合现行《铁路桥涵设计规范》(TB 10002—2017)中Ⅰ级铁路干线的规定。且桥涵结构应构造简洁、美观、力求标准化、便于施工和养护维修,结构应具有足够的竖向刚度、横向刚度和抗扭刚度,并应具有足够的耐久性和良好的动力特性,满足轨道稳定性、平顺性的要求,满足高速列车安全运行和旅客乘坐舒适度的要求。隧道设计必须考虑列车进入隧道诱发的空气动力学效应对行车、旅客舒适度、隧道结构和环境等方面的不利影响。隧道衬砌内轮廓应符合建筑限界、设备安装、使用空间、结构受力和缓解空气动力学效应等要求。

2.轨道电路

目前,我国电气化轨道线路约占全国铁路总营业里程的70%以上,它所承担的运量约占铁路总运量的70%左右,电气化铁路的优越性是毋庸置疑的。然而,轨道电路的可靠性很大程度上影响着铁路客运的安全性。

轨道电路主要是以轨道中的两侧钢轨作为主要的导体,在两端施加电气绝缘或是电气分隔,并分别接入送电或是受电设备,从而构成一个完整的电气回路。使用轨道电路能够对道岔的占用情况进行相应的检测,在轨道电路的运行过程中,在回路中通入一定的电流,并从信号发送端完成电信号的发送,当电信号接收端接收到电压(或是电流)信号后使得继电器吸合,则表示此段轨道电路空闲。当某段轨道区域的电路出现分路不良问题时,列车进入到相应的区段时,铁路信号将无法正常显示相应的列车信息,在该区段的信号灯或是控制台上会显示错误的列车信息,对于列车的调度与安全运行将会产生严重的影响,故障状况如下。

1)具体故障

(1)当出现故障时,如车站的值班人员并未进行空闲确认,错误的开放信号将会导致列车碰撞的事故。

(2)在列车调度作业中,如出现铁路轨道电路分路不良问题,列车在通行道岔的过程中由于信号故障,车站工作人员会误以为仍在通过道岔的列车已经出清从而操作道岔,这一因信号错误而导致的操作错误会引起列车的脱轨,从而产生重大的安全事故。

(3)因信号故障而提前操作道岔,会使得列车在运行时出现挤岔事故等。

2)引起以上故障的原因

(1)钢轨表面锈蚀、污染会影响钢轨的电阻率。铁路信号电路的运行主要是依靠钢轨作为导体来实现的,铁路钢轨在使用的过程中,会受到周边自然环境的影响。降雨或是钢轨表面灰尘吸附的水分会使得钢轨表面发生化学反应,从而产生锈蚀并在钢轨表面形成薄氧化层,严重影响电路的导电性。而在一些货场,装卸时所产生的粉尘掉落在钢轨的表面,经过列车的碾压,压实后会在钢轨表面形成绝缘层,其会阻绝电路的信号传输。

(2)车流量会对轨道电路产生影响。列车在钢轨上高速运行,在运行的过程中,轮对与钢轨之间会产生摩擦,这一摩擦过程会将钢轨表面的锈蚀和污染物带走,除锈和除污染的程度主要取决于列车通行量的大小和列车通行的速度。如果铁路钢轨上通行的列车车速较快、车流量较大,则会对钢轨锈蚀和污染产生良好的清除效果,从而使得铁路轨道电路分路不良问题发生的概率大幅下降。

(3)钢轨轨面的电压也会导致铁路轨道电路分路不良的问题。铁路钢轨轨面的氧化层及污染层在恒定的压力条件下将会呈现出"类放电管"的击穿效应,从而影响铁路轨道上电路信号的传输,使得铁路轨道出现电路分路不良的问题。

(4)铁路轨道表面由于污染、锈蚀等原因,将会在铁路钢轨表面形成不良导电层,这些导电层在被高电压击穿之前,将会表现出极高的阻抗,这一阻抗数值会到达数百欧姆甚至上千欧姆以上。当施加的高电压完成对不良导电层的击穿后,所通过的电流增大,将会使得分路电阻降低。只有当分路电阻小于标准分路电阻时,轨道电路才有可能可靠持续地工作,而当分路电阻高于标准分路电阻时,将会导致铁路轨道电路分路不良的问题发生。

3. 接触网-受电弓系统

在电气化铁路的运行中,接触网随着铁路技术的不断发展,逐渐呈现出越来越重要的角色和地位,也因此而逐渐暴露出诸多的问题,而问题的归结点就在于如何使得接触网能够安全、合理、科学地运作,但是无论是来自客观还是主观的问题,均对接触网的安全问题构成了严重的威胁。首先是自然环境因素,主要是由于接触网往往暴露于自然环境当中,容易因为天气、气候等因素造成腐蚀性损毁。其次就是人为因素,在具体的操作过程中,由于技术或大意而造成的瑕疵和纰漏。

1)接触网安全的重要性

接触网是铁路电气化工程的主要部分,是向电力机车供电的特殊形式的输电线路,是电气化铁路设施中的薄弱环节,其良好的性能状态是保证向电力机车稳定供电的基础。为了保障列车的正常运行,接触网系统必须具有较高的可靠性。据统计研究表明,接触网系统的故障率远远高于牵引供电系统的故障率,可见,接触网系统在牵引供电系统中所占比重很大,必须很好地维护。在电力机车正常运行时,列车通过接触线与受电弓之间的直接滑动接触获取所需电能,由于这种工作性质,导致弓网之间会长期存在各种摩擦损耗和各种电气、化学腐蚀,直接对接触网带来巨大的损伤。同时,自然天气条件的影响以及列车高速运行时产生的强烈振动,都会给接触网带来故障。如果接触网发生接触线断线、接触网接地、绝缘击穿等严重故障,将会导致线路中断,造成重大损失。

2)接触网特点

就铁路接触网而言,其本身具有以下特点:其一,维修难度大。由于接触网是沿铁路沿线进行架设的,很容易受到外界自然条件的影响,如冰、雪、风、霜、雷、雨等,这也是户外型供电设备的一大弊端。正是因为这样的问题,使得接触网的维修非常困难,尤其是在天气恶劣时,这种现象更加突出。其二,铁路接触网基本上都是采用无备用安装方式进行架设的,这种安装方式的弊端就是一旦线路发生故障,没有备用设备予以替代,从而会导致电力机车运行中断,这在一定程度上会给铁路运输造成负面影响。其三,铁路接触网下的电力机车在高速运行时,因接触悬挂跨距不均匀以及受电弓的惯性力和空气动力的影响,有可能导致受电弓在垂直方向发生振动,从而影响接触网的正常工作状态,使之发生一定的变化,当这一变化达到某种特定的情况时,便会引起弓网事故。为确保电气化铁路在投入运行后的安全性和可靠性,必须重视铁路接触网的架设质量,使其安全性得到有效保障。

3)高速铁路弓网系统的故障与安全

高速铁路的大发展、大繁荣,使接触网安全在高铁运行中显得尤为重要。高速铁路工程要求高安全性、高可靠性、高精确度、高平顺性、高稳定性,相较于普速接触网,高速铁路接触网对施工精度的要求更为严格。在接触网的施工中,不可避免地会出现施工误差。接触网的施工精度越高、施工误差越小,弓网动态性能越好,受电弓和接触网的寿命就越长。高铁牵引供电与受电系统的常见故障如下。

(1)接触网导线、零部件变形脱落,导致接触网参数变化、供电中断。

(2)受电弓-接触网离线,发生瞬间放电击穿,产生电弧火花,灼烧接触网导线和滑板,缩减工作寿命,使机车受流质量恶化。

(3)大离线或连续离线破坏机车的正常供电,导致断电停运并破坏机车内的电子器件。

(4)对周围的通信系统产生严重的电磁干扰。

高速铁路牵引供电和受电系统的原理结构如图6-4所示。

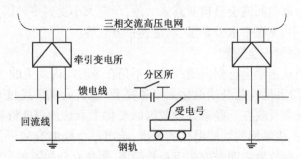

图6-4　高速铁路牵引供电与受电系统的原理结构

在实际的牵引供电中,为了保证电力机车在运行中不间断地获得电能,或者为了检测和灵活供电,牵引供电与受电系统的基本设施及其作用如下。

(1)牵引变电所(Traction Power Substations)

牵引变电所将110kV或220kV电力系统的三相电源经专门的牵引变压器降压,转换成27.5kV的单相电源,送到接触网上,以便电力机车在运行中获取电能。

(2)接触网(Catenary)

接触网对地标称电压为25kV,悬挂在轨道中心线上方,并与轨道的顶面保持6m左右的恒定高差,是电力机车在运行中获取电流的专用单相供电线路。为了减小接触网阻抗产生的降压,用分相绝缘器、分段绝缘器将接触网分隔成若干段,牵引变电所供电的每一段接触网成为一个供电臂。

(3)馈电线(Feeder)

馈电线是从牵引变电所27.5kV母线连接到接触网的专用线。

(4)钢轨(Railway)

在牵引供电与受电系统中,钢轨不仅是列车运行的导轨,而且是电力机车的工作电流返回牵引变电所的重要回流通道。

(5)回流线(Return Wire)

回流线是将轨道和地中的牵引回流引入牵引变电所接地极的连接导线。严格地讲,钢轨也是回流线的一部分。在带回流线的直接供电方式中,采用沿接触网架设专用回流导线的方式。

(6)分区所,也称分区亭(Section Post)

分区所是相邻两个牵引变电所的供电臂分界点,它以开关为主要设备,目的是提高接触网供电的可靠性和灵活性。

（7）开闭所（Sub-section）

为了灵活控制枢纽站场中复杂的供电网络，或者为了供电臂的灵活检修、缩小事故停电范围等，开闭所设置成不进行电压等级变换、只改变运行方式的配电所。

（8）受电弓（Pantograph）

受电弓是机车车顶上的受流装置，运行过程中通过与接触网的滑动接触获取电能。

通常把接触网、馈电线、钢轨和回流线称为牵引网，把牵引变电所、牵引网和弓网组合称为牵引供电与受电系统。

在电气化铁道中，轨道不仅是列车走行的导轨，而且是牵引电流回流的通道。由于轨道铺设在路基上，轨道中的牵引回流会沿途泄露入大地，泄流大小受到多种因素影响，例如雨水、路基碎石及土壤的电阻率、土壤中水分含量、轨道连接方式等。

4）电气化铁路接触网安全管理

一般而言，接触网从正常运行到出现故障并不是在短时间内发生的，而是状态性能逐渐退化的积累的过程。从接触网性能开始退化到设备完全失效，通常要经过一系列不同的性能退化状态，状态退化必然会反映在一些参数量数据的变化上面。如果能够在接触网性能退化的过程中检测或者识别出接触网的性能退化的程度，给出一个能够准确评价接触网当前性能的指标，便可在接触网出现故障之前采取相应补救措施，避免意外故障的发生。有针对性地组织生产和设备维修，对于保障机车正常运行，是很有必要的。

二、自然灾害

在轨道交通列车运行过程中，自然灾害主要是影响轨道基础设施的可靠性。但是，特别情况下，如发生台风、地震等重大自然灾害，往往会直接破坏列车和轨道本身而造成安全事故。

1. 大风

由于大风的作用，列车运行过程中周围流场产生分离，会在列车周围形成一系列涡流，使列车表面压力发生变化，导致列车空气动力性能恶化，列车空气阻力、车辆空气升力、车辆空气横向力、列车交会空气压力波等剧增或骤降，并严重影响列车的横向稳定性。对于一些特殊的风环境，如特大桥、高架桥、路堤，列车的绕流流场改变更为突出，当列车通过曲线路段时，空气横向力、升力与离心力叠加导致列车翻车的可能性大大增加。例如，我国青藏、新疆铁路处于极端恶劣风环境下，常常发生突发性大风自然灾害，由于特殊的地形、地貌环境，形成了著名的约150km 兰新铁路百里风区、南疆铁路前 100km 风区、青藏铁路 900 余 km 长距风区；沿海铁路地区则常遭受台风袭击。极端恶劣风环境危及铁路运输安全，不仅会导致铁路行车中断，使大量旅客滞留、货物积压，更严重的会造成车毁人亡的重大事故。因此，必须确保恶劣风环境下铁路运输安全，并尽可能保证线路畅通。

风载荷对接触网的影响主要在日常运营中，接触网体系具有柔性高、跨度大等特点，对风载荷非常敏感。风工程中一般将风载荷分为平均风和脉动风，平均风的风速在时间和空间上不变；而脉动风的风速在时间和空间上是随机变化的，主要是由气流本身素流或结构形状引起的。接触网系统在短周期脉动风的强迫激励下，会形成强振动响应，称为抖振。

恶劣风环境下铁路的安全行车措施如下。

1）实施列车安全运行速度限值

大风环境下,列车安全运行速度限值是保证列车安全通过风区的重要限制性指标,而研究大风环境下列车临界运行速度的目的就是为了提出列车安全运行速度限值。

列车安全运行规范是针对线路区域或列车速度等级制定的,因此,各铁路线的速度限值标准不同。对各种车辆可以提出通用安全运行速度限值,对某一个高路堤、高桥梁也可制定相应的列车安全运行速度限值。

目前,我国的高速铁路和大部分普速铁路均已实施了大风环境下的列车安全运行限速。

2) 设计合理的列车外形

合理的列车外形可以降低大风环境下的空气升力、空气横向力以及由这 2 个力产生的倾覆力矩,提高车辆倾覆稳定性。

(1) 采用流线型车身

对于客运列车,采用流线型(如流线型头形、流线型车身、连接部位外风挡、车体底部除转向架外全部包起等)能够有效地改善大风环境下列车空气动力性能,包括减小列车空气阻力、控制车辆空气动力升力、降低列车交会压力波幅值。

(2) 合理设计侧壁形状

对于直壁侧墙,在横风与列车风耦合作用下,车辆侧壁的迎风面近乎自由滞止流,使壁面的流速下降而压力升高,而背风面的一系列涡流分离产生强大的负压,合成强大的压差横向力,使车辆空气横向力迅速增大。对于鼓壁侧墙,即侧面为无穷宽的流线型,在横风环境下,可以减轻迎风面的气流滞止影响,改变背风面分离涡流的流场结构,降低车辆空气横向力;同时,鼓壁侧墙折角高度下移,可以减小倾覆力矩,提高列车横向运行稳定性。

目前,我国在设计客、货运列车外形时,均对改善风环境下的车辆空气动力性能有所考虑。

(3) 设置挡风墙

目前,乌鲁木齐铁路局对新疆铁路的主要防风措施为挡风墙。从理论研究、试验分析的结果看,挡风墙是目前最有效的防风措施之一,同时具有一定的防沙功能,对大风期间铁路运输安全起到了较好的保障作用。

挡风墙设置通常考虑如下因素:①挡风墙形状。挡风墙形状有土堤式、加筋对拉直壁式、钢筋 L 形、泄压孔式、超薄型等。②挡风墙高度。若挡风墙高度过低,则强侧风将直接吹向列车;若挡风墙高度过高,则将在列车和挡风墙之间形成强大的涡流,使车辆受到的空气横向力、升力及倾覆力矩剧增。③挡风墙与轨道间的距离。④挡风墙对电气化铁路的影响。⑤挡风墙对不同车型(包括客车、各种货车)气动性能的影响。

3) 建立铁路大风监测预警与行车指挥系统

铁路大风监测预警与行车指挥系统需要具备的功能包括:从实时大风监测预警,到形成列车运行速度限制指令,并能及时与通过风区的列车进行信息交换,为列车安全通过风区以及大风环境下行车指挥调度提供有效决策。

2. 洪水、泥石流

我国高速铁路沿线暴雨主要由两种天气系统形成:第一种是西风带低值系统,包括锋、气旋、切变线、低涡和槽等,影响全国大部分地区,形成大面积暴雨洪水。这类暴雨一般持续时间长、范围大、降水总量大。往往在大江大河上形成流域性暴雨洪水,常造成干支流洪水遭遇、洪峰叠加的严重洪水灾害。第二种是低纬度热带天气系统,包括热带风暴和台风,主要影响东南沿海和华南地区。当热带风暴和台风登陆后,一般表现为低气压消失,如气团移动转而北上,深入内陆,与北方冷空气相遇,这可能形成大范围强降雨。

警戒雨量是铁路部门制定的用于发布铁路沿线暴雨洪水预警的尺度,决定线路警戒状态的雨量指标,是雨量警戒制度执行的技术标准之一。临界雨量是泥石流、滑坡等自然现象发生的特征条件,是判断雨量对线路安全威胁程度的基本依据;警戒雨量则是在前者的基础上,考虑到其他因素的影响,根据应用的需要而制定的应用技术标准。前者是后者的制定依据和基础,后者是前者的工程应用。滑坡、泥石流灾害会淹没道路、桥梁,中断水、陆交通,对交通系统造成影响。泥石流是山区常见的一种突发性固(泥沙、石块)液二相输移现象,在其输移和终止的过程中,会对人类生产生活和自然环境造成灾害性后果。

1)泥石流灾害特征

泥石流灾害自身的自然属性也是承灾体易损性重要的影响因素,因为泥石流是承灾体的直接作用者。泥石流规模主要取决于一次泥石流最大冲出量,泥石流规模越大,破坏能力越强,致使承灾体损失就越大,其易损性越高。

泥石流对铁路等线状工程的危害形式大致可分为冲击作用和堆积淤埋作用。铁路通过泥石流的不同区域,其危害形式是不一样的。若铁路通过泥石流流通区域或沟口区域,由于此区段内泥石流动能较大,铁路工程设施阻碍其前进时,则会以侵蚀或冲击方式对铁路工程设施造成危害。而若通过泥石流堆积区,由于地形开阔,泥石流形成散流,其动能减弱,所以此区段则会以堆积淤埋方式威胁铁路设施,且造成铁路工程的损失相对于冲击侵蚀方式较小。

考虑到我国暴雨频发,部分铁路区段位于山区之内,易因暴雨引发山洪和泥石流等灾害,因此,有必要建立健全暴雨灾害防控系统。高速铁路沿线暴雨灾害防控技术是指暴雨警戒区间的确定及风险评估,这一研究关系到高铁沿线雨监测布点的科学性和采集雨量、雨强的代表性及可靠性,并可以为行车指挥控制系统提供较为合理的限速指令信息,或为启动应急预案提供决策依据,从而达到安全、高效行车的目的。

2)应对措施

针对山区洪水、泥石流多发地带,可对边坡结构进行改进,如设置多级边坡等,尽可能减小泥石流灾害对轨道线路的影响;做好路基排水工程,增大轨道线路排水能力;大力发展智能化轨道系统,加快洪水、泥石流预警监测系统的开发,使相关主管部门能随时掌握轨道安全动态。

3.地震

地震是人类面临的最严重的自然灾害之一,它给社会带来巨大的人员伤亡和经济损失。铁路作为抗震救灾的生命线,铁路桥梁的地震破坏不仅导致巨额的经济损失,因交通中断带来的次生灾害引起的间接经济损失更是十分巨大,不但会延缓震后的救灾工作,还会妨碍灾害后的各项恢复工作。铁路桥梁地震震害所带来的教训是深刻的,通过总结历次铁路桥梁的震害可以发现,铁路桥梁地震震害主要集中在:震后钢轨扭曲或平移,梁体纵、横向位移,落梁、支座破坏以及墩台破坏。例如,我国曾经发生过的两场地震造成了铁路线路和桥梁的严重破坏:1976 年唐山大地震(里氏 7.8 级)中,遭受震害的铁路桥梁占总数的 39.3%,其中严重破坏的占遭受震害的铁路桥梁的 45%,致使京山铁路中断,给震后救援重建工作带来了极大的困难。连接北京和沈阳的重要铁路线严重破坏,在这个区段几乎 50%的桥梁,包括几座特大桥梁遭受严重破坏。2008 年四川汶川 8.0 级地震中,据成都铁路局初步统计,共有 270 余座铁路桥开裂及支座破坏,尽管经过临时处理后部分桥梁开通运行,但严重影响了铁路运营及救灾。汶川地震中,近场地震及场地断裂对铁路桥梁的破坏力较为突出,近场地震区的成灌铁路都江堰境内段(地震烈度 7 ~ 8 度)、宝成铁路上寺至后现段(地震烈度 7 ~ 8 度)以及广岳铁路广济至岳家山段(地震烈度 9 ~ 11 度)受损严重,特别是通过龙门山山前断裂的广岳铁路,尤为严重。

1)面临问题

我国是世界上地震活动最强烈的国家之一,全国很大部分地区位于高烈度地震区。尽管铁路建设在选线阶段已经充分考虑了场地的地震危险性,并尽量回避活断层地带和高烈度区域,但是为了平衡地区之间的经济发展,铁路线路要完全避开地震高烈度区是不现实的。如何提高位于高烈度区域的桥梁抗震性能,是高速铁路建设必须面临且亟待解决的问题。

2)应对措施

为了确保列车的运营安全,对铁路沿线采取地震灾害报警、预警及应急预案的处置措施是非常必要的。目前,国内虽然在京沪线等铁路沿线进行了相应的地震防灾建设,但系统还未发挥出预想中的作用,还有很多重要的研究验证工作需要完成。这就需要更多的相关研究人员加快对包括地震防灾在内的高速铁路防灾系统和紧急自动处置系统的研发进程,减少地震灾害引发的损失。

第五节　轨道交通安全管理

一、列车行车管理

行车工作是轨道交通运营系统的核心工作,也是最容易产生不安全因素的环节。通常人们把列车的组织和运行工作统称为行车工作。轨道交通运营过程中所出现的大部分不安全现象都发生在行车工作中,因此,从某种程度上说,保证行车安全,也就保证了轨道交通运营的安全。

行车安全一般是指轨道交通列车在运送乘客的过程中对行车人员、行车设备以及乘客产生重要影响的安全。行车安全工作主要包括行车组织安全、接发列车作业安全、调车作业安全、列车运行安全等。

1. 行车组织原则

(1)指挥列车在正线运行的命令只能由行车调度员(以下简称"行调")发布,列车司机必须严格遵照"运营时刻表"规定的时刻,按信号显示行车,并服从行调指挥。

(2)行车时间以北京时间为准,从零时起计算,实行 24 小时制。行车日期划分以零时为界,零时以前办妥的行车手续,零时以后仍视为有效。

(3)正线、辅助线及转换轨属行调管理,车辆段线属车辆段调度管理。

(4)在 CBTC(基于无线通信的移动闭塞列车控制系统)正常情况下,电客车采用 AM(自动驾驶模式)、ATPM(ATP 保护的人工驾驶模式)模式驾驶。司机需在电客车出库时或交接班时输入司机代号,在 ATS(列车自动监控系统)有计划运行图时,电客车出车辆段到转换轨时自动接收行车信息,但在 ATS 没有计划运行图时,电客车在出车辆段及正线运行车次变更时,需由行调输入或通知司机人工输入服务号和目的地号。

(5)电客车、工程车、救援列车、调试列车出入车辆段均按列车办理。

（6）在 CBTC 正常情况下,正线上司机凭车载信号显示或行调命令行车,按"运营时刻表"和 PDI(站台发车指示器)显示时分掌握运行及停站时间。

（7）在非 CBTC 情况下,IATPM(点式 ATP 监督下的人工驾驶模式)模式下,正线司机凭车载及地面信号或行调命令行车,司机应严格掌握进出站、过岔、线路限制等特殊运行速度;在联锁模式下,正线司机凭地面信号或行调命令行车,司机应严格掌握进出站、过岔、线路限制等特殊运行速度。

（8）电客车在运行中时,司机应在前端驾驶,如推进运行,应有引导员在前端驾驶室引导和监控电客车运行。

（9）调度电话、无线电话用于行车工作联系,需使用标准用语。

2. 行车指挥原则

（1）行车有关人员必须服从行调指挥,执行行调命令,行调应严格按"运营时刻表"指挥行车。

（2）指挥列车运行的命令和口头指示,只能由行调发布。车辆段内不影响正线运行及接发列车的命令由车辆段调度发布。发布命令前应详细了解现场情况,听取有关人员意见。

（3）行调发布命令时,在车辆段由派班员、车辆段调度员(信号楼值班员)负责传达,正线(辅助线)由车站值班站长(行车值班员)负责传达,传达给司机或其他有关人员的书面命令必须加盖行车专用章。

（4）同时向几个单位或部门发布调度命令时,行调应指定其中一人复诵,其他人核对,确保无误。发书面调度命令时,应填记"调度命令登记簿"。

3. 行车闭塞法

通过相邻车站、闭塞分区的设备或人为控制,保证在一个区间或闭塞分区内同一时间只有一列车占用,使列车与列车之间保持一定距离的技术方法称为行车闭塞法。常见的闭塞方式有移动闭塞、固定闭塞和电话闭塞。

1）移动闭塞

（1）在 CBTC 模式下,移动闭塞没有固定的闭塞区间,列车运行闭塞区间的终端(移动授权)由前一列车在线路上的运行位置、运行状态等因素确定。

（2）由 OCC(运行控制中心)负责监控列车的安全间隔和运行,列车加速、减速、停车和开门等由车载信号系统自动控制或由司机参照车载信号系统人工控制。

（3）列车凭车载信号的目标距离和推荐速度显示运行,可采取 AM、ATPM 模式进行驾驶。若遇非正常情况,司机必须上报行调,按行调命令执行。

2）固定闭塞

固定闭塞是当无线通信移动闭塞功能故障或不能使用时采用的代用闭塞法。分为具备列车超速防护的固定闭塞和不具备列车超速防护的固定闭塞。

3）电话闭塞

遇以下情况时,采用电话闭塞法组织行车。

（1）一个或多个联锁区联锁设备故障时。

（2）中央及车站工作站上一个或多个联锁区均无法对线路运行车辆进行监控时。

（3）车站与车辆段信号设备故障造成联锁失效时,或正线与车辆段信号接口故障时。

（4）其他情况需采用电话闭塞法组织行车时。

二、接发列车作业安全管理

1. 影响要素

车站在办理接发列车作业时，列车车次、列车运行方向及运行指挥，都是接发列车安全的重要影响因素。

1）列车车次与行车安全

列车车次具有区别列车种类、作业性质及运行方向等重要信息，同时与行车安全密切相关。接发列车作业中，列车车次的误听、误传、误抄、误填，往往是造成行车事故的直接原因。为此，办理接发列车时，列车车次必须传准听清，复诵无误，防止误听误传；抄写或填记行车记录簿、命令及行车凭证时，要认真核对，防止误抄误填。车次不清楚时，必须立即询问，严禁臆测行车。

2）列车运行方向与行车安全

列车运行方向也是影响接发列车及行车安全的重要因素之一，尤其是一端有 2 个及以上列车运行方向的车站更需引起注意。在办理列车闭塞及下达接发列车进路命令等作业事项时，均应冠以邻站方向或线路名称，以防止列车开错方向。

3）列车运行指挥与行车安全

行车工作必须坚持"高度集中、统一指挥、逐级负责"的原则。为安全顺利地组织列车运行，列车运行的指挥工作必须做到正确指挥和服从指挥。日常行车作业中，行调错发、漏发调度命令，盲目指挥列车运行，车站值班员错发、漏发接发列车命令，盲目指挥及错误操作控制台等，往往都是造成列车事故的重要原因。因此，在指挥列车运行工作时，行调在发布命令之前，应详细了解现场情况，并听取有关人员的意见，以便正确下达指挥列车运行的调度命令和口头指示。

车站值班员在指挥及办理接发列车作业时，必须认真遵守行车有关规章要求，严格执行接发列车作业规定，正确下达接发列车的有关命令，确保列车运行安全。

2. 接发车作业惯性事故的种类及主要原因

车站在办理接车、发车和列车通过作业程序中发生的一切行车事故统称为接发列车事故。

1）种类

（1）向占用区间发出列车。

（2）向占用线路接入列车。

（3）未准备好进路接发列车。

（4）未办或错办闭塞发出列车。

（5）列车冒进信号机或越过警冲标。

（6）错误办理行车凭证发车或耽误列车。

2）主要原因

（1）当班人员离岗、打盹或做与接发列车作业无关的事情。

（2）办理闭塞时没有确认区间处于空闲状态。

（3）不按规定检查、确认接发列车进路。

(4)不认真核对行车凭证。

(5)错排或未及时开放信号。

(6)取消、变更接发列车进路联系不彻底。

3.接发车作业安全要求

接发列车作业,从办理闭塞、准备进路到开放信号、递交凭证,直至列车由车站发出或通过,期间任何一个环节的疏漏都可能埋下事故隐患,任何一项作业的差错都往往危及行车安全。因此,办理每一趟列车,均需高度重视,严格按照作业标准执行。

国内外轨道交通均采用信号系统控制列车运行,监控列车运行安全。信号系统正常时,列车运行由信号系统自动控制,不需要车站接发列车,只需由车站值班员、站台人员完成站台安全监控和乘客乘降的服务工作。遇到特殊情况(如信号系统故障,需人工排列进路组织列车运行或列车退回原发车站等)需接发列车时,应注意以下安全要求。

1)办理闭塞的安全要求

办理列车闭塞是接发列车作业的首要环节,是列车取得区间占用权的重要环节,也是较容易发生列车事故的关键环节。

(1)闭塞区间的状态确认

办理闭塞前,必须确认闭塞区间空闲。车站值班员在办理闭塞时,为防止向占用区间发出列车,在确认区间空闲时必须做好以下工作。

①检查确认前一列车是否完整到达。

②通过闭塞设备确认区间空闲。

③检查确认区间是否有列车占用。

④检查确认区间是否封锁。

⑤检查确认区间是否遗留车辆。

⑥检查确认有关记录情况。

⑦检查确认其他占用区间情况。

(2)闭塞车次的确认

办理闭塞时,车次必须准确清晰。

(3)闭塞用语的使用

办理闭塞时,用语必须准确完整。办理闭塞及承认闭塞时,必须完整按照行车标准用语执行,不能简化回答"同意""明白"等字而未复诵。

2)准备进路作业的安全要求

准备进路泛指将列车经由车站所运行的线路安全开通。准备进路是接发列车工作中一项极为重要的作业环节,应引起注意的主要方面如下。

(1)确认接车线路空闲

车站在准备列车的接车进路或通过进路时,首先必须确认接车(通过)的线路空闲,以防止线路上存有机车、车辆及其他危及列车运行安全的障碍物等。车站值班员和现场作业人员必须对接车(通过)线路是否空闲进行检查和确认。轨道电路及控制台上设有股道占用标识的,需通过控制台对股道是否被占用进行确认。

(2)确认接发列车进路正确无误

接发列车进路的正确与否,直接关系列车运行安全。因此,在接发列车作业中,对列车进路的确认极为重要,切不可疏忽。联锁设备正常时,车站可通过信号设备显示来确认接发列车进路;遇有联锁设备停用时,对列车进路的现场检查则更需严谨细致,对进路上的道岔应逐个确认,确认道岔位置正确及按要求加锁后,方可报告接发列车进路准备妥当。

(3)确认影响进路的其他作业

确认影响进路的其他作业已经停止。

3)接发车作业程序及用语要求

为确保接发列车作业的安全,尤其在应急处理中,车站接发列车作业应按规定程序办理,并使用规定用语。随意简化,甚至颠倒或遗漏作业程序及用语,将危及行车安全。

4)接送列车及指示发车作业的安全要求

接送列车及指示发车直接关系接发列车作业安全。在信号正常的情况下,车站原则上不办理接发列车作业,遇特殊情况需接发列车时,车站接发列车人员应严格执行接发车作业程序。

(1)确认列车整列到达。

(2)严密监视列车运行安全。站台岗人员随时注意站台乘客动态,当客车进站时,应于扶梯口靠近紧急停车按钮附近立岗,防止乘客在关门时冲上车被夹伤,维护站台秩序,监督司机按规范动作关门。发车时,站台岗(或司机)若发现站台或屏蔽门异常,应立即用对讲机通知司机(或站台岗)并及时处理。

(3)确认列车发车条件无误后,方可指示发车。

三、调车作业安全管理

调车作业是指除列车在正线运行、车站(车厂)到发以外的一切机车、车辆或列车有目的的移动。在调车作业中发生的事故称为调车事故。一般来说,调车作业惯性事故分为撞、脱、挤、溜4种类型,即冲突、脱轨、挤岔、溜逸。

1.调车事故的成因

(1)调车作业计划不清或传达不彻底

调车作业计划是信号员、调车员等调车作业相关人员统一的行动计划,如果调车作业计划本身不清,造成调车进路排错,机车车辆进入异线;或调车作业计划传达不彻底,造成信号员及调车司机行动不一致,极易发生事故。

(2)作业前检查不彻底,准备不充分

调车作业前,必须按规定提前排风,摘解风管,核对计划,确认进路,检查线路、道岔和停留车位置,手闸制动时要选闸、试闸,铁鞋制动时要准备足够、良好的铁鞋。

(3)误排进路或未扳、错扳、临时扳动道岔或错误转动道岔

信号员误排进路或未扳、错扳、临时扳动道岔或错误转动道岔,调车员和司机不认真确认信号及道岔位置,极易造成冲突、脱轨和挤岔事故。

(4)调车手信号显示不标准

调车手信号显示不标准有以下3种情况。

①未按规定的要求显示信号。

②错过了显示信号的时机。

③错误地显示信号。

上述3种情况都有可能导致事故的发生。

(5)前端无人引导推进或推进车辆不试拉

推进作业时,前端无人引导,由于调车司机无法确认线路和停留车位置情况,极易造成撞车和挤岔事故。推进车辆不试拉,一旦车辆中有假连接,制动或停车时车辆脱钩发生溜逸,也容易发生撞车、脱轨、挤岔和溜逸等事故。

(6)未按规定采取防溜措施

调车作业在线路停放车辆时,如不按规定采取防溜措施,极易发生车辆溜逸事故,一旦车辆溜逸入区间,后果不堪设想。

2.调车作业安全的基本要求

1)调车作业指挥及各岗位作业要求

(1)车厂调车工作由车厂调度员集中领导、统一指挥,车厂值班员负责办理接发列车、排列进路和调车作业进路控制,调车作业人员应按相关标准和调车作业计划执行。

(2)车厂调度员应根据机车车辆(包括客车,下同)、线路、设备检修计划和现场作业情况,科学、合理地编制调车作业计划,组织调车人员安全、及时地完成调车任务。

(3)调车作业由调车员单一指挥,根据调车作业计划单,正确、及时地显示信号,指挥调车司机,并注意行车安全。

(4)调车司机应根据调车员的信号准确、平稳地操纵机车,时刻注意确认信号,不间断进行瞭望,正确、及时地执行信号显示要求,负责调车作业安全。

(5)车厂值班员根据调车作业计划单和现场作业情况、机车车辆停放股道,正确、及时地排列调车进路、开放调车信号,做到随时监控机车车辆运行。

2)编制和布置调车作业计划的基本要求

(1)编制调车作业计划

编制计划必须在确保安全的前提下,充分考虑调车效率。一批作业超过3钩或变更计划超过3钩,应使用调车作业通知单。

(2)布置调车作业计划

调车作业计划要及时正确布置。调车领导人要将调车作业亲自传达给调车员,调车员亲自传达给参加调车作业的司机。调车员必须确认有关人员均已了解调车作业计划后方可开始作业。

(3)变更调车作业计划

变更计划时,调车领导人必须停止调车作业,将变更内容重新传达给每一名作业人员,确认无误后方可作业。

3)调车作业前准备工作的基本要求

认真检查线路、道岔、停留车位置情况,包括:

(1)检查进行调车作业的线路上有无障碍物。

(2)检查停留车位置。

(3)检查防溜措施。

(4)检查确认道岔开通位置。

(5)检查库门开启状态,无误后方可开始作业。

4)调车作业显示信号的基本要求

目前,大部分轨道交通企业在场内调车作业和正线工程车推进运行时已采取无线调车电台进行现场指挥。正常情况下,指挥调车作业与进行调车作业的人员使用无线调车电台相互联系,但在该设备发生故障时,则改用手信号指挥调车作业。因此,调车作业人员不但要熟悉信号显示内容,还要掌握显示方法。显示信号时,要严肃认真,做到位置适当、正确及时、横平竖直、灯正圈圆、角度准确、段落清晰。

5)调车运行安全的基本要求

(1)设备或障碍物侵入线路设备限界时,禁止调车作业;禁止提活钩溜放调车作业;客车转向架液压减振器被拆除但空气弹簧无气时,禁止调车作业;禁止两组车组或列车同时在同一股道上相对移动。

(2)车厂值班员应正确及时地排列调车进路、开放调车信号,做到随时监控机车车辆运行。调车作业中,司机与车厂值班员保持联系,严格执行呼唤制度。

本章小结

轨道交通具有运量大、速度快、安全、准点、环保、节能的特点。轨道交通的迅速发展,对改善群众出行条件、缓解交通拥堵、节约土地资源、促进节能减排、引导城市布局调整和推动地区经济发展都发挥着重要作用。与此同时,轨道交通本身的特点决定了轨道交通运营必须把安全放在首要位置。

本章的内容分为五个方面:一是轨道交通安全综述,包括安全在轨道交通中的地位、影响因素与特点;二是轨道交通事故综述,包括事故概念及特征、事故分类等;三是轨道交通工具与交通安全,包括轨道交通列车概述、载运工具安全技术指标和高速列车各关键系统的安全;四是基础设施及自然灾害与轨道交通安全;五是轨道交通安全管理,包括行车作业安全、接发车作业安全与调车作业安全。

习题

6-1 轨道交通安全的影响因素有哪些?

6-2 轨道交通的分类方法有几种? 如何进行分类?

6-3 轨道交通安全评价指标有几种? 分别是什么?

6-4 目前国内规定的高速列车车轮脱轨系数和轮重减载率安全指标分别是多少?

6-5 脱轨系数和轮重减载率有什么区别和联系?

第七章

航空交通安全

随着我国航空事业的迅速发展,航空运输已成为交通运输中不可或缺的重要部分,但飞机不同于普通的交通运输工具,由于其在高空飞行,任何一个环节或部位出现问题,都可能极大地威胁人们的生命财产安全和全社会的公共安全。本章重点介绍航空安全、航空事故等的概念及特征,并在此基础上,详细介绍影响航空交通安全的因素,再对航空安全管理进行一定的阐述。

第一节 概　　述

一、航空交通安全的概念

1. 民用航空

民航,即民用航空,是指使用各类航空器从事除军事性质(包括国防、警察、海关)以外的所有航空活动。20 世纪 50 年代以来,民用航空的服务范围不断扩大,成为一个国家的重要经济领域。民用航空主要分为两部分,即运输航空和通用航空。

1) 运输航空

运输航空也称为商业航空,是指以航空器进行经营性客货运输的航空活动。由定义可知,航空运输分为客运和货运两部分。它的经营性表明这是一种商业活动,以营利为目的。同时它又是运输活动,与铁路、公路、水路和管道运输共同组成了国家交通运输系统。在各种交通运输方式中,由于其具有快速、远距离运输的能力及高效益的特点,使在短期内开发边远地区成为可能,航空运输在总产值上的排名不断攀升,不但促进了国内和国际贸易、旅游和各种交往活动的发展,并且在经济全球化的浪潮中和国际交往方面同样发挥着日趋重要、不可替代的作用。

2)通用航空

除了运输航空,民用航空的其余部分统称为通用航空。根据国际民航组织的分类,通用航空可以分为航空作业和其他类通用航空两部分。

(1)航空作业

航空作业是指用航空器进行专业性工作,提供专业性服务。为工业、农业以及其他行业进行的航空服务活动,在我国也称为专业航空,具体还可以分为以下几类。

①工业航空,即使用航空器进行与工矿业有关的活动,例如航空摄影、航空遥感、航空物探、航空吊装、石油航空、航空环境监测等。

②农业航空,包括与农、林、牧、渔等行业有关的航空服务活动,例如森林防火、灭火、撒播农药等。

③航空科研和探险活动,包括新飞机的试飞、新技术的验证以及利用航空器进行的气象天文观测和探险活动。

④航空在其他领域中的应用,例如巡逻、搜寻、救助、医疗等,再如空中广告作业、空中考古等。

(2)其他类通用航空

①公务航空,例如大型企业和政府高级行政人员用单位自备航空器进行的公务活动。

②私人航空,私人拥有航空器进行的航空活动。

③飞行训练,除培养空军驾驶员外,培养各类飞行人员的学校和俱乐部的飞行活动。

④航空体育活动,用各类航空器开展的体育活动,例如跳伞、滑翔机、热气球以及航空模型运动等。

通用航空在工、农业方面的服务主要有航空摄影测量、航空物理探矿、播种、施肥、喷洒农药和空中护林等。它具有工作质量高、节省时间和人力的突出优点。直升机在为近海石油勘探服务和空中起重作业中也具有独特的作用。在一些航空发达的国家,通用航空的主要组成部分是政府机构和企业的公务飞行和通勤飞行,这是由于航空公司的定期航线不能满足这种分散的、定期和不定期的飞行需求。此外,通用航空还包括个人的娱乐飞行、体育表演和竞赛飞行等。

为适应运输航空和通用航空的快速发展,满足不断增加的航线和快速增长的客、货流量要求,各个国家都在不停地改造旧机场,兴建新机场,建立以大城市为中心的枢纽机场,更新和完善空中交通管制系统。机场越来越大,设施和管理手段越来越先进,环境和服务质量也越来越好,星罗棋布的航线连接世界各地。

我国民航运输量在国内交通运输系统中所占的比重不断提高,其中旅客运输周转量所占的比重已由1980年的1.7%上升为2019年的33.1%;从国际角度来看,依据国际民航组织发布的数据,1978年中国民航在世界航空定期航班运输总周转量的排名仅为第37位,2005年首次攀升至第 2 位,并连续 18 年稳居全球前两位,这样的提升仅用了不足 30 年的时间,并且持续保持着快速增长的势头。我国民航在"十四五"规划中指出,预计在"十四五"的五年时间里,我国航空旅客周转量比重继续提升,运输总周转量达到 1750 亿吨公里,旅客运输量达到 9.3 亿人次,货邮运输量达到 950 万吨,年均分别增长 5.2%、5.9% 和 6.9%。

截至 2022 年底,中国民航共有飞机 4165 架,开通定期航班航线总数 4670 条,拥有国内航线总数 4334 条(至香港、澳门、台湾航线 227 条),能够通航全国 249 个城市;拥有国际航线总数 336 条,能够到达 50 个国家和地区的 77 个城市。这些统计数据意味着我国民航在国内的航空运输网络已经四通八达,在国际上也已形成能够到达各主要国家和地区的航空运输网络。从数量上看,我国已成为名副其实的"民航大国"。

2. 民用航空安全

航空安全(Aviation Safety)涉及与航空器运行和维修有关的人员伤亡和航空器损坏等事故和事件。航空运行具有高速和机动性强的特点,同时伴随着巨大能量的高速移动,风险性高,其安全性受到各国高度重视,已经成为国家安全的一部分。

二、航空交通安全的构成要素

航空交通安全主要包括飞行安全、航空地面安全、空防安全、航空器客舱安全、危险品运输与处置和搜寻与救援 6 大方面。

1)飞行安全

民航飞行安全是指航空器在运行过程中处于一种无危险的状态,也即指民用航空器在运行的过程中,不出现由于民用航空器质量和飞行组操作原因以及其他各种原因造成的民用航空器上人员伤亡和航空器损坏的事件。飞行安全是一种系统安全,是系统的一种无危险状态。

飞行是航空业最主要、风险最大的活动。一旦发生事故,往往损失惨重,影响深远。飞行安全是衡量一个国家的民航事业和一个航空公司的经营管理状态的主要指标,因而飞行安全是航空安全最为重要的方面。历来的事故资料中所记录的绝大部分都是飞行事故,以至有的民航安全统计只包括飞行事故和事故征候。然而,实际上航空安全还包括其他重要方面。

2)航空地面安全

航空地面安全涉及对机场机动区内发生的航空器损坏、旅客或地面人员伤亡及各种地面设备、设施损毁事件的防止和控制。飞行区内有序、高效、安全的运作环境能保证航空器顺利地进行地面运行。而地面运行是整个航空器运行不可缺少的部分,因而航空地面安全是航空安全的重要组成部分。

3)空防安全

空防安全通常是指为了有效预防和制止人为的非法干扰民用航空的犯罪与行为,保证民用航空活动安全、正常、高效运行所进行的计划、组织、指挥、协调、控制,以及所采取的法律规范的总和。

危及空防安全的主要对象是人。国际民航组织提供的数据表明,对已经发生的非法干扰航空器事件中的犯罪分子进行归类分析,以政治为目的的占 19%,刑事犯罪的占 15%,精神病患者占 52%,其他占 14%。

民航空防安全工作的主要内容如下。

（1）对地面进行管制，防止无关人员进入机场特殊区域；预防和打击破坏机场地面设施，进而实施破坏航空器正常运行的行为。

（2）预防通过在交运的行李或者货物中夹带危险物品，危及航空器运行安全的行为。

（3）预防和打击飞行中的航空器受到不法行为干扰，危及航空器运行安全的行为。

（4）预防和打击在空中实施劫持航空器、机上乘客或工作人员，要求改变航线的行为；或利用劫持的航空器及机上人质来要挟政府，达到劫持者非法目的的行为；甚至将航空器作为攻击性武器，攻击地面目标的行为。

一般地，民航的空防安全可以分为"地面防"和"空中反"两个方面。民用机场和地面相关部门的职责是做好"地面防"；航空公司主要从"空中反"入手，如在飞机上配备专职的航空安全员，有效地打击机上犯罪行为，维护机上秩序和纪律。

4）航空器客舱安全

航空器客舱安全的目标是：在正常运行状态下，保证机组不受非法干扰；保证旅客人身安全和尊严；即时救治伤病；防止航空器遭受故意破坏；防止乘机人员误动机舱内开关、手柄等影响安全运行禁止动用的装置；适时调整旅客座位或移动货物位置，以保持好飞行正常运行的重心位置与平衡。一旦发生紧急情况，正确处置，合理使用应急设备，按规定程序及时组织撤离航空器，最大限度地保护旅客人身安全，尽量降低航空器事故给旅客造成的伤害。

5）危险品的运输与处置

有毒、易燃、易爆、腐蚀性及放射性物质等危险品对航空器和人的健康构成严重威胁，强磁性物质会干扰机上仪表指示，影响飞行操作，因而严重危及安全。严格按规定运输和处置危险品是航空安全工作的重要组成部分。

6）搜寻与救援

航空安全还有一个重要方面，那就是在航空器失踪、失事等紧急情况下，及时组织搜寻与救援。这包括事故应急响应、事故地点搜寻与定位、人员救援等一系列的工作及其涉及的系统、设备和设施，从而使航空器、人员及财产的损失减到最小。

上述航空安全的6个方面都很重要，都有大量的工作要做好。但毕竟航空的特征是飞行，因而飞行安全处在中心的地位。其他方面有的直接为保证飞行安全服务，有的与飞行安全密切相关。

安全是民航业的生命，良好的安全记录是民航强国建设和发展的重要条件和基础。安全水平高，将会促进我国由民航大国向民航强国迈进，同时民航强国战略实施过程中的安全投入又必然会提高民航安全水平；反之，如果民航安全水平低，则会制约民航强国战略的实施，所以安全是我国民航业发展的首要前提和根本保证。

三、民航安全的发展机遇与挑战

民用航空是生产、流通、投资和消费全球化得以实现的重要交通工具。随着经济结构的不断优化，产业体系的逐步升级，交通运输业在国民经济中所占的比重进一步扩大，我国民航获得了强劲的发展，截至2022年底，我国境内民用航空（颁证）机场共有254个（不含香港、澳门和台湾，下同），其中定期航班通航城市249个。2022年，民航旅客运输量2.5亿人次，运输总周转量599.3亿吨公里，预计到2025年，民航运输机队规模将达到4500架，航空运输总周转量将达到 1750 亿吨公里以上。

在民航业快速发展的过程中,特别是我国向民航强国迈进的过程中,民航安全发展面临着重大机遇。为了加快民航建设,我国政府加大了对民航系统设备、设施、技术的投入,并且加快了行业结构调整、体制和布局优化,这都为我国民航安全健康发展带来良好的机遇。此外,近年来我国航空器制造业取得了长足发展,研发出具有自主知识产权的民用客机,ARJ21 已经投入运营,C919 也于 2023 年 5 月 28 日实现商业首航。实现了民航业与航空工业的强强联合,实现了自主掌控航空器设计、制造、运行、维修、改进等各个环节,为制定更安全、更合理的航空器适航理念和标准,最终制造具有"本质安全化"的航空器,实现航空器的全寿命周期运行安全奠定了良好基础。

我国民航安全在获得机遇的同时也面临挑战。一方面,我国民航基础相对薄弱,特别是过快发展、区域发展不平衡带来诸多不稳定、不确定因素。另一方面,尽管经过数十年的努力,我国民航取得了优良的运行安全记录,但是严重事故征候也时有发生。有些严重事故征候危险性极大,若未处理得当极有可能演变成重大的机毁人亡事故,这反映出我国民航的安全工作仍有很大的提升空间。

具体来说,我国民航安全面临的问题和挑战主要包括以下几个方面。

(1)随着民航运输量增长,航空器数量不断增多,可用空域将更加拥挤,航路、航线网络将日趋复杂。部分民航可用空域的飞行量已经趋于饱和,极易造成大面积航班延误,存在严重的安全隐患。

(2)发展国产大飞机是国家的需要,是国家航空业发展的标志。我国自行研发的支线客机 ARJ21 和干线客机 C919 已投入运营,在带来机遇的同时,民航运行和维修将面临一系列新的挑战,必然带来许多新的安全问题。

(3)随着支线航空和通用航空的发展,空域管理改革将向纵深发展,伴随着"低空开放"的到来,支线机场、通航机场、飞机、航路等数量也会迅速增长,如何实现高效、安全的运行和有效的监管将成为民航业需要解决的一大问题。

(4)事故征候呈增加趋势,特别是严重事故征候时有发生,民航运行体系仍存在不少缺陷和隐患。

(5)我国民航安全管理水平和效率还需要进一步提高。安全管理体系(SMS)虽然在航空运输企业、机场和空管单位已强制实施,但在一些单位并未得到真正的落实,也未形成与国家航空安全方案(SSP)的有效对接。当前民航安全管理有时主要依靠严防死守和人力投入,科学管理水平有待提高。需要研究和实施高效、可持续发展的安全管理方法和手段,持续提高安全水平,以适应运输航空和通用航空规模的快速增长。

针对以上问题和挑战,我国民航应未雨绸缪,提早筹划对策,并开展相关科学研究,提高相应技术,提前制定解决方案和相关规章标准,发展相关技术迎接挑战。

我国民航发展迅速,已成为世界第二大航空运输体,同时保持着良好的安全记录。未来我国民航的发展速度仍将高于国民经济的发展速度,快速的发展趋势以及国家大飞机发展战略将给民航安全发展带来重大机遇;同时,快速的发展,特别是通用航空的井喷式发展、空域资源的紧张也将给航空安全带来巨大的挑战。抓住机遇,迎接挑战,实施理论创新、技术创新和管理创新,实现可持续安全发展,使我国民航的安全水平居世界领先地位,将为实现地区乃至世界范围的行业领先地位奠定基础。

第二节　航空交通事故

一、概念及特征

世界各国及航空业各组织协会均对航空事故进行了定义,其基础为国际民航组织(ICAO)在民航公约附件 13 中对航空器事故的定义,即:对于有人驾驶航空器而言,从任何人登上航空器准备飞行直至所有这类人员离开航空器为止的时间内,或对于无人驾驶航空器而言,从航空器为飞行目的准备移动直至飞行结束停止移动且主要推进系统停车的时间内所发生的与航空器运行有关的事件。具体分为以下几种情况。

(1)在航空器内,或者与航空器的任何部分包括已脱离航空器的部分直接接触,或者直接暴露于喷气尾喷处,人员遭受致命伤或重伤。

但单台发动机(包括其整流罩或附件)的发动机失效或损坏,或仅限于螺旋桨、翼尖、天线、传感器、导流片、轮胎、制动器、机轮、整流片、面板、起落架舱门、挡风玻璃、航空器蒙皮(如小凹坑或穿孔)的损坏,或对主旋翼叶片、尾桨叶片、起落架的轻微损坏,以及由冰雹或鸟撞击造成的轻微损坏(包括雷达天线罩上的洞)除外。

(2)航空器受到损害或结构故障。它对航空器的结构强度、性能或飞行特性造成不利的影响,通常需要大修或更换有关受损部件。

但当发动机故障或损坏仅限于其整流罩或附件时除外,或当损坏仅限于螺旋桨、翼尖、天线、轮胎、制动器、整流片、航空器蒙皮的小凹坑或穿孔时除外。

(3)航空器失踪或处于完全无法接近的地方。

根据国际民航组织的定义和我国相关法规的规定,我国民航对民用航空器事故和事故征候作出了以下定义。

1.民用航空器事故

1)民用航空器飞行事故

民用航空器飞行事故是指民用航空器在运行过程中发生的人员伤亡、航空器损坏的事件。

2)民用航空器地面事故

《民用航空地面事故等级》(GB 18432—2001)将民用航空器地面事故定义为:在机场活动区内发生航空器、车辆、设备、设施损坏,造成直接经济损失人民币 30 万元以上或导致人员重伤、死亡的事件。例如:

(1)航空器与航空器、车辆、设备、设施碰撞造成航空器及车辆、设备、设施损坏或导致人员重伤、死亡。

(2)航空器在牵引过程中造成航空器及车辆、设备、设施损坏或导致人员重伤、死亡。

(3)航空器不依靠自身动力而移动造成航空器及车辆、设备、设施损坏或导致人员重伤、死亡。

(4)航空器在检查和操纵过程中造成航空器及车辆、设备、设施损坏或导致人员重伤、死亡。

(5)航空器在维护和维修过程中造成航空器及车辆、设备、设施损坏或导致人员重伤、死亡。

(6)航空器在发动机开车、试车、滑行过程中造成航空器及车辆、设备、设施损坏或导致人员重伤、死亡。

(7)车辆与设备在运行过程中造成航空器及车辆、设备、设施损坏或导致人员重伤、死亡。

(8)在装卸货物、行李、邮件和机上供应品等物品过程中造成航空器及车辆、设备、设施损坏或导致人员重伤、死亡。

(9)旅客在登、离机过程中或在机上造成航空器及车辆、设备、设施损坏或导致人员重伤、死亡。

(10)飞机尾喷流、直升机涡流造成航空器及车辆、设备、设施损坏或导致人员重伤、死亡。

2.民用航空器征候

《民用航空器征候等级划分方法》(AC-395-AS-01)对民用航空器征候的定义为:在民用航空器运行阶段或者在机场活动区内发生的与航空器有关的,未构成事故但影响或者可能影响安全的事件,分为运输航空严重征候、运输航空一般征候、通用航空征候和航空器地面征候4类。

1)运输航空严重征候

运输航空严重征候是指大型飞机公共航空运输承运人执行公共航空运输任务的飞机,或者在我国境内执行公共航空运输任务的境外飞机,在运行阶段发生的具有很高事故发生可能性的征候。运输航空严重征候包括几近发生的可控飞行撞地、飞行机组成员需紧急使用氧气等事件。

2)运输航空一般征候

运输航空一般征候是指大型飞机公共航空运输承运人执行公共航空运输任务的飞机,或者在我国境内执行公共航空运输任务的境外飞机,在运行阶段发生的未构成运输航空严重征候的征候。运输航空一般征候包括平行跑道同时仪表运行时,航空器进入非侵入区,导致其他航空器避让;平行跑道同时仪表运行时,机组没有正确执行离场或复飞程序导致其他航空器避让,或者管制员错误的离场或复飞指令导致其他航空器避让等事件。

3)通用航空征候

通用航空征候是指除执行以下飞行任务以外的航空器,在运行阶段发生的征候:

(1)大型飞机公共航空运输承运人执行公共航空运输任务;

(2)境外公共航空运输承运人在我国境内执行公共航空运输任务。

通用航空征候包括冲出、偏出跑道或跑道外接地导致航空器受损或人员轻伤等事件。

4)航空器地面征候

航空器地面征候是指大型飞机公共航空运输承运人的飞机在机场活动区内,或者境外公共航空运输承运人的飞机在我国境内的机场活动区内,处于非运行阶段时发生的导致飞机受损的征候。

航空器地面征候包括航空器与航空器、车辆、设备、设施刮碰造成航空器受损等事件。其中:

(1)机场活动区是指机场内用于航空器起飞、着陆以及与此有关的地面活动区域,包括跑道、滑行道、机坪等。

(2)航空器受损是指航空器损坏程度低于航空器放行标准;或用于教学训练飞行且质量

低于 5700 kg 的航空器,受损修复费用超过同类或同类可比新航空器价值 10%(含)的情况。

(3)人员轻伤是指物理、化学或生物等各种外界因素作用于人体,造成组织、器官结构一定程度的损害或者部分功能障碍,尚未构成重伤又不属于轻微伤害的损伤。该定义不适用于由于自然原因、自身或他人原因造成的人员伤害,以及藏匿于供旅客和机组使用区域外的偷乘航空器者所受的人员伤害等情况。

3. 民用航空器事故特征

1)事故生成的突发性

航空交通事故往往是当事人无法预见的突发性灾难。交通社会学课题组 2000 年在武汉、石家庄等省会城市进行了抽样问卷调查。其中 42.63% 的居民认为最不安全的交通方式是乘坐飞机,在各种交通方式中占据首位。实际上,空难的发生概率很小,然而灾难一旦发生则死亡率极高,其突发性和无可逃避性对人们的心理具有巨大影响。由于航空交通事故的发生是众多诱发因素交互作用的结果,某些因素本身包含随机性和突发性,必然使得事故的发生具有偶然性、突发性、不确定性及随机性。

2)成因的综合性

民航的地面-空中立体生产服务体系,主要由航空公司、空中交通服务和机场服务三大子系统组成,涉及飞行、机务、地面保障和空中服务等多方面的计划、组织、协调和指挥,工作场地分散,组织协调的难度大,同时受自然环境和社会环境的影响较大。中国民航局根据事故调查报告,对导致 2012—2021 年国内 108 起通用航空交通事故的相关因素进行了分析,占第一位的是机组操纵不当(67.6%),第二位的是天气意外(13.0%),第三位的是机械故障(10.2%)。可见,航空事故是由许多因素引发的,其中人为失误是最主要的因素,包括操纵者对环境变化及飞机故障的不良应对。航空事故的发生,通常是民航运输过程中外部环境的突变、人为失误与飞机失控等因素相互作用的结果,其成因具有综合性。

3)后果的双重性

航空交通事故的后果,一是事故本身对生命财产造成的破坏,二是事故发生后引起的社会心理影响。航空事故的双重性表现为伤害范围比较小,而造成的社会影响却很大。一次飞机失事死亡数百人,但造成的影响却是世界性的,会引起许多人对乘坐飞机产生不安甚至恐惧心理。

4)一定的可防性

航空交通事故的发生存在微观上的可避免性与宏观上的不可避免性。从理论上讲,随机事件有随机的规律,事故的发生是事出有因的,那么预先控制了成因,就能预防事故发生的结果。通过监测、识别、诊断和预控,及时纠正人为失误和机械故障,则可以防范事故。但从宏观上分析,系统处在不断的演变、发展和完善过程之中,灾难又是不能绝对避免的。因此,航空事故在一定程度上可以预防,至少能使灾难的发生及损失降到现有技术和管理水平所能控制的最低限度。

另外,严重飞行事故的发生,不仅会造成人员上、经济上的"有形损失",还必然会带来政治上、心理上的"无形损失"。当今世界媒体蓬勃发展,信息传播很快。若某国家航空公司发生严重飞行事故,该新闻会在当天迅速传遍全球,有关事故或事故现场的画面也会出现在电视、互联网等媒体中。即便媒体没有拍到画面,但位于事故现场的旅客也很有可能用手机记录下事故发生的过程或事故现场的状况,并传到网络中。这样的负面新闻会使公众对飞机这一交通工具产生畏惧;会给该国家或者该航空公司带来不良的影响;在特定条件下,个别重大飞行事故,还可能成为引发重大国际、国内事件的"导火索"。

二、事故分类与分级

民用航空器事故等级主要依据人员伤亡情况和飞机损坏造成的财产损失情况来划分。随着民航业的发展,我国民航在不同的发展阶段有不同的划分标准。如 1956 年,中国民航局颁发《中国民航飞行事故等级及其调查、预防程序工作细则草案》,规定飞行事故按对空勤组、旅客和飞机造成的后果,分为一等飞行事故、二等飞行事故、三等飞行事故、四等飞行事故;1980年,中国民航总局颁发的《中国民用航空飞行事故调查条例》,根据飞机损坏和人员伤亡的程度将飞行事故划分为一等飞行事故、二等飞行事故、三等飞行事故;1994 年,根据国务院有关事故调查的规定,并借鉴国际通行的飞行事故等级,实施《民用航空器飞行事故等级》(GB 14648—1993),将飞行事故划分为特别重大飞行事故、重大飞行事故、一般飞行事故;2008 年后,根据《生产安全事故报告和调查处理条例》(国务院令〔2007〕493 号),将飞行事故划分为特别重大飞行事故、重大飞行事故、较大飞行事故、一般飞行事故。

1)《中国民用航空飞行事故调查条例》规定的分类与分级

1980 年 6 月,中国民航总局颁布的《中国民用航空飞行事故调查条例》,对飞行事故的定义是:"空勤组执行飞行任务,自飞行前开车时起,至飞行后关车时止,在此期间内发生飞机损坏或机上人员伤亡,称为飞行事故。"根据飞机损坏和人员伤亡的程度,飞行事故划分为一等飞行事故、二等飞行事故、三等飞行事故。

(1)一等飞行事故:①机毁人亡(包括有一人或多人在 10 天内死亡);②飞机严重损坏或报废,且有一人或多人在 10 天内死亡;③飞机迫降在水中、山区、沼泽区、森林中无法运出,并且有一人或多人在 10 天内死亡;④飞机失踪。

(2)二等飞行事故:①飞机严重损坏或报废,但人员在 10 天内无死亡;②飞机迫降在水中、山区、沼泽区、森林中无法运出,但人员在 10 天内无死亡;③一人或多人在 10 天内死亡,但飞机没有严重损坏或报废。

(3)三等飞行事故:①飞机损坏,并且有一人或多人受重伤;②飞机损坏,人员无重伤;③有一人或多人受重伤,飞机基本完好。

2)《民用航空器飞行事故等级》(GB 14648—1993)规定的分类与分级

根据人员伤亡情况以及对航空器损坏程度,《民用航空器飞行事故等级》(GB 14648—1993)将飞行事故划定为 3 类:特别重大飞行事故、重大飞行事故和一般飞行事故。

(1)特别重大飞行事故:①人员死亡,死亡人数≥40 人;②航空器失踪,机上人员≥40 人。

(2)重大飞行事故:①人员死亡,死亡人数≤39 人;②航空器严重损坏或迫降在无法运出的地方;③航空器失踪,机上人员≤39 人。

(3)一般飞行事故:①人员重伤,重伤人数≥10 人;②最大起飞质量≤5.7t 的航空器严重损坏,或迫降在无法运出的地方;③最大起飞质量 5.7~50t 的航空器一般损坏,其修复费用超过事故当时同型或同类可比新航空器价格的 10%(含)者;④最大起飞质量≥50t 的航空器一般损坏,其修复费用超过事故当时同型或同类可比新航空器价格的 5%(含)者。

3)《生产安全事故报告和调查处理条例》规定的分类与分级

2007 年 6 月,中华人民共和国《生产安全事故报告和调查处理条例》(国务院〔2007〕493

号令)发布。此后,《生产安全事故报告和调查处理条例》和《民用航空器飞行事故等级》(GB 14648—1993)同时在我国民航系统使用。

《生产安全事故报告和调查处理条例》根据生产安全事故(以下简称事故)造成的人员伤亡或者直接经济损失,将事故分为以下等级。

(1)特别重大事故,是指造成 30 人以上死亡,或者 100 人以上重伤(包括急性工业中毒,下同),或者 1 亿元以上直接经济损失的事故。

(2)重大事故,是指造成 10 人以上 30 人以下死亡,或者 50 人以上 100 人以下重伤,或者 5000 万元以上 1 亿元以下直接经济损失的事故。

(3)较大事故,是指造成 3 人以上 10 人以下死亡,或者 10 人以上 50 人以下重伤,或者 1000 万元以上 5000 万元以下直接经济损失的事故。

(4)一般事故,是指造成 3 人以下死亡,或者 10 人以下重伤,或者 1000 万元以下直接经济损失的事故。

2017 年,《民用航空器飞行事故等级》(GB 14648—1993)废止,民航系统完全使用《生产安全事故报告和调查处理条例》(国务院令〔2007〕493 号)中规定的事故等级标准。

三、事故发生的主要阶段

飞机完成一次飞行任务要经过滑行、起飞、爬升、巡航、下降、进近、着陆几个阶段。民航飞机起飞阶段(约 3min)和着陆阶段(约 8min)是最容易发生事故的阶段,这也是民航界公认的"危险的 11min"。在巡航阶段,发生事故的概率较小,而且一旦发生事故,留给机长判断和处理的时间也相对充足,但起飞和降落这两个过程跟巡航相比,由于是人工驾驶,且事故发生时留给飞行员的判断时间极短,要求飞行员所做的动作也非常多,情况非常复杂。根据波音公司内部统计数据,2021—2020 年,世界范围内民航在巡航阶段发生的事故仅有 5 起,而起飞及初期爬升阶段就有 21 起,进近及着陆阶段更是有 30 起之多。我国民航运输航空同时期没有发生一起事故。巡航阶段虽然不易发生飞行事故,但事故一旦发生,伤亡损失往往是巨大的。因此,每一个飞行阶段的安全问题都不容忽视。

四、事故原因因素

统计分析引起飞行事故的主要原因可以帮助人们总结经验教训,找出问题的症结,并有针对性地解决,从而为日后更加安全地飞行打下良好的基础。从图 7-1 中不难看出,从 20 世纪 50 年代至今,诱发事故的最主要原因是机组差错。机组资源管理将在较长一段时间内成为民航业面临的首要问题。机组资源管理(CRM)最初的定义为驾驶舱资源管理(Cockpit Resource Management),它的研究对象主要是驾驶舱中的机组成员,其目的是有效地管理驾驶舱中的一切可用资源,包括飞行员、驾驶舱设备、程序等。随着研究的深入,研究的范围又逐步扩大,CRM 的含义逐渐演变成现在的机组资源管理(Crew Resource Management),其含义延伸为:有效地运用一切可用的资源,包括人、设备、信息。其中的"人"是指所有与驾驶舱有关的成员,他们包括(但不仅仅是):飞行员、签派调度员、乘务员、维护人员、空中交通管制员等。

人是航空系统中最灵活、最具适应性和最有价值的部分,但也最容易受到不利因素的影响。随着世界科技的进步和高速发展,航空系统的高度自动化是必然的发展趋势,但是无论以后的系统自动化程度有多高,人还是有权对关键问题作出重要决定,当系统遭到损坏,人是最后一道防线。因此,国际民航组织在附件 1 和附件 6 的训练和执照要求中以及附件 13 的事故调查中都增加了人为因素的训练要求。除此之外,ICAO 更是发布了《人为因素训练手册》供民航局和航空企业的管理者阅读使用。对机组人员的 CRM 培训,已被全世界各大航空公司所重视,希望通过 CRM 培训增强有效的信息交流与正确的决策,提高机组人员的多种技能,特别是飞行技能和领导管理才能;以及提高应急处理能力,减少人为失误,从而确保飞行安全。

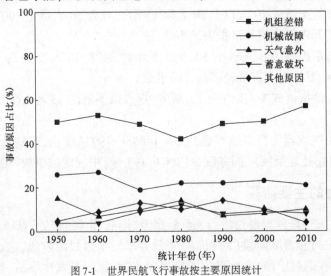

图 7-1　世界民航飞行事故按主要原因统计

第三节　航空器与交通安全

安全是民用航空永恒的主题,保障航空安全是民用航空生存和发展的基础,也是民航政府管理部门的重要职能。民用航空是一个庞大的系统,从航空器的生产制造、运行使用到各类保障,每一个系统和环节,安全始终是第一位的。飞机作为一种交通工具,由于其快捷方便和优质的服务,已经被越来越多的人接纳和选择。飞机的特性和优势更符合现代社会的要求,因而也就有着更大的发展空间,但我们发展航空事业的同时,要始终关注安全,并且永远将其置于最基本最重要的位置。

一、航空器的概念与分类分级

1. 概念

航空器(Aircraft)是指能在大气层内进行可控飞行的飞行器。任何航空器都必须产生大于自身重力的升力,才能升入空中。航空器是飞行器中的一个大类,是指通过机身与空气的相对运动(不是由空气对地面发生的反作用)而获得空气动力升空飞行的任何机器,包括气球、飞艇、飞机、滑翔机、旋翼机、直升机、扑翼机、倾转旋翼机等。

飞机是常见的一种航空器。无动力装置的滑翔机、以旋翼作为主要升力面的直升机以及在大气层外飞行的航天飞机都不属飞机的范围。

2.分类与分级

1)分类

根据产生向上力的基本原理不同,航空器可划分为两大类:轻于空气的航空器和重于空气的航空器。前者靠空气静浮力升空;后者靠空气动力克服自身重力升空。

根据构造特点,可进一步分为下列几种类型,如图7-2所示。

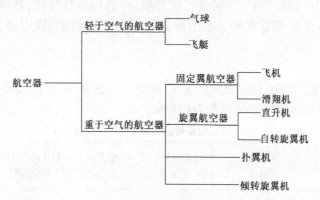

图7-2 航空器的分类

(1)轻于空气的航空器

轻于空气的航空器的主体是一个气囊,其中充以密度较空气小得多的气体(氢或氦),利用大气的浮力使航空器升空。气球和飞艇都是轻于空气的航空器,二者的主要区别是前者没有动力装置,升空后只能随风飘动,或者被系留在某一固定位置上,不能进行控制;后者装有发动机、安定面和操纵面,可以控制飞行方向和路线。

(2)重于空气的航空器

重于空气的航空器的升力是由其自身与空气相对运动产生的。

①固定翼航空器。

固定翼航空器主要由固定的机翼产生升力。

飞机是最主要的、应用范围最广的航空器。它的特点是装有提供拉力或推力的动力装置、产生升力的固定机翼,以及控制飞行姿态的操纵面。

滑翔机与飞机的根本区别是,它升高以后不用动力而是依靠自身重力在飞行方向的分力向前滑翔。虽然有些滑翔机装有小型发动机(称为动力滑翔机),但其主要作用是在滑翔飞行前用来获得初始高度。

②旋翼航空器。

旋翼航空器由旋转的旋翼产生空气动力。

旋翼机的旋翼没有动力驱动,当它在动力装置提供的拉力作用下前进时,迎面气流吹动旋翼像风车似地旋转,从而产生升力。有的旋翼机还装有固定小翼面,由它提供一部分升力。

直升机的旋翼是由发动机驱动的,升力和水平运动所需的拉力都由旋翼产生。

自转旋翼机的外形和直升机类似,但是必须有气流通过桨盘才能带动旋翼旋转。

③扑翼机。

扑翼机又名振翼机,它是人类早期试图模仿鸟类飞行而制造的一种航空器。它由像飞鸟翅膀那样扑动的翼面产生升力和拉力,但是,由于人们对鸟类飞行时翅膀的复杂运动还没有完全了解清楚,加之制造像鸟翅膀那样扑动的翼面还有许多技术上的困难,载人扑翼机至今还没有获得成功。

④倾转旋翼机。

倾转旋翼机(Tiltrotor,又称可倾斜旋翼机),是一种同时具有旋翼和固定翼,并在机翼两侧翼梢处各安装有一套可在水平和垂直位置之间转动的可倾转旋翼系统的航空器。倾转旋翼机在引擎旋转到垂直位置时相当于横列式直升机,可进行垂直起降、悬停、低速空中盘旋等直升机的飞行动作;而在引擎旋转至水平位置时相当于螺旋桨飞机,可实现比直升机更快的航速。

2)分级

航空器按照其速度大小,如跑道入口速度、起始进近速度、最后进近速度等,可分为 A、B、C、D、E 共 5 个等级,具体分类情况如表 7-1 所示。

航空器的分类等级(单位:m/s) 表 7-1

分类	跑道入口速度	起始进近速度	最后进近速度	最大盘旋速度	目视机动最大盘旋速度	复飞最大速度	
						中间	最后
A	<91	90~150(110*)	70~100	90	100	100	110
B	91~120	120~180(140*)	85~130	120	135	130	150
C	121~140	160~240	115~160	140	180	160	240
D	141~165	185~250	130~185	165	205	185	265
E	166~210	185~250	155~230	—	240	230	275

注:跑道入口速度为航空器在最大允许着陆质量时,着陆状态中失速速度的 1.3 倍;* 表示反向和直角程序的最大速度;E 类航空器只包括某些军用航空器,民航飞机(除"协和"外)无 E 类航空器。

二、航空器设计

1.飞机结构设计

飞机结构在外载荷作用下将产生变形,变形超过规定或失去承受外载荷的能力称为失效,结构失效故障导致的飞行事故在国内外已多次发生。引起结构失效故障的主要原因有:结构设计、制造中未被注意的隐患;使用条件改变导致的结构承载能力降低;不按规定使用或处置导致结构损失破坏。对大量的飞机机体结构失效故障分析得出,运输机结构失效主要是由于机身、机翼和尾翼的疲劳破坏,这类失效曾导致多起空难和飞行事故。

从 20 世纪前期起,飞机结构都按静强度设计。设计中通常采用设计载荷法,设计载荷为使用载荷乘以安全系数。静强度设计准则认为,如果结构材料的极限载荷(或称极限承载能力)大于或等于结构的设计载荷,那么结构就是安全的。

随着飞机使用寿命的延长,加之高强度材料的应用(一般疲劳性能较差)和使用应力水平的提高,结构疲劳破坏的可能性逐渐增大。因此,飞机设计在静强度、刚度基础上,又引入了抗疲劳的安全寿命设计思想。所谓安全寿命(Safe Life)设计,是要求飞机结构在一定使用期内不发生疲劳破坏。安全寿命设计是静强度和刚度设计的一种补充和发展,它不能代替飞机结构静强度和刚度设计的要求。

1960 年,又提出了破损安全(Fail Safe)设计概念。破损安全是指一个构件破坏之后,它所承担的载荷可以由其他残存结构件继续承担,以防止飞机的破坏,或造成飞机刚度降低过多而影响飞机的正常使用。也就是说,这种设计思想允许飞机结构有破损,但必须保证飞机的安全。从 20 世纪 60 年代初期到 70 年代初期,飞机结构设计采用破损安全与安全寿命相结合的设计思想,但是这种设计思想还带有一定的局限性,远不足以解决安全和寿命问题。

随着断裂力学和其他学科的发展,出现了损伤容限和耐久性设计。1969 年,美国空军开始规定对飞机结构采用损伤容限和耐久性设计。1978 年,美国联邦航空局(FAA)规定在民用机上采用损伤容限和耐久性设计,代替原来的破损安全与安全寿命设计。损伤容限(Damage Tolerant)设计思想的基本含义是:承认结构中存在一定程度的未被发现的初始缺陷、裂纹或其他损伤。通过损伤容限特性分析与试验,对可检结构给出检修周期,对不可检结构给出最大允许初始损伤,以保证结构在给定的使用寿命期限内,不至由于未被发现的初始缺陷、裂纹或其他损伤扩展而发生灾难性破坏事故。采用损伤容限设计的结构称为"损伤容限结构"。该结构的某一部分产生裂纹后,结构仍能在规定载荷下工作一定时间,在这段时间内裂纹不会扩展到临界裂纹尺寸,也就是说,结构满足规定的剩余强度要求,从而可以保证飞机结构的安全性和可靠性。

随着航空事业的发展,对飞机结构设计也提出了更高的要求,不但应满足强度、刚度、安全和可靠性要求,而且对经济性和维修性也提出了高要求。20 世纪 70 至 80 年代,美国空军提出了耐久性设计概念(也称为经济寿命设计概念)。耐久性设计的含义是:在规定的时间内,飞机结构应具备抵抗疲劳开裂、腐蚀、热退化、剥离、磨损和外来物损伤作用的能力。耐久性设计的基本要求是:飞机结构应具有大于一个设计使用寿命的经济寿命。所谓经济寿命是指结构出现大面积的裂纹,以至于要维修不经济,不维修又会影响使用功能的使用时间。目前,飞机结构的长寿命和低维修费用,已成为飞机结构设计的重大目标,而这个目标正是通过飞机结构的耐久性设计来实现的。耐久性设计是提高飞机结构耐久性和维修经济性的重要设计方法,它保证了飞机结构具有较低的维修费用。

2. 航空器适航性

航空器的适航性是保障民用航空安全的物质基础。从空难原因分析中可以看出,造成事故的主要原因是人为因素,而不是航空器本身,但是,必须指出的是,要保证民用航空安全,丝毫不能忽视航空器本身的适航性,这里包括了航空器的设计、制造和维修。航空器的设计、制造和维修,是影响航空器适航性的 3 个重要环节。而航空器是民用航空活动的主体和不可缺少的工具,航空器有问题便无飞行和飞行安全可言。因此,提供完善设计、优质制造和有效维修的航空器,即符合适航标准要求的航空器,是保证民用航空活动良好进行的前提。换言之,民用航空器的适航性是保障民用航空安全的物质基础。

航空器的适航性在民用航空活动的各个环节和全过程影响着民用航空安全。影响民用航空安全的因素是多方面的,从广义上来说,适航性仅仅是整个民用航空安全链条中的一个环节。但是,这个环节遍布航空器的设计、制造、使用和维修的每一个阶段,并且还反映在航空器从诞生到终结的全部过程。可以说,航空器的适航性随时随地都在影响着民用航空的安全。此外,航空器的适航性还是一个动态的变量,有其自身变化的特性和规律,但使用和维修航空器的人员在掌握这些特性和规律时难免产生滞后甚至犯错误,不断发生的人为责任差错,使本来就繁杂的适航性影响民用航空安全的局面变得更加复杂化了。

三、航空器运行

1.航空公司运行安全

航空公司运行安全涉及范围广泛,包括指挥控制安全管理、飞行技术安全管理、航空器维修维护安全管理、客舱安全管理、地面运行保障安全管理,任何一个环节发生问题,都可能会导致事故的发生。因此,在航空安全管理理论方面,存在着一个多米诺骨牌连锁理论,就是说航空安全管理各环节均为多米诺骨牌的一环,抽掉其中任何一环,都将造成其他环节的崩溃。

飞行安全的主要影响因素如下。

1)人的因素

事故调查记录一再表明,至少3/4的事故是由身体健康且有适当资格人员的行为差错造成的。航空系统中人最灵活且适应力最强,但也最易受那些可能损害系统性能的影响因素的影响。乘坐装备密闭增压舱飞行的机组成员尽管处于半封闭的人工舱环境中,但仍能直接或间接受到一些外界自然环境的影响。多种自然环境的相加、协同、拮抗会给人的心理和生理带来未知的影响,使得人体机能发生变化。由于大部分事故都是由人的欠佳的行为所致,因此,人们往往将其归因于人为差错。

2)设备因素

主要是指航空公司飞机和与飞机相关的机务维修和机务维修人员的主客观情况。设备的健康维护与否关系到飞机各主要部件的使用时间,如果不及时维护,可能导致部件丧失可用性,过早地达到使用寿命,以至在没有达到机身飞行总时间或起落架次时就提前报废。航行前检查、航行后检查、定期维护或分区维护、进厂大修等根据飞行时间长短所做的检修情况以及机务人员个人素质的高低均会对飞机的安全状态构成影响。

3)环境因素

航空公司飞行安全必须考虑的环境因素主要包括空域环境、地理环境、气象环境、人文环境、通信环境以及勤务保障环境等。随着科技的进步,气象仪器的完善,激光技术、气象卫星和电子计算机的使用,航空气象环境的研究也进入了一个新的领域。但是还存在有待解决和改善的问题,如低能见度、天气湍流、雷暴、高空气象条件的探测和预报,形成强烈扰动和危害飞行的中、小尺度天气系统的预报、高速处理等情况。这些环境因素中有很大一部分是超出航空公司预控的,但是他们对飞行安全的影响是切实存在的。从航空公司的角度进行监测、评判,对评价与预测飞行安全有很大的帮助。

4)管理因素

管理因素是沟通人、设备与环境的桥梁。通过进行优化管理,可以促进人的因素的稳定性提高,趋避环境和设备的不利情况,使系统更好地发挥职能。造成航空公司飞行安全不稳定表现的原因主要是航空公司管理波动以及管理疏忽。

此外,飞行中航空器的空防安全是飞行的重要组成部分,不法分子的非法行为将严重危及航空器和旅客的生命安全,影响航班的运营,并损害人民对民航安全的信心。为此,国际民航组织各缔约国制定了《关于制止危害民用航空安全的非法行为的公约》。我国根据实际情况也制定了《民用航空安全保卫工作原则》,这一规则是空勤组保卫航空器和旅客生命、财产的指导文件,是空防的有力保障。

2.机场运行安全

机场运行安全管理是航空安全管理的重要组成部分,机场区域范围内的安全和管理,尤其是飞行区、货运区、油库区和候机大楼的安全控制和管理,直接关系到空中的安全和地面保障的正常运行。我们知道人的不安全行为和物的不安全状态是造成能量或危险物质意外释放的直接原因,它包括人、物、环境3个方面。在机场运行过程中,影响安全的因素除了机场指挥人员的指挥协调以外,还有机场管理和设施设备两个方面。人的不安全行为就是管理上的缺陷;而物的不安全状态就是设施设备上存在的问题。

从管理上讲,机场日常运行的依据是机场运行程序、管理制度、运行规章和工作人员的安全理念,也就是机场安全管理体系。此外,法律、法规的实施,也有很多人为因素的影响,如果不学习规章、标准法规,不熟悉条款就会发生指挥错误、操作失误、监护失误,甚至直接导致事故的发生。

从设施设备上讲,一个机场的安全运行,除了跑道、航站楼主体以外,更重要的是依赖于这些地方的设施设备的安全运行。这些设备主要包括消防灭火设备、目视助航设施、导航设施、除冰除雪设施、登机设施和加油、电源、配餐、货物装卸、飞机牵引设施设备等。除此以外,航站楼里的设备,比如离港系统,这些设施设备除了旅客能看到的安全检查设施以外,还有旅客交运的行李分拣系统和安检设施。因此,机场设施设备的好与坏,决定了整个运行的好与坏,除了人为因素,设备本身的可靠性也是影响民航机场安全的重要因素。

3.航空器维修安全

航空器的维修与安全紧密相关,机务维修为航空公司运行提供安全保障,确保飞机的持续适航状态,而且要为所有航班准时提供可用的飞机。研究表明,世界上20%~30%的空中停车、50%的航班延误、50%的航班取消均是由维修差错导致的,每年由维修所造成的事故导致的经济损失约为20亿~25亿美元。

虽然近几年来我国民航业内并未发生由于机务维修原因造成的运输航空事故、空防安全事故、重大航空地面事故和特大航空器维修事故,但是维修事故征候、严重维修差错、一般维修差错、其他不安全事件以及违章行为却是层出不穷。研究对航空器维修安全的影响因素,主要包括人的因素、飞机因素、环境因素和管理因素4个方面。

1)人的因素

机务维修人员方面影响航空安全的因素主要有:个人身体条件局限、身心健康状况不佳、遗忘、粗心大意、知识技能低、经验缺乏、安全观念差、责任心不强和相互之间沟通配合不好等。

2)飞机因素

飞机本身存在的安全风险诱因:可靠性低、可维修性差、安全性低、技术手段不先进和过度使用等。其主要可通过机型机龄、飞机的维修保养情况和使用情况来反映。

3)环境因素

影响机务维修系统安全的环境因素有两个方面。一是自然环境,例如:天气太热或太冷、强烈的噪声、光线不足或过强,工具设备不合适以及航材不足等。设备和工具不安全、不可靠,会使维修人员担心人身安全而引起工作时分心;如果无法获得适用的设备和工具,维修人员会使用一些不合适的工具和设备,易导致差错的发生。二是社会环境,例如:人际关系、工作压力等,也会直接影响维修人员的情绪和工作积极性,最终容易导致维修差错。

4）管理因素

组织管理可以对维修差错产生重大影响。按照人的因素分析与分类系统（HFACS）分析结果,大部分维修差错都和组织机构有关,既包括企业生产运行层面,也包括局方监管层面。企业生产运行层面的影响因素主要有:生产资源调度不合理、质量管理体系不健全(在质量检验中存在漏洞,检查的内容、方式、时机选择不当,把关不严)、基层管理人员缺少培训、维修文件存在缺陷、内部信息管理机制不完善、应急管理体系存在漏洞等。局方监管层面的影响因素包括规章标准不健全、监管力度不够、监管队伍业务素质较低、监管人员不足等。

第四节　飞行条件与交通安全

飞机作为一个复杂的系统,当处于一定的飞行状态时,飞机本身与机组人员、飞行环境共同组成一个更大的系统,即"飞行员-飞机-飞行条件"系统。因此,决定飞行安全的主要因素是"飞行员-飞机-飞行条件"3个组成部分,这3个因素中任何一个出现问题或者它们之间的关系出现问题都会引起飞行事故。下面将从自然条件、机场条件以及空防条件这3个方面阐述它们对航空交通安全造成的影响。

一、自然条件

在自然条件中,气象条件对航空交通安全的影响程度最大。

1.基本气象要素

表示大气状态的物理量和物理现象通常称为气象要素。气温、气压、湿度等物理现象是气象要素,风、云、降雨等天气现象也是气象要素,它们都能在一定程度上反映当时的大气状况。

飞机性能及某些仪表显示度是按照大气标准制定的。当大气状态与标准大气状态有差异时,飞机性能及某些仪表指示就会发生变化。下面对基本气象要素变化对飞行产生的主要影响进行讨论。

1）对高度表指示的影响

实际大气状态与标准大气状态通常存在一定差异,因此,实际飞行时高度表的指示高度与当时的气象条件有关。在飞行中,即使高度表示度相同,实际高度并不都一样,尤其在高空飞行时更是如此。航线飞行时通常采用标准海平面气压高度,在标准大气中"零点"高度上的气压为760mmHg,但实际上"零点"高度处的气压并不总是760mmHg,因而高度表示度会出现误差。当实际"零点"高度处的气压低于760mmHg时,高度表示度会大于实际高度。反之,高度表示度会小于实际高度。

此外,当实际大气的温度与标准大气温度不同时,高度表示度也会出现偏差。由于在较暖的空气中气压随高度降低得缓慢,而在较冷的空气中气压随高度降低得较快,因而在比标准大气温度高的空气中飞行时,高度表所示高度将低于实际飞行高度。据资料统计,仪表的示度因温度原因而产生的误差,随高度、纬度和季节而不同。冬季在我国北方地区飞行时,仪表的示度值偏高约10%;夏季在南方地区中高空飞行时,仪表的示度值通常偏低不到10%。

在山区或强对流区飞行时,由于空气有较大的垂直运动,不满足静力平衡条件,高度表示度会出现较大的误差,通常在下降气流区指示值偏高,在上升气流区指示值偏低,误差可达几百米甚至上千米。因而在这些地区飞行时,要将气压式高度表和无线电高度表配合使用,确保飞行安全。

2)对空速表指示的影响

空速表是根据空气作用于空速表上的动压来指示空速的。空速表示度不仅取决于飞机的空速,也与空气密度有关。如果实际大气密度与标准大气密度不符,表速与真空速也就不相等。实际大气密度大于标准大气密度时,表速会大于真空速,反之表速小于真空速。

空气密度受气温、气压和湿度的影响,因此,在暖温空气中(如中午)飞行的飞机,空速表示度容易偏低;而在干、冷空气中飞行的飞机,空速表示度容易偏高。

3)对飞机飞行性能的影响

飞机的飞行性能主要受大气密度的影响。如当实际大气密度大于标准大气密度时,一方面空气作用于飞机上的力要加大,另一方面发动机功率增加,推力增大。这两方面作用的结果,就会使飞机飞行性能变好,即最大平飞速度、最大爬升率和起飞载质量会增大,而飞机起飞、着陆滑跑距离会缩短。当实际大气密度小于标准大气密度时,情况相反。

由于气温对空气密度影响最大,而且地面气温变化也很明显,国际民航组织建议在起飞前2h对飞机发动机进气口高度处气温预报要精确到±2℃。长距离飞行时,要用预报温度计算燃料与货物的搭载量,在起飞前30min用实况值进行最后校准。

2.能见度及视程障碍

1)能见度

能见度是指正常视力的人在当时天气条件下,从天空背景中能看到或辨认出目标物轮廓的最大水平能见距离。能见度对飞机的起降有着最直接的关系,可作为判断气象条件是简单还是复杂的依据之一。影响能见度好坏的天气现象主要为大雾、降水、风沙、烟雾等,其中大雾和降水对飞行安全造成的影响最大。恶劣的能见度条件是航空的一大障碍,严重威胁着飞机起飞和着陆的安全,可使航班大面积延误和大量旅客滞留,给机组人员目视飞行带来很大困难,成为航空运输企业延误的主要因素。

空中能见度(又叫飞行能见度)是指飞行员在空中透过座舱玻璃所能看清的目标物达到的最大距离。它可以是水平方向的,也可以是垂直方向或倾斜方向的,因此,根据观测方向不同可分为水平能见度、垂直能见度和倾斜能见度。在空中,飞行员报告的能见度一般是倾斜能见度。倾斜能见度是飞行员目视飞行时,在座舱中能看到的地面最远目标距离。测量这一能见度的方法,一般是直接从地图上量取飞机至地面最远目标物的距离;还可以用从观测点飞到目标物上空的时间乘以地速求得。

空中能见度的好坏主要取决于大气透明度以及目标和背景的亮度差异两个方面。由于空中能见度是飞行员在飞行中的飞机上观测的,因此,它具有不同于地面能见度的特点。

2)跑道视程

跑道视程(Runway Visal Range,RVR)是指飞行员在跑道中线的飞机上观测起飞或着陆方向,能看到跑道面上的标志或跑道边界灯或中线灯的距离。

(1)跑道视程的观测

当有效能见度或任一跑道视程值<1500m时,才进行跑道视程的观测。当仪器发生故障,跑道视程不能自动显示时,应停止跑道视程的观测。

（2）跑道视程的记录

当有几个跑道视程值都＜1500m时，只记观测时正在使用的跑道着陆区飞机接地地带的跑道视程；当该接地地带的跑道视程值≥1500m或探测仪故障而其他方向的跑道视程值＜1500m时，只记相反方向的跑道视程值。

当跑道视程值＞1500m时，一律记 P1500；当跑道视程值＜50m时，一律记 M50。

当观测前10min内跑道视程呈明显上升或下降趋势，以致前5min的平均值与后5min的平均值相差100m或以上时，应注明变化趋势I；当跑道视程有上升趋势时，I记为U，当跑道视程有下降趋势时，I记为D，若没有明显变化I记为N。当无法确定跑道视程趋势时，I省略不记。

3.航空危险天气

航空安全受许多因素的影响，但大致可分3类：机械因素、环境因素和人的因素。其中，由危险天气引起的环境因素是影响飞行安全的重要因素。即使在科技高速发展的当代，探测设备、预警技术等得到了提高，但低空风切变、雷暴、湍流、积冰等仍会对飞行活动构成威胁，可能导致机体结构损坏、飞机失控，甚至坠毁。

1）低空风切变

20世纪70年代以来，通过对一些大型运输机在起降时发生的严重事故进行分析后确认，低空风切变是引起这些飞机失事的主要原因。

（1）基础知识

风切变表现为气流运动速度和方向的突然变化。飞机在这种环境中飞行，相应地就要发生突然性的空速变化，空速变化将引起升力变化，升力的变化又会引起飞行高度的变化。在空间任何高度上都可能产生风切变，对飞行威胁最大的是发生在近地面层的风切变。发生在600m高度以下的平均风矢量在空间两点之间的差值称为低空风切变，低空风切变与飞机的起落飞行密切相关。如果遇到的是空速突然减小的情况，而飞行员又未能立即采取有效措施，飞机就会掉高度，甚至发生事故。

（2）低空风切变对飞行的影响

由于低空风切变本身的复杂性，再加上飞机在起落过程中，其位置和高度也在不断改变，低空风切变对起飞着陆的影响就十分复杂。总的来说，如果起飞着陆时遇到明显的低空风切变，其影响主要有：改变起落航迹，影响飞机的稳定性和操纵性，影响某些仪表的准确性。这些方面的影响，都会给飞机的操纵带来困难，有时还会造成事故。

①低空风切变飞行事故的特征。

据不完全统计，1970～1985年的15年间，在国际定期和非定期航班飞行及一些任务飞行中，至少发生了28起与低空风切变有关的飞行事故。通过对这些事故的分析，发现低空风切变飞行事故有如下特点。

a. 低空风切变事故都发生在飞行高度低于300m的起飞和着陆飞行阶段，其中尤以着陆为多。在28起事故中，着陆为22起，占了78%；起飞为6起，占了22%。

b. 现代大、中型喷气运输机的低空风切变飞行事故比重较大。从28起事故中看，DC-8、波音707和波音727等喷气运输机占了绝大多数。

c. 低空风切变事故与雷暴天气条件关系密切，28起事故中，有一半以上与雷暴天气条件下的强风切变有关。

d. 低空风切变飞行事故的出现时间和季节无一定的规律。

②低空风切变对着陆的影响。

机场附近有低空风切变时,飞机起飞爬升或下滑着陆时,一旦进入强风切变区,就会受到影响,严重时甚至可能发生事故。由于着陆时出现事故的可能性更大些,下面简要讨论低空风切变对着陆的影响。

a. 顺风切变对着陆的影响。飞机着陆进入顺风切变区时(例如从强的逆风突然转为弱逆风,或从逆风突然转为无风或顺风),指示空速会迅速降低,升力就会明显减小,从而使飞机不能保持高度而向下滑。这时,因风切变所在高度不同,有以下 3 种情况,如图 7-3 所示。

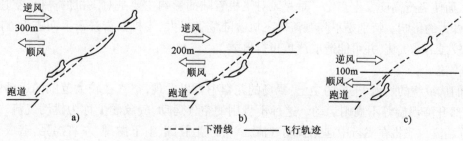

图 7-3 不同高度的顺风切变对着陆的影响

如果风切变层相对于跑道的高度较高[图 7-3a)],当飞机下滑进入风切变层后,飞行员及时加油门增大空速,并带杆减小下滑角,可以接近正常的下滑线。若飞机超过了正常下滑线,可再松杆增大下滑角,并收小油门,减少多余的空速,沿正常下滑线下滑,完成着陆。

如果风切变层相对于跑道的高度较低[图 7-3b)],飞行员只能完成上述修正动作的前一半,而来不及做增大下滑角、减小空速的修正动作,这时飞机就会以较大的地速接地,导致滑跑距离增长,甚至冲出跑道。

如果风切变层相对于跑道的高度更低[图 7-3c)],飞行员来不及做修正动作,飞机可能未到跑道就触地造成事故。

b. 逆风切变对着陆的影响。飞机着陆下滑进入逆风切变区时(例如从强的顺风突然转为弱顺风,或从顺风突然转为无风或逆风),指示空速迅速增大,升力明显增加,飞机被抬升,脱离正常下滑线,飞行员面临的问题是怎样消耗掉飞机过剩的能量或过大的空速。因风切变所在高度不同也有 3 种情形。

如果风切变层相对于跑道的高度较高[图 7-4a)],飞行员可及早收回油门,利用侧滑或蹬碎舵方法来增大阻力。使飞机空速迅速下降,并推杆回到预定下滑线之下,然后再带杆和补些油门,回到正常下滑线下滑,完成着陆。

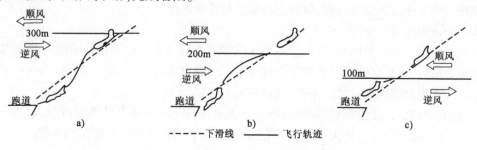

图 7-4 不通高度的逆风切变对着陆的影响

如果风切变层相对于跑道的高度较低[图7-4b)],飞行员修正过头,使飞机下降到下滑线的下面,由于此时离地很近,再做修正动作已来不及,飞机未到跑道头可能就触地了。

如果风切变层相对于跑道的高度更低[图7-4c)],飞行员往往来不及作修正动作,飞机已接近跑道,由于着陆速度过大,滑跑距离增加,飞机有可能冲出跑道。

c. 侧风切变对着陆的影响。飞机在着陆下滑时遇到侧风切变,会产生侧滑、带坡度,使飞机偏离预定下滑着陆方向,飞行员要及时修正。如果侧风切变层的高度较低,飞行员来不及修正,飞机会带坡度和偏流接地,影响着陆滑跑方向,甚至于偏离跑道,造成事故。

d. 垂直风切变对着陆的影响。当飞机在飞行过程中遇到升降气流时,飞机的升力会发生变化,从而使飞行高度发生变化。垂直风对飞机着陆的影响主要是对飞机的高度、空速、俯仰姿态和杆力的影响。特别是下降气流对飞机着陆危害极大,飞机在雷暴云下面进近着陆时常常遇到较强下降气流,并可能造成严重飞行事故。

2)湍流

人们从缭绕的炊烟、飞扬的尘土、飘扬的花絮中可以发现,空气在较大范围的运动中还有许多局部升降涡旋等不规则运动。这种不规则的空气运动,气象学上称为扰动气流,或叫乱流,又称湍流。飞机在飞行中遇到扰动气流,就会产生震颤、上下抛掷、左右摇晃,造成操纵困难、仪表不准等现象,这就是飞机颠簸。轻度颠簸会使乘客感到不适甚至受伤,颠簸强烈时,一分钟内飞机可上下抛掷十几次,几秒内高度变化数十米甚至几百米,空速变化20km/h以上。在这种情况下,即使飞行员全力操纵飞机,也会暂时失去对飞机的控制。

(1)颠簸对飞行的影响

颠簸对飞行的影响可以分为3个方面。

①颠簸使飞行状态和飞机动力性能发生不规则变化,从而失去稳定性,使某些仪表误差加大,甚至失常,最终导致操纵发生困难,难以保持正确的飞行状态。

②损害飞机结构,减小发动机功率,强颠簸可以使飞机部件受到损害,酿成事故;由于阻力加大,燃料消耗增加,航程和续航时间都会减少。高空飞行时,强颠簸还可能使发动机进气量减少而停止运转。

③造成飞行人员和乘客的紧张和疲劳,甚至危及安全。严重颠簸时,飞机可在几秒内突然下降(或上升)数十米至数百米,如1982年台湾一架波音747在飞行中遇强烈颠簸,使未系安全带的19名旅客受伤,2名旅客死亡。

(2)颠簸时的处置方法

①柔和操作,保持平飞。

颠簸不强,一般可以不修正,颠簸较强需要修正时,切忌动作过猛,以免造成飞行状态更加不稳或使飞机失速。低空飞行时,应特别注意保持安全高度。

②采用适当的飞行速度。

因为颠簸产生的负荷因素变量,除与乱流强度有关外,还与飞行速度有关,一般速度越大颠簸越强。所以,应根据该机型驾驶手册规定的适当速度飞行。

③飞行速度和高度选定之后不必严格保持。

仪表指示摆动,往往是颠簸的结果,不一定表示飞行速度和高度的真实变化,过多干涉这些变化,只会引起载荷发生更大变化。只有速度变化很大时,才需改变油门的位置。

④适当改变高度和航线,脱离颠簸区。

颠簸层厚度一般不超过 1000m,强颠簸层厚度只有几百米,颠簸区水平尺度多在 100km 以下,所以飞行中出现颠簸可改变高度几百米或暂时偏离航线几十千米,就可以脱离颠簸区。在低空发生强颠簸时,应向上脱离;在高空发生颠簸时,应根据飞机性能以及飞机与急流轴的相对位置确定脱离方向。误入积雨云、浓积云中发生颠簸时,应迅速脱离云体到云外飞行。

3) 积冰

飞机积冰是指飞机机身表面某些部位聚集冰层的现象。它是由于云中过冷水滴或降水中的过冷雨滴碰到机体后冻结而形成的,也可由水汽直接在机体表面凝华而成。冬季露天停放的飞机上有时也能形成积冰。

飞机积冰多发生在飞机外突出的迎风部位。任何部位的积冰都会破坏飞机的空气动力性能,使飞机升力减小、阻力增大,影响飞机的稳定性和操纵性。随着航空技术的发展、飞机的飞行速度和飞行高度的提高以及机上的防冰/除冰设备的日趋完善,积冰对飞行的危害在一定程度上得以减小,但由于各种任务的需要,中、低速的飞机仍然在使用,近年来直升机亦逐渐广泛使用。另外,高速飞机在低速的起飞、着陆阶段,或穿越浓密云层飞行时,同样可能产生严重积冰。

(1) 积冰对飞行的影响

飞行中比较容易出现积冰的部位主要有:机翼、尾翼、风挡、发动机、桨叶、空速管、天线等,无论什么部位积冰都会影响飞机性能,其影响主要可分为以下 3 个方面。

①破坏飞机的空气动力性能。

飞机积冰增加了飞机的质量,改变了重心和气动外形,从而破坏了原有的气动性能,影响飞机的稳定性。机翼和尾翼积冰,使升力系数下降,阻力系数增加,并可引起飞机抖动,使操纵发生困难。如果部分冰层脱落,表面也会变得凹凸不平,不仅造成气流紊乱,而且会使积冰进一步加剧。高速飞行时,机翼积冰的机会虽然不多,但是一旦形成槽状积冰,这种影响就更大,所以一定要注意。

②降低动力装置效率,甚至产生故障。

螺旋桨飞机的桨叶积冰,减少拉力,使飞机推力减小,同时,脱落的冰块还可打坏发动机和机身。汽化器的功能是通过发动机动力装置上的节流阀,调节与空气混合的燃油,形成供燃烧的混合气体。然而,从进气口来的空气进入汽化器,使文氏管内压力和温度降低。当燃油注入气流中时,温度会进一步降低。文氏管和燃油蒸发引起的双重冷却效应,会改变空气湿度,使暴露在空气中的进气口积冰。

在空气中湿度较大的区域(如雾、云或降水区域),如果外部温度低于 15℃,则会在发动机进气口或汽化器上出现积冰。这样就会使进气量减少,进气气流发生畸变,造成动力损失,甚至使发动机停车。

对长途飞行的喷气式飞机来说,燃油积冰是一个重要问题。长途高空飞行,机翼油箱里燃油的温度可能降至与外界大气温度一致——约为 -30℃。油箱里的水在燃油系统里传输时很可能变成冰粒,这样就会阻塞滤油器、油泵和油路控制部件,引起发动机内燃油系统的故障。

③影响仪表和通信,甚至使之失灵。

空气压力受感部位积冰,可影响空速表、高度表等的正常工作,若进气口被冰堵住,可使这些仪表失效。天线积冰,可影响无线电的接收与发射,甚至中断通信。另外,风挡积冰可影响视线,特别在进场着陆时,对飞行安全威胁很大。

　　直升机积冰的气象条件与活塞式飞机的积冰条件相似,但直升机对积冰的反应更为敏感。由于直升机可用功率有限,操纵面较小,故积冰更易导致危险。直升机旋翼积冰对飞行的影响最大。积冰破坏了旋翼的平衡,引起剧烈振动,使直升机安全性能变差,操纵困难。当积冰严重时,可导致飞行事故。当直升机悬停时,桨叶积冰使载荷性能变差,只要形成0.75mm厚的积冰就足以使其掉高度。

　　涡轮螺旋桨直升机的进气道和发动机进气装置也会积冰,使进气量减少,而发动机燃油调节系统仍按正常进气量供油,造成发动机过分富油燃烧,影响发动机工作,严重时会导致熄火停车。另外,如果进气道的加温装置接通得晚,脱落下来的冰块会打坏发动机。

　　(2)积冰的预防和处置方法

　　飞机积冰对飞行有很大的影响,它不仅妨碍飞行任务的完成,有时甚至可能威胁到飞行安全。因此,预防和正确处置积冰是极其重要的。

　　①飞行前的准备工作。

　　a.飞行前认真研究航线天气及可能积冰的情况,做好防积冰准备是安全飞行的重要措施。积冰主要发生在有过冷水滴的云中,飞行前应仔细了解飞行区域的云、降水和气温的分布,以及-20℃及0℃等温线的高度。较强的积冰多发生在云中温度为-10~-2℃的区域内,因此,要特别注意-10℃和-2℃等温线的高度。

　　b.结合飞机性能、结构和计划的航线高度、飞行速度等因素,判断飞行区域积冰的可能性和积冰强度。同时,确定避开积冰区或安全通过积冰区的最佳方案。

　　c.检查防冰装置,清除已有积冰、霜或积雪。

　　②飞行中的措施。

　　a.密切注意积冰的出现和强度。除观察积冰信号器和可目视的部位外,出现发动机抖动、转速减小、操纵困难等现象,也是积冰出现的征兆。

　　b.防冰和除冰。必须记住的是,在飞行中,如果冻结温度很低,汽化器很少出现积冰,当大气温度在10~15℃并伴有降水时,汽化器最容易出现积冰。在这种条件下,无论发动机处于何种工作状态,汽化器都会出现严重积冰。

　　对于汽化器积冰的问题,可以通过对汽化器进行加热来解决。把进入汽化器的空气温度加热到20℃,汽化器温度将保持在冰点以上。

　　长途飞行时,为防止燃油积冰,可用燃油加热器或空气对油料的热量转换来加热。这样对从油箱流往发动机的燃油进行加热,使冰粒融化,可以避免发动机及油料系统故障。

　　c.如果积冰强度不大,预计在积冰区飞行很短时间,对飞行影响不大,可继续飞行。如果积冰严重,防冰装置不能除掉,应迅速采取措施脱离积冰区。当判断积冰水平范围较大时,可采取改变高度的方法;水平范围较小(如孤立的积状云中),则可改变航向。由于强烈积冰的厚度层一般不超过1000m,所以改变高度几百米便可脱离强积冰区。

　　d.飞机积冰后,应避免做剧烈的动作,尽量保持平飞,保持安全高度;着陆时也不要把油门收尽,否则会有飞机失速的危险。

　　4)雷暴

　　在大气不稳定和有冲击力的条件下,大气中就会出现对流运动,在水汽比较充分的地区,就会出现对流云;这些云垂直向上发展,顶部凸起,我们称之为积状云,积状云是大气中对流运动的标志。当对流运动强烈发展的时候,就会出现积雨云,积雨云是一种伴随雷电现象的中小尺度对流性天气系统,它具有水平尺度小和生命期短的特点,但它带来的天气却十分恶劣,由于它常伴有雷电现象,所以积雨云又称为雷暴云。

雷暴是由强烈发展的积雨云产生的,形成强烈的积雨云需要如下 3 个条件:①深厚而明显的不稳定气层;②充沛的水汽;③足够的冲击力。

(1)雷暴对飞行的影响

在雷暴活动区飞行,除了云中飞行的一般困难外,还会遇到强烈的湍流、积冰、闪电击、阵雨和恶劣能见度,有时还会遇到冰雹、下击暴流、低空风切变和龙卷风。这种滚滚的乌云,蕴藏着巨大的能量,具有极大的破坏力。若飞机误入雷暴活动区内,轻者可能造成人机损伤,重者可能造成机毁人亡。根据美国民用航空 1962—1988 年气象原因飞行事故统计分析,48 起事故中有 23 起与雷暴有关,占总数的 47.9%。另外,根据美国空军气象原因事故统计,雷暴原因占总数的 55%～60%。这些事实充分说明,雷暴是目前航空活动中严重威胁飞行安全的重要因素。雷暴中的危险天气有颠簸、积冰、冰雹、雷电和下击暴流。

(2)安全飞过雷暴区的处置方法

由于雷暴对飞行的影响严重,一般应尽量避免在雷暴区飞行,但要完全避免在雷暴区飞行是不可能的。而且,在雷暴区飞行,也不是任何区域都是危险的,在一定条件下,可以安全飞过雷暴区。

在判明雷暴云的情况之后,如果天气条件、飞机性能、飞行员的技术和经验、保障手段等条件允许,可以采取以下方法通过雷暴区。

①绕过或从云隙穿过。

对航线上孤立分散的热雷暴或地形雷暴,可以绕过。绕过云体应选择上风一侧和较高的飞行高度,目视离开云体不小于 10km。若用机载雷达绕飞雷暴云,则飞机应在雷暴云的回波边缘 25km 以外通过。

在雷暴呈带状分布时,如果存在较大的云隙,则可从云隙穿过。穿过时,应从空隙最大处(两块雷暴云之间的空隙应不小于 50～70km),垂直于云带迅速通过。

②从云上飞过。

如果飞机升限、油料等条件允许,可以从云上飞过。越过时,距云顶高度不应小于 500m。因此,飞越前需对雷暴云的范围、云顶高度、飞机升限、爬高性能等准确了解。如果飞机只能勉强到达云顶,就不宜采取这种方法。

③从云下通过。

如果雷暴不强、云底较高、降水较弱、云下能见度较好,且地势平坦,飞行员有丰富的低空飞行经验,也可从云下通过。一般应取距云底和地面都较为安全的高度。这里应该指出的是,应尽量不在雷暴云的下方飞行,因为云与地面之间的雷击次数最为频繁,还有可能被强烈上升气流卷入云中,或遭遇到下击暴流而失去控制。

无论采用什么方法,都应避免进入雷暴云中,尽力保持目视飞行。如果发现已误入雷暴云,应沉着冷静,柔和操纵飞机,保持适当速度和平飞状态,根据具体情况采取措施,迅速脱离雷暴云。

5)火山灰云

火山喷发时,能把大量火山灰带入大气中,火山灰随风飘移扩散,其中颗粒大的沉降快,颗粒小的沉降慢,在空中停留时间较长。从卫星云图上可以看出,火山灰云像一团发展很快的雷暴云,云顶可伸展到对流层顶附近,有的可达平流层。

(1)火山灰云对飞行的影响

运输机在高空长途飞行,有时会遇到火山灰云。在火山灰云中飞行会造成静压系统工作的各种仪表失真,发动机受火山灰杂质腐蚀和堵塞而易受损伤,严重时可使发动机熄火,危及飞行安全。在国际航班飞行中,遭遇火山灰云的概率是比较高的。据统计,1973年至1982年间,飞机因进入火山灰云而受损害的报告就有17次,其中,1982年就有2次运输机进入火山灰云中,使发动机熄火,飞机迅速下沉,险些造成机毁人亡。

火山灰云随气流移动,由于高空和低空风向风速不同,在不同高度上,火山灰云的移动状况也是不同的,风速越大,它的移速和扩散就越快。低空的火山灰云范围不大,且由于火山灰粒较大易于识别,一般不会误入,但高空的火山灰云则难以发现,因而预防困难。

(2)飞行中的注意事项

火山喷发是一种突然现象,它是大陆板块缓慢漂移运动的结果。目前,人们对火山喷发的原因及机制认识还不够深刻,探测手段不够完善,因而对喷发的地点、时间、强度等,缺少预报方法,就是在喷发后,有些国家因没有正式的观测网和良好的通信系统,也无法及时报告。另外,对火山灰云在空中的运动规律和探测手段也正在摸索阶段,现有机载雷达亦不能发现即将进入的火山灰云。因此,在多火山地区上空飞行应提高警惕,做好以下几点。

①起飞前,向航行部门了解航线附近有无火山喷发和火山灰云报告。如有,应利用气象文件分析火山灰云的高度和范围,根据预报的高空风,计算出飞行期间云的移动,做好绕飞计划。

②在火山多发地区上空飞行时,要保持警惕。在白天,目视观测可以判明火山灰云。飞机如发生高频通信中断、静电干扰、舱内有烟尘、机身放电发光、发动机发生喘振和排气温度升高现象,说明飞机可能已进入火山灰云。

③当发现已进入火山灰云时,应松开自动油门,如果高度允许,减少推力到慢车状态,以降低排气温度,防止火山灰云的溶解和堆积;加强放气以增加喘振边界,如让防冰系统工作等;如果为了避免排气温度过高而需要关闭发动机,那么只有完全脱离火山灰云后才可重新起动发动机。

④尽快脱离火山灰云。

二、机场条件

机场是航空活动经常使用的重要场地,是航空器活动的重要场所。机场场道和飞行保障设备(设施)的条件,对飞行安全和飞行正常有着极为重要的影响,同时也将影响机场的飞行流量。飞行保障设备完善的机场,可保障各类航空器在昼、夜间及复杂的气象条件下安全、顺利地起飞和着陆;而飞行保障设备较差的机场,对起飞和着陆航空器的机型、气象条件、飞行架次、时间间隔都有不同程度的限制和特殊要求。因此,机场的选址、设计、建设应本着机场的用途,根据机场的技术数据与规范来进行,以满足航空器安全运行的要求。

1.机场飞行区技术标准

机场飞行区应按指标Ⅰ和指标Ⅱ进行分级,机场飞行区指标Ⅰ和指标Ⅱ应按拟使用该飞行区的飞机的特性确定。

(1)飞行区指标Ⅰ按拟使用该飞行区跑道的各类飞机中最长的基准飞行场地长度,分为1、2、3、4共4个等级,根据表7-2确定。

飞行区指标 I 分级情况　　　　表7-2

飞行区指标 I	飞机基准飞行场地长度(m)	飞行区指标 I	飞机基准飞行场地长度(m)
1	<800	3	1200~1800(不含)
2	800~1200(不含)	4	≥1800

(2)飞行区指标Ⅱ按拟使用该飞行区跑道的各类飞机中的最大翼展或最大主起落架外轮外侧边的间距,分为 A、B、C、D、E、F 共 6 个等级,两者中取其较高要求的等级,根据表 7-3 确定。

飞行区指标Ⅱ分级情况　　　　表7-3

飞行区指标Ⅱ	翼展(m)	主起落架外轮外侧边间距(m)
A	<15	<4.5
B	15~24(不含)	4.5~6(不含)
C	24~36(不含)	6~9(不含)
D	36~52(不含)	9~14(不含)
E	52~65(不含)	9~14(不含)
F	65~80(不含)	14~16(不含)

2.机场飞行区

飞行区是供飞机起飞、着陆、滑行和停放使用的场地,包括跑道、升降带、跑道端安全区、滑行道、机坪以及机场周边对障碍物有限制要求的区域。

1)机场场道

(1)跑道

跑道是陆地机场内供飞机起飞和着陆使用的特定长方形场地。根据飞行器飞行的方式可分为:

①非仪表跑道:只能供飞机用目视进近程序飞行。

②仪表跑道:可供飞机用仪表进近程序飞行。仪表跑道又分为以下 4 类。

a.非精密进近跑道:装有目视助航设备和为直线进入至少提供一种方向引导的非目视助航设备的仪表跑道。

b.Ⅰ类精密进近跑道:装有仪表着陆系统和(或)微波着陆系统以及目视助航设备,供决断高不低于60m和能见度不小于800m或跑道视程不小于550m时飞行的仪表跑道。

c.Ⅱ类精密进近跑道:装有仪表着陆系统和(或)微波着陆系统以及目视助航设备,供决断高低于60m但不低于30m和跑道视程不小于300m时飞行的仪表跑道。

d.Ⅲ类精密进近跑道:装有仪表着陆系统和(或)微波着陆系统引导飞机至跑道并沿其表面着陆滑行的仪表跑道,其中:

ⅢA:用于决断高小于30m或不规定决断高以及跑道视程小于175m时运行。

ⅢB:用于决断高小于15m或不规定决断高以及跑道视程小于175m但不小于50m时运行。

ⅢC:用于不规定决断高和跑道视程时运行。

跑道周围的区域包括跑道道肩、停止道、净空道和跑道端安全区,都是为了减少飞机冲出跑道时的损坏,保障飞机在起飞和着陆时的飞行安全而设置的。

(2)滑行道

滑行道是飞机地面滑行时使用的通道,即在陆地机场设置的供飞机滑行并将机场的一部分与其他部分相连接的规定通道。根据作用和位置,滑行道可分为入口滑行道、旁通滑行道、出口滑行道、平行滑行道、快速出口滑行道、联络滑行道和机坪滑行道等。为使飞机安全、高效地运行,应根据需要设置各种滑行道。为加快飞机进、出跑道,应设置足够的入口和出口滑行道,当交通密度高时,应考虑设置快速出口滑行道。

2)机场净空

民用机场的净空状况对于机场的安全、高效运行十分重要。机场净空安全,在机场运行安全中是一项非常重要的内容。

(1)机场净空区

机场净空区是指为保障飞机起降安全而规定的障碍物限制面以上的空间,用以限制机场及其周围地区障碍物的高度。

机场净空区包括升降带、端净空区、侧净空区3个部分,其范围及规格要根据机场等级来确定。升降带是指为了保证飞机起降和滑跑的安全,以跑道为中心,在其周围划定的一块特定的场地,用来减少飞机冲出跑道时的损坏;端净空区是指为了保证飞机起飞爬升与下滑安全,用于限制机场周围物体高度的空间区域;侧净空区是指从升降带和端净空区限制面边线开始至机场净空区边线所构成的限制物体高度的空间区域。侧净空区的障碍物限制面由过渡面、内水平面、锥形面、外水平面4部分组成。

导航设施等级不同的跑道对净空面的要求不同。因此,从长远考虑,最好把所有净空面都按机场未来规划最严格的设计来设置,以使今后的扩建保持主动权。航空无线电导航是通过各种地面和机载无线电导航设备,向飞机提供准确可靠的方向、距离及位置信息。来自非航空导航业务的各类无线电设备、高压输电线、电气化铁路、工业、科学及医疗设备等引起的有源干扰及导航台周围地形地物的反射或再辐射,都可能会对航空导航造成不良影响,严重时,可能使机场关闭。因此,在机场周围的一定范围内,还必须提出电磁环境的净空要求。

(2)净空区范围的确定

净空区的底部是椭圆形,以跑道为中线,它的长度是跑道的长度加上两端各60m的延长线;椭圆形的宽度在6km以上。净空区以它为底部向外向上呈立体状延伸。同时,在跑道的两端向外划出一个通道,这个通道的底面叫进近面,沿着下滑道水平延伸10km以上,再向上延伸形成一条空中通道。由这些平面围成的空间是为飞机起降专用的,任何其他建筑物和障碍物均不得伸入这个区域,风筝和飞鸟也在严禁之列。接近此区域的楼房、烟囱等在高度上都有限制,而且在顶部还要漆上红白相间的颜色、装上灯光或闪光灯,目的都是便于飞行员识别,防止碰撞。

由于实际机场的起降跑道都是双向可用的,且在距离升降带端6km范围内,着陆航迹高于起飞航迹,因此,主要考虑飞机的起飞要求。在《民用机场飞行区技术标准》(MH 5001—2013)中,机场对障碍物限制面的高度要求是纵横对称的。综合以上分析,只需计算其中1/4的空间模型。而计算重点在于关键点位置的确定,即确定在端净空区的4段障碍物限制面结束处,过渡面与端净空区交点坐标,过渡面与内水平面、锥形面、外水平面的交点坐标,以及侧净空区各障碍物限制面与升降带端线延长线的交点坐标。

3.机场目视助航设备

机场目视助航设备包括机场地面标志和机场灯光系统,以在不同能见度情况下供目视助航使用。目视助航设备的作用是更好地引导飞机安全进近着陆。尽管有各种先进的无线助航设备和仪表着陆设备,但在飞机着陆的最后阶段,目视助航设备仍是不可或缺的。

1)机场地面标志

为了保证飞机安全便利地起飞、降落和滑行,需在飞行区设置地面标志。地面标志一般要求颜色明显,易于识别,没有反光。跑道标志以白色为好,滑行道和飞机停放位置标志宜用黄色。

跑道上的主要标志有:跑道号码标志、跑道入口标志、跑道中心圆标志、着陆入口内移标志等;对于精密仪表进近跑道,还包括接地地带标志、定距标志、中线标志、边线标志。

滑行道上的主要标志有:滑行等待位置标志、滑行道中线和边线标志,此外还有滑行引导标记牌。设置标记牌是为了向飞行员提供信息,标记牌分为强制性指令标记牌和信息标记牌。

飞机停机位的主要标志有:停放位置识别代码、引进线、转弯横线、对准直线和引出线等。

2)机场目视助航灯光

机场目视助航灯光由进近灯光系统、目视进近坡度指示系统、跑道灯光系统、滑行道灯光系统和其他灯光系统组成。

(1)进近灯光系统

进近灯光系统的作用是引导进近中的飞机对准跑道中线、机翼保持水平和估计接近跑道入口的距离。应按照跑道准备接受飞机的能见度标准,安装不同类型的进近灯光系统,如低光强简易进近灯光系统、中光强进近灯光系统用于非仪表跑道和仪表进近跑道;高光强精密进近灯光系统用于精密进近跑道。高光强精密进近灯光系统又可分为Ⅰ、Ⅱ、Ⅲ 3 类。

(2)跑道灯光系统

跑道灯光系统包括:跑道边灯、跑道入口灯、跑道入口翼排灯、跑道末端灯、跑道中线灯、跑道接地地带灯、跑道入口识别灯和道路等待位置灯。

三、空防条件

1.我国民航面对的空防形势变化

1)民航劫机目的发生明显变化

我国民航历史上遭遇的劫机案件,均为境内犯罪人员为个人目的,劫持民航客机企图外逃。境内尚未发生由恐怖组织策划实施的劫机事件。由于近年来机场安保力量的不断加强,以及 2008 年为加强奥运会安保而出台的一系列措施,在境内实施劫机犯罪已经变得越来越难。恐怖组织可能因此选择在境外,利用当地获取武器、炸药等物品的便利条件,试图劫持我国民航客机。其目的可能是要挟我国政府,以航空器上人员的安全为条件,换取释放被逮捕的恐怖分子、暴乱分子。但是从当前国际恐怖主义活动的总体发展趋势看,由于恐怖活动的实施主体已经发生了变化,受恐怖组织宗教教义影响,这类要挟性劫持活动虽然仍有发生,但是其影响力已经明显下降,正逐渐被自杀式袭击性恐怖活动所取代。因此,对民航安保而言,一旦发生空中劫持航空器的事件,处置难度将大幅度提升。

2）空中破坏航空器成为主要方式

我国当前面对的最主要的恐怖威胁来源于宗教极端主义势力,而宗教极端主义恐怖组织在行动上具有明显的特点。自"9·11"以来,恐怖组织更倾向于发起自杀式袭击,包括使用武器、爆炸物或者易燃物品在空中对航空器进行破坏,而不是通过劫持飞机和绑架人质向有关政府提出各种要求。但是目前民航安检使用的痕量爆炸物探测设备多无法有效识别,只能通过化学检验方式检出,其威胁具有一定的隐蔽性。因此,必须加强机场安检设备等硬件设施的建设,改进目前安检中炸药探测设备所存在的缺陷,这样就可以在安检这一关口减少劫机事件发生的可能性。

3）在地面袭击低空飞行航空器的可能性增加

由于多年战乱造成的武器流散和黑市交易,此类袭击方式在中东、中亚等地区较为多见,2003年以后尤为活跃。被袭击的主要是各种低空飞行中的军用飞机,但是也发生过数起攻击民用航空器的事件。历史上,我国的民用航空器从未遭受过这种袭击,但是这种可能性无法排除。因此,我们还是应该重视机场基础设施的建设。

4）袭击机场设施和地面航空器的风险增大

国外曾经发生过的诸多地面袭击事件中,一部分是在机场内实施的,比如使用载重卡车、小型遥控飞行器等平台装载爆炸物,冲击机场航站楼、导航设施、塔台、变电站等。这些国外常见的恐怖手段,都可能被"移植"到国内。因此,我们必须重视机场基础设施的建设。

2. 我国民航安检体系的现状及存在的隐忧

随着2002年我国民航机场实施属地化管理体制改革,民航安检作为各民航机场的业务部门移交给地方政府管理,其组织形式发生根本性改变。目前,我国民航安检体系存在如下问题。

（1）安检业务人员流失状况堪忧。

（2）执法性和服务性存在双重压力。

（3）安检工作执行标准多样化。

（4）安检员职业满意度较低。

在机场中所发生的劫机事件大部分是因为漏检所引发的,所以在安检工作中应当建立防漏检的措施,具体的做法如下。

（1）在工作中增加对通过安全检查人员的核查措施,尽量避免漏检的发生。

（2）应加强设备的建设,通过设备避免人为因素所引发的事故。

（3）应加强机场基础设施的建设,加强机场围界的管理以及对机场控制区的监控。

3. 我国民航对恐怖主义的防控原则

面对恐怖主义,我国的主要防控原则如下。

（1）谴责并反对一切形式的恐怖主义。

（2）注重国际合作。上海合作组织的形成与发展就是我国与俄罗斯、中亚国家在反恐方面合作较为成功的典范。

（3）避免采取双重标准。

（4）标本兼治。

总体而言,目前全球机场在安保方面的主要重点还是在登机安检口环节,在机场其他区域尚存在一些漏洞,能够让恐怖分子有机可乘。我国的安检体系中也仍然存在一些缺陷有待完善。

4. 我国民航的反恐对策

针对恐怖组织劫机事件,我国有技术方面和管理方面的两类对策。

(1)在技术方面,可以考虑:①改进驾驶舱的门锁,或者在驾驶舱门前安装杀伤性装置,在必要时驾驶员能够在驾驶舱内以电钮操纵使用。②在主要驾驶员座位四周安置自动杀伤性装置。这种杀伤性装置可以考虑使用"非致命"的武器,以免设备出错误伤。③隔绝驾驶舱门与机舱的正常通道,机上其他工作人员与驾驶人员采用电话联系。

(2)在管理方面,可以考虑:①登机乘客不得携带任何刀具、钳工工具或任何可能威胁他人的器具。即使是水果刀,亦应由机上统一保管,因为万一刀上涂抹剧毒药物等亦可致人死亡,成为劫机工具。②机上设立武装安保人员,可携带不易被抢夺的非致命性武器,必要时用以制服凶犯。③当发生极其严重的事态时,应号召全体乘客一起协助制服恐怖分子。

当今的恐怖主义形式多样,而且其手段更是层出不穷,对民航安全也有着很大的威胁。要防止恐怖主义对民航的影响,就需要机场安检把好航空安全的第一道关,将恐怖分子的劫机事件扼杀在萌芽状态,从而确保民航的安全。

第五节 国际民航组织(ICAO)的安全管理体系

一、国际民航组织(ICAO)建立民航安全管理体系的背景

随着经济全球化发展,航空运输成为联系全世界的重要纽带,航空运输量处于快速增长时期,航空安全问题备受关注。社会不断发展,人民的生活水平也在不断提高,还有新的大型飞机投入运行,这些都对航空安全提出了更高的要求。到20世纪末,以美国为主导的全球民航业已经具备较为完善的规章体系,依靠规章符合性管理使民航安全处于较高的水平。然而依靠不断完善的规章对民航安全进行管理存在一些局限性。首先,民航安全是动态的过程,规章难以涵盖运行过程中可能出现的所有问题。其次,法规的完善总是滞后于新情况的出现。因此,单一的规章符合性管理模式无法使事故率进一步有效降低:2002—2005年全球运输航空事故分别导致1098人、928人、740人、1096人遇难。20世纪末,波音公司提出预测,如果按照当时的事故率和航空运输量的增长速度,到2020年全世界每年将发生52起航空事故,平均每周发生一起事故,这样的安全水平是世界人民无法接受的。

国际民航界认识到,除了传统的规章符合性管理,航空安全还需要引入其他的安全管理活动,以便能够及早发现并消除系统中存在的潜在危险源,安全管理体系(SMS)正是基于这样的安全管理思路而出现的。为进一步提高世界民航安全水平,国际民航组织(ICAO)在全球民用航空领域普遍推广SMS。

ICAO在公约附件19中指出,关于民航安全管理的基本思想是国家建立"国家航空安全方案(SSP)",航空服务提供者按照当局的要求建立符合要求的安全管理体系(SMS),当局审核SMS的符合性并运行安全绩效监督。

为了帮助各国民航当局和航空运营人、机场、空管单位、被批准的维修单位更好地理解

SMS 的理念、结构和要求,国际民航组织出版了《安全管理手册(Safety Management Manual,SMS)》(DOC 9859,2006 年第 1 版,2009 年第 2 版,2012 年第 3 版),并于 2013 年完成并发布公约附件 19《安全管理》国际标准和建议措施,向服务提供者推荐实施 SMS 的好的经验、做法和标准。在 SMM 第 1 版中,该手册并未对 SMS 的组成框架进行清晰、具体、详细的说明,目的是让各国根据本国的实际,结合附件中 SMS 的"目标性""功能性"要求,自己确定 SMS 的组成。2006 年 6 月 22 日,在 FAA 学院教授和 FAA 专家共同研究后,美国出台了咨询通告《航空运营人安全管理体系的介绍》(AC120-92),提出了美国 SMS 的组成,包括 4 大支柱:政策、风险管理、安全保证和安全促进。2007 年 10 月,ICAO 对附件 6 再次进行了修订,修订提案明确指出 SMS 由安全政策和目标、安全风险管理、安全保证和安全促进构成,并在 SMM 的第 2 版中明确提出。ICAO 提出 SMS 的 3 大基本目的为:作为国家航空安全纲要的组成部分;帮助航空企业具备快速应对各种变化的能力,并使安全管理等各项工作更加有效;帮助航空企业的管理者在安全和生产之间、在资源的分配上找到一个合理的现实平衡。

2005 年 1 月,中国民航局明确提出"推进目标管理,建立和完善企业'自我监督、自我审核、自我约束和自我完善'的安全管理体系和机制"的要求。与此同时,国际民航组织要求各缔约国实施安全管理体系。中国民航局于 2005 年成立了 SMS 领导小组和办公室,在"十一五民航安全规划"中明确提出建立适合我国国情并符合国际民航组织要求的中国民航 SMS。2007 年 10 月 23 日,中国民航局发布《中国民用航空安全管理体系建设总体实施方案》(民航发〔2007〕136 号),明确了 SMS 的基本要素;提出了 SMS 认可的要求;划分了局方和民航企事业单位在建立 SMS 过程中的责任,并说明各类民航企事业单位应根据局方修订的相应规章和咨询通告实施 SMS 建设,各业务司局根据要求也对规章进行了修订并发布 AC。中国民航局于 2008 年 4 月 29 日,颁布了《关于航空运营人安全管理体系的要求》(AC-121/135-FS-2008-26),要求各航空公司在 2010 年 12 月 31 日前建立和实施 SMS。此外,先后发布了《维修单位的安全管理体系》(AC-145-15)、《机场安全管理体系建设指南》(AC-139/140-CA-2008-1)、《空管安全管理体系建设要求》和《空管安全管理体系建设指导手册》(MD-TM-2009-003,004)。我国民航安全管理体系通过风险管理手段,综合发挥各要素的协同作用,预防事故的发生并实现从事后到事前、从开环到闭环、从个人到系统、从局部到全局的安全管理。

二、安全管理体系简介

1. 航空安全理念

新的安全管理方法必然是伴随着新的安全理念而出现的,安全管理体系正是基于曼彻斯特大学詹姆斯·雷森教授的组织事故模型(图 7-5)提出的。雷森教授在他的组织事故模型中指出,服务提供者的高层管理人员所做出的管理决策以及实施的组织过程会存在一定的缺陷,从而引发潜在状况和工作状况。潜在状况分为两类:一类是未被识别的危险源,例如设备的设计存在缺陷、标准运行程序不完善、人员培训不充分等;另一类是将违反程序和规则常规化,这类状况往往是由于资源分配不合理导致运行人员不得不通过违反程序和规则来完成预定目标。工作场所中的环境也会存在缺陷,例如照明、供暖、制冷等,可以被称为工作状况。潜在状况和工作状况为事故的发生埋下了隐患,潜在状况往往使防护机制产生缺陷,而工作状况可能会促使运行人员出现不安全行为,当人的不安全行为穿过层层防护机制(如技术、培训、规章等)时便会引发事故。传统的安全理念只是将焦点放在显性失效上,即人的不安全行为或者是物的不安全状态,而组织事故模型认为还应关注隐性失效,管理层的决策考虑不足或组织过程存在缺陷可能是导致事故发生的根本原因。

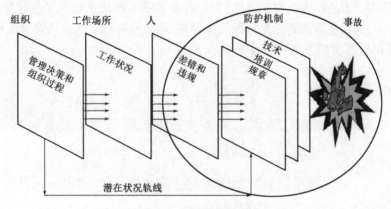

图 7-5 组织事故模型

2. 特点

SMS 具有 3 个特点:系统性,主动性,明确性。

1)系统性

SMS 是系统的安全管理方法,包括必要的组织结构、责任制落实措施、政策和程序,依照预定计划以统一的方式在整个组织内开展安全管理活动,具体包括识别实际的和潜在的危险源,确保实施必要的缓解措施以维持可接受的安全水平,对所达到的安全水平进行持续监督和定期审计,明确规定各级员工的安全责任包括高级管理者的直接安全责任等。SMS 采用闭环管理,按照"目标-政策-组织-监督"的步骤实施。

SMS 针对整个组织的所有运营活动,安全管理体系的范围既包括飞行、维护、维修、培训和检查等直接与运营相关的活动,也包括支持运营活动的并与提供服务有关的其他组织活动,如财务、人力资源等。SMS 将组织事故模型作为理论基础,不只是把关注的焦点放在一线人员身上,而且要求从组织上、系统上找原因,切实消除危险的根源。SMS 强调在实际的安全管理工作中要看组织系统的全貌,要系统地看待安全问题,更加注重各系统之间的相互关联和作用。SMS 以统一的方式在整个组织内部实施,旨在使航空组织能够通过不断地自我发现问题、自我完善来提升并保持组织整体的良好的安全状况。

2)主动性

安全管理的级别可分为高、中、低 3 个等级(图 7-6)。依据事故调查得出的事故/事故征候报告以及空中安全报告进行管理,是在事故/事故征候、不安全事件已发生后的亡羊补牢式管理,因此属于被动型,如果只采用被动型管理方式,对于事故预防的效果并不理想。安全审计是在事故/事故征候、不安全事件发生之前,由国际民航组织、国家民航安全监督管理部门或航空企业本身开展阶段性检查,主动寻找各航空企业中与规章不符的情况,并督促其进行改进,因此属于主动型,对于事故预防效果较好。而运行数据分析与安全审计相比,更加贴近运行过程,是对运行过程的实时监测,并运用实时监测得到的数据对危险源后果的风险进行预测,因此属于预测型,对于防止事故发生更加有效。

SMS 是综合采用被动型、主动型、预测型 3 种方式,以危险源识别和安全风险管理为核心,基于安全绩效的数据驱动的系统管理方法。由此可见,SMS 优于其他的安全管理方法,它融入了主动型和预测型管理方法,除了事故/事故征候、不安全事件发生后,依据调查结果、报告改进安全,预防安全事故的再次发生之外,它更要求组织不断地主动识别危险源,分析危险源可能带来的后果,并对危险源的后果进行风险评估,再实施缓解措施将风险降低至可接受的水平。主动性是 SMS 非常重要的一个特点。

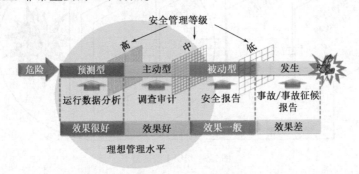

图 7-6　安全管理效果等级

3）明确性

SMS 是明确的,因为所有安全管理活动都是有文件记录的,是可见的,因而也是可辩解的。一个组织的安全管理活动和随之产生的安全管理专门技术知识都是正式载入文件的,可供任何人查阅。因此,安全管理活动是透明的。

SMS 采用数据驱动,而不是依据管理人员的经验进行安全管理。SMS 的核心是安全风险管理,强调通过安全信息的收集和处理,开展风险评估,在数据驱动的基础上采取安全缓解措施,并借助闭环管理实现安全管理。因此,安全管理活动是有数据依据的。

民航安全的本质是一种约束,通过安全管理的多种约束手段、多重约束界限将民航系统的运行限制在安全的框架内。而 SMS 正是通过采用多种方式进行危险源识别,能够尽早尽快地识别出系统运行过程中存在的危险源,并采用安全风险管理,将民航所有动态过程中的安全风险约束在人们可接受的范围之内。归根结底,安全管理体系是在规章符合性的基础上增加了过程控制,不仅仅依靠遵守规章,而是不断地监控系统的实时运作,不断跟踪和分析日常运行期间出现的小的不重要的偏差,通过积极寻找危险源,从而避免危险源产生后果,或将后果控制在可接受的范围内,从而避免酿成事故。安全不仅仅是无事故,而建立安全管理体系的目的也不仅仅是避免事故发生,更旨在不断改善一个组织的总体安全状况。

系统管理是 SMS 的本质,安全风险管理是 SMS 的核心,而安全信息管理是实现 SMS 的重要驱动力。SMS 能够根据组织的规模和复杂程度提供相应的系统安全管理,帮助企业找到促进生产和保证安全的平衡点,是将航空运输安全和经济效益两者相结合的"典范"。

三、安全管理体系框架

安全管理体系主要由安全政策与目标、安全风险管理、安全保证、安全促进 4 部分组成。安全政策与目标是指组织必须明确政策、目标、程序以及组织结构等;安全风险管理是将风险控制在可接受水平或其以下;安全保证是确保风险控制措施持续被执行,并在不断变化的环境下持续有效;安全促进是利用良好的安全文化活动,把安全作为核心价值进行促进。

安全管理的核心运行活动是安全风险管理和安全保证。这两项核心活动在安全政策与目标所提供的保护伞下进行,并由安全促进措施作为支撑。概括来说,安全风险管理和安全保证是安全管理体系的基础运行活动,而安全政策与目标和安全促进提供基准框架及支撑,使基础运行活动能够有效进行。

安全管理体系框架的每一构成部分又包括多个要素,具体如下。

(1)安全政策与目标

①管理者的承诺与责任;②安全责任义务;③任命关键的安全人员;④协调应急预案的制订;⑤安全管理体系文件。

(2)安全风险管理

①危险源识别;②风险评估与缓解措施。

(3)安全保证

①安全绩效监控与测量;②对变更的管理;③安全管理体系的持续改进。

(4)安全促进

①培训与教育;②安全信息交流。

本章小结

本章在介绍民用航空基本理论的基础上,引入了航空安全问题,并较详细地介绍了影响航空交通安全的一些因素。航空安全是保证不发生与航空器运行有关的人员伤亡和航空器损坏等事故。航空事故具有生成的突发性、成因的综合性、后果的双重性、一定的可防性等特点。航空安全受到多种因素的影响,包括航空器自身的安全,以及环境和人为因素的影响。航空器自身的复杂性决定了航空器安全性设计和运行安全保障的复杂性及系统性;异常的飞行条件同样也会对航空飞行安全造成一定的影响。如果航空安全受到威胁,很有可能造成重大的人员伤亡和巨大的财产损失,带来严重的社会影响,所以航空安全的保障工作尤为重要。必须将航空安全管理工作落到实处,从根本上避免或减少航空事故的发生,为航空交通的运行和发展提供安全保障。

习题

7-1 什么是民航飞行安全? 我国民航飞行安全处于什么水平(截至 2017 年)?

7-2 什么是航空交通事故? 它有哪些特点?

7-3 什么是航空器? 根据其构造特点可分为哪几种类型?

7-4 简述飞机的结构设计对飞行安全的影响。

7-5 飞机飞行过程中主要受哪几种气象条件的影响?

7-6 国际民航组织提出 SMS 的基本目的是什么?

第八章

水路交通安全

水路运输是以船舶为主要运输工具,以港口或港站为运输基地,以水域(包括海洋、江河和湖泊等)为运输活动范围的一种运输方式。随着经济全球化的不断发展,水路运输发挥了越来越大的作用,然而,水路交通事故也在不断增多,水路交通安全的形势仍不容乐观。建立长效的水路交通安全保障体系,加强水路交通安全管理,是水路交通主管部门和航运界的一项长期工作。本章主要阐述水路交通安全的概念,介绍水路交通事故、船舶与交通安全、航行条件与交通安全等内容。通过本章的学习,应系统地掌握水路交通安全的相关知识;对预防水路交通事故发生、保证船舶航行安全,以及水路交通安全管理有深入的了解;对水路交通安全的指导思想和基本原则有更多的认识。

第一节 概 述

一、水路交通安全的概念

水路交通运输系统是指以水路交通为运输方式,将被运送对象按既定目标实现位移所涉及的各个有机组成部分。水路交通系统是整个综合运输系统中的一个子系统,水路交通运输系统涉及的单位有航运企业和行业主管部门。

水路交通安全包括船员、旅客及港区地居民的生命安全，以及船舶、货物、港口和航道设施的安全，既涉及生命财产安全，又涉及船公司的经济利益，更涉及人类赖以生存和发展的水域环境保护。水路交通安全的本质是船舶安全，是指摆脱可能造成船舶人员伤害、船舶及所载货物损失，以及水域环境被船舶排出物或泄漏物污染的情况，是指船舶处于一种使伤害和损失的风险控制在可以接受水平的状态。

水路交通安全涉及船舶建造、船舶营运、教育培训等多个领域，在各领域中，人为因素对安全的影响最大。据统计，在水路交通事故中，约有80%是人为因素造成的，其中触礁、失火、爆炸事故中人为因素的比例高达90%，碰撞事故中人为因素的比例更达到95%。泰坦尼克号、多纳·帕斯号、我国的"大舜"号，以及红海沉船事故，都是由于船员综合素质不高产生的人为因素造成的。国际上公认对人为因素最有效的控制手段就是管理，通过将管理科学的一般原理、方法应用到水路交通安全领域，可以有效保护人的生命财产安全和水域环境。

水路交通安全管理的本质是船舶安全管理。船舶安全管理是指设计并保持一种良好的船舶环境，使船员或船舶管理人员高效地实现既定安全目标的过程。它利用计划、组织、实施和控制等管理职能，控制来自船舶、航道、气象、货物的不安全因素以及船员的不安全行为，避免发生事故，保障船员和乘客的生命安全，避免船舶污染水域，保证船舶安全营运。

随着水路运输业的不断发展，船舶数量不断增多，航行密度不断增大，航行环境也不断恶化，加之船舶日益趋向大型化、专业化，船速不断提高，更增加了船舶发生事故的风险。目前，水路运输业仍具有高风险的特点，一旦发生事故，不但可能造成人身伤亡，而且还可能给社会、经济和环境造成巨大的危害。为保证水路交通安全，船舶安全管理人员在事故发生前需要运用计划、组织、控制技术，落实安全措施，预测和预防可能出现的危险，保证船舶处于可接受的安全状态；一旦事故发生，需要实施事前制订的应急预案，协调好人员、部门、船岸之间的关系，对突发事件和危险进行紧急处置；事故发生后，需要对事故进行处理，除赔偿损失、分清责任以外，重点是进行事故原因调查分析，以便采取纠正措施。

水路运输业具有国际性、法规性等多方面的特点，因此，从事水路交通安全的组织机构也涉及方方面面，包括国际组织和国家主管机关。国际海事组织（International Maritime Organization，IMO）作为船舶安全营运的立法机构，其船舶安全管理途径是：通过船旗国（Flag State）实施对船公司、船员、船舶的管辖；通过船旗国政府验船机构，要求其授权的船级社加强对船舶建造和技术状况维持的控制；通过港口国（Port State）对到港的外国船舶采取监控行动，增强船旗国、船级社、船公司和船舶的安全管理效果；通过其影响使行业组织加强对本组织内船舶和船公司的安全管理。

二、水路交通安全的影响因素

水路交通安全的影响因素包括船舶与货物、船员、航行环境、船公司等。

1. 船舶与货物

船舶由以下主要系统构成：船体系统、操纵系统、导航系统（如罗经、雷达等）、通信系统、动力系统、货物运输系统和安全应急系统。船舶种类主要有：集装箱船、杂货船、干散货船（如矿砂船、散粮船等）、油船、散装液体/化学品船、液化气体船、滚装船、客船、各类高速船等。船舶性能中与安全有关的方面主要包括:快速性、推进性、操纵性、抗沉性、稳性、耐波性等。这些性能与船舶种类、大小有关,也受外界环境,包括风、流、浪、水深等的影响。

船载货物的种类不同,危险性也不同。从形态上分,有固体、液体、散装、箱装等货物;从化学性质上分,有易燃、易爆、放射、毒害、腐蚀等性质的货物,这些性质涉及货运质量和人、船、货的安全以及水域环境保护,必须通过合理配载、衬垫、隔票、堆装、绑固、隔离、防盗、通风、冷藏等措施避免事故发生。

2. 船员

船员是在船上任职和专门从事船上工作的乘员的总称。在海船工作的船员又称为海员。船员是船舶营运系统中最能动的因素,在船公司管理规章体系和航次任务确定后,船员的素质和行为直接关系到能否安全、优质、经济、高效地完成航次任务。船员在保证船舶航行安全、防止船舶污染上承担主要责任,由此受到国际海事组织、船旗国和港口国的共同关注,并通过《1978 年海员培训、发证和值班标准国际公约》(简称《STCW 公约》)及有关规则,对船员技术素质和行为实施管辖。《1974 年国际海上人命安全公约》(简称《SOLAS1974 公约》)要求船舶需持有船旗国签发的船舶最低安全配员证书,以保证航行安全和防止污染。配员包括船员适任证书要求和人数要求,使船员能按一定的组织和分工行使职责。船长、高级船员和负有值班责任的普通船员必须按《STCW 公约》要求持有船员适任证书和有关专业证书,所有船员都必须通过基本安全训练。

3. 航行环境

航行环境是指船舶航行所处的自然和人工的背景,包括航道和港口。

航道由航路、航标、气象和水域环境组成。航路是船舶从始发港驶达目的港的路线。在港口附近表现为自然河道和指定水道,在大洋上表现为以气象和海洋环境为基础的大圆航线和恒向线航线。航标是人为设置的向船舶提供定位、导航信息的地理位置参照物。航标分为近程的视听类航标和中、远程的无线电类航标。视听类航标数量最多,包括灯塔、灯桩、灯浮、导灯、陆标、浮标、立标、导标、电光指示标等。灯标容易熄灭,浮标常有移位,雾号传播距离仅1 ~ 2海里,且易受天气影响。气象和水域环境属于航海环境学范畴,指气象和水域对船舶航行的单独影响和综合影响。

港口是航路的起讫点,是水陆运输的连接点。海港是指沿海港口以及河流入海处附近,以靠泊海船为主的港口,包括该港区范围内的水域和通海航道。常用的港口种类有海港、河港、商港、军港、渔港、避风港、开放港口和非开放港口等。港口的水深、岸线总长、泊位数、吞吐量、管理能力、服务种类和质量等是港口能力的重要标志。港口规模取决于水道、附近的陆路交通和经济规模,港口的兴衰也影响到港口城市的经济发展。

4. 船公司

船公司是指船舶的所有人、经营人和管理人。船公司是"人-机-环境-控制(管理)"系统中"管理"要素的重要组成部分,公司在其范围内,直接把握着人、机、环境 3 大要素的宏观控制。水路交通安全管理是通过船公司来实施的,船员如何选择、培训和调配,船舶如何使用、维护和修理,航线的确定,对于恶劣环境是鼓励规避还是冒险等,都取决于船公司。因而船公司是船舶安全管理的重要环节。

三、我国水路交通的发展历程

我国是一个海疆辽阔、江河众多的国家,水运资源丰富,从而为我国发展水运事业创造了良好的条件。如邻近我国大陆的海洋有渤海、黄海、东海和南海四大海域,它们都是北太平洋西部的陆缘海,四海相连,呈北东至南西的弧形,环绕着亚洲大陆的东南部。我国整个近海纵跨温带、亚热带和热带,面积达 470 万 km^2。除上述四海外,我国台湾省以东海区直接面临太平洋,具有大洋特性,距岸不远处即为水深超过 3000m 的深海盆。在内河航运方面,我国幅员辽阔,有许多源远流长的大江大河,其中流域面积超过 $1000km^2$ 的河流就有 1500 多条。湖泊众多,其中面积在 $1km^2$ 以上的天然湖泊就有 2800 多个。并且大多数河流水量充沛,长年不冻,适宜航行。主要的通航河流有长江、珠江、黑龙江以及京杭大运河等。

我国是世界上水路运输发展较早的国家之一。据记载,我国在公元前 2500 年已经制造舟楫,从事水运。早在商代即已出现帆船运输。春秋吴国阖闾九年(公元前 506 年),开凿了世界上第一条运河——胥溪,全长超过 100km。秦始皇三十三年(公元前 214 年),挖成长度超过 30km 的灵渠,连接长江和珠江两大水系。灵渠上的斗门(又称陡门),堪称世界上最早的船闸。举世闻名的大运河,肇始于春秋吴国,以后经历代特别是隋、元两代的大规模开凿,沟通了钱塘江、长江、淮河、黄河、海河五大水系,长 1794km。8~9 世纪,唐代对外运输丝绸及其他货物的船舶,直达波斯湾和红海之滨,开辟了"海上丝绸之路"。北宋时为增加粮食载运量和提高结构强度而建造的对槽船,是当今航运发达国家所用分节驳船的雏形。12 世纪初,我国首先将指南针应用于航海导航。15 世纪初至 30 年代,明朝航海家郑和率领巨大船队七次下西洋,经历亚洲、非洲 30 多个国家和地区。凡此表明,在一个相当长的历史时期内,我国的水路运输事业不论在对本国的经济文化发展方面,或是在开展对外贸易和国际交流方面,均起着十分重要的作用。明、清时期,实行海禁和闭关锁国政策,尤其自 1840 年鸦片战争开始的帝国主义入侵以后,我国水运事业的发展受到了阻碍。

1949 年中华人民共和国成立以来,我国水运事业获得了很大的发展。特别是近 30 多年来,水路客、货运量均增加 16 倍以上,旅客周转量增加 9 倍多,货物周转量增加约 90 倍,轮驳船总载重量吨位增加 50 多倍,沿海和长江港口吞吐量增加 20 多倍。其他诸如航务工程、船舶和港口机械修造工业、通信导航、救助打捞、船舶检验、港航监督以及水运科学研究和教育事业等,也都有较为迅速的发展。在全国各种运输方式总货物周转量中,水路运输的比重由 20 世纪 50 年代初的不到 20% 增加到 80 年代初的 40% 以上。海港和河港的对外贸易货运量在总吞吐量中占有的比重,由 50 年代后期的 1/7 增加到 80 年代初的 1/4,沿海港口达 1/3。目前,我国的商船已航行于世界 100 多个国家和地区的 400 多个港口。我国当前已基本形成一个具有相当规模的水运体系。

维护水路交通安全是保证运输畅通、满足国民经济建设对运输需求的基础。改革开放以来,我国水运事业得到了长足的发展,运力规模迅速扩大,由开始的紧张不足发展为基本能满足国民经济建设的需要,水运设施的技术水平也大大提升。然而,在新增的运力中,运力的质量差别很大,对于不同地区和企业,科技水平和管理水平的差距也很大,形成严重的发展不平衡问题。这种现实增加了水路交通安全管理的复杂性。种种迹象表明,我国经济体制的改革、运力规模的扩充、经营实体的多元化,这些重大而快速的变化给国家水上安全管理提出了新的课题。这就要求水路交通安全管理体系适应这种国情,能在复杂的市场经济条件下把握全局安全,促进水运事业繁荣。需要在不断摸索、创新的基础上总结经验、发现问题,进一步改革水路交通安全管理体制,健全法规体系,保持航运业健康发展。

多年来,政府和研究机构根据国家经济体制改革的需要,已经在水路交通安全管理体制方面做出许多实际工作。在总结过去经验和已取得的成果的基础上,从理论和学术方面对水路交通安全管理体系的改进、法规体系的健全和救捞体系的完善等问题进行探讨,特别是对其中较为薄弱、亟须改进的救捞体系的改革进行探讨,提出建设性的意见和改进方案是非常必要的。

第二节　水路交通事故

一、概念及特征

水路交通事故的概念源自于"海事"的概念,而关于"海事"的定义有广义和狭义之分。广义上的"海事"泛指航海、造船、海上事故、海上运输等所有与海有关的事务;狭义上的"海事"意指"海上事故"或"海上意外事故"。我国不但具有广阔的海上水域,而且还具有广大的内陆水域。因此,将狭义的"海事"概念拓展为"水路交通事故",它既包括发生在海上的交通事故,也包括内陆水域的交通事故。

本节中,水路交通事故的定义参照了我国《水上交通事故统计办法》(交通运输部令〔2014〕15 号),主要指船舶在航行、停泊、作业过程中发生的造成人员伤亡、财产损失、水域环境污染损害的意外事件。

水路交通事故具有一些明显的特征,具体如下。

(1)水路交通事故最主要的形式是碰撞和搁浅。水路交通事故的形式多种多样,如碰撞、触礁、搁浅、火灾、沉没等,其中发生最多的是碰撞和搁浅。据有关资料统计,发达海运国家的水路交通事故中,一般碰撞事故所占的比例为26%,搁浅、触礁约占28%。我国远洋船舶海上交通事故中,碰撞和搁浅事故约占总事故的75%;在沿海水路交通事故中,碰撞事故占58%左右,搁浅事故占17.7%左右;在内河航运交通事故中,碰撞事故所占比例也很高。

(2)港内事故多。在港内水域中,船舶进出港频繁,通航密度大,使港内碰撞的概率加大。

(3)水路交通事故多发生在沿海岸、河岸及交通密集的水域。由于船舶一般频繁活动于港口和近岸水路交通要道,这些区域船舶交通流密度大,并且随着运输业的不断发展,船舶的发展趋向大型化、高速化和专业化,这样发生海事的概率也随之增大。

(4)在水路交通事故中,火灾事故比较突出,且多发生在油轮上。除碰撞、搁浅外,火灾事故是导致水上交通事故的重要原因之一。在各类火灾事故中,油轮火灾又占有很大的比例。而在油轮火灾中,爆炸起火又是主要原因之一。

二、事故分类与分级

1.分类

事故分类是进行海事调查和统计分析的基础。由于每一起事故都涉及不同发生对象、发生时间、发生水域、发生原因、致损对象、致损方式、致损大小等,事故的分类方法有许多种,我国《水上交通事故统计办法》(交通运输部令〔2014〕15号)将水路交通事故按照致损原因分为10类,并在相应条款中对于各分类类别说明如下。

1)碰撞事故

碰撞事故是指两艘以上船舶之间发生撞击造成损害的事故。碰撞事故可能造成人员伤亡、船舶受损、船舶沉没等后果。碰撞事故的等级由人员伤亡或者直接经济损失确定。

2)搁浅事故

搁浅事故是指船舶搁置在浅滩上,造成停航或者损害的事故。搁浅造成船舶停航7日以上,但造成损害未达到一般事故等级标准的,按一般等级事故统计。

3)触礁事故

触礁事故是指船舶触碰礁石,或者搁置在礁石上,造成损害的事故。触礁事故的等级参照搁浅事故等级的计算方法确定。

4)触损事故

触损事故是指船舶触碰岸壁、码头、航标、桥墩、浮动设施、钻井平台等水上水下建筑物或者沉船、沉物、木桩、鱼栅等碍航物并造成损害的事故。触损事故可能造成船舶本身和岸壁、码头、航标、桥墩、钻井平台、浮动设施等水上水下建筑物的损失。

5)浪损事故

浪损事故是指船舶余浪冲击他船而致损的事故。也有人称之为"非接触性碰撞",因此,浪损事故的损害计算方法可参照碰撞事故的计算方法。

6)火灾、爆炸事故

火灾、爆炸事故是指因自然或人为因素致使船舶失火或爆炸造成损害的事故。同样,火灾、爆炸事故可能造成重大人员伤亡、船舶损失等伤害。

7)风灾事故

风灾事故是指船舶遭受较强风暴袭击造成损失的事故。

8)自沉事故

自沉事故是指船舶因超载、积载或装载不当、操作不当、船体漏水等原因或者不明原因造成船舶沉没、倾覆、全损的事故,但其他事故造成的船舶沉没不属于自沉事故。

9)操作性污染事故

操作性污染事故是指船舶除因发生碰撞、搁浅、触礁、触损、浪损、火灾、爆炸、风灾及自沉事故等原因外,造成的水域环境污染事故。

10)其他引起人员伤亡、直接经济损失的水路交通事故

除以上事故种类之外,影响适航性能的机件或者重要属具的损坏或者灭失,以及在船人员工伤、意外落水等事故归为第10类。

2.分级

国际海事组织为便于将事故信息向其报告,对海事等级作了一定划分。1997年11月通过的A.849(20)决议《海事调查章程》(Code for the Investigation of Marine Casualties and Incidents)对海事分级作了规定并给出了"特别重大事故""重大事故""大事故""海事事件"等的定义。

1)特别重大事故(Very Serious Casualty)

特别重大事故是指船舶发生事故,致使船舶全损,人员死亡或者严重污染。严重污染是指

由受影响的沿岸国或者船旗国对某一污染事故进行评估,发现该事故对环境造成了极其有害的影响或者不采取防污措施将会造成这种影响。

2)重大事故(Serious Casualty)

重大事故是指船舶发生事故,性质不如特别重大事故恶劣,包括火灾、爆炸、碰撞、搁浅、恶劣天气损害、冰损、船体裂缝或者怀疑船体有缺陷等,并导致如下后果:主机无法启动,大范围的舱室受损,船体结构受损如船体水下渗透等,致使船舶不适航;或者造成污染或者发生的故障需要拖带或者岸上援助。

3)大事故(Less Serious Casualty)

大事故是指船舶发生事故,但性质不如特别重大事故或重大事故恶劣。进行事故报告的目的是为了记录有关海事的有用信息,包括一般事故。

4)海事事件(Marine Incident)

海事事件是指由船舶操作引起的,或与船舶操作相关的事件,并且这类事件已使船舶或任何人员受到威胁,或可能造成对船舶结构或环境的严重损害。进行此类事故报告的目的是为了记录有关海事的有用信息。

我国关于海事分级的规定和标准遵循重视事故导致的人命损失、相对于偏重直接经济损失、顾及事故造成的社会影响,且不放过重大事故隐患或重大违章案件等原则。我国《水上交通事故统计办法》(交通运输部令〔2014〕15号)中规定:水路交通事故按照人员伤亡和直接经济损失或者水域环境污染情况等要素,分为特别重大事故、重大事故、较大事故、一般事故和小事故。具体分级标准如下。

1)特别重大事故

特别重大事故是指造成30人以上死亡(含失踪)的,或者100人以上重伤的,或者船舶溢油1000t以上致水域污染的,或者1亿元以上直接经济损失的事故。

2)重大事故

重大事故是指造成10人以上30人以下死亡(含失踪)的,或者50人以上100人以下重伤的,或者船舶溢油500t以上1000t以下致水域污染的,或者5000万元以上1亿元以下直接经济损失的事故。

3)较大事故

较大事故是指造成3人以上10人以下死亡(含失踪)的,或者10人以上50人以下重伤的,或者船舶溢油100t以上500t以下致水域污染的,或者1000万元以上5000万元以下直接经济损失的事故。

4)一般事故

一般事故是指造成1人以上3人以下死亡(含失踪)的,或者1人以上10人以下重伤的,或者船舶溢油1t以上100t以下致水域污染的,或者100万元以上1000万元以下直接经济损失的事故。

5)小事故

小事故是指未达到一般事故等级的事故。

三、事故构成因素

在分析或查明事故原因时,应从安全监督这一角度出发,按系统论的观点,从人、船、环境和管理等各方面分析事故的原因。国际海事组织制定的大量国际公约、决议、指南和各国海上交通监督管理机关制定的国内交通安全管理法规文件都涉及人(如船舶配员、培训、考试发证等)、船(如结构、强度、性能、机器与设备等)、货(如分类、处置、配载、运输保管等)、环境(如港口与航运规划设计、助航标志与设施、天气和水文预报等)和管理(如操作规则、管理程序等)。这也说明发生事故的原因存在于水路交通运输系统的各个因素及其相互作用诸方面。

1. 基本因素

1) 船舶

船内风险源于人、机器、能量、货物拥挤于薄壳系统中,隐患、危险或潜在事故原因多,易在触发能量和耦合条件作用下发生事故。若不考虑船外环境,则船内的风险和事故类型与陆地工厂类似,包括火灾、爆炸、机器故障、触电、人或物的坠落、机械损伤等。

船舶因素有时会成为事故发生的主要原因,特别是船舶倾覆或沉没的事故,以及在船舶失控的情况下发生的事故。船舶由船体、动力系统、助航设备、操纵设备、通信设备、消防救生设备和货物系统等部分组成。因此,船舶要素包括操纵设备、助航设备的性能和状况,造船材料及质量,船体结构、强度、密封性和分舱布置,船舶的吃水、稳性和惯性等。

2) 环境

自然环境因素,包括气象、海况及水文条件等;航行环境因素,包括通航密度、航道水深、靠(锚)泊条件、背景灯光、水下障碍物、助航标志与设施的状况、安全信息等。雾、大风、海浪、流、潮汐对航行安全的影响最大。航道的风险源于浅滩、礁石、航道弯头、狭窄、流向流速多变的急流;江河内及入海口航道的频繁迁移;航标的灭失和移位;雾、雨、雪等导致的能见度不良,大风及其掀起的风浪和涌浪,潮汐异常导致的潮高、潮流紊乱等。港口的风险,首先来自于管理混乱和调度失误;其次是搁浅,触礁,抛锚钩坏水下电缆和管道,船舶与船舶碰撞,船舶与码头、装卸机械、浮筒、灯标、桥梁等港口设施的碰撞。

3) 货物

货物因素包括货物的特性,货物的隔离、积载,货物运输和储存过程的管理等。货物的技术风险包括货物的翻倒和坠落,货物移动导致船舶横倾和倾覆,稳性、强度受损,撞坏船体、设备和伤害人员等。理化性风险包括火灾爆炸、毒害、腐蚀、污染、放射、感染,具备此类风险的货物绝大多数已归入危险货物。国际海事组织要求,各缔约国政府必须遵照《SOLAS1974公约》第Ⅶ章规定和《国际海运危险货物规则》实施管辖,以确保安全和防止污染。

4) 人员

在水路交通事故中,人的因素往往是触发要素,其中船员又是最主要的。船员对安全的影响,在于其职业素养和行为,职业素养包括道德、身心、技术、能力、语言等方面,有良好的素质才能有良好的行为。

船员的身体状况、知识水平(包括对专业知识、航行规则、有关法律法规的掌握和理解等)、航海技能(包括判断能力、应变能力、操纵能力等)、思想意识(包括职业道德、安全意识、工作态度、责任心等)以及航海经验等,都直接影响船员的行为,对事故起决定性作用。其他人员如引航员、码头工人、验船师等,也会在履行各自职责时出现差错或过失,成为事故发生的诱因。

2. 条件因素

基本因素是系统固有因素。单个因素或多个因素综合作用,在安全管理不当或处置不当条件下,都可以引发不安全行为、不安全状态或不良环境,并最终导致事故的发生。

1)安全管理

安全管理包括单个因素的安全管理和整个系统的安全管理,涉及的单位和部门有船舶、船东、港口、修造船厂、船舶检验、引航和海事管理机构等,主要是日常的安全管理。大多数事故都与安全管理有关,安全管理不当通常是事故深层次的原因。管理原因应从如下几个主要方面分析。

(1)船舶管理

①有没有制定完善的安全操作规程。

②是否对安全漠不关心,对已发现的问题不及时解决。

③有没有严格执行监督检查制度。

④是否指挥错误,甚至违章指挥。

⑤是否人员培训不足,致使不能正确判断险情和事故的发展。

⑥是否检修制度不严,未及时检修已出现故障的设备,使设备带病运转等。

(2)岸基管理

①公司管理。

②港口管理。

③海事管理机构、船舶检验、引航体系管理等。

2)处理措施

处置是对出现的不安全行为、不安全状态和不良环境的应急处理,对处置因素的分析主要是评价所采取的措施是否得当,包括对运用良好船艺、船员通常做法、常识和基本技能等的评价。

第三节　船舶与交通安全

一、船舶的概念

1.船舶类型

常用商船主要有客船、集装箱船、散货船、杂货船、滚装船、液货船、液化气船、木材船、半潜船和高速船等。

1)客船

根据《SOLAS1974 公约》的规定,凡载客超过 12 人者均视为客船(图 8-1)。客船多为定期定线航行,其特点是具有多层甲板(Deck),上层建筑(Superstructure)高大,一般生活设施比较完备,抗沉性好,船速高,并设有减摇装置。按载客的性质和船舶载货量,客船又可分为全客船(Passenger Vessel)、客货船(Passenger-Cargo Vessel)、货客船(Cargo-Passenger Vessel)和客滚船(Ro-ropassenger Ship)。

2)集装箱船

集装箱船(Container Ship)又称货柜船或货箱船(图 8-2)。集装箱船主机功率大,航速较高,其货舱和甲板均能装载集装箱,货舱盖强度大;多为单层甲板结构,货舱开口宽大;为了保证船体强度、提高抗扭强度,船体设计为双层底和双层舷侧结构,并在双层舷侧的顶部设置抗扭箱;为了货箱积载安全,货舱内设有格栅式导轨;装卸效率高,货损货差少。

图 8-1　客船

图 8-2　集装箱船

3)散货船

散货船(Bulk Carrier)是指专门用于载运散粮、煤炭、矿砂、散化肥等散装货物的船舶(图8-3)。其特点是船型肥大,一般单向运输,货舱为单层甲板,舱口宽大;现多设计为双层船壳结构;舱口围板高大,货舱横剖面呈棱形,可减少平舱工作,方便货物装卸,防止因货物移动而危及船舶稳性;货舱四角的三角形舱柜可作为压载舱,用于调节船舶浮态和稳性。其中矿砂船是专门设计用于载运散装矿砂的船舶,由高强度钢建造。由于矿砂密度大,积载因数小,为提高船舶重心,减轻航行中的剧烈摇摆,矿砂船的双层底设计得比较高,这样也便于清舱。矿砂船两侧的压载边舱也比其他散货船大。

4)杂货船

杂货船(General Cargo Ship)主要用于装载一般干货,如成包、箱、捆、桶的件杂货(图8-4)。通常为多层甲板结构,舱口尺寸较大以方便货物装卸,舱口配有吊杆或起重机。新型杂货船一般设计成多用途型,既能运载普通件杂货,也能运载散货、大件货、冷藏货和集装箱。

图 8-3　散货船

图 8-4　杂货船

5)滚装船

滚装船(Roll on/Roll off Ship,RO/RO Ship)是一种将传统的垂直上下装卸改为水平滚动装卸的专用船舶(图8-5),主要用于装载车辆或装载固定在车辆上的集装箱或托盘等半标准货物,包括火车车厢。其上甲板平整,无起重设备,上层建筑物高大并具有多层甲板。为方便车辆上下,通常在滚装船的尾部、舷侧或首部设有供车辆上下的跳板,船舱内设有活动的斜坡道或升降平台,支柱极少。其舱容利用率低,抗沉性较差,造价高,但装卸效率高,船速快。

6）液货船

液货船（Liquid Cargo Ship）是指适合于运输散装易燃液体货物的货船,有油轮、液体化学品船等。油轮（Oil Tanker）是指载运石油及石油产品的船舶,有原油船、成品油船（图8-6）。按照《MARPOL73/78公约》的规定,现行油轮均采用双层船壳结构,甲板布置各类管道,无起货设备,设置纵向舱壁以增加稳性,并在货油舱前后设置隔离空舱,防止油类渗透及防火防爆。液体化学品船（Liquid Chemical Tanker）装载的多为有毒、易燃、腐蚀性强的液体货物。舱壁由耐腐蚀不锈钢制成,一般为双层船壳。

图8-5 滚装船

图8-6 超级油轮

7）液化气船

液化气船（Liquefied Gas Carrier）可分为液化天然气船（Liquefied Natural Gas Carrier,LNG Carrier）、液化石油气船（Liquefied Petroleum Gas Carrier,LPG Carrier）和氨水、乙烯、液氯运输船等。液化天然气船要求液舱有严格的隔热结构,液舱多设计成球形或棱柱形（图8-7）。液化气运输船按液化气的储存方式分为3类:压力式、冷压式和冷却式。在压力式液化气船中,货物在常温下装载于球形或圆筒形的耐压液罐内。冷压式和冷却式液化气船对货物的温度和压力都进行控制,因此需要液罐隔热和货物冷却装置。

8）木材船

木材船（Timber Carrier）专用于装运各种木材,其货舱长而大,舱口大,舱内无支柱等障碍物（图8-8）。舷墙高并在甲板两舷侧设有立柱,用于甲板装载木材,增加载货量。同时,起货机均安装于楼楼平台上,不影响货物堆放,利于人员操作。

图8-7 液化天然气船

图8-8 木材船

9）半潜式船

随着深海石油开发和各种特殊需要,一些比较特殊的货物,如油井架、集装箱桥吊、海上大型储油罐等,其外观尺寸和单件质量都超出普通船舶所能接受的范围,从而出现了半潜式船舶（Semi-submerged Ship）（图8-9）。其主要特点是装货处所全部位于甲板,能够潜装潜卸,船上装有海上精确定位的动态定位系统,压载系统容量大,能够在极短时间内压排大量压载水供船舶下潜或起浮。

10)高速船

高速船(High-speed Craft)是指航速等于或大于 $3.7\nabla 0.1667\mathrm{m/s}$ 的船舶[∇:对应于设计水线的排水量(m^3)],包括气垫船、水翼船、双体船(图8-10)等。其特点是空船排水量具有较大的储备浮力,速度快,不一定满足适用于常规钢船的国际公约规定。

图8-9 半潜式船

图8-10 双体船

除上述种类的船舶外,还有工程船(如挖泥船、航标船、敷缆船等)、工作船(如海难救助船、消防船、科学考察船等)、地面效果翼船、载驳船等其他多用途船舶。

2.船舶结构

为使船舶能在恶劣天气条件下承受各种外力对船体的冲击和作用,实现安全营运,船舶需按《钢质海船入级规范》的技术要求进行建造,并经由主管机关授权的中国船级社指定的验船师检验合格后方可投入使用。

船舶由主船体、上层建筑及其他各种配套设备所组成。

1)主船体

主船体(Main Hull)是指上甲板及以下由船底、舷侧、甲板、首尾与舱壁等结构所组成的水密空心结构,为船舶的主体部分。为满足不同船舶营运所需强度和运输性能,船体结构设计成横骨架式、纵骨架式、纵横混合骨架式,例如纵骨架式具有总纵强度高、船舶质量轻的优点而被大型油船和矿砂船采用。

船底有单层底和双层底两种结构形式,大多数船舶采用双层底结构,这样可以提高船体的总纵强度、横向强度和局部强度,可作为淡水舱、压载水舱,提高船舶抗沉性和稳性。

舷侧是保证船体的纵向和横向强度,保持船体几何形状和侧壁水密的重要结构,主要承受水压力、波浪冲击力、冰块的冲击和挤压力、甲板舱内负荷、总纵弯曲应力和剪切应力等外力的作用。

甲板承受总纵弯曲应力、货物和甲板设备的负载、波浪的冲击力等,由于甲板上分布货舱口、锚链舱口和甲板设备等,所以甲板不同区域结构和强度不同。在甲板的纵向上,首尾高而中间低,形成舷弧,便于甲板排水,减少甲板上浪,增加储备浮力。在甲板横剖面上,中间高两边低而形成梁拱,梁拱可增加甲板强度,便于排泄甲板积水和增加储备浮力。

船舶首部直接受波浪冲击,可能与浮冰、暗礁、障碍物或其他船舶等碰撞;尾部承受螺旋桨振动力、舵的水动力及车叶的荷重等,要求首尾部应具有一定强度。首部设置一个由铸钢和钢板焊接相结合的混合型首柱,加强型的首尖舱可用来储存燃油、淡水等。尾部也采用铸钢造的尾柱。不同类型船舶的首尾形状不同,目前大多数海船采用有球鼻的船首和巡洋舰型的船尾。

舱壁主要是用来分隔舱室,支撑船底、舷侧、甲板等,有利于提高船舶抗沉性和船舶结构强度,保证船舶安全。

2)上层建筑

上层连续甲板上由一舷伸向另一舷的或其侧壁板离船壳板向内不大于4%船宽(B)的围蔽建筑称上层建筑(Superstructure),即首楼、尾楼和桥楼,其他的围蔽建筑称甲板室。

位于首部的上层建筑称首楼,作用是减少首部上浪,改善航行条件,首楼舱室可作储藏室用。位于尾部的上层建筑称尾楼,作用是减少船尾上浪,保护机舱。驾驶台和船员活动居住处所位于桥楼内。现代船舶大多为尾机型船或中尾机型船,桥楼设在靠近船尾处。

3)各种配套设备

船舶的配套设备主要有:主机、辅机及配套设备,电气设备,各种管系,甲板(如锚、舵、系泊及起重等)设备,安全(如消防、救生等)设备,通信导航设备,生活设施设备等。

3. 船舶尺度

船舶尺度(Ship Dimension)按用途分为最大尺度、船型尺度和登记尺度3种。

1)最大尺度

最大尺度(Overall Dimension)又称全部尺度或周界尺度,是船舶靠离码头、系离浮筒、进出港、过桥梁或架空电缆、进出船闸或船坞以及狭水道航行时安全操纵或避让的依据。包括最大长度、最大宽度和最大高度。

最大长度是指从船首最前端至船尾最后端(包括外板和两端永久性固定突出物)之间的水平距离。

最大宽度是指包括船舶外板和永久性突出物在内并垂直于纵中线面的最大横向水平距离。

最大高度是指自平板龙骨下缘至船舶最高桅顶间的垂直距离。最大高度减去吃水即得到船舶在水面以上的高度,称为净空高度。

2)船型尺度

船型尺度(Moulded Dimension)主要用于计算船舶稳性、吃水差、干舷高度、水对船舶的阻力和船体系数等。包括船长 L、船宽 B、型深 D。

船长 L 指沿夏季载重线,由首柱前缘量至舵柱后缘的长度,对无舵柱船舶,指由首柱前缘量至舵杆中心线的长度,但均不得小于夏季载重线总长的96%,且不必大于97%。

船宽 B 指在船舶的最宽处,由一舷的肋骨外缘量至另一舷的肋骨外缘之间的横向水平距离。

型深 D 指在船长中点处,沿船舷由平板龙骨上缘量至上层连续甲板横梁上缘的垂直距离,对甲板转角为圆弧形的船舶,则由平板龙骨上缘量至横梁上缘延伸线与肋骨外缘延伸线的交点。

3)登记尺度

登记尺度(Register Dimension)是主管机关登记船舶、丈量和计算船舶总吨位及净吨位时所用的尺度,它载明于船舶的吨位证书中。

登记长度指量自龙骨板上缘的最小型深85%处水线总长的96%,或沿该水线从首柱前缘量至上舵杆中心线的长度,两者取大值。

登记宽度指船舶的最大宽度,对金属壳板船,其宽度是在船长中点处量至两舷的肋骨型线,对其他材料壳板船,其宽度是在船长中点处量至船体外面。

登记深度指从龙骨上缘量至船舷处上甲板下缘的垂直距离。对具有圆弧形舷边的船舶,则是量至甲板型线与船舷外板型线之交点。对阶梯形上甲板,则应量至平行于甲板升高部分的甲板较低部分的引伸虚线。

船舶尺度示意如图 8-11 所示。

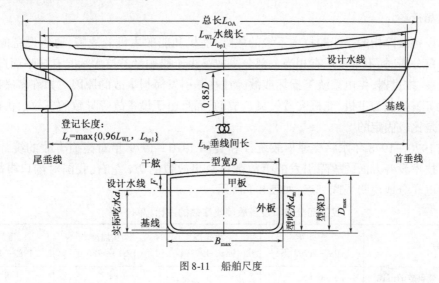

图 8-11　船舶尺度

二、影响水路交通安全的船舶因素

1. 船体结构强度

船体结构是船舶条件中的一个重要因素,在船舶灭失事故中,有相当大的一部分是由于船体不安全导致的。根据日本海事协会 1987 年对 6075 艘入级船舶的统计,就船体损伤而言,在总损伤件数中,表现为磨损者占 66.8%,变形者占 9.9%,开裂者占 22.4%。变形损伤是指船体外板及其内部骨架发生裂变,主要与结构局部强度有关,是由碰撞、搁浅、风浪冲击、重货积压等局部受力过大造成的,而磨损和开裂与船体的纵向强度关系较大,如果从对船舶安全的影响程度大小及出现概率来考虑,磨损和开裂是对船体结构强度影响较大的两个方面。

船体结构的磨损和裂纹是随着船龄的增加而增加的。现在已经证明:外壳板的恶化程度是与船龄成正比的。根据对 25 艘发生事故船舶的调查发现,有 44% 的船舶在发生事故前已经检验出结构有不同程度的损伤老化,由于船体强度不足以抵抗大风浪,事故的发生就是必然的。其中特别是船体的腐蚀磨损对安全的影响很大,腐蚀对所有的船体都不可避免,因为船体厚度较小,剖面模数势必较小,也意味着安全性的降低。不论裂纹是何等微不足道,都不允许有丝毫的疏忽,不管是疲劳还是磨损造成的。因为裂纹一旦存在就会成为局部应力的集中点,造成裂纹扩大,导致全面腐蚀损耗。因此在 PSC 检查中,就有船体外板、横梁、肋骨等项目的检查,充分地体现了船体安全在船舶安全中的重要地位。

从海事的表现形式及海事后果对人的生命、财产及海洋环境构成的实际威胁来看,船体结构的完整显得十分重要,因为海事多与船体损伤有联系,同时海事后果也以船体的破损最为严重,不仅造成人的生命、财产的重大损失,还会产生更为严重的海洋污染。根据劳氏船级社统计,1994—1995年间因船舶进水沉没而引起的事故占一半以上,而船体结构破损是进水的最主要原因。因此,船体结构的完整是保证实现船舶必需的各种性能,如稳性、抗沉性、快速性与操纵性的先决条件。随着时间的推移,控制船体缺陷是保证船舶安全运行的前提。因此,必须以船体结构为研究对象,从磨损、变形和裂纹等几个方面对船舶的安全状况进行评价。

2. 船舶设备

船舶设备故障指的是船舶技术系统的故障、舵机和船舶主机的故障、通信设备的故障等。在进行海事分析时,不难发现有相当一部分事故是由于船舶设备技术状况有缺陷而造成的,诸如操舵设备、推进器、供电系统等损坏或故障往往是引发海损事故的原因。如许多碰撞、触礁、搁浅事故等就是因为主机、舵机突然失灵造成的,而且由于设备故障导致的事故数占总事故数的百分比是比较固定的。

挪威1970—1978年水路交通事故统计和美国1970—1979年对碰撞事故的统计都表明,由于船舶技术设备方面的故障引发的事故数占总事故数的7%左右,我国对港口事故的原因统计结果也充分地说明了这一点,如表8-1所示。

我国部分港口设备故障类事故的占比(单位:%) 表8-1

港 口	青岛港 (1987—1992年)	大连港 (1982—1992年)	黄埔港 (1981—1986年)	厦门港 (1987—1996年)
设备故障类事故的占比	6.85	8	4.7	8.3

船舶安全设备包括:救生设备、消防设备、堵漏设备、航行设备、信号设备等。

1)救生设备

救生设备是船舶在水上救助落水人员,或本船遇难时供人员自救或救助他船的专门设备及其附属件的统称,包括救生艇、救生筏、救生浮具、救生圈、救生衣和求救信号发生器及其配套的吊放机械等附属设备。各类船舶都必须根据《SOLAS1974公约》和《钢质海船入级规范》的规定配备足量的各种救生设备,以保证船员和旅客的安全。船舶救生设备在船舶离港前及整个航行期间都应保持随时可用状态。船员、旅客必须掌握救生设备的正确使用方法,并定期对救生设备进行检查维护,按照《SOLAS1974公约》的规定,根据应变部署表定期进行救生演习。

2)消防设备

船舶消防设备和器材的配备种类较多但数量少,应按照公约和规范的规定,根据船舶类型、吨位大小进行足量配置,确保船舶安全。目前,船舶常用的消防设备和器材主要有:固定灭火装置、可移动式灭火器、消防队员装备及其他消防用品等。

目前在大型船舶上已逐步增设了自动探火及报警系统,该系统主要由探测器、报警器、灭火器和灭火管路组成。对于小型火灾,船舶配有手提灭火器。应定期检查灭火器压力是否正常,对于压力低的灭火器应及时更换。

3)堵漏设备

船舶在营运中,可能会因碰撞、搁浅、触礁、年久失修等造成船体破损进水,导致船舶丧失浮性和稳性,直至沉没。为使船舶在进水后仍能保持一定的航行性能,船舶在建造时,设置双层底、水密横舱壁、水密门、水密舱盖以及排水系统等。同时,还设置一系列排水设备和配备各种堵漏器材,一旦船舶破损进水可以及时进行抢救。一般堵漏器材包括:堵漏毯、堵漏垫、堵漏盒、各种规格的木塞、螺丝钩、水泥、黄沙、木柱、木模等。对船舶成功堵漏后,还应做好后续工作,防止再次发生事故。

4)航行设备

船舶航行设备主要包括磁罗经、电罗经(陀螺罗经)、自动操舵仪、舵角指示器、推进器转速指示器、雷达、自动雷达标绘装置(ARPA)、自动识别装置(AIS)、电子定位设备、电子海图显示及信息系统(ECDIS)、测深仪、计程仪等。

船舶用罗经确定航向和观测物标方位。罗经分为磁罗经和陀螺罗经两种,航海船舶通常装有两种罗经。磁罗经是利用磁针指北的特性而制成,磁罗经按结构可分为干罗经和蔽体罗经两种。陀螺罗经又称电罗经,是利用陀螺仪的定轴性和进动性,结合地球自转矢量和重力矢量,用控制设备和阻尼设备制成的以提供真北基准的仪器。

自动操舵仪指能自动控制舵机以保持船舶按规定航向航行的设备。其工作原理是:根据罗经显示的船舶航向和规定的航向比较后所得的航向误差信号,即偏航信号,控制舵机转动舵,并产生合适的偏舵角,使船在舵的作用下转向规定的航向。自动操舵仪有自动操舵和手动操舵两种工作方式。船舶在大海中直线航行时,采用自动操舵方式,可减轻舵工劳动强度和提高航向保持的精度,缩短航行时间,节省能源;船舶在能见度不良或进出港时,采用手动操舵方式,具有灵活、机动的特点。

舵角指示器是用来指示船舶航行时舵叶转动方向和角度的仪器。操舵时,用以掌握舵的动态。舵角指示器装在驾驶室或舵轮前方的操舵器上,供操舵和指挥人员随时观看。电气舵角指示器由安装在舵杆上的发送器,通过电路同步发送到驾驶室,用指针表示舵叶转动角度。

回声测深仪是一种测量水深的船用水声导航仪器,还可用于辨认船位和导航。

船用计程仪是用来测定船舶航行速度和累计船舶航程的一种导航仪器,分为相对计程仪和绝对计程仪。

雷达是利用微波波段电磁波探测目标的电子设备。其原理是:雷达设备的发射机通过天线把电磁波能量射向空间某一方向,处在此方向上的物体反射碰到的电磁波,雷达天线接收此反射波,送至接收设备进行处理,提取有关该物体的某些信息(如目标物体至雷达的距离、距离变化率或径向速度、方位、高度等)。雷达的优点是能在白天黑夜全天候探测远距离的目标,不受雾、云和雨的阻挡,并有一定的穿透能力。其空间分辨力从几米到几十米不等。

自动雷达标绘设备是一种微机化的多功能雷达信息自动处理系统。能在 0.4~59km 范围内自动跟踪目标,在自动或手动工作状态下,同时捕获 10~25 个目标,并将探测到的目标运动参数和本船运动参数进行综合处理,在终端显示器上显示船舶安全航行、避碰等方面的多种参数,供船长和操舵水手决策。

电子定位设备大多基于卫星定位系统,包括我国的北斗系统、美国的 GPS、欧洲的伽利略、俄罗斯 GLONASS 等全球卫星定位系统。

随着科技的发展,现代航海技术取得了飞跃性进步。主要技术有无线电技术、现代通信技术、现代导航技术、计算机及智能信息处理技术等。基于以上技术,出现了船舶港口交通管制/服务系统(VTS)、ARPA 雷达、电子海图显示及信息系统(ECDIS)、船舶自动识别系统(AIS)等。如今有些机构正在研究基于以上现代化信息技术的水上智能交通系统,为船舶提供实时准确的动态航行环境信息,保证船舶航行安全,降低营运成本,提高航运效率。

5)信号设备

船舶信号设备的主要种类如下。

(1)视觉信号设备。包括号灯、号型、闪光灯、号旗、烟火信号等。

(2)声响信号设备。包括号钟、号锣、号笛及某些能发出声响的烟火信号(如声响榴弹)等。

(3)无线电信号设备。包括 GMDSS 设备等。

号灯是船舶从日落到日出表示其状态的信号设备,还应在能见度不良的情况下从日出到日落时显示,并可在一切其他认为必要的情况下显示。号灯种类有桅灯、左舷灯、右舷灯、尾灯、拖带灯、红环照灯、白环照灯、黄环照灯、绿环照灯等。船用号灯可分为电气号灯和非电气号灯。

号型是船舶在白天表示其状态的信号设备。不同船舶应按照《1972 年国际海上避碰规则公约》或《中华人民共和国非机动船舶海上安全航行暂行规则》的规定显示号灯和号型。

闪光灯是船舶在互见中进行通信或发出操纵和警告信号的设备。闪光灯分为手提式、桅顶式。所有船舶应按规定配手提式白昼通信闪光灯,每具闪光灯应有 2 个备用灯泡。

号旗包括国旗、国际信号旗、手旗及标志旗等。国际信号旗和手旗可用于通信,船舶悬挂某些规定的号旗或号旗组可以表示本船正在进行的作业或提出服务要求。号旗应采用耐久、轻质、不易褪色的材料制成。国际航行船舶的号旗应采用羽纱或其他同等效能的材料。特殊用途的号旗也可采用硬质材料。号旗应按照规定悬挂和存放。

号钟、号锣及号笛均为船舶使用的声响信号器具,用于能见度不良的水域或在其附近航行时相互看不见的船舶。例如:锚泊或搁浅船舶,应按规定方式敲打号钟或号锣。

视觉信号指船舶遇险时,需要其他船舶或岸上对其实施救助时应显示的有关可视信号,包括烟火信号及救生圈用自亮浮灯。船舶、救生艇筏、救生圈等烟火信号的配备应符合经修订的《SOLAS1974 公约》《国际救生设备(LSA)规则》及船旗国法定检验规则的规定。对于中国籍船舶应符合《国际航行海船法定检验技术规则》及《国内航行海船法定检验技术规则》的规定。船舶烟火信号应装于防潮容器内,存放在驾驶室或与驾驶室相邻的适当处所,其附近不得有热源通过。在救生艇上的烟火信号应存放在远离救生艇发动机的水密容器内。

3.航海图书资料

航海图书资料是航海必备的主要工具。《SOLAS1974 公约》第Ⅴ章第二十条规定:"所有船舶应备有为其计划航程所必需的足够的和最新的海图、航路指南、灯塔表、航海通告、潮汐表及一切其他航海资料",即船舶所配航海图书资料必须齐全且有效,能反映最新的航海信息。

船舶能否满足《SOLAS1974 公约》的上述规定,直接关系到船舶是否适航,关系到船舶整个航海过程的安全,这也是港口国、船旗国安全检查的要求。根据资料统计,由于海图或航海图书中有错误或失效造成的海事占 2.0%,是船舶搁浅、触礁的主要原因。在对厦门港船舶的调查中也发现,安检中涉及航海资料未改正、海图等未换新的缺陷项目非常多,是一个普遍现象。在国际上,这也是船舶被港口国滞留的主要原因之一。在有些书籍、文章中,把海图资料等作为船舶航行设备的一个组成部分,但为更加准确地评价船舶安全,应把此项单独列为一个评价指标。

三、船舶设计

1. 船舶设计的安全要求

船舶的安全性是船舶的一个基本质量指标。为了保证船舶的安全,由国际海事组织、各国船检局、船级社颁布了各种法规,对建造、载重线、稳定、分舱、消防、救生、起重、信号设备、通信等方面都作了明确的规定,设计人员在船舶设计中必须贯彻执行,以保证船舶符合各种规范及公约的技术要求。还应指出,船上一些重要设备(如主机)和某些部件(如推进器、舵等)的可靠性,对船舶的安全性影响很大,在选定设备和进行局部设计时,也应该充分注意。

2. 船舶材料的一般要求

船舶是一个复杂的综合性工程,船体、舾装、轮机、电气、涂装等所采用的材料要求各异,品种多,数量大,其中用量最多的是钢、铸铁及有色金属,其次是非金属材料及水泥、石棉等特种材料。船舶不仅要担负水上运输、作业、科学考察、作战等使命,而且一些远离大陆的船舶,必须具有独立生存的能力。因此,它不仅要承受海风、海浪、海水所带来的腐蚀、侵袭和各种载荷应力,而且其自身所担负的使命要求构成其主体的结构材料必须具备各种性能。随着科学技术和社会经济的发展,新型船舶如冷藏船、液化气运输船等不断出现,为了使设计和制造的船舶具有性能优良、使用可靠、加工维修方便、成本低廉等特性,对船舶材料提出了很高的要求。为确保船舶安全,船舶材料应具备以下几个方面性能。

1)一定的力学性能

由于船舶特殊而又复杂的工作环境,必须承受各种载荷应力。因此,要求用于船体的材料必须具有良好的综合力学性能。表征这些力学性能的主要指标是强度、塑性和韧性。船用钢材对这些指标的具体要求必须得到满足。

2)良好的工艺性能

由于船舶是大型的钢结构,在其生产制造的过程中必须经过各种加工、成型、装配、焊接等工艺过程。这就要求所用的材料能够承受和适应这些工艺方法,具有良好的工艺性能。表征工艺性能的指标主要是冷热弯曲变形、切削加工、焊接、锻压和铸造等。对船体和平台结构材料而言,弯曲和焊接工艺性能尤为重要。

3)耐腐蚀性能

航行于江河湖海中的船舶因受到周围介质的作用而产生的腐蚀损害是非常严重的。特别是海船,由于长期处在盐雾、潮气、强烈的紫外线和带微碱性的海水等海洋环境中,不但对金属有着比陆地更为剧烈的电化学腐蚀作用,而且对涂层漆膜也起着剧烈的皂化、老化等破坏作用。据统计,碳钢在全浸区的平均腐蚀速度为 $0.13 \sim 0.25$ mm/a,在飞溅区则高达 $0.45 \sim 1.00$ mm/a。腐蚀不仅降低了材料的力学性能,缩短了使用寿命,而且由于海洋中多种多样的海洋生物附着及生长于船底,增加了船底粗糙程度,从而降低了航速和增加了燃料消耗。况且船舶的维修是一项非常困难和耗资巨大的工程,因此,对船体结构材料不仅要采取各种防腐措施,而且要求其本身必须具有很强的耐腐蚀性能。一般对于船舶结构必须进行耐腐蚀性能试验,以达到规范的要求。

4)使用性能

对于特种船舶,如军舰、海洋科学调查船等,由于其特殊的使用功能,对材料提出了许多不同的使用要求,如要求材料具有绝热、隔音、无磁、不反射雷达波等使用性能。

第四节　航行条件与交通安全

船舶运动所处的条件包括航行水域的自然条件和交通条件,水路交通环境与道路交通环境、铁路交通环境、空中交通环境大为不同,从而使水路交通具有与其他交通运输方式所不同的特征与规律。其中自然条件既包括航道、地质地形等,也包括水文气象等环境因素。对于水上工作人员来说,了解及掌握各种交通环境的特点是航行安全的重要保障。

一、自然条件

航行水域的自然条件是指水域的气象、水文与地形条件等。水路交通所处的自然条件比道路条件复杂、恶劣得多,故风险大。自然条件也可称为天然环境。

1. 地形条件

1)海上交通地形条件

地球上广大的连续水体总称为海洋,它构成了地球的"水圈"。海洋的面积约占地表总面积的71%。根据水文及海洋形态特征,可划分为主要部分及附属部分,主要部分称为洋,洋的边缘部分称为海、海湾和海峡。

(1)洋

洋面积广阔,约占海洋总面积的89%;洋的深度大,一般在2～3km以上。水文要素不受大陆的影响,比较稳定,季节变化小,水色高,透明度大,有独自的潮波系统和强大的洋流系统。世界大洋是互相沟通的。根据岸线的轮廓、底部起伏和水文特征,世界大洋分为太平洋、大西洋、印度洋、北冰洋(有些学者把北冰洋划为大西洋的附属海)和南大洋。其中太平洋最大,北冰洋最小。

(2)海

大洋靠近大陆边缘部分,由岛弧或半岛所隔离,或居于两陆地中间,或由陆地包围的部分,皆称为海。海的面积比洋小得多,约占海洋总面积的11%,深度一般较浅。海水的物理化学性质各有特点,受大陆影响大,季节变化显著。水色低,透明度小,没有独立的海流系统和潮波系统,多数受大洋影响。

(3)海峡

海峡是指两块陆地之间连接洋与洋、洋与海、海与海的较狭小的水道。全世界有上千个大小海峡,可航行的海峡约有130个,其中经常用于国际航行的主要海峡有40多个。它们不仅是世界海上交通和全球贸易的纽带,也是海军行动的重要航道和战略要冲。全球航路上,重要的通道主要有马六甲海峡、朝鲜海峡、台湾海峡、苏伊士运河、曼德运河、波斯湾、霍尔木兹海峡、直布罗陀海峡、斯卡格拉克海峡、卡特加特海峡、巴拿马运河、英吉利海峡、多佛尔海峡、望加锡海峡、巽他海峡等。

2）内河交通地理条件

内河运输是船舶通过内陆江湖河川等天然或人工水道,运送货物和旅客的一种运输方式。内河运输(Inland Water Transportation)是水路运输的一个组成部分。它是内陆腹地和沿海地区的纽带,也是边疆地区与邻国边境河流的连接线,在现代化运输中起着重要的辅助作用。

（1）国际内河交通地理环境

全球内河航运较为发达的代表性国家主要有美国、欧洲诸国等。

美国水运系统分为沿海岸、内陆和大湖区3部分。密西西比河水系是美国内河运输的主要通道,已形成江、湖、河、海相连,干支通畅无阻的内河水道网系。整个水系有五大支流,服务范围达22个州,是美国工农业的心脏地区,运量和运输密度居世界首位。该水系的主要运输方式是大型顶推船队。

欧洲地区河流众多,大部分为穿越西欧诸国的国际河流和界河。为开发这些河流,各国单独或联合完成了大量的渠化工程,同时修建了许多通航运河,将各主要水系沟通,形成一条与北海、波罗的海基本呈平行走向的东西向运河,与南北走向的河流大致垂直相交,连同沿海水道构成了格状运输网。而莱茵河与塞纳河、卢瓦尔河及罗纳河之间的运河,将德、法的内河航道连成统一标准的四通八达的水运网。著名的莱茵-美茵-多瑙运河把欧洲两条最大的河流连为一体,从而形成了北海-黑海的内陆直达航道。欧洲这些河流由于航道狭窄,均以自航驳运输为主,在莱茵河下游也有驳船队,但规模较小。

（2）我国内河交通地理环境

截至2017年底,我国内河航道通航里程12.70万km,位居世界内河第一。但是,航道等级仍然偏低,四级及以上航道仅占总里程的18%,航道的通过能力、整治标准、渠化程度还需要提高。同时,我国的航道运力分布也极不均衡。长江三角洲、珠江三角洲占了我国航道运力的八成以上。除台湾外,全国仅23个省市自治区有内河航道。其中,江苏省最多,其次是广东、浙江、湖南、四川和湖北等省。

主要的通航航道为"三江两河",具体如下。

①长江水系——有大小通航支流3600多条,通航里程超过7万km;货运量和货运周转量分别占全国内河总量的70%和80%左右;长江干线长2813km。

②珠江水系——有通航河流988条,里程1.3万km,主要分布在广东和广西境内,由珠江主干、西江、北江、东江和珠江三角洲5部分组成。

③黑龙江水系——由黑龙江、松花江和乌苏里江组成,通航里程4696km。由于地处高纬度寒冷地区,冬季封冻期长。

④淮河水系——包括干流和颍河、涡河等支流,可通航里程约1300km。

⑤京杭运河——全长1794km,其中可通航里程1044km,水深1m以上航道978km;邱县到六圩段可通航500t级,其余为100t级以下的船舶。

2.气象条件

气象条件是指能见度、大风和台风等条件。

气温、气压、风、云、雾、能见度等,都是表征大气状态的物理量或物理现象,统称为气象要素。海浪、海流、海冰等是水文要素。天气是一定区域在较短时间内各种气象要素的综合表现。气候是某一区域各种气象要素的多年平均特征,其中包括极值。天气表示大气运动的瞬时状态,而气候则表示长时间统计的平均结果。

1）气温

气温是重要的大气状态参数之一,是表示空气冷热程度的物理量。气温的高低与人类活动密切相关。气温不仅是天气预报的直接对象,而且温度场与气压场和风场之间存在着相互制约的内在联系,温度场的变化必然引起气压场和风场的变化,即引起天气的变化。

2）气压

气压和天气之间存在着密切的联系。目前气象台每天主要是分析气压的分布和变化情况,即分析气压形势,以此为基础来进行大气和海况预报。

3）风

空气相对于地面或海底的水平运动称为风。风是矢量,既有大小又有方向,通常用风速和风向表示。风对地球上的热量和水分的输送起着重要的作用,它直接影响天气的变化。

航海活动可以受益于风,也可以受困于风。对船舶运动影响颇大的海浪和海流也主要是由风直接引起的。在大风浪中,船舶可能会严重失速,甚至停滞不前,螺旋桨可能露出水面空转,使主机负荷剧变而受损;船舶剧烈颠簸会引起舵效降低,难以保持航向;船体受巨浪冲击可能发生严重损伤,使船舶结构变形,严重时可能造成船体断裂;当船舶摇摆周期与波浪周期相同时,还会发生共振,使船舶摇摆振幅越来越大,甚至有倾覆的危险。

4）降水

大气中水汽的凝结物,从空中降到地面的现象称为降水。在天气学中,常根据降水的不同性质类型,将降水分为:①连续性降水,通常具有雨量中等和持续稳定的性质;②间歇性降水,降水强度时大时小,时降时止,但变化很缓慢,云和其他要素无显著变化;③阵性降水,降水强度变化很快,具有骤降骤止,天空时暗时亮,持续时间较短,并常伴有强阵风等特点,如为固体降水,则为大块雪花或冰雹。

5）雾

雾是大量的小水滴、小冰晶或两者的混合物悬浮在贴近地面的气层中,使水平能见度小于1km（或0.5海里）的现象。雾与云在本质上一样,都是发生在大气中的水汽凝结现象,只是存在的高度不同。雾是影响海面能见距离的首要因素,无论在海洋上还是在港口,当发生浓雾时,能见度很低,给航行带来很大困难。

3. 水文条件

水文条件是指水深、水流、潮汐、波浪、冰冻等对水路交通有影响的各种因素。

1）波浪

波浪是制约船舶运动的首要因素。海洋上的波浪主要是由风引起的。最常见的有重力波、风浪和涌浪,人们习惯上将风浪、涌浪以及由它们形成的近岸浪统称为海浪。另外,对航海有影响的还有海啸、风暴潮和内波等。

（1）风浪

由风直接作用所引起的水面波动称为风浪。俗话说"无风不起浪",指的就是风浪。风浪的周期较短,波面不规则,较凌乱。风浪的传播方向总是与风向保持一致。风浪波高与风力有密切关系。有经验的海员只要观察一下海面状况,就能正确估计出风力等级。

（2）涌浪

风浪离开风区后传至远处,或者风区里的风停止后所遗留下来的波浪称为涌浪。俗话说"无风三尺浪",指的就是涌浪。显然,涌浪的传播方向与海面上的实际风向无关,两者间可成任意角度。涌浪的传播速度比风暴系统本身的移速快很多,所以涌浪的出现往往是海上台风等风暴系统来临的重要预兆。

(3)近岸浪

风浪或涌浪传至浅水或近岸区域后,因受地形影响而发生一系列变化,称为近岸浪。近岸浪对航海也有重大影响。

(4)海啸

海啸主要是由浅源地震引起的,又称地震波。当海啸波传至近岸时,由于海水变浅,波高剧增,可达10m以上,危害甚大。在震中附近航行的船舶,因海水上下振动(纵波)而有触礁感觉,称为"海震"。世界上最常遭受海啸袭击的国家和地区包括日本、菲律宾、印度尼西亚、加勒比海、墨西哥沿岸和地中海。克服海啸危害的有效方法是及时将船驶入深水区或封闭式港口内。

2)潮汐

世界上部分港口有潮汐现象。对于航海者来说,掌握潮汐特点是防止船舶搁浅、触礁等事故的重要手段。对于深吃水的船舶,为了保证足够的水深满足吃水要求,有时必须候潮进港,如上海港。

海水在月球和太阳引潮力作用下发生的长周期波称为潮汐。潮汐是海面的周期性涨落运动。潮汐过程中海面上升的过程为涨潮,当海面升到最高时,称为高潮;海面下降的过程称为落潮,当海面降到最低时,称为低潮。根据潮汐性质,可以将潮汐分为4种类型,具体如下。

(1)正规半日潮。

(2)不正规半日潮混合潮,如浙江镇海港潮和亚丁港潮。

(3)不正规日潮混合潮,如鄂霍次克海的马都加潮。

(4)正规日潮,如我国北部湾潮。

潮流是伴随潮汐形成的海水水平方向的流动。因此,它和潮汐的性质类似,有正规半日潮流、正规日潮流和混合潮流3种形式;按运动形式,潮流又可分为往复流和回转流2种。往复流是由于地形的影响而产生的涨、落潮流向相反或接近相反的潮流,大多发生在海峡、江河、港湾和沿岸一带。回转流一般表现为在一个潮汐周期内,流向随时间顺时针(或逆时针)方向变化,主要发生在开阔海域。

世界大洋及其近岸的潮汐情况为:大西洋沿岸主要是半日潮,欧洲海岸这种特点显著。太平洋正规半日潮比全日潮和混合潮少,西岸和北美沿岸大多属混合潮,印度洋沿岸主要是半日潮,澳大利亚西岸主要为全日潮。

3)海冰

广义的海冰是指海洋中各种冰的总称,它包括海水本身结冰和由大陆冰川、江河流入海洋中的陆源冰。海冰能破坏港口设施,造成港口封冻,航道阻塞。流冰,特别是冰山严重威胁航行安全。

海冰可根据其发展阶段分为6大类,按形成时间由短到长依次为:初生冰、尼罗冰、饼状冰、初期冰、一年冰、老年冰。按海冰的运动状态,可分为固定冰和流冰。

从冰川分离下来的,高出海面5m以上的各种形状的巨大冰块称为冰山。冰山可以是漂浮的,也可以是搁浅的。冰山主要分为不规则的峰形冰山和规则的平顶(桌状)冰山。峰形冰山主要出现在北冰洋和北大西洋,它是由山谷冰川崩解而形成的,多呈金字塔形,通常其高度大于宽度,具有陡峭的坡度,易倾倒或翻转。平顶冰山多产生于南极海区,是南极大陆冰川延伸到南极大陆周围的浅水中形成的,其长度可达几百公里,宽几十公里,高几十米。

冰山淹没的深度取决于冰山和海水的密度。通常,冰山的水上部分与水下部分的体积之比约为1∶9。形状规则的冰山,露出海面的高度通常为总高度的1/7～1/5。冰山的水下部分很大,其潜伏在水下的部分可以像暗礁或浅滩一样伸展得很远,不易被航船发现,当船舶接近时有触底或碰撞的危险。因此,船舶遇到冰山,一定要保持足够的距离。

4.对船舶影响大的灾害性天气系统

1)低温积冰

冬季高纬度航行,当气温很低、海上风浪较强时,波浪飞沫在空气中变成过冷水滴,碰到船体时发生冻结,将会形成船体积冰。船舶积冰主要发生在裸露的船体、甲板、上层建筑或天线上。它可折断天线,阻隔通信,使雷达失效,严重时破坏船舶稳性而使船舶发生突然倾覆。船舶在发生船体积冰的海域航行时,应经常改变航向或减速。如估计到将会遭遇严重积冰,应设法将船舶驶往开阔的海域或较暖的水面。

2)冷高压

冷高压在中、高纬地区一年四季活动都很频繁,尤其在冬半年势力最强,是影响中、高纬广大地区的重要天气系统之一,冷高压的地面风速很大。冷高压的范围一般比锋面气旋大得多,冷高压中心气压一般在1020～1040hPa。亚洲的冷高压是世界上最强大的冷高压,对东亚和西北太平洋的天气和气候都有重大直接影响。

寒潮是一种大规模强冷空气向低纬地区侵袭的活动。寒潮带来的冷空气来势凶猛,如汹涌澎湃的潮水。当亚洲大陆有寒潮暴发南下时,由于青藏高原和伊朗高原的阻挡作用,强冷空气很少能直接侵袭南亚地区,但东南亚和南海地区却经常受强冷空气侵袭。除东亚寒潮之外,在北美洲,极地大陆气团在加拿大堆积形成冷高压,在一定的高空环流形势下向南暴发也能形成寒潮天气,冬季常侵袭美国中部和东部,有时甚至会影响墨西哥沿岸海域。南半球的冬季,大陆上只有澳大利亚会发生寒潮。

3)热带气旋

热带气旋是发生在热带洋面上的一种强烈的暖性气旋性涡旋,是对流层中最强大的风暴,被称为"风暴之王"。热带气旋来临时,会带来狂风暴雨天气,海面产生巨浪和暴潮,容易造成生命财产的巨大损失,严重威胁海上船舶安全。全球热带气旋集中发生在低纬洋面上的特定地区:即西北太平洋、东北太平洋、西南太平洋、西北大西洋、孟加拉湾、阿拉伯海、南印度洋西部、澳大利亚西北等洋区。

二、交通条件

所谓交通条件是指港口和航道的布置和设施、水域中助航标志和设施、交通管理规章和手段等。它是通过人工努力为便利船舶交通而创造的各种硬环境和软环境,亦可称作人为交通环境。

1.港口

港口的水域包括港池、航道与锚地。为保证船舶货物的流通,港口要有配套的陆上设施,例如铁路、道路、货物仓库与堆场、港口机械与供电系统、船舶基地、港口通信和助航设施。港口必须满足船舶能安全地进出港口、靠离码头和能稳定地进行停泊和装卸作业的两个条件。

1）分类

（1）依用途分类

港口依照其机能、用途、规模、营运单位和相关法规，可以区分不同用途。表 8-2 根据船舶停靠种类等代表性用途对港口进行了区分，但有时不同国家（地区）的分类方式会有所不同。

港口依用途分类   表 8-2

种　　类	机　　能	主要停靠船舶
商港	以提供国际贸易、国内贸易等货物运输为主	商船（如货轮、货柜船等）
工业港	与工业区相邻，以运输原物料及工业制品为用途	工业船舶（如油轮、原料输送船等）
渔港	以运输水产品为主	渔船
客运港	供运送车辆、旅客的船舶出入，多附属于商港之内，如邮轮码头	客运船（邮轮、渡轮）
娱乐港（Marina）	供娱乐、观光用途的船舶停泊、出航	游艇、观光船等
军港	由海军使用，专供军事用途	军舰、航空母舰等
避风塘	供各式小型船舶暂时停靠	小型船舶

（2）依地理位置分类

港口依地理环境的不同而大致分为海港、河港、河口港、湖港等类型（表 8-3）。

港口依地理位置分类   表 8-3

种　　类	地理环境	举　　例
海港、沿岸港	位于海岸线上	多数港口
河港	位于河流上	武汉港、重庆港、伏尔加格勒港
河口港	位于河口（河流交汇处或入海口）	上海港、天津港、鹿特丹港、伦敦港、汉堡港
湖港	位于湖泊上	芝加哥港、巴库港、基苏木港、湖州港

2）进出港

船舶进出港口时存在诸多不利因素，船舶操作是一项难度大且有风险的工作。只有在抵离港前从思想上、心理上、业务上做好充分的准备，采取周到细致的预防措施，不断地总结工作经验和提高应变能力，船舶才能安全进出港，并顺利办妥各项进出港手续。

3）货物装卸

船舶对航次所承运的货物进行装卸，需确定在船上的堆装位置和堆装工艺，满足货物的需要，并保证船舶稳性、强度等各方面满足相关要求。货物安全装卸，防止货损货差，充分利用船舶载货容积，提高装卸效率，对提高船舶运输的经济效益具有重要的意义。

2. 航道

航道由可通航水域、助航设施和水域条件组成。广义上必须把航道理解为水道或河道整体。就术语的含义而言，船舶及排筏可以通达的水面范围都是可通航水域，则沿海、江河、湖泊、水库、渠道和运河内可供船舶、排筏在不同水位期通航的水域即为航道。

航道的风险源于浅滩、礁石、航道弯头、狭窄、流向流速多变的急流；江河内及入海口航道的频繁迁移;航标的灭失和移位;雾雨雪等导致的能见度不良,大风及其掀起的风浪和涌浪,潮汐异常导致的潮高、潮流紊乱等。

1)等级

根据通航能力,航道可分为以下等级。

一级航道:可通航3000t。

二级航道:可通航2000t。

三级航道:可通航1000t。

四级航道:可通航500t。

五级航道:可通航300t。

六级航道:可通航100t。

七级航道:可通航50t。

等外级航道:可通航50t以下。

2)尺度

自然水深航道尺度应包括航道通航水深、航道通航宽度和航道转弯半径。人工航道尺度还应包括设计水深、挖槽宽度和设计边坡。有电缆、桥梁等构筑物跨越时,航道尺度还应包括通航净空尺度。

航道通航宽度由航迹带宽度、船舶间富余宽度和船舶与航道底边间的富余宽度组成。航道较长、自然条件较复杂或船舶定位较困难时,可适当加宽;自然条件和通航条件有利时,经论证可适当缩窄。

3)航行条件

因海上航道的通过能力一般不受限制,故着重介绍内河航道的航行条件。影响航道通行能力的主要因素有:航道的深度、宽度、弯曲半径、水流速度、潮汐及季节性水位变化、过船建筑物尺度以及航道的气象条件及地理环境。这些因素对港口建设、船型选择及运输组织往往具有决定性影响。为了保证船舶正常安全航行和获得一定的运输效益,航道必须具备一定的航行条件。

(1)有足够的航道深度

航道水深是河流通航的基本条件之一,它常常是限制船舶吨位和通过能力的主要因素。航道深度是指全航线中所具有的最小通航保证深度,它取决于航道上的关键性区段和浅滩上的水深。航道深浅是选用船舶吃水量和载质量的主要标准。航道深度增加,可以航行吃水深、载重大的船舶,但增加航道深度,必然会使整治和维护航道的费用提高。因此,设计航道深度时,应全面考虑,可按下列公式计算:

$$最小通航深度 = 船舶满载吃水 + 富余水深$$

其中,富余水深应根据河床土质、船舶类型、航道等级来确定,一般沙质河床可取0.2～0.3m,砾石河床则取0.3～0.5m。

(2)有足够的航道宽度

航道宽度视航道等级而定。通常单线航行的情况极少,双线航行最普遍,在运输繁忙的航道上还应考虑三线航行。

$$所需航道宽度 = 同时交错的船队或船舶宽度之和 + 富余宽度$$

富余宽度一般采用"同时交错的船队或船舶宽度之和"的1.5～2.5倍。

（3）有适宜的航道转弯半径

航道转弯半径是指航道中心线上的最小曲率半径。一般航道转弯半径不得小于最大航行船舶长度的 4 ~ 5 倍。若河流转弯半径过小，将造成航行困难，应加以整治。若受自然条件限制，航道转弯半径最低不得小于船舶长度的 3 倍，而且航行时要特别谨慎，防止事故。

（4）有合理的航道许可流速

航道许可流速是指航线上的最大流速。船舶航行时，上水行驶和下水行驶的航线往往不同，下水在流速大的主流区行驶，上水则尽量避开流速大的水区而在缓流区内行驶。船舶航行速度与流速的关系如下：

下驶时 　　　　　　　　　　　　航速 = 船舶静水速度 + 流速
上驶时 　　　　　　　　　　　　航速 = 船舶静水速度 - 流速

航道上的流速不宜过大，否则不经济。比较经济的船舶静水速度一般为 9 ~ 13km/h，即 2.5 ~ 3.5m/s。因此，航道上的流速以 3m/s 之内为宜。

（5）有符合规定的水上外廓

水上外廓是保证船舶水面以上部分通过所需要的高度和宽度。水上外廓的尺度按航道等级来确定，通常一、二、三、四级航道上的桥梁等建筑物的净空高度，取 20 年一遇的洪水期最高水位来确定；五、六级航道则取 10 年一遇的洪水期最高水位来确定。

航行对航道的上述要求中，最主要的是航道水深，因为无论江河湖海和水库，只要有足够的水深，船舶航行一般没有大的问题。对于上述这些航道条件，通常人为改变的部分较少，更多的还是尽量去适应，即在大多数情况下，总是根据航道条件来设计港口、选择船舶和组织运输。

4）助航标志

为了保证进出口船舶的航行安全，每个港口、航线附近的海岸均有各种助航设施。航标的主要功能是：①定位，即为航行船舶提供定位信息；②警告，即提供碍航物及其他航行警告信息；③交通指示，即根据交通规则指示航行方向；④指示特殊区域，包括锚地、测量作业区、禁区等。

按照设置地点，航标可分为沿海航标与内河航标。沿海航标建立在沿海和河口地段，引导船舶沿海航行及进出港口与航行，分为固定航标和水上浮动航标两种。内河航标是设在江、河、湖泊、水库航道上的助航标志，用以标示内河航道的方向、界限与碍航物，为船舶航行指示安全航道。无线电航标包括雷达反射器、雷达指向标、雷达应答器、无线电指向标等。

5）航行警告

为了保障船舶、设施的航行和作业安全，有关国家的主管机关会发布海上航行警告。世界无线电航行警告系统于 1977 年正式建立，将全球海域划为 16 个航行警告区。16 个航行警告区海域的划分是为了协调无线电航行警告的播发，与国家的疆界没有关系。

每个国家要指定负责航行警告发布工作的国家协调机构。每个航行警告区域由所在的国家协商推选出区域协调人。国家协调人负责向区域协调人提供有关涉及区域的航行警告资料。区域协调人将搜集到的资料核对、整理和编辑之后，发布区域航行警告和刊印书面航海通告。我国在第 11 航行警告区内，该区域还包括韩国、日本、泰国、马来西亚、新加坡、印度尼西亚、菲律宾、美国关岛、中国香港地区等。第 11 区协调人由日本承担。自 1980 年 4 月 1 日起，第 11 航行警告区开始发布区域警告。

航行警告按内容涉及的区域分为：区域警告、沿海警告和地方警告；按紧急程度分为：一般警告、重要警告、极端重要警告。

3. 桥梁

桥或桥梁是跨越峡谷、山谷、道路、铁路、河流、其他水域或其他障碍而建造的结构,是一种由水面或地面突出来的高架,用于连接桥头桥尾两边的路。建造桥的目的是允许人、车辆、火车或船舶穿过障碍。桥可以打横搭着河谷或者海峡两边,又或者在地上升高,槛过下面的河或者路,让下面交通畅通无阻。为了保证水路交通安全,桥梁在设计时应充分考虑以下因素。

1)设计最高通航水位

设计最高通航水位是指跨越通航海轮航道的桥梁通航净空高度的起算水位。

跨海桥梁的设计最高通航水位应采用当地历史最高潮位。必要时经论证可采用年最高潮位频率分析5%的水位,该水位宜采用耿贝尔Ⅰ型极值分布律进行计算。

跨越感潮河段通航海轮航道的桥梁设计最高通航水位按以下方法确定。

(1)当桥梁所处河段的多年月平均水位的年变幅大于或等于多年平均潮差时,设计最高通航水位采用年最高洪水位频率分析5%的水位,该水位宜采用皮尔逊Ⅲ型分布律进行计算。

(2)当桥梁所处河段的多年月平均水位的年变幅小于多年平均潮差时,设计最高通航水位采用当地历史最高潮位。

(3)非感潮河段通航海轮航道的桥梁设计最高通航水位,应依据批准的远期内河航道等级,按现行国家标准《内河通航标准》(GB 50139—2004)确定。

(4)在确定历史最高潮位和采用年最高潮位或年最高洪水位进行频率分析时,其样本系列应不少于20年。

2)通航净空高度

桥梁通航净空高度是指设计最高通航水位以上至桥梁梁底间的垂直距离。这一高度应保证在允许航行的气候条件下,任何时候、任何情况代表船型的船舶和船队都能安全通过。考虑到船舶有空载过桥的情况,净空高度应保证代表船型在空载状态也能顺利通航。当通航的代表船型确定后,主要是考虑富余高度的选取。

富余高度的取值,国际上一般为2~4m,视船舶的大小和水域的环境而定。通航海轮的内河江面宽阔,可能形成较大的风浪,考虑到这些河流多为重要的水上运输航路,行驶的船舶较大,因此,富余高度取2m。长江、黄浦江和匝江等河流上新建、拟建的桥梁富余高度均采用2m。

在有掩护的海域,即使风浪不大,也容易受外海涌浪的影响,富余高度取2m较为合适。广东省的虎门、虎跳门、崖门和汕头等地新建、拟建的桥梁富余高度均采用2m。

波浪较大的开敞海域,船舶纵摇和垂荡的幅度大,船舶驾驶的安全高度也要求更高,同时由于航道的重要程度高,航道对国民经济发展作用大,过往船舶航行密度大,船舶吨位也大,在这样的地区建桥,富余高度应有较高的标准,因此取4m。如珠江口和杭州湾拟建的桥梁,其富余高度均采用4m。

3)通航净空宽度

桥梁的建设与航道的发展密切相关,二者的通航尺度要相互适应。一般情况下,桥梁的寿命远高于航运规划的年限,从最大限度去考虑航道的发展状况,桥梁通航净空宽度应依据经审查批准的航道远期规划规模确定。

净空宽度的范围不只限于设计最低通航水位以上的部分,也包含水面以下直至航道设计底标高处。这样可以避免由于水下桥墩基础放宽所安置的其他设施致使船舶挂碰,造成海损事故,以保证船舶及桥梁本身的安全。净空宽度还应不包括危害船舶航行的不良水流的影响范围。

桥梁净空宽度是桥下通航的主要尺度,船舶从开敞水域进入桥孔,航行状态发生变化,上有桥面、两侧有桥墩的阻碍,使船舶避免碰撞桥墩,安全顺畅地通过是最起码的要求,为此,净宽必须达到一定的尺度。自 20 世纪 30 年代以来,国外在船舶通航与越江工程之间关系的处理上,非常慎重并留有充分余地。桥梁属永久性建筑物,使用期很长,通航净宽的确定要适应国民经济发展的需要,能够最大限度地提高通过能力。

通航海轮的桥梁净空宽度的计算较多采用船宽或船长若干倍的经验公式确定,但这些公式计算结果差异较大,依据也不是十分充分。

4.船舶交通服务系统

随着船舶吨位和数量的不断增加,港口和水路交通要道的船舶密度和流量也随之大量增加,导致这些水域的海事事故率逐年升高。对此,国际海事组织于 1995 年 11 月通过了 A.578 (14)号决议,即《船舶交通服务指南》,制定了船舶交通服务系统(亦称船舶交通管理系统, Vessel Traffic Service,VTS),旨在加强对港口和海上交通要道的运营船舶的管理,保障船舶安全,提高交通效率,保护水域环境,并由主管机关对船舶实施交通管理并提供咨询服务。

1)VTS 的功能与组成

船舶交通服务系统是一套为保障航行安全,保护水域环境,提高交通效率,对船舶交通实施监督管理控制并提供咨询服务的系统。它通过雷达站和 AIS 等实时监控水上船舶动态,利用微波将相关数据传输到控制中心,通过计算机对采集到的船舶信息进行综合处理,与相关船舶数据库连接,在电子海图上实时显示船位、航向、航速等船舶动态信息。

VTS 的功能包括搜集数据、数据评估、信息服务、助航服务、交通组织服务与支持联合行动。VTS 由 VTS 机构、使用 VTS 的船舶与通信 3 部分组成,如图 8-12 所示。

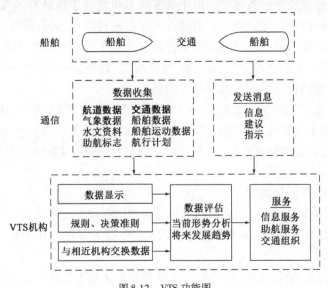

图 8-12　VTS 功能图

VTS 在其覆盖的水域中搜集两方面数据:一是航路的气象、水文数据及助航标志的工作状态等情况;二是航路的交通形势。搜集到数据后,再用适当的方式显示这些数据,根据国际与当地的船舶交通规则以及有关的决策准则,对交通形势现状与发展趋势进行分析,这就是数据评估。VTS 通过发布消息的方式提供服务,发布的消息分为 3 类。

(1)信息,在固定时刻,或在 VTS 中心认为必要的时刻,或应船舶要求而播发。它包括有关船舶动态、能见度与他船意图;航行通告、助航设施状况、气象与水文资料;各航行区域的交通状况,各种碍航船舶与障碍物警告,并提供可选择的航线。

(2)建议,是指 VTS 通过咨询服务发出的消息,它包含了以专门方式影响交通或个别船舶行为的意图。

(3)指示,是指为交通控制目的而以命令方式发布的消息,它包含了控制交通或个别船舶行为的意图。

2)VTS 设备

传统的 VTS 系统是由计算机对雷达数据、通信数据加以处理,将处理的结果作为实施交通管理和助航服务的依据。VTS 的设备配置随 VTS 系统的等级不同而变化,一个完整的 VTS 系统应配置如下主要设备。

(1)雷达和 AIS 监测系统。

(2)通信系统。

(3)计算机系统。

3)基于 AIS 的 VTS 功能

应用 AIS 能实现船-岸间自动交换数据,自动发射和接收船舶相关动、静态信息,并自动显示在 VTS 的屏幕上。当海浪、雨雪等原因造成雷达目标干扰和减弱时,将由 AIS 予以弥补而继续跟踪船舶目标。对于雷达信号不能覆盖的区域,如海岛后面或海角河流转弯处,只要在 VHF 的作用范围内,AIS 应答器都可以接收到信息。这使 VTS 交管中心和船舶均能及时、方便、快捷地了解通航水域状况及其他航行安全信息,极大地提高了 VTS 交管中心对船舶、物标的监控能力和对船舶的助航服务水平。由于 AIS 信息可直接读取并存入 VTS 的船舶数据库,提高了录入船舶资料的准确性。VTS 可通过 AIS 发布航行指令、航行警告、突发事件及水文气象等信息。利用 AIS 技术可以提高跟踪数据更新率和提供更多的实时船舶数据,加强 VTS 系统助航能力,特别是在船舶交通繁忙的区域,例如港口、码头、内河和群岛等,AIS 广播有助于发现雷达观察有问题的目标和雷达发现不了的目标。

利用 AIS 技术还可实现 VTS 水域以外 AIS 作用区的服务管理,实现 AIS 数据的岸台联网传输。由此可见,基于 AIS 的 VTS 进一步提高了船舶管理能力和助航服务水平,使船舶交通管理体系更加完善,在保护海上环境,改善水路交通秩序,保证船舶航行安全方面发挥了积极的作用。

4)VTS 对船舶的服务和监管

根据规定,船舶在到达实施 VTS 港口之前应注意做到以下几点。

(1)仔细阅读有关航海图书资料,尤其是 VTS 主管机关印发的出版物,了解当地水路交通规则及其他有关规定。

(2)保证船舶动力、船舶设备、助航与通信设备处于正常工作状态。

(3)注意按照规定收听 VTS 中心发布的有关消息。

(4)按照 VTS 主管机关的规定,正确、及时地向 VTS 中心报告有关信息。

（5）一般不改变经船舶与 VTS 中心双方同意的航行计划。

（6）迅速、准确地向 VTS 中心报告意外情况。

（7）当到达或离开 VTS 区域时，向 VTS 中心进行到达与最终报告。

VTS 系统的建设和发展对改善船舶交通秩序，减少船舶交通事故，提高航道的通过能力和船舶的营运效率，优化通航环境，提高港口资源的利用率，促进海上安全服务与管理的现代化等方面起到了重要作用。

5. 水域巡航

为了保证船舶在进出港和重要水道中的航行安全和及时处置应急突发事件，海事主管机关在辖区内实施水域巡航。

水域巡航可以分为通航秩序维护、水路交通管制和护航、守护及定点瞭望。

第五节　水路交通安全管理

船舶营运安全，直接左右着船公司的经济效益，更关系到船员、船舶、货物、港口的安全和人类赖以生存和发展的水域环境的保护。传统事故控制理论通常作为事故发生后的简单分析工具。通过分析事故，得出事故原因和责任方，教育有关人员，落实整改措施。但在实践中，往往仅针对操作者，而对管理方很少重视，形成了重流轻源的不良局面。另外，除了社会联合调查的特大事故外，企业对事故的处理常常是就事论事和秘而不宣，教训和经验"自给自足"。其结果是事故资料不能被社会共享、安全专家缺乏可供研究的教材，削弱了指导全社会安全工作的力度。而科学的事故控制观将安全工作分为预测、预防、监测和应急 4 个阶段，每个阶段都要考虑安全科学的 4 大要素——人、机、环境和控制，进行系统的安全控制。科学的事故控制观与传统观念相比有如下改变：推行全面系统的安全管理；推行事前预测和预控；推行系统工程逻辑分析；推行反馈原则指导下的安全评价；推行过程安全。因此，了解安全科学，熟悉船舶营运系统，熟悉船舶安全管理的途径和方法，是保证船舶营运安全的基础。

一、船公司安全管理

传统的海上安全管理倾向于从船员角度追查事故原因和责任，即使是船舶和机械破旧不堪、航行环境险恶，也常责备船员没有根据情况采取相应的措施，这种管理方式的后果是：船员对事故层层设防，事故却依然发生。惨痛的教训终于使人们懂得：事故发生在船舶，根本原因在公司。重视船公司的安全管理已成为国际海事界控制海上事故的重要途径。

经典的管理注重组织管理，内容包括决策、计划、组织和控制。行为科学的管理理论侧重于根据人的需要层次，建立和实施激励机制。目前，劳动合同制的实施使船员逐步独立面向市场，境外船东聘用我国内地船员的数量在迅速增加，这必将促进我国航运公司的经营管理发展，包括涉及船舶和船员的安全管理。公司应有整套的管理规章，使各项事务构成"布置→指导→执行→反馈→监控→改进"的闭环。

公司安全管理的风险，在于公司直接关联着人、机、环境。不完善的管理系统难以产生完善的管理，而最好的制度也必须依靠人的执行才能见效，公司的安全管理体制和岸船人员的安全素质、业务水平、激励意识和管理水平直接关系着船舶的安全。

在船舶所有人自我管理模式中,船舶所有人为企业独立法人,集航运管理、船舶管理、船员配备于一身,采用职能组织管理形式,独立承担船舶管理责任及国际公约与船旗国法规规定的责任和义务。

随着现代船舶营运生产管理的日臻完善,涉及船舶营运安全和防止污染管理的组织机构,也大多采用职能组织的形式。航运公司涉及船舶安全与防污染管理的主要组织机构有海务安全管理、机务安全管理和人事管理等部门,管理组织结构通常由公司最高管理层、指定人员、经营业务部(航运部)、人力资源部(人事部)、海监室和机务部等组成,一般组织结构见图8-13。

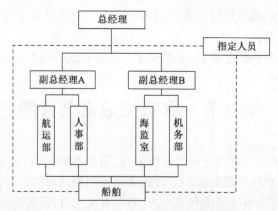

图8-13 公司涉及船舶安全与防污染管理的组织结构

二、船旗国安全管理

船舶悬挂某一国家的国旗即具有该国国籍,这个国家即该船的船旗国。船舶在公海上只服从国际法和船旗国的法律。船旗国政府是公约所定义的主管机关(Administration),是国际海事组织实现海上安全目标的关键环节。我国法律授权中华人民共和国海事局(China Maritime Safety Administration)负责行使国家水上安全监督和防止船舶污染、船舶及海上设施检验、航海保障管理和行政执法,并履行交通运输部安全生产等管理职能。在中华人民共和国海事局的授权下,中国船级社负责中国籍海船的法定检验。

1. 中国海事局的职能

(1)拟定和组织实施国家水上安全监督管理和防止船舶污染、船舶及海上设施检验、航海保障以及交通行业安全生产的方针、政策、法规和技术规范、标准。

(2)统一管理水上安全和防止船舶污染。监督管理船舶所有人安全生产条件和水运企业安全管理体系;调查、处理水路交通事故、船舶污染事故及水路交通违法案件;归口管理交通行业安全生产工作。

(3)负责船舶、海上设施检验行业管理以及船舶适航和船舶技术管理;管理船舶及海上设施法定检验、发证工作;审定船舶检验机构和验船师资质、负责对外国验船组织在华设立代表机构进行监督管理;负责中国籍船舶登记、发证、检查和进出港(境)签证;负责外国籍船舶入出境及在我国港口、水域的监督管理;负责船舶保安和防抗海盗管理工作;负责船舶载运危险货物及其他货物的安全监督。

(4)负责船员、引航员、磁罗经校正员适任资格培训、考试、发证管理。审核和监督管理船员、引航员、磁罗经校正员培训机构资质及其质量体系;负责海员证件的管理工作。

(5)管理通航秩序、通航环境。负责禁航区、航道(路)、交通管制区、锚地和安全作业区等水域的划定;负责禁航区、航道(路)、交通管制区、锚地和安全作业区等水域的监督管理,维护水路交通秩序;核定船舶靠泊安全条件;核准与通航安全有关的岸线使用和水上水下施工、作业;管理沉船沉物打捞和碍航物清除;管理和发布全国航行警(通)告,办理国际航行警告系统中国国家协调人的工作;审批外国籍船舶临时进入我国非开放水域;办理港口对外开放的有关审批工作和中国便利运输委员会的日常工作。

(6)负责航海保障工作。管理沿海航标、无线电导航和水上安全通信;管理海区港口航道测绘并组织编印相关航海图书资料;归口管理交通行业测绘工作;承担水上搜寻救助组织、协调和指导的有关工作。

(7)组织实施国际海事条约;履行"船旗国""港口国"及"沿岸国"监督管理义务,依法维护国家主权;负责有关海事业务国际组织事务和有关国际合作、交流事宜。

(8)组织编制全国海事系统中长期发展规划和有关计划;管理所属单位基本建设、财务、教育、科技、人事、劳动工资、精神文明建设工作;负责船舶港务费、船舶吨税、船舶油污损害赔偿基金等有关管理工作;受部委托,承担港口建设费征收的管理和指导工作;负责全国海事系统统计和行风建设工作。

(9)承办交通运输部交办的其他事项。

2. 国内航行船舶的安全检查

1)法律依据

为加强对船舶技术设备状况和人员配备及适任状况的监督检查,保障水上生命财产的安全,防止污染水域,我国制定了一系列有关对航行船舶开展船舶安全检查的法律、法规,包括:《中华人民共和国海上交通安全法》(2016年11月7日修改)、《中华人民共和国海洋环境保护法》(2017年11月4日修改)、《中华人民共和国内河交通安全管理条例》(2017年3月1日第二次修订)、《中华人民共和国船舶安全检查规则》(2010年3月1日起实施)等。

2)检查人员的资质要求和人员指派

检查人员必须按《中华人民共和国海事局船舶安全检查员管理规定》取得相应类别和等级的证书后,方可开展船舶安全检查工作,除见习船舶安全检查工作外,严禁无证或证书被封存人员开展船舶安全检查工作;船舶安全检查一般限定为2人,无特殊情况不得超过3人,如遇特殊情况需3人或以上登轮检查。

3)检查程序

船舶安全检查的主要形式是项目抽查,通过对船舶、船员、安全配员、设备设施、操作性检查、ISM/NSM 的符合性检查,获得对船舶整体的综合评价,以确定是否会对船舶、水域、港口设施、人命安全、健康和海洋环境产生危害以及危害的可能性和程度。检查人员应运用良好的专业判断,以决定进行项目抽查范围的广度和深度。当运用"优先选择"原则确定目标船时,详细检查项目至少应涉及总检查类别的50%。

船舶安全检查的地点,根据辖区具体情况可选在锚地或码头,禁止对在航船舶进行安全检查,但法律、行政法规另有规定的除外。

船舶安全检查员在登轮时,可从船体的外观观察其油漆涂层、锈蚀或凹陷未修理的损害,获得有关该轮维护保养的初步印象。登轮后主动向船方出示《船舶安全检查员证》,并说明来意。

登轮后,船舶安全检查可分为初步检查和详细检查两个阶段。初步检查阶段应查验船舶证书、船员证书、最低安全配员及有关文书记录,如果证书、文书均有效且符合配员要求,检查人员从印象和在船上的目测观察确认该船维护保养良好,除安全诚信船舶外,原则上所有船舶应进行详细检查。

详细检查应结合初步检查、登轮观察的印象和结果,依据船种、吨位、长度、船龄、航区等因素选取适检项目进行检查,必要时应要求船员调试、操纵设备,进行演练和演习等操作性检查。实施操作性检查不应妨碍船舶正常营运或影响船舶保安和安全。

4)缺陷认定

对于检查过程中发现的我国籍船舶不符合我国有关法律、法规、规章、技术规范和我国认可的有关国际公约要求,我国籍国际航行船舶不符合所驶往国家、地区、港口的特殊要求的情况,应视作缺陷。

3.审核管理

1)审核发证机构

在我国,实施ISM规则和NSM规则的主管机关是中华人民共和国海事局,中华人民共和国海事局作为审核发证机构,负责向国际航运公司实施审核并签发"符合证明"或"临时符合证明"。

2)审核种类

审核种类包括:①初次审核;②年度审核(仅针对公司);③中间审核(仅针对船舶);④换证审核;⑤跟踪审核(仅针对公司);⑥附加审核(仅针对公司);⑦临时审核。

3)审核流程

审核发证机构在对被审核方的安全管理体系进行审核前,应根据被审核方的各种考虑因素,指派审核组长和成员,组成审核组。审核组根据被审核方安全管理体系所覆盖的机构、人员、船种和船舶数量范围,确定审核范围和审核计划安排。计划包括审核起止时间,首末次会议预计时间及地点,文件、被审核部门和代表船的预定审核日期及持续时间,公司岸上活动审核小组分工,审核小组组成,作息时间及其他事项。

实施的审核按内容可以分为公司体系文件审核和安全管理活动审核。体系文件审核是指对被审核方提供的安全管理体系文件及相关资料的审核。文件审核主要是评价安全管理体系是否覆盖和满足强制性规定的要求,与体系有关的所有过程是否被标识和确定,程序是否被恰当地形成文件。文件审核是现场活动审核的基础和先行步骤,如果文件审核表明被审核方的安全体系不能充分满足要求,可停止后续工作,如现场审核等,待问题解决后再进行。安全管理活动审核是通过对公司/船舶安全与防污管理活动及有关结果进行审查、观察和评价,对体系运行的有效性作出评定。活动审核的方式包括检查安全管理体系运行的各种记录及其他客观证据、与公司相关人员会谈、观察并审核具体部门和具体管理活动等。从事任何一项审核活动均要填写审核工作记录。如审核组发现一般不符合规定情况,经审核组长确认后开出"不符合规定情况报告"。如发现"重大不符合规定情况",且无法立即消除,经审核组长召开审核组全体会议研究后,可以中止审核。如中止审核,应根据公司的纠正计划确定恢复审核的时间。审核工作记录包括2种:"文件审核记录"和"活动审核记录",由审核员在现场审核过程中填写。

审核组在获取了必要的客观证据后,审核组长主持召开审核组会议,综合分析、研究审核中搜集到的客观证据,确认并汇总审核中发现的不符合规定的情况,总体评估公司安全管理体系与ISM/NSM的覆盖性和符合性、公司安全管理活动与其安全管理体系的符合性、公司安全管理体系运行的有效性。之后,编写"审核报告",召开末次会议,向公司通报审核情况并宣布审核组意见。

4)审核发证流程

审核组在完成全部审核工作后,将"审核报告"及审核所形成的其他材料交由当地海事机构报送审核发证机构。审核发证机构在收到"审核报告"后,登记备案,并对报告进行审查,决定是否同意审核组意见。经审核不同意发证的,审核发证机构向公司签发"审核结果通知"并抄送当地海事机构。经审定同意发证的,审核发证机构向公司签发有关证书。

三、港口国安全管理

港口国管理(Port State Control,PSC),亦称港口国监控、港口国检查,是指港口国当局对抵港的外国船舶实施的,以船员、船舶技术状况和操作要求为检查对象的,以确保船舶和生命财产安全、防止海洋污染为宗旨的一种监督与控制。PSC最初的设想是协助船旗国对船舶进行管理,现被公认是保障公约完全一致实施的最有效手段,而且地区性PSC具有很大的优越性,可以避免当局对挂靠该地区港口的同一船舶的重复检查或遗漏。

1.检查依据

开展PSC的依据主要是国际海事组织和国际劳工组织制定并经修正的有关国际公约,我国加入并已生效的国际公约及其议定书、修正案包括:

(1)《1974年国际海上人命安全公约》。

(2)《经1978年议定书修正的1973年国际防止船舶造成污染公约》。

(3)《1966年国际船舶载重线公约》。

(4)《1969年国际船舶吨位丈量公约》。

(5)《1978年海员培训、发证和值班标准国际公约》。

(6)《1972年国际海上避碰规则公约》。

(7)《港口国监督程序》等。

2.检查程序

1)检查人员

检查人员限定为满足备忘录组织要求条件的港口国检查官(PSCO)。

2)检查步骤

港口国监督检查的地点,根据本港具体情况可选在锚地或码头,禁止对在航船舶进行安全检查。

港口国监督检查的主要形式是部分抽查。检查人员到达该船时,可从船体的外观观察其油漆涂层、锈蚀或凹陷未修理的损害,获得有关该轮维护保养的初步印象。登轮后,应查验船舶证书、船员证书及有关文书。如果证书均有效,并且检查人员根据印象和在船上的目测观察确认该船维护保养良好,检查人员通常可将检查局限于报告的或观察到的缺陷。

但是如果检查人员根据总的印象和在船上的观察有"明显依据"认为该船、其设备或船员实质上不符合要求,应进行详细的检查。根据具体情况和港口国监督程序,详细检查的范围包括:船舶构造、机器处所、载重线、救生设备、防火安全、海上避碰规则、《MARPOL73/78 公约》规定的排放要求指南、原油洗舱操作检查、卸货操作检查、扫舱和预洗操作检查、操作性检查(如消防、救生、无线电、其他机器设备操作等)、应变部署表、语言交流、破损控制图和海上油污应急计划、驾驶台操作、货物操作、包装类危险货物和有害物质、垃圾、配员监督或其他相关项目。

检查员对于发现的缺陷应及时记录,并告之陪同船员。缺陷项目的处理要根据相关规定,并运用检查员良好的专业知识进行综合判断,正确、合理地提出处理意见。缺陷处理意见的使用应根据《港口国监督手册》要求进行,并酌情考虑征求有关人员的意见。

检查员应在检查结束后签发港口国监督检查报告。如发现重大缺陷,可能严重危及船舶、生命安全和海洋环境,需对船舶实施禁止离港的,应滞留船舶或复查。

PSC 复查由船方提出复查申请。对国外海事当局检查的船舶复查合格后,应向其签发新的"港口国监督检查报告";船舶申请解除滞留,按照有关规定进行,滞留解除后,需立即将"解除禁止离港通知书"送达船方;如果船舶带着缺陷驶往下一港,应通知下一港海事主管部门。

3)检查缺陷处理指导原则

PSC 检查所发现的缺陷处理无统一的指导原则,涉及船舶安全的一定要在本港解决,但应充分考虑本港的修理能力。

本章小结

本章通过对水路交通安全相关知识点的介绍,使学生能够对水路交通安全的定义和要素有初步的了解,更加清楚水路交通事故的构成、分类、分级和特征,以及船舶、航行条件与交通安全之间的关系。通过对船舶营运安全的介绍,使学生能够对水上安全保障和污染防治,以及改善船员的工作条件等水上安全工作有更多的认识。研究水路交通安全的目标是保护水上生命财产安全,保护海洋和内河环境,使"航行更安全、海洋更清洁、航运更便捷"。

习题

8-1　什么是水路交通安全?水路交通安全有哪些影响因素?

8-2　简述水路交通事故的概念及特征。

8-3　简述水路交通事故的分类与分级。

8-4　为保证船舶的水路交通安全,船舶材料应具备哪些性能?

8-5　影响水路交通安全的自然条件有哪些?

第九章

交通事故调查与处理

交通事故调查是指在事故发生后,为了查清事故发生经过,找出事故原因,防止类似事故再次发生而进行的全面调查。交通事故处理是指有关部门认定事故责任、处罚事故责任方以及调解结案的过程。事故调查主要包括事故现场痕迹、物证搜集和检验分析等工作,其结果可为事故处理提供客观依据。

第一节 概 述

一、事故调查与处理的内容及对象

1. 事故调查

交通事故调查的内容主要包括交通事故发生的时间、地点、人员、物品、遗体、痕迹等。

从理论上讲,所有事故,包括无伤害事故和未遂事故都在调查范围之内。但由于各方面条件的限制,特别是经济条件的限制,要达到这一目标不太现实。因此,进行事故调查并达到事故调查的最终目的,选择合适的事故调查对象也是相当重要的。

事件调查对象主要有以下几类。

（1）重大事故

所有重大事故都应进行事故调查，这既是法律的要求，也是事故调查的主要目的所在。因为如果这类事故再次发生，其损失及影响都是难以承受的。重大事故不仅包括损失大的、伤亡多的事故，同时也包括那些在社会上甚至国际上造成重大影响的事故。

（2）未遂事故或无伤害事故

有些未遂事故或无伤害事故虽未造成严重后果，甚至几乎没有经济损失，但如果其有可能造成严重后果，也是事故调查的主要对象。

（3）伤害轻微但发生频繁的事故

这类事故伤害虽不严重，但由于经常发生，对安全生产会产生较大影响。事故的频繁发生，也说明管理或技术层面存在一定的问题，如果不及时采取干预措施，累积的事故损失也会较大。

（4）因管理缺陷引发的事故

管理系统存在缺陷不仅会引发事故，而且也会影响工作效率，进而影响经济效益。因此，及时调查这类事故，不仅可以防止事故的再次发生，也会提高经济效益。

（5）高危险工作环境的事故

由于在高危险工作环境中极易发生重大伤害事故，造成较大损失，因而在这类环境中发生的事故，即使后果很轻微，也值得深入调查。只有这样，才能发现潜在的事故隐患，防止重大事故发生。

（6）其他情况

除上述诸类事故外，还应通过适当抽样调查的方式选取调查对象，及时发现新的潜在危险，提高系统的总体安全性。

2. 事故处理

一般性的事故处理的主要内容有：交通事故受案与立案；交通事故现场处置，包括交通事故现场抢救、交通事故现场秩序维护、交通事故现场保护、交通事故现场清理等环节；进行交通事故责任认定；对交通事故当事人违法行为的处罚和对交通事故损害赔偿的调解。可见，交通事故处理是一个复杂的动态过程。

事故处理对象和事故调查对象类似。

二、事故调查与处理的目的及作用

1. 事故调查

（1）防止事故的再发生

事故的发生既有它的偶然性，也有必然性，即如果潜在事故发生的条件（一般称为事故隐患）存在，则什么时候发生事故是偶然的，但发生事故是必然的。因而，通过事故调查的方法，可以发现事故发生的潜在条件，包括事故的直接原因和间接原因，找出其发生、发展的过程，防止类似事故的发生。

（2）为制订安全措施提供依据

事故的发生是有因果性和规律性的，事故调查是找出这种因果关系和事故规律最有效的方法。掌握这种因果关系和规律性，就能有针对性地制订出相应的安全措施，包括技术手段和管理手段,达到最佳的事故控制效果。

（3）揭示新的或未被注意的危险

任何系统都在一定程度上存在着某些尚未被了解、掌握的潜在危险,事故的发生为人们提供了直观认识这类危险的机会,事故调查是人们抓住这一机会的最主要途径。

这里必须明确以下两个方面。

（1）事故调查应满足法律要求,提供违反有关安全法规的资料,这是司法机关正确执法的主要手段。

（2）这里所提到的事故调查与以确定事故责任为目的的事故责任调查存在着本质的区别。后者仅仅以确定责任为目的,不能避免事故的再次发生;而前者则要分析探讨深层次的原因,如管理系统的缺陷等,为控制此类事故再次发生奠定良好的基础。

2. 事故处理

（1）通过交通事故处理工作,可以了解交通事故发生的真实情况,对交通事故作出正确的认定,对违法违规人员进行必要的法律制裁,维护受害者的正当权益和国家利益,维护法律尊严。

（2）交通事故处理过程,对当事人来说是一个法制教育过程,可提高交通参与者的交通法制观念,增强现代化交通意识,增加交通安全常识,从而使其自觉遵守交通规则,避免发生交通事故。

（3）事故处理工作的好坏直接影响群众的安全感和满意度,直接关系到社会和谐与稳定。

第二节　交通事故调查的依据与权限

一、事故调查的依据

事故调查是根据现行的法律、法规和规范等相关要求进行的。

1. 道路交通事故

（1）《中华人民共和国道路交通安全法》（2021 年 4 月 29 日第三次修正）和《中华人民共和国道路交通安全法实施条例》（2017 年 10 月 7 日修改）。

（2）与之配套的部门规章《道路交通安全违法行为处理程序规定》（公安部令〔2020〕157号）、《道路交通事故处理程序规定》（2018 年 5 月 1 日起施行）、《机动车驾驶证申领和使用规定》（公安部令〔2021〕162 号）等。

2. 轨道交通事故

1）普通铁路/高速铁路

《中华人民共和国安全生产法》（2021 年 9 月 1 日起施行）、《中华人民共和国铁路法》（2015 年 4 月 24 日第二次修改）、《铁路安全管理条例》（国务院令〔2013〕639 号）、《生产安全事故报告和调查处理条例》（国务院令〔2007〕493 号）、《铁路交通事故应急救援和调查处理条例》（国务院令〔2012〕628 号）、《铁路交通事故调查处理规则》（铁道部令〔2007〕30 号）等。

2）城市轨道交通

（1）《城市轨道交通运营管理规定》（交通运输部令〔2018〕8号）及《城市轨道交通工程安全质量管理暂行方法》（建质〔2010〕5号）等。

（2）地方制定的城市轨道交通安全相关实施细则，如《北京市城市轨道交通运营安全管理方法》（2009年6月26日修改）、《西安市城市轨道交通条例》（市人大〔2011〕23号）、《重庆市轨道交通条例》（市人大〔2011〕6号）、《昆明市城市轨道交通管理条例》（市人大〔2011〕4号）等。

3. 航空交通事故

1）国际公约

国际民航组织（ICAO）在民航公约附件13（航空器事故调查）中，对航空器事故的通知、调查和报告进行了统一规定。国际民航组织还发布了关于事故调查的支持性技术手册：《航空器事故和事故征候调查手册》（DOC9756）、《航空器事故调查员培训大纲》（CIR298）。

2）国内法规

（1）《中华人民共和国民用航空法》（2021年4月29日第六次修改）。

（2）《民用航空器事故和飞行事故征候调查规定》（民航总局令〔2007〕179号）。

（3）《民用航空安全信息管理规定》（交通运输部令〔2022〕18号）。

4. 水路交通事故

1）国际公约

（1）《联合国海洋法公约》（《UNCLOS公约》）。

（2）《1974年国际海上人命安全公约》（《SOLAS1974公约》）。

（3）《1966年国际载重线公约》（《LL1966公约》）。

2）国内法规

（1）《中华人民共和国海上交通安全法》（2021年9月1日修改）。

（2）《中华人民共和国海上交通事故调查处理条例》（交通部令〔1990〕14号）。

（3）《中华人民共和国内河交通安全管理条例》（2019年3月2日第三次修改）。

（4）《水上交通事故统计办法》（交通运输部令〔2014〕15号）。

二、事故调查的权限

1. 道路交通事故

《道路交通事故处理程序规定》（2018年5月1日起施行）对事故调查与处理的管辖权限进行了如下规定。

①县（市辖区）公安交通管理部门负责处理本县（区）内发生的交通事故，也可以经本级公安机关批准，指定其下属公安交通管理部门处理本管辖区内发生的轻微事故和一般事故。直辖市、地区（市）公安交通管理部门，负责处理本辖区发生的案情复杂和涉外的交通事故。

②交通事故发生地管辖不明的，由最先发现或最先接到报案的公安交通管理部门立案调查，管辖确定后移送有管辖权的公安交通管理部门处理。

③管辖权有争议的，由争议双方协商解决；协商不成的，由双方共同的上级公安交通管理部门处理。

④在未设公安交通管理部门指定管辖部门的地方,可经过区(市)公安机关批准,由乡、镇公安派出所处理轻微事故。

⑤上级公安交通管理部门可以处理下级公安交通管理部门管辖的交通事故,也可以把自己管辖的交通事故交由下级公安交通管理部门处理。

⑥当事人有其他犯罪行为的,移交主管部门处理,并通知当事人对损害赔偿提起附带民事诉讼。

⑦需要对交通事故责任者追究刑事责任的,移送司法机关处理。责任者是现役军人的,移送军队处理。

2. 轨道交通事故

根据发生事故的隶属关系和事故的等级分类,按照分级管理原则对轨道交通事故予以调查处理。

1)铁路交通事故

根据《铁路交通事故应急救援和调查处理条例》(国务院令〔2012〕628号),事故调查处理工作按下列规定进行。

①特别重大事故由国务院或者国务院授权的部门组织事故调查组进行调查。

②重大事故由国务院铁路主管部门组织事故调查组进行调查。

③较大事故和一般事故由事故发生地铁路监督管理机构组织事故调查组进行调查。

④国务院铁路主管部门认为有必要时,可以组织事故调查组对较大事故和一般事故进行调查。

2)城市轨道交通事故

(1)凡发生下列重特大安全生产事故的,由城市轨道交通安全管理部门或者配合上级有关部门调查处理。

①轨道交通发生重大事故、大事故、火灾、爆炸、毒害等事故。

②造成2人(含2人)以上死亡的重、特大交通事故。

(2)凡发生下列安全生产事故的,由城市轨道交通安全管理部门具体负责调查处理。

①发生行车的险性事故、涉及2个单位以上的一般事故。

②火灾、爆炸、毒害事故,造成人员伤亡的;直接财产损失达到一定数额的。

③发生因工死亡事故。

④发生重大道路交通事故以上的。

⑤设施设备重大事故、大事故或涉及2个单位以上的一般事故。

⑥在短时间内连续发生多起安全事故。

⑦因人员违规操作造成晚点15min以上或行车设备故障造成晚点30min以上的事故。

⑧城市轨道交通安全管理部门安全生产委员会认为要调查处理的事故。

(3)凡发生下列安全生产事故的,由各直属单位具体负责调查处理。

①发生行车的一般事故。

②因人员违规操作或行车设备故障造成晚点10min以上的事故。

③发生因工轻伤、重伤事故。

④发生设施设备一般事故、故障和障碍。

⑤客伤事故。

3. 航空交通事故

根据《民用航空器事故和飞行事故征候调查规定》(民用总局令〔2007〕179号),事故调查的组织工作按照下列规定进行。

(1)民航总局负责组织的调查包括:

①国务院授权组织调查的特别重大事故。

②外国民用航空器在我国境内发生的事故。

③运输飞行重大事故。

(2)地区管理局负责组织的调查包括:

①通用航空事故。

②运输飞行一般事故。

③航空地面事故。

④事故征候。

⑤民航总局授权地区管理局组织调查的事故。

由地区管理局负责组织的调查,民航总局认为必要时,可以直接组织调查。

由民航总局组织的调查,事发所在地和事发单位所在地的地区管理局,应当根据民航总局的要求参与调查。

由事发所在地的地区管理局负责组织的调查,事发单位所在地的地区管理局应当给予协助。民航总局可以根据需要,指派调查员或者技术人员予以协助。

(3)根据我国批准的国际公约的有关规定,在民用航空器事故或事故征候的组织调查或者参与调查方面,按照下列具体规定执行。

①在我国境内发生的民用航空器事故或事故征候由我国负责组织调查。负责组织调查的部门应当允许航空器的登记国、运营人所在国、设计国、制造国各派出一名授权代表和若干名顾问参加调查。事故中有外国公民死亡或重伤,负责组织调查的部门应当根据死亡或重伤公民所在国的要求,允许其指派一名专家参加调查。

如有关国家无意派遣国家授权代表,负责组织调查的部门可以允许航空器运营人、设计、制造单位的专家或其推荐的专家参与调查。

②在我国登记、运营或由我国设计、制造的民用航空器在境外某一国家或地区发生事故或事故征候,我国可以委派一名授权代表及其顾问参加他国或地区组织的调查工作。

③在我国登记的民用航空器在境外发生事故或事故征候,但事发地点不在某一国家或地区境内的,由我国负责组织调查,也可以部分或者全部委托他国进行调查。

④运营人所在国为我国或由我国设计、制造的航空器在境外发生事故或事故征候,但事发地点不在某一国家或地区境内的,如果登记国无意组织调查,可以由我国负责组织调查。

4. 水路交通事故

船舶发生水路交通事故后,可能有多种机构或组织代表不同的机构或组织行使调查权。这些调查包括:民事调查、行政调查,对触犯刑法的可能会进行刑事调查。调查人员包括:律师、海事调查官、检察机关人员、法院人员以及新闻媒体人员等。这些调查人员出于不同的目的,调查的侧重点也不尽相同。

《水上交通事故调查处理指南》(海办〔2001〕71号)规定,水路交通事故的管辖以海事管理机构属地管辖为主,指定管辖为辅,具体按下列规定进行。

(1)辖区水域内的水路交通事故

发生在海事管理机构管辖水域内的水路交通事故,由事故发生地海事管理机构管辖,如船舶、设施发生事故后驶往其他港口,到达港的海事管理机构应协助事故发生地海事管理机构的调查,同时后者可申请上级机关指定前者调查。

(2)辖区水域以外的水路交通事故

船舶、设施在海事管理机构管辖以外的水域发生事故,由就近的海事管理机构或船舶到达我国第一个港口的海事管理机构管辖,如事故涉及 2 艘及以上船舶,将有 2 个或以上第一到达港,这时则由所涉及的第一到达港海事管理机构协商,或联合调查,或以一方为主、其余协助的方式调查。

(3)我国管辖水域以外的水路交通事故

中国籍船舶在我国管辖水域以外发生的水路交通事故,船籍港海事管理机构应进行调查,如涉及前款所述第一到达港海事管理机构,由第一到达港海事管理机构调查。第一到达港海事管理机构调查后,向船籍港海事管理机构通报调查情况。

(4)辖区水域不明的水路交通事故

有关海事管理机构对水路交通事故的管辖不明或发生争议的,应报请共同上级海事管理机构,由上级海事管理机构指定管辖。

第三节 道路交通事故现场勘查

现场勘查主要是为了取得相应的证据,认定交通事故事实,作为交通事故调查取证的一部分,是一种调查取证活动。现场勘查的作用主要有以下几个方面。

(1)现场勘查是获取交通事故证据的重要途径。

(2)现场勘查为再现交通事故发生过程提供客观依据。

(3)现场勘查为交通事故调查取证奠定坚实基础。

一、事故现场

1.概念

事故现场是指发生交通事故后车辆、伤亡人员以及与事故有关的物品、痕迹等所处的路段或地点等空间场所。形成交通事故现场的基本因素包括时间、空间、车辆、人(物、畜)以及与交通事故有关的痕迹、物证等。

2.分类

事故现场从事故发生时就已经形成,在现场勘查时,根据现场的完整和真实程度的不同,可将现场分为原始现场、变动现场、伪造现场、逃逸现场和恢复现场 5 类。

1)原始现场

原始现场是指没有遭到任何改变和破坏的现场。事故发生地点的车辆、人员、牲畜和一切与事故有关的痕迹、物品等都保持着事故发生时的原始状态。原始现场保留着与事故过程一一对应的各种变化形态,能真实地反映出事故的细节和后果,是分析事故过程和原因的有力依据。

2)变动现场

变动现场也叫移动现场,是指从事故发生后到现场勘查前,由于自然的和人为非故意的原因,使现场的原始状态部分或全部受到变动的现场。通常引起现场变动的原因有:

(1)抢救伤员或排险

有时为抢救伤员或排险,会变动事故现场的车辆或有关物体的痕迹。

(2)保护不当

事故发生后由于未及时封闭现场,有关痕迹被过往车辆和行人碾压,会使痕迹不清或消失等。

(3)自然破坏

由于风、雨、雪、日晒等自然因素,会使无遮盖的现场痕迹被冲刷、覆盖、挥发、消失等。

(4)特殊情况

有特殊任务的车辆,如消防、警备、救险等车辆发生事故后,允许驶离现场;或在主要路段,为了避免交通阻塞,经允许可以移动车辆或有关物件。

(5)其他原因

如车辆发生事故后,当事人没有发觉,车辆可能驶离现场。

3)伪造现场

伪造现场是指事故发生后,当事人为了毁灭证据、逃避罪责或达到嫁祸于人的目的,有意加以改变或布置的现场。

4)逃逸现场

逃逸现场是指肇事者为了逃避责任,在明知发生交通事故的情况下,驾车逃逸而导致变动的现场。应注意将故意逃逸现场行为与未知肇事驶离现场行为区别开来,两者性质是完全不同的。根据有关法律规定,对肇事后故意逃逸者(其性质与伪造现场相同),应从重处罚。

5)恢复现场

恢复现场是指根据有关证据材料重新布置的现场,恢复的原因有以下2个方面。

(1)从实际事故现场撤出后,为满足事故分析或复查案件的需要,以原现场勘查记录为依据重新布置现场。

(2)在事故现场正常变动后,为确认事故情况,根据目击者和当事人的描述,恢复其原有形态。

二、现场勘查的内容及程序

1.现场勘查内容

现场勘查包括以下5个方面的内容。

(1)时间调查

调查与事故有关的时间,如事故发生时间、相关车辆的出车时间、中途停车或收车时间、连续行驶时间等。

(2)空间调查

调查现场空间范围内与事故相关的车辆、散落物、被撞物体等遗留痕迹的状态,用来推断碰撞前车辆的运动速度、行驶路线及碰撞点等,为事故分析奠定基础。

（3）当事人身心调查

调查当事人的身心状态,如健康状况、情绪、心理状态、疲劳、饮酒、吸毒及所服药物等情况。

（4）后果调查

调查事故中人员伤亡情况,查明致伤和致死的部位及原因,记录车辆损坏和物资财产损失情况。

（5）车辆与周围环境调查

调查可能对事故产生影响的车辆技术状况、道路及其附属设施的状态、天气条件等。

2. 现场勘查要求

（1）及时迅速

现场勘查是一项时间性很强的工作,事故处理部门一旦接到报案,要立即组织人员赶赴现场,及时对现场进行勘查,取得有效证据;若勘查不及时,就可能由于人为或自然的原因,使现场受到破坏,给事故调查处理工作带来困难。

（2）细致完备

现场勘查必须细致完备、有序地进行。在现场勘查过程中,不仅要注意那些明显的痕迹物证,而且要注意与案件有关、但不明显的痕迹。有些交通事故初看后果并不严重,情况也不复杂,待伤者伤势恶化导致死亡,问题就变得复杂,再想收集证据已经时过境迁,使勘查工作受到无法弥补的损失。

（3）客观全面

勘查要从现场的实际情况出发,勘查方法要适应现场的具体条件,不能墨守成规。现场勘查必须要有实事求是的科学态度,发现痕迹物证,要全面周密地研究它们与事故的关系。对痕迹物证要如实勘查、记录和提取,切忌主观臆断。

（4）依照法定程序办事

在现场勘查中,必须严格按照《道路交通事故痕迹物证勘验》(GA 41—2014）和《道路交通事故处理程序规定》(2018 年 5 月 1 日起施行）的规定进行。在现场勘查中要爱护公私财产,尊重被讯问、访问人的权利,尊重群众的风俗习惯,注意社会影响。

3. 现场勘查程序

现场勘查程序如图 9-1 所示。

图 9-1　现场勘查程序

三、现场勘查方法

现场勘查记录的记载顺序,必须和勘查的顺序一致。由于交通事故现场各不相同,勘查的顺序也应有所不同。一般按照现场勘查记录的记载顺序,将勘查方法分为以下几种。

(1)顺序勘查,即按照事故发生、发展、结束的先后顺序进行调查。

(2)从中心(接触点)向外围勘查,适用于现场范围不大、痕迹及物体比较集中的现场。

(3)从外围向中心勘查,适用于现场范围较大、中心不明确、痕迹及物体分散的现场。

(4)分片、分段勘查,适用于范围分散、散落物及痕迹凌乱的现场。

(5)从最易破坏的地方开始勘查,适用于痕迹、物体等易受自然条件(如风、雨等)或过往人、车等外界因素破坏的现场。

四、现场勘查项目

1.痕迹检验

事故现场痕迹是事故分析的重要依据,是指事故发生后,留在现场的各种印记和印痕,可分为路面痕迹、车体痕迹、物体痕迹及散落物等。

1)路面痕迹

路面痕迹主要指遗留在现场路面上的轮胎痕迹和车辆部件的挫划痕迹等。

(1)轮胎痕迹

随着汽车轮胎在路面上运动状态的改变,会在路面上留下各种不同的痕迹。在交通事故现场的轮胎痕迹主要有胎印、制动印迹和侧滑印。

①胎印。轮胎在路面上自由滚动时,轮胎胎面印在路面上的印痕称为胎印。胎印可显示车辆的行驶轨迹和轮胎种类,是一条与轮胎胎面宽度及花纹相似的连续印痕。

②制动印迹。汽车制动时,由于强烈的摩擦,常会使轮胎表面的橡胶微粒黏附于路面,形成黑色的条状痕迹,这就是制动印迹。制动印迹通常可分为制动压印和制动拖印,二者长度之和视为制动距离,据此可推算出车辆制动前的行驶速度。根据制动拖印可以确认车辆的行驶方向、路线、轮胎宽度和判定车辆的轮距、车辆类型,还可以确定车辆是否采取紧急制动措施。

③侧滑印。车辆在横向力作用下,车轮沿着垂直于轮胎转动平面的方向发生运动时,由于轮胎与路面间的摩擦而留下的痕迹称为侧滑印。侧滑印的特征为印迹宽度一般大于轮胎胎面的宽度,不显示胎面的花纹,其走向与车轮的转动平面有一定角度。侧滑印的种类通常有转弯侧滑印、制动侧滑印、碰撞侧滑印等。根据碰撞侧滑印,通常可以判断出准确的碰撞地点,即接触点。

(2)挫划痕迹、沟槽痕迹

地面挫划、沟槽痕迹是指当车辆发生碰撞事故时,事故车辆除轮胎以外的坚硬部位或者其他坚硬物体,相对于地面滑移运动所造成的痕迹。这类痕迹可用来判断接触点的位置及碰撞后车辆的运动过程。

2)车体痕迹

车辆与其他交通要素或物体发生冲突时,常会在车身上留下呈凹陷状、断裂状或分离状的碰撞痕迹及呈长条状、片状的刮擦痕迹,统称为车体痕迹。对车体痕迹进行勘查的主要目的就是确定接触部位和接触状况,并为碰撞受力分析提供基础资料。勘查时,应详细记录这些痕迹的几何形状、几何尺寸、所在部位、痕迹中心距地面的高度等情况。

3)物体痕迹及散落物

当车辆与某些障碍物,如树木、电杆等碰撞时,会在被撞物体上留下痕迹或使被撞物体折断、飞出。物体痕迹有助于确定车辆发生碰撞前的行驶线和方向、脱离道路的位置。

散落物是指车辆在碰撞损坏过程中脱落在地面上的碎片、泥土、水滴、油滴等。这些物体原来和车辆一起运行,在碰撞过程中从车体上脱落后抛射,散落于车辆前方某处。通过测定散落物的飞行距离和原来在车辆上的位置高度,利用抛落物体运动规律,可以推算出散落物的抛出速度,即车辆碰撞瞬间的速度。

2. 车辆检验

车辆的结构、技术性能和使用状况等与交通事故的形成有着密切的联系。因此,必须对事故车辆进行技术检验,其主要内容有:

(1)载货和乘员情况

包括货物的种类与质量、安放位置、绑捆固定情况以及乘员人数、乘坐位置等。车辆装载不当,会使车辆的重心发生偏移,从而成为诱发事故的潜在因素。

(2)操纵机构运用情况

包括所使用的变速器挡位,驻车制动器操纵杆所处位置,点火开关、转向盘自由转动量、转向灯开关及其他电器开关的位置,以及车辆转向、制动、行走机构的渗漏、磨损、松动情况。

(3)安全装置技术状况

检查车辆的制动、转向、悬架、轮胎、灯光、后视镜及其他附属安全设备等是否齐全有效,是否符合国家的有关标准,是否影响事故的发生。

(4)车辆结构特征

根据案情分析的需要,有时需记录下车辆的外廓尺寸、轮距、轴距、轮胎型号、最小转弯半径等参数。

(5)车辆动力性能

包括肇事车辆起步后的加、减速性能,车辆通过弯道而不产生侧滑和侧翻的最高行驶速度等。

(6)车辆损坏情况

记录车辆损坏的位置、名称、形态、损坏原因和损坏程度等。在检查断裂的转向拉杆等金属构件时,应注意分析是事故造成断裂还是断裂诱发事故。

3. 道路鉴定

道路鉴定是对事故地点的道路及通行条件进行全面的检测,以确定道路是否符合设计标准、是否存在失修和违章占用等情况、对事故的形成有无影响。检测内容包括道路几何参数、路面附着系数、路面障碍物类型、尺寸和位置、现场交通设施等。

4. 当事人身体状况检查

主要检查当事人精神和身体的自然状态,是否酒后驾车、是否吸食毒品、是否处于疲劳状态及其疲劳程度、在事故前是否服用过某些药物等。

5. 人体伤害鉴定

人体损伤的部位和程度与事故的性质和原因有一定的联系,根据当事人身上的损伤情况,可判断其与车辆的接触部位、接触角度和接触状态。当交通事故造成人员伤亡时,应对其损伤进行检验,查明伤害部位、数量、形态、大小和颜色,损伤类型、特征与致伤物及伤残程度,致命部位及致死原因等,并写出鉴定结论。

五、现场勘查过程

现场勘查是执行《中华人民共和国道路交通安全法》(2021年4月29日第三次修改)的一项法定程序,它不仅是收集证据的重要手段,而且是准备立案、查明原因、认定责任、对责任者处罚的依据。

交通事故现场勘查可视为一系列由简易(无须特别训练)到复杂(需科学知识与技术)的操作过程,其中有些环节需同时进行相关证据的搜集。先进行有关人、车、路与环境等基本属性的调查,再用科学技术手段对事故发生、发展过程深入调查,最后进行事故再现和事故原因分析。道路交通事故的勘查工作,总体上可分为以下5个过程。

1. 事故属性勘查过程

这一过程是针对事故基本属性资料的搜集,以便对事故相关的人、车、路、环境等进行分类,初步了解事故的发生方式、财务损失状况及事故前后的各种可能行为。所搜集的是精确的事实资料,决不允许有个人陈述。此项工作大多有现成的表格,不需要特别的技术训练。

2. 现场迹证勘查过程

现场迹证勘查是针对事故结果的勘查与记录,要求对事故现场信息进行全面充分搜集,而事后未必都能用上。这一过程所搜集的信息仍限于事实资料,也是现场处理人员的主要工作。一般而言,除轻微事故外,均应进行这一调查过程。其主要的工作事项有下列几种。

(1)对可疑酒后驾驶者进行初步测试。

(2)寻找与确认可能的见证人或目击者。

(3)描述、测绘、拍摄现场路面的痕迹物证(包括人、车、物、痕等最后的终止位置与状态)。

(4)将事故车辆的轮胎与路面的轮胎痕迹作初步对比。

(5)将事故车辆的损坏部分与路面痕迹物证、相关车辆(固定物)的损坏部分等作初步对比。

(6)对事故车辆的构件(如胎压、轮圈、灯泡、转向盘等)、安全设备(如安全带、气囊、制动器等)等进行初步勘查,交通事故比较严重的,尚需进一步的技术勘查。

(7)对道路设施与交通管制措施状况进行勘查。

(8)初步勘查损坏车辆与路面标准、滚动痕迹及其他车辆间的关系。

3. 资料深入整理过程

交通事故的技术性资料,大部分来自于事后对现场资料的进一步搜集与整理。通常这一勘查过程是针对法律诉讼和其他特殊目的。

1)技术性资料的收集

技术性资料的收集工作包括:

(1)测量现场路况、坡度、视距、安全视距、摩擦系数。

(2)观察驾驶人或行人的视野与交通管制设施的关系。

(3)勘查车体损坏部分、机件、车灯和轮胎等。

(4)勘查伤员的受伤部位。

(5)估算事故车辆速度及加速度。

2)资料的后续整理

资料的后续整理工作包括:

(1)绘制事故现场比例图。

(2)在图上标示出相片所显现的路面痕迹。

(3)确定弯道及转向的临界和设计车速。

(4)对比损伤部位及冲撞方向。

(5)确定事故发生时车灯(开或关)及轮胎的状况。

(6)确定事故发生时车辆安全设备的功能。

(7)初步估计滑动痕迹、掉落物情况及车辆运动轨迹等。

4.事故再现分析过程

事故再现是指利用所搜集的资料,再现事故发生的全过程,包括事故中车辆位置的时空变化。再现的结果以意见、推论(演绎)等方式得出结论,内容包含碰撞前车辆的行驶速度,碰撞时车辆或行人所在的位置,当事人如何受伤,何人驾驶车辆,人、车、路分别如何影响事故的发生,对驾驶行为及避险策略的描述,驾驶人(行人)如何避免事故的发生等事项。具体内容见第十章第四节。

5.事故原因分析过程

事故原因分析过程是指利用前几种勘查方式所搜集的资料,判定事故为何发生,即分析造成交通事故的所有因素。因此,事故原因分析过程仅在安全分析研究时才需要。这一过程需要解决以下问题。

(1)道路或车辆设计不良与事故发生的相关性。

(2)个人特殊性格与事故发生的相关性。

(3)事故车辆、驾驶人、道路等的情况,以及与事故发生的相关性。

(4)驾驶人无法避免事故发生的原因。

(5)驾驶人事故前的行为以及对事故发生的影响。

(6)安全装备无法发挥其功效的原因。

(7)事故预防或安全管理措施失效的原因。

六、证人的保护与问询

所谓证人,通常是指看到事故发生或事故发生后最快抵达事故现场且掌握调查者所需信息的人。广义上则是指所有能够提供有关事故信息的人,有些人不知事故发生,但掌握一定价值的信息。证人信息收集的关键之处在于迅速果断,这样就会最大限度地保证信息的完整性。

在事故调查中,证人的询问工作相当重要,据有关资料统计,大约有50%的事故信息是由证人提供的,而事故信息中大约有50%能够起到作用,其余信息取决于调查者如何评价、分析和利用。

1.证人保护与问询工作应注意的问题

在进行证人保护与问询工作时,应注意以下问题。

(1)证人之间会互相干扰。

（2）证人会受到新闻媒介的影响。

（3）不了解自己所看到的事物，不能以自己的知识、想法去解释的证人，容易改变他们掌握的事实去附和别人。

（4）证人会因为记不住、不自信或自认为不重要等原因忘记某些信息，如一个人10年后才讲出他看到的事情，因为当时他认为可能没有价值。

（5）问询开始的时间越晚，细节会越少。

（6）问询开始的时间越晚，内容越可能改变。

（7）证人最好画出草图，结合草图讲解其所见所闻。

因此，在证人保护工作中，应当避免证人之间、证人与外界之间的接触，最好使其不离开现场，问询工作应尽快开始，以获得尽可能多的信息。

2. 证人问询的方式

证人问询一般有2种方式。

（1）审讯式。问询者与证人之间是一种类似警察与疑犯之间的对手关系，问询过程高度严谨，逻辑性强，且刨根问底，不放过任何细节。问询者一般多于1人。这种问询方式效率较高，但有可能造成证人的反感，从而影响双方之间的交流。

（2）问询式。这种方式首先认为证人在大多数情况下没有义务描述事故，作证主要出于自愿，因而应创造轻松的环境。这种方式虽然花费时间较多，但可使证人更愿意讲话。此外，问询中应鼓励证人用自己的语言讲，且尽量不打断其叙述过程，而是用点头、仔细聆听的方式，做记录或录音最好不要引起证人注意。

总之，无论采用何种方法，都应首先使证人了解问询的目的是了解事故真相，防止事故再发生。有经验的调查者，一般都采用两者结合、以后者为主的问询方式，并结合一些问询技巧进行工作。

七、现场勘查记录

1. 现场摄影

道路交通事故现场拍摄的照片或录像能够直观地、形象地记录现场的实际情况，是采集物证的重要手段之一。用摄影技术把事故现场的痕迹物证等准确地反映出来，并与笔录绘图相互印证，互相补充，可为研究分析事故提供有力的证据。此外，还可使没有到达现场的人员，通过照片或录像较清晰地了解现场情况，进而参与事故的处理工作。

1）分类

根据道路交通事故现场环境和拍摄内容的不同，可以使用不同的方法对事故现场进行拍摄，摄影技巧在事故现场摄影中起着重要的作用。现场拍摄的分类如下。

（1）现场方位摄影

现场方位摄影要求拍摄时要反映出现场及其周围的地形、地貌、现场内外的车辆、人、畜、建筑、树木、标志、道路、电线杆、坡沟等的位置及相互之间的关系。这是拍摄范围最广的一类现场拍摄方法。

现场方位拍摄时，摄影人应选择在较远、较高处俯视拍摄，必要时可以使用高架梯子，或在现场附近楼房的窗口，或在大型车上拍摄。若在夜间，有条件的可使用新闻灯或大型照明灯辅助拍摄,没有条件的可将现场封闭,等白天再拍摄。

(2)现场概览摄影

现场概览摄影以现场的事故车辆为重点,采取沿着道路走向的相对方位、侧向位或多向位的拍摄方式。拍摄时要求能反映出现场的全貌和所发生的事故事态与损害后果情况。概览摄影与方位摄影的区别在于它只拍摄现场范围以内的车、物,拍摄范围较方位摄影小。

(3)现场中心摄影

现场中心摄影能反映现场主要物体和重点部位的特点,可能是一处,也可能是多处,不同的现场重点部分也各不一样,无论何种类型的事故现场,都应将事故车辆、当事人、接触部位与制动痕迹、血迹等关系反映出来。现场中心拍摄的对象开始处于静止的原始状态,但随着勘查的深入,当事人可能被移动,暴露出一些原先被掩盖着的痕迹或尸体上的伤痕以及双方车辆碰撞伤痕的比对情况等。

(4)现场细目摄影

现场细目摄影是指不考虑其他物体,独立反映人、车及物证形状、大小等个体特征的物证摄影。现场无法进行细目拍摄时,可将被摄物移位,以改善摄影条件,但必须做到客观真实,不改变物体的物理形态,准确地反映物证的本来面貌。要求所拍照片应具有立体感和真实感。根据被摄物的形状,无论选择哪个角度,均应使相机光轴垂直于被摄物,运用不同的照明条件进行拍摄,以达到细目摄影的目的。

(5)事故痕迹摄影

交通事故发生后,一般会在现场和人、车、物上遗留下各种痕迹。这些痕迹是分析认定事故责任时的主要依据,同时又是刑事、民事诉讼的重要证据。因此,需要把这些痕迹的形状和特征完整、准确地拍摄下来。常见的事故痕迹摄影主要有以下几种。

①碰撞痕迹摄影。碰撞痕迹存在于车辆或物证外形上,表现为凹陷、隆起、变形、断裂、穿孔、破碎等。断裂、变形和穿孔等现象比较容易反映其特征,只需选择合适的角度进行拍摄即可。凹陷痕迹,特别是较浅小的凹陷痕迹较难拍摄。拍摄这种痕迹关键在于用光,一般是采用侧光,借助阴影来显示痕迹特征。

②擦划痕迹摄影。擦划也称平面痕迹,一般不伴有客体的变形,有的是加层痕迹,如油漆、塑料、橡胶、纤维及人体表皮、血迹等附着在被摄物表面,拍摄时要求光照均匀,对反差微弱的痕迹物证,应在散射光下拍摄,细小的痕迹可用接圈或变焦微距拍摄。使用黑白胶卷拍摄时,还可用滤色镜突出物体的某种色调,以增加照片的反差。

③碾压痕迹摄影。碾压痕迹在外形上一般表现为凹凸变化、变形、破碎等。如轮胎碾压松软泥土路面,形成凹凸变化的轮胎印痕;车辆碾压自行车时,会造成车体变形、断裂等伤痕。对碾压痕迹可采用斜侧光线照明拍摄。

④渗漏痕迹拍摄。发生事故的车辆由于水箱或管路破裂,油、水渗漏而形成痕迹。如果痕迹在受尘土粘污的物体上,痕迹比较明显,容易拍摄。若渗漏在光洁的黑、绿、蓝色物体上,则不易拍摄。这就需要正确运用光照和控制曝光时间,利用油、水和物体表面对光线反射能力不同的特点,选择适当角度进行拍摄。

⑤血迹摄影。血迹是重要的证据,为了拍好血迹的形状特征,应考虑血液遗留在什么颜色的物体上及其凝固程度。

⑥鞋底挫痕迹摄影。鞋底挫痕迹较难拍摄,夜间拍摄时,可用辅助光与痕迹平面成30°角

照射,这时在另一侧大致相同的角度,可见清晰的痕迹。

(6)尸体伤痕摄影

人体损伤照片对分析事故有很大的价值,也是刑事、民事诉讼的证据材料之一。因此,必须详细、完整地拍摄,这类摄影主要包括尸体全身摄影和伤痕摄影。

2)基本方法

(1)相向拍摄法

即从相对方向上的2个位置分别拍摄同一物体的2张照片,用以反映物体2个面上的状况,如图9-2所示。

(2)十字交叉拍摄法

即从4个方向向中央一个物体拍摄4张照片,用以反映物体各个方向上的状况,如图9-3所示。

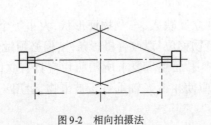

图9-2 相向拍摄法　　　　　图9-3 十字交叉拍摄法

(3)平行连续和回转连续拍摄法

即对现场分段进行拍摄,然后再将各张照片拼接起来的一种拍摄方法,适用于现场面积较大,必须运用拼接摄影拍下2张照片才能反映现场的情况,如图9-4所示。

平行连续拍摄法是从数点拍摄现场,每个拍摄地点必须与被摄对象保持相等的距离,而且必须平行。这种方法适用于直线路段上的事故现场。

回转连续拍摄是将相机固定在一个地方,只转动相机角度进行分段拍照。这种方法适用于弯道路段上的事故现场。

(4)比例拍摄法

比例拍摄法适用于根据照片来测定某些较小客体(物体或痕迹)的大小或它们之间的距离,如图9-5所示。进行比例拍摄时,必须遵守以下规则。

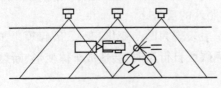 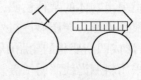

图9-4 连续拍摄法　　　　　图9-5 比例拍摄法

①紧靠被拍摄的物体,而且必须在该客体的同一平面上,放置一根或几根比例尺。

②镜头的镜片应当同被摄物体的平面平行。

③镜头的光轴应当正对着被摄物体的中心。

3)现场立体摄影

现场立体摄影是一种测量手段,可代替实际的现场测量工作。利用立体照相机(图9-6),对事故现场进行拍照,得到针对同一测区的2张照片,再将所得照片利用有关测量原理进行计算,即可得到现场内各种物体和痕迹的准确位置,从而绘制出事故现场平面图。

现场立体摄影的基本原理如图 9-7 所示。图中,O_L、O_R 分别为左右照相机的镜头中心,B 为左右两照相机镜头中心间的距离,由此建立直角坐标系。某一测点 P 的水平位置由 x、y 确定,P 点在左右相机底片上像点的位置分别由 f、X_1 和 f、X_2 确定。f 为相机镜头的焦距。X_1、X_2 为左、右像点到其像面中分线的水平距离。

图 9-6   立体照相机

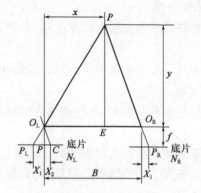

图 9-7   现场立体摄影基本原理

根据图 9-7 中的三角形相似关系可得:

$$y = \frac{Bf}{X_1 + X_2} \tag{9-1}$$

$$x = \frac{yX_1}{f} \tag{9-2}$$

由于基线长 B、镜头焦距 f 为相机固有参数,所以只要在相片上测出 X_1 和 X_2 的值,就可算出测点 P 在地面投影的坐标值。立体摄影就是通过无数测点进行相片测量,从而代替实际的现场测量工作,并绘制出现场平面图。

立体摄影设备除立体照相机外,还包括自动绘图仪,它可对立体照片自动测析并绘图。

2. 现场图

交通事故现场图是按照投影关系和比例,将事故现场的道路、车辆、伤亡人员以及其他有关物体、痕迹的具体位置,以简明的形式表现出来的一种特殊的专业技术图。现场图必须如实、准确地反映交通事故现场的实际情况。事故现场撤除以后,事故现场图将是分析事故的重要依据。现场图是现场勘查的重要技术文件之一,可作为法律证据使用。

1)分类

(1)现场记录图

现场记录图是指在交通事故现场勘查时,对现场环境、事故形态、有关车辆、人员、物体、痕迹的位置及其相互关系所做的图形记录,通常采用徒手绘制。

(2)现场比例图

为了更形象、准确地表现事故形态和现场车辆、物体、痕迹,现场比例图是根据现场记录图和其他勘查记录材料,按规范的图形符号和一定比例重新绘制的交通事故现场全部或局部的平面图形,它需使用制图工具进行绘制。

（3）现场断面图

现场断面图是表示交通事故现场某一横断面或纵断面的某一位置上有关车辆、物体、痕迹相互关系的剖面视图。

（4）现场立面图

现场立面图是表示交通事故现场某一物体侧面有关痕迹、证据所在位置的局部视图。

（5）现场分析图

现场分析图是表示交通事故发生时，车辆、行人不同的运行轨迹和时序及冲突位置的平面视图。

现场图中使用最为普遍的是现场记录图和现场比例图。

2）测绘对象

凡对事故处理有帮助的，都应被列为测绘对象，一般包括人、车、物、痕迹、环境5大类。

（1）人

需测绘事故伤亡当事人的倒地终止位置、姿势及方向。当事人包括行人、摩托车骑乘者及跌落车外的当事人。如果当事人只是受伤，应尽快定位并测量，以便其及时就医诊治。

（2）车

需测绘事故车辆碰撞后最后的停止位置，若为摩托车，还要记录其倒地时的方向。对于汽车，有时还需显示它的侧翻、转向或车底向上的状态。不同的车型应根据需要，测绘不同的测点。

①机动车停车位置测量。若为四轮着地的俯卧状态，它的测点可分别取前后车轮外缘对地面的垂直投影点；若为侧卧或四轮朝天的仰卧状态，则以触地的车身外廓拐角处为测点；马车等畜力车的测点可参照机动车的方法选定。

②自行车停车位置测量。自行车的测点，可取停车时前后两轮的轴心。

（3）物

需测绘各种散落物，包括车辆撞击后所产生的坠落物，如玻璃碎片、落土、牌照、附载物及人体上所遗留的小碎片，如衣物、身体残骸、血液等。

①整体性散落物的测量。对整体性散落物件，可取其中心或长度端点为测点。

②散装性散落物的测量。对散装性散落物件，可取距车辆的最近点和最远点为测点，必要时，可以取这两个端点的中心点为测点。

（4）痕迹

痕迹是指事故现场路面上的各种痕迹及路外固定物所遗留的车身擦痕，如轮胎的胎痕，车身对地面的刮地痕，车身给固定物所留下的擦划痕、刮痕等。对痕迹进行测绘时，需根据痕迹的长度与形状选定不同的测点。

①制动痕迹的测量。无论是单胎或多胎拖印，均取拖印起止端外胎外缘处为测点，若拖印为弧形，应酌情加选弧中1或2个测点。

②路面痕迹的测量。应根据痕迹的长度与形状，选定不同的测点。对弧形痕迹，应酌情加选弧中1或2个测点。

（5）环境

有些事故并非完全是由于人为疏忽或车辆状况不良导致的，还有客观环境因素的作用。在测绘时，若发现事故原因可能与客观环境因素有关联，应考虑对环境进行适当的测绘。

3）测绘工具

（1）铅笔：用铅笔制作事故现场草图，便于修改。

（2）绘图方格纸：便于勘查人员掌握大概的比例，快速绘制出现场草图。

（3）交通圆规：用于测量斜坡的坡度及绘制比例图。

（4）长度测绘工具：用于测量长度的工具有多种，如布卷尺、钢卷尺、轮式测距仪等。

（5）定位工具：为使事故发生后，现场能迅速恢复交通，最好的方法是对妨碍交通的障碍物先行定位、测量。常用的定位工具有黄色蜡笔、粉笔、喷漆等。

4）现场定位与测量

现场图要如实记录现场道路的方向和各物体在现场内的相对位置，因此在绘制现场图前，必须进行现场定位和测量。

（1）现场位置确定方法

事故现场的位置可通过公路、街道的名称和所处的里程或显著地物名称来确定，道路走向原则上以道路中心线或进入弯道前直线路段的道路中心线与指北方向线的夹角来表示。

（2）选择基准点

基准点是为固定事故现场测量对象所设定的测量参照点，基准点应选在事故现场原有的固定物上，如电线杆、树木、里程碑、百米桩等；基准点距主要测量目标，如肇事车辆、尸体、痕迹的位置不宜太远，以便于测量；基准点应位于物体的突出部位，以保证测量精度。

（3）选择定位方法

基准点确定之后，就可以通过一个适当的坐标系，将勘查对象的位置固定下来，具体定位方法有：

①直角坐标定位法。以基准点作为坐标原点，以通过基准点垂直和平行于道路中心线的两条基准线作为坐标轴，建立平面直角坐标系。现场被测物体上测量点的位置可用其到两条基准线的距离来确定。

②两点定位法。同时选取两个基准点，分别测出这两个基准点与现场被测物体上测量点之间的连线长度，根据这两个长度值，用交汇法即可确定测量点的位置。

③极坐标定位法。以基准点作为坐标原点，通过坐标原点以指北方向线作为基准线，建立极坐标系，现场被测物体上测量点的位置可用极坐标来确定。

（4）固定测量点

固定测量点就是将现场被测物体上测量点的位置，用适当的现场定位方法确定下来，从而使整个被测物体得以定位。当现场遗留物为平面刚体且呈直线状态时，只要在其上选定2个测量点，便可将它的位置固定下来。对于柔性物体和呈曲线状态的痕迹，则需在其上定出一系列的测量点，选择哪一点作为测量点，必须遵守一定的规律，以方便标注和阅读。

3. 现场笔录

现场勘查笔录是以文字记录的方法，反映现场勘查过程、现场状况、现场图和现场照片中未表达清楚的各种事故情况，是一种重要的法律证据。

现场勘查笔录的主要内容有：接到事故报警的时间、到达现场的时间、所见现场及环境情况、现场救急与保护措施、事故概况；参加勘查的单位和人员、勘查的组织与分工、勘查的对象与步骤；勘查中发现的情况、采集和保全物证的名称和数量、现场图和现场照片的数量和内容等。

第四节　其他交通方式交通事故现场勘查

一、轨道交通事故

轨道交通事故现场是指保持着事故发生后原始状态的地点,包括事故所涉及的范围和与事故有关联的场所,在事故原点和事故初步原因未完全确定及拍摄、记录工作尚未完全进行完以前,事故现场不能排除和破坏,也不准开放。

依据《铁路交通事故调查处理规则》(铁道部令〔2007〕30号),事故调查组到达后,发生事故的有关单位必须主动汇报事故现场真实情况,并为事故调查提供便利条件。事故调查组根据需要,可组建若干专业小组进行调查取证,具体程序如下。

(1)搜集事故现场物证、痕迹,测量并按专业绘制事故现场示意图,标注现场设备、设施、遗留物的名称、尺寸、位置、特征等。

需要搬动伤亡者、移动现场物体的,应做出标记,妥善保存现场的重要痕迹、物证;暂时无法移动的,应予保护,并设明显标志。

(2)询问事故当事人及相关人员,收取口述、笔述、笔录、证照、档案,并复制、拍照。不能书写书面材料的,由事故调查组指定人员代笔记录并经本人签认。无见证人或者当事人、相关人员拒绝签字的,应当记录在案。

(3)对事故现场全貌、方位、有关建筑物、相关设备设施、配件、机动车、遗留物、致害物、痕迹、尸体、伤害部位等进行拍照、摄像。及时转储、收存安全监控、监测、录音、录像等设备的记录。

(4)收取伤亡人员伤害程度诊断报告、病理分析、病程救治记录、死亡证明、既往病历和健康档案等资料。

(5)对有涂改、灭失可能或以后难以取得的相关证据进行登记封存。

(6)查阅有关规章制度、技术文件、操作规程、调度命令、作业记录、台账、会议记录、安全教育培训记录、上岗证书、资质证书、承(发)包合同、营业执照、安全技术交底资料等,必要时将原件或复印件附在调查记录内。

(7)对有关设备、设施、配件、机动车、器具、起因物、致害物、痕迹、现场遗留物等进行技术分析、检测和试验,组织笔迹鉴定,必要时组织法医进行尸表检验或尸体解剖,并写出检测报告。

(8)脱轨事故发生后,在全面调查的基础上,必要时应对事故地点前后一定长度范围内的线路设备进行检查测量,并调阅近期内该段线路质量检测情况;对事故地点前方(列车运行相反方向)一定长度范围内,有无机车车辆配件脱落、刮碰行车设备的痕迹等进行检查,对脱轨列车中有关的机车车辆进行检查测量,并调阅脱轨机车车辆近期内运行情况监测记录。

二、航空交通事故

根据《民用航空器飞行事故调查程序》(MD-AS-2001-001)有关内容,航空交通事故现场勘查内容主要包括:

（1）调查组到达现场后，应尽快对事故现场进行一般性勘查，建立事发现场环境的总体印象。

（2）确定并标出航空器与地面或障碍物的第一碰撞点及轨迹，并确定航空器残骸的基本情况，包括航空器的主要构件、部件、机载设备、货物、遇难者和幸存者的位置情况。

（3）对事发地点进行测定，对现场进行照相和摄像，绘制事故现场残骸分布图。

（4）对航空器接地、接水状态（即确定航空器接地、接水时飞行状态的参数）以及航空器和发动机状态进行调查。

（5）打捞坠水残骸，搜寻飞行记录器并采取必要措施进行现场保护和处理，防止记录器第二次损坏或者记录信息丢失。

（6）按照该航空器制造厂商提供的机载非遗失性存储器清单收集有关的机载设备的残骸，并测量和记录残骸的损坏情况、现场位置，以及与其有关的系统和部件的状况。

（7）调查机载货物及行李在事发现场分布的位置，机载货物及行李的数量、质量和特点，确定其包装、固定和载荷分布情况，查明机上是否有危险品和违禁物品；同时，调查机上乘员的实际人数和事发时在机上的分布情况，以及事发后每个乘员在事故现场的位置和伤亡情况。

（8）采集机上有关系统的油液样品，处置残骸，对证人以及所有与该次飞行的组织实施有关的活动情况和机组的飞行操纵情况进行调查。

（9）进行航空医学调查，确定事发与空勤组成员健康状况的关系，以及遇险者致伤、致死的各种因素。

（10）进行空中交通管理调查，包括空地通话录音和雷达录像、值班管制员、空管设备、航行资料、气象情况等；进行适航性调查，包括航空器的设计、制造、使用、维护、资料等情况，确定航空器在事发之前的适航性；对勤务保障进行调查，包括机场设施、设备、车辆、油料、航材、供气、供电等；对运输相关情况、外来干扰有关情况、撤离与救援工作等进行调查。

三、水路交通事故

水路交通事故发生的环境具有一定的特殊性，自然条件的变化或其他原因可能会使现场发生变动，船上的当事人或有关人员也可能离船或分散等，证据也就会随之变化或消逝。搜集证据应注意两点：一是证据的客观性、相关性和合法性；二是证据应形成书面材料，并建立档案。

1）物证的搜集

物证一般是通过现场勘查搜集的，物证一般包括以下几种。

（1）事故现场照片和事故所涉及的任何机械、设备、属具、链条、钢丝绳、索具或紧固装置等的照片。

（2）受损部位的照片。

（3）与事故有关的机器、设备、属具、链条、钢丝绳、绳索或紧固装置中的损伤或破裂部件或其照片。

（4）人们可能吞服、吸入或接触的那些能够导致中毒或伤害的食物、物质或材料的样本。

（5）在碰撞或触损事故中，有关船舶、设施或被碰物体上剥损或刮伤的油漆表面的物质样本和擦痕照片等。

（6）涉嫌引起火灾或爆炸的货物、物质或材料的样本或照片。

（7）对于锅炉爆炸或损坏事故，有关的锅炉水、锅炉水添加剂和锅炉部件的样本。

(8)对于机器损坏事故,有关的燃油、润滑油和冷却剂的样本。

(9)由于移动或其他原因已危及船舶或人身安全的任何货物的样本或照片。

2)一般资料的搜集

首先,调查人员应根据各种水路交通事故信息的来源,或当事人对事故的简要介绍,了解事故的大致情况。主要包括:事故发生的时间、地点、种类、当事船舶的情况、事故造成的后果、其他可以了解到的情况。

其次,对所有事故,都应获得下列资料,包括:船舶资料,文书资料,航次资料,事故有关人员的情况,天气、海况、潮汐、航道和水流,事故情况,救助情况,文件的证实,机舱命令,外部信息来源等。对于不同的事故,还应有侧重地搜集其他相关证据。

3)书证和视听材料的搜集

书证和视听材料是用文字记载或用符号、声音、图像等表达的,反映船舶及其机器、设备的性能与技术状况,船舶航行、停泊的动态和作业情况,以及事故发生经过的证据。因此,其内容对事故的真实情况具有证明作用。

第五节　交通事故处理

一、道路交通事故

道路交通事故处理是指公安机关交通管理部门依据《中华人民共和国道路交通安全法》(2021年4月29日第三次修改)及有关行政法规、规章的规定,对发生的交通事故勘查现场、收集证据、认定交通事故、处罚责任人、对损害赔偿进行调解的过程。

1. 事故处理程序

道路交通事故的处理应当按照公安部颁发的《道路交通事故处理程序规定》(2018年5月1日起施行)进行。交通事故处理程序是指公安交通管理机关在处理交通事故中必须遵守的法定程序和制度,即处理交通事故的操作规程,它包括从立案、事故调查到善后处理的各个主要环节,具体如下。

1)立案

立案的主要来源是报案,也有当事人私下和解不成又请求处理的,还有交通管理机关自行发现的。立案是进行交通事故处理的前提。

2)事故调查

事故调查是事故处理的重要过程之一,本章第二节已作阐述。

3)事故认定

公安机关交通管理部门应当自现场调查之日起十日内制作道路交通事故认定书;交通肇事逃逸案件在查获交通肇事车辆和驾驶人后十日内制作道路交通事故认定书;对需要进行检验、鉴定的,应当在检验报告、鉴定意见确定之日起五日内,制作道路交通事故认定书。道路交通事故认定书应当载明以下内容。

(1)道路交通事故当事人、车辆、道路和交通环境等基本情况。

(2)道路交通事故发生经过。

（3）道路交通事故证据及事故形成原因分析。

（4）当事人导致道路交通事故的过错及责任或者意外原因。

（5）作出道路交通事故认定的公安机关交通管理部门名称和日期。

4）处罚执行

公安机关交通管理部门应当按照《道路交通安全违法行为处理程序规定》（公安部令〔2020〕157号），对当事人的道路交通安全违法行为依法作出处罚。

对发生道路交通事故构成犯罪，依法应当吊销驾驶人机动车驾驶证的，应当在人民法院作出有罪判决后，由设区的市公安机关交通管理部门依法吊销机动车驾驶证。同时具有逃逸情形的，公安机关交通管理部门应当同时依法作出终生不得重新取得机动车驾驶证的决定。

5）损害赔偿调解

当事人可以采取以下方式解决道路交通事故损害赔偿争议：①申请人民调解委员会调解；②申请公安机关交通管理部门调解；③向人民法院提起民事诉讼。

当事人申请人民调解委员会调解，达成调解协议后，双方当事人认为有必要的，可以根据《中华人民共和国人民调解法》共同向人民法院申请司法确认。调解未达成协议的，当事人可以直接向人民法院提起民事诉讼，或者自人民调解委员会作出终止调解之日起三日内，一致书面申请公安机关交通管理部门进行调解。

当事人申请公安机关交通管理部门调解的，应当在收到道路交通事故认定书、道路交通事故证明或者上一级公安机关交通管理部门维持原道路交通事故认定的复核结论之日起十日内一致书面申请。调解未达成协议的，当事人可以依法向人民法院提起民事诉讼，或者申请人民调解委员会进行调解。

6）简易程序

公安机关交通管理部门可以适用简易程序处理以下道路交通事故，但有交通肇事、危险驾驶犯罪嫌疑的除外：①财产损失事故；②受伤当事人伤势轻微，各方当事人一致同意适用简易程序处理的。

应用"简易程序"的处理方法，可以提高事故处理效率，减少交通拥堵，减小公安交警人员的工作量。

2. 事故责任认定

道路交通事故责任认定就是对当事人有无违法行为，违法行为与事故后果之间有无因果关系，以及违法行为在事故中的作用进行一种定性、定量的描述。

责任认定的目的，一方面要追究肇事者的责任，做到以责论处；另一方面要公平、客观地确定当事人事故损害的赔偿份额；此外，还要对其他交通参与者进行教育、警戒；最后，能够为研究交通事故发生规律，制订安全有效的安全防范措施和管理对策提供素材。

1）原则

在查清事故发生的真实情况后，可运用交通法规去衡量当事人的行为，确定其是否应当承担事故责任以及责任的大小。

（1）定性原则

①当事人没有交通违法行为，不应负事故责任。

②当事人有交通违法行为，但与事故发生无因果关系，不应负事故责任。

③当事人有违法行为,并与事故发生有因果关系,应负事故责任。

(2)定量原则

①违法行为扰乱了正常的道路交通秩序,破坏了交通法规中各行其道和让行的原则,在引发事故方面起着主导作用,即违法行为是导致交通事故最主要的、直接的原因时,该当事人的责任相对要大于对方当事人。

②违法行为在事故的发生中只是促成因素,只起着被动的或加重后果的作用,即违法行为在交通事故中是次要的、间接的因素时,该当事人的责任小于对方当事人。

2)分类

我国规定道路交通事故责任分为全部责任、主要责任、同等责任、次要责任和无责任5种。

(1)全部责任

一方当事人的违章行为造成交通事故的,有违章行为的一方应当负全部责任,其他方不负交通事故责任;当事人逃逸,造成现场变动、证据灭失,公安机关交通管理部门无法查证交通事故事实的,当事人承担全部责任;当事人一方有条件报案而未报案或者未及时报案,使交通事故责任无法认定的,当事人应当负全部责任;当事人故意破坏、伪造现场、毁灭证据的,当事人承担全部责任。

(2)主要责任、同等责任和次要责任

两方当事人的违章行为共同造成交通事故的,违章行为在交通事故中作用大的一方负主要责任,另一方负次要责任;两方当事人的违章行为在交通事故中作用基本相当的,两方负同等责任;当事人各方有条件报案而均未报案或者未及时报案,使交通事故责任无法认定的,应当负同等责任;但机动车与非机动车、行人发生交通事故的,机动车一方应当负主要责任,非机动车、行人一方负次要责任。

(3)无责任

各方均无导致交通事故的过错,属于交通意外事故的,各方均无责任;一方当事人故意造成交通事故的,他方无责任。

3)事故当事人的责任承担

(1)驾驶人违反交通法规或操作规程发生交通事故,由驾驶人负责。

(2)在教练员监护下学员驾驶车辆发生交通事故,由教练员和学员共同负责。

(3)驾驶人把车辆交给无证人驾驶发生交通事故,由驾驶人负责。

(4)怂恿驾驶人违法行驶,发生交通事故,由怂恿人和驾驶人共同负责。

(5)迫使驾驶人违法行驶(驾驶人已提出申辩无效)发生交通事故,由迫使人负责。

(6)行人、乘客违反交通规则而造成事故,由行人、乘客负责。

(7)因道路条件不符合技术要求而引起的交通事故,由道路工程和道路养护部门负责。

(8)因保修质量差,以及能够检查而没有检查,发生机械故障以致肇事,由有关人员负责。

(9)因例行维护不好,发生机械故障以致肇事,由驾驶人负责。

(10)因交通指挥错误,发生交通事故,由交通指挥人员负责。

3. 对事故当事人的处罚

对事故当事人的处罚,根据以责论处的基本原则,追究其行政责任、民事责任,甚至刑事责任。

1）对当事人刑事责任的追究

对造成道路交通事故构成交通肇事罪的当事人，应依法追究其刑事责任。交通肇事罪的构成必须同时具备以下 4 个条件。

（1）交通肇事罪所侵害的客体是交通运输的正常秩序和交通运输的安全。

（2）交通肇事罪所侵害的客观方面表现为从事交通运输的人员违反规章制度，发生重大事故，致人重伤、死亡或者公私财产受重大损失。

（3）交通肇事罪的犯罪主体，主要是从事交通运输工作的人员。

（4）交通肇事罪的主观方面是出于过失，即行为人在犯罪时的心理状态是出于过失而不是故意。

我国《刑法》第一百三十三条明确规定："违反交通运输管理法规，因而发生重大事故，致人重伤、死亡或者使公私财产遭受重大损失的，处三年以下有期徒刑或者拘役；交通运输肇事后逃逸或者有其他特别恶劣情节的，处三年以上七年以下有期徒刑；因逃逸致人死亡的，处七年以上有期徒刑。"具体的量刑标准如下。

具有下列情节之一的，处三年以下有期徒刑或者拘役：

（1）死亡一人或者重伤三人以上，负事故全部或者主要责任的。

（2）死亡三人以上，负事故同等责任的。

（3）造成公共财产或者他人财产直接损失，负事故全部或者主要责任，无能力赔偿数额在三十万元以上的。

具有下列情节之一的，可视为"情节特别恶劣"，处三年以上七年以下有期徒刑：

（1）死亡二人以上或者重伤五人以上，负事故全部或者主要责任的。

（2）死亡六人以上，负事故同等责任的。

（3）造成公共财产或者他人财产直接损失，负事故全部或者主要责任，无能力赔偿数额在六十万元以上的。

交通肇事罪的量刑及诉讼主要是司法机关的任务，公安交通管理机关主要负责现场勘查、证据搜集。

2）对当事人民事责任的追究

道路交通事故实际上是指由于肇事者的侵权行为，而致使他人（包括国家和集体）的生命或财产遭受损失的事件。因此，肇事者应承担侵权行为的民事责任，即交通事故责任者应按照所负交通事故责任，承担相应的事故损失赔偿。

3）对当事人行政责任的追究

行政责任中，行政处分由当事人所在单位主管部门予以追究，不在本节讨论范围；行政处罚是由公安交通管理机关作出的，适用于造成交通事故尚不够刑事处罚的事故当事人。

行政处罚的方式有警告、罚款、吊扣驾驶证、吊销驾驶证及行政拘留等。

4. 人员伤亡检验和鉴定

机动车、非机动车以及参与交通运输活动的载体，在道路交通活动中发生事故，导致人体组织、器官结构的完整性破坏或功能障碍，称为道路交通事故损伤。损伤分为冲撞伤、碾压伤、刮擦伤、抛掷伤、挤压伤、拖擦伤、挥鞭样损伤等。

根据道路交通事故处理工作的需要和司法诉讼的要求，交通事故的法医学检验和鉴定主要解决如下问题。

1）死亡人员的检验、鉴定

《道路交通事故处理程序规定》（2018年5月1日起施行）第四十九条规定：需要进行检验、鉴定的，公安机关交通管理部门应当按照有关规定，自事故现场调查结束之日起三日内委托具备资质的鉴定机构进行检验、鉴定。尸体检验应当在死亡之日起三日内委托。对交通肇事逃逸车辆的检验、鉴定自查获肇事嫌疑车辆之日起三日内委托；对现场调查结束之日起三日后需要检验、鉴定的，应当报经上一级公安机关交通管理部门批准；对精神疾病的鉴定，由具有精神病鉴定资质的鉴定机构进行。第五十四条规定：鉴定机构应当在规定的期限内完成检验、鉴定，并出具书面检验报告、鉴定意见，由鉴定人签名，鉴定意见还应当加盖机构印章。

2）人身损害程度鉴定

依据《人体损伤程度鉴定标准》（司发通〔2013〕146号），确定受伤人员所受伤害程度，伤害程度可分为：轻微伤、轻伤、重伤。

3）人身伤残程度评定

依据《人体损伤致残程度分级》（2017年1月1日起施行）的条款，评定人应当由具有法医学鉴定资格的人员担任。由伤残评定机构依据伤残的部位，从日常生活能力、各种活动降低、不能胜任原工作、社会交往狭窄等方面确定受伤人员伤残等级，确定是否需要护理和医疗维持。评定的范围包括10个等级。

4）法医学物证检验

在交通事故中，与法医学物证有关的检验、鉴定，主要解决个体识别问题。通过人体的某些成分，包括血痕、毛发、人体组织、人体的分泌物、排泄物等，法医学物证检验可以确定交通肇事逃逸车辆，确定事故发生时，谁处在驾驶人位置上。物证提取之前，要求办案人员固定原始位置，亲自送检。检材必须风干后密封保存，防止霉变或者污染。

5）法医学化验检验

《中华人民共和国道路交通安全法》（2021年4月29日第三次修改）第二十二条规定：饮酒、服用国家管制的精神药品或者麻醉药品，不得驾驶机动车。公安部《公安机关办理行政案件程序规定》（公安部令〔2020〕160号）第九十五条规定：对有酒后驾驶机动车嫌疑的人，应当对其进行呼气酒精测试。《车辆驾驶人员血液、呼气酒精含量阈值与检验标准》（GB 19522—2010）规定：车辆驾驶人员血液中乙醇浓度大于或者等于20mg/100mL，小于80mg/100mL的，可以确定为饮酒后驾车；乙醇浓度大于或者等于80mg/100mL的，可以确定为醉酒后驾车。死亡人员由法医提取其静脉血或者心腔血2mL送检，活体检验由医务人员采取其静脉血液2mL送检；要求办案人员亲自送检，检材必须密封、冷藏保存，并且尽快检验。

5. 车辆鉴定

1）目的

根据我国公安部门的数据统计，由于车辆故障直接造成的事故约占事故总数的5%，此外，还有一些车辆故障可能是造成事故的多个原因之一，或者是加重了事故的后果。为了保证机动车运行安全，《中华人民共和国道路交通安全法》（2021年4月29日第三次修改）第十条规定：准予登记的机动车应当符合机动车国家安全技术标准；第十三条规定：对登记后上道路行驶的机动车，应当依照法律、行政法规的规定，根据车辆用途、载客载货数量、使用年限等不同情况，定期进行安全技术检验。总而言之，机动车必须保持车况良好，必须符合国家关于车辆标准的各项规定。

事故车辆鉴定就是要利用专用检测设备,结合专家经验,查明事故车辆是否符合《机动车运行安全技术条件》(GB 7258—2017)的要求以及是否由于机械故障引发了事故。检验结果对事故处理工作具有指导作用。

2)内容

根据《机动车运行安全技术条件》(GB 7258—2017)的规定,车辆鉴定主要包括以下内容:整车、发动机、转向系、制动系、行驶系、传动系、车身、安全防护装置、特种车的附加要求、照明、信号装置和其他电器设备、机动车排气污染物排放控制、机动车噪声控制等。

6. 事故损害赔偿

道路交通事故引起的人员伤亡和公私财产的损失,称为交通事故损害。事故损害赔偿是指事故责任者对事故损害后果应承担的赔偿责任。

事故损害赔偿包括直接财产损失折款、医疗费、误工费、住院伙食补助费、护理费、残疾者生活补助费、残疾用具费、丧葬费、死亡补偿费、被抚养人生活费、交通费及住宿费等。其中,残疾者生活补助费、死亡补偿费和被抚养人生活费3项费用标准,根据各地区间经济发展的实际情况确定。

交通事故赔偿数额确定之后,各当事方的赔偿金额可按下式计算:

$$p_i = k_i \cdot Q \qquad (i = 1,2,3,4,\cdots,n) \tag{9-3}$$

式中:p_i——当事方 i 的赔偿金额(元);

k_i——当事方 i 的责任系数,全部责任 $k_i = 1$,主要责任 $k_i = 0.6 \sim 0.9$,同等责任 $k_i = 0.5$,次要责任 $k_i = 0.1 \sim 0.4$;

Q——事故损害赔偿总额(元)。

7. 调解和调解终结

公安机关处理交通事故,应当在查明交通事故原因、认定交通事故责任、确定交通事故造成的损失情况后,召集当事人和有关人员对损害赔偿进行调解,主要包括以下几方面内容。

1)在公安交通管理机关主持下调解

公安交通管理机关对交通事故损害的调解是职责范围内的工作,整个损害赔偿调解都在交通事故办案人员主持下进行。调解的时间、地点、方式由公安交通管理机关指定。在调解过程中,就交通事故损害赔偿的项目、标准、赔偿总额等进行协商,从而达成协议,结束交通事故。

2)调解遵循自愿协商原则

交通事故的调解结果不具法律上的强制力,因此在调解时,当事人依照自己的真实意愿,参与交通事故损害的调解,各方当事人是否达成协议,必须尊重当事人的意愿,不能强迫或变相强迫当事人达成调解协议。调解协议是在法律允许范围内,自愿协商,相互让步达成的结果。如各方当事人不能达成协议,则终结调解。

3)调解达成的协议容易履行

调解赔偿是基于当事人的意愿,更易于各方当事人接受,履行调解协议时相对顺利。调解协议不具有法律上的强制力,只靠双方自觉履行。其中任何一方不履行或不完全履行,另一方当事人可向人民法院提起诉讼。

4)调解终结

经调解,各方当事人未达成协议的,公安机关交通管理部门应当终止调解,制作道路交通事故损害赔偿调解终结书,送达各方当事人。

5)赔偿调解

赔偿调解是诉讼的前置程序。未经调解的,当事人因交通事故损害赔偿问题向人民法院提起的民事诉讼,人民法院不予受理。

二、轨道交通事故

1.铁路交通事故

铁路交通事故处理,是国务院铁路主管部门或者铁路管理机构根据《铁路交通事故调查处理规则》(铁道部令〔2007〕30号)及有关行政法规、规章的规定,对事故进行责任判定和损失认定,对当事人进行处罚的过程。

1)责任认定

根据调查得出的事故认定书,对相关单位、部门、企业与个人追究其责任。

(1)铁路作业人员在从事与行车相关的作业过程中,不论作业人员是否在其本职岗位,由于违反操作规程、作业纪律,或铁路运输生产设备设施、劳动条件、作业环境不良,或安全管理不善等造成伤亡,定为责任事故。

(2)铁路机车车辆与行人、机动车、非机动车、牲畜及其他障碍物相撞造成事故,按以下规定判定责任:①违章通过平交道口或者人行过道,或者在铁路上行走、坐卧造成的人身伤亡,属受害人自身原因造成的,定受害人责任;②事故当事人逃逸或者有证据证明当事人故意破坏、伪造现场、毁坏证据,定事故当事人责任;③事故当事人违反国家法律法规,有明显过失的,按过错的严重程度,分别承担责任。

(3)自然灾害原因导致的事故,因防范措施不到位,定责任事故。确属不可抗力原因导致的事故,定非责任事故。

具体情况参照《铁路交通事故调查处理规则》(铁道部令〔2007〕30号)。

2)损失赔偿

有作业人员伤亡的,直接经济损失统计范围、计算方法等按《企业职工伤亡事故经济损失统计标准》(GB 6721—1986)执行。

负有事故全部责任的,承担事故直接经济损失费用的100%;负有主要责任的,承担损失费用的50%以上;负有重要责任的,承担损失费用的30%以上50%以下;负有次要责任的,承担损失费用的30%以下。有同等责任、涉及多家责任单位承担损失费用时,由事故调查组根据责任程度依次确定损失承担比例。负同等责任的单位,承担相同比例的损失费用。

3)处罚

铁路运输企业及其职工不立即组织救援,或者迟报、漏报、瞒报、谎报事故的,对单位,由国务院铁路主管部门或者铁路管理机构处10万元以上50万元以下的罚款;对个人,由国务院铁路主管部门或者铁路管理机构处4000元以上2万元以下的罚款;属于国家工作人员的,依法给予处分;构成犯罪的,依法追究刑事责任。

干扰、阻碍事故救援、铁路线路开通、列车运行和事故调查处理的,对单位,由国务院铁路主管部门或者铁路管理机构处4万元以上20万元以下的罚款;对个人,由国务院铁路主管部门或者铁路管理机构处2000元以上1万元以下的罚款;情节严重的,对单位,由国务院铁路主管部门或者铁路管理机构处20万元以上100万元以下的罚款;对个人,由国务院铁路主管部门或者铁路管理机构处 1 万元以上 5 万元以下的罚款;属于国家工作人员的,依法给予处分;构成违反治安管理行为的,由公安机关依法给予治安管理处罚;构成犯罪的,依法追究刑事责任。

2. 城市轨道交通

城市轨道交通事故处理,指依据《铁路交通事故应急救援和调查处理条例》(国务院令〔2012〕628 号)、《合同法》(主席令〔1999〕15 号)及有关行政法规、规章的规定,对发生的交通事故认定交通事故、处罚责任人、进行损害赔偿的过程。

1)责任认定

(1)与城市轨道运输高度危险有关的乘客的人身损害,城市轨道承运方应承担无过错侵权赔偿责任。

(2)与城市轨道运输高度危险无关的乘客损害,城市轨道承运方承担过错的侵权责任。

(3)损害的原因是因第三人造成的,则由第三人承担侵权责任。

(4)因不可抗力造成他人损害的,城市轨道承运方不承担责任,法律另有规定的除外。

(5)因紧急避险造成损害的,由引起险情发生的人承担责任。

2)损失赔偿

《合同法》(主席令〔1999〕15 号)第三百零二条规定:在地铁运输过程中发生的乘客人身损害,不论其是持正常车票的乘客还是按照规定免票、持优待票或者经地铁运营方许可搭乘的无票乘客,地铁运营方须承担乘客人身损害赔偿责任,如果乘客人身损害是其自身健康原因造成的或者地铁运营方可以证明人身损害是乘客故意、重大过失造成的,则可以免除地铁运营方责任。

3)处罚

(1)对危害城市轨道交通安全正常运营的,如乘客在车厢内吸烟、擅自进入轨道、隧道等禁止进入的区域,携带危险品,堵塞通道,或其他危害城市轨道交通运营和乘客安全的行为,轨道交通主管部门应责令改正或移送公安部门依法处理,并可处以 50 元以上 500 元以下罚款。

(2)在城市轨道交通线路弯道内侧,不得修建妨碍行车瞭望的建筑物,不得种植妨碍行车瞭望的树木,影响城市轨道交通安全的,对个人处以 500 元以上 1000 元以下罚款,对单位处以 1000 元以上 5000 元以上罚款,造成经济损失的,依法承担赔偿责任。

(3)遇有恶劣气象条件,未按照应急预案和操作规程进行处置的;在客流量急增危及安全运营时,未采取限制客流量的临时措施的,城市轨道交通主管部门给予警告,责令其限期改正,并可处以 1 万元以下罚款。

三、航空交通事故

航空交通事故处理,指依据《中华人民共和国民用航空法》(2017 年 11 月 4 日第四次修改)和《中华人民共和国刑法》及有关行政法规、规章的规定,对发生的交通事故认定交通事故、处罚责任人、进行损害赔偿的过程。

1. 责任认定

(1)因发生在民用航空器上或者在旅客上、下民用航空器过程中的事件,造成旅客人身伤亡的,承运人应当承担责任;但是,旅客的人身伤亡完全是由于旅客本人的健康状况造成的,承运人不承担责任。

（2）因发生在民用航空器上或者在旅客上、下民用航空器过程中的事件，造成旅客随身携带物品毁灭、遗失或者损坏的，承运人应当承担责任。因发生在航空运输期间的事件，造成旅客的托运行李毁灭、遗失或者损坏的，承运人应当承担责任。

旅客随身携带物品或者托运行李的毁灭、遗失或者损坏完全是由于行李本身的自然属性、质量或者缺陷造成的，承运人不承担责任。

具体可参照《中华人民共和国民用航空法》（2021 年 4 月 29 日第六次修改）和《刑法》等。

2. 损失赔偿

《中华人民共和国民用航空法》（2021 年 4 月 29 日第六次修改）第一百二十九条规定，国际航空运输承运人的赔偿责任限额如下。

（1）对每名旅客的赔偿责任限额为 16600 计算单位；但是，旅客可以同承运人书面约定高于本项规定的赔偿责任限额。

（2）对托运行李或者货物的赔偿责任，限额为每公斤 17 计算单位。

（3）对每名旅客随身携带的物品的赔偿责任，限额为 332 计算单位。

3. 处罚

（1）以暴力、胁迫或者其他方法劫持航空器的，处十年以上有期徒刑或者无期徒刑；致人重伤、死亡或者使航空器遭受严重破坏的，处死刑。

（2）对飞行中的航空器上的人员使用暴力，危及飞行安全，尚未造成严重后果的，处五年以下有期徒刑或者拘役；造成严重后果的，处五年以上有期徒刑。

（3）航空人员违反规章制度，致使发生重大飞行事故，造成严重后果的，处三年以下有期徒刑或者拘役；造成飞机坠毁或者人员死亡的，处三年以上七年以下有期徒刑。

（4）盗窃或者故意损毁、移动使用中的航行设施，危及飞行安全，足以使民用航空器发生坠落、毁坏危险的，依照刑法有关规定追究刑事责任。

（5）故意在使用中的民用航空器上放置危险品或者唆使他人放置危险品，足以毁坏该民用航空器，危及飞行安全的，依照刑法有关规定追究刑事责任。

四、水路交通事故

依据《中华人民共和国海上交通事故调查处理条例》（交通部令〔1990〕14 号）的规定，海事管理机构在水路交通事故处理中的具体任务，概括起来主要包括以下内容。

（1）编写水路交通事故调查报告。

（2）事故损失核定。

（3）对当事人的违法行为提出处罚建议。

1. 水路交通事故调查报告

1）水路交通事故调查报告的内容

事故调查报告应当包括以下内容：①船舶、排缆、设施的概况和主要数据；②船舶、排缆、设施所有人或经营人的姓名、地址、邮政编码；③事故的基本情况（包括发生的时间、地点和当时的气象、航道状况以及经过、损害程度等）；④事故原因；⑤责任分析；⑥责任的认定（分为全部责任、主要责任、对等责任、次要责任）；⑦加强安全管理和事故预防的建议。

2）水路交通事故调查报告的公开

随着国家依法行政进程的推进,为保证水路交通事故调查的公正性和严肃性,使全社会了解和监督水路交通事故调查处理工作,原交通部海事局在 2002 年发布了《关于水上交通事故调查报告公开有关事宜的通知》(海安全〔2002〕650 号),对水路交通事故调查报告公开的有关事宜作了如下要求。

(1)公开时间

事故调查结束并已结案,如果对当事人实施了行政处罚,当事人对行政处罚不服申请行政复议的,应在行政复议结束后公开。

(2)公开方式

可以通过公开发行的报纸、杂志或主管机关网站进行公开,也可以通过编印事故调查报告集或主管机关认可的其他方式进行公开,但不应以公文的形式公开。

(3)公开权限

①部海事局统一管理海事系统事故调查报告公开工作。

②部海事局负责公开两类事故的事故调查报告:部海事局负责调查、组织调查、委托调查的事故;部海事局认为应由其公开的事故。

③部直属海事管理机构、省(自治区、直辖市)地方海事管理机构及其下属机构负责调查或组织调查的水路交通事故,由各海事管理机构根据该通知确定的原则制定具体公开权限。

④地方政府负责调查的水路交通事故,事故调查报告公开权限可按地方政府的有关规定执行,如政府未作明确规定的,可参照该通知执行。

(4)公开范围

除影响国家安全和国家利益、涉及军事船舶和军事秘密以及主管机关或其上级机关认为不应公开的事故调查报告外,主管机关出具的其他事故调查报告可以公开。

主管机关在公开有关事故调查报告时,应尽量不涉及事故当事人的姓名。

2. 损失核定

损失核定应首先确定损失的范围,然后根据损失的范围,对人员伤亡进行核定,以及对财产损失进行价值评估或核算。进行核定时,应注意以下问题:①损失必须是由本次水路交通事故造成的;②财产损失必须是直接的损失;③产生的费用如救助、打捞、修理等费用必须是合理、合法的。

损失核定的主要内容包括:

(1)人员伤亡的核定。

(2)船舶、设施、排筏等的损失核定。

(3)货物损失核定。

(4)救助打捞和事故处理费用核定。

(5)船员、旅客行李、物品损失核定。

3. 处罚

(1)对事故当事船舶和当事人的行政处罚,可分为以下两种情况。

①在对事故调查过程中,发现当事方及人员有违法行为,调查人员在事故调查过程中就应立即进行行政处罚。

②在查明事故原因、判明责任后,对于导致事故负有责任的当事人员按照事故等级和情节轻重给予行政处罚。

(2)对事故当事人的处罚应采取处罚与教育相结合的原则。

(3)对事故责任人的行政处罚种类包括:

①对中国籍船舶的事故责任人的行政处罚,可以是警告、罚款、暂扣适任证书、吊销适任证书中的一种或几种。

②对于中国籍渔船与商船之间的事故,对渔船责任人的行政处罚可以是警告、罚款、暂扣适任证书中的一种或几种。

③对于外国籍船舶在中国水域发生的事故,对责任人可以警告、罚款。

本章小结

本章以交通事故调查与处理为研究对象,主要介绍了交通事故调查与处理的内容及对象,作用及目的,事故调查与处理的依据与权限,四种交通方式事故现场勘查的内容以及事故责任认定、对事故当事人的处罚等,其中以道路交通事故现场勘查和道路交通事故处理为重点和难点。通过本章的学习,应掌握四种交通方式交通事故调查与处理的内容,了解现场勘查的相关技术。

习题

9-1 简述交通事故调查的对象及内容。

9-2 什么是道路交通事故现场?事故现场可分为哪几类?各类事故现场的主要特点是什么?

9-3 简述道路交通事故现场勘查的主要内容与方法。

9-4 民用航空器事故调查的主要法规有哪些?

9-5 简述水路交通事故调查报告的内容。

9-6 简述证人问询的注意事项。

第十章

交通事故分析与安全评价

交通事故分析包括交通事故案例分析和交通事故统计分析。交通事故多发点鉴别分析是对交通事故的空间分布数据进行挖掘,找出交通事故多发的路段(水域),其结果可以为事故防范和安全管理提供理论依据。交通事故再现是交通事故案例分析中一种常见的技术手段,其结果可以作为交通事故责任认定的科学依据。

交通安全评价综合考虑人、机、环境等诸多方面的因素,通过建立评价指标体系量化测算交通系统的安全程度,进而对特定对象的交通安全状况作出量化评估。客观、公正的评价结果对交通系统规划、设计和安全管理具有重要的指导意义。

第一节　交通事故案例分析

一、概述

1. 分析内容

交通事故案例分析是针对具体的交通事故所进行的具体分析,主要目的和重点在于确定交通事故的成因。相对于交通事故统计分析来说,案例分析属于微观分析。特别要指出的是,在交通事故调查过程中,尤其是当事人、目击者的描述互相冲突、矛盾时,也需要对收集的资料或证据进行整理、分析,以剔除错误信息,澄清事实真相,这一类事故调查分析与本节所指的交通事故案例分析是不同的。

交通事故案例分析需要从系统工程、人机工程等多个角度进行研究,由于交通事故案例发生的时间、地点、形态、成因等各不相同,所属专业、人员素质、管理水平也不一样,因此,不同交通事故案例分析的具体内容、分析方法和技术手段存在一定的差异。一般来说,交通事故案例分析的内容涵盖6个方面。

(1)交通工具、信号控制设备等交通系统设备设施的安全性能。例如事故参与车辆(或列车)的制动性能是否良好,轨道交通闭塞设备是否完善,事故飞机起落架是否正常收起,事故参与船舶的船体、主机结构有无缺陷等。

(2)速度和制动情况。行驶速度不合理是道路交通事故、轨道交通事故频发的主要诱因之一,道路与轨道交通安全管理中均对不同条件下的行驶速度进行了强制性限制。事故案例分析中,往往通过一系列基本计算和试验对交通工具速度与制动情况进行分析,从而得到事故发生条件、事故性质等重要信息。

(3)事故因果关系的内容。根据车辆(或轨道车、船舶)损坏情况、人员伤损情况,鉴别事故参与者的运动方向和接触部位,碰撞车辆(或轨道车、船舶)的作用力与被碰撞车辆(或轨道车、船舶)的速度变化,碰撞时乘员身体的移动和伤害部位;受害人是被撞击致死,还是被碾压致死;有无二次碾压致死的可能;根据录像、录音等记录分析驾驶人(或车站值班员、调车员等其他事故参与者)是否存在操作失误等。

(4)与驾驶人(或车站值班员、调车员等其他事故参与者)是否酒后驾驶(值班)、吸毒驾驶(值班)有关的内容。包括事故发生时驾驶人(或其他事故参与者)的醉酒程度;是否服用了国家管制的精神药品或麻醉药品;血液中的酒精浓度及随时间的变化;酒精浓度与驾驶机能的关系;酒精浓度检测的准确性等。

(5)与人的生理、心理特征有关的内容。包括驾驶人(或其他事故参与者)的疲劳程度,在值班前是否充分休息,有无瞌睡、精神不集中现象;事故参与者事故前后的心理状态;与视认性有关的内容,如风、雪、冰雹、雾等天气情况,黎明、黄昏、夜晚等时间的灯光能见度,被对方车灯照射所产生的眩目程度,驾驶人的视线盲区等。

(6)与交通环境有关的内容。道路(轨道)纵坡与横坡对事故的影响;弯道半径与视距的关系;事故发生时的自然条件及交通条件等。

2.分析方法

各种交通案例分析方法都是根据危险性的分析、预测以及特定的评价需要而研究开发出来的,因此,它们有各自的特点和适用范围。

(1)因果分析图分析(Cause-Consequence Analysis,CCA)

因果分析图将引发事故的重要因素分层(枝)加以分析,分层(枝)的多少取决于安全分析的广度和深度要求,分析结果可供安全检查表和事故树的编制工作利用。此方法简单、用途广泛,但难以揭示各因素之间的组合关系。

(2)事件树分析(Event Tree Analysis,ETA)

事件树分析由初始(希望或不希望)的事件出发,按照逻辑推理方法,推导分析其发生过程及结果,即由此引起的不同事件链。事件树分析广泛用于各种系统,它能够分析出各种事件发展的可能结果,是一种动态的宏观分析方法。

(3)事故树分析(Fault Tree Analysis,FTA)

事故树分析由不希望事件(顶事件)开始,找出引起顶事件失效的各种事件及事件组合,适用于分析各种失效事件之间的关系,即寻找系统失效的可能方式。事故树分析考虑到了人、环境和部件等因素之间的相互作用,并且简明、形象,因此已成为交通事故案例分析中的主要方法之一。

二、因果分析图分析

因果分析图也称鱼刺图或特性因素图。交通事故是事故参与者、交通工具、交通环境等多方面因素综合作用的结果,这些因素与交通安全的关系相当复杂,它们彼此之间也存在着错综复杂的关系。因此,在进行交通事故案例分析时,可以将各种可能的事故原因进行归纳,并用简明的文字和线条表现出来,绘成如图 10-1 所示的鱼刺图。用鱼刺图分析交通事故,可以使复杂的事故原因系统化、条块化,而且直观、逻辑性强、因果关系明确,便于把主要的事故原因弄清楚。

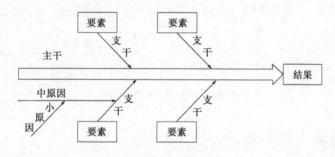

图 10-1　因果分析图示意

图 10-1 中,"结果"表示不安全问题,也可以表示具体的事故类型,如碰撞事故。主干是一条长箭头,表示某一事故现象;长箭头两边有若干"支干""要素",表示与该事故现象有直接关系的各种因素,它是综合分析和归纳的结果;"中原因"则表示与要素直接有关的因素。依次类推便可以把事故的各种大小原因客观、全面地找出来。

在运用因果分析图对交通事故原因进行分析时,要从大到小、从粗到细、由表及里、追根究底,直到能具体采取措施为止。用因果分析图法分析交通事故的具体案例,对总结事故教训,采取防范措施,防止类似事故再次发生尤为适用。

三、事件树分析

事件树分析(Event Tree Analysis,ETA)是从一个初始事件开始,按顺序分析事件向前发展中各个环节成功与失败的过程和结果。由于事件序列是以图形表示,并且呈扇状,故称为事件树,是一种既能定性又能定量的分析方法。

通过事件树分析,可以把事故发生发展的过程直观地展现出来,如果在事件(隐患)发展的不同阶段采取恰当措施阻断其向前发展,就可达到预防事故的目的。图 10-2 所示是船舶追越的事件树分析简图。

由图 10-2 可得出结论:要防止船舶在追越中发生碰撞事故,就必须保持宽裕的横距;如果前方有来船,则只有在确认不影响本船追越时才可鸣号追越;否则,应暂缓追越,等待时机成熟再追越。

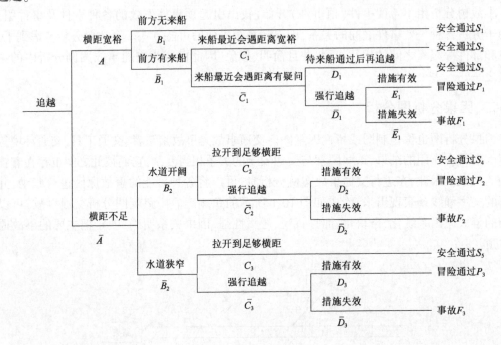

图 10-2　船舶追越事件树分析

四、事故树分析

事故树分析(Fault Tree Analysis,FTA)是一种演绎推理方法,它把系统可能发生的某种事故与导致事故发生的各种原因之间的逻辑关系用一种称为事故树的树形图表示。事故树分析不仅可以找出事故发生的主要原因,还可以节省时间,避免遗漏,全面地找出事故的各种影响因素,最终达到预测与预防事故发生的目的。已编成的列车冒进信号事故树分析如图 10-3 所示。

列车冒进信号取决于机车乘务员(司机)未按信号指示行车、信号突变升级、列车制动装置故障这 3 个事件,其中只要有一个事件发生就会导致顶上事件发生,将它们写在第 2 层,并用或门与第 1 层连接起来。机车乘务员未按信号指示行车可能是乘务员作业失误、机车安全防护装置失灵所致,把这两个事件写在第 2 层,并与第 2 层用与门连接起来。

机车乘务员作业失误有 4 种情况:一是间断瞭望(如瞌睡、做影响瞭望的其他工作);二是瞭望条件不良(如气候、地形条件影响视线),看不清信号,臆测行车;三是操纵不当(如超速等);四是误认信号。这 4 种情况有一个发生,就会导致乘务员作业失误,因此把它们写在第 4 层,并用或门与第 3 层连接起来。信号突变升级可能是信号机故障,也可能是信号办理人员给错信号,这两个条件有一个发生,就出现信号突变升级,将其写在第 3 层,并用或门与第 2 层连接起来。列车制动装置故障有 3 种情况:一是列车中的折角塞门关闭,造成制动力不足;二是风缸故障;三是风泵故障。3 个条件中有一个发生,就使制动装置发生故障,将其写在第 3 层,并用或门与第 2 层连接起来。

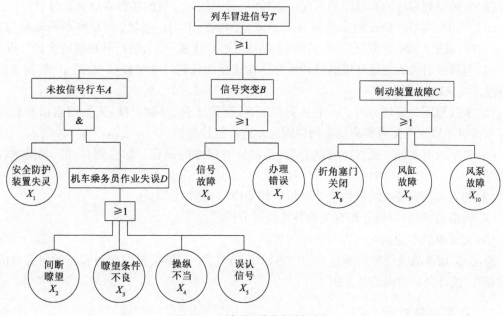

图 10-3　列车冒进信号事故树分析

第二节　交通事故统计分析

一、概述

1. 交通事故统计分析与案例分析的关系

与交通事故案例分析不同,交通事故统计分析是针对某一类交通事故的总体而进行的调查研究活动,目的是查明交通事故总体的分布情况、发展动向及各种影响因素对交通事故总体的作用和相互关系,以便从宏观上把握一个单位或一个地区的交通安全情况,定量地认识交通事故的本质和内在的规律。交通事故统计分析必须是从总体入手,而且需要有明确的数量概念。

交通事故案例分析与交通事故统计分析是相互支持的,交通事故统计分析得出的结果依赖于交通事故案例分析的结论,只有对每一起事故作出正确的分析,对所有或某类交通事故作统计分析才有可能。反之,对某一具体交通事故的分析思路也受到交通事故统计结果的引导。事实上,只有对所有或某类交通事故有宏观的、全面的了解,对某一具体交通事故案例的分析才有明确的方向。为了更好地分析事故成因,分析者必须把握好事故的普遍性和特殊性。

2. 分析内容

交通事故统计分析研究的内容相当广泛,主要内容如下。

(1)与交通事故有关的基础数据统计分析。如某地区的人口数量、交通工具保有量、道路(或轨道、航线、航道)密度、交通流量、交通事故数、死亡人数、受伤人数、直接经济损失等。

（2）时间序列事故分布规律的研究。如按年、月、日、时进行的各种事故统计分析。

（3）空间序列事故分布规律的研究。如按全国、省、市、县、地区，以及按不同道路（或轨道、航线路、航道）、路段（或交叉口、区间、车站内、道口、水域）等所进行各种事故统计分析。

（4）与事故有关的交通环境的统计研究。如线路的几何尺寸和线形、交通量、气候条件等与事故发生次数的统计分析。

（5）事故原因的统计分析。一般从自然灾害、交通工具、基础设施、人为因素以及管理因素等方面对导致某类交通事故发生的原因分布进行统计分析。

（6）与事故有关的交通参与者的心理、生理特性规律的研究。如性别、年龄、驾龄、饮酒、疲劳等。

（7）与人的伤害有关的各种统计分析。如受伤部位、类型等。

（8）与事故类型、等级分布有关的各种统计分析。

（9）交通事故中的避让行为与碰撞规律。

总之，交通事故统计分析所包含的内容较多，在实践中，需要根据交通安全的研究目的来确定调查、统计分析的内容及范围。

二、交通事故时间分布

交通事故时间分布是指交通事故随时间而变化的统计特征。交通事故与交通活动及交通环境都有着密切的关系。交通事故具有随时间而变化的特征，宏观的统计分析可以揭示其内在的变化规律。

交通事故时间分布统计的时间单位可以根据需要确定。按年份统计，可以了解连续若干年来交通事故发生的趋势、不同年份事故高峰和低谷的信息，并可以进一步研究引起变化的原因，为以后的安全管理提供依据。按月份统计，可以分析一年中的事故整体分布情况，也可以分析某一类事故的月份分布。同样，可以按季度、按周进行统计分析，甚至可以对事故发生的具体时间进行统计，进而分析不同时间对交通参与者行为的影响。

图 10-4 是 2015 年我国道路交通事故按月份统计的结果。从图中可清楚地看出，下半年全国道路交通事故多于上半年，其中 7 月和 12 月道路交通事故次数最多，1 月和 2 月道路交通事故次数最少。但是，道路交通事故次数与造成的伤亡人数并不是完全对应的，道路交通事故死亡人数最多的月份是 10 月和 11 月，最少的则是 2 月和 3 月；道路交通事故受伤人数最多的月份是 7 月和 8 月，最少的则是 1 月和 2 月。

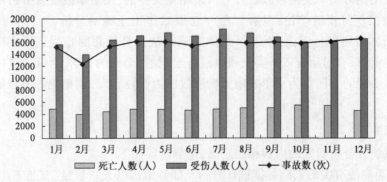

图 10-4　2015 年我国道路交通事故按月份统计结果

三、交通事故空间分布

由于交通环境、交通组成和交通分布不同,交通事故在空间上呈现不同的分布特征。实际应用中,不同领域的交通安全管理者对交通事故空间分布也有着不同的理解。道路交通事故的空间分布是指道路交通事故在城市、农村、各种类型道路上以及具体路段、交叉口的分布情况;铁路交通事故的空间分布是指事故在铁路道口、车站内、区间、隧道口、铁路桥、列车交汇处等位置的分布情况;水路交通事故的空间分布是指水路交通事故在港口水域、沿海水域、分道通航制水域等各类型的水域或者航段上的分布情况。交通事故空间分布统计中的具体划分角度可以根据研究目的以及所研究的对象来确定。在航空事故统计分析中,有关交通事故空间分布的研究相对较少,国际航空运输协会(IATA)每年会进行跨国界的大区事故统计。

四、交通事故形态分布

交通事故统计分析是防止事故发生的一项基础性工作,若无科学而严密的交通事故分类,则得到的统计数据对于事故预防便会存在一定的局限性。因此,科学严密地进行交通事故分类,找出突出的事故现象,以便全面总结经验与教训,提出相应的预防措施,是交通事故形态分布分析的主要目的。

交通事故形态可以结合时间分布和关联分布进行分析,时间分布是指各种事故形态随时间序列变化的分布情况,关联分布是指事故形态与其他关联因素组合后的各种事故形态随时间序列变化的分布情况。具有代表性意义的关联分布类型包括以下几种。

1. 不同时间的事故形态分布

包括不同月份、星期、小时等情况下事故形态的分布及其变化情况。

2. 不同空间的事故形态分布

包括不同等级公路、城市道路、铁路或城市轨道线路、航道上的事故形态分布及其变化情况;以及同一公路、城市道路、铁路或城市轨道线路、航道上不同路段、交叉口、道口、区间、水域上的事故形态的分布及其变化情况。

3. 不同类型的事故形态分布

包括死亡事故、受伤事故和财产损失事故 3 种不同类型的事故形态分布及其变化情况。

4. 不同天气条件下的事故形态分布

包括晴、阴、雨、雪、雾等天气下的事故形态分布及其变化情况。

五、交通事故成因分布

交通事故的发生受人、机、环境、管理等多种因素的作用,各种因素的影响程度和方式不尽相同。为了清晰地认识各种因素对交通事故的影响,采取有针对性的安全管理措施,有必要对影响交通事故的因素进行统计分析。

1. 人为因素

大量的统计分析表明,人为失误是交通事故的主要成因,而减少和控制人为失误是防止交通事故的主要途径之一。对交通事故中涉及的人为因素进行统计分析,有利于发现造成交通事故的主要人为因素,以便采取有针对性的安全措施。人为因素的统计分析包括以下 3 个方面。

(1)人的自然状况统计,包括国籍、年龄、个性(如心理条件、情绪状况等)、生理条件(如酒精、药物、疲劳等)、健康状况等方面。

(2)人的技术情况统计,包括职务证书、资历(如现职务、原职务等)、教育、培训(如学历、毕业院校、培训机构、培训内容等),以及驾驶技能(包括判断能力、应变能力、操作能力等)等情况。

(3)企业管理情况统计,包括安全政策、配员、企业管理因素(如雇佣政策、工作休息规定、技术支持和交流等)等情况。

2. 交通工具因素

交通工具是保障交通安全的基础,交通工具及其相关设备的运转状况与交通事故的发生有着极为密切的关系。对交通事故涉及的交通工具情况进行统计分析,发现车体(飞机、船体)和相关设备固有的缺陷,以及交通工具维护保养工作方面的不足,进而采取有效的措施,提高交通安全水平。

3. 环境因素

环境因素是交通事故的促发因素,有时也是引发交通事故的决定因素,很多情况下,环境因素(例如恶劣天气)无法控制。对环境因素进行统计分析有利于了解其不利影响,有助于提出各种环境因素影响下的防范措施,减少和控制环境因素对交通安全产生的负面影响。环境因素的统计包括以下 3 个方面。

(1)自然环境因素,包括天气状况、水文条件、空域(水域)的地理环境和复杂程度等。

(2)交通环境因素,包括道路(轨道、航空、水运)基础设施条件和布置、交通流情况等。

(3)社会环境因素,包括工作环境(如时间压力、驾驶人工作负荷等)和恐怖主义威胁等。

4. 管理因素

管理因素是交通事故的协调要素,主要涉及企业和管理部门等。要避免和减少交通事故的发生,就必须控制人、机、环境的要素并有效地协调各要素之间的关系,因此,企业和部门的管理与交通事故的发生有着密切的联系。管理因素的统计分析主要包括以下 2 个方面。

(1)企业相关因素的统计,包括公司负责人、资质、主营业务、体系构建等。

(2)管理部门相关因素统计,包括负责人、业务、相应法律法规完善程度、应急体系、交通(轨道、航线、航道)规划、交通组织服务等情况。

第三节　交通事故多发点鉴别分析

一、交通事故多发点的概念

1. 道路交通事故多发点

迄今为止,在理论上尚无完整、统一的道路交通事故多发点定义。不同国家和地区因道路交通状况和道路安全度不同,对道路交通事故多发点有不同的描述。国内更多使用"事故多发点(路段)"一词,国外则多称为事故黑点。一般来说,在统计周期内,如果某个路段(交叉口)的事故指标明显高于其他相似路段(交叉口),或超过某一规定的数值,则该地点即为事故多发点。

不同国家对道路交通事故多发点的限值标准是不同的,我国公安部在 2001 年发布的《全面排查交通事故多发点段工作方案》中,对公路交通事故多发地点的鉴别标准作了如下规定。

(1)多发点:为 500m 范围内,1 年之中发生 3 次重大以上交通事故的地点。

(2)多发段:为 2000m 范围内或道路桥、涵洞的全程,1 年之中发生 3 次重大以上交通事故的路段。

2. 水路交通事故黑点

水路交通事故黑点一般是指某一水域内,水路交通事故集中多发且整体事故等级高于限定值的区域。有关水路交通事故黑点的研究尚处于起步阶段,其研究、鉴别手段与道路交通事故多发点(黑点)类似,因此这里不展开讨论。

二、交通事故多发点鉴别分析的意义

事故多发点处频繁发生性质类似的交通事故,这说明除了人和车辆(船舶)的原因外,必然在道路条件(通航条件)或景观环境上存在着安全隐患,是它们直接促成或间接诱导了交通事故的发生。鉴别出事故多发地点,找出其中的道路条件(通航条件)或交通环境上的影响因素,进而有针对性地提出管理措施,才能从本质上改善事故多发点处的交通安全状况。

交通事故统计分析工作可分为宏观分析和微观分析两类。宏观分析是以一个区域为单元,将所有事故汇总分类,分析事故指标与事故情况,从而掌握交通安全状况和趋势;而微观分析是通过事故记录发现事故突出的某些具体地点,进而作出深入的分析研究,找出提高安全水平的办法。显然,事故多发地点的鉴别是微观分析的重要内容,准确及时地掌握事故多发点的分布及其成因,对于交通安全改善和道路(航道)优化设计都具有重要的指导意义。

三、交通事故多发点的鉴别方法

1. 基本鉴别方法

1)事故数法

事故数法即按一定时期内的事故数进行筛选。首先选取一临界的事故数作为鉴别标准,如果某一地点的事故数大于临界值,则被认为是事故多发地点。

该方法的优点是简单、直接、容易应用。但是仅以事故数作为鉴别的单一标准时,由于没有考虑交通量和路段长度等影响因素,可能导致将非危险路段当作危险路段进行改善。因此,该方法适用于鉴别较小的交叉口或街道等。

2)事故率法

事故率法即按事故率的大小进行评定。对于道路路段,常以每年亿车公里或百万车公里的事故次数作为评价标准;对于交叉口,常以百万辆车的事故数作为评价标准。当路段或交叉口的事故超过某一可接受的临界值时,即认为其是事故多发路段或交叉口。

由于同时考虑了交通量与路段长度,这种方法优于事故数法。但是,该方法也容易导致以下情况出现:具有较低交通量的短路段事故率高,而具有高事故数、高交通量的长路段事故率低;具有低百万辆车、低事故数的交叉口拥有高事故率,而具有高百万辆车、高事故数的交叉口拥有低事故率。因此,当以它作为唯一标准进行危险路段或交叉口鉴别时,同样也可能导致将非危险路段当作危险路段进行改善,或滤掉了更为严重的危险路段,导致项目投资上的失误。

3)事故数与事故率综合法

该法也称矩阵法,是把事故数和事故率联合起来作为鉴别标准的方法。如图 10-5 所示,以事故数作为横坐标,以事故率作为纵坐标,按事故数和事故率的一定值,将图中划出不同的危险度区域(矩阵单元),如处于危险级别 I 的区域内的评价对象比危险级别 II 的区域内的更危险。图中右上角的矩阵单元是最危险区域,是交通事故数和事故率均很高的事故多发点。

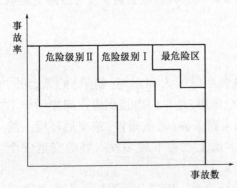

图 10-5 事故数与事故率综合法示意图

该方法的优点是:兼顾了事故数法和事故率法;可直观地判断不同评价地点的安全程度;矩阵的大小可根据使用者的需要来确定。但是,该方法只表示了评价地点的危险程度,而不能对低事故数、高事故率的地点与高事故数、低事故率的地点作出本质区分,只是简单地将其作为非危险路段对待。

4)质量控制法

该方法是将特定地点的事故率与所有相似特征地点的平均事故率作比较,并根据显著性水平计算危险路段事故率的上限和下限,具体计算公式如下:

$$\begin{cases} R_c^+ = A + K\sqrt{\dfrac{A}{M}} + \dfrac{1}{2M} \\[2ex] R_c^- = A - K\sqrt{\dfrac{A}{M}} - \dfrac{1}{2M} \end{cases} \tag{10-1}$$

式中:R_c——临界事故率,R_c^+ 为上限值,R_c^- 为下限值;

A——相似类型交叉口或路段的平均事故率;

K——统计常数,取 1.96(95%置信度);

M——评价地点在调查期内的平均车辆数(交叉口以百万辆车计,路段以亿辆车计)。

如果评价地点的事故率大于上限值,则认为是危险路段;如果小于下限值,则认为是非危险路段;处于上下限之间的则需要进一步考查后再确定。

质量控制法是一种基于假设的理论方法。实际应用表明,该法要比上述统计方法更合理,但它没有表明危险路段改善的优先次序。

5)速度比判断法

交通心理研究表明,驾驶人在行车过程中会产生一种心理惯性。在高速行驶状态下,驶入危险路段时,仍不减速或减速幅度不够。当驾驶人由行车条件好的路段进入条件差的路段时,由于惯性原因,使得实际车速大于道路条件允许的车速,这就有可能导致交通事故。因此,可从相邻路段的行车条件来确定危险路段。车辆从路段 L_1 驶入路段 L_2,L_1 能保证的车速为 v_1,L_2 能保证的车速为 v_2,则有:

$$R = \frac{v_1}{v_2} \tag{10-2}$$

式中:R——相邻路段的车速比。

当 $R \geq 0.8$ 时,路段 L_2 为安全路段;当 $0.5 \leq R < 0.8$ 时,L_2 为稍有危险路段;当 $R < 0.5$ 时,L_2 为危险路段。

车速可通过实测,或根据道路、交通条件来推测。通常危险路段有以下几种情况:道路上有坑洼或阻挡物;连接不良;视距不够;线形急转弯;坡度突变;超高不足或反超高;行人、非机动车设施不足或质量差;交通工程设施等不足或设置不当。

对于交叉口,可用通过交叉口的机动车行驶速度与相应路段上的区间速度之比来判定,即:

$$R = \frac{v_J}{v_H} \tag{10-3}$$

式中:v_J——交叉口车速(km/h);

v_H——交叉口间路段的区间车速(km/h)。

速度比是一项综合性指标,当它与事故率结合使用时,可以使事故多发点的评定更加可靠。

2. 用事故影响系数线性图判定事故多发路段

交通条件与交通事故之间存在密切的关系。交通条件包括:交通量,道路平面线形指标、纵断面线形指标、横断面各组成部分的尺寸,行车视距,路表状况,路侧构造物或建筑物的类型与分布等。根据大量的、大范围的以及长期的统计结果,可得出上述条件与交通事故之间稳定的相关关系,即每一因素对交通事故的影响程度。这些影响程度,可用影响系数 K_i 来表示。

对某一具体路段,根据交通条件得出各影响系数后,将这些系数相乘,即得到交通条件对交通事故的综合影响系数 K,即:

$$K = K_1 K_2 \cdots K_n \tag{10-4}$$

对某一道路上的所有路段,分别计算综合影响系数,并沿道路方向绘制成坐标图,这就是事故影响系数线性图。按照一定原则,确定综合影响系数的上限和下限,由此即可对每一路段评定其交通安全状况。

在绘制综合影响系数图时,经常发生相邻路段上的系数差别较小的情况。在改善整条道路的可能性受到限制的情况下,正确确定改建危险路段的次序也是很重要的。为了确定出最危险的路段,可在个别影响系数中引入一个反映事故严重程度的修正系数,即事故严重性系数

m_i,可根据考虑的因素不同选值。

3. 交叉口危险度的判定

平面交叉口的交通安全状况取决于交叉口的冲突点、分流点、合流点等交通特征点(图10-6)的数目以及通过这些特征点的交通流量大小、交通流线相交角度等因素,其中冲突点至关重要。另外,交通特征点的分布(如密集或分散程度等)对交叉口交通事故的发生也有十分重要的影响。

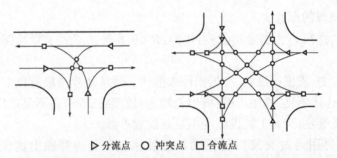

▷ 分流点 ○ 冲突点 □ 合流点

图10-6 三路平面交叉口和四路平面交叉口上的特征点

苏联的 E. M. 洛巴诺夫在分析平面交叉口交通事故资料的基础上,提出了交叉口交通特征点处可能发生交通事故数量的计算公式,特征点每通过1000万辆汽车可能发生的交通事故数为:

$$g_i = K_i M_i N_i \frac{25}{K_月} \times 10^{-7} \tag{10-5}$$

式中:g_i——特征点 i 每通过1000万辆汽车可能发生的交通事故数;

K_i——特征点 i 的相对事故率,参见表10-1;

M_i——特征点 i 通过的次要道路上的日车流量;

N_i——特征点 i 通过的主要道路上的日车流量;

$K_月$——年交通量月不均匀系数。

其中系数25代表一个月平均工作天数。对于新设计的平面交叉口,$25/K_月$ 可取365。

不同交通条件下的 K_i 值   表10-1

交通条件	行车方向	交叉口的几何特征	交叉口的 K_i 值 (无设施)	交叉口的 K_i 值 (有渠化交通设施)
合流	右转弯	$R < 15\text{m}$	0.0250	0.0200
		$R \geq 15\text{m}$	0.0040	0.0020
	左转弯	$R \leq 10\text{m}$	0.0320	0.0020
		$10\text{m} < R < 25\text{m}$	0.0025	0.0017
车流冲突	交叉	$\alpha \leq 30°$	0.0080	0.0040
		$50° \leq \alpha \leq 75°$	0.0036	0.0018
		$90° \leq \alpha < 120°$	0.0120	0.0060
		$150° < \alpha < 180°$	0.0350	0.0175

续上表

交通条件	行车方向	交叉口的几何特征	交叉口的 K_i 值（无设施）	交叉口的 K_i 值（有渠化交通设施）
车流分流	右转弯	$R<15m$	0.0200	0.0200
		$R\geqslant15m$	0.0060	0.0060
	左转弯	$R\leqslant10m$	0.0300	0.0300
		$10m<R<25m$	0.0040	0.0025
两种转弯的车流	车流向两个方向分流	—	0.0015	0.0010
	转弯车流的合流点	—	0.0025	0.0012

交叉口的危险度 K_α 按下式计算：

$$K_\alpha = \frac{\sum\limits_{i=1}^{n}10^7 g_i K_月}{25(M+N)} = \frac{\sum\limits_{i=1}^{n}K_i M_i N_i}{M+N} \tag{10-6}$$

式中：M、N——次要道路和主要道路上的日交通量。

根据 K_α 值，将平面交叉口分为以下几个安全等级：$K_\alpha \leqslant 3$，不危险；$3.1 \leqslant K_\alpha \leqslant 8$，稍有危险；$8.1 \leqslant K_\alpha \leqslant 12$，危险；$K_\alpha > 12$，很危险。

四、交通事故多发点的成因分析

鉴别出事故多发地点并确定其主要的事故诱导因素，从而提出切实可行的交通治理措施，以改善交通安全状况，这是交通管理工作中的重要工作内容。这里对道路交通事故多发点成因分析的方法进行介绍，对其他种类交通事故多发点的成因分析也具有一定的参考价值。

1. 基于"突出性"原理的高速公路事故多发点成因分析方法

1）基本假设

高速公路事故多发点成因分析法是基于"突出性"概念而建立起来的，即：高速公路上的某一事故多发点，其某些事故诱导因素或综合因素所引发的事故数量与上述因素在所有与事故多发点具有相似道路、交通及气候条件的路段上所引发的平均事故数量相比时很突出，并假设这些突出的事故诱导因素或综合因素即为该事故多发点的主导因素。事故成因分析模型应用离散的多变量算法，包括变量选择和建立模型 2 个步骤。

2）变量选择

对于平原区的高速公路，可考虑采用以下 10 个潜在的事故诱发因素，即 10 个潜在的变量。变量的分类及等级划分如表 10-2 所示。

变量的分类及等级划分　　　　表 10-2

类 别	序 号	变 量	等级标准值
一类变量	1	平曲线半径(m)	$R\leqslant2000$
			$2000<R\leqslant5500$
			$R>5500$
	2	道路纵坡(%)	$i_纵\geqslant3$
			$i_纵<3$

类　别	序　号	变　量	等级标准值
一类变量	3	事故类型	追尾
			撞固定物
			翻车
			其他事故类型
	4	天气与路面状况	恶劣
			不恶劣
	5	视距条件	良好
			不良
二类变量	6	超速行驶	是
			否
	7	肇事驾驶人驾龄	3 年以下
			3~6 年
			6 年以上
	8	酒后驾驶	是
			否
	9	疏忽大意	是
			否
	10	驾驶人使用该道路的次数	初次
			多次

一类变量是与道路条件及交通条件有关的变量,可用于从道路工程及交通工程方面提出事故预防措施;二类变量是与驾驶人有关的因素,可用于交通执法及交通法规的制定。

变量选择的目的就是将这 10 个潜在的变量缩减到只剩下对某一事故多发点有突出影响的那些变量,即显著性变量。显著性变量在建模时加以分析,非显著性变量则从进一步的研究中删除。

变量选择采用如下算法。

(1)每个变量与因变量(事故数)是交叉分类的(即事故多发点的事故数对所有相似路段上的平均事故数),从而形成一个以事故数为基础的偶然事件二元表。

对每个表计算 Pearson X^2 统计值,并从中选择 P 值最低(即显著性水平最高)的变量作为主要变量,不显著的变量则被淘汰。

(2)对于剩下来的每个变量,在这个变量本身与因变量及第一步中确定的主要变量三者之间形成一个偶然事件三元表。

对每一个表计算统计值,并从中选择显著性水平最高的变量作为次要变量,同样淘汰掉不显著的变量。

(3)对剩下来的每个变量重复第 2 步的过程,再在每一步中加入一个未被淘汰的变量。

上述过程重复进行,直到所有变量被选择完或被删除完,或者数据用完为止。

(4)如果因数据过少以至于在偶然事件中许多单元的样本量不足以进行正常的分析,此时还尚有既未被选择又未被删除的变量时,这些变量即作为稀有变量。此时去掉最后一个已选变量,用每个稀有变量来重复前述计算过程。如果某个稀有变量还是显著的,则在建模时还应包括这个稀有变量。

上述变量选择的算法保证了所选变量对评价点(事故多发点)事故的发生具有显著的影响,但变量间的内部组合情况还需由模型来查明和分离。

3)模型建立

(1)列出整条高速公路交通事故次数的偶然因素表,包括已查明的所有显著的一类、二类变量,但不包括显著的稀有变量。计算偶然因素表中所有单元概率。模型采用了如下的算法:第$(i,j,\cdots,k)$单元的事故概率$P_{i,j,\cdots,k}$,由单元事故总数$\sum Y_{i,j,\cdots,k}$得出,即:

$$P_{i,j,\cdots,k} = \frac{Y_{i,j,\cdots,k}}{\sum \sum Y_{i,j,\cdots,k}} \tag{10-7}$$

式中:$i,j,\cdots,k$——所选显著性变量的坐标。

(2)计算确定评价点预测事故数的偶然因素表,$E_{i,j,\cdots,k}$按式(10-7)确定的单元概率来计算,即:

$$E_{i,j,\cdots,k} = NP_{i,j,\cdots,k} \tag{10-8}$$

式中:N——评价点在统计年度内实际发生的事故总数。

(3)将评价点的实际事故次数$X_{i,j,\cdots,k}$与式(10-8)得出的预测事故数$E_{i,j,\cdots,k}$进行比较,按下式计算单元残差$Z_{i,j,\cdots,k}$,即:

$$Z_{i,j,\cdots,k} = (X_{i,j,\cdots,k})^{1/2} + (X_{i,j,\cdots,k}+1)^{1/2} - (4E_{i,j,\cdots,k}+1)^{1/2} \tag{10-9}$$

$E_{i,j,\cdots,k}$值大于1.5的单元即作为明显突出的单元。

(4)逐一用每个显著的稀有变量取代最后一个显著性变量,重复上述3个步骤。

某平原区高速公路的某一事故多发路段,按照上述方法进行成因分析,其结果如表10-3和表10-4所示。

基于"突出性"原理的高速公路事故多发点成因分析方法,经过变量的重新选择和等级标准的调整后,可应用于其他等级公路或城市道路路段上的事故多发点成因分析。

变 量 选 择 结 果　　　　　　　　表10-3

类　别	显著性变量	显著的稀有变量	被淘汰的变量
一类变量	平曲线半径	天气与路面状况	事故类型
	道路纵坡		
	视距条件		
二类变量	超速行驶	驾驶人使用该道路的次数	追尾
			肇事驾驶人驾龄
			疏忽大意

模 型 计 算 结 果　　　　　　　　　　　　　　　　表 10-4

平曲线半径 （m）	道路纵坡 （%）	视距条件	超速行驶		天气与路面状况		驾驶人使用该道路的次数	
			是	否	恶劣	不恶劣	初次	多次
$R \leqslant 2000$	$i_{纵} \geqslant 3$	良好	☆					
		不良	☆			☆		
	$i_{纵} < 3$	良好						
		不良						
$2000 < R \leqslant 5500$	$i_{纵} \geqslant 3$	良好						
		不良						
	$i_{纵} < 3$	良好						
		不良						

注：☆为事故突出的单元。

2. 以"事故机会"为基础的信号控制平面交叉口事故多发点成因分析方法

信号控制平面交叉口的道路交通事故形态主要有单车事故、追尾事故、对撞事故、直角碰撞及侧刮事故等。显然，在一定的道路、交通和信号控制条件下，上述事故形态的发生机会是不同的，各种事故形态的事故率也是不同的。因而，找出事故率突出的事故类型并分析其形成机理，是一种行之有效的平面交叉口事故成因分析方法。

1）基本假设

以事故机会为基础的事故率公式是以一个假想的四入口平面交叉口而产生的，如图 10-7 所示。对每个入口 $i(i = a, b, c, d)$，要确定入口流率 f_i 和入口车速 v_i，同时还要记录下各条入口的宽度 W_a、W_b、W_c、W_d。假设对向入口的宽度相等，即：$W_a = W_c$ 和 $W_b = W_d$，交叉口的影响范围为 L。

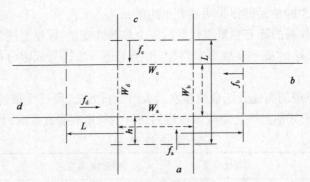

图 10-7　典型十字平面交叉口

2）发生各种事故形态的机会

单车事故是指单一车辆驶出路面、撞到固定物或者两者同时发生的事故。发生这类事故的前提条件是必须有一辆车出现在交叉口范围内。在某一时间段内，单车事故的机会等于进入交叉口的车辆总数，即：

$$O_{sv} = T(f_a + f_b + f_c + f_d) \tag{10-10}$$

式中：O_{sv}——单车事故的机会数；

T——统计时间段；

f_i——单位时间内进入入口 i 的总交通量（$i = a,b,c,d$）。

追尾事故是指某一辆车辆从后面撞上另一辆停驶或慢驶的车辆尾部。发生这类事故有两个前提条件：两车的行驶方向相同和两车都在交叉口的范围内。计算这类事故的机会，是利用概率分布函数来预测给定时间段 T 内成对车辆的数量。分布函数要求车头间距小于交叉口范围 L。在给定时间段 T 内，入口 i 发生这类事故的机会数计算公式为：

$$O_R^i = Tf_i[1 - e^{-(f_i/\bar{v}_i)L}] \tag{10-11}$$

式中：O_R^i——入口 i 发生追尾事故的机会数；

$\bar{v}_i$——车辆通过入口 i 的平均车速，可按式（10-12）：

$$\bar{v}_i = \frac{v_i L}{L + v_i d_i} \tag{10-12}$$

d_i——入口 i 因信号而产生的延误；

v_i——入口 i 前路段上的车速。

对撞事故是指行驶中的车辆撞上一辆停驶或正在行驶的对向来车（包括左转车辆）。发生这类事故有两个前提条件：两车对向行驶和两车都在交叉口的范围内。这类事故的机会数等于在一个指定入口，正常的一辆车在一个信号周期内遇到的对向行驶的车辆数。对两对入口都可相应地确定出机会数计算公式。

直角侧面碰撞事故是指在每个入口的停车线以内的交叉口范围内，相互成直角行驶的车辆间发生的碰撞事故。发生这类事故的前提条件是：两车以相互成直角的方向行驶且两车同时处于停车线以内。相互垂直的入口的交通量乘积（$f_a \cdot f_b, f_b \cdot f_c$ 等），被用来计算可能发生直角碰撞的车辆对数。这些流量乘积的总和代表整个交叉口的评价值，将其乘以在每个入口能在一个绿灯或者红灯时间内同时通过交叉口的车辆的百分比值，再与还留在交叉口范围内的车队长度相乘，即为该交叉口直角碰撞机会数。计算时，用平均车速计算在绿灯或黄灯时通过交叉口的车辆以及从停车开始加速的车辆。车辆通过可能发生直角碰撞事故区域的时间越长，发生直角碰撞事故的机会也就越多。

侧刮事故是指在同一方向相邻车道上行驶的两辆汽车，其中一辆车驶入另一车道而发生侧面碰撞事故。侧刮事故发生的前提条件是：相邻车道上的两车同时处于 L 所规定的交叉口范围内，两辆车的一部分正好并排。对这类事故，在每个入口要分别计算绿灯相位和红灯相位通过交叉口的车辆对数，然后再将其相加。

3）各种事故形态的事故率

利用事故机会数，可计算出每种事故类型的事故率，其公式为：

$$R_i = \frac{D_i}{O_i} \tag{10-13}$$

式中：R_i——事故类型 i 的事故率；

D_i——实际发生第 i 种事故的数量；

O_i——发生第 i 种事故的机会数。

事故率突出的事故形态，其事故成因即可作为该交叉口事故多发的主要原因之一。

第四节　交通事故再现

一、概述

1. 交通事故再现的目的及意义

交通事故再现分析是交通事故案例分析,特别是交通碰撞事故案例分析中一种常见的技术手段。事故责任的合理划分、事故的妥善处理都要依靠对事故进行正确的再现。对一起事故正确而全面的再现相当于做了一次事故试验,从中可以获得许多用其他方法无法得到的数据资料,也为事故预防、安全管理提供重要依据。

2. 交通事故再现方法

对于道路(水上)交通事故,可以根据事故现场的车辆损坏情况、停止状态、人员伤害情况以及各种形式的痕迹(或者事故船舶上所采集到的航向、航速、船位等相关航行数据),参考当事人和目击者的陈述,结合计算机仿真技术,将事故发生过程通过二维或三维的形式再现,让人们能够以一种直观的方式了解事故发生的全过程。

道路交通事故再现分析中,主要使用了汽车碰撞动力学模型、汽车运动轨迹模型和汽车碰撞有限元分析法等经典力学方法。这些方法相对成熟,在实际事故案例分析中也有广泛应用。在总结国内外车辆碰撞动力学模型研究成果的基础上,我国国家标准《道路交通事故车辆速度鉴定》(GB/T 33195—2016)给出了轿车与轿车正面碰撞、追尾碰撞、汽车与汽车直角侧面碰撞、摩托车碰撞汽车侧面、汽车与两轮摩托车或自行车碰撞等 14 种道路交通事故发生瞬间车辆速度的计算方法。

水路交通事故再现主要有以下 3 种方法。

①利用船载航行数据记录仪(Voyage Data Recorder,VDR)和船舶自动识别系统(Automatic Identification System,AIS)对船舶在事故前后的航迹、航向等进行复原,利用计算机仿真技术实现对碰撞过程的模拟。

②利用有限元分析的方法,根据船舶的航行数据以及通航水域的水文及气象条件,对事故过程进行数值模拟。

③采用船舶操纵模拟器,结合电子海图,再现事故发生时的通航环境,编制适合实际的操作方案,选择不同的人员进行模拟试验,通过反复试验,得到合理的模拟试验方案,实现对事故过程的模拟。

虽然国内外已对水路交通事故再现技术进行了研究,但上述 3 种事故再现技术都存在一定的缺陷,具体如下。

方式①只能对事故发生前后船舶的运动轨迹进行模拟,由于受 VDR 和 AIS 记录数据的精度影响,无法反映事故碰撞过程的数据,如碰撞部位、碰撞前的紧急措施等。

方式②计算量大,模型结构复杂,目前还没有一个模型能充分考虑通航水域的水文及气象等条件。

方式③通航环境视景模拟困难,反复试验工作量大,且不一定能得到符合实际的试验方案。

目前关于轨道交通事故再现分析和航空事故再现分析的研究较少,其方法原理与道路交通事故再现分析或水路交通事故再现分析相类似。在交通事故再现中,还往往需要对汽车(列车、飞机)乘员、行人等作伤损信息分析。

3. 车辆碰撞运动的基本理论

车辆碰撞事故主要包括单车碰撞、两车碰撞以及多车碰撞等,其中两车碰撞比例最高,而多车碰撞也可以转化为多个两车碰撞。因此,研究两车碰撞具有一定的普遍意义。

两车碰撞事故的形式较多,但是从汽车碰撞动力学的角度来看,基本上可分为较简单的一维碰撞(如完全正面碰撞、追尾碰撞等)和比较复杂的平面二维碰撞(如垂直侧面碰撞、对心碰撞、非对心碰撞等)。

1)车辆的碰撞过程

汽车碰撞事故的全过程可以分为 3 个连续的阶段,即包括碰撞前车辆的运动过程、车辆间的碰撞过程和碰撞后车辆的运动过程。

①碰撞前过程:从驾驶人察觉到危险,开始踩制动踏板,到两车碰撞接触,称为碰撞前过程。

②碰撞过程:从两车开始接触,到两车碰撞结束,开始分离,称为碰撞过程。

③碰撞后过程:从两车碰撞分离开始,到两车完全静止下来,称为碰撞后过程。

其中,碰撞过程是事故车辆间的碰撞阶段,此阶段事故车辆间的动能发生转变,一部分动能被车辆的塑性变形吸收。此过程的持续时间约为 0.1 ~ 0.2s,并且从碰撞过程一开始,两碰撞车辆间的接触面便产生挤压应力,导致车身压缩变形。伴随着挤压力的不断增大,两车的车速差减小,当车速差为零,也就是两车车速大小相同时,车辆的压缩变形量最大。随着压缩变形中弹性部分的恢复,车辆压缩变形减小,两辆车逐渐分离。

通过以上对碰撞过程的分析,可见直接碰撞过程包含 2 个阶段。

①压缩变形阶段:从两车开始接触,到碰撞车体达到最大压缩变形量,即碰撞的两车车速相等为止,是车辆的压缩变形阶段。

②弹性恢复阶段:从车身达到最大变形量,两碰撞车辆的车速相等开始,到两碰撞车辆刚刚分离为止,是车辆的弹性恢复阶段。

有时由于车辆的车速过高,而造成车身塑性变形量很大,相应的弹性变形量很小,在这种情形下,碰撞过程只有一个阶段,即压缩变形阶段。碰撞后车辆运动过程的开始就是压缩变形量达到最大、两车具有相同速度的时刻。

2)车辆碰撞的动力学特点与模型假设

(1)车辆碰撞的动力学特点

车辆发生碰撞作用的时间极短。车辆的碰撞作用时间是指从两车接触瞬间开始到两车碰撞分离那一瞬间为止的时间段,即车辆的压缩变形和弹性恢复两个阶段。此过程持续时间很短,仅为 70 ~ 120ms。车辆接触部位的刚度对碰撞作用时间的长短有较大的影响,往往是接触部位的刚度越大,其发生碰撞作用的时间越短。

车辆碰撞时受到的冲击力大。由于两车在发生碰撞前后,车速的变化大,加之作用时间极短,造成两车的加速度很大,因此发生碰撞时汽车受到的冲击力很大,此冲击力的大小是整车重力的十几倍,有时甚至是几十倍。

车辆发生碰撞时会有部分能量损失。由于在碰撞过程中车辆产生塑性变形,而且还会伴有发声、发热、发光以及震动等现象,因此,在碰撞过程中必定会损失部分机械能。

车辆碰撞的形态近似于弹塑性碰撞。车辆碰撞时会在两车的接触部位产生不同程度的弹塑性变形,导致车辆碰撞前后的机械能不守恒。

(2)车辆碰撞的模型假设

为了建立和解析车辆的碰撞动力学模型,现根据车辆碰撞力学特点,对模型作如下假设。

因车辆发生碰撞作用的时间较短,由车速与时间相乘得到的位移量就很小,车体的横摆角位移也会有很小的变化,所以可将车辆在碰撞过程中发生的位移忽略不计。也可这么认为,车辆发生碰撞的位置,既是碰撞开始的位置(即车辆碰撞接触瞬间的位置),也是碰撞后车辆开始运动的位置(即车辆碰撞分离瞬间的位置)。

车身在碰撞过程中只是局部发生了塑性变形,而其他车体结构相对完好,并且碰撞中产生冲击减速度最大的位置在两车的接触部位。

车辆碰撞过程中会伴随不同程度机械能的损失,因此理论计算分析时,不适宜运用能量守恒定律和动能定理,尽量采取动量守恒的计算公式。

由于车辆发生碰撞时车体受到的冲击力很大,远远超出了车辆本身的重力以及作用在车辆上的驱动力、空气阻力、地面摩擦力等,因此,在分析时只考虑冲击力,对于其他的力可以忽略不计。在此假设的前提下,建立碰撞模型时,可以运用角动量守恒定律和动量守恒定律。但在发生碰撞前、后车辆运动过程中,不存在车辆碰撞时的冲击力,只是地面的摩擦力做功,因此不能将其忽略。

4.侧滑时轮胎与路面间的附着系数

车辆能够在地面上正常运动,与车辆的驱动力和地面的摩擦力有关。地面的摩擦力阻碍车轮的滑动,在保证车轮正常向前滚动的同时,承受地面提供车辆行驶的驱动力。当地面摩擦力过大而发动机的驱动力过小时,车辆就会表现出动力不足、加速无力的现象;如果地面的摩擦力太小,而车辆的驱动力很大且大于轮胎与路面间的最大静摩擦力,车辆就会出现打滑现象。车辆在比较松软的路面上行驶时,除了轮胎与路面间的摩擦力阻碍车轮滑转外,松软路面凸起的部位还能嵌入到轮胎花纹的凹处,对车辆的抗滑也起到一定的作用。

将车辆轮胎与路面间的摩擦作用,以及路面凸起与轮胎花纹间的相互作用统称为附着作用,而由附着作用所决定的阻碍车轮滑转最大的力就称为附着力,可以用 F_φ 表示。附着力的大小与车轮所承受的垂直于路面的法向力,也就是附着重力 G 成正比,即:

$$F_\varphi = G \cdot \varphi \tag{10-14}$$

式中:F_φ——附着力(N);

φ——附着系数;

G——附着重力(N),一般指汽车的总重力分配到驱动轮上的那一部分。

附着系数 φ 的数值大小主要取决于道路材料、道路表面形状、胎面花纹形状、轮胎材料以及车辆运行速度等。不同类型的道路路面附着系数差异很大。一般而言,在干燥洁净的平整水泥、沥青路面(即所谓良好路面),纵向峰值附着系数高达 0.7 ~ 1.0;而在潮湿的冰雪路面,纵向峰值附着系数则会低至 0.1 ~ 0.2。

车辆的滑移运动分为纵向滑移和横向滑移,相应的路面附着系数也包括 2 类,即纵滑附着系数和横滑附着系数。纵滑附着系数可在事故现场,或者在相类似的路面上试验测得,方法如下:使事故车辆或者与之相似的车辆在事故现场的路面上用某一车速行驶,紧急制动测量轮胎的拖印长度,并多次取得平均值 $\bar{s}$,应用如下公式求得纵滑附着系数:

$$\varphi = \frac{v^2}{2g\bar{s}} \tag{10-15}$$

式中:v——车辆制动前的车速($\mathrm{m/s}$);

$\quad\bar{s}$——轮胎拖印长度的平均值(m)。

在不具备试验条件时,可以参照表10-5选取,再使用修正值 k 进行修正。而对于横滑附着系数 φ',因其与纵滑附着系数间存在着直接的关系表达式 $\varphi' = 0.97\varphi + 0.08$,故可通过计算求得。因 φ 与 φ' 的大小相差很小,故而通常情况下可认为 $\varphi \approx \varphi'$。

对于附着系数修正值 k 的选取原则如下:全轮制动时,k 取值1;一个前轮与一个后轮制动时,k 取值0.5;对于只有前轮或后轮制动的汽车而言,k 的取值视情况而定。以发动机前置前驱的轿车为例,当前轮制动的轿车在良好的路面上行驶时,k 的取值为 $0.6 \sim 0.7$,而只有后轮制动时,k 取值 $0.2 \sim 0.3$。

不同路面汽车纵滑附着系数

表10-5

路面种类		干　燥		潮　湿	
		48km/h/以下	48km/h/以上	48km/h/以下	48km/h/以上
混凝土	新路	0.80~1.00	0.70~0.85	0.50~0.80	0.40~0.75
	路面较小磨耗	0.60~0.80	0.60~0.75	0.45~0.70	0.45~0.65
	路面较大磨耗	0.55~0.75	0.50~0.65	0.45~0.65	0.45~0.75
沥青	新路	0.80~1.00	0.60~0.70	0.50~0.80	0.45~0.75
	路面较小磨耗	0.60~0.80	0.55~0.70	0.45~0.70	0.40~0.65
	路面较大磨耗	0.55~0.75	0.45~0.65	0.45~0.65	0.40~0.60
	焦油过多	0.50~0.60	0.35~0.60	0.30~0.60	0.25~0.55
砂石		0.40~0.70	0.40~0.70	0.45~0.75	0.45~0.75
灰渣		0.50~0.70	0.50~0.70	0.65~0.75	0.65~0.75
冰		0.10~0.25	0.07~0.20	0.05~0.10	0.05~0.10
雪		0.30~0.55	0.35~0.55	0.30~0.60	0.30~0.60

5. 车辆行驶中的滚动阻力系数

车轮向前滚动时,轮胎与地面在接触区域产生切向与法向力,轮胎与路面发生变形,带来车辆运行中的滚动阻力。

当车轮滚动在硬质路面(如沥青、混凝土等)上时,路面将产生很小的变形,轮胎的变形则是主要的,由于轮胎在变形中存在着弹性物质的迟滞损失,使得车辆的驱动力有一部分消耗在此处轮胎变形的内摩擦中;车轮在软路面(如沙土路、冰雪路、灰渣路等)上滚动时,路面有较大变形,产生的阻力是车辆滚动阻力的主要部分。

滚动阻力的符号表示为 F_f,该数值的大小与路面类型、轮胎的结构和气压以及车辆的总质量有关,等于车轮负荷与滚动阻力系数的乘积。车辆在运行过程中的滚动阻力系数 f 是车辆行驶中的滚动阻力 F_f 与此工况下车辆的总重力 G 的比值。换言之,滚动阻力系数表示的是单位车辆的重力所需要的推力,用公式表示为 $f = F_\mathrm{f}/G$。

表10-6 给出了车辆在不同路面行驶时的滚动阻力系数参考值。

不同路面汽车滚动阻力系数 表10-6

路 面 类 型		滚动阻力系数
良好的沥青或混凝土路面		0.010 ~ 0.018
一般的沥青或混凝土路面		0.018 ~ 0.020
碎石路面		0.020 ~ 0.025
良好的卵石路面		0.025 ~ 0.030
坑洼的卵石路面		0.035 ~ 0.050
压紧土路	干燥的	0.025 ~ 0.035
	雨后的	0.050 ~ 0.150
泥土路(雨季或解冻季)		0.100 ~ 0.250
干砂		0.100 ~ 0.300
湿砂		0.060 ~ 0.150
结冰路面		0.015 ~ 0.030
压实的雪路		0.030 ~ 0.050

二、道路交通事故再现模型

1. 一维碰撞事故

所谓一维碰撞是指在车辆纵轴线上发生的碰撞,并且车辆的变形和运动也是沿着纵轴线方向。通常把车辆的碰撞速度矢量间的夹角不大于$10°$的碰撞都称为一维碰撞。一维碰撞,也叫对心正碰撞。碰撞前后两车质心的运动始终保持在同一直线上,只要用一个坐标轴就能描述两车的运动状态,故又称为一维直线碰撞。

一维碰撞又可分为2种:正面碰撞和追尾碰撞。正面碰撞是碰撞前两车速度的方向相反,形成面对面的碰撞;追尾碰撞是碰撞前两车速度的方向相同,因为后车速度较快,其头部碰撞前车的尾部。

1) 正面碰撞

(1) 恢复系数

碰撞有3种形式,即弹性碰撞、非弹性碰撞和塑性碰撞。碰撞形式可用恢复系数 e 表示,即:

$$e = \frac{v_2 - v_1}{v_{10} - v_{20}} \tag{10-16}$$

式中:v_{10}、v_{20}——碰撞体 A、B 在碰撞前的瞬时速度(正碰时 v_{20} 为负值);

v_1、v_2——碰撞体 A、B 在碰撞后的瞬时速度。

例如,两橡皮球分别以 $3m/s$ 和 $3m/s$ 的速度正面碰撞,当变形到速度为零后,又分别以 $3m/s$ 的速度分开,则碰撞后的相对速度 $v_2 - v_1 = 3 - (-3) = 6(m/s)$,故恢复系数为:

$$e = \frac{v_2 - v_1}{v_{10} - v_{20}} = \frac{6}{6} = 1$$

如果同样的两个黏土球正面碰撞,碰撞的能量全部由永久变形而吸收,则碰撞后的相对速度为零,即 $e=0$。所以,弹性碰撞 $e=1$,塑性碰撞 $e=0$,非弹性碰撞 $0<e<1$。

(2)碰撞基本规律

虽然汽车具有一定的尺寸,但如果在碰撞过程中,两个汽车的总体形状对质量分布影响不大,就可将它们简化为两个质点,从而使用质点的动量定理和能量守恒定律求解。

由于恢复系数 e 等于两个碰撞物体离去动量与接近动量之比,所以汽车正面碰撞时,若忽略外力的影响,根据动量守恒的原理有:

$$m_1 v_{10} + m_2 v_{20} = m_1 v_1 + m_2 v_2 \tag{10-17}$$

式中:m_1、m_2——A、B 两车的质量(kg);

v_{10}、v_{20}——A、B 两车在碰撞前的瞬时速度(km/h)。

$$m_1 v_1 = m_1 v_{10} + m_2 v_{20} - m_2 v_2 \tag{10-18}$$

由于 $e = \dfrac{v_2 - v_1}{v_{10} - v_{20}}$,所以有:

$$v_2 = v_1 + e(v_{10} - v_{20}) \tag{10-19}$$

把式(10-19)代入式(10-18),可得:

$$v_1 = v_{10} - \frac{m_2}{m_1 + m_2}(1 + e)(v_{10} - v_{20}) \tag{10-20}$$

同理可得:

$$v_2 = v_{20} + \frac{m_1}{m_1 + m_2}(1 + e)(v_{10} - v_{20}) \tag{10-21}$$

在非弹性碰撞中,碰撞前两车具有的总动能为:

$$E_{k0} = \frac{1}{2}m_1 v_{10}^2 + \frac{1}{2}m_2 v_{20}^2 \tag{10-22}$$

碰撞后的总动能为:

$$E_k = \frac{1}{2}m_1 v_1^2 + \frac{1}{2}m_2 v_2^2 \tag{10-23}$$

碰撞中的能量损失 ΔE,应是碰撞前后总能量之差,将式(10-20)与式(10-21)代入计算,可得到结果为:

$$
\begin{aligned}
\Delta E &= \left(\frac{1}{2}m_1 v_{10}^2 + \frac{1}{2}m_2 v_{20}^2\right) - \left(\frac{1}{2}m_1 v_1^2 + \frac{1}{2}m_2 v_2^2\right) \\
&= \frac{m_1 m_2}{m_1 + m_2}(1 + e)(v_{10} - v_{20})^2 - \frac{1}{2}\frac{m_1 m_2}{m_1 + m_2}(1 + e)^2(v_{10} - v_{20})^2 \\
&= \frac{m_1 m_2}{m_1 + m_2}(v_{10} - v_{20})^2 \left[(1 + e) - \frac{1}{2}(1 + e)^2\right] \\
&= \frac{1}{2}\frac{m_1 m_2}{m_1 + m_2}(1 - e^2)(v_{10} - v_{20})^2
\end{aligned}
\tag{10-24}
$$

（3）有效碰撞速度

设正面碰撞中的 A、B 两车是同型车，即质量 $m_1 = m_2$。若以 60km/h 的速度正面碰撞，与用同样速度向墙壁碰撞相比较，前者碰撞激烈，相对速度达 120km/h，后者只有 60km/h。

但是两车在对称面的运动和变形却是相同的，也就是说，同型号的汽车发生正面碰撞，与以同样车速对固定墙壁相撞是等价的。两车在对称面的接触处如图 10-8 所示，各点的运动速度均为零，这样就可将接触面完全等效为刚性墙壁。

图 10-8　汽车正面碰撞示意图

如果两车不是同型车，即 $m_1 \neq m_2$。A 车和 B 车碰撞时，速度分别为 v_{10} 和 v_{20}，碰撞过程中，两车必然在某一时刻变为相同速度 v_c，如图 10-9 所示。

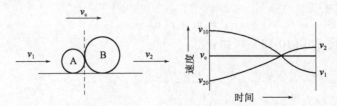

图 10-9　有效碰撞速度的概念

此时，根据动量守恒定律有：

$$m_1 v_{10} + m_2 v_{20} = (m_1 + m_2) v_c \tag{10-25}$$

$$v_c = \frac{m_1 v_{10} + m_2 v_{20}}{m_1 + m_2} \tag{10-26}$$

式中：v_c——A、B 两车的相同速度（km/h）。

因此，A 车的速度变化量 v_{e1} 为：

$$v_{e1} = v_{10} - v_c = \frac{m_2}{m_1 + m_2} (v_{10} - v_{20}) \tag{10-27}$$

B 车的速度变化量 v_{e2} 为：

$$v_{e2} = v_{20} - v_c = \frac{m_1}{m_1 + m_2} (v_{10} - v_{20}) \tag{10-28}$$

此时，可认为两车是以速度 v_c 冲撞固定墙壁。v_{e1} 和 v_{e2} 被称为有效碰撞速度。

（4）正面碰撞前后速度

汽车正面碰撞时，相互作用的时间极短，而冲击力却极大。根据动量守恒定律，可以求得碰撞后的速度为：

$$v_1 = v_{10} - \frac{m_2}{m_1 + m_2} (1 + e)(v_{10} - v_{20}) \tag{10-29}$$

$$v_2 = v_{20} - \frac{m_1}{m_1 + m_2}(1 + e)(v_{10} - v_{20}) \tag{10-30}$$

这说明碰撞后的速度取决于两车碰撞时的相对速度$(v_{10} - v_{20})$和两车的质量比及恢复系数e。

当$e = 0$时,A、B两车的速度变化量为:

$$\Delta v_1 = v_{10} - v_1 = \frac{m_1}{m_1 + m_2}(v_{10} - v_{20}) \tag{10-31}$$

$$\Delta v_2 = v_{20} - v_2 = -\frac{m_1}{m_1 + m_2}(v_{10} - v_{20}) \tag{10-32}$$

摩托车或行人等与载货汽车碰撞时,由于载货汽车的质量相对很大,即$m_1/m_2 \approx 0$,因此,速度的变化为$\Delta v \approx v_{10} - v_{20}$。

若两车为同型车,即$m_1 = m_2$,则速度变化为$\Delta v_1 = (v_{10} - v_{20})/2$。若碰撞车辆A是对方车辆B质量的2倍,即$m_1/m_2 = 2$,则速度变化$\Delta v_1 = (v_{10} - v_{20})/3$。

将试验结果用公式表示为:

$$e = 0.574\exp(-0.0396v_e) \tag{10-33}$$

式中:v_e——有效碰撞速度(km/h)。

有效碰撞速度越高,恢复系数越小,碰撞越激烈,越接近塑性变形。在有乘员伤亡的交通事故中,一般可按塑性变形$e = 0.1$处理。

在汽车正面碰撞事故中,因伴随人身伤亡和车体塑性变形,为此,必须了解车身变形与碰撞速度的关系。根据轿车碰撞试验,车身塑性变形量x(凹损部分下陷的深度)与有效碰撞速度的关系,可用方程式表示为:

$$x = 0.0095v_e \text{ 或 } v_e = 105.3x \tag{10-34}$$

式中:x——塑性变形量(m)。

塑性变形量的计算方法如图10-10所示。碰撞后汽车的剩余动能,要由轮胎和路面的摩擦做功来消耗,其表达式为$m_1 v_1^2/2 = \varphi_1 m_1 g L_1 k_1$,即:

$$v_1 = \sqrt{2\varphi_1 g L_1 k_1} \tag{10-35}$$

同理:

$$v_2 = \sqrt{2\varphi_2 g L_2 k_2} \tag{10-36}$$

式中:φ_1、φ_2——A车和B车滑移时的纵滑附着系数;

L_1、L_2——A车和B车碰撞后的滑移距离(m);

k_1、k_2——附着系数的修正值,全轮制动时$k_i = 1(i = 1,2)$。只有前轮和后轮制动时,k_i的取值视汽车形式而定,对于发动机前置、前轮驱动的汽车,在良好路面制动,只有前轮制动时$k_i = 0.6 \sim 0.7$,只有后轮制动时$k_i = 0.2 \sim 0.3$。

由式(10-35)和式(10-36)可求得v_1和v_2,再由式(10-34)求出有效碰撞速度v_e,并把所得的结果代入式(10-27)、式(10-28)和式(10-17),解联立方程,可求出碰撞前的速度v_{10}和v_{20}。

图 10-10　塑性变形量的计算方法

这样,在汽车正面碰撞的事故现场,只要能准确测量出汽车的变形量和碰撞后汽车滑移距离,即可迅速地计算出碰撞前 A 车和 B 车的速度。这种计算方法也基本适用于计算前置式发动机的轻型载货汽车的碰撞速度。

2)追尾碰撞

(1)追尾碰撞的特点

追尾碰撞与正面碰撞在本质上是一样的,因此,正面碰撞中的有关公式同样也适用于追尾碰撞。但与正面碰撞相比,追尾碰撞有如下特点。

①被追尾车辆的驾驶人认知时间比较晚,很少有时间能进行避免被追尾的操作,因此,追尾碰撞大部分为向心正碰撞,斜碰撞在追尾碰撞中很少出现,碰撞现象比较简单。

②恢复系数比正面碰撞小得多。因为汽车前部装有发动机,刚度高;而车身后部(指轿车)是空腔,刚度低。尾撞变形主要是被碰撞车辆的后部,故恢复系数比正面碰撞小得多。当有效碰撞速度达到20km/h 以上时,恢复系数近似为0。

③碰撞车辆停止后,有时被碰撞车辆还会继续向前滚动一段距离。

(2)追尾碰撞速度的推算

追尾碰撞后,两车必然以同一速度 v_c 开始新的运动。由于在追尾事故中,追尾车驾驶人,在发现有追尾的可能时,必然要采取紧急制动措施,而被追尾的驾驶人很少采取制动措施,因此,追尾后两车的动能将主要消耗于追尾车轮胎与路面间的摩擦力做功,即有:

$$\frac{1}{2}(m_1 + m_2)v_c^2 = m_1 g \varphi_1 L_1 k_1 \tag{10-37}$$

式中:φ_1——追尾车轮胎与路面间的纵滑附着系数;

　　L_1——追尾车碰撞后的滑移距离(m);

　　k_1——附着系数的修正值。

由式(10-37)得:

$$v_c = \sqrt{\frac{2 m_1 g \varphi_1 L_1 k_1}{m_1 + m_2}} \tag{10-38}$$

对于碰撞后追尾车已经停止,而被追尾车又继续向前滚动一段距离的追尾事故,在计算共同运动速度 v_c 时,还应将被追尾车滚动时所消耗的能量考虑在内,即有:

$$\frac{1}{2}(m_1 + m_2)v_c^2 = m_1 g \varphi_1 L_1 k_1 + m_2 g f_2 L_2 \tag{10-39}$$

式中:f_2——被追尾车的滚动阻力系数,可参见表10-6;

　　L_2——与追尾车分开后,被追尾车滚动的距离(m)。

由式(10-39)得:

$$v_c = \sqrt{\frac{2g(m_1 \varphi_1 L_1 k_1 + m_2 f_2 L_2)}{m_1 + m_2}} \tag{10-40}$$

由于在追尾事故中,变形主要发生在被追尾车后部,因此,追尾碰撞中的动能损失应等于被追尾车后部的变形能,根据式(10-24)得:

$$\frac{1}{2}\frac{m_1 m_2}{m_1 + m_2}(1 - e^2)(v_{10} - v_{20})^2 = m_2 a_2 x_2 \tag{10-41}$$

式中: v_{10}、v_{20}——追尾车和被追尾车的碰撞速度(m/s);

a_2——被追尾车的加速度(m/s²);

x_2——被追尾车的塑性变形量(m)。

在塑性碰撞中, $e = 0$,故可得到:

$$\frac{1}{2}\frac{m_1 m_2}{m_1 + m_2}(v_{10} - v_{20})^2 = m_2 a_2 x_2 \tag{10-42}$$

被追尾车的有效碰撞速度仍可表示为式(10-28),即:

$$v_{e2} = v_{20} - v_c = \frac{m_1}{m_1 + m_2}(v_{10} - v_{20})$$

将式(10-28)代入式(10-42),可得:

$$v_{e2}^2 = \frac{2m_1}{m_1 + m_2}a_2 x_2 \tag{10-43}$$

对于同型车的追尾碰撞,因 $m_1 = m_2$,则:

$$v_{e2}^2 = a_2 x_2 \tag{10-44}$$

大量的试验结果表明,在同型车的追尾碰撞中,被追尾车的有效碰撞速度与变形量之间呈线性关系,可用一次方程式来表示。

对于发动机前置的轿车,当有效碰撞速度小于32km/h时,有如下经验公式:

$$v_{e2} = 17.9x_2 + 4.6 \tag{10-45}$$

当有效碰撞速度超过32km/h时,因车体后部空腔已被压扁,变形触及刚性很强的后轴,故随着有效碰撞速度的增大,变形量增加不大。

当 $m_1 \neq m_2$ 时,可采用等价变形量 x_2' 代替 x_2,由式(10-43)和式(10-44)可知:

$$x_2' = \frac{2m_1}{m_1 + m_2}x_2 \tag{10-46}$$

追尾事故中,当推算出碰撞车速后,若追尾车在碰撞前就已采取紧急制动措施,此时,再结合现场遗留的接触点前的制动印迹长度,即可推求追尾车在制动前的行驶速度。

碰撞前的车速推算过程如下。

现假设追尾车辆的质量为 m_1,被追尾车辆质量为 m_2,那么汽车追尾碰撞事故再现计算模型的实现步骤如下。

①确定被追尾车的变形量,再根据经验公式(10-45)和式(10-46)计算被追尾车的有效碰撞速度。

②由滑移距离及被追尾车的滚动距离,计算追尾碰撞后的车速,即为两车碰撞后具有的共

同速度：

$$v_{\mathrm{c}} = \sqrt{\frac{2m_1 g \varphi_1 L_1 k_1}{m_1 + m_2}}, v_{\mathrm{c}} = \sqrt{\frac{2g(m_1 \varphi_1 L_1 k_1 + m_2 f_2 L_2)}{m_1 + m_2}}$$

③解下列联立方程组，可得两车碰撞前的车速 v_{10} 和 v_{20}：

$$\begin{cases} m_1 v_{10} + m_2 v_{20} = (m_1 + m_2) v_{\mathrm{c}} \\ v_{e2} = \dfrac{m_1}{m_1 + m_2}(v_{10} - v_{20}) \end{cases}$$

2. 二维碰撞事故

两车碰撞事故中，除了少量属于对心碰撞，碰撞后滑行过程中车体没有转动，或者转动不大可以不予考虑之外，绝大部分都是非对心碰撞，碰撞后车体既平动又转动，平动和转动都消耗动能。因此，需要把车体的运动看作既平动又转动的二维平面运动，并且按照平面运动学方程，建立碰撞前后两车 6 个速度分量之间的关系。

1）二维对心碰撞

当两车之间的碰撞冲力通过各自的质心时，称为对心碰撞。如何判断是不是对心碰撞，主要是根据碰撞后车体是否转动，如果车体只平动不转动就是对心碰撞。有时虽然有一些转动，但转动不大，仍可以按对心碰撞处理。

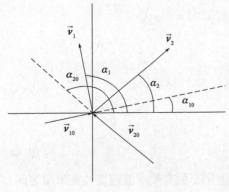

图 10-11　二维对心碰撞示意图

如图 10-11 所示，A 车和 B 车碰撞前的行驶速度分别为 $\vec{v}_{10}$ 和 $\vec{v}_{20}$，速度的方向分别为 α_{10} 和 α_{20}；碰撞后的滑行速度分别为 $\vec{v}_1$ 和 $\vec{v}_2$，速度的方向角分别为 α_1 和 α_2，那么根据动量守恒方程有：

$$m_1 \vec{v}_1 + m_2 \vec{v}_2 = m_1 \vec{v}_{10} + m_2 \vec{v}_{20}$$

把它分别投影在 x、y 轴上得到：

x 轴　　　　$m_1 v_1 \cos\alpha_1 + m_2 v_2 \cos\alpha_2 = m_1 v_{10} \cos\alpha_{10} + m_2 v_{20} \cos\alpha_{20}$　　　（10-47）

y 轴　　　　$m_1 v_1 \sin\alpha_1 + m_2 v_2 \sin\alpha_2 = m_1 v_{10} \sin\alpha_{10} + m_2 v_{20} \sin\alpha_{20}$　　　（10-48）

这两个投影方程联立起来可以求解两个未知量。如果已知各车速度的方向，再已知碰撞前两车的速度，就可以求碰撞后两车的速度。反之，在道路交通事故分析中，常常先按滑行距离算出碰撞后的速度，然后便可以按式（10-47）和式（10-48）求出碰撞前的速度：

$$v_{10} = \frac{m_1 v_1 \sin(\alpha_{20} - \alpha_1) + m_2 v_2 \sin(\alpha_{20} - \alpha_2)}{m_1 \sin(\alpha_{20} - \alpha_{10})} \tag{10-49}$$

$$v_{20} = \frac{m_1 v_1 \sin(\alpha_{10} - \alpha_1) + m_2 v_2 \sin(\alpha_{10} - \alpha_2)}{m_2 \sin(\alpha_{10} - \alpha_{20})} \tag{10-50}$$

2）二维非对心（偏心）碰撞

（1）二维非对心碰撞的 3 套坐标系

非对心碰撞是指碰撞后车辆滑行时,不仅发生平动,而且发生转动。转动的大小取决于碰撞冲力 P 与其偏离质心 C 的距离 h 的乘积。偏心 h 越大,转动的程度越大。为了建立车体平面运动方程,需要采用3套直角坐标系,如图10-12所示。

①车体坐标系 xCy。以车体质心 C 为坐标原点,车体纵轴为 x 轴,将 x 轴逆时针旋转 $90°$ 为 y 轴。该坐标系主要用来确定碰撞点 D 相对质心的位置坐标。

②碰撞面法向坐标系 $nD\tau$。以碰撞面法线为 n 轴,逆时针转 $90°$ 为 τ 轴。这个碰撞面法向坐标系主要用来将碰撞冲力分解为法向冲力 P_n 和切向冲力 P_τ,并且分别沿法向和切向建立动量方程,因为变形时的变形压缩和弹性恢复发生在法向。

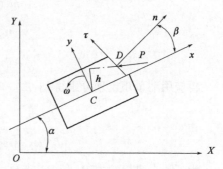

图10-12 二维非对心碰撞的3套坐标系示意图

③地面固定坐标系 XOY。通常以车辆行驶的道路方向为 X 轴,逆时针转 $90°$ 为 Y 轴,原点 O 可不必确定。固定坐标系主要用来描述两车的运动参量(如速度、加速度、滑行距离及方向角等),因为牛顿定律只适用于固定坐标系。

为了在碰撞面法向坐标系的法向和切向建立动量方程,需要将碰撞点相对质心的车体坐标量列阵 $(x, y)^T$ 转换为法向坐标系的分量列阵 $(x_n, y_\tau)^T$,即:

$$\begin{Bmatrix} x_n \\ y_\tau \end{Bmatrix} = \begin{bmatrix} \cos\beta & \sin\beta \\ -\sin\beta & \cos\beta \end{bmatrix} \begin{Bmatrix} x \\ y \end{Bmatrix} \tag{10-51}$$

式中,β 角为车体坐标 x 轴逆时针转到碰撞面法线 n 的角度。同时,地面固定坐标系中的速度分量列阵 $(x, y)^T$ 也要转换为碰撞面法向坐标系中的速度分量列阵 $(x_n, y_\tau)^T$,即:

$$\begin{Bmatrix} v_n \\ v_\tau \end{Bmatrix} = \begin{bmatrix} \cos(\alpha + \beta) & \sin(\alpha + \beta) \\ -\sin(\alpha + \beta) & \cos(\alpha + \beta) \end{bmatrix} \begin{Bmatrix} v_x \\ v_y \end{Bmatrix} \tag{10-52}$$

式中,α 为车体纵轴相对固定坐标 X 轴的夹角,而 $(\alpha + \beta)$ 便是碰撞面法线 n 相对固定坐标 X 轴的夹角。

(2)二维非对心碰撞的动力方程

车辆二维非对心碰撞时,碰撞受力作用点是已知的,故称为点碰撞。如图10-13所示,两车受碰撞力 P_n、P_τ 作用。

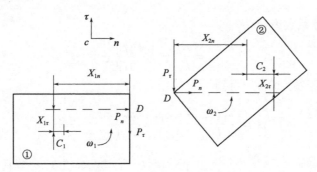

图10-13 二维非对心碰撞示意图

碰撞后两车速度分别为 v_{1n}、$v_{1\tau}$ 和 v_{2n}、$v_{2\tau}$,碰撞前两车速度分量分别为 v_{10n}、$v_{10\tau}$ 和 v_{20n}、$v_{20\tau}$,两车碰撞前后转动角速度分别为 ω_{10}、ω_{20} 和 ω_1、ω_2,两车质量分别为 m_1、m_2,两车绕质心的转

动惯量分别为 J_1、J_2。对两车分别应用动量定理得到：

$$m_1(v_{1n} - v_{10n}) = -P_n \tag{10-53}$$

$$m_1(v_{1\tau} - v_{10\tau}) = -P_\tau \tag{10-54}$$

$$m_2(v_{2n} - v_{20n}) = P_n \tag{10-55}$$

$$m_2(v_{2\tau} - v_{20\tau}) = P_\tau \tag{10-56}$$

再应用动量矩定理分别得到：

$$J_1(\omega_1 - \omega_{10}) = P_n \cdot x_{1\tau} - P_\tau \cdot x_{1n} \tag{10-57}$$

$$J_2(\omega_2 - \omega_{20}) = -P_n \cdot x_{2\tau} + P_\tau \cdot x_{2n} \tag{10-58}$$

为了消去碰撞冲力 P_n 和 P_τ，需要引入碰撞点 D 处的弹性恢复系数 k 和切向摩擦系数 μ，D 处弹性恢复系数为：

$$k = \frac{v_{rn}}{v_{r0n}} = -\frac{(v_D)_{1n} - (v_D)_{2n}}{(v_D)_{10n} - (v_D)_{20n}} \tag{10-59}$$

式中：v_{rn}——碰撞后，两车在碰撞点 D 处法线方向的相对速度(km/h)；

v_{r0n}——碰撞前，两车在碰撞点 D 处法线方向的相对速度(km/h)；

$(v_D)_{1n}$——碰撞后，①号车在碰撞点 D 处法线方向的速度(km/h)；

$(v_D)_{2n}$——碰撞后，②号车在碰撞点 D 处法线方向的速度(km/h)；

$(v_D)_{10n}$——碰撞前，①号车在碰撞点 D 处法线方向的速度(km/h)；

$(v_D)_{20n}$——碰撞前，②号车在碰撞点 D 处法线方向的速度(km/h)。

分别以两车质心为基点，求碰撞点 D 处的法向速度差为：

$$v_{rn} = (v_D)_{1n} - (v_D)_{2n} = (v_{1n} - \omega_1 \cdot x_{1\tau}) - (v_{2n} - \omega_2 \cdot x_{2\tau})$$

$$v_{r0n} = (v_D)_{10n} - (v_D)_{20n} = (v_{10n} - \omega_{10} \cdot x_{1\tau}) - (v_{20n} - \omega_{20} \cdot x_{2\tau})$$

所以：

$$k(v_{10n} - \omega_{10} \cdot x_{1\tau}) - k(v_{20n} - \omega_{20} \cdot x_{1\tau}) = -(v_{1n} - \omega_1 \cdot x_{1\tau}) + (v_{2n} - \omega_2 \cdot x_{2\tau}) \tag{10-60}$$

D 点处切向摩擦系数为：

$$\mu = \frac{P_\tau}{P_n} = \frac{切向冲力}{法向冲力}$$

引入式(10-53)~式(10-56)得到：

$$\mu = \frac{m_1(v_{1\tau} - v_{10\tau})}{m_1(v_{1n} - v_{10n})} = \frac{m_2(v_{2\tau} - v_{20\tau})}{m_2(v_{2n} - v_{20n})}$$

或 $$\mu(v_{10n} + v_{20n}) - (v_{10\tau} + v_{20\tau}) = \mu(v_{1n} + v_{2n}) - (v_{1\tau} + v_{2\tau}) \tag{10-61}$$

再将式(10-53)~式(10-58)中消去 P_n 和 P_τ，并用矩阵表示为：

$$[A_0]\{X_0\} = [A]\{X\} \tag{10-62}$$

式中速度分量列阵为：

$$\{X_0\} = \begin{bmatrix} v_{10n} & v_{10\tau} & v_{20n} & v_{20\tau} & \omega_{10} & \omega_{20} \end{bmatrix}^{\mathrm{T}}$$

$$\{X\} = \begin{bmatrix} v_{1n} & v_{1\tau} & v_{2n} & v_{2\tau} & \omega_1 & \omega_2 \end{bmatrix}^{\mathrm{T}}$$

六阶矩阵$[A_0]$和$[A]$为：

$$[A_0] = \begin{bmatrix} m_1 & 0 & m_2 & 0 & 0 & 0 \\ 0 & m_1 & 0 & m_2 & 0 & 0 \\ \dfrac{m_1 x_{1\tau}}{2} & -\dfrac{m_1 x_{1n}}{2} & \dfrac{m_2 x_{1\tau}}{2} & \dfrac{m_2 x_{1n}}{2} & J_1 & 0 \\ -\dfrac{m_1 x_{2\tau}}{2} & \dfrac{m_1 x_{2n}}{2} & \dfrac{m_2 x_{2\tau}}{2} & -\dfrac{m_2 x_{2n}}{2} & 0 & J_2 \\ \mu & -1 & \mu & -1 & 0 & 0 \\ k & 0 & -k & 0 & -kx_{1\tau} & kx_{2\tau} \end{bmatrix} \tag{10-63}$$

$$[A] = \begin{bmatrix} m_1 & 0 & m_2 & 0 & 0 & 0 \\ 0 & m_1 & 0 & m_2 & 0 & 0 \\ \dfrac{m_1 x_{1\tau}}{2} & -\dfrac{m_1 x_{1n}}{2} & -\dfrac{m_2 x_{1\tau}}{2} & \dfrac{m_2 x_{1n}}{2} & J_1 & 0 \\ -\dfrac{m_1 x_{2\tau}}{2} & \dfrac{m_1 x_{2n}}{2} & \dfrac{m_2 x_{2\tau}}{2} & -\dfrac{m_2 x_{2n}}{2} & 0 & J_2 \\ \mu & -1 & \mu & -1 & 0 & 0 \\ -1 & 0 & 1 & 0 & x_{1\tau} & -x_{2\tau} \end{bmatrix} \tag{10-64}$$

（3）二维非对心面碰撞

遇到重大道路交通事故时，事故车损比较严重，碰撞部位不是一个点，而是一个面（称为二维非对心面碰撞），有时甚至车辆整个头部都会被撞坏。这时，根据力线平移定理，可在碰撞面上任选一点O作为碰撞力作用点，同时还有一个碰撞力偶M。这就是说，除了作用在O点的P_n和P_τ外，还有一个M，建立动力方程时，除了弹性恢复系数k、切向摩擦系数μ之外，还有一个力矩恢复系数k_m，增加的参数使矩阵的求解变得复杂，这时需要将法向冲力的作用线平移一段距离e，把碰撞力偶M吸收进去（图10-13）。这样就把本来是面碰撞的问题转化为了点碰撞来处理。

通过力线平移把力偶吸收之后，多了一个距离e，不过这个参数不必选取，可以通过碰撞点坐标的优化过程得到体现。

（4）二维点碰撞反推法求解的2种选择

对矩阵方程（10-62），可以已知碰撞前速度分量$\{X_0\}$，求碰撞后速度分量$\{X\}$，称为正推法。也可以根据碰撞后滑行距离先求出碰撞后速度分量$\{X\}$，再求碰撞前速度分量$\{X_0\}$，称为反推法。对于反推法，还可以有以下2种选择。

①矩阵$[A_0]$和$[A]$中2个参数k和μ凭经验选定，作为已知量，而且$\{X\}$已知，就可按矩阵方程（10-62）求解碰撞前速度$\{X_0\}$。

②将参数k和μ作为未知量，而将碰撞前两车的角速度ω_{10}和ω_{20}作为已知量，此时只要将式（10-62）中的矩阵进行分块处理即可。

3. 单车事故

单车事故是指仅涉及单一车辆的交通事故。单车事故多发生在高速公路、普通公路上的急弯、陡坡以及城市道路的隔离带、路灯杆或电线杆等处;事故常以撞击固定物、侧翻或者坠崖等形式出现,不涉及其他交通参与者。

1)单车正向碰撞固定障壁

由于驾驶人酒后驾车、疲劳驾驶,或者由于视线不良等原因,正向碰撞路边固定障壁的情况时有发生。分析这种事故有以下2条途径。

(1)运用弹性恢复系数 k,由碰撞后速度 v 反推碰撞前速度 v_0。也就是先根据碰撞固定壁障后反弹拖印的长度 S,计算碰撞后反弹的速度 v,即根据 $v = \sqrt{2g\varphi S}$,再根据弹性恢复系数 k 的定义式:

$$k = \left| \frac{v}{v_0} \right| \tag{10-65}$$

可得碰撞前的速度为:

$$v_0 = \frac{v}{k} = \frac{\sqrt{2g\varphi S}}{k} \tag{10-66}$$

道路交通事故中,弹性恢复系数 k 一般为 $0.1 \sim 0.3$;塑性变形越大,k 越小,甚至 $k \to 0$。当 k 很小时,计算结果很不稳定。

(2)根据塑性变形的经验公式计算碰撞前速度 v_0。根据国外资料介绍,由多种轿车碰撞固定障壁试验结果归纳出,塑性变形量 x 与碰撞速度存在线性关系,原则上可分为以下2种情况。

当轿车正面碰撞固定壁障时:

$$v_0 = 86x + 4.8 \tag{10-67}$$

当轿车头部碰撞树、杆、柱等固定物时:

$$v_0 = 67x \tag{10-68}$$

式中:x——轿车头部塑性变形深度(m);

v_0——轿车碰撞前的瞬时速度(km/h)。

2)单车斜向碰撞路边护栏

当车辆方向失控时,常常斜向撞在护栏或其他障壁上,并且反弹到前方才停下来。如图 10-14 所示,设碰撞前车速为 $\vec{v}_0$,其方向与护栏的夹角为 θ_0(称为入射角)。碰撞后反弹的速度为 $\vec{v}$,其方向与护栏的夹角为 θ(称为反射角)。由于不是正向碰撞,用车头塑性变形计算车速的经验公式不适用,可以采用以下2种方法。

(1)采用法向弹性恢复系数 k。碰撞后的法向量 v_n 与碰撞前的法向分量 v_{0n} 之比就是法向弹性恢复系数 k,即:

$$k = \frac{v_n}{v_{0n}} = \frac{v\sin\theta}{v_0\sin\theta_0} \tag{10-69}$$

所以:

$$v_0 = \frac{\sin\theta}{\sin\theta_0} \cdot \frac{v}{k} \tag{10-70}$$

护栏刚度不大时,弹性恢复系数 k 可以达到 0.5 以上。通常情况下,反射角 θ 小于入射角 θ_0,但也可能出现相反的情况,这是因为护栏切向摩擦力冲量

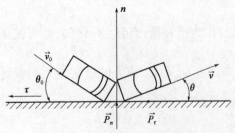

图 10-14　单车斜向碰撞护栏示意图

比较大,使切向速度分量因摩擦而减少的程度超过法向速度分量减少的程度。

(2)采用切向摩擦系数 μ。如图 10-14 所示,把护栏对车辆的碰撞冲量 $\vec{P}$ 分解为切向冲量 $\vec{P_\tau}$ 和法向冲量 $\vec{P_n}$,那么将冲量方程为:

$$m\vec{v} - m\vec{v_0} = \vec{P}$$

分别投影在切向和法向可得到:

$$-m(v\cos\theta) - (-mv_0\cos\theta_0) = P_\tau$$
$$mv\sin\theta - (-mv_0\sin\theta_0) = P_n$$

定义切向摩擦系数 μ 为:

$$\mu = \frac{P_\tau}{P_n} = \frac{-m(v\cos\theta - v_0\cos\theta_0)}{m(v\cos\theta + v_0\sin\theta_0)} \tag{10-71}$$

经整理得到:

$$v_0 = \frac{\cos\theta + \mu\sin\theta}{\cos\theta_0 - \mu\sin\theta_0} \cdot v \tag{10-72}$$

这里定义的切向摩擦系数 μ 与通常理解的摩擦系数在概念上有所区别。一般的摩擦系数是指摩擦力达到最大值时,最大摩擦力 $F_{\max}$ 与法向分力 N 的比值。这里按式(10-71)定义的切向摩擦系数,只是切向冲力(或冲量)与法向冲力(或冲量)的比值,没有规定切向冲力是否已经达到摩擦力的最大值。也就是说,当切向冲力达到了摩擦力的最大值时,就是一般意义上的摩擦系数,而当切向冲力没有达到摩擦力的最大值时,也是摩擦系数。当然,它要比普通的摩擦系数小,而且随着入射角 θ_0 的增大而减小。例如,普通摩擦系数 $\mu = 0.5$ 时,它所对应的临界入射角 θ_0' 为:

$$\theta_0' = 90° - \arctan0.5 = 90° - 26.6° = 63.4°$$

于是,当 $\theta_0 \leqslant \theta_0' = 63.4°$ 时,摩擦系数都采用 $\mu = 0.5$。但当 $\theta_0 > 63.4°$ 时,$\mu < 0.5$,而且随 θ_0 的增大而逐步减小,直至 $\theta_0 = 90°$ 时,$\mu = 0$。当然,此时已经不是斜向碰撞,而是正向碰撞,式(10-66)的计算结果已经变成无穷大而不能使用了。

3)单车坠崖(坠车)

行驶在山区公路上的长途汽车,常常因驾驶人疲劳驾驶或车辆机械故障等原因而驶出路外,坠落到山下。对于这种情况,可以按2种情况来分析计算。

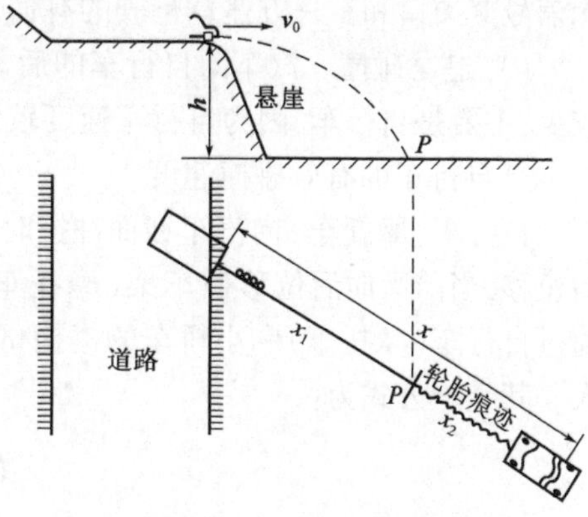

(1)若能找到车轮坠落点 P(图 10-15),并测量得到它的水平距离 x_1 和高差 h,就可按抛物线计算:

图 10-15 路外坠车示意图

$$x_1 = v_0 t$$
$$h = \frac{1}{2}gt^2$$

联立上述两式,消去时间 t,得到:

$$v_0 = x_1\sqrt{\frac{g}{2h}}$$

(2)若找不到坠落点 P 的位置,但能测量得到停车位置总的水平距离 x 和高差 h 及车辆落下后与底面间的滑动摩擦系数 μ，那么可以由：

$$x_1 = v_0 \sqrt{\frac{2h}{g}}$$

$$x_2 = \frac{v_0^2}{2g\mu}$$

相加得：

$$x = x_1 + x_2 = v_0 \sqrt{\frac{2h}{g}} + \frac{v_0^2}{2g\mu} \tag{10-73}$$

这是 v_0 的二次方程，有 2 个解，其中有用的 1 个解为：

$$v_0 = \mu \sqrt{2g} \left(\sqrt{h + \frac{x}{\mu}} - \sqrt{h} \right) \tag{10-74}$$

4. 两轮车事故

两轮车包括摩托车和自行车，由于摩托车与自行车事故的运动学关系相似，主要讨论自行车事故特点。

1）自行车碰撞事故的数学模型

自行车的交通事故形态多种多样，但概括起来可分为下列 3 种。

（1）正面碰撞。自行车（摩托车）正面撞向机动车，使自行车（摩托车）的前叉向后弯曲位移，前轮受前后方向的压缩而变成椭圆形，这种事故也称为迎面冲撞型事故。因为自行车的行驶速度较低，所以自行车很少发生这种冲撞型事故，主要是摩托车。

（2）侧面碰撞。汽车向自行车的侧面碰撞，也称为侧面冲撞型事故，这种事故经常发生在无信号交叉口和有一方违章行驶的有信号交叉口。

（3）追尾碰撞。汽车向自行车的后部尾撞，也称为尾撞型事故。这种事故摩托车发生的较少，主要是自行车，因为自行车速度较低，而摩托车的行驶速度相对较高。

2）自行车的有效碰撞速度

自行车（摩托车）向汽车迎面冲撞时，首先是前轮接触轿车，使自行车（摩托车）的前叉向后位移，当前叉向后位移被车架（摩托车的发动机）顶住时，这时前轮开始由圆形变为椭圆。通过自行车（摩托车）和小轿车的碰撞试验可知，碰撞速度越高，摩托车前叉向后的位移量越大。其经验公式为：

$$D = 0.67v - 8$$

$$v = 1.5D + 12 \tag{10-75}$$

式中：D——轴距减少量（cm）；

v——碰撞速度（km/h）。

5. 行人事故

行人事故是车辆对行人的碰撞事故，碰撞中与汽车的接触部位和行人的姿态稍有不同，被撞人的运动情况就会出现很大的差别。图 10-16 和图 10-17 再现了撞在长头型轿车上的行人身体运动轨迹，这是通过轿车与模拟假人碰撞试验得到的结果。

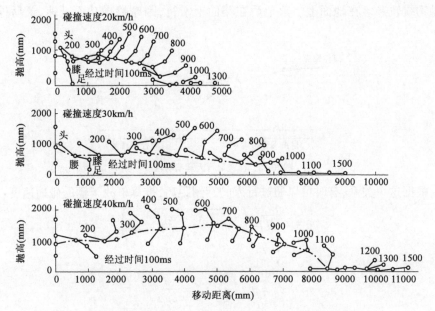

图 10-16　与长头型轿车碰撞后成年人(模拟假人)的运动轨迹

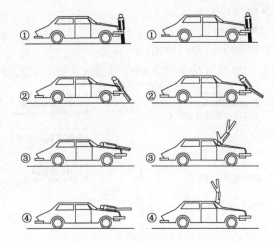

图 10-17　与长头型轿车碰撞后成年人(模拟假人)的运动轨迹

注:左图以 42km/h 碰撞,头部只是撞在刚性比较低的发动机罩上,所以头部受伤不太严重。

右图以 56km/h 碰撞,头部撞在刚性较高的车架上,所以头部受伤严重。

　　直立的成年行人,首先被前保险杠、接着被车身正面横向撞在下半身,所以身体会倒向发动机罩;若碰撞速度很高,则会被继续抛向发动机罩,头和上半身摔在发动机罩上;大多数情况下,轿车会紧急制动,行人的身体被抛向前方。

　　直立的成年人身体重心高度一般在身高的 1/2 处,即 80～90cm 处,轿车保险杠的高度在 50cm 左右,发动机罩前缘的高度一般为 70～80cm。但是,身高在 1.2m 左右的儿童一般不会被抛向发动机罩,而是被直接撞到前方;身高 1m 以下的幼儿被汽车撞倒后,又被碾过的可能性较大。

　　行人的质量一般相当于汽车质量的 5% 左右,相对很小,当被正面碰撞时,行人会立即加速,达到几乎与汽车碰撞速度一样的速度。被撞人因汽车制动,继而从发动机罩上沿水平方向

367

抛出,呈抛物线轨迹落在地面上。落地后在路面上滑行,因摩擦做功而减速,最后停止,如图10-18 所示。

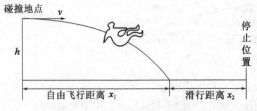

图 10-18　碰撞后行人运动的轨迹

因此,根据这一关系,有时可以通过行人的翻倒距离,推算事故车辆的碰撞速度:

$$v = \sqrt{2g\mu_2}\left(\sqrt{h + \frac{x_1 + x_2}{\mu_2}} - \sqrt{h}\right) \tag{10-76}$$

其中:

$$x_1 = v\sqrt{\frac{2h}{g}}, x_2 = \frac{v^2}{2g\mu_2}$$

式中:μ_2——行人在路面上滑行时的附着系数;

　h——行人抛出高度(m);

　x_1——行人自由飞行距离(m);

　x_2——行人落地后在路面上的滑行距离(m)。

行人事故中,碰撞速度的推算方法是否正确亦可通过头部伤害程度进行检验,见图10-19。

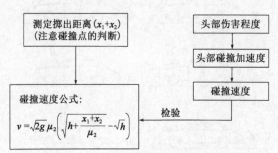

图 10-19　行人事故碰撞速度的推算

第五节　交通安全评价

一、概述

交通安全问题已经成为困扰我国社会经济可持续发展的一个突出问题,而衡量交通系统的安全水平,就需要构建合理的交通安全评价指标体系,对交通系统中潜在的危险因素进行定性和定量分析,得出交通系统发生危险的可能性及其后果的严重程度,通过与评价标准的比较,得出交通系统的安全水平,由此提出改进措施,以寻求最低的事故率、最少的事故损失以及最优的安全投资。

交通安全评价在交通安全方面起着越来越重要的作用。其发展较晚,最初只采用事故次数、死亡人数、受伤人数及直接经济损失等绝对指标进行安全度的评价,因为其比较直观,所以在一定的历史时期也起到了评价的作用。

随着交通事业的不断发展,交通学科的不断成熟,国内外交通领域的专家开始对国际上其他国家的安全状况进行对比研究,逐步采用了事故率等相对指标,但由于该方法也存在一定的局限性,便又开始探寻新的衡量指标,分别采用了事故强度、概率数理统计、四项指标相对数等一系列方法进行对比研究。总体来说,交通安全可用交通安全度来表征。交通安全度即交通安全的程度,是使用各种统计指标,包括绝对指标、相对指标及评价指标体系,通过一定的运算方式来评价客观的交通安全情况。本节主要对道路交通安全评价指标,以及安全检查表评价法和作业条件危险性评价法这两种常见的交通安全评价方法进行介绍。

二、绝对指标

对于道路交通系统,其交通安全度评价绝对指标有 4 项,即事故次数、死亡人数、受伤人数、直接经济损失。这 4 项指标是安全评价的基础资料,它们可用于同一地区或同一城市交通安全状况的考核与分析,也可用于同一地区或同一城市不同时期交通安全状况的比较,但无法对不同地区或不同城市的交通安全状况进行横向比较,更无法与国外交通安全状况进行对比,即缺乏可比性。此外,这 4 项指标也不能对事故数、事故后果和发生事故的可能性作出全面的评价,缺乏系统性。

三、相对指标

除了绝对指标外,道路交通安全评价也常采用相对指标,国内外常用的相对指标如下。

(1)万车交通事故死亡率

万车交通事故死亡率是指一定时期内交通事故死亡人数与机动车保有量的比值,是反映交通事故死亡人数的相对指标,侧重于评价机动车数量对交通事故死亡人数的影响,在国际上被广泛采用。

(2)万人交通事故死亡率

万人交通事故死亡率是指一定时期内交通事故死亡人数与人口数量的比值,是反映交通事故死亡人数的相对指标,侧重于评价人口数量对交通事故死亡人数的影响。但若用于不同的地区或国家,因交通环境相差较大,则可比性往往较差。我国与日本等国家均以人/10 万人口为单位。

(3)交通事故致死率

交通事故致死率是一定时期内交通事故死亡人数与交通事故伤亡总人数的比值,它可以综合反映车辆性能、安全防护设施、道路状况、救护水平等因素的影响,是衡量交通管理现代化及交通工具先进性的一个重要指标。

(4)亿车公里事故指标

亿车公里事故指标包括亿车公里事故率、亿车公里受伤率、亿车公里死亡率,侧重于评价交通量和路段长度对交通事故的影响。这一组评价指标,可综合反映交通工具的先进性、道路状况及交通管理的现代化水平,也是国外评价与预测交通安全状况的常用指标之一。

（5）综合事故率

亿车公里事故基本上包括了交通安全的人、车、路三要素,作为国际上的指标是合理的,应用于不同地区间也有较好的可比性。万人交通事故率和万车交通事故率,在人口少、机动化程度高的发达国家和人口多、机动化程度低的发展中国家之间可能会存在较大差距,因此,国内外有时也采用综合指标计算事故死亡率。

四、安全检查表评价法

安全检查表评价法是一种简便易行的评价方法,它根据经验或系统分析的结果,把需要评价的项目自身和周围环境的潜在危险集中起来,列成检查项目的清单,评价时依照清单,逐项检查和评定。该方法虽然简单,效果却很好,各国都颇为重视,已使用的安全检查表有美国保险公司的安全检查表、美国杜邦公司的过程危险检查表、日本劳动省的安全检查表以及我国机械工厂安全性评价表、民用航空安全检查表等。

用安全检查表进行安全评价,目前已被国内外广泛采用,为了使评价工作得到关于系统安全程度的量的概念,开发了许多行之有效的评价计值方法,根据评价计值方法的不同,安全检查表评价法又分为逐项赋值法、加权平均法、单项定性加权计分法以及单项否定计分法。

（1）逐项赋值法

逐项赋值法应用范围较广。它是针对安全检查表的每一项检查内容,按其重要程度不同,由专家讨论赋予一定的分值。评价时,单项检查完全合格者给满分,部分合格者按规定标准给分,完全不合格者给 0 分。这样逐项逐条检查评分,最后累计所有各项得分,就得到系统评价总分。逐项赋值法可由下式表示:

$$m = \sum_{i=1}^{n} m_i \tag{10-77}$$

式中:m——企业安全评价的结果值;

n——评价项目个数。

（2）加权平均法

这种评价计值方法是把企业的安全评价按专业分成若干评价表,所有评价表不管评价条款多少,均按统一计分体系分别评价计分,如 10 分制或 100 分制等,并按照各评价表的内容对于总体安全评价的重要程度,分别赋予权重系数。将各评价表评价所得的分值,分别乘以各自的权重系数并求和,就可得到企业安全评价的结果值,即:

$$m = \sum_{i=1}^{n} k_i m_i \text{ 且 } \sum_{i=1}^{n} k_i = 1 \tag{10-78}$$

式中:m——企业安全评价的结果值;

m_i——按某一评价表评价的实际分值;

k_i——某一评价表得分的相应权重系数;

n——评价表个数。

对照标准规定的分数界限,就可确定企业在安全评价中取得的安全等级。

例如,某地铁车站劳动安全检查表按评价范围给出 5 个检查表,分别是:车间安全生产管理检查表、安全教育与宣传检查表、安全工作应知应会检查表、作业场所情况检查表、安全生产检查和推广安全生产管理新技术检查表。

5 个检查表均采用 100 分制计分,各检查表得分的权重系数 k_i 为:$k_1 = 0.25$,$k_2 = 0.15$,

$k_3 = 0.35, k_4 = 0.15, k_5 = 0.1$。如按以上 5 个检查表评价该车站的实际得分 m_i 为: $m_1 = 85$, $m_2 = 90, m_3 = 75, m_4 = 65, m_5 = 80$。则该地铁车站的劳动安全评价值为:

$$m = \sum_{i=1}^{n} k_i m_i = 78.75$$

如果标准规定 80 分以上为安全级,则可知该地铁车站的安全状况并不令人满意,需要进行整改。

此外,加权平均法中权重系数可由统计均值法、二项系数法、两两比较法、环比评分法、层次分析法等方法确定。

(3)单项定性加权计分法

这种评价计量方法是把安全检查表的所有检查评价项目都视为同等重要。评价时,对检查表中的几个检查项目分别给以"优""良""中""差"或"可靠""基本可靠""基本不可靠""不可靠"等定性等级的评价,同时赋予不同定性等级以相应的权重值,累计求和,得实际评分值,即:

$$S = \sum_{i=1}^{n} w_i k_i \tag{10-79}$$

式中: S——实际评分值;

n——评价等级数;

w_i——某一评价等级的权重;

k_i——取得某一评价等级的项数和。

例如,评价某道路运输企业安全状况所用的安全检查表中一共有 120 项,按"优""良""可""差"评价各项。4 种等级的权重分别为: $w_1 = 4, w_2 = 3, w_3 = 2, w_4 = 1$。

评价结果为:56 项为"优",30 项为"良",24 项为"可",10 项为"差",即 $k_1 = 56, k_2 = 30$, $k_3 = 24, k_4 = 10$。因此,该运输企业的安全评价值为:

$$S = \sum_{i=1}^{n} w_i k_i = 372$$

对于这种评价计分情况,其最高目标值,即 120 项评价结果均为"优"时的评价值为: $S_{max} = 4 \times 120 = 480$(分);最低目标值,即 120 项评价结果均为"差"时的评价值为: $S_{min} = 1 \times 120 = 120$(分)。也就是说,该道路运输企业的安全评价值介于 120 ~ 480 分之间,可将 120 ~ 480 分成若干档次,以明确该企业经安全评价所得到的安全等级。

将实际评价值除以评价项数和,便可知道该企业的安全状况,总体平均是处于"优"到"良"之间,还是"良"到"可"之间,或是"可"到"差"之间,即:372/120 = 3.1。因 3 < 3.1 < 4,可知评价结果介于"优""良"之间。

(4)单项否定计分法

一般这种方法不单独使用,而仅适用于企业系统中某些具有特殊危险而非常敏感的具体系统,如煤气站、锅炉房、起重设备等。这类系统往往有若干危险因素,其中只要有一个处于不安全状态,就有可能导致严重事故的发生。因此,把这类系统的安全评价表中的某些评价项目确定为对该系统安全状况具有否决权的项目,这些项目中只要有一项被判为不合格,则视为该系统总体安全状况不合格。

五、作业条件危险性评价法

作业条件危险性评价法以与系统风险率有关的 3 种因素指标值之积来评价系统人员伤亡

风险的大小,并将所得作业条件危险性数值与规定的作业条件危险性等级相比较,从而确定作业条件的危险程度。作业条件的危险性大小取决于 3 个因素:发生事故的可能性大小(L_q)、人体暴露在这种危险环境中的频繁程度(E_t),一旦发生事故可能会造成的损失后果(C_e)。

但是,要获得这 3 个因素的科学准确的数据,却是相当烦琐的过程。为了简化评价过程,可采取半定量计值法,给 3 种因素的不同等级赋予不同的分值,然后,以 3 个分值的乘积 D 来评价作业条件危险性的大小,即:

$$D = L_q \cdot E_t \cdot C_e \tag{10-80}$$

D 值大,说明该系统危险性大,需要增加安全措施,降低发生事故的可能性,或者降低人体暴露的频繁程度,或者减轻事故损失,直至调整到允许范围。

作业条件危险性评价在我国应用广泛,交通运输部发布的《船员职业健康和安全保护及事故预防》(JT/T 1079—2016)即使用该方法来评价某种船舶作业条件的危险性,其中给出的具体分数值如表 10-7 ~ 表 10-10 所示。

事故或危险事件发生的可能性的分数值 表 10-7

事件或危险发生的可能性	分数值	事件或危险发生的可能性	分数值
完全会被预料到	10	可以设想,但绝少可能	0.5
相当可能	6	极不可能	0.2
不经常,但可能	3	实际上不可能	0.1
完全意外,极少可能	1		

暴露于危险环境的情况的分数值 表 10-8

暴露于危险环境的情况	分数值	暴露于危险环境的情况	分数值
连续暴露于潜在危险环境	10	每月暴露一次	2
逐日在工作时间内暴露	6	每年几次出现在潜在危险环境	1
每周一次或偶然地暴露	3	非常罕见地暴露	0.5

发生事故可能会造成的损失后果的分数值 表 10-9

发生事故可能会造成的损失后果	分数值	发生事故可能会造成的损失后果	分数值
大灾难,许多人死亡	100	严重,严重残害	7
灾难,数人死亡	40	重大,致残	3
非常严重,1 人死亡	15	引人注目,需要救护	1

危险等级及对策 表 10-10

危险分数值	危险 等级	危险 对策
>320	极其危险	停产整改
160 ~ 320	高度危险	立即整改
70 ~ 160	显著危险	及时整改
20 ~ 70	一般危险	需要注意
<20	稍有危险	一般可接受,但亦应该注意防止

事实上,对于任何一种交通系统,都可以进行作业条件危险性评价,按照实际情况选取 3 种因素的分数值并计算 D 值,再根据 D 值大小判定系统的危险程度高低。这种安全评价方法

的特点是简便,可操作性强,有利于掌握运输企业内部危险点的危险情况,有利于促进整改措施的实施。

要注意的是,3 种因素中事故发生的可能性只有定性概念,没有定量标准。评价实施时很可能在取值上因人而异,影响评价结果的准确性。对此,可在评价开始之前确定定量的取值标准。如"完全可以预料"是平均多长时间发生一次,"相当可能"是平均多长时间发生一次,等等。这样,就可以按统一标准评价系统内各子系统的危险程度。

本章小结

交通事故分析是事后性总结,包括案例分析和统计分析。交通事故案例分析的主要方法包括因果分析图分析、事件树分析、事故树分析等。交通事故再现技术是交通事故案例分析的重要技术手段,本章对应用相对成熟的道路交通事故再现技术原理进行了介绍。

交通事故统计分析是针对某一类的交通事故而进行的,着重于发现宏观原因或共同点,目的在于探寻交通事故发生的时间、空间、形态分布规律、发展趋势以及主要影响因素等。事故多发地点的鉴别是微观分析的重要内容,本章对道路交通事故多发点的鉴别分析方法进行了介绍。

交通安全评价综合考虑人、机、环境等诸多方面的因素,使用评价指标对交通系统中的交通安全程度进行量化。交通安全评价指标包括绝对指标和相对指标,交通安全评价方法主要有安全检查表评价法、作业条件危险性评价法等。

习题

10-1 简述交通事故案例分析的主要方法。

10-2 进行交通事故统计分析的目的是什么?交通事故统计分析与交通事故案例分析有何联系?

10-3 试述道路交通事故多发点的鉴别分析方法及其使用条件。

10-4 质量为 1670kg 的轿车 A,追尾碰撞质量为 1350kg 的轿车 B。A 车的驾驶人紧急制动,4 个车轮均有制动力,碰撞后滑行 9.2m。B 车没有制动,但在碰撞瞬间,其后轴遭破坏而不能滚动,B 车静止于 A 车前 6.8m。变形主要发生在 B 车尾部,变形深度为 0.68m。道路平坦,路面为沥青混凝土路面,路面附着系数为 0.6,试推算两车碰撞前的瞬时车速。

10-5 道路交通安全评价有哪些相对指标?

第十一章

交通安全保障与事故救援

　　为保障交通安全,避免交通事故发生,应采取积极有效的预防和综合治理措施。但耗资再大,设备再完善,绝对地消除事故也是不可能的,还需要加强交通事故紧急救援的组织与管理,通过救援达到尽可能减少事故中人员伤亡和财产损失的目的。在安全技术保障体系中,安全审计是检查评估安全水平、推动实现安全要求的重要工具。本章首先介绍交通安全审计的内容与具体流程,并在此基础上提出影响交通安全的人、机和自然灾害的安全监控与检测技术,最后对道路交通事故的救援流程与救援体系建设进行介绍,便于学生掌握相关知识。

第一节　概　　述

　　为保障交通运输安全,可从交通安全审计、交通安全监控与检测以及交通事故救援 3 个方面入手。

一、交通安全审计

　　交通安全审计是由具有交通安全审计资格的审计人员对交通项目潜在的安全隐患进行独立、客观的调查,提出经过充分考虑的能消除或减轻安全隐患的保障措施,并给出审计报告,使交通项目不仅技术合理、经济可行,而且安全可靠的一种管理方法。与交通安全审计近似的概念有交通安全审查、检核、核查、预审等,它们在外延与内涵上均与交通安全审计一致,在此统一使用"交通安全审计"的说法。

一般来讲,安全审计比日常监管更强势、更集中、更全面,为日常监管提出了更加明确的监控项目,为督促企事业单位整改存在的安全问题提供了更具操作性的措施。且通过公布审计结果、借助社会监督,更有利于各项规章制度的真正落实与安全遗留问题的最终解决。因此,安全审计可提高日常监管的工作绩效。

实施安全审计的目的可总结为以下 4 点。

(1)全面掌握被审计方安全运行状况。

(2)查找被审计方安全管理上存在的问题,督促并指导其进行安全整改。

(3)督促并指导被审计方建立和完善安全管理体系和长效机制。

(4)发现监管薄弱环节以完善交通运输安全管理规章,提高监管工作水平。

二、交通安全监控与检测

要保证交通安全,避免交通事故的发生,应对影响安全的各种要素实时监控和检测。交通安全监控与检测技术建立在先进技术手段基础上,所涉及的内容包括与交通相关的所有方面,可以分为人、交通工具、自然灾害等。因各种交通运输方式有其特殊性,安全监控与检测的具体技术存在一定差异,但功能是相近的。

实施交通安全监控与检测的目的可总结为以下 3 点。

(1)能及时地、正确地对运行设备的运行参数和运行状况做出全面监控和检测,以达到预防和消除事故隐患的目的。

(2)对设备的运行进行必要的指导,提高设备运行的安全性、可靠性和有效性,以期把运行设备发生事故的概率降到最低水平。

(3)通过对运行设备进行监控、检测、隐患分析和性能评估等,为设备的结构修改、设计优化和安全运行提供数据和信息。

总的来说,进行安全监控与检测的目的在于确保设备的安全运行,预防和清除事故隐患,避免事故发生,是主动识别潜在危险最有效的一种方法。

三、交通事故救援

只要存在着危险因素,就存在着事故发生的可能性,而且没有任何办法能精确地确定事故发生的时间。此外,事故发生后如果没有采取相应的措施迅速控制局面,事故的规模和损失可能会进一步扩大,甚至引起二次事故,造成更大、更严重的后果。

根据法国民防部门统计,在交通事故中,对于同样伤势的重伤员,在 30min 内获救,其生存率为 80%;在 30~60min 内获救,其生存率为 40%;在 60~90min 内获救,其生存率仅在 10%以下。土耳其的一份研究同样表明,交通事故发生后 30min 内给予重伤者急救措施,则有18%~25%伤者的生命可得到挽救。在我国,由于急救常识的缺乏,在道路交通事故中有约40%的受伤者当场死亡,近 60%的受伤者死于医院或送往医院的途中,其中约 30%的受伤者是因抢救不及时而死亡的。

大量的研究表明,仅在事故现场实施及时正确的抢救就可使 10%以上的受伤者得以生还和康复。由此可见,采取及时有效的救援措施,是可以挽救伤者生命的。此外,制订紧急救援预案还可以提高相关部门对交通事故的处理能力,相关部门根据预先制订的应急处理方法和措施,一旦交通事故发生,能做到临变不乱,并高效、快速做出应急反应,减少事故造成的财产损失和对公共安全的影响,从而尽快恢复正常运输秩序,维护社会稳定。因此,加强对交通事故紧急救援的组织和管理是十分必要的。

第二节 道路交通安全审计

道路交通安全审计是从预防交通事故、降低事故发生的可能性和严重性入手,对道路项目建设的全过程进行全方位的安全审核,从而揭示导致道路交通事故发生的潜在危险因素,是以预防交通事故和提高道路安全水平为目的的技术手段。

一、审计流程及内容

1. 审计流程

道路交通安全审计的 8 个步骤及相应的责任人见表 11-1,每个步骤中的细节内容必须与具体审计项目的性质和规模相适应。审计组提交的书面报告应当尽可能简洁,对于规模较小、道路交通安全问题较清楚的项目,有的步骤可以简化,但不能省略。在审计过程中,总的流程次序不能改变。

道路交通安全审计实施流程 表 11-1

步 骤	责 任 人
1. 选择审计队伍(单位) 选择审计单位和人员,他们应具备合格的资质,并与设计单位无关,对设计审查能达到公正、可靠、客观的要求	委托方或设计者
2. 提供背景材料 为审计人员提供相关的报告、说明书、图纸和有关部门勘测资料,在不同的审计阶段,要求的背景资料也不相同	委托方和设计者
3. 召开审查开始会议 三方责任人会见,商议审计事项和交接资料	委托方、审计人员和设计者
4. 审计设计文件、图纸、资料 利用安全核查表审计设计图纸或现有道路上是否存在不安全因素	审计人员 (此两步骤同时交叉进行)
5. 现场考查调查 考虑各类型的道路使用者和各种可能发生的情况,辨别不安全因素	
6. 编写审计报告 逐项阐明鉴定的不安全因素,提出修改建议	审计人员
7. 召开审查完工会议 交换审计情况,提交审计报告,讨论修改建议	委托方、审计人员和设计者
8. 裁决与实施安全审计建议 委托人考虑每一项审计建议和意见,对采纳和不采纳的建议提出明确理由,将报告副本反馈给审计人员和设计者;设计者按裁决意见对设计进行修改	委托方和设计者

2. 审计内容

由于道路交通安全审计所要解决的问题广泛分布在道路生命周期的各个阶段,因此,世界各国一致认为道路交通安全审计可以从道路规划、设计、建造与运营的各个环节介入。通常,道路交通安全审计可以划分为规划与可行性研究阶段、初步设计阶段、施工图设计阶段、施工阶段、运营前的验收与运营后的审计 5 个部分,其中每个阶段的审计均是一次完整的审计过程,每个阶段都应严格按照安全审计的实施步骤并参照审计条目来执行。各阶段主要审计内容见表 11-2。

道路交通安全审计各阶段主要审计内容　　　　　　　　　　　　　　　　表 11-2

审计阶段	审计的主要内容	需要的资料
规划及可行性研究阶段	路网功能的适配性、不同层次路网及多方式交通系统衔接的顺适性;线形、设施、设计标准、工程规范等	1. 项目区域地图及路网平面图; 2. 交通量资料; 3. 交通管理资料; 4. 道路运营管理资料; 5. 土地使用方案; 6. 规划方案或可行性研究报告
初步设计阶段	与安全相关的平面交叉口、互通式立交桥的布局规划及平曲线、竖曲线、横断面、视距、停车设施、非机动车与行人设施等	1. 前一阶段审计的安全文件; 2. 交通量及预测报告; 3. 气候、环境资料; 4. 周边土地开发资料; 5. 初步设计文件
施工图设计阶段	道路的几何设计、标志、标线、交通信号、灯光照明、交叉口细节设计与交通组织方案、路侧设计、景观规划等	1. 前一阶段审计的安全文件; 2. 交通量预测报告; 3. 施工图设计文件
施工阶段	包括施工区、施工组织与管理、交通疏导方案、临时交通控制设施等	1. 前一阶段审计的安全文件; 2. 施工图设计文件(含变更)(此阶段重点是现场调查及分析,需配备必要的测量、摄影器材等)
运营前的验收与运营阶段	对被审查对象的驾驶行为进行模拟检查,确定在前面几个审计阶段未发现的安全隐患,同时对实际运行作出早期的安全审计,以便及时发现可能引发交通事故的隐患	1. 前一阶段审计的安全文件; 2. 项目设计文件; 3. 实际交通资料; 4. 交通管理及运营管理资料; 5. 事故资料; 6. 设施养护资料等

二、规划及可行性研究阶段的道路交通安全审计

道路规划及可行性研究环节是道路交通安全审计介入的第一个阶段,此时安全审计的实施是在宏观层面,其对象是道路网络、路线与网络的适配性、路线技术标准的选取、新建或改建项目对现有路网的安全影响、路线连接起终点与进出口设置及道路建设对环境等的宏观影响。

1. 规划阶段

事故之所以存在,往往是多种因素共同作用的结果,由于规划、设计的因素出现问题,而其

他方面又不能减轻或终止前一方面对安全的影响,则很有可能导致交通事故的发生。这就要求在规划阶段进行必要的保障,防止后续阶段交通事故的发生。规划安全性提高,可有效降低后续设计、安全改善的难度。

路网规划阶段的交通安全审计是所有安全审计中的"顶层任务",主要是对规划方案进行宏观的、战略性把握。在这个层次上开展的审计,跨越了工程的局限,目的在于从交通系统整体出发,为区域经济发展提供安全保障。

路网规划所追求的目标,除了被动的项目安全评估与弥补外,还应使规划方案达到"认知安全规划(Safety Conscious Planning)"的程度。这是一种主动型道路交通安全审计,即在规划之前就建立一个路网安全效能目标,并将其渗透到规划各环节的安全维护与保障进程中,以确保道路具备更高的宏观安全性能。

1)路网规划中的安全要点

(1)采取"安全性能指标"优先的原则

路网规划中,如果仅以通行能力、饱和度等作为预测指标,则没有达到"认知安全规划"的程度,必须将道路系统安全性能作为未来预测的一个关键指标,并判定这一规划项目是否促进和提高了系统的道路交通安全性,而不只是个别点与线上实施局部的安全改造。

(2)系统考查与其他方式交通网络的节点安全

国内外广泛存在着道路网络与铁路网络交叉的问题。随着我国铁路的全面提速,公路铁路交叉道口,尤其是城市道路与铁路交叉道口的安全问题日益突出。在路网规划中应系统地考虑与铁路的交叉节点,使立体交叉道口、平面交叉道口服从系统的布局方案,并在道路、铁路各自系统内部新建路线的规划中相互协调与合作,以消除安全隐患。

(3)各层次道路网络间保持安全衔接

现阶段我国在道路网规划中存在着一个突出的安全问题,即公路与城市道路衔接的不适配性。集中体现在公路与城市道路执行独立的技术标准,从而造成公路与城市道路的衔接区段行车不顺畅,产生了"速度梯度"。这就要求对路网规划实施层次衔接的安全审计,保证平滑过渡。

(4)避免路网规划与区域开发间的安全冲突

路网规划一般服从并服务于区域的社会经济开发计划,过去只是从可达性的角度来进行路网规划,以满足其区域发展的需求,却未考虑与区域开发间的安全冲突问题。因此,在路网规划的安全审计中,要求从安全角度考查这两方面的协调性。其中一个重要的指标是保证道路服务功能与其相连通区域的活动和开发性质相一致,不造成潜在的冲突。例如,社会服务型道路应该避开军事区、高危物质的研究与生产区域等。高等级公路应尽量避免穿越动物保护区或动物频繁活动区域,如果需要穿越,则要规划与建设相应的动物通道。

(5)应急道路交通系统规划

应急道路交通系统的基本功能是能够保障在紧急状态时实施快速反应与应用,这个安全性能需要在网络规划层面上加以考虑,并作为路网规划的重要环节。

例如,对于有重要意义的干线道路,必须在规划阶段考虑其替代道路,当干线道路由于交通事故、自然灾害或紧急状态而不能实现其功能时,可用替代道路作为临时疏散交通的通道。

2)道路交通安全审计实施案例

在道路交通安全审计过程中,通常在资料和文件的评估、现场调查及编写审计报告等情况下使用审计清单,审计清单作为道路交通安全审计的辅助手段,是有关道路各方面知识和经验的综合产物,可使审计者在安全审计时免于遗漏某些重要的内容,同时,也可使设计者在设计时发现潜在安全问题。

表11-3为英国使用的针对某个城市道路网络规划阶段的安全审计清单,用以说明路网规划阶段安全审计的主要内容。

道路网络规划的安全审计清单 表11-3

审 计 内 容	是	否
1. 该道路网是否具有完整层次,包括了主干道路、集散道路、地区集散道路、进出支路		
2. 主干道路能否真正形成整个城市的首要道路网络,并承担绝大多数的过境交通		
3. 当主干道路每一个行车方向具有2条或更多车道时,其双向交通是否有中央分隔带进行划分		
4. 地区集散道路是否只服务于一个社区、村庄或相似地区的交通		
5. 是否所有道路都只与其等级相同的道路相交,或只与其上一级或下一级的道路交叉		
6. 地方的进出支路是否已经设计成不适用于过境交通		
7. 是否所有地方进出支路都不长于200m		
8. 是否所有的主干道路与主干道路的交叉口都已经渠化,或有信号灯控制,或设有环岛(当交通量很多时,建立了立交)		
9. 是否所有的主干道路与集散道路的交叉口都设置了主路优先的T形交叉,或有信号灯控制,或设有环岛		
10. 是否所有的集散道路与进出支路的交叉口都设置了集散道路优先的控制方式		
11. 是否所有主干道路与集散道路的交叉口都已在主干道路上设置了"港湾式"转弯车道		
12. 主干道路上的交叉口间距是否至少为250m(交叉口的期望最大密度是3个/km)		
13. 地方停车场是否只能从地方的进出支路进入(当停车场为医院、购物中心、加油站及其他吸引较大车流的停车场时,可以例外地由集散道路进入)		
14. 设施的进出口是否都设在了距离交叉口至少50m的地方		
15. 交叉口的标志是否可以让用路者明确区分哪条道路具有优先通行权,并且这个标志没有视线障碍		
16. 交通量大的主干道路上是否禁止停车,或有严格的控制		
17. 公交站点的位置是否设置在安全区域内		

2. 工程可行性研究阶段

道路网络规划阶段的安全审计,其视角是"面上"的整体安全性能审查,而对于建设项目的工程可行性研究阶段,安全审计的视角则是"线上"的安全性能考查。

现阶段我国实施建设项目的可行性研究,主要是确认项目建设的必要性,探讨路线可能的走向,明确技术标准及建设规模,并初步制订项目的技术方案。包括确认起终点、确定道路各区段的技术参数、选择主要控制点、制订与节点的衔接方案等内容。因此,这个阶段的道路交通安全审计,应伴随工程可行性研究的框架而进行,审计的主要内容包括以下几方面。

1)技术标准

(1)公路等级

根据项目沿线城镇及人口分布情况、预测交通量、交通组成、项目功能及在路网中的地位等,对拟定的公路等级从适应行车安全要求方面进行评价。

(2)设计速度

根据拟建公路项目等级,结合预测交通量及其组成、沿线地形情况等对设计速度进行安全性评价。速度协调性是评价线形设计一致性的指标,采用相邻单元路段间运行速度的变化值进行评价。相邻单元路段设计速度差不宜大于20km/h,在差值大于20km/h的相邻路段间应该设置过渡路段。过渡路段的长度应能够保证线形指标的过渡需要,并设置交通设施引导驾驶人调整运行速度。

(3)路基横断面宽度

新建项目应根据预测交通量及其组成,从行车安全角度评价新建项目路基横断面形式及其行车道、硬路肩、中央分隔带、路缘带等宽度的适应情况;分期实施项目应根据远景规划评价前期实施工程与后期预留工程对行车安全性的影响;改扩建项目应根据路基宽度和设施变化的协调性等情况,评价其对行车安全性的影响。

2)技术方案

(1)技术指标

平面、纵断面线形指标应与设计速度相适应。以大、中型货车通行为主的项目应尽量提高纵断面、横断面及平面设计指标值。分期建设的项目应注意近期工程对行车安全性的影响,改建项目应注意改建前后技术指标的协调性及对行车安全的影响。

(2)起讫点

根据预测交通量对路线起讫点与接续道路的连接方式、交通组织等进行评价。

(3)平面交叉

根据地形条件、主线技术标准、相交道路状况、预测交通量等对平面交叉口设置的必要性、形式、交通组织及交叉口间距等进行评价,其评价标准为尽量减少行车冲突点的数量。

(4)互通式立交

根据路网条件、出入交通量及沿线城镇布局等情况对互通式立交设置的必要性、形式、与被交道路连接方式、相邻互通立交、互通立交与隧道等大型构造物及其他管理服务设施的间距等进行评价。当最小间距不满足现行规范要求时,应增设辅助车道及标志标线等安全设施。

(5)跨线桥及通道

对未能设置平面交叉或互通立交的其他路线交叉口,应评价跨线桥或通道设置的必要性及设置间距的合理性。

(6)施工期间的交通组织

公路改建项目在施工期间不中断交通或将主线交通量分流到相关道路时,应对施工组织方案的行车安全性影响及其采取的相应安全措施进行评价。

3)环境影响

(1)天气

根据降雨、冰冻、积雪、雾、强风等自然天气条件,对工程方案在不利自然天气条件下采取的安全措施进行评价。

（2）不良地质

根据不良地质情况，对工程方案中不良地质条件下所采取的安全性措施进行评价。

（3）动物

根据动物活动区域及动物迁徙路线，对设置隔离栅或动物通道的必要性进行评价。

三、设计阶段的道路交通安全审计

道路设计一般可分为路线设计、路基路面设计和平面交叉口设计。因此，道路设计阶段的交通安全审计可根据不同的设计内容分开进行。

1. 路线设计

道路路线设计（即几何线形设计）的交通安全审计，是国内外道路交通安全审计的核心环节。线形是道路的基本骨架，建成之后就难以改动，甚至无法改动。因此，公路线形设计的优良与否事关公路生命，它对汽车行驶的安全性、舒适性、经济性及公路的通行能力等都起着决定性作用。

这个阶段交通安全审计的基本思路是根据路线设计方案，预测车辆在方案实施后的动态运行状况，同时，根据多年的统计研究、机理研究、试验研究的成果对道路几何线形的安全性能进行预测与评估，指出安全隐患的位置与形式，然后有针对性地消除隐患或推荐出更好的方案。

本阶段的安全审计，是根据传统设计规程初步确定道路线形方案后，再利用相关技术对这个方案进行安全性专项分析，审计的项目主要包括路线设计一致性、平面线形、纵断面、横断面及视距等。

1）路线设计一致性审计

公路路线安全性评价的核心是：检验和评价公路设计方案中相邻路段间设计指标的协调性、均衡性和设计指标、参数与实际驾驶行为的一致性要求。

设计一致性是指道路几何线形设计既不违背驾驶人的期望，又不超越驾驶人安全操作汽车能力极限的特性。相关研究表明，公路线形设计的一致性与交通事故有着密切的联系，因而用线形设计一致性来评价路线的安全性是可行的。线形设计的一致性与运行速度相关，将运行速度作为控制公路线形设计的主要参数是进行路线安全性设计的关键。

路线设计一致性评价指标采用相邻路段运行速度的差值 Δv_{85} 及运行速度梯度的绝对值 $|\Delta I_v|$，运行速度的预测方法参考《公路项目安全性评价规范》（JTG B05—2015），评价标准如表 11-4 所示。

相邻路段运行速度协调性评价标准　　　　　　　　　　表 11-4

相邻路段运行 速度协调性	评 价 标 准	对 策 与 建 议
高速公路、一级公路		
好	$|\Delta v_{85}| < 10$km/h 且 $|\Delta I_v| \leqslant 10$km/(h·m)	—
较好	10km/h $\leqslant |\Delta v_{85}| < 20$km/h 且 $|\Delta I_v| \leqslant 10$km/(h·m)	相邻路段为减速时，宜对相邻路段平纵面设计进行优化，或采取安全改善措施
不良	$|\Delta v_{85}| \geqslant 20$km/h 或 $|\Delta I_v| > 10$km/(h·m)	相邻路段为减速时，应调整相邻路段平纵面设计；当调整困难时，应采取安全改善措施

相邻路段运行 速度协调性	评 价 标 准	对 策 与 建 议
二级公路、三级公路		
好	$\lvert \Delta v_{85} \rvert < 20km/h$ 且 $\lvert \Delta I_v \rvert \leqslant 15km/(h \cdot m)$	—
不良	$\lvert \Delta v_{85} \rvert \geqslant 20km/h$ 或 $\lvert \Delta I_v \rvert > 15km/(h \cdot m)$	相邻路段为减速时,应调整相邻路段平纵面设计,或采取安全改善措施

2)平面线形安全审计

平面线形指标的安全审计项目包括:直线长度、平曲线、偏角、超高、超高渐变段及合成坡度等。

(1)直线长度

《公路路线设计规范》(JTG D20—2017)对直线最大长度没有规定量化指标,但规定:设计速度大于或等于60km/h时,同向曲线间的直线最小长度以不小于$6v$(设计速度)为宜,反向曲线的直线最小长度以不小于$2v$为宜。

(2)平曲线

平曲线路段与交通安全紧密相关的因素是平曲线最小半径,当采用运行速度计算的平曲线半径大于设计速度对应的平曲线半径时,应对加大平曲线半径方案和降低运行速度对应的平曲线半径方案进行技术经济比较,择优采用。

平曲线最小长度以设计速度的9s行程为宜,圆曲线长度应不小于按运行速度行驶3s的距离,这样才能保证驾驶人员较从容地操纵方向盘。高等级公路和城市快速干道应以前后区段的平曲线半径的顺适性作为审计重点。

(3)超高渐变段及合成坡度

高等级公路和城市快速干道超高渐变段的审计重点是存在突变点的位置,山区公路还要注意审计未设超高或超高不足的区段,检查是否存在安全隐患。山区公路的另一个审计重点是合成坡度。深挖方公路路段、建筑物密集区域的城市道路,重点审计平曲线段有无视距障碍。

3)纵断面线形安全审计

纵断面线形的安全审计项目包括纵坡坡度、纵坡坡长和竖曲线设计。审计重点是山区公路连续下坡的长度,专项评估重载汽车的行车特性。注意纵坡坡长与坡度的联合作用,避免出现坡度与坡长均未超标,但组合后形成"超级"坡道的现象。城市道路的纵坡坡度评估应考虑非机动车的行车需要。凸形竖曲线除传统的视距审计外,对于变坡点之外有支路汇入的,需重点审计其视距是否满足安全标准。

4)横断面设计安全审计

横断面设计中的安全审计项目有行车道宽度(包括直线段及带有加宽的平曲线段的行车道宽度)、辅助车道宽度(包括爬坡车道、超车车道、左转车道、右转车道、加速车道、减速车道、匝道等)、路肩宽度、路肩类型、标准行车道横坡坡度(审计对象为直线段的行车道横坡坡度)、标准路肩横坡坡度等。

5)视距审计

为保证交通安全,驾驶人看到一定距离处的障碍物或迎面来车,进行制动或绕过,在道路上行驶所必需的安全距离,称为行车视距。视距是道路几何设计的重要因素,是驾驶人面对各种道路情况时能够有合理的时间采取合理驾驶操作的必要条件。在平曲线与竖曲线上超车时,视距不足常常会引发交通事故。《公路工程技术标准》(JTG B01—2014)规定了小客车和大货车的停车视距,设计速度对应的停车视距应小于其实际行车视距。

对于高速公路、一级公路路线设计的安全审计流程见图11-1,安全评价指标和评价标准见表11-5。

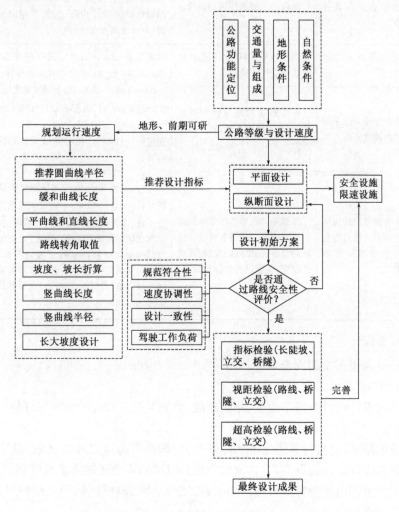

图11-1 高速公路、一级公路路线设计的安全审计流程

高速公路、一级公路路线设计的安全评价标准　　　　　表11-5

评价标准	评价内容	评价要求	具体指标	推荐评价标准
规范符合性	满足标准、规范	公路路线平纵横线形设计和桥梁、隧道、立交等大型结构设计满足标准、规范要求	横断面组成与宽度、平曲线半径和长度、直线长度、坡度、坡长、爬坡车道、避险车道、匝道、标志标牌、护栏等	必评

评价标准	评价内容	评价要求	具体指标	推荐评价标准
设计协调性	路段空间曲率（将道路线形,即汽车的行驶轨迹看作一条三维的曲线）协调性评价	基于几何线形空间曲率累计值连续性对公路设计中平纵曲线组成的三维曲线进行评价	空间曲率累计值 $K'>0.3283$ 时,公路线形设计搭配不当,指标连续性差;$0.2899<K'\leqslant0.3283$ 时,公路线形设计基本安全、合理;$K'\leqslant0.2899$ 时,说明公路设计线形指标均衡、三维空间曲率连续,设计方案安全、合理	参考
	相邻路段速度差评价	对相邻单元路段间运行速度变化值进行评价	速度差 $\Delta v<10\mathrm{km/h}$ 且速度梯度 $\Delta I_v\leqslant10\mathrm{km/(h\cdot m)}$ 时,设计指标协调性好;$10\mathrm{km/h}\leqslant\Delta v\leqslant20\mathrm{km/h}$ 且速度梯度 $\Delta I_v\leqslant10\mathrm{km/(h\cdot m)}$ 时,相邻路段设计指标较好;$\Delta v>20\mathrm{km/h}$ 或 $\Delta I_v\geqslant10\mathrm{km/(h\cdot m)}$ 时,速度协调性不良,相邻路段设计指标不均衡	必评
	断面车速降低系数或速度梯度评价	评价车速的连贯性和离散性,用车速降低系数、速度梯度评价		
设计一致性	所有路段设计指标满足运行速度对应技术标准或指标参数要求	路线平、纵、横各项设计指标和构造物平、纵、横各项设计指标的验算;三维视距检验;互通式立交、匝道设计指标检验	$|v-v_{85}|\leqslant20\mathrm{km/h}$ 的路段速度协调性较好;$|v-v_{85}|>20\mathrm{km/h}$ 的路段速度协调性不良,需对路线平纵横设计、视距、安全设施和辅助设施和桥梁、隧道、立交等大型结构物等按路段运行速度进行检验。验算时需满足一般最小值要求。如果仅满足极限值,可视安全状况通过其他处置措施加以完善	必评

2.路基路面设计

1）路基设计阶段的交通安全审计

（1）审计项目

路基设计的审计项目为路基边坡、路侧净区、路侧类型等指标的预测与评估。

（2）审计重点

此处提及的路基,特指行车道之外的路基部分,即路肩边缘之外的区域,其中最主要的是路侧区域。路基安全审计的重点为:在求取特定路段的路侧净区的需求宽度后,检查该路段在相应的路侧宽度范围内是否有障碍物。如果有,则应清除,避免车辆驶入路侧后,与坚硬的物体碰撞而发生交通事故。

除此之外,路段的车辆越出行车道界线之外的风险程度,也是审计的重点。

（3）审计方法

①新建项目路基设计的安全审计。

计算路侧净区宽度需要考虑的影响因素有运行速度、单向道路的年平均日交通量（Annual Average Daily Traffic,AADT）、路基形式（填方与挖方）。如果道路为平面曲线段,还应附加调整系数。填方直线段和挖方直线段的路侧净区宽度测算如图 11-2、图 11-3 所示,而平曲线段的路侧净区宽度调整系数 F_c 参见图 11-4,平曲线段的路侧净区宽度采用直线段路侧净区宽度乘以曲线调整系数 F_c 获得。

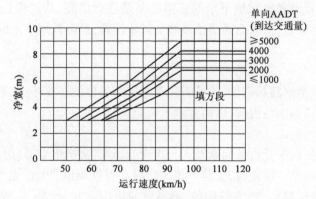

图 11-2 填方直线路段路侧净区宽度

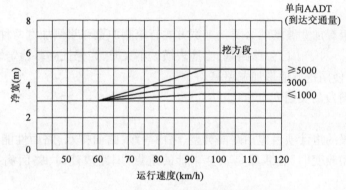

图 11-3 挖方直线路段路侧净区宽度

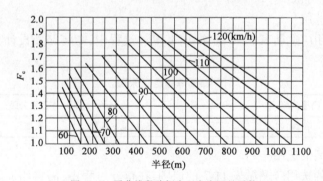

图 11-4 平曲线段路侧净区宽度调整系数

路侧净区的宽度还受路基边坡坡度的影响。填方坡度陡于 1:3.5 的边坡上不能行车,故该段路侧区域不能作为有效的净区;当填方边坡在 1:3.5 和 1:5.5 之间时,驾驶人就有较多的机会控制车辆下坡,故可以利用 1/2 宽度的边坡作为路侧净区;当边坡坡度为 1:6 或更缓时,整个坡面宽度均可作为路侧净区。

路侧区域在设计环节的安全特性评估,由于没有道路实体,只能依赖设计图纸和方案进行分析,因此,不可能包含实地勘察,这就需要对设计要素进行分类、分层次地逐一排查。

②改建项目路基设计的安全审计。

a. 路基高度。

对于经过稻田、沼泽地、塔头地等潮湿地带的旧路路线,需检查路槽底部 80cm 范围与水位的距离,以对长期受地表水和地下水的影响的路基进行提高,从而保证路基的强度和稳定性。必要时还应因地制宜,采取疏通措施或增加排水设施,以降低地下水的高度和防止地表水的渗透。

b. 沿河路基。

对于水害严重的沿河路基路段,除检查是否有提高线位的必要外,还需验证是否可以通过改变横断面设计,使道路中线内移,以消除水毁威胁。

c. 边坡处理。

旧路路基的边坡,由于受自然因素及人为因素的影响,常产生变形、塌方,既直接危及路基的稳定,又使其边沟阻塞。改建时,需检查相应路段是否有刷坡、护面、放缓边坡、增设截水沟的必要性。如边沟出现碎落、塌方等现象,容易致使边沟阻塞,此时,应增设碎落台或采取放缓、加固边坡等措施。

d. 路基加宽。

检查旧路是否有加宽路基的必要。加宽方式有单侧加宽和双侧加宽两种,各有优劣,应因地制宜,择优选择。对于山区公路路基,当地表横坡不大时,为保证路基稳定性,通常将设计中线移向山坡上方,使用挖方地带加宽路基。

2)路面设计阶段的交通安全审计

(1)审计项目

路面设计阶段的审计项目包括路面类型、路面等级、路面排水、路面性能等指标的预测与评估。当路面类型改变时,过渡段是安全审计的重点;旧路改建时,路面病害是安全审计的重点。

(2)审计重点与方法

①路面等级的选用。

路面等级的选用应遵循表11-6的原则,在审计过程中,需将路面设计方案与该原则进行比较。

路面等级选用原则   表11-6

公路等级	高速公路	一级公路	二级公路	三级公路	四级公路
路面等级	高级	高级	高级或次高级	次高级	中级或低级

②路面面层类型的选用。

路面面层类型的选用应遵循表11-7的原则,在审计过程中,需将路面设计方案与该原则进行比较。

路面面层类型选用原则   表11-7

面 层 类 型	适 用 范 围
沥青混凝土	高速、一级、二级、三级、四级公路
水泥混凝土	高速、一级、二级、三级、四级公路
沥青贯入式、沥青碎石、沥青表面处理	三级、四级公路
碎石路面	四级公路

③预测特殊状态下的路面制动性能。

路面设计阶段,除按规范要求对路面材料和面层结构进行取样和实验室分析之外,在安全审计环节中,还应重点对特殊状态下路面制动性的改变加以分析。

采用货车作为分析对象,路面的制动距离由下式计算:

$$S = \frac{(v_0/3.6)^2}{2g(f+i)} \tag{11-1}$$

式中:S——大货车的制动距离(m);

　　v_0——制动起始速度(km/h);

　　g——重力加速度(m/s^2);

　　f——轮胎与路面的纵向摩擦系数;

　　i——路线纵坡度(上坡为正,下坡为负;%)。

在极限情况下,采取紧急制动时,纵向摩擦系数可采取路面的滑动摩擦系数。在安全审计中,重点考虑有附着物路面及有冰雪路面的制动特性,这时的摩擦系数采用表11-8、表11-9中的标准。

有附着物路面的滑动摩擦系数

表11-8

附着物	干细砂	湿细砂	砂土	粉煤灰	稀泥
混凝土	0.61	0.64	0.65	0.50	0.42
沥青	0.58	0.66	0.63	0.48	0.40

有冰雪路面的滑动摩擦系数

表11-9

铺撒物	不铺撒	铺撒碎石(粒径0.5~1.0mm)	铺撒细砂(粒径0.02~0.04mm)
冰面	0.15	0.28	0.43
压实积雪	0.20	0.36	0.31

④审计平曲线段路面的横向抗滑特性。

汽车在平曲线上所受的离心力按下式计算:

$$F = \frac{Gv^2}{gR} \tag{11-2}$$

式中:F——离心力(N);

　　R——平曲线半径(m);

　　v——汽车行驶速度(m/s)。

经X、Y轴分解,可得到横向力系数公式:

$$\mu = \frac{v^2}{127R} - i_b \tag{11-3}$$

式中:μ——横向力系数;

　　i_b——横向超高坡度(%)。

μ值的大小反映了车辆行驶的稳定性,μ值越大,汽车在平曲线段上的稳定性就越差。汽车在平曲线段上行驶,如果要避免产生横向滑移现象,需满足:

$$\mu \leqslant \varphi_h \tag{11-4}$$

式中:φ_h——横向摩擦系数。

由式(11-3)可知,在相同的速度下,曲线的半径越小,其横向力系数越大,越接近路面的横向摩擦系数,行车的横向稳定性越得不到保证。尤其在路面状况不好的情况下,横向摩擦系数降低,车辆容易产生横向滑移现象,引发交通事故。

因此,在路面设计的安全审计中,应当结合平曲线的线形设计,考虑特定路段是否存在车辆横向滑移的危险,以及在积水、积雪等情况下,这种危险会增加到何种程度。如果必要,则需调整几何线形指标,或改变路面面层的材料与结构,以增大横向摩擦系数。

⑤路面过渡段。

对于路面类型发生变化的区段,如由公路的沥青混凝土路面转变为城市道路的水泥混凝土路面时,应设置路面过渡段。路面设计审计时,应预测过渡段纵向及横向摩擦系数的变化情况,总的审计原则是力求摩擦系数平滑渐变,不应有跳跃。不同类型的路面分段长度不应小于500m。

⑥路面排水。

城市道路中应当考查平坡的长度及其路拱横坡度,必要时应设置纵坡起伏,以利于纵向排水,减少雨天的事故隐患。

⑦改建项目的路面设计。

当车辆内外侧车轮处在不同摩擦系数的路面时,会影响正常的行车方向,从而造成危险。因此,部分路面进行重新铺装时,应当进行安全审计,避免出现路幅横向范围内摩擦系数有梯度的情况。

3. 平面交叉口设计

统计表明,不论是公路还是城市道路,平面交叉口都是碰撞风险较高的地点。国内城市交通事故的抽样统计表明,发生在平面交叉口的交通事故约占城市道路交通事故的30%。由此可见,平面交叉口对整个道路交通系统的安全水平有着十分重要的影响。

平面交叉口设计的审计项目与方法如下:

(1)平面交叉形式(如加铺转角、分道转弯、扩宽路口、环行、渠化等)所采取的设计原则,是否能适应相交道路的交通量。

安全审计要点:考查平面交叉设计所采用的形式,其位置是否与地形相适应,相交角度太小时,采取了哪些技术措施,是否适应道路等级要求,以及车流流向能否达到安全畅通等,均应对其作出适当的评价。

(2)平面交叉范围内的纵坡。受地形限制,采用较大纵坡时,有无安全措施。

安全审计要点:考查在平面交叉范围内相交道路的纵坡及竖曲线能否满足规范要求,连接端路拱标高的变化是否平顺及排水是否通畅,紧接该段的纵坡采用较大值时所采取的技术措施是否合适。

(3)平面交叉口前后,各相交道路的停车视距长度所构成的视距三角形范围内,是否保证通视。

安全审计要点:根据相交道路等级的设计速度计算停车视距并绘制视距三角形,考查在三角形内的障碍物(如土堆、建筑物等)是否清除以达到通视的要求。检查相交道路的平、纵、横设计是否满足各等级道路的设计速度所需求的识别距离。

(4)平面交叉的圆曲线半径,是否能适应相交道路的设计速度。

安全审计要点:考查相交道路的等级及所采用的设计速度,与采用的圆曲线半径是否相适应;按渠化设计或扩宽路口设计时,车辆变速的加、减速车道长度是否能满足要求。

(5)加铺转角边缘的圆曲线半径,是否能限制车速,达到停车让行的效果。

安全审计要点:考查加铺转角的边缘半径(如圆曲线、回旋线与复曲线等),对不同路基宽度所构成的圆滑弧形,是否满足设计车辆的行驶轨迹要求;对斜交的处理,是否形成平面交叉的路面过大;是否能有效地约束车辆的行驶轨迹。

(6)交通量大,转弯车辆多时,对分道转弯是否采取了相应设计措施。

安全审计要点:了解相交道路等级、交通量大小及相交角度等,确定是否适合分道转弯。交通量大,转弯车辆多时,考查所采取的设计措施能否适应车流安全出入交叉口。

(7)附加车道的设置条件,是否能适应相交道路等级及相应交通量的需求,各项技术指标是否满足规范要求。

安全审计要点:转弯车道的车速与线形应协调。左转弯需扩展主线的渐变段长度,不致使主线车速发生偏移感,同时,变速车道与相交道路的等级应相适应。

(8)渠化设计中,所采取的交通岛及分隔带设施,能否达到疏导车流的目的。

安全审计要点:检验导流岛的位置、大小及数量,以使其安全而准确地诱导交通流。考查导流车道的宽度是否恰当,分隔带设计的原则及效果如何。

(9)导流岛的细部设计和端部处理,是否能安全而准确地引导交通流。

安全审计要点:考查导流岛的偏移距和内移距,旨在使车辆分流时避免碰撞导流岛,并且发现错误分流时有返回的余地。如果主干线硬路肩大于偏移距,也可以取硬路肩作为偏移距。导流岛的尺寸不宜过小,一般不应小于 $7\mathrm{m}^2$。

(10)环行交叉处的地形,平、纵面线形及交角等条件,是否能满足环道设计要求。

安全审计要点:环形交叉的交角、平纵线形是影响环道运行及排水的主要因素,可结合地形,使其视距良好、排水通畅、行车顺适及与环境协调。此外,需注意环道外缘的线形变化。

(11)环形交叉中心岛的形状和尺寸、交织长度、交织角及车道数,是否能满足车辆安全行驶的要求。

安全审计要点:检验进环、出环车辆在环道行驶时,互相交换车道所需的交织距离、交织角及环道车道数和宽度是否满足车辆安全行驶的要求。

(12)平面交叉转弯处的纵坡、横坡和标高,是否与相交道路相适应,保证路面和边沟排水流畅,相交道路路面径流和边沟水是否会流到交叉口路面上。

安全审计要点:平交转弯车道的转变端部,纵、横坡与标高应与主干路协调,否则将会影响主干路的路面平整度,造成行车颠簸的不安全感。其次由于平交处路面面积较大,应做好竖向设计,疏导路表水及径流水。

(13)平面交叉口范围内的路面铺装,其连续性是否一致,是否影响路面整洁。

安全审计要点:当交叉口范围均为水泥混凝土路面时,考查对交叉口接缝的布置是否恰当。当主干路为水泥混凝土路面,交叉口为沥青路面时,考查其相接处的处理措施能否满足要求。

(14)道路与铁道相交时,道口两侧的道路水平路段长度、纵坡及其视距,能否满足汽车停放和安全制动、起动的要求。

安全审计要点:道路与铁路平交时,除注意各项技术指标外,还必须设置相应的信号灯、各项标志及防护措施。交叉口安全改善设计应根据交叉口及周边道路现状,考虑交通需求情况,并客观、微观、定性、定量地分析当前存在的问题,并在此基础上提出相应的改善方案,合理解决各方向交通流的相互干扰和冲突问题,以保障交叉口的交通安全和畅通。

四、施工阶段的道路交通安全审计

施工阶段的道路交通安全审计是从预防交通事故、降低事故产生的可能性和严重性入手,对施工区道路项目建设的全过程进行全方位的安全审核,从而揭示施工区道路发生事故的潜在危险因素及安全性能。

1. 施工区的安全审计

施工区的安全审计,在比较复杂的案例中,需要借助于一定的数据采集与定量化分析技术、辅助安全审计员对施工组织方案进行评估,确定其风险程度、对交通流的干扰程度及安全保障设施的功能等。

根据施工区对安全的主要影响,需要进行定量分析的主要指标包括:第一,施工区的车速变化形态。这反映出交通流由于施工所产生的波动,而这个波动正是车辆碰撞的直接诱因,速度波动的形态,能够反映出施工区潜在风险程度的高低;第二,施工区交通流的冲突及车道占用状况。可以借助一定的仪器设备,采用一定的技术,收集施工区周边地区的交通冲突现象,以及在施工区前端车道的占用情况;第三,施工区物体及人员的识认特性。从驾驶人的角度检测施工区内的车辆、设备及人员的可辨识特性;第四,对施工人员的调查分析。从施工人员角度,对施工区安全状况进行评估和分析。

1)审计项目

(1)车速

车速数据主要利用雷达枪测速仪和交通流检测器进行采集。雷达枪采集的数据,用以确定通过施工区的车辆在自由流状态下的行车速度。利用在施工区不同地点所采集的数据,可以对比自由流状态下车辆的速度变化。交通流检测器用来监测在各种非自由流状态下车流的状况,包括车速及车型。通常使用的检测设备有气压管式或压电式传感器、微波检测器、激光检测器等。在不同的地点,使用多套检测器同时运作,可以掌握施工区各点的交通流状态。

(2)交通流及车道占用

通过视频数据的采集,可以检测交通流冲突及车道分布数据。第一种是移动的视频采集,即在拖车上设置一个标杆,其上装有摄像头,在车辆运行过程中采集周边的视频信息。第二种是手持式摄像机,用以获取近距离的影像。

在施工区进行视频数据采集的目标有两个。第一为冲突现象,这是交通风险的最直接体现。在施工区的安全分析中,所需要关注的冲突行为包括超车冲突和变换车道冲突。第二为车道占用情况,主要是监测封闭车道的上游车道上的车辆比例,以分析需要变换车道车辆的比重及可能造成交通紊乱的程度。

(3)识认特性

以驾驶人为起始点,以施工区的人或物体作为观察目标,评估它们在驾驶人视野中的方位及色彩对比等特点,进而评估施工区人员和设施的可识别性水平。

(4)施工人员调查

直接访问施工人员,记录他们对特定设施、施工组织方案的评价,从中掌握该施工项目的安全特性。

2）数据分析

在现场数据采集的基础上,对数据的分析一般围绕所要评估的目标开展。例如,车速数据常用于对某项限速标志的功能进行评估,首先采集标志"设置前"和"设置后"两种情况下的车速,然后以该设施上下游的"速度差"为评估指标,对车速进行"前后对比分析"。如果设置后的速度差显著大于设置前,说明该标志的功效明显。反之,则认为该标志的功效较差,需要对它的设置方案,如设置方位、色彩、文字、其他标志的匹配方案等进行调整。速度分析的过程需要循环进行,直到取得满意的结果。

如图11-5所示,为对"振动减速带"设置方案而进行的速度分析,速度数据利用压电式检测器获取。图中虚线代表设置振动减速带后的速度曲线,而实线代表设置前的情况。分析结果表明,在这个案例中振动减速带起到了非常显著的效果。在设置前,从施工区上游到标志设置地点时,速度才下降到大约80km/h;而设置后,在车道封闭点,车速就已经下降到了48km/h左右。未设置振动减速带时,在施工标志牌之后,车速才有明显的下降,这种发生在施工作业区的车速大幅度波动正是事故风险提高的征候。因此,可以认为设置了振动减速带后,该施工区的潜在安全特性得到了改善。

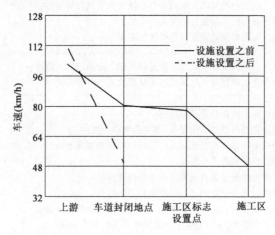

图11-5 某施工区"振动减速带"设置前后的车速数据对比

对施工区交通冲突等现象的评估,需要对视频数据进行统计分析。同样采用"前后对比法",评估某项安全措施应用前后冲突现象有无明显好转,冲突指标采用该项设施上游、下游的冲突数量。

对施工区识认特性的判断,除进行现场检测外,也可借助图像分析技术。将现场的光度检测变为照相取样,然后利用计算机图像分析技术检测不同施工区的组织方案,在相同背景下的"视觉对比"效果,以确定方案识认特性的优劣。对于规模较小的施工项目,可以简化定量的光度检测和计算机图像分析,以人工分析图形的方法,定性地分析不同的施工标志、不同的渠化或不同的人员着装方案,最终选择视觉指标较佳的方案。

2. 施工区的施工组织设计

工程开工前,施工单位必须先进行施工组织设计,施工组织设计需考虑到施工地段的地形、地质、水文、气象等情况,在编制施工组织设计时,不仅要注意自身的施工安全,而且必须保证其影响范围内的道路交通安全。因此,在施工组织设计时,需注意以下几点。

(1)施工单位必须按照规范规定,建立健全各级安全管理机构,设立专职或兼职安全核查人员。

(2)参加施工的人员应受到安全技术教育,熟知和遵守本工种的各项安全技术规程。

(3)施工人员在施工中必须按照规定穿戴防护用品,应明确不遵守规定者不得上岗。

(4)施工现场必须设置足够的消防设备,施工人员应熟悉消防设备的性能和使用方法,组织起一支经过训练的义务消防队伍。

(5)重要的安全设施必须执行与主体工程同步设计、同步施工、同步验收、同步投入使用的原则。

综合以上,施工阶段的审计清单细目见表 11-10。

道路施工区安全审计清单　　　　　　　　　　　表 11-10

类　别	审 计 内 容
交通管理	1. 施工区是否设置了因几何与功能等级特点等导致事故率增加的绕行路线; 2. 整个道路网的改善是否受到拟增加的施工区的影响; 3. 是否会出现由交通量与施工区位置产生的难以发现的排队现象; 4. 施工区之间的间隔长度是否足够保证交通流的稳定性; 5. 行人与自行车的通行路线是否连续; 6. 是否有必要措施保证弱势群体的安全
施工区布置	1. 纵向与横向缓冲区长度是否足够驾驶人正确识别过渡区; 2. 是否存在频繁与不可预见的误导驾驶人的线形变化
标志与照明	1. 警告标志设置数量是否足够; 2. 限速是否与道路危险程度、驾驶人期望一致; 3. 路段运行速度相对道路几何线形与危险程度是否合适; 4. 限速标志是否易于发现; 5. 标志标线设置是否与驾驶人正确行驶路径一致; 6. 临时与永久设置的标志标线组合是否恰当; 7. 永久设置标志是否与被移除、覆盖、更改的路线不一致; 8. 是否有旧的、未完全移除的能导致混淆的标志标线存在; 9. 临时与永久设置的标志标线之间的过渡能否较好地被理解; 10. 是否有影响标志标线视认性的因素存在; 11. 在夜间与恶劣天气条件下标志标线的视认性能否保证; 12. 标志标线的颜色是否与施工区的存在性相一致; 13. 施工结束段能否清晰地被发现; 14. 是否有对关键点进行必要的照明; 15. 危险点处标志设置是否合理
路侧障碍物	1. 道路施工区防护设施是否达到与道路类型、交通量、危险程度、净区相应的等级; 2. 逆向交通流是否用有效防护设施进行了隔离; 3. 护栏端部是否设置在保护区内; 4. 是否设置了吸能结构; 5. 不同地形条件下护栏设置过渡段刚度是否连续; 6. 危险因素是否得到预防; 7. 是否存在未进行保护的危险点; 8. 是否具备足够的拆除护栏空间

续上表

类　　别	审　计　内　容
施工区作业	1. 施工区内作业范围与交通流间距是否足够施工活动； 2. 交通流是否相互存在干扰； 3. 是否具备施工区的安全人口； 4. 施工区移除后交通流状况是否能完全恢复

五、运营阶段的道路交通安全审计

1. 运营前

竣工验收是工程项目建设全过程的最后一个程序，它是国家全面考核和评价建设成果、核查工程是否符合设计要求和质量好坏的重要环节，是投资成果转入生产或使用的标志。在道路运营前，安全审计员需对道路进行认真的现场勘查，并且作为项目验收的必要环节之一，需纳入项目的评审报告。

道路运营前的验收周期一般较短，并且在设计环节中已经对各个安全项目进行了定量分析，因此，在道路运营前的安全审计中，不应该遵循道路设计阶段与道路施工阶段的安全审计思路，否则会造成审计活动本身的重叠，延误道路使用。道路运营前的安全审计，应以现场检验为主。

1）路线安全检验

道路运营前，安全审计员应该分别乘小汽车、大型货车在道路上实地运行，考查路线的一致性。考查的项目包括：在设计阶段经过了重点核查，并被认为可能存在潜在隐患的路段；记录车速表上显示的车速值，并将前后区段的数值加以对比，分析在实际行车中的车速波动。

在路线勘察过程中，有条件的情况下，安全审计员应自行驾车，完成道路试用全过程。这样，其可以记录自己驾车产生较大波动的地点，并及时停车，记录此处的驾驶感受，然后与该处的道路条件及环境条件相对照。

对于在设计阶段中没有定量化深入研究的指标，如长直线段的速度是否会上升、长下坡段的制动性能是否会衰减等进行重点体验，并且记录特定地点的车速数值。

视距特征是检验的另一个主要项目。在重点路段，可以采用模拟试验的方式，体会弯道、凸形竖曲线等特定路段是否存在视线障碍，分别体验超车、会车时的视距特征，描述道路视距的实际情况。

2）路面及路侧净空的安全检验

在重点路段，可使用摩擦系数测量仪测定路面的抗滑特性。如果条件和时间允许，应当在雨天对路面重新进行重点路段检验，确定道路在雨天的运行特性。

重点考查路侧净区的宽度与潜在隐患。对于重点路段，需要进行精确丈量，检验路侧的容错程度，并记录重点路段可能存在的风险。

3）平面交叉口的安全检验

在平面交叉口未正式投入运营前，仅由审计员的车辆无法体会交叉的冲突，也难以评估设施的供需性能对比。关于这方面的特性,必须在之前的设计环节中,通过定性方案分析和定量模型预测,必要时结合微观仿真手段加以深入研究。而在运营前的检验中,应以检验交叉口的视距特征为主,分别从不同的转弯方向上体会交叉口的视距状况,必要时应丈量行车轨迹线与障碍物的距离。

4)立交桥的安全检验

立交桥运营前的检验重点是分流点、合流点、匝道和辅助车道,体会立交桥主线与匝道的纵坡和平曲线半径是否顺适。在北方地区,还应进一步预测其在结冰、积雪环境下的运营特性。

城市跨线桥的进出口和桥下区域的视距是检查的重点。对于进出口,应着重分析其加速车道或减速车道的长度,及其与行车道的分隔方式是否充分安全。

5)非机动车及行人的安全检验

除驾车检验外,另外一个不可缺少的重要环节是在城市道路及公路的城镇化区段,分别进行非机动车、行人的安全检验。其中行人需要分别考查穿越道路的安全性及人行横道的安全性能。

对于城市道路,要关注弱势群体的交通需求,考查与此相关的安全隐患。考查交叉口信号灯配时方案,看其能否满足行人过街的通行需要。

6)景观体验

道路景观与行车安全之间存在着一定的关系。因此,在道路投入运营前,应结合景观分析,考查其安全特性。对于重要的道路,还应对动态景观进行试验研究,必要时,可采用视频监视器或其他的设备记录驾驶人的视线和生理、心理波动等,对道路景观中存在的单调、干扰、压抑等隐患进行排查。

2. 运营中

1)道路技术指标安全性能的监控与审计

(1)路面平整度安全审计

检查路面平整度,可用路面平整度测量仪进行测量,通过计算得到平整度指数 IRI,用以衡量路面平整度的优劣。具体的取值范围与所对应的路面质量如表 11-11 所示。

道路平整度安全监控　　　　　　　　　　表 11-11

路面平整度指数 IRI(cm/km)	路面平整特性	相应措施
[3,16]	优质	—
(16,85]	合格	加强日常维护质量
>85	低劣	采取路面改造措施,或利用限速标志等手段确保行车安全

(2)道路横坡安全审计

经过运营后,道路横坡出现下述问题应采取改造措施,保证行车安全。

①道路横坡小于 1%,或大于 3%。

②中线产生偏移。

③应设超高而未设,或出现反超高。

（3）沥青混凝土路面的安全缺陷

①翻浆。路面、路基湿软出现弹簧、破裂、翻浆等现象，对行车安全危害较大，在冬末春初时应特别注意。

②波浪与搓板。路面纵向产生连续起伏，峰谷高差大于 1.5cm 的变形将使车辆产生颠簸，这种颠簸随着车辆前行而叠加、加剧，最终可能导致车辆失控。

③沉陷。路基、路面发生竖向变形，路面下凹深度 3cm 以上。沉陷是跳车的诱因，严重危及行车安全，在坡底、桥头、雨天等特定情况下的影响更为严重。

④车辙。轮迹处沥青层厚度减薄，可削弱面层及其路面结构的整体强度，易于诱发其他病害；雨天车辙内积水易导致车辆出现飘滑，影响行车安全；冬季在车辙槽内聚冰，可降低路面的抗滑能力，影响行车安全。

（4）水泥混凝土路面的安全缺陷

①沉降。软土地基是产生沉降较为严重的地点，可考虑改用沥青混凝土路面。

②裂缝。路面板内长于 1m 的开裂，不同程度地影响着行车安全。

③错台。接缝处相邻两块板垂直高差在 8mm 以上时，可造成车辆侧向颠簸。

2）交通环境维持

（1）街道化公路的处理

运营中的公路出现街道化趋势，将导致过境交通与地方交通、混合交通、横向交通产生干扰，从而产生安全隐患。

针对已经街道化的公路，如果非机动车交通流发展到混合干扰明显的程度，建议设置条形分隔岛或绿化带，将机动车道与非机动车道隔离。当本地交通量达到与过境交通量相近的水平时，建议修建城镇以外的公路绕行线。当公路两边街道化形成城镇规模时，应在镇中的交叉口设置信号灯。交通冲突进一步加剧时，应予以渠化处理。

（2）支路管理

道路对区域经济的拉动作用，将促使与道路交叉的支路增多，忽略支路的管理将给道路安全运营带来不利的影响。当支路交通量形成一定规模时，应在支路上强化标志作用，提醒道路出口的位置。

注意监控道路运营期间新增加的交叉支路，以道路设计中的审计方法逐一对比排查，避免在运营周期内出现新的安全威胁。

（3）道路抗滑处理

采用不同类型的沥青表面处治，可提高路面抗滑力，尤其是急弯、陡坡处，建议每隔一段时间用适当粒料重新罩面，以减少事故。

已被磨光的沥青混凝土路面，用压路机适量地压入预涂沥青的石屑，可增强抗滑性；已被磨光的水泥混凝土路面，可用凿毛机横向、纵向拉毛，可提高抗滑效能。降雨、降雪天气时，对于一般道路，可简单地采用撒粗砂以增加路面摩擦力；对于高等级公路和重要路段，降雪时应及时撒融雪剂，以促使冰雪迅速融化。

（4）事故多发点的辨别与改造

运用事故多发点的鉴别方法，排查出运营道路上的事故多发点，并运用综合措施对事故多发点进行整治，从而消除已有事故多发点，保障交通运营的安全。

第三节　其他交通方式安全审计

一、轨道交通安全审计

针对城市轨道交通安全审计,英国形成了一个以安全认证、许可及授权为主线的强制性轨道交通安全监管体制,并塑造了被认为是"最安全的出行方式和工作场所"的伦敦地铁系统。目前这个制度依然在不断完善中,可为我国轨道交通安全管理起到一定的借鉴作用。

1. 英国的轨道交通安全法规及安全认证

2006 年,英国颁布实施了《铁路和其他轨道交通系统安全条例 2006》(以下简称《安全条例》),《安全条例》内容主要包括:安全管理体系(Safety Management System,SMS)、安全认证、安全许可、一般安全职责、安全关键岗位要求与责任,以及关于安全认证和授权的上诉、设备设施和生产厂商的改变、条例失效等管理内容。

《安全条例》要求城市轨道交通系统建立 SMS,规定 SMS 的内容和要求,而对 SMS 的认证和许可管理可以说是《安全条例》的核心内容,构成了英国轨道交通安全管理制度的主体。此外,《安全条例》规定,轨道交通运营机构需要向铁路条例办公室(Office of Rail Regulation,ORR)申请安全认证(证书),之后才能从事轨道交通运营;基础设施供应商需要向 ORR 申请安全许可,方可进行基础设施的使用管理和开发。

《安全条例》将 SMS 持续进行内部安全审计作为安全管理体系的基本内容。ORR 据此专门规定了 SMS 的"评估准则 12——安全审计",并对轨道交通企业的安全审计提出了具体的评估要求。于是,伦敦地铁作为运营者及基础设施管理人,在其安全认证和许可文件中设置了"安全技术审计和审查"的内容与此相对应。

2. 安全审计方式

伦敦地铁采用 2 种审计方式,即内部审计(自我审计和伦敦地铁集团其他成员审计)和外部审计(第三方审计)。审计依据以伦敦地铁自己建立的标准体系为主要内容的 SQE(安全、质量和环境)设计手册进行。

1)内部审计

主要内容包括:

(1)健康、安全和环境管理体系审计。

(2)列车和车站运行审计。

(3)安全和技术专题审计。

(4)执行标准的符合性审计。

(5)技术系统的程序审计。

(6)项目技术确认审计。

2)外部审计

《安全条例》并没有明确的外部审计规定。但是,伦敦地铁接受 ORR 进行的外部审计和其他政府监管当局针对运营任何部分进行的审计,或伦敦地铁选择的针对健康、安全和环境的独立审计(Independent Audit)。例如,为使安全审计独立和客观,伦敦地铁委托 Arthur D. Little Limited 进行第三方独立安全审计(Independent Safety Audit),主要内容和过程如下。

(1)审计方案

审计方案由 3 个阶段任务组成:初步评估、细部审计和审计后整改。

(2)审计内容

①审计目标:SMS 是否满足《安全条例》的要求;伦敦地铁各级主管和董事会成员的安全职责落实和发挥作用情况。

②审计 SMS 的充分性和有效性,包括管理层安排、风险控制系统、现场预警 3 个层次,以及安全政策、组织构架、安全规划和实施、效果评估、安全审计和审查 5 个方面,审计还要对安全保障体系的适用性和有效性进行整体评估。

③审计结论和建议:Arthur D. Little Limited 审计报告系统地给出审计结论和建议,认为基于初步评估,伦敦地铁总体的安全管理健康有力,伦敦地铁已经建立并实施了健康和安全政策及落实政策的程序。程序在总体上得到了管理制度和资源的恰当支持。审计报告从 5 个方面(安全政策、组织构架、安全规划和实施、效果评估、安全审计和审查)提出了发现的问题和 15 项建议。根据审查结果制订的后续整改行动计划也成为伦敦地铁的安全改善计划和安全行动跟踪体系的内容。

3. 借鉴和启示

英国城市轨道交通 SMS 的安全认证和许可制度,为我国轨道交通安全建设提供的重要借鉴和启示就是建立安全审计制度。《安全条例》要求轨道交通企业进行的安全审计是从内部和外部,从要求上和运行上评估企业 SMS 是否进行了持续改善,是在安全认证和许可上进一步检查 SMS 的运行和改善情况,为安全管理再增加一道屏障。第三方安全审计则使企业可以得到更加客观的安全评价,为评估企业安全管理增加新视点。建立安全审计制度可作为我国轨道交通安全管理制度创新的切入点,值得学习和借鉴。

二、航空交通安全审计

1. 航空交通安全审计概况

航空交通安全审计是当前国际上普遍认同的航空安全管理手段之一,为了评估各缔约国政府的安全监督能力,1998 年,国际民航组织第 32 届大会通过了 A32-11 号决议,决定从 1999 年 1 月开始对所有缔约国进行定期、强制、系统和协调一致的安全审计,并针对 8 项关键要素进行重点审计。这 8 项要素分别是基本航空立法、具体运行规章、国家航空系统和安全监督职能技术人员的资格和培训、技术指南、工具以及关键安全信息的提供、颁发执照合格审定、授权和批准的义务、监督义务和解决安全问题。审计的目的是通过促进各缔约国执行国际标准和建议措施来进一步加强航空安全。

(1)国际航协的运行安全审计 IOSA(IATA Operational Safety Audit)

国际航协于 2003 年 6 月正式推出了运行安全审计,目的在于提高全球航空运行效率。从 2005 年底开始运行安全审计,成为新航空公司加入国际航协的唯一安全资格审计,国际航协运行安全审计的范围涵盖了公司组织与管理、飞行运行、航行管制及飞行签派、航空器工程及维修、客舱运行、航空器地面服务、货运(含危险品)和运行保安 8 个方面。

（2）我国民航的安全审计 CASAP(China Aviation Safety Audit Program)

中国民航总局在 2006 年年初安全工作会议上正式提出,从 2006 年开始启动,并于 2007 年正式实施针对航空公司机场空管单位的安全审计计划 CASAP。这是民航总局在大量调研的基础上,借鉴国际民航的先进做法,并结合我国民航实际,旨在强化政府安全监管执行力的重要举措。

2. 我国民航安全审计的基本做法

（1）安全审计的依据

安全审计的依据是国际民航组织标准和建议措施、国家安全生产法律法规及民航规章、标准和规范性文件,对航空公司、机场、空管等单位所进行的安全符合性检查均属于政府安全监管行为。

（2）安全审计组织机构及职责

民航安全审计机构由民航局安全审计领导小组、安全审计办公室和安全审计组组成。安全审计领导小组设在民航局,民航局局长担任领导小组组长,分管安全的局领导担任领导小组副组长。领导小组成员由民航局航空安全办公室、规划发展财务司、政策法规司、飞行标准司、航空器适航审定司、运输司、机场司、公安局、党委办公室、空管局和航空安全技术中心的领导组成。

安全审计办公室是负责民航安全审计事务的办事机构,安全审计办公室设在民航局航空安全办公室。安全审计办公室主任由民航局航空安全办公室主任担任,成员由民航局相关部门人员组成。

安全审计组分为航空公司安全审计组、机场安全审计组和空管安全审计组。根据审计工作需要,各安全审计组可下设若干专业审计组。安全审计组由组长、协调员、审计员组成。航空公司、机场和空管安全审计组组长及成员分别由民航局飞行标准司、机场司和空管局指定。安全审计组组长根据审计工作需要,邀请某一方面的专家参加安全审计工作。

（3）安全审计工作程序

安全审计程序分为安全审计准备、安全审计启动会、安全审计实施、安全审计情况通报会、编制安全审计报告、整改跟踪和公布审计结果 7 个阶段。

（4）审计检查单

审计检查单由安全审计办公室组织制订,围绕组织管理、规章制度、运行管理、资源配置、信息管理、应急处置和人员培训共 7 大要素制订检查单。检查单内容必须完全覆盖表 11-12 中的条例。

航空安全审计检查单内容 表 11-12

项 目		是	否
组织管理 A 类			
1	是否建立了完善的安全生产责任体系		
2	是否建立了完善的安全监管体系		
3	是否在其最高管理层内有一名负责安全管理的分管领导,该领导是否有足够的权力调配安全管理所需的人力及财物资源		

续上表

	项 目	是	否
组织管理 A 类			
4	是否设立了独立于生产运行之外的安全监察部门,负责对运行安全进行有效监控		
5	是否建立了满足安全运行要求的运行管理机构		
6	能否保证安全管理部门人员不会因执行生产任务而影响其履行安全管理职责		
7	监察部门和岗位的安全职责和工作程序是否明确,是否建立了有效的人员接替或代理职责的规定和程序		
8	生产运行部门和岗位的安全职责和工作程序是否明确,是否建立了有效的人员接替或代理职责的规定和程序		
规章制度 B 类			
1	是否根据国家和民航局颁布的法律、法规、规章、标准、规范性文件及安全运行需要,制订并落实了本单位的规章制度		
2	是否建立了完整的安全目标管理制度		
3	是否落实了重要生产运行岗位人员的资格标准		
4	是否制订并落实了有效的不安全事件调查处理程序		
5	是否建立了安全运行内部审计制度		
6	是否建立并落实了外包租赁及代理业务的安全管理规定		
运行管理 C 类			
1	是否按照局方批准的运行资格实施安全运行		
2	运行管理部门是否按照运行管理规定进行管理		
3	岗位工作人员是否按照规定的职责和工作程序进行操作		
4	设施设备是否按照要求进行维护,管理设施设备运行状况是否满足安全运行的需要		
5	工作环境是否满足安全生产的需要		
资源配置 D 类			
1	主要负责人是否保证了安全生产所必需的资金投入		
2	设施设备的配置是否满足安全运行的需要		
3	是否有足够合格的专业人员履行生产运行和安全管理的职责		
信息管理 E 类			
1	是否建立并实施了有效的规章、手册、通告、指令等文件管理制度和程序		
2	是否建立并实施了有效的安全信息管理制度和程序		
3	是否按民航局规定报告安全信息		
4	是否建立并实施了自愿报告程序		
应急处置 F 类			
1	是否制订了有效的应急预案		
2	是否对应急预案进行了动态管理		
3	是否建立、健全了应急组织体系		
4	应急保障是否满足应急工作要求		
5	是否按规定进行了应急处置的培训和演练		

续上表

项 目		是	否
人员培训 G 类			
1	是否制订并实施了生产运行人员的专业技能培训大纲或计划		
2	是否制订并实施了安全管理人员的专业技能培训大纲或计划		
3	是否建立了以安全意识和风险管理为主要内容的全员安全教育制度		
4	安全教育培训档案是否规范、完整		

3. 我国民航安全审计的一般规定

(1)审计问题分类

对安全审计中发现的问题,按其对安全运行的危害程度及引发不安全事件的可能性分为必改项和建议项。

(2)审计公布

民航行业内公布采用民航规范性文件和民航政府网站的内网公布。民航行业外公布采用民航政府网站的外网和其他新闻媒体公布。审计公布的目的在于借助社会监督力量,督促企事业单位落实安全措施,切实整改安全问题。

(3)处罚

被审计方如果明显存在违反法律、法规、规章、标准和程序的行为,民航局或民航地区管理局将依据法律、法规、规章和民航规范性文件对其实施罚款、运行限制直至中止运行等处罚。

(4)审计周期和经费

安全审计周期通常为 5 年,也可根据实际情况缩短或延长。

安全审计工作经费由民航局统筹安排,安全审计年度工作经费预算由安全审计办公室制订,报民航局财务部门批准。

三、水路交通安全审计

为保障水上生命财产安全,对船舶安全生产过程进行监管,我国根据《中华人民共和国海上交通安全法》(2016 年 11 月 7 日修改)、《中华人民共和国海洋环境保护法》(2017 年 11 月 4日第三次修改)、《中华人民共和国港口法》(2017 年 11 月 4 日第二次修改)、《中华人民共和国内河交通安全管理条例》(2017 年 3 月 1 日第二次修改)、《中华人民共和国船员条例》(2017 年 3 月 1 日第四次修改)等法律法规和我国缔结或者加入的有关国际公约的规定,制定了《中华人民共和国船舶安全监督规则》(交通运输部令〔2017〕14 号),以规范船舶安全监督工作。

船舶安全监督是指海事管理机构依法对船舶及其从事的相关活动是否符合法律、法规、规章及有关国际公约和港口国监督区域性合作组织的规定而实施的安全监督管理活动。船舶安全监督分为船舶现场监督和船舶安全检查。船舶现场监督是指海事管理机构对船舶实施的日常安全监督抽查活动;船舶安全检查是指海事管理机构按照一定的时间间隔对船舶的安全和防污染技术状况、船员配备及适任状况、海事劳工条件实施的安全监督检查活动,包括船旗国监督检查和港口国监督检查。

《中华人民共和国船舶安全监督规则》(交通运输部令〔2017〕14 号)指出,船舶安全监督具有以下内容。

（1）船舶现场监督的内容

①中国籍船舶自查情况。

②法定证书、文书配备及记录情况。

③船员配备情况。

④客货载运及货物系固绑扎情况。

⑤船舶防污染措施落实情况。

⑥船舶航行、停泊、作业情况。

⑦船舶进出港报告或者办理进出港手续情况。

⑧按照相关规定缴纳相关费税情况。

（2）船舶安全检查的内容

①船舶配员情况。

②船舶、船员配备和持有有关法定证书文书及相关资料情况。

③船舶结构、设施和设备情况。

④客货载运及货物系固绑扎情况。

⑤船舶保安相关情况。

⑥船员履行其岗位职责的情况,包括对其岗位职责相关的设施、设备的维护保养和实际操作能力等。

⑦海事劳工条件。

⑧船舶安全管理体系运行情况。

⑨法律、法规、规章及我国缔结、加入的有关国际公约要求的其他检查内容。

第四节　交通安全监控与检测技术

一、对人的监控与检测技术

疲劳驾驶、注意力分散是每个驾驶人在驾驶过程中频发的现象,是引发交通事故的主要因素。由于驾驶人面部各器官的可视化特征能够反映疲劳状态与驾驶意图,如眨眼频率与凝视方向、头部运动与姿势、嘴部特征等,可利用机器视觉、模式识别等人工智能技术对其进行监控与检测,当驾驶人处于(或濒于)危险驾驶状态时,系统实时分析判断并报警,辅助驾驶人规避危险,从而有效预防交通事故的发生,为驾驶安全提供强有力的保障。

1. 驾驶人生理反应特征监测

（1）眼睛行为

眼睛行为包括眨眼频率、张开度、注视方向等,能够反映驾驶人的疲劳与精神分散状态。国内外研究中常利用面部几何特性首先定位人脸,再提取人眼图像;利用瞳孔对不同波长红外线反射能力不同而识别眼睛位置;也可以利用肤色特征检测人脸区域,再在人脸区域中检测出人面部的可视化视觉特征。卡内基梅隆大学开发了基于红外线的眼睛开合度（Percent Eye

Closure,PERCLOS)算法。随后,经过多次算法与硬件的改进与完善,PERCLOS 算法已成为人眼疲劳监测的最佳方法之一。

澳大利亚 Seeing Machines 公司研发了基于多传感器的 Face LAB 系统,如图 11-6 所示。此系统对驾驶人眨眼频率、瞳孔直径、视线方向、头部运动等参量进行信息融合分析,实现了对疲劳驾驶的实时监测,综合分析能力和鲁棒性能强。Face LAB V5 版本制定了汽车疲劳驾驶的 de facto 标准。

德国 SMI 公司 iView X 眼动仪如图 11-7 所示,利用红外线摄像机摄取受试者眼睛图像,经过 MPEG 编码后送入计算机进行图像数据采集分析,实时计算出眼珠的水平和垂直运动的时间、位移距离、速度及瞳孔状况。

图 11-6　Face LAB 疲劳监测系统

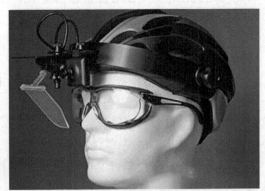

图 11-7　德国 SMI 公司 iView X 眼动仪

(2)头部运动与面部表情

该监测技术主要测算头部俯仰、横摆与侧倾 3 个旋转自由度的转角参数、嘴角运动规律等。利用机器视觉技术和椭圆拟合方法获得驾驶人面部朝向的三维信息,由其判断驾驶人的视线方向和精神分散状态。

2. 驾驶人生理信号监测

如图 11-8 所示,日本东京大学研制了一种可以戴在驾驶人手腕上的疲劳测试器。该测试器内部装有一个能测量驾驶人汗液中酒精、氨和乳酸含量的小型氧气电池电极,通过一个小型无线电发射器把数据传送到研究中心。研究中心经过电脑的判断和分析,判定驾驶人的疲劳程度,及时地向驾驶人发出预警,从而避免交通事故的发生。

3. 驾驶人操作行为监测

驾驶人操作行为监测技术是指通过驾驶人对加速器、制动踏板、挡位及转向盘等的操控情况推断驾驶人的状态。

图 11-8　手腕式疲劳测试器

美国 Digital Installations 开发的 S. A. M 疲劳报警装置利用置于方向盘下方的磁条检测方向盘的转角,对驾驶行为进行监测,如果一段时间内驾驶人没有对方向盘进行任何修正操作,则系统推断驾驶人进入疲劳状态,并触发报警。

基于手部姿态定位的接听或拨打电话危险驾驶行为检测方法,利用图像处理技术和模式识别方法对驾驶人的手部动作进行智能识别。其通过以下技术方案实现:从监控视频中读取图像;对读取的图像进行预处理,包括灰度变换、图像滤波、边缘提取、轮廓增强等步骤;从预处理后的图像中检测定位驾驶人的耳部区域；对截取区域进行特征提取；对提取的特征进行分类识别，辨别手部姿态是否属于接听或拨打电话危险驾驶行为。基于手部定位的接听或拨打电话危险驾驶行为检测方法流程如图11-9所示。

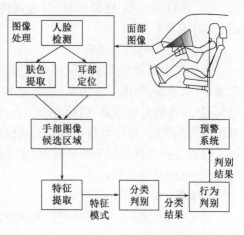

图11-9　基于手部姿态定位的接听或拨打电话行为检测方法

二、对交通工具的监控与检测技术

1.汽车监控与检测保障技术

（1）TLC监测预警系统

车道偏离时间（Time to Lane Crossing，TLC）是基于车辆将到达车道边界时间的预警算法，可通过路下埋设的铁磁设备与行驶的车辆形成感应来计算车辆是否偏离车道，当TLC值低于给定的时间阈值时便会报警，此系统可提供较长的警告时间，但警告错误率较高，道路改造费用巨大。

（2）汽车防碰撞预警系统

汽车防碰撞预警系统由超声波测距模块、声响报警装置、控制模块和紧急制动模块组成。当超声波测距模块测得周围障碍物的距离接近预警距离时，声响报警装置就会接收此信号使得声响报警装置发出声响，向驾驶人报警车辆周围存在障碍物，使驾驶人及时控制车辆减速。当超声波测距模块采集到的数据达到危险距离时，因为还要预留出驾驶人的反应和判断时间，或者有时因为驾驶人受到惊吓误踩加速踏板等情况，已经来不及对车辆做出制动措施。此时，系统就会执行紧急制动模块，在驾驶人未做出任何回应的情况下使车辆减速直至停车。这样很大程度降低了交通事故率，对汽车的安全驾驶具有重要作用。

（3）汽车安全监控系统

随着卫星通信技术的发展，全球卫星定位系统已在各类汽车上使用。通过卫星通信，监控中心能及时了解汽车的准确位置。汽车行驶信息记录仪（俗称汽车"黑匣子"）能实时记录汽车行驶状态的有关数据，通过计算机分析，找出影响安全的因素。

2.轨道机车监控与检测保障技术

轨道设备设施包括固定和移动设备两种。对其进行监控可随时掌握设备的运行状态，及时发现运行中可能出现的影响运营安全的因素和隐患。

1）固定设备状态的监测及报警技术

固定设备主要是指铁路线路设备，线路是轨道交通运输中重要的组成部分，因此，保证线路设备运作正常也是保障轨道交通运输安全的重要内容之一。目前，国内研发了许多对线路进行监测的系统，其中比较典型的监测系统如下。

（1）信号微机监测系统

信号微机监测系统是保证行车安全、加强信号设备结合部管理、监测铁路信号设备运用质量的重要行车设备。其监测范围包括联锁设备、调度集中设备、列控地面设备、电源屏等信号系统设备。微机监测的信号分为模拟量和开关量，模拟量主要包括外电网、轨道电路、转辙机、信号机、半自动闭塞、电缆绝缘、对地漏流及相关环境变量等;开关量主要包括一些关键继电器、按钮状态等。

(2)牵引供电运动系统

牵引供电运动系统利用安装在铁路车站的监控装置,检测车站自闭贯通线的高、低压电流数值、开关状态、供电质量情况、变配电所、信号电源,通信基站和光纤直放站的故障信息和预警信息、设备的自检信息、运行信息。此外,系统还给用户提供故障曲线、报表等分析工具。当系统发现报警时,电力设备会自动采取保护措施,如速断保护、过流保护等,而后供电段变电值班人员通过操作该系统来调整电流,使其达到固定阈值以下,消除报警。该系统主要监测设备的电流、电压及开关状态等。

(3)晃车仪

晃车仪由传感器、轨道检测单元主板、语音报警喇叭和地面接收装置等组成,其中,传感器用于检测机车运行时车体垂向和横向的振动加速度;里程坐标和车速由机车运行监控记录器(俗称"黑匣子")提供。系统利用安装在机车上的轨道监测装置,通过对机车振动情况的测量推算出轨道状态,实现对轨道状况的自动、高密度监测。此外,该系统还能及时发现重大线路缺陷并实时语音报警,通过对检测数据进行分析和处理,得到线路情况报告,为线路安全和维修养护提供客观依据。

2)移动设备状态的监测及报警技术

移动设备主要是指机车、车辆和动车组。对移动设备的监测,主要是指对车辆轴温、轴承故障、运行状态、装载情况等的监测。

(1)机车车载安全防护系统(6A 系统)

机车车载安全防护系统(6A 系统)是针对机车制动、防火、高压绝缘、列车供电、走行部、视频等机车重要部位,采用实时监测、监视、报警并实现网络传输、统一固态存储和智能人机交互的安全监测平台。该平台具备国内首创的安全监测平台集成、独创的无线重联技术与主从机运行模式、系统的地面数据中心建设等关键技术特点,并在国内电力机车、内燃机车、调车机等车型中实现了工程化应用。

(2)列车 5T 系统(铁路车辆安全防范、预警系统)

5T 系统,即:红外线轴温探测系统(THDS)、车辆运行状态地面安全监测系统(TPDS)、车辆运行故障动态图像检测系统(TFDS)、车辆滚动轴承轨边早期故障声学诊断系统(TADS)以及客车运行安全监控系统(TCDS)。该系统搭建了全路车辆运行安全综合监控网络平台,利用系统整合、数据集成、智能分析与数据挖掘技术,建立起多系统全程在线实时监控、联网多点跨系统综合评判、智能高效的铁路车辆安全监控体系,保证了列车在高速、重载、大密度开行等条件下车辆的安全。

(3)列车机车车辆故障诊断和实时检测技术

高速运行的机车车辆的状态直接关系到行车安全与否。机车车辆的故障诊断和实时检测技术能够及时探测高速运行时的转向架疲劳破坏状况、接触部件运动破坏状况、车体结构、振动噪声、轴温状态、弓网接触压力、接触面几何状态、温度、滑动速度、磨损以及受电弓的结构状态、轮轨噪声、轨道变形、振动加速度等状态值,并且可将列车分离状况、车内温度、烟雾探测等情况通报给司机,使其采取必要的防范措施,并通知前方的维修部门做好检修、更换的准备。

3.飞机监控与检测保障技术

(1)雷达自动化系统

航空器在飞行中低于最低的安全高度和航空器之间出现危险接近是威胁空中交通安全的两大问题。空中交通管制雷达信息自动化处理系统对航空器的雷达航迹进行实时连续的跟踪计算,当发现航空器低于或将要低于安全所需的最低高度参数时,向管制员发出声光告警,该功能称为最低安全高度警告;同时,当系统发现两机航迹的空间距离小于或将要小于规定的参数距离时,也发出警告,这个功能称为飞行冲突警告。这两项安全功能的应用,有利于管制员及早发现、控制并解决危及飞行安全的潜在风险。

(2)机载防撞系统

机载防撞系统利用机载二次雷达应答机发射无线电询问信号,再接收别的飞机的应答信号,根据应答信号的传输时间确定两机的距离,根据传输方向确定相对方位,使航空器获得彼此方位、高度、速度、航向等重要信息。当飞机再有48s将要抵达与其他飞机的参数距离时,系统向飞行员发出警告;如果飞机继续沿着不安全的航迹飞行,再有35s将要抵达参数距离时,该系统会自动协调两机的避让动作,向两机分别发出"上升""下降"或者"保持高度"之类的避让指令,直到两机满足安全间隔要求。按照国际民航组织标准,中国民航局已将安装机载防撞系统作为运输类航空器的强制要求,并制定了相关的使用规定。

(3)广播式自动相关监视(ADS-B)

装有ADS-B设备的航空器依靠卫星定位系统等导航源,可确定其自身的准确空间位置,并结合速度、高度、航向、航班号等信息,将这些信息通过卫星或者甚高频及高频等数据链广播出去,装有ADS-B接收设备的空中交通管制部门和其他航空器即可收到该机较完整的航行数据。管制员和飞行员可据此掌握运行中所有航空器的准确位置和飞行参数,以及依据这些参数计算出来的可能发生飞行冲突的警告信息。与雷达相比,ADS-B的信息量更大、精度更高、地理限制更少、覆盖范围更广,且建设和运行的成本较低。ADS-B示意图见图11-10。

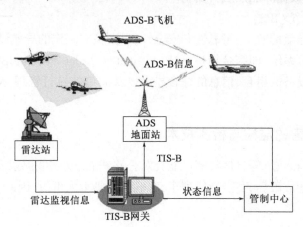

图11-10　ADS-B示意图

(4)区域导航技术

区域导航技术充分利用各类地基、星基和机载导航资源,可提高航空器的导航精度并灵活安排航径。这对在指定空域内运行的航空器提出了导航性能要求,包括导航的准确性、连续性和可靠性。区域导航与所需导航性能相结合,可实现航空器在指定空域内灵活准确地运行。

区域导航技术的应用,有利于解决高原和地形复杂机场的航空器安全运行问题,通过缩小航路侧向间隔以增大空域容量,灵活安排运行轨迹,提高空域的使用效率,减少地面导航设施布局对飞行路径的影响,减少航路汇聚或者交叉,从而可以有效地避免航空器空中相撞。我国民航先后在天津、北京、拉萨等机场完成了区域导航飞行程序的验证工作,天津、拉萨地区的区域导航飞行程序已投入实际运行。

4. 船舶监控与检测保障技术

(1)船用雷达与自动雷达标绘仪

船用雷达是指装在船上用于航行避让、船舶定位、狭水道引航的雷达,亦称航海雷达。船用雷达不同于一般雷达,可把自身的航速和航向自动输入到雷达系统中去,通常由天线、发射机、接收机、显示器和电源5部分组成。目前,新型船用雷达已经使用了高分辨率、高清晰度的彩色液晶显示器(LCD),并且可在雷达屏幕上使用不同颜色显示物标回波的强度,用此来区分船、标、岸等。

自动雷达标绘仪(Automatic Radar Plotting Aid, ARPA)由传感器和 ARPA 自身两部分组成,能同时自动连续地标绘几个目标位置。具有自动雷达标绘仪功能的海洋雷达可以使用雷达触点创建轨道。此外,该系统还可计算被跟踪物体的航向、速度和最近的接近点(CPA),从而判别是否存在与其他船舶或陆地碰撞的危险。

(2)船舶自动识别系统(AIS)

船舶自动识别系统(Automatic Identification System, AIS),由岸基(基站)设施和船载设备共同组成,是一种新型的集网络技术、现代通信技术、电子信息显示技术为一体的数字助航系统和设备。AIS 配合全球定位系统,可将船位、船速、改变航向率及航向等船舶动态,结合船名、呼号、吃水量及危险货物信息等船舶静态资料,由甚高频(VHF)向附近水域船舶及岸台广播,使邻近船舶及岸台及时掌握附近海面所有船舶的动静态资讯,得以立刻互相通话协调,采取必要避让行动,有效保障船舶航行安全。

(3)综合船桥系统(IBS)

为了提高船舶导航的效率、可靠性和安全性,早期独立工作的导航设备渐渐综合集成了一种新型船舶自动航行系统,即综合船桥系统(Integrated Bridge System, IBS)。该系统主要是实现了对现有的各种设备的组合、信息的综合显示以及简单的航行管理,从而便于驾驶员观测,减轻其工作负担。

三、对自然灾害的监控与检测技术

由于地震、暴雨和强风等自然灾害可能会对公路线路、铁路线路以及运行的汽车、铁路列车、航空器、船舶等造成破坏,甚至造成列车、车辆颠覆等重大事故,因此,需对自然灾害进行监控与报警。

1. 地震监测系统

地震监测系统主要是对地震进行监测并采取紧急措施以减少事故损失。系统由振动加速度传感器和中心监视设备两部分组成。振动加速度传感器检测加速度值和P波,具有自动报警、显示加速度波形的功能,同时,能够分析处理监测数据。例如,日本东海道新干线在沿线的14个地方设置了地震预报系统,在沿线的25个变电所设置了地震计,一旦监测到危害可能性大的地震后,变电所内的断路器会自动断开,停止送电,使列车紧急停车。

2. 暴雨、泥石流预测及报警系统

为避免由暴雨引起的泥石流对交通产生影响,首先需要预测可能引起泥石流的暴雨,再根据降雨条件预测发生泥石流的危险区域,以及泥石流泥沙堆积地域、水流变化图和泥沙浓度,进一步预测发生时间、规模及危害程度。为此应用模拟方法,在给定水量变化和泥沙的条件下,对由于河床堆积物侵蚀、堆积引起的泥石流变化图及泥沙的浓度进行一维解析;对在山谷出口处的扇状泛滥堆积进行二维解析,以综合模型进行计算预测。应用此法,在假定的降雨条件下对所发生泥石流的变化图虽还不能进行肯定的预测,但一定程度上可以预测发生破坏的可能性。

3. 风向、风速监测装置

风速监测装置是保护供电线路和防止强风颠覆汽车、列车等的重要设备。为提高风速监测功能的可靠性,日本东海道新干线在强风多发地区新开发设置了17处风向、风速监测装置。该装置的主要组成部分为:风向风速计、变换器、风向风速送信机、风速风向信号接收机、记录仪。

4. 火灾探测报警系统

火灾探测报警系统通常安装在各种港站(如空港、铁路车站、公路车站、码头等)内和运输工具(如汽车、轨道机车、飞机和船舶等)上,目的是随时对火灾发生的可能进行监测和报警,避免火灾的发生。火灾探测报警系统主要分为火灾报警中央装置和火灾探测器两大部分,探测器监视周围环境的情况,并将信号传输给中央装置。

第五节 其他交通安全保障技术

一、道路交通

1. 路面条件安全保障

从路面条件角度入手研究安全保障技术主要是要提高路面的抗滑性能,我国部分地区沥青路面采用加铺抗滑层的方法来提高路面的抗滑性能,其早期破坏必然影响路面抗滑性能和行驶质量。

(1)控制好抗滑表面层的空隙率、级配及沥青和矿粉用量

为解决空隙率与构造深度的矛盾,需在保证构造深度的同时降低空隙率。首先,调整抗滑表层矿料级配,即增加4.75mm以上骨料的用量,使其达到59%以上。足够的粗骨料用量,不仅可以提高构造深度,也能提高抵抗高温变形的能力。其次,增加矿粉和沥青用量。实践证明:抗滑表层沥青用量宜在5%以上,并使用针入度小的黏稠沥青,与之相应的矿粉用量应在7%~8%,并严禁使用回收矿粉。

(2)做好路面排水

在设计和施工中还可以采取以下措施:做好埋置式路缘石、硬路肩、浆砌挡墙的排水;做好中央分隔带的排水;适当提高路面横坡。

（3）提高抗滑表层与中面层之间的黏结力

施工中应强化施工工序，油面施工应该在所有土建工程完工后进行，严禁污染各层油面。同时，应从严要求黏油层的质量。调查表明，因污染导致抗滑表层早期破坏的占总破坏的 1/3。

（4）提高矿料与沥青之间的黏结

一是采用消石灰改善沥青与石料的黏附性；二是添加抗剥离剂。第一种方法比添加抗剥离剂麻烦，我国高速公路施工中多采用第二种方法。

（5）严格规范摊铺和碾压施工工艺

建议 1 台摊铺机的摊铺宽度不宜超过 8m。高速公路宜采用 2 台摊铺机梯队式摊铺方式。成都至雅安高速公路已成功采用 2 台摊铺机梯队式铺筑，并得到很好的路面平整度效果。

（6）保持路面抗滑能力

为提高路面表层抗滑性能，除在面层构造方面采取措施外，在使用过程中还应采用好的养护方法。

2. 路侧条件安全保障

（1）视线诱导

视线诱导即对道路的轮廓进行标识，可通过设置轮廓标、线形诱导标和雪杆等来实现，从而达到提高路侧安全水平的目的。

（2）危险提示

与道路路侧安全密切相关的危险提示标志主要有：急弯警告标志、陡坡警告标志、连续弯道警告标志、长下坡警告标志等，这些标志提前告知驾驶人前方危险路况，提醒驾驶人控制车速，确保车辆行驶在正常的车道内，防止车辆因各种原因而冲出路外的意外情况发生。

（3）越界提醒

越界提醒措施包括振动标线和路肩振动带。振动标线是一种在基层标线上增加凸起形状的新型标线；路肩振动带通过车辆在上面行驶时产生的振动和噪声来提示驾驶人采取措施返回正常行驶车道，对于减少因疲劳驾驶、瞌睡、分神等原因导致的侵入路侧事故非常有效。

（4）路面抗滑

路面抗滑系数是路面设计需要考虑的主要安全因素，大量的冲出路外事故与路滑因素有关。路面抗滑对策包括改变路面材料、增加覆盖层（沥青或者混凝土）、增加路表面质感、使用路面凹槽等。

（5）速度控制

可以通过速度反馈设施和减速标线来达到控制车速的目的。速度反馈设施能够及时测出车辆通过某特定点的车速，并将数值显示在屏幕上，速度超过预先设定的界限时，设施会发出声光报警。减速标线用于提醒驾驶人前方应减速慢行，一般设置在长下坡路段（下坡方向车道）、小半径曲线段（曲线外侧车道）、上坡凸形竖曲线前方视距不足路段（上坡方向车道）等。

（6）改善线形

研究表明，不论是冲出路外事故还是迎面碰撞事故，在弯道处发生的概率为发生在道路直线段的 1.5 ~ 4 倍。更改道路平面线形是一项周期长、投资大的道路安全性改善措施，只能有选择地去考虑，改善线形还可能涉及土地使用和环境保护方面的问题。改善平曲线线形如果和车道加宽、路肩加宽措施一起使用，那么道路事故总数包括路侧事故数都会有很大程度的减少。

二、轨道交通

1. 安全防护工程技术

为杜绝机动车辆等异物侵入运营线路,铁路基本上采取的是"全封闭、全立交"安全防护方式。安全防护技术包括安装高标准的栅栏,做好线路绿化,完善道口防护设施,提高道口防护能力,加固上跨铁路立交桥防护设施,实现站区全封闭管理等。同时,应健全护路防控责任制。

2. 铁路入侵检测技术

铁路入侵检测技术是指在铁路视频监控环境下,让计算机在不需要人参与的情况下,通过对视频序列的处理,实现对入侵行为的自动检测和分析,并对危害行为做出报警。铁路入侵检测的核心技术包括实现铁路入侵物体的定位与跟踪、对入侵行为进行识别和分析、生成报警信息等内容,主要通过视频监控技术来实现。

三、航空交通

1. 高级场面活动监视引导技术

地面防碰撞技术的目标是在全天候、高交通密度和复杂的机场建筑布局情况下,保证飞机和车辆在机场安全、有序和快速地运行。目前,该领域正在研究的一项重要技术就是高级场面活动监视引导系统,该系统由场面监视雷达、数据综合处理、灯光控制等部分构成,其监视范围可以无缝覆盖整个飞行区和航站区,能够辨别飞机航班号、机型、速度等,为管制人员提供一个清晰的飞行区和航站区内飞机及车辆的交通状况的实时图像。该系统还能够探测飞机与飞机、飞机与车辆间潜在的冲突,及时向驾驶人员发出警告。该系统的另一个功能是根据交通状况自动为飞机和车辆分配泊位和行进路线,并通过灯光系统引导它们到达指定地点。

2. 鸟击防范技术

鸟击防范技术的作用是避免飞机在滑跑、起飞爬升和着陆阶段与鸟类撞击。目前,美国正在研究鸟情危险咨询系统,该系统能对雷达接收到的鸟的回波进行处理、测定数量并发布实时鸟情信息,确定鸟类的飞行路线,监控机场附近鸟类的活动,确定它们的位置并估算数量,通过空中交通管制系统或直接的数据链向正在执行起飞和着陆任务的飞行员发出实时的鸟类活动状态警告。另外一个研究重点是研究鸟类的夜间活动规律,以及机场在低能见度情况下的鸟击防范技术。我国也在积极研究各种鸟击防范技术,目前已建立了民航机场鸟情信息收集系统,并开展了雷达探测和鸟类识别的研究,建立了民航的避鸟模型和鸟情预警系统。

3. 跑道表面处置技术

跑道表面状态是机场安全的一个重要影响因素。雪、冰、水和橡胶残留物等可能导致跑道表面光滑,引起飞机在制动时失控。跑道表面处置技术的研究目标是研制出能够在跑道长度范围内安全地制动所有飞机的技术。为了降低飞机偏、滑出跑道后的受损程度,美国研究了以充气混凝土为代表的跑道外软地面阻拦系统,利用地面材料的破损吸收飞机的动能,减小对飞机的损伤,该系统已在美国的多个机场安装。

四、水路交通

台风是一种具有巨大破坏力的自然灾害。在台风活动过程中,伴随有狂风暴雨、巨浪和风暴潮,严重地威胁船舶的安全。近几年来,随着气象部门台风预报水平的不断提高,全球海上通信系统的发展和计算机技术的突飞猛进,人们已经应用计算机来进行船舶安全避台辅助决策。

避台决策就是依据气象台台风预报及船舶所处的位置计算遭到台风袭击的可能性,作出具体避台方案和部署。船舶在整个避台过程中,要跟踪台风动态,及时修正避台决策方案。船舶避台的原则是与台风中心保持一定的距离(一般大于 8 级大风圈半径)。

1.台风危险水域

台风危险水域是指船舶驾驶人员的警戒水域范围。驾驶员在操纵中应尽可能避免船舶进入该水域。如果船舶进入该水域,就有可能遭遇台风的袭击。

危险水域的大小可用半径为 R 的圆来表示,如图 11-11 所示。圆半径 R_t 是驾驶员心目中危险水域的最小允许值。R_t 值的大小取决于台风的强度及台风预报的准确程度。

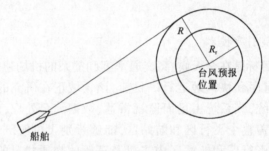

图 11-11 台风危险水域

2.船舶避台决策方法

船舶的避台类似于船舶间的避碰,可借助于船舶避碰决策方法进行船舶避台。可用计算机模拟船舶和台风在未来某一段时间内的运动状况,计算船舶与台风间的距离,判断船舶在该段时间内是否有进入台风危险水域的可能,判定船舶遭遇台风袭击的可能性,从而对船舶是否进行避台操纵进行决策,并进行避台决策可靠性验证。具体的措施有改变船舶航速、改变船舶航线、寻找合适的港湾锚地锚泊等台风过境后船舶恢复原来的航行等。

第六节 道路交通事故救援

一、道路交通事故救援的程序及设备

1.救援程序

1)接警调度,力量调集

(1)接警调度

调度指挥中心接到报警后,要问清事故发生的准确地址、事故车辆数、人员伤亡情况、有无运载危险化学品、是否发生泄漏、爆炸燃烧、人员中毒以及事故现场周边单位、居民等情况。高速公路发生交通事故,要问清车辆行驶方向、具体位置及最近出口地址(位置)、距离等情况。同时,指挥中心要立即将警情报告值班领导,并根据指示要求,报告当地政府、公安机关和上级消防部门。在赶赴途中,保持与报警人和现场的联系,及时掌握事态发展变化状况。

(2)力量调集

一般车辆相撞事故,应按出动计划迅速调派辖区中队抢险救援、水罐、泡沫等消防车辆,以及破拆、起重、牵引、警戒、救生等器材设备。夜间交通事故处置,应调派照明车或照明设备到场。重大交通事故或伴随化学灾害事故的,应按预案要求,除调派辖区中队力量外,迅速调派邻近中队、特勤中队到场增援,并根据现场情况增调水罐、泡沫、干粉、防化救援、防化洗消等车辆及抢险救援器材、设备。视情况还应报请政府启动应急预案,调派公安、交通、安监、卫生、环保等力量协同处置,并调集吊车、牵引车、清障车到场参与处置。

2)控制现场,侦察检测

(1)控制现场

①控制现场应在事故区域前、后方1000m处设置明显的警戒和事故标志;在雨、雪、雾等气象条件下,应在事故区域前、后方1500m处开始连续设置警示标志;并设防撞路障设施,有条件的可用大型车辆横向阻拦,在规定距离上设置警戒标志。

②加强交通疏导或管制,维护交通秩序。

③严格看管人员和物资,防止发生哄抢。

(2)侦察检测

主要侦察检测:

①伤亡人员情况。被困人员的位置、数量和受伤人员状况及受伤情况。

②事故车辆情况。车辆类型、货运物资情况、车体的稳定状况。

③险情状况。油箱是否泄漏、泄漏气体爆炸的可能性、是否有损坏的高压线、是否有有毒有害物质泄漏、周围的地形情况(有无滑坡、落石等)。

3)分析判断,制订方案

(1)分析判断

主要分析判断:

①事故性质。

②二次伤害和二次交通事故的可能性。

③检查受伤人员状况和受伤部位,以确定救援工作的速度和最佳的救助手段。

④判断破拆部位,选用合适的器材。

⑤有无调集大型牵引车辆、起重车辆的必要。

(2)制订方案

救援方案主要包括:排险方案;破拆方案;救人方案;人员编组和分工,通常设立警戒小组、排险小组、救生小组、遗物收置小组;场地划分,主要有处置区和警戒区。

在制订方案时应注意的事项包括:

①场地划分时,要考虑到为后续救援车和救护车进入提供通道。

②组织人员保护现场,便于交通部门鉴定车祸原因和性质。

③参战人员要求穿戴有荧光标志的服装,不要随意走动。无作战任务人员应登车待命或站到护栏的外侧。

④雾天和黑夜应打开应急灯和警灯。

4)迅速排险,抢救人员

(1)迅速排险

现场常见的几种需要排除的险情有:火灾隐患、燃油泄漏险情、化学事故险情、高压线掉落、山体滑坡、地质下陷、隧道倒塌、桥梁断裂等。

(2)抢救人员

①救护时,应按照先急后缓的原则,对危重伤员,应先抬离车体,再进行救治。

②对于挤压的人员,应使用相应的抢险救援器材,采取锯、割、撬、扩、搬、拉、吊等方法,先破拆排除障碍,再将其救出。

③对于躯体、肢体损伤严重的伤员,应尽可能利用躯体或肢体固定气囊进行固定,以防发生救助性伤害。

④车体着火时,应边灭火边救人,并迅速对未着火的车厢进行水幕隔离和防护。

⑤因爆炸引起隧道倒塌并压住车体时,应集中力量抢救受伤人员。

5)现场急救,迅速转送

应本着挽救生命、减轻伤残的原则,第一时间对伤员进行紧急救助,对危重伤员抢救的最佳时间是 4min,对严重创伤伤员抢救的黄金时间是 30min。

6)清理事故现场

当人员、物资全部被救出以后,应及时清理现场,尽快恢复交通秩序。

(1)详细记录,核查人数,查明死者身份,列出遗物清单。

(2)清除因车祸引起的路障,抢修遭破坏的路段,指挥疏导滞留车辆通行。

(3)与当地警方或地方有关部门移交遗物,并协同地方组织遗物和遗体转送。

(4)必要时协同交通部门对车祸现场进行勘查,查明事发原因。

(5)及时通知卫生防疫部门对车祸地域进行卫生防疫,并进行洗消和清理。

2.主要救援设备

(1)电展宽钳。功能是将汽车金属罩壳撑开,如果放在路面上,可以将汽车架高。

(2)电剪钳。功能是将汽车金属罩壳剪开,如车顶支架和车门等。

(3)推拉器。功能是将汽车部件推开或拉开,工作对象主要是车轮轴、车门、仪表板等。

(4)发动机。发动机是供应急救工具动力能源的机器,分电动发动机和汽车发动机 2 种,前者的效率比后者低。每台发动机可同时提供 2 台急救工具的动力能源。

这些救援设备效率高,但伤害力也大,救援人员需接受严格的训练后方能使用。

二、交通事故紧急救援体系的建立

发达国家十分重视交通事故救援体系的建设,在交通事故急救网络建设、急救方案决策及急救技术等方面作了深入研究并得以广泛应用。在德国,国内划分为 330 个紧急医疗服务区,每个服务区拥有急救车辆、急救设备、医护人员和志愿者。国民受过急救培训,机动车驾驶人必须经过8h急救培训,每辆汽车都配有简易急救设施和急救箱,急救电话分布相当广泛;此外,德国还拥有50个空中救援基地,从事救援的直升机服务半径不超过50km。完善的交通事故紧急救援体系使得德国交通事故死伤数量占意外伤亡数量的比例大大降低。美国和巴西在各道路沿线设置了极为密集的事故救助点,使其道路交通事故救援具有很快的反应能力,并研制了创伤救治信息系统,能辅助救援人员迅速找到交通事故发生点及受伤人员。在我国每年众多的交通事故死伤人员中,有相当多的人是因为没有得到及时抢救而伤亡、残废的。如果存在一个完备的交通事故救护、救援体系,可以在人员受伤后关键的1~2h内,对其在路边做紧急处理,通过通信联络系统迅速发现伤员并及时将其送至医院及早救护,会大大降低受伤者的死亡率、残废率和永久性伤残程度。

建立健全事故紧急救援体系的重点如下:

(1)通过立法明确救援工作的主管部门

事故紧急救援体制应采取立法的方式予以确认。

(2)研究救援理论,建立专门的救援队,协调各方面关系

在专业救援理论方面,应结合我国目前的实际情况,借鉴交通基础设施建设发达国家的救援理论,参考目前各地救援方面的经验,总结出一套适用于我国的理论。同时,应尽快成立交通事故救援队,并以立法的形式确定道路紧急救援巡逻体系,明确每个救援队的巡逻范围,并定期或不定期对救援队培训、考核、演练。对于事故紧急救援,拥有一支高效管理队伍至关重要,其中包括管理部门、经营者、交通警察、医疗、消防、救援组织、保险公司理赔和社会福利机构等诸多方面。

(3)加大力量配置专用设备

交通事故紧急救援体系的中心是有一支具备快速反应能力、救援破拆设备装备齐全的专业救援队伍。

(4)与保险公司等新生的经济机制合作,共同分担事故的损失和压力

有关管理部门应当建立与保险公司的密切合作关系,共同开发一些包括安全抢险救援、公路工程设施等方面的新兴保险业务,利用保险公司在经济实力、防险专业知识等方面的优势,缓解各方面的压力。

本章小结

本章讲述了交通安全保障与事故救援的内容,包括交通安全审计、交通安全监控与检测等技术以及交通事故救援。以道路交通为重点,论述了各种交通方式的安全审计内容及方法、人-机器-交通条件的监控与检测技术、道路交通事故救援的程序,以及交通事故紧急救援体系的建立等内容。通过学习这些知识,学生应能掌握当前交通事故安全保障与事故救援技术的基本要领和内容。

习题

11-1　简述交通安全审计的目的。

11-2　试对比分析道路规划阶段和工程可行性研究阶段道路交通安全审计的特点。

11-3　针对人的交通安全监控与检测技术有哪些?

11-4　简述典型的自然灾害监控与检测技术。

11-5　简述道路交通事故救援程序。

第十二章

交通安全发展动向

随着经济社会的快速发展，交通基础要素不断优化，新技术应用逐步深入，交通管理手段持续创新，在降低传统交通安全风险的同时亦带来了新的挑战，一些新的安全风险和管理难点已初露端倪，亟须做好应对工作。未来 5～15 年，交通安全将迎来重要战略机遇期，机遇与挑战并存。

第一节 概　述

一、交通安全研究发展概况

快速发展的交通事业，凸显了社会经济的繁荣与发展，但与此同时也带来了诸如交通事故等一系列严重的问题。交通安全问题已成为全球公认的公共卫生问题和发展危机。

当前，世界各国对交通安全都非常重视，交通工程专家对交通安全进行了广泛而深入的研究，并且取得了丰硕的成果。美国、英国对交通安全开展研究最早，始于 20 世纪初；德国、法国、意大利和苏联次之，始于 20 世纪 50 年代；日本又次之，始于 20 世纪 60 年代；我国则较晚，直到 20 世纪 80 年代才开始研究。

各国有关交通安全的基本理论与基本实践大体上都是一致的,交通事故的基本规律、特性也大致相同,但是由于各个国家的政治制度不同、经济发展程度不同、宗教信仰不同、地理条件和气候条件也不尽相同,所以各国的交通状况、交通安全管理手段、事故发生率各有差异。到21世纪初,世界交通事故从总体上来说或趋于下降,或趋于稳定,但形势依然不容乐观。

二、新形势下交通安全面临的机遇与挑战

1. 机遇

交通安全基础要素不断优化升级。随着基础设施建设步伐加快,高效便捷的铁路网、公路网、航空运输网、城际铁路网、航道网逐渐形成,综合交通运输系统得到进一步完善。以我国为例,截至2017年,我国高速铁路营业里程、高速公路通车里程、城市轨道交通运营里程、沿海港口万吨级及以上泊位数量均位居世界第一,铁路、民航客运量年均增长率超10%,公路长途客运需求减少,超员和疲劳驾驶等违法行为占比逐年减少。

交通新技术为安全保障提供有力支撑。近年来,以互联网+、大数据、云计算、智能驾驶为代表的新技术快速发展,使交通安全发生了深刻的变革。以道路交通安全为例,研究表明,道路交通事故多与驾驶人操作失误有关,而正在迅猛发展的智能驾驶技术有利于从根本上改变人工驾驶模式,依靠人工智能、视觉感知识别等技术的协同,大幅减少因人为因素而导致的道路交通事故。

技术革新为交通安全管理提供新手段。技术革新在不断降低交通安全风险的同时,也为解决交通管理工作面临的难点、复杂问题提供了更加优化的解决途径和技术支撑。同样以道路交通安全管理为例,无人机和卫星高精度定位的应用,将提高查处随意变更车道、不按规定车道行驶和违法占用应急车道等违法行为的效率和准确率。信息资源深度融合的应用,将推动与信息技术企业合作,完善交通安全服务平台,为人们出行提供更好的服务。

2. 挑战

由社会经济发展带来的交通运输业的飞速发展,不仅改变着交通运输方式的结构和面貌,也对交通安全管理工作提出了更新更高的要求。新的运输形式的出现以及各种交通安全影响因素的种类和数量不断增多,必然会产生新的危害。由于人的认识能力有限,不可能马上完全认清危害、制订防范措施,这就要求我们在安全管理工作中必须努力去发现和寻找出那些潜在的危害因素;同时,由于交通运输过程的大规模化、复杂化,造成危害的范围也正在日益扩大。如新能源汽车的推广、智能驾驶的兴起等,均对如何有效保障交通安全提出了新的挑战。

以智能驾驶为例,其虽在车联网、车路协同系统开发等方面取得了突出成绩,但网络安全建设却捉襟见肘。在智能化驾驶体验中如何最大限度保障人车安全,杜绝系统漏洞,防止数据信息被恶意操控,是摆在智能驾驶面前最棘手的问题。

第二节　新能源汽车的交通安全问题

一、新能源汽车的概念及类型

1. 概念

依照中华人民共和国工业和信息化部2017年1月6日发布的《新能源汽车生产企业及产

品准入管理规定》（工业和信息化部令〔2017〕39号），新能源汽车是指采用新型动力系统，完全或者主要依靠新型能源驱动的汽车。

新能源汽车的概念因国家不同其提法也不相同。在日本，新能源汽车通常被称为"低公害汽车"。2001年，日本国土交通省、环境省和经济产业省制订了"低公害车开发普及行动计划"。该计划所指的低公害车包括5类，即：以天然气为燃料的汽车、混合动力汽车、电动汽车、以甲醇为燃料的汽车、排污和燃效限制标准最严格的清洁汽油汽车。而在美国，通常将新能源汽车称作"替代燃料汽车"（Alternative Fuel Vehicle，AFV）。基于1992年美国能源政策法案的定义，替代燃料包括生物柴油、天然气、丙烷、电力、E85乙醇汽油、甲醇等。替代燃料汽车是一种被设计为至少使用一种替代燃料驱动的专用、灵活燃料或双燃料汽车。

2. 类型

新能源汽车包括混合动力汽车、纯电动汽车（包括太阳能汽车）、燃料电池电动汽车、氢动力汽车、其他新能源（如高效储能器、二甲醚等）汽车等各类别产品。

（1）混合动力汽车

混合动力汽车（Hybrid Electric Vehicle，HEV）是指那些采用传统燃料的，同时配以电动机/发动机来改善低速动力输出和燃油消耗的汽车。混合动力汽车按照燃料种类的不同，可以分为汽油混合动力汽车和柴油混合动力汽车2种。

（2）纯电动汽车

纯电动汽车（Blade Electric Vehicles，BEV）是一种采用单一蓄电池作为储能动力源的汽车。它利用蓄电池作为储能动力源，通过电池向电动机提供电能，驱动电动机运转，从而推动汽车行驶。

（3）燃料电池电动汽车

燃料电池电动汽车（Fuel Cell Electric Vehicle，FCEV）是利用燃料电池，将燃料中的化学能直接转化为电能来进行动力驱动的汽车。燃料电池电动汽车使用的燃料主要包括氢、甲醇、汽油、柴油等，国际上普遍采用的是高能量密度的液态氢。

（4）氢动力汽车

氢动力汽车是以氢为主要能源驱动的汽车。一般的内燃机，通常注入柴油或汽油，氢动力汽车则改为使用气体氢。氢动力汽车是一种真正实现零排放的交通工具，排放出的是纯净水，其具有无污染、零排放、储量丰富等优势。

（5）其他新能源汽车

其他新能源汽车包括使用超级电容器、飞轮等高效储能器的汽车。

二、新能源汽车安全事故现状及问题分析

新时期，我国新能源汽车快速发展并取得了一系列不俗的成绩，但也面临着重大的安全考验，安全事故屡见不鲜。

1. 安全事故现状

新能源汽车与传统燃油汽车相比最大的区别在于动力系统的革新（动力电池），造成新能源汽车安全事故的原因在于整车非电动车平台改装造成电池的承载隐患、动力电池系统的缺陷（含电化学反应问题）、电池材料不过关、电池使用不当等。由于电池的存在，起火成了新能

源汽车发生事故的特有表现。

据统计,2016 年全球共发生 35 次(合计 46 辆)新能源汽车起火事故,其中国外 6 次(合计 6 辆),国内 29 次(合计 40 辆)(图 12-1),国内成了起火事故的重灾区,且涉及的地区、品牌、企业等也较多。

(1)分车型来看,新能源乘用车和专用车事故率最高,为 97%(图 12-2)。

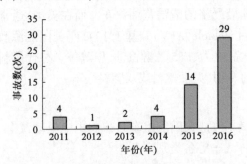

图 12-1 2011—2016 年我国新能源汽车
安全事故(起火)数

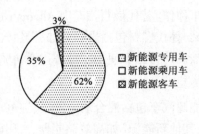

图 12-2 2011—2016 年我国新能源汽车
各车型的安全事故比例

(2)分地区来看,北京和深圳起火事故数最多,均为 4 次,其次为南京、上海和天津等(表 12-1)。

国内新能源汽车起火事故地区分布情况   表 12-1

序号	城市	事故数(次)	序号	城市	事故数(次)
1	北京	4	9	惠州	1
2	深圳	4	10	临沂	1
3	南京	3	11	青岛	1
4	上海	3	12	太原	1
5	天津	3	13	湘潭	1
6	梅州	2	14	余干	1
7	宝应	1	15	重庆	1
8	成都	1	16	珠海	1

(3)从动力类型来看,纯电动汽车是起火事故高发的车辆类型,占比高达 79%,其次是油电混合动力汽车占比 10%,插电式混合动力汽车占比 7%。

(4)从起火原因来看,以自燃事故最多,共 9 次,占比 31%(表 12-2)。由此可知,动力电池问题是新能源汽车起火事故的主要原因。"零部件故障、充电、浸水"等大都会导致短路或电气功能故障,或多或少与电池系统有一定的关联。

国内新能源汽车起火事故原因分布情况   表 12-2

序号	起火原因	事故数(次)	占比(%)	序号	起火原因	事故数(次)	占比(%)
1	自燃	9	31	5	浸水	3	10
2	零部件故障	6	21	6	碰撞	2	7
3	充电	3	10	7	被引燃	2	7
4	不明原因	3	10	8	人为	1	4

2. 安全事故问题分析

一般来说,新能源汽车发生事故时,大都会伴随着火、声、光、烟雾等"荧屏特效"。传统燃油汽车一般在车辆动态运行中发生严重碰撞事故而导致电池起火,而新能源汽车无论在车辆动态运行中还是车辆静态放置下都可能引发电池起火、自燃等,本书着重分析其静态放置下的安全隐患,即电气安全、化学安全、功能安全。

电气安全方面,新能源汽车企业在新产品开发时已经考虑了失效模式和效果分析(Failure Mode and Effect Analysis, FMEA)等,传承传统燃油汽车电子电器方面的开发经验,风险相对较小。但随着汽车电子电器零部件的应用数量逐渐增多,产品应用比例逐步达到40%或以上,其电磁兼容CAN通信协议、高低电压隔离等问题越来越复杂,产生的后果也愈发严重。某种程度上,电气安全成为新能源汽车不可忽视的一环。

化学安全方面,涉及的电化学问题相对来说比较新颖。电池系统不同形式的"内短路"可能会导致"热失控",而后再产生一系列的连锁反应——"负极分解、正极分解、盐与溶剂反应、溶剂完全燃烧"。同时,电池过充过放、化学腐蚀等也易引发安全事故。

功能安全方面,涉及动力电池的被动安全管理,需要电池管理系统(Battery Management System, BMS)、电池Pack、整车、充电桩等各方的协同合作才能够实现。通过BMS的监控、预警,可以保障动力电池在任一随机故障下,不会产生系统故障或产生重大安全事故。

动力电池的典型安全问题分析见表12-3。

动力电池典型安全问题分析 表12-3

类别	典型安全问题	风险产生后果的容易程度	风险产生后果的严重程度	是否有相应的测试评价标准及法规	目前是否有良好的解决方案	方案经济成本测算
电气安全	绝缘配合	较难	较严重	有	有	一般
	等电位(接地)	较难	一般	有	有	一般
	短路防护	难	严重	有	有	较高
	绝缘状态监控	较难	较严重	有部分	有	一般
	高压连接器互锁	较难	较严重	有	有	较高
	高低压隔离	较难	较严重	有	有	一般
	电磁兼容性	一般	较严重	在推进	有	高
	故障自诊断	一般	严重	有部分	有	较高
化学安全	电芯的过充、过放、挤压、火烧等	一般	严重	有部分	一般	较高
	电解液或冷却液泄漏所导致的化学腐蚀(可能造成内部短路)、盐雾腐蚀、阻燃和有害气体排放等	相对容易	严重	有	有	较高
功能安全	要确保电池管理系统在任何一个随机故障、系统故障或共因失效下,都不会导致安全系统的故障	相对容易	严重	有	正在测试论证	高

三、新能源汽车安全保障措施

目前,新能源汽车已经从"试用"向"能用"过渡,但离"好用"差距还较大,其安全性能仍有待提高。相较传统燃油汽车,新能源汽车安全主要涉及高压电池自身的安全、高压电池的漏电保护、电池的碰撞安全和防水等保障。

1. 国外安全保障措施概况

为保障新能源汽车安全,发达国家一般从安全标准、安全法规、安全技术和安全培训4个方面着手。

(1)及时建立安全标准

技术标准的统一不仅有助于推动市场有序发展,对于汽车安全也具有根本性作用。

首先,电动汽车标准化。国际电工委员会(IEC)和国际标准化组织(ISO)目前正在进行插电式混合动力汽车与充电设施连接的标准化活动,组织实施统一两团体意见的"IEC/ISO JWG V2G"。国际汽车工程师学会(SAE)也在推进插电式混合动力汽车的标准化工作,2010年7月,该学会发布了衡量混合动力汽车尾气排放和燃油经济性的新标准。欧盟委员会在提出制订电动汽车充电标准的时间表后,于2010年7月又提出要建立电动汽车的统一安全标准。

其次,车载充电电池标准化。德国向国际电工委员会(IEC)与国际标准化组织(ISO)提交了车用锂电池规格方案,其中涉及电池的安全性与耐用性,如不满足基准将要求其停产。日本汽车研究所(JARI)与国际标准化组织(ISO)和国际电工委员会(IEC)合作组建工作组,进行混合动力汽车和纯电动汽车电池性能的标准化测试 IEC 62660-1 以及电池安全性方面的标准化测试 IEC 62660-2 工作,测试内容包括容量、功率、功效、存储、周期、冲击测试、高温性能、外部短路和过充电等。在安全性方面,日本有其标准 SAEJ2929。

(2)颁布安全法规强化责任监管

美国对新能源汽车的安全监管延续了其对燃油汽车产品和市场准入管理的特点。政府根据国会通过的有关法律,分别授权美国运输部(DOT)和美国环境保护署(EPA)制订并实施有关汽车安全、环保和节能等方面的汽车法规,并按其对汽车产品实施法制化管理制度,将汽车产品的设计与制造纳入社会管理的法律体系中,实现政府对汽车产品在安全、环保、节能方面的有效控制。美国汽车安全技术法规可分为美国联邦机动车安全标准(FMVSS)、与标准 FMVSS 配套的管理性汽车技术法规、标准 FMVSS 的具体实施与汽车产品安全召回法规3类。

在欧洲,根据欧盟规章《化学品注册、评估、许可和限制》(REACH),欧洲化学品管理署(ECHA)禁止含有15种高度关注物质(Substances of Very High Concern,SVHC)的物品进入欧洲市场,且需供应商为客户和消费者提供物质的安全信息。对于新能源汽车电池而言,铅酸蓄电池密封胶和极柱胶必须达到欧盟 REACH 的安全标准。

(3)开发提供相应安全保障技术

从安全技术角度来看,新能源汽车对传统燃油汽车并非是简单照搬适用。

一方面,基本上传统燃油汽车的安全技术在新能源汽车上可以实现平移。燃油汽车、混合动力汽车(HEV)、纯电动汽车(BEV)以及燃料电池电动汽车(FCEV)的基本安全理念相同,都是以主动安全和被动安全为核心,追求以实际使用过程中的事故分析为基础的"汽车实际安全"来进行产品研发,通过模拟和实车测试等方式反复评估,最终实现商品化。

另一方面,传统燃油汽车的安全标准和技术对于新能源汽车有借鉴意义,但仅有传统安全技术还不够,需根据新能源汽车多动力源、高压系统的特性,开发相应的安全技术,如制动系统、转向系统、电控系统、扭矩监控、绝缘检测、CAN 网络检测、安全诊断和散热集成等。

（4）通过安全培训提升大众安全意识

人自身的安全意识对于汽车安全来说非常重要，新能源汽车也是如此。考虑到日益增加的新能源汽车安全隐患，2010年，美国消防协会在全国启动了针对新能源汽车安全的培训，以帮助消防员和公众处理新能源汽车所发生的紧急情况。

与此同时，英国汽车制造商和贸易商协会（Society of Motor Manufacturers and Traders, SMMT）与其合作伙伴英国汽车工业公司以及Semta研究所于2010年举行了英国电动车零售和制造业行业技能会议，制订了电动车的资格认证和培训发展计划，在运营商达成一致的基础上，满足电动车的制造、维修、应急服务和故障恢复。该计划涉及服务和维修网点、应急服务、路边援助队和零售商，让现有专业技术人员参加培训，确保相关的培训能够提升新能源汽车的安全水平。

2. 国内安全保障措施构想

借鉴国外经验，结合我国实际，在传统燃油汽车与新能源汽车并存发展的新时期，对于新能源汽车安全问题，我国应从市场准入、生产销售和使用3个环节入手，加强以下5个体系的建设，促进和保证新能源汽车安全。

（1）建立安全技术支撑体系，加强技术攻关，以技术来保障安全。提高企业的研发能力和生产条件要求，提高性能和安全的要求。

（2）建立安全标准的规范体系，结合技术和产业化发展，加快推进相关标准的制定。建立统一的新能源汽车安全标准不仅可以更好地保障驾驶者的安全，提升市场信心，而且通过简化和完善现行新能源汽车安全法规，能够减少企业成本，鼓励并促进新能源汽车产业快速发展。

（3）强化远程运行的监控体系，以建立体系、统一要求、落实责任为重点，加快建立覆盖国家、地区、企业运行的监管网络平台。

（4）健全安全责任体系，明确生产企业主体责任和政府监管责任，做到全面覆盖、无缝连接，加强新能源汽车安全检验的管理。

（5）围绕标准监管、处罚、问责等环节，建立新能源汽车安全的法规体系。

第三节　智能驾驶的交通安全问题

一、智能驾驶的概念及分级

1. 概念

智能驾驶是指通过给车辆装配智能系统和多种传感器设备（包括摄像头、雷达、卫星导航设备等），实现车辆自主安全驾驶的目标。智能驾驶本质上涉及注意力吸引和注意力分散的认知工程学，主要包括网络导航、自主驾驶和人工干预3个环节。全世界第一辆真正意义的智能驾驶车辆（图12-3）于1984年由卡耐基梅隆大

图12-3　第一辆真正意义的智能驾驶车辆

学研发。

(1)网络导航:解决我们在哪里、到哪里、走哪条道路中的哪条车道等问题。

(2)自主驾驶:在智能系统控制下,完成车道保持、超车并道、红灯停绿灯行、灯语笛语交互等驾驶行为。

(3)人工干预:主要是车内乘员通过人机交互系统进行意图表达和意外情况处置。

智能驾驶将单一人工驾驶模式改变为双驾双控,改变了驾驶过程中人与车的关系,既可以通过自主驾驶将人从持久、烦琐的驾驶活动中解放出来,又可以在智能车难以判断的复杂和危险情况下,将驾驶权移交车内乘员,实现自主驾驶与人工驾驶自然切换。因此,智能驾驶不能简单等同于无人驾驶,真正的无人驾驶多用于在危险、复杂环境执行任务,车内没有乘员。如图 12-4 所示,为谷歌智能驾驶车辆。

图 12-4 谷歌智能驾驶车辆

2. 分级

目前,对于智能驾驶车辆的认知程度分级,世界范围内尚无统一的标准。比较被广泛认可的是 2013 年 5 月美国国家公路交通安全管理局设定的自动驾驶的智能化程度,分为 5 个级别,如图 12-5 所示。

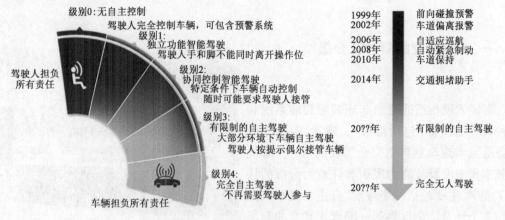

图 12-5 智能驾驶的智能化程度分级

级别 0:无自主控制。这一级别的车辆完全由驾驶人控制,驾驶人承担观察路面保证安全的全部责任。一些装配有驾驶人警示系统(如车道偏离预警、盲区检测预警等)的车辆,仍然属于这一级别。虽然这些安全辅助系统可以对驾驶人进行危险提示,但所有的车辆控制仍由驾驶人完成。

级别 1:独立功能智能驾驶。这一级别的车辆包含对转向或者油门/制动的自动控制功能。在这一级别,驾驶人可以将转向或者对油门/制动的一部分控制权限交给车辆完成,但车辆不具备协同控制转向和油门/制动的能力。例如:自适应巡航控制系统能够控制油门/制动,与其他车辆保持安全车距;自动车道保持系统能够控制方向盘转角,让车辆始终位于车道中间。它们都属于这一级别的自动驾驶,但不支持对于方向盘和油门/制动的协同控制。驾驶人的手和脚不能同时离开操作位置,且需要始终关注周边的道路环境。

级别 2:协同控制智能驾驶。这一级别的自动驾驶能够协同控制车辆的方向盘、油门、制动,完成在特定环境下的自动驾驶。在特定环境下,驾驶人的手和脚能够同时离开操作位置。例如,自适应巡航系统与自动车道保持系统协同工作的车辆,可以在工作窗口内完全控制车辆沿车道行驶,并与前车保持安全距离,不需要驾驶人参与。这一级别的自动控制在周边环境不满足条件时,随时可能退出。这要求驾驶人始终关注周边环境,并随时接管车辆。

级别 3:有限制的自主驾驶。这一级别的自动驾驶能够实现特定工作环境下的自主驾驶,不需要驾驶人参与,但在特殊情况下,仍然需要驾驶人接管车辆。何时需要驾驶人接管车辆,会由车辆自行判断,并给驾驶人留出充足的反应时间。这一级别的自动驾驶不需要驾驶人时刻关注周边环境,只需在需要时能够逐渐接管车辆。在自主驾驶时,车辆提供保证行车安全的所有功能。

级别 4:完全自主驾驶。在用户指定目的地或者驾驶路线后,车辆将不再需要驾驶人的参与,全程自主驾驶,在保证安全行驶的同时完成驾驶任务。

二、智能驾驶与交通安全

2022 年,我国平均每天约有 160 人因交通事故伤亡,相当于一次重大空难。驾驶人是引发交通事故的主要因素,很多时候道路拥堵也是由于人为的乱并道、乱超车、不按规定速度行驶等不文明驾驶行为造成的。

1. 智能驾驶安全保障技术发展现状

智能驾驶从根本上改变了传统的"人-车-路"闭环控制方式,将不可控的驾驶人从该闭环系统中"请"出去,减少了人为影响因素。通过机器学习、物联网和 360° 的监控判断,智能驾驶将有助于彻底解决道路安全问题,降低道路交通事故死亡率。

先进驾驶辅助系统(Advanced Driver Assistance Systems, ADAS)也称智能安全系统,如图 12-6 所示,着重于对事故发生的预防。例如,自适应巡航技术(Adaptive Cruise Control, ACC)可以自动感知车辆前方路权变化,控制车辆速度,防止追尾;车道偏离预警系统(Lane Departure Warning System, LDWS)可以自主检测车辆是否偏离车道,并通过灯光、声音甚至方向盘震动等信号向驾驶人发出提醒。这些先进的驾驶辅助系统已广泛装配在最新的汽车产品中,突破了过去被动安全系统(如安全带、安全气囊等)或主动安全系统(如 ABS、ESP 系统等)只能在危险过程中起作用的限制,使汽车具备感知周围环境和预防事故发生的能力,极大地提高了汽车的安全性。然而,先进驾驶辅助系统只能在一定程度上提醒驾驶人或预防交通事故,车辆行驶过程中,驾驶人仍需全神贯注关注周边环境。

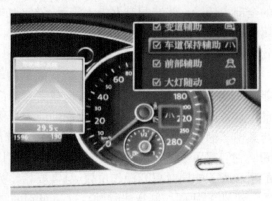

图 12-6　驾驶辅助系统

2. 智能驾驶安全保障技术面临的挑战

智能驾驶能够解除驾驶人限制,在智能驾驶车辆里,不需要在意驾驶人是否足岁、过老、无驾照、眼盲、精神不济、酒醉等。智能驾驶车辆可以使用主动与被动感测器(如光学雷达等)持续做大范围的感测(如可见光、红外线与声波等),具有 360°视野,因此,可以对潜存危机做出安全的反应,且其反应较驾驶人更为迅捷,也不会疲劳。

智能驾驶技术的提升,实际就是多个辅助驾驶技术的融合。单一的辅助驾驶技术仅能够对驾驶人进行某一方面的驾驶辅助,而多个辅助驾驶技术的融合则能够适应更多场景,乃至全场景下的无人驾驶。但智能驾驶目前仍处于一个评测阶段,安全性方面的保障还不够完善。

(1)人类自身

多年的研究发现,人类在从事诸如系统监控等机械性工作的时候难以保持注意力。因为人类大脑会一直寻找一个刺激点,而如果没有找到的话,大脑的注意力便会逐渐衰退。通常来说,越是可靠的智能驾驶技术就越是容易让人类大脑感到"无聊"。许多汽车企业都在为使车辆在复杂的路况中行驶而增加更多的自动化系统,但这些系统无一例外都需要驾驶人保持对路况的警惕性。

(2)传感器件感知能力

无论是何种程度的智能驾驶,第一步都是感知,也就是感知车辆周边复杂的路况环境,在这个基础上才能作出相应的路径规划和驾驶行为决策。感知所采用的各种传感器包含雷达、单目摄像头、双目摄像头等,或是由这些传感器进行不同组合形成的感知系统,但是这些传感器件各有利弊。比如:激光雷达对雨雾的穿透能力受到限制,对黑颜色的汽车反射率有限;毫米波雷达对动物体反射不敏感;超声波雷达的感知距离与频率受限;摄像头本身靠可见光成像,在雨雾天、黑夜的灵敏度有所下降。

(3)网络风险防御

未来智能驾驶车辆将会是开放式系统平台,若遭到黑客入侵,将可能会导致严重事故。

(4)复杂的路况

相较于欧洲、美国和日本,我国路况更加复杂。仅红绿灯的形态就不下 100 种,且各种交通标识的形态没有统一,车道线的宽度、间隔参差不齐,甚至许多道路没有车道线。所以,高速公路的智能驾驶、某段路线的智能驾驶与真正意义上的智能驾驶是两个层面的问题,这些都是在实现完全智能驾驶之前需要我们解决的问题。

（5）法律

除了技术问题，还有社会的法律问题。智能驾驶要在法律层面得到认可，就要说清楚一系列的技术问题，还要有大量繁杂的数据支持。法律上认可的过程将会是漫长的一个过程。

3. 智能驾驶安全保障技术发展路线

（1）渐进式发展路线：主动安全

主动安全技术的不断发展和应用显著提升了汽车的整体安全性能，无论对驾驶人和乘客，还是对行人来说都加强了安全保障。可通过不断增加和优化倒车提醒、语音导航、自动泊车、自适应巡航、自动防碰、跟随行驶、身份识别、车联网、OBD WiFi 播发系统等智能要素，提高主动安全。例如，可以通过安装毫米波雷达，实现障碍物感知、安全车距计算、危险预警和紧急制动。

（2）颠覆性发展路线：轮式机器人

智能驾驶技术的出路是使各种形态、各种用途的轮式机器人进入百姓生活，可以有特斯拉的高端智能车，也可以有大众公用的智能公交车、出租车，还可有助老助残智能车等。通过发展具有自主能力的轮式机器人，把智能驾驶的速度回归到人类移动的生存生活状态，实现方便简洁、自主、自适应、自学习等功能，如图 12-7 所示。在实现友好交互的基础上，改变车辆的动力学性质，实现汽车数字化，彻底解决安全问题。

图 12-7　形态各异的轮式机器人

第四节　智能交通系统环境下的交通安全问题

一、智能交通系统环境下的交通安全研究概况

1. 国外研究概况

世界各国在发展智能交通系统时，都将如何保障交通安全作为其中的一项重要内容。例如，美国的智能交通系统包括：紧急情况管理系统、先进的交通控制和安全系统；日本的智能交通系统包括：安全驾驶支援系统、行人支持系统以及车辆支援系统等。国外智能交通系统在安全方面的主要研究内容包括 5 个方面。

1）提供交通安全信息

向驾驶人提供驾驶信息和道路条件信息，使驾驶人对于即将出现的道路状况、天气条件、交通环境等有所准备，提前做好预防措施，以提高驾驶的安全性。

2）车辆辅助驾驶系统

车辆辅助驾驶系统通常包括车载传感器、车载计算机和控制执行机构等。行驶中的车辆通过车载传感器测定与前车、周围车辆以及与道路设施的距离和其他情况,由车载计算机进行处理,并对驾驶人提出警告,在紧急情况下,还可以强制车辆制动。

3)车辆自动驾驶系统

装备有自动驾驶系统的汽车通常被称为智能汽车,它在行驶过程中可以做到自动导向、自动监测和回避障碍物,甚至能通过驾驶人预先设定的目的地,自动选择行驶路线,完成交通活动。当然,这需要智能道路提供信息支持,也只有在智能道路上使用智能汽车时才能发挥其全部功能,如果在普通道路上使用,它仅仅只是装备了辅助安全驾驶系统的汽车。

4)行人支持系统

行人支持系统可以为行人提供交通设施、线路诱导等信息,并能在行人穿越机动车道时,向即将驶过的驾驶人发送警告信息,以保障行人和驾乘人员的交通安全。

5)紧急事件诱导及支援系统

当车辆发生紧急事件时,系统自动向救援中心发出救援信息,并通过路线引导系统直接指示事件发生的确切位置,救援支持系统则将实时采集的路况信息、车辆、人员及道路受损信息等通报给救援中心进行救援指导。

世界上智能交通系统在交通安全方面的研究主要集中在先进的交通信息系统、智能汽车、事故识别及救援系统等几个方面,通过视频、广播提供路况、天气等信息已经被广泛应用。

2. 国内研究概况

混合交通和平面交叉是我国道路交通的主要特点,这就使得道路上的交织点、冲突点较多,增大了交通事故发生的概率。在我国道路交通事故中,机动车驾驶人违法是造成交通事故的主要原因,其中以超车、超速行驶、违法超车、酒后驾车等违法肇事行为最为突出,而缺乏交通安全设施的低等级道路则是交通事故发生的主要空间场所。同时,高速公路、城市快速路上的交通事故发生率也始终居高不下,这往往是因为高速公路及城市快速路为交通出行者提供了快速通行的空间,一些驾驶人盲目开快车而导致交通事故数增多。另外,由于机动车的机械故障导致的交通事故正在呈上升趋势。基于我国交通事故的特点,我国智能交通系统在交通安全方面的主要研究内容包括3个方面。

1)车辆安全监控系统

该系统主要包括4个部分:驾驶资格监控系统、车辆状况监控系统、车辆安全行驶监控系统、交通信息接收及处理系统。

(1)驾驶资格监控系统负责确认驾驶人是否持有驾驶执照,是否处于疲劳状态,是否饮酒,是否系好安全带等,以确定驾驶人是否有启动汽车的权利,并在车辆行驶过程中检测驾驶人是否处于警觉状态,其驾驶行为是否属于正常范围,一旦发现异常情况,立刻通过警告设备提醒驾驶人或直接控制车辆减速,甚至使车辆熄火。

(2)车辆状况监控系统负责监测车辆的制动、灯光等系统,确定车辆是否具有安全行驶的条件,检测车辆的装载是否符合要求。如果检测不合格,车辆同样无法启动。

(3)车辆安全行驶监控系统负责检测车辆在行驶过程中是否超速(包括超过限定速度行驶、转弯时超过转弯速度等),检测车辆与其他车辆、障碍物之间是否有足够的安全距离,并通过对车辆行驶速度方向的控制,防止车辆在行驶过程中发生碰撞。

(4)交通信息接收及处理系统负责接收道路、指挥中心等发布的有关路况、安全信息,并根据信息类别实现告知、警告、采取紧急措施等应对策略。

2)道路安全监控系统

该系统主要包括4个部分:路况发布系统、违法检测系统、天气监控系统和危险信息监控提示系统。

(1)路况发布系统要向车辆发布前方道路安全设施分布(如人行横道等)、道路走向、坡度、交叉路口等信息,提示驾驶人注意,提早采取相应措施。

(2)违法检测系统主要监测车辆超速、超载等行为。当获得违法信息后,一方面通知执法人员进行处理,另一方面为违法车辆消除违法行为。

(3)天气监控系统实现对路段部分天气的实时检测,并及时发布信息,提醒道路管理部门、车辆驾驶人及时采取措施。

(4)危险信息提示系统主要监控道路系统的行人、骑车人是否违法横穿道路,并将所获信息及时通报驶来车辆。

3)交通事故监控及支援系统

驾驶人可以通过交通事故监控及支援系统向控制中心发出事故救助信息,而指挥中心则可以根据事故发生的地点、事故险情向附近的执勤交通警察,以及其他相关抢险救护部门发出指令赶往事故现场,同时可以向有关人员提供通行路径、抢险信息、救助人个人资料。当出现重大伤亡事故,当事人无法与外界联系时,自动监控装置仍能及时向交通控制中心发送图像数字信息,以便采取相应的救援对策。与此同时,系统及时发布有关信息,实施交通疏导,以预防连锁事故的发生。

以上各系统在进行信息发布时,可采用公路信息广播、电子信息牌等方式。但对于要求立即做出反应的信息,则需要系统与车辆个体直接进行信息交换,甚至对于驾驶人无法及时做出反应的信息,需由车辆自身的安全系统实施紧急措施,保障行车安全。

二、车路协同安全保障关键技术

车路协同系统按照系统结构,可以分为智能车载系统、智能路侧系统和智能数据交互系统3个部分,如图12-8所示。其中,智能车载系统负责对车辆自身状态信息的控制和对周围行车环境的感知;智能路侧系统负责对交通流信息(如车流量、平均车速等)的监测和道路路面状况、道路几何状况、道路异常信息等的记录;智能数据交互系统则负责整个系统的通信,实现路侧设备与车载单元之间的交互。车路协同系统的基础是车辆之间、车辆与不同地方的路侧设备之间的相互交流,保证人、车、路的对话。

智能车路协同系统中使用的关键技术包括智能车辆关键技术、智能路侧系统关键技术、车路/车车协同信息交互技术。

1. 智能车辆关键技术

智能车辆系统融合多种传感器技术、导航定位、无线通信、移动网络、计算机及多媒体技术,为驾乘人员提供车辆导航、辅助安全驾驶、交通信息、移动办公等综合服务。

(1)车辆精准定位和高可靠通信技术

该技术对车辆进行硬件改造,在智能车载信息终端中提高卫星定位系统、陀螺仪等设备的定位精度,研究基于 GNSS、激光、雷达等多手段的环境感知技术,以及高精度多模式车在组合定位、惯性导航和高精度地图及其匹配等方面的技术,从而实现车辆的全天候无缝精准定位,满足车载导航系统服务的定位要求。除此之外,还要研究多信道多收发器通信技术、基于自组织网络和双向数据通信技术、WLAN 通信技术、RFID、DSR 等无线传输技术以及高可靠车载通信技术,从而实现车路、车车之间的稳定有效的数据实时通信与传输。

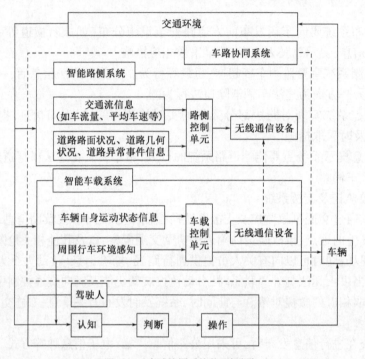

图 12-8　车路协同系统的逻辑框架

（2）车辆行驶安全状态及环境感知技术

车辆行驶安全状态及环境感知是发展智能车辆的基础,也是基于多传感器感知的车路协同系统中车辆辅助安全驾驶的核心问题,涉及的主要技术有:车辆制动、转向、侧倾等自身运行安全状态参数的实时获取和传输技术,驾驶人危险行为的在线监测技术,基于多传感器的行驶环境检测技术。

（3）车载一体化系统集成技术

该技术是通过集成卫星定位系统、LIDAR、惯性导航系统（INS）、自动控制、无损检测等多种传感技术,整合监控、导航、传感、通信以及控制单元,实现多功能车载终端的一体化集成。

2. 智能路侧系统关键技术

智能路侧系统利用各种监测系统,采集道路交通信息,并把这些信息传递给管理中心和车辆,同时接收管理中心的指挥控制指令与服务信息,并发布给附近道路上行驶的车辆,将人、车、路集成一个整体。

（1）多通道交通信息采集技术

实时、准确的交通信息采集是实现车路协同系统主要应用的前提和关键。在车路协同中,交通信息采集最关注的是动态交通信息中的交通流信息,如车流量、平均车速、车辆定位、行程时间等。目前交通信息采集主要有感应线圈检测、微波检测、红外线检测、视频检测以及基于卫星定位的采集技术、基于蜂窝网络的采集技术、基于 RFID 的采集技术等,但每种采集技术都有它的优势和不足,根据应用需求,结合各种采集技术的优点,对多种信息采集技术进行融合,可达到提高网络交通状态实时检测精度的目的。

（2）多通道路面状态采集技术

路面状态良好是保证车辆安全运行的基础条件之一，对于路面状态需要采集的主要信息包括：道路路面状况、道路几何状况、道路异常事件信息等。单一的传感器无法满足路面状态信息实时采集的要求，因此，必须融合多传感器信息，如雷达、超声波、计算机视觉以及无线传感器网络等，实现车辆间、车路间的信息交换，才能进一步实现道路路面状况信息的实时采集。

（3）路侧设备一体化集成技术

智能道路基础设施涉及路况信息感知装置、道路标识电子化装置、基于道路的各种车路协调装置、信息传送终端等。因此，为了满足车路协同系统需求，必须集成多种信息采集技术，以实现路侧设备无线通信和数据管理一体化功能。

3.车路/车车协同信息交换技术

目前，该技术主要是指高速行驶状态下的车-车/车-路通信技术，包括：无线个域网通信、无线局域网通信、无线广域网通信和新型5G、IPV6以及专用短程无线通信等。

三、车路协同系统在交通安全中的应用

车路协同系统是把车载装置和路侧设备联系起来，使一辆汽车在任何地方、任何时候，都能和任何车辆、任何路侧设备相联系。汽车在路上行驶时，能够随时了解到其周边所有车辆的运行状况，包括方向、速度、加速度、距自己的距离，以及汽车是否有故障等。

同时，因为车和路侧设备连起来了，所以驾驶人可以知道普通汽车无法感知的道路信息。简单来讲，通过车路协同系统这个平台，任何一辆汽车在路上行驶的时候，都可以知道周边汽车、路面情况，这样有利于驾驶人自己驾驶汽车的时候保证安全，比如超车换道时，能知道旁边的车距离多远，也能知道路边是否有停下来的故障车，路面是否湿滑等。

车路协同技术不但可以提升道路交通系统的安全性和通行效率，还可以缓解交通拥堵，优化利用系统资源。下面针对交叉口和危险路段应用场景，分析车路协同技术在交通安全中的应用。

1.交叉口场景车路协同技术应用分析

（1）交通信号信息发布系统

当车辆达到交叉口时，通过车路通信，向车辆发布红绿灯相位和配时信息，并提醒驾驶人不要危险驾驶和协助其作出正确判断和操作。另外，公交优先信号控制也可以通过车路协同技术实现。

（2）盲点区域图像提供系统

当车辆在视距不足或无信号交叉口转弯时，通过车路通信，可以向准备转弯或在停止标志前停车的车辆提供盲点区域的图像信息，从而防止车辆直角碰撞事故的发生。

（3）过街行人检测系统

当车辆达到交叉口时，通过车路通信，将人行道及其周围环境的行人、自行车的位置信息发布给车辆，以防止机非、人机冲突。

（4）交叉口通行车辆启停信息服务

当车辆达到交叉口时，前车通过车路通信将启动信息及时传递给后车，以提高交叉口的通行能力；另外，前车向后车传递紧急制动信息，以避免追尾事故的发生。

（5）先进的紧急救援体系

当发生交通事故或车辆故障时，自动把事故地点、性质和严重程度等求助信息发送给急救中心及管理机构，通过车路通信实现信号灯优先控制的调度，从而让急救车辆先行并及时救援受伤人员。

2. 危险路段场景车路协同技术应用分析

（1）车辆安全辅助驾驶信息服务

通过路侧设置的传感器检测前方道路转弯处或视线死角区域，若发生交通阻塞、突发事件或路面存在障碍物等，通过车路通信系统向驾驶人传输实时的道路信息。

（2）路面信息发布系统

把路面信息（如冰冻、积水或积雪等）发布给接近转弯路段的车辆，以提醒驾驶人注意减速，防止追尾事故发生。

（3）最优路径导航服务

路侧设备通过车路、车车通信系统以及车载终端显示设备，把检测到的前方道路拥堵状况发布给驾驶人，提醒驾驶人避开拥挤道路，并为其优化一条到达目的地的最佳路线。

（4）前方障碍物碰撞预防系统

将危险信息（如障碍物的位置、速度等）通过车路、车车通信传递给车辆，从而避免车辆之间或车辆与其他障碍物之间发生碰撞。

（5）弯道自适应车速控制

将前方弯道的相对距离、形状（如曲率半径、车线等）等信息传递给车辆，车辆再结合自身运动状态信息，为驾驶人提供最优车速，避免车辆在转弯时发生侧滑或侧翻。

第五节　智能船舶的交通安全问题

一、智能船舶的概念及发展现状

1. 概念

《智能船舶规范》中规定：智能船舶系指利用传感器、通信、物联网、互联网等技术手段，自动感知和获得船舶自身、海洋环境、物流、港口等方面的信息和数据，并基于计算机技术、自动控制技术和大数据处理分析技术，在船舶航行、管理、维护保养、货物运输等方面实现智能化运行的船舶。

2. 发展现状

船舶智能化是在大数据、信息物理系统、物联网等概念和技术的推动下发展的，是继船舶自动化、信息化后船舶行业又一重要发展趋势。智能船舶的发展可分为如图 12-9 所示的 4 个阶段，当前的智能船舶正处于由第一阶段向第二阶段的过渡阶段。

我国智能船舶技术的发展虽然刚刚起步，但根据"中国制造 2025"提出的战略要求，也已经开始了船舶智能化的顶层设计与研究工作。其对智能船舶的发展指明了方向，即通过解决自动化技术、计算机技术、网络通信技术、物联网技术等信息技术在船舶应用上的核心问题，实现船舶的机舱自动化、航行自动化、机械自动化、装载自动化,以及航线规划、船舶驾驶、航姿调整、设备监控、装卸管理等,提高船舶的智能化水平。

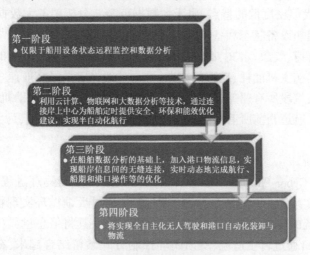

第一阶段
● 仅限于船用设备状态远程监控和数据分析

第二阶段
● 利用云计算、物联网和大数据分析等技术,通过连接岸上中心为船舶定时提供安全、环保和能效优化建议,实现半自动化航行

第三阶段
● 在船舶数据分析的基础上,加入港口物流信息,实现船岸信息间的无缝连接,实时动态地完成航行、船期和港口操作等的优化

第四阶段
● 将实现全自主化无人驾驶和港口自动化装卸与物流

图 12-9　智能船舶发展阶段

智能船舶是未来船舶发展的必然趋势,具有很高的应用需求和很好的发展前景。但是由于理论和技术水平、认知水平的差距,目前我国智能船舶需从图 12-10 中所示的几方面开展进一步研究。

更深入地利用大数据分析技术挖掘有价值信息

智能船舶配员的减少意味着对船舶的安全保障要求更高。需要加强相关理论和技术的研究

目前围绕海洋的自主驾驶研究较多,在内河复杂条件下的研究相对较少,有必要进行相关研究

图 12-10　我国智能船舶研究方向

二、智能船舶与交通安全

1. 船舶智能化特征

1)大数据

"大数据"是一个体量特别大、数据类别特别多的数据集,具有规模大、种类多、生成速度快、价值巨大但密度低的特点。随着信息和通信技术的发展以及通信成本的下降,建立覆盖全球的船舶营运和管理数据中心已成为可能。目前,国际航运大公司已实现在全球范围内监控

所属船舶的位置和航行状态。在内河水域已能实现对船舶位置、航行状态、机舱主要设备实时参数以及驾驶人行为(包括声音和动作等)的监控。这些监控数据具有体量浩大、模态繁多、生成快速和价值巨大但密度低的特点,属于大数据范畴。分析船舶大数据可产生如下价值。

(1)通过分析船舶设备状态和备件情况,优化备件配置。

(2)通过分析航速、气象、水文、靠泊港口日程,为某船制订经济安全的航线。

(3)通过分析船舶主机能耗、航速等数据,可为某船设定最经济航速。

(4)通过分析某航段所有船舶的历史流量和轨迹,为该航段设立助航设施提供参考。

(5)通过分析某航道当前所有船舶位置,可提供实时交通流数据,为实行交通流管控提供依据。

2)信息物理系统

信息物理系统(Cyber-Physical Systems,CPS)是计算进程与物理进程的统一体,可通过嵌入式计算机和网络实现对物理进程的检测和控制,并通过反馈循环实现物理进程对计算进程的影响。不同于传统的有关计算系统和物理系统的观念,其将信息世界(Cyber Space)与物理世界(Physical World)通过自主适应、反馈闭环控制方式紧密结合起来,在功能上主要考虑性能优化,是集计算、通信与控制 3C(Computation,Communication,Control)技术于一体的智能技术,具有实时、安全、可靠、高性能等特点。

智能船舶恰好是一种符合 CPS 所针对的复杂、异构、可靠性要求高的应用系统。其智能化的实现需包括船舶自身的航行状态、周围环境、设备状态以及船舶间、船岸间交互等多源异构信息的支撑。CPS 推动船舶智能化主要表现在以下 3 个方面。

(1)提高了船舶航行的安全性。随着船舶自动化程度的提高,船舶配员配备逐渐减少,提高船舶整个系统的可靠性是船舶安全的重要保证。目前,复杂网络理论已经被应用于 CPS 设计中,建立了预防、检测、防御性修复、系统复原和制止相似攻击等抵制攻击的 CPS 安全机制,用以提升网络的稳定性、安全性和实时性。另外,CPS 所具有的容错性能够保证系统出现故障后稳定运行。

(2)提高了船舶运行的效率。CPS 设备采用分散式布控,在各节点自主感知控制的基础上,结合中枢可调节反馈控制来实现系统的调度与决策,并通过赋予节点自治性,优化控制模型的精准度,实现系统的自主自适应调节,提高系统响应速度和执行效率,实现在信息反馈到决策者的同时,利用执行器在当地实时处理和解决问题,使得 CPS 具有更高的性能优势。

(3)提高了船舶设备的兼容性。CPS 可以动态地接受各类组件的接入和退出,从而有利于系统自身的动态调整和构造大规模的复杂系统,以自动适应不同的操作条件和应用需求。目前,船舶设备种类繁多、规格不同且需求不一致,应用 CPS 能够很好地适应不同船舶个体的需求,降低制造成本。

3)物联网

物联网是在互联网、移动通信网等通信网络的基础上,针对不同应用领域的需求,利用具有感知、通信与计算能力的智能物体自动获取物理世界的各种信息,将所有能够独立寻址的物理对象互联起来,实现全面感知、可靠传输、智能分析处理,构建人与物、物与物互联的智能信息服务系统。在船舶领域,全球定位系统、ARPA(Automatic Radar Plotting Aid)雷达、船舶自动识别系统(Automatic Identification System,AIS)、电子海图显示和信息系统、综合船桥系统、射频识别(Radio Frequency Identification,RFID)、视频监控等技术手段的应用使得船舶向信息化、智能化方向迅速发展,但离真正的自动感知、主观分析、智慧操作的智能船舶还有一定差距。物联网的出现为船舶智能化发展提供了新的思路。

结合船舶的具体特征和应用环境,可基于物联网框架构建船联网(Internet of Vessels)。船联网一般是指基于航运管理精细化、行业服务全面化、出行体验人性化的目的,以企业、船民、船舶、货物为对象,覆盖航道、船闸、桥梁、港口和码头,融合物联网核心技术,以数据为中心,实现人船互联、船船互联、船货互联及船岸互联的内河智能航运信息综合服务网络,其结构如图 12-11 所示。

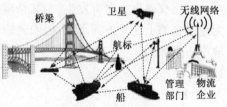

图 12-11　船联网结构

2. 智能船舶交通安全保障技术

1)信息感知技术

船舶信息感知技术是指船舶能够基于各种传感设备、传感网络和信息处理设备,获取船舶自身和周围环境的各种信息,使船舶能够更安全、更可靠航行的一种技术手段。船舶感知的信息可分为自身状态信息和周围环境信息。

(1)自身状态信息包括船舶机舱、驾驶台、货舱内各种设备的状态信息,以及船舶航行的位置、航速、航向等航行状态信息,主要依靠目前已有的压力、温度、转速、液位等传感器来获取。

(2)周围环境信息包括周围船舶和障碍物信息、周围气象条件、水深、视频监控信息、音频监控信息、水流速度和方向、航标位置、可航行区域等,主要依靠 AIS、海事雷达、视频摄像机、激光传感器、激光雷达传感器、风速传感器、风向传感器、能见度采集设备、计程仪、水深仪、航行数据记录仪(Voyage Date Recorder,VDR)、电子海图(电子航道图)以及船岸交互信息来获取。

2)通信导航技术

通信技术用于实现船舶上各系统和设备之间,以及船舶与岸站、船舶与航标之间的信息交互。船舶常用的通信方式主要包括:甚高频(Very High Frequency,VHF)、海事专网、海事卫星、移动通信网络等。

导航技术用于指导船舶从指定航线的一点运动到另一点,通常包括定位、目的地选择、路径计算和路径指导等过程。船舶常用的导航技术包括早期的无线电导航和现在广泛使用的卫星导航。北斗卫星导航系统为我国船舶导航领域提供了新的发展契机。

3)航线规划技术

航线规划是指船舶根据航行水域交通流控制信息、前方航道船舶密度情况、公司船期信息、航道水流分布信息、航道航行难易信息,智能实时选择船舶在航道内的位置和航道,以优化航线,达到安全高效、绿色环保的目的。目前常用的航线规划方法有线性规划、混合整数规划、遗传算法、模拟退火算法、粒子群优化算法等。

4)状态监测与故障诊断技术

(1)状态监测技术是以监测设备振动发展趋势为手段的设备运行状态预报技术,通过了解设备的健康状况,判断设备是否处于稳定状态或正在恶化。

(2)故障诊断技术是在船舶机械设备运行中或基本不拆卸设备的情况下,掌握设备的运行状况,根据对被诊断对象测试所取得的有用信息进行分析处理,判断被诊断对象是否处于异常状态或故障状态,判断劣化状态发生的部位或零部件,并判定产生故障的原因,以及预测状态劣化的发展趋势等。其目的是提高设备效率和运行可靠性,防患于未然,避免故障的发生。

由于智能船舶配员很少,对船舶设备状态的自我监测与故障诊断技术要求更高,需利用大数据分析技术、智能诊断技术,做到尽早发现、及时处理潜在故障,保证船舶在航行过程中的安全可靠。

5)遇险预警救助技术

水路交通事故时有发生,尤其是碰撞和搁浅事故,往往造成严重的经济损失和人员伤亡。无论是在海上还是内河水域,船舶碰撞是最为常见的水路交通事故类型,在所有的水路交通事故中占很大的比例。船舶遇险预警与搜救技术能够有效地降低事故的发生率以及降低事故的损失。

6)自主航行技术

《智能船舶规范》中定义,智能航行系指利用计算机技术、控制技术等对感知和获得的信息进行分析和处理,对船舶航路和航速进行设计和优化;可行时,借助岸基支持中心,船舶能在开阔水域、狭窄水道、复杂环境条件下自动避碰,实现自主航行。

图 12-12 "领航者"无人船

国外船舶自主航行技术研究较早,美国、以色列等海洋强国开发了无人驾驶的水面舰艇,其主要用于军事侦察和扫雷等。我国目前已开展船舶自主航行研究,最具代表性的有:中国气象局与航天科工集团合作研发的"天象一号"、青岛北海船舶重工等合作研发的"水面无人智能测量平台工程样机"、珠海云洲智能科技公司研发的"领航者"(图 12-12)、上海海事大学研发的"海腾 01"号等。

本章小结

本章以新形势下交通安全面临的机遇和挑战为统领,分别阐述了新能源汽车、智能驾驶、智能交通系统环境以及智能船舶的交通安全问题。针对以上 4 个方面,概述了它们目前的发展现状以及面临的交通安全问题,并结合我国实际情况,论述了合理的交通安全技术保障和交通安全管理措施。交通安全的发展关乎社会中的每一个人,解决新形势下交通安全所涉及的相关问题,是每一位交通学习者,特别是交通安全研究者的职责所在。

习题

12-1 新能源汽车与传统燃油汽车相比,应从哪几方面加强其安全体系的建设?

12-2 目前智能驾驶安全保障方面面临的挑战有哪些?

12-3 国外智能交通系统在安全方面的主要研究内容包括哪几个方面?

12-4 车路协同系统由哪几部分组成?

12-5 目前,我国智能船舶需从哪几方面开展进一步研究?

参 考 文 献

[1] 赵恩棠,刘晞柏. 道路交通安全[M]. 北京:人民交通出版社,1990.

[2] 郭忠印. 道路安全工程[M]. 北京:人民交通出版社,2012.

[3] 裴玉龙. 道路交通安全[M]. 北京:人民交通出版社,2007.

[4] 肖贵平,朱晓宁. 交通安全工程[M]. 2版. 北京:中国铁道出版社,2011.

[5] 刘清,徐开金. 交通运输安全[M]. 武汉:武汉理工大学出版社,2009.

[6] 张兴强. 城市交通安全[M]. 北京:北京交通大学出版社,2015.

[7] 李世勇,田新华. 非线性科学与复杂性科学[M]. 哈尔滨:哈尔滨工业大学出版社,2006.

[8] 吴晓军,薛惠锋. 城市系统研究中的复杂性理论与应用[M]. 西安:西北工业大学出版社,2007.

[9] 程五一,王贵和,吕建国. 系统可靠性理论[M]. 北京:中国建筑工业出版社,2010.

[10] 陈喜山. 系统安全工程学[M]. 北京:中国建材工业出版社,2006.

[11] 端木京顺,常洪. 航空事故预测预警预防理论方法[M]. 北京:国防工业出版社,2013.

[12] 谢庆森,牛占文. 人机工程学[M]. 北京:中国建筑工业出版社,2005.

[13] 王敏,王长君. 我国弱势交通参与者交通安全现状及问题分析[J]. 道路交通与安全,2010.

[14] 黄曙东,甘卫平,戴立操. 道路交通事故的人因失误分析[J]. 人类工效学,2006.

[15] 张雪梅,温志刚. 道路交通安全[M]. 北京:群众出版社,2007.

[16] Paul E. Illman. 飞行员航空知识手册[M]. 北京:航空工业出版社,2006.

[17] 朱会臣,林绍臣,刘丽娜,等. 机动车驾驶员听力测定结果分析[J]. 黑龙江医药科学,1993.

[18] 荣欣,惠兆斌,赵永,等. 铁路机车乘务员噪声性听力损伤状况研究进展[J]. 工业卫生与职业病,2015.

[19] 郭孜政,潘毅润,谭永刚,等. 听觉告警信号对司机响应时间的影响研究[J]. 中国安全科学学报,2014.

[20] 羊拯民,高玉华. 汽车车身设计[M]. 北京:机械工业出版社,2008.

[21] 苏建宁,白兴易. 人机工程设计[M]. 北京:中国水利水电出版社,2014.

[22] 温吾凡. 人体工程学在汽车设计中的应用[J]. 汽车工程,1988.

[23] 徐重岐. 道路交通安全工程[M]. 成都:西南交通大学出版社,2014.

[24] 冯霏. 基于人机工程学汽车驾驶室评价系统的研究[D]. 沈阳:东北大学,2008.

[25] 张锁,李杰,李连升. 道路交通事故车速分析的探讨[J]. 交通标准化,2006.

[26] 何树林. 超速行驶与交通事故的分析及对策[J]. 湖南公安高等专科学校学报,2000.

[27] 姜华平,许洪国,李浩,等. 高速公路车辆超速行驶交通事故分析[J]. 交通运输系统工程与信息,2003.

[28] 顾正洪,鲁植雄. 交通运输安全[M]. 南京:东南大学出版社,2009.

[29] 曾诚,刘富佳,于潇,等. 国内外客车驾驶员疲劳驾驶预防管理政策比较[J]. 人类工效学,2014.

[30] 李都厚,刘群,袁伟,等.疲劳驾驶与交通事故关系[J].交通运输工程学报,2010.

[31] 陈如昊.苏州市道路客运企业安全评价研究[D].西安:长安大学,2014.

[32] 张选斌,何劼,岳洪梅,等.1990—2011年79起飞行人员因素导致的飞行事故分析[J].中华航空航天医学杂志,2012.

[33] 闫惠,崔艳华,王元凤.毒品对于驾驶行为影响的研究进展[J].中国司法鉴定,2015.

[34] 李文君,续磊.论道路交通安全领域中的吸毒驾驶行为[J].中国人民公安大学学报(社会科学版),2010.

[35] 李山虎.攻击性驾驶行为评价方法研究[D].西安:长安大学,2011.

[36] AAA Foundation for Traffic Safety. Aggressive Driving: Research Update[EB/OL]. https://www. aaafoundation. org/aggressive-driving-research-update.

[37] 潘曙明.预防儿童乘客车内伤害的研究进展[J].中国小儿急救医学,2010.

[38] 中华人民共和国国家标准. GB 19522—2010 车辆驾驶人员血液、呼气酒精含量阈值与检验[S].北京:中国标准出版社,2010.

[39] 刘清,李胜,徐小丽.船员视觉特征与疲劳驾驶行为的关系研究[J].中国安全科学学报,2013.

[40] 张殿业.乘务员动视力及相关指标判别[J].铁道学报,2000.

[41] 佴晓东,谭南林,戴明森.司机的速度感与视觉疲劳[J].人类工效学,2000.

[42] 许永花,陶明锐,万军.不同工作时间对胶新线运转值班员身体疲劳程度的影响[J].职业与健康,2011.

[43] 胡鸿,易灿南,廖远志,等.车载驾驶员疲劳驾驶预警与控制系统研究[J].中国安全生产科学技术,2014.

[44] 杨润凯.道路交通违法行为查处实务指南[M].北京:中国人民公安大学出版社,2013.

[45] 林松.驾驶员与乘客心理学[M].北京:中国物资出版社出版,2011.

[46] 常若松.汽车驾驶员安全心理学手册[M].北京:人民交通出版社股份有限公司,2016.

[47] American Association of State Highway and Transportation Officials. Highway Safety Manual[M]. 2010.

[48] 任刚,王卫杰,张永,等.非机动化交通参与者交通行为安全性:建模、评价及决策系统[M].北京:科学出版社,2012.

[49] 周竹萍,王炜,任刚.面向安全提升的行人过街行为研究[M].北京:科学出版社,2014.

[50] 刘浩学,陈克鹏.汽车运行安全心理学[M].北京:人民交通出版社,1998.

[51] 李江.交通工程学[M].北京:人民交通出版社,2002.

[52] 刘晶郁,李晓霞.汽车安全与法规[M].2版.北京:人民交通出版社股份有限公司,2015.

[53] 魏帮顶.现代汽车安全技术[M].北京:北京理工大学出版社,2012.

[54] 郭荣春,曹凤平.汽车安全工程[M].北京:中国水利水电出版社,2016.

[55] 沈志云.交通运输工程学[M].北京:人民交通出版社,1999.

[56] 刘志强,赵艳萍,汪澎.道路交通安全工程[M].北京:高等教育出版社,2012.

[57] 郑安文,苑红伟.道路交通安全概论[M].北京:机械工业出版社,2010.

[58] 刘浩学.道路交通安全工程[M].北京:人民交通出版社,2013.

[59] 宋守信,谭南林.交通运输安全技术[M].北京:中国劳动社会保障出版社,2012.

［60］王燕,彭金栓.交通运输安全系统工程［M］.长沙:中南大学出版社,2014.

［61］宁世发,冯忠祥.道路交通事故成因分析［J］.交通运输研究,2006.

［62］诸葛晓宇,刘恒.倒车辅助系统研究分析［J］.轻型汽车技术,2012.

［63］American Association of State Highway and Transportation Officials. A Policy on Geometric Design of Highways and Streets［R］.2011.

［64］中华人民共和国行业标准.JTG D20—2017 公路路线设计规范［S］.北京:人民交通出版社股份有限公司,2017.

［65］陆键,张国强,项乔君,等.公路平面交叉口交通安全设计指南［M］.北京:科学出版社,2009.

［66］高海龙,李长城.路侧安全设计指南［M］.北京:人民交通出版社,2008.

［67］冯桂炎.公路设计交通安全审查手册［M］.北京:人民交通出版社,2000.

［68］车主丛书编委会.高速公路行车安全指南［M］.北京:机械工业出版社,1999.

［69］宋筱茜.基于系统动力学的铁路行车安全管理研究［D］.成都:西南交通大学,2016.

［70］梁春燕.北京轨道交通安全检查现状与展望［J］.北京警察学院学报,2015.

［71］戴中柱.浅谈电力机车及其主要零部件的寿命问题［J］.铁道机车车辆,2005.

［72］李速明,刘敬辉,马俊琦.铁路安全风险管理现状及发展研究［J］.铁道技术监督,2017.

［73］赵有明,方鸣,刘潍清.欧盟城市轨道交通安全管理现状探讨［J］.现代城市轨道交通,2014.

［74］肖敬伟.城市轨道交通安全事故分析［J］.科技展望,2015.

［75］朱江洪,李国芳,王睿,等.地铁列车非正常停车 FMEA 风险评估［J］.中国安全科学学报,2017.

［76］谭鸿愿,王伯铭,黄挺.基于 FMECA 的地铁车辆转向架检修计划优化研究［J］.城市轨道交通研究,2017.

［77］赵明花,梁树林,宋春元.高速列车转向架技术研究［J］.中国工程科学,2015.

［78］刘立.高速列车牵引传动系统性能分析与优化［D］.杭州:浙江大学,2012.

［79］罗芝化.铁道车辆工程［M］.长沙:中南大学出版社,2015.

［80］张兵.列车关键部件安全监测理论与分析研究［D］.成都:西南交通大学,2007.

［81］练松良.轨道工程［M］.上海:同济大学出版社,2006.

［82］贾利民.高速铁路安全保障技术［M］.北京:中国铁道出版社,2010.

［83］中华人民共和国推荐性标准.GB/T 51562—2008 轨道交通可靠性、可用性、可维修性和安全性规范及示例［S］.北京:中国标准出版社,2008.

［84］Banks James H,Boston James H. Introduction to Transportation Engineering［M］.New York:McGraw-Hill,2002.

［85］Rail Safety and Standards Board. The Railway Strategic Safety Plan 2009—2014［R］.2007.

［86］生产安全事故报告和调查处理条例.中华人民共和国国务院令第四百九十三号,2007.

［87］铁路交通事故应急救援和调查处理条例.中华人民共和国国务院令第六百二十八号,2012.

［88］孙瑞山.民航安全管理［Z］.天津:中国民航大学,2017.

［89］孙瑞山,汪磊,刘俊杰.中国民航安全发展及展望［J］.交通信息与安全,2016.

[90] 孙瑞山,刘俊杰.航空安全自愿报告系统在中国的发展与展望[J].空中交通管理,2007.

[91] 刘得一,张兆宁,杨新湮.民航概论[M].北京:中国民航出版社,2011.

[92] 何庆芝.飞行器[M].重庆:重庆出版社,2001.

[93] 庆锋,王艳红,高杨.飞机机体与系统[M].北京:中国民航出版社,2016.

[94] 张炳祥.航空公司运行管理[M].北京:中国民航出版社,2012.

[95] 唐卫贞.空管人因不安全事件发生机理与控制方法研究[D].成都:西南交通大学,2008.

[96] 王秀春,顾莹,李程.航空气象[M].北京:清华大学出版社,2014.

[97] 刘志浩.机场净空安全保障水平提升方法研究[D].天津:中国民航大学,2016.

[98] 史亚杰,李敬.民航机务维修系统安全风险监测[J].中国安全科学学报,2009.

[99] 陆济湘,宋晓丽,李雪林.机场净空区范围的确定及三维可视化[J].武汉理工大学学报(信息与管理工程版),2013.

[100] 杜实,张炳祥,高伟.飞行的组织与实施[M].北京:兵器工业出版社,2006.

[101] 李永平.坐飞机的学问[M].北京:国防工业出版社,2014.

[102] 张超,李海鹰.交通港站与枢纽[M].北京:中国铁道出版社,2004.

[103] 梁曼,黄贻刚.空中交通管理概论[M].北京:中国民航出版社,2013.

[104] 刘敏.浅谈能见度与跑道视程对飞行的影响[J].气象水文海洋仪器,2016.

[105] 丁立平.低空风切变对飞行的影响及应对措施[J].指挥信息系统与技术,2010.

[106] 张元,陈艳秋.中国民航安全管理体系审核[J].中国民用航空,2013.

[107] 严新平.水上交通安全导论[M].北京:人民交通出版社,2010.

[108] 顾正洪.交通运输安全[M].2版.南京:东南大学出版社,2016.

[109] 王裕荣.交通运输[M].济南:山东科学技术出版社,2007.

[110] 王善文.国内外水上交通事故调查机制对比分析研究[J].中国安全生产科学技术,2016.

[111] 那吉超,施飞峰.对中国海事安全调查的几点思考[J].大连海事大学学报(社会科学版),2010.

[112] 杨敏.船舶制造基础[M].北京:国防工业出版社,2009.

[113] 刘寅东.船舶设计原理[M].北京:国防工业出版社,2010.

[114] 沈志云,邓学钧.交通运输工程学[M].北京:人民交通出版社,2003.

[115] 邹力,高翔,曹剑东.物联网与智能交通[M].北京:电子工业出版社,2012.

[116] ISO 8468—1990 Ship's Bridge Layout and Associated Equipment:Requirements and Guidelines[S].1990.

[117] International Maritime Organization. Resolution A.849(20) Code for the Investigation of Marine Casualties and Incidents[R].1998.

[118] 杨星.船舶结构与设备[M].武汉:武汉理工大学出版社,2007.

[119] 吴梵,朱锡,梅志远.船舶结构力学[M].北京:国防工业出版社,2010.

[120] 张少雄,杨永谦.船体结构强度直接计算中惯性释放的应用[J].中国舰船研究,2006.

[121] 金莹,蒋桂美,张莉莉.探析全球定位系统的发展应用[J].建筑工程技术与设计,2015.

[122] 王晓岩.面向物联网体系的海上通信云平台[J].舰船科学技术,2015.

[123] 康向阳.有关GMDSS对海上通信产生的影响探索[J].科技展望,2017.

[124] Qiao-Er H U,Tao Z G. GMDSS Voice Simulating System using LAN[J]. Journal of Shanghai Maritime University,2004.

[125] Korcz K. Some Aspects of the Modernization Plan for the GMDSS[J]. TransNav,the International Journal on Marine Navigation and Safety of Sea Transportation,2017.

[126] 齐国清,索继东. 船舶导航雷达新技术及发展预测[J]. 大连海事大学学报,1998.

[127] 程禄,焦传道,黄德鸣. 船舶导航定位系统[M]. 北京:国防工业出版社,1991.

[128] 肖一. 船舶引航中 AIS、雷达/ARPA 和 VHF 的综合运用研究[J]. 中国水运月刊,2016.

[129] 王海燕,刘清. 水上船舶交通事故人为因素致因机理[J]. 中国航海,2016.

[130] 胡诚程,马晓平,张磊,等. 基于并行工程的船舶设计流程研究[J]. 造船技术,2015.

[131] 魏荣华,王政锋,崔凌云. 船舶设计及管理企业链中的信息管理系统建设[J]. 舰船科学技术,2017.

[132] 胡智深. 地铁运营中承运方损害赔偿责任研究[D]. 湘潭:湘潭大学,2016.

[133] 梁谋谏. 地铁乘客人身损害赔偿法律制度探讨与实践[D]. 广州:广东财经大学,2013.

[134] 白阳. 铁路交通事故应急救援和调查处理条例将修订[N]. 中国安全生产报,2016.

[135] 耿幸福. 城市轨道交通运营安全[M]. 2 版. 北京:人民交通出版社,2012.

[136] 李英伟. 交通事故处理行为若干问题研究[D]. 长春:吉林大学,2006.

[137] 许洪国. 汽车事故工程[M]. 3 版. 北京:人民交通出版社股份有限公司,2014.

[138] 刘双跃. 事故调查与分析技术[M]. 北京:冶金工业出版社,2014.

[139] 裴玉龙. 道路交通事故分析与再现技术[M]. 北京:人民交通出版社,2010.

[140] 杜心全,李英娟. 道路交通事故处理[M]. 北京:中国人民公安大学出版社,2014.

[141] 鲁植雄,杨瑞. 汽车事故鉴定学[M]. 北京:机械工业出版社,2013.

[142] 中华人民共和国行业推荐性标准.JT/T 1079—2016 船员职业健康和安全保护及事故预防[S]. 北京:人民交通出版社股份有限公司,2016.

[143] 马超群,王建军. 交通调查与分析[M]. 北京:人民交通出版社股份有限公司,2016.

[144] 雷正保,乔维高. 交通安全概论[M]. 北京:人民交通出版社,2010.

[145] 汪运涛,徐瑜. 海事调查与分析[M]. 大连:大连海事大学出版社,2016.

[146] 李伟,齐麟. 铁路交通事故现场勘验[M]. 北京:中国铁道出版社,2015.

[147] 董锡明. 轨道交通事故分析与预防[M]. 北京:中国铁道出版社,2016.

[148] 梁璟,邹华国,许云飞."黑点"分析方法在内河水上交通事故分析中的应用[J]. 山东交通科技,2007.

[149] 毛喆,任欲铮,桑凌志. 长江干线水上交通事故黑点分析[J]. 中国航海,2016.

[150] 何茂录,甘浪雄,郑元洲,等. 基于 ISODATA 算法的水上交通事故黑点识别[J]. 安全与环境学报,2017.

[151] 贾程皓,宋瑞,何世伟,等. 铁路行业安全生产评价指标体系研究[J]. 铁道运输与经济,2015.

[152] 王明武. 中国通用航空产业安全指数评价体系与方法研究[J]. 中国管理信息化,2015.

[153] 王衍洋,李敬,曹义华. 中国民航安全评价方法研究[J]. 中国安全生产科学技术,2008.

[154] 汪长征. 关于水上交通安全评价的研究[J]. 科技信息,2010.

[155] 过秀成. 道路交通安全学[M]. 2 版. 南京:东南大学出版社,2011.

[156] 陈燕申,王晓宇.英国城市轨道交通安全认证和许可制度[J].现代城市轨道交通,2012.

[157] 刘清贵.中国民航安全审计(CASAP)概要[J].中国民用航空,2006.

[158] 赵建华.现代安全监测技术[M].合肥:中国科学技术大学出版社,2006.

[159] 程文冬,付锐,袁伟,等.驾驶人疲劳监测预警技术研究与应用综述[J].中国安全科学学报,2013.

[160] 邸巍.基于视觉的全天候驾驶员疲劳与精神分散状态监测方法研究[D].长春:吉林大学,2010.

[161] 谭勉.营运驾驶员不安全驾驶行为监测方法研究[D].西安:长安大学,2016.

[162] 杜洋.基于微机监测的故障信号研究与应用[D].北京:北京交通大学,2015.

[163] 孙汉武.铁路安全检查监测保障体系及其应用研究[D].成都:西南交通大学,2010.

[164] 刘峰,申宇燕,张瑞芳,等.机车车载安全防护系统应用研究[J].铁路技术创新,2015.

[165] 蒋荟,马千里,曹松,等.铁路车辆运行安全监控(5T)系统的研究与应用[J].公路交通科技,2009.

[166] 苗宇,蒋大明.高速铁路安全保障体系及灾害监测报警子系统[J].铁道通信信号,1999.

[167] 郭静.高级场面活动引导和控制系统(A-SMGCS)——航站空侧交通管理的革命[J].民航经济与技术,1999.

[168] 李敬,卢贤锋.中国民航鸟击航空器防范研究工作[C]//民航机场科技研讨会交流材料,2006.

[169] 要宝忠,秦琴,李向飞.隧道安全自动登录报警系统在西渴马一号隧道中的应用[J].中国西部科技,2010.

[170] 孔凡全.道路交通事故救援技术[M].北京:中国人民公安大学出版社,2012.

[171] 沈斐敏.道路交通安全[M].北京:机械工业出版社,2007.

[172] 中国人工智能学会.中国智能驾驶白皮书[R].2017.

[173] 中国汽车技术研究中心.中国汽车安全发展报告(2016)[M].北京:社会科学文献出版社,2016.

[174] 崔胜民.新能源汽车概论[M].2版.北京:北京大学出版社,2015.

[175] 我国新能源汽车应用现状及安全问题分析[EB/OL].http://www.sohu.com/a/153841702_383172.

[176] 2016新能源汽车35起火事故汇总分析[EB/OL].http://libattery.ofweek.com/2017-01/ART-36001-8500-30086754_4.html.

[177] 季宸东."绿车"全球看好,民生安全永远第一——国际视野下的新能源汽车安全[J].中国科技财富,2011.

[178] 张志勇.不能忽视的新能源汽车安全[J].中国经济周刊,2017.

[179] 李德毅.智能驾驶一百问[M].北京:国防工业出版社,2016.

[180] 汽车自动驾驶技术[EB/OL].http://www.21csp.com.cn/zhanti/hlwyjt/article/article_14748.html.

[181] 高端装备发展研究中心.国内外智能船舶发展概述[EB/OL].http://www.jixiezb.com.

cn/news/mtrd/119176. html.

[182] 柳晨光,初秀民,谢朔,等.船舶智能化研究现状与展望[J].船舶工程,2016.

[183] 严新平.智能船舶的研究现状与发展趋势[J].交通与港航,2016.

[184] 徐建闽.智能交通系统[M].北京:人民交通出版社股份有限公司,2014.

[185] 严宝杰,张生瑞.道路交通安全管理规划[M].北京:中国铁道出版社,2008.

[186] 吴忠泽,贺宜.充分利用智能交通技术提升道路交通安全水平[J].交通信息与安全,2015.

[187] 丁伟东,刘凯,杨维国,等.智能交通与中国的交通安全[J].中国安全科学学报,2002.

[188] 高利.智能运输系统[M].北京:北京理工大学出版社,2016.

[189] 张毅,姚丹亚.基于车路协同的智能交通系统体系框架[M].北京:电子工业出版社,2015.

[190] 中国人工智能学会.中国人工智能系列白皮书——智能交通2017[R].2017.